卫生部"十二五"规划教材　全国高等中医药院校教材

全国高等医药教材建设研究会规划教材

供中医学（含骨伤方向）、中药学、针灸推拿学、中西医临床医学等专业用

生物化学

第 2 版

主　编　于英君

副主编　郑晓珂　柳　春　任　颖

主　审　金国琴

编　者（以姓氏笔画为序）

于　赫（黑龙江中医药大学）　宋高臣（牡丹江医学院）
于英君（黑龙江中医药大学）　张晓薇（山西中医学院）
王　威（天津中医药大学）　张嘉宁（大连医科大学）
王和生（贵阳中医学院）　周　会（安徽中医学院）
文朝阳（首都医科大学）　周艳艳（湖北中医药大学）
冯雪梅（成都中医药大学）　郑里翔（江西中医学院）
任　颖（长春中医药大学）　郑晓珂（河南中医学院）
孙丽萍（北京中医药大学）　柳　春（辽宁中医药大学）
李丽帆（广西中医药大学）　崔炳权（广东药学院）
李素婷（承德医学院）　颜亭祥（山东中医药大学）
杨　云（云南中医学院）　魏敏惠（陕西中医学院）

秘　书　于　赫（兼）

人民卫生出版社

图书在版编目(CIP)数据

生物化学 / 于英君主编. —2 版. —北京：人民卫生出版社，2012.6

ISBN 978-7-117-15878-7

Ⅰ. ①生… Ⅱ. ①于… Ⅲ. ①生物化学－高等学校－教材 Ⅳ. ①Q5

中国版本图书馆 CIP 数据核字（2012）第 081183 号

门户网：www.pmph.com	出版物查询、网上书店
卫人网：www.ipmph.com	护士、医师、药师、中医师、卫生资格考试培训

生 物 化 学

第 2 版

主　　编：于英君
出版发行：人民卫生出版社（中继线 010-59780011）
地　　址：北京市朝阳区潘家园南里 19 号
邮　　编：100021
E - mail：pmph @ pmph.com
购书热线：010 67605754　010 65264830
010-59787586　010-59787592
印　　刷：北京中新伟业印刷有限公司
经　　销：新华书店
开　　本：787 × 1092　1/16　**印张**：27
字　　数：640 千字
版　　次：2002 年 9 月第 1 版　2015 年 5 月第 2 版第 18 次印刷
标准书号：ISBN 978-7-117-15878-7/R·15879
定　　价：39.00 元

打击盗版举报电话：010-59787491　E-mail：WQ @ pmph.com
（凡属印装质量问题请与本社销售中心联系退换）

出版说明

在国家大力推进医药卫生体制改革，发展中医药事业和高等中医药教育教学改革的新形势下，为了更好地贯彻落实《国家中长期教育改革和发展规划纲要（2010—2020年）》和《医药卫生中长期人才发展规划（2011—2020年）》，培养传承中医药文明、创新中医药事业的复合型、创新型高等中医药专业人才，根据《教育部关于"十二五"普通高等教育本科教材建设的若干意见》，全国高等医药教材建设研究会、人民卫生出版社在教育部、卫生部、国家中医药管理局的领导下，全面组织和规划了全国高等中医药院校卫生部"十二五"规划教材的编写和修订工作。

为做好本轮教材的出版工作，在教育部高等学校中医学教学指导委员会和原全国高等中医药教材建设顾问委员会的大力支持下，全国高等医药教材建设研究会、人民卫生出版社成立了第二届全国高等中医药教育教材建设指导委员会和各专业教材评审委员会，以指导和组织教材的编写和评审工作，确保教材编写质量；在充分调研的基础上，先后召开数十次会议对目前我国高等中医药教育专业设置、课程设置、教材建设等进行了全方位的研讨和论证，并广泛听取了一线教师对教材的使用及编写意见，汲取以往教材建设的成功经验，分析历版教材存在的问题，并引以为鉴，力求在新版教材中有所创新，有所突破，藉以促进中医药教育教学发展。

根据高等中医药教育教学改革和高等中医药人才培养目标，在上述工作的基础上，全国高等医药教材建设研究会和人民卫生出版社规划、确定了全国高等中医药院校中医学（含骨伤方向）、中药学、针灸推拿学、中西医临床医学、护理学、康复治疗学7个专业（方向）133种卫生部"十二五"规划教材。教材主编、副主编和编者的遴选按照公开、公平、公正的原则，在全国74所高等院校2600余位专家和学者申报的基础上，近2000位申报者经全国高等中医药教育教材建设指导委员会、各专业教材评审委员会审定和全国高等医药教材建设研究会批准，被聘任为主审、主编、副主编、编委。

全国高等中医药院校卫生部"十二五"规划教材旨在构建具有中国特色的教材建设模式、运行机制，打造具有中国特色的中医药高等教育人才培养体系和质量保障体系；传承、创新、弘扬中医药特色优势，推进中医药事业发展；汲取中医药教育发展成果，体现中医药新进展、新方法、新趋势，适应新时期中医药教育的需要；立足于成为我国高等中医药教育的"核心教材、骨干教材、本底教材"和具有国际影响力的中医药学教材。

全套教材具有以下特色：

1. 坚持中医药教育发展方向，体现中医药教育教学基本规律

注重教学研究和课程体系研究，以适应我国高等中医药学教育的快速发展，满足21世纪对高素质中医药专业人才的基本要求作为教材建设的指导思想；顶层设计和具体方案的实施严格遵循我国国情和高等教育的教学规律、人才成长规律和中医药知识的传承规律，突出中医药特色，正确处理好中西医之间的关系。

2. 强化精品意识，体现中医药学学科发展与教改成果

全程全员坚持质量控制体系，把打造精品教材作为崇高的历史使命和历史责任，以科学严谨的治学精神，严把各个环节质量关，力保教材的精品属性；对课程体系进行科学设计，整体优化，基础学科与专业学科紧密衔接，主干学科与其他学科合理配置，应用研究与开发研究相互渗透，体现新时期中医药教育改革成果，满足21世纪复合型人才培养的需要。

3. 坚持“三基五性三特定”的原则，使知识点、创新点、执业点有机结合

将复合型、创新型高等中医药人才必需的基本知识、基本理论、基本技能作为教材建设的主体框架，将体现高等中医药教育教学所需的思想性、科学性、先进性、启发性、适用性作为教材建设的灵魂，将满足实现人才培养的特定学制、特定专业方向、特定对象作为教材建设的根本出发点和归宿，使“三基五性三特定”有机融合，相互渗透，贯穿教材编写始终。以基本知识点作为主体内容，适度增加新进展、新技术、新方法，并与卫生部门和劳动部门的资格认证或职业技能鉴定标准紧密衔接，避免理论与实践脱节、教学与临床脱节。

4. 突出实用性，注重实践技能的培养

增设实训内容及相关栏目，注重基本技能和临床实践能力的培养，适当增加实践教学学时数，并编写配套的实践技能（实训）教材，增强学生综合运用所学知识的能力和动手能力，体现医学生早临床、多临床、反复临床的特点。

5. 创新教材编写形式和出版形式

（1）为了解决调研过程中教材编写形式存在的问题，除保障教材主体内容外，本套教材另设有“学习目的”和“学习要点”、“知识链接”、“知识拓展”、“病案分析（案例分析）”、“学习小结”、“复习思考题（计算题）”等模块，以增强学生学习的目的性和主动性及教材的可读性，强化知识的应用和实践技能的培养，提高学生分析问题、解决问题的能力。

（2）本套教材注重数字多媒体技术，相关教材增加配套的课件光盘、病案（案例）讲授录像、手法演示等；陆续开放相关课程的网络资源等，以最为直观、形象的教学手段体现教材主体内容，提高学生学习效果。

本套教材的编写，教育部、卫生部、国家中医药管理局有关领导和教育部高等学校中医学教学指导委员会、中药学教学指导委员会相关专家给予了大力支持和指导，得到了全国近百所院校和部分医院、科研机构领导、专家和教师的积极支持和参与，谨此，向有关单位和个人表示衷心的感谢！希望本套教材能够对全国高等中医药人才的培养和教育教学改革产生积极的推动作用，同时希望各高等院校在教学使用中以及在探索课程体系、课程标准和教材建设与改革的进程中，及时提出宝贵意见或建议，以便不断修订和完善，更好地满足中医药事业发展和中医药教育教学的需要。

全国高等医药教材建设研究会

第二届全国高等中医药教育教材建设指导委员会

人民卫生出版社

2012年5月

第二届全国高等中医药教育教材建设指导委员会名单

顾　　问	王永炎　陈可冀　程莘农　石学敏　沈自尹　陈凯先 石鹏建　王启明　何　维　金生国　李大宁　洪　净 周　杰　邓铁涛　朱良春　陆广莘　张　琪　张灿玾 张学文　周仲瑛　路志正　颜德馨　颜正华　严世芸 李今庸　李任先　施　杞　晁恩祥　张炳厚　栗德林 高学敏　鲁兆麟　王　琦　孙树椿　王和鸣　韩丽沙
主任委员	张伯礼
副主任委员	高思华　吴勉华　谢建群　徐志伟　范昕建　匡海学 欧阳兵
常务委员	（以姓氏笔画为序） 王　华　王　键　王之虹　孙秋华　李玛琳　李金田 杨关林　陈立典　范永昇　周　然　周永学　周桂桐 郑玉玲　唐　农　梁光义　傅克刚　廖端芳　翟双庆
委　　员	（以姓氏笔画为序） 王彦晖　车念聪　牛　阳　文绍敦　孔令义　田宜春 吕志平　杜惠兰　李永民　杨世忠　杨光华　杨思进 吴范武　陈利国　陈锦秀　赵　越　赵清树　耿　直 徐桂华　殷　军　黄桂成　曹文富　董尚朴
秘 书 长	周桂桐（兼）　翟双庆（兼）
秘　　书	刘跃光　胡鸿毅　梁沛华　刘旭光　谢　宁　滕佳林

全国高等中医药院校中医学专业（含骨伤方向）教材评审委员会名单

前　言

生物化学是生命科学领域中重要的学科，在医学院校也同样是重要的专业基础课课程之一。通过对生物化学的学习，可使学生在分子水平认识正常人体物质组成、分子结构与功能、物质代谢规律和生物遗传物质的化学传递规律以及发生异常变化与疾病的关系等。

本教材是全国高等中医药院校教材、卫生部“十二五”规划教材之一。此次编写是在第1版（2001年）基础上的修改。总体编写思路是保证生物化学内容的准确性和完整性。在此基础上：①删掉第1版中与生物化学关系非必需的部分章节与内容，如删去了“癌基因与抑癌基因”、“细胞凋亡的生物化学”和“二十碳烷酸类代谢”等章节内容。②增添并改动部分章节结构和内容，使其趋于更加合理，如调整“糖类化学”和“脂类化学”各成独立章节。同时将“基因工程与基因重组”改编为“重组DNA技术”并增编“基因表达调控”和“基因诊断和基因治疗”等新的内容。③在每章开头加入导学模块，章后加入学习小结和复习思考题等有助于学习的要素，还在一些章节中加入“知识拓展”小模块，在使内容和结构更加合理的同时增加其实用性。④在编写的过程中本着教材“可教、可学和可参考”的基本特性并注意适当编入科学发展中新的准确内容，以利于了解生物化学的部分进展。

本教材适用于全国高等中医药院校中医学（含骨伤方向）、中药学、针灸推拿学、中西医临床医学本科教学，以及相关医药卫生工作者参考。

编写本教材作者分工如下：于英君编写“绪论”章；杨云编写“糖类化学”章；周会编写“脂类化学”章；孙丽萍编写“蛋白质化学”章；郑里翔编写“核酸化学”章；魏敏惠编写“维生素”章；李丽帆编写“酶”章；颜亭祥编写“生物氧化”章；王威编写“糖代谢”章；柳春编写“脂类代谢”章；崔炳权编写“蛋白质的分解代谢”章；张晓薇编写“核苷酸代谢”章；王和生编写“物质代谢的调节”章；冯雪梅编写“DNA的生物合成”章；李素婷编写“RNA的生物合成”章；宋高臣编写“蛋白质的生物合成”章；任颖编写“基因表达调控”章；郑晓珂编写“重组DNA技术”章；于赫编写“基因诊断和基因治疗”章；周艳艳编写“肝胆生化”章；张嘉宁编写“水盐代谢”章；文朝阳编写“酸碱平衡”章。

此次教材编写由全国21所高等院校教师共同努力完成，并得到人民卫生出版社的指导和黑龙江中医药大学及全国兄弟院校同仁们的热情支持，在此一并致以最衷心的感谢。

教材建设是一个长期的系统工程，编出一本好的教材是每位编者追求的目标。在本教材编写的过程中由于编者的学术水平有限，同时由于生物化学自身的发展迅速，如若书中存在不当之处，恳请使用本教材的广大师生和同行提出宝贵意见和建议，不胜感谢。

编　者

2012年5月

目　录

第一章 绪 论

学习目的

通过对本章的学习掌握生物化学理论的主要内容与意义，初步理解生物化学与医药学的关系和生物化学发展简史，为学习好本课程构建整体知识框架。

学习要点

生物化学的主要内容和与医药学之间的关系。

生物化学（biochemistry）是在分子水平研究并阐述生物体的物质组成、结构与功能、代谢变化与调节、生命遗传物质化学传递规律的科学。生物化学研究主要应用化学、物理和数学的原理及方法，同时借用生理学、细胞生物学、遗传学、微生物学、免疫学的理论与技术以及生物信息学理论在分子水平上探讨生命奥秘。一言以蔽之，生物化学是在分子水平探讨生命本质的科学。

第一节 生物化学发展简史

从最初的生产实践活动到科学研究及理论体系形成的角度看，生物化学是一门既古老又年轻的科学。我国古代劳动人民很早就将生物化学的知识应用于生产、饮食及医疗。而在欧洲生物化学的研究始于18世纪，作为一门独立的学科建立于20世纪初。1903年Neuberg首先提出了“生物化学”这一名词。

生物化学发展的历史，依时间和阶段性研究的发现人们习惯将其分为三个时期。即“叙述生物化学时期”、“动态生物化学时期”和“功能生物化学时期”（现在也称为“分子生物学时期”）。

一、叙述生物化学时期

这是生物化学形成的最初认识时期，包括中国古代运用生物化学原理与技术的生产实践和医药实践到西方18世纪下半叶至20世纪20年代前对生物物质的发现与认识。

（一）我国古代

在我国古代，基于生产和生活的需要，在饮食、营养、医药等方面都有大量的创造和发明。

在公元前21世纪，我国人民已经能造酒。作酒必用曲，曲为酒母，又叫酶，与媒通，是促进谷物中的淀粉转化为酒的媒介物。现在将促进生物体内化学反应的媒介物（即生物催化剂）统称为酶（enzyme）。在《周礼》和《论语》中可以得知有制酱、制饴和制醋的记载，说明当时人们已在运用酶的原理作为饮食制作及加工的一种工具了。再则，值得提及的是豆腐的制作，《天禄识余》载有汉淮南王刘安造豆腐的传说。豆腐的加工制造表明，早在公元前2世纪我国在提取豆类蛋白质方面，已掌握并应用生物化学和胶体化学的方法与技术了。

《黄帝内经》中记载了膳食所必备的条件，即“五谷为养，五果为助，五畜为益，五菜为充”。这段记载不仅强调膳食必须含有谷、果、畜和菜四类食物，而且以“养”、“助”、“益”和“充”表明其在营养上的价值。其立论的正确，与现代营养学的平衡膳食理论互为印证，足令后人钦佩。

在医药方面，我国古代医学对众多疾病的治疗实践中，运用了当今的生物化学原理与理论。公元前4世纪，庄子记载瘿病，即地方性甲状腺肿（endemic goiter）。至公元4世纪，葛洪著《肘后备急方》最先记载海藻酒治疗瘿方。海藻含碘，可以治疗瘿病，与现代科学疗法完全相同。孙思邈对缺乏维生素 B_1 所致的脚气病有详细研究。他知道这是一种食米区的疾病，并按其病状分为“肿”、“不肿”及“脚气入心”三种。当时用以治疗脚气病的药，如车前子、防风、杏仁、大豆和槟榔等，经近代分析证明其均含有维生素 B_1。关于缺乏维生素A所致的夜盲症，古称雀目。孙思邈首先用猪肝治疗雀目。我国最早的眼科专著《秘传眼科龙木论》记载用苍术、地肤子、细辛、决明子等治疗雀目。经分析这些药物中含有维生素A或维生素A原（provitamin A）。

综上可以看出，在古代，我国对生物化学的发展是有一定贡献的。

（二）18世纪下半叶到19世纪

生物化学在这一阶段是了解生物体物质组成，开始主要是对生命物质的组成成分、性质以及含量的研究。例如，Karl Scheele 1776—1778年研究了生物体（植物及动物）各种组织的化学组成（含有甘油、柠檬酸、苹果酸、乳酸、尿酸等），奠定了生物化学基础工作。继而A.L.Lavoisier于1785年证明，在呼吸过程中，吸进的氧气被消耗，呼出二氧化碳，同时放出热能。这就意味着，呼吸过程包含有氧化作用，此发现可以看作生物氧化及能量代谢研究的开端。

19世纪初，作出杰出贡献的科学家F. Wöhler于1828年在实验室内将氰酸铵（ammonium cyanate）转化成尿素（urea）。氰酸铵是一种普通的无机化合物，而尿素则是哺乳类动物尿液中的含氮物质代谢的一种主要产物。在当时，人工合成尿素的成功，打破了人们对有机物只能在生物体内合成的错误想法。这不仅为有机化学发展清除了障碍，同时也给生物化学的发展奠定了基础。

在这一时期，Louis Pasteur 1854—1864年间的研究证明发酵作用是由微生物引起的。他的“活的微生物细胞发酵”概念后来被证明是错误的，因为，Liebig认为微生物之所以能够使物质发酵，并非由于微生物本身的生活功能，而是微生物细胞所含的酵解酶。Liebig的正确观点一直等到H. Buckner和E. Buckner两兄弟1897年研究证实酵母中含有发酵酶才得到认可。因而才使发酵作用及发酵酶的概念得以确立，开辟了发酵过程在化学上的研究道路，奠定了酶学基础。

在此期间，发现的生物体内物质还有：M. E. Chevreul（1786—1888）发现脂类、E. Fischer（1852—1919）发现糖类及氨基酸、F. Miescher 1868年发现核酸等。值得一提的是，在1899年E. Fischer合成18至19个氨基酸的多肽，他的工作是人工合成蛋白质的开端。

以上包括我国古代和欧洲的发明创造及研究发现，均被看作生物化学的萌芽时期，虽然也有部分生物体内一些化学过程的发现和研究，但从总体上讲，还是以分析和研究生物体的成分为主，所以这一时期可以看作叙述生物化学时期。

二、动态生物化学时期

从20世纪初开始，生物化学进入了一个蓬勃发展的时期，即动态生物化学时期。在营养方面，研究了人体对蛋白质的需要及其需要量，并发现了必需氨基酸(essential amino acid)、必需脂肪酸(essential fatty acid)及多种维生素；在内分泌方面，发现了多种激素，并被分离、合成；在酶学方面，J. B. Sumner于1926年分离出脲酶(urease)，并成功地将其制成结晶。此后，胃蛋白酶(pepsin)及胰蛋白酶(trypsin)也相继被人结晶出来。这些工作使得酶的蛋白质性质得以肯定，对其性质及功能有了较详尽的了解，更使得对体内新陈代谢的研究易于推进。在物质代谢方面，由于化学分析及放射性核素示踪技术的发展与应用，对生物体内主要物质的代谢途径已基本确定，包括糖代谢途径的酶促反应过程、脂肪酸β-氧化、尿素合成途径以及三羧酸循环(tricarboxylic acid cycle)，在生物能产生过程中的ATP循环学说。在核酸的分子组成以及DNA分子功能研究方面取得了重要突破。例如，J. J. Abel等1902年第一次分离出肾上腺素。Stoltz合成了这个激素。美国生物化学家C. E. Cori夫妇1929年发现肌糖原、血乳酸、肝糖原和血糖之间的转化，后称科里循环(Cori cycle)。其后，Keilin 1933年分离出细胞色素c，并在特殊的心肌制剂中重建了电子传递系统。Embden和Meyerhof证明糖酵解及发酵的化学历程中的关键性中间物。德国生化学家H. A. Krebs发现尿素合成的鸟氨酸循环。他还于1937年在英国提出代谢的公共途径“柠檬酸循环”设想，1940年Krebs又用实验作了证实。其间，科学家将放射性核素示踪用于碳水化合物及类脂物质的中间代谢的研究。美国生化学家E. P. Kennedy等1949年发现线粒体是进行三羧酸循环、脂肪酸氧化和氧化磷酸化的场所；而酵解作用则发生在细胞质中。美国细菌学家O. T. Avory等1944年报道了肺炎双球菌的转化实验，证明了不同型的肺炎双球菌相互之间的转化因子是DNA。

在我国，吴宪是最早从事近代生物化学研究的科学家，他在血液分析、食物分析、营养、蛋白质化学及免疫化学等方面均有重要贡献。例如，他的血滤液制备方法及血糖测定方法至今仍为世界各实验室适时采用。他提出蛋白质变性现象是由于蛋白质的结构发生了变化，是在蛋白质分子中紧紧缠绕的多肽链变为松散状态的结果，该蛋白质变性理论至今证实完全正确。

在这个时期，体内各种主要物质的代谢途径均已基本搞清楚。所以，这个时期可以看作动态生物化学时期。

三、功能生物化学(分子生物学)时期

在前期研究工作的基础上，生物化学发展到20世纪后半叶，有两个主要特征：一是生物化学理论日臻完善；另一个就是在生物化学理论基础上的分子生物学兴起(现在也有人将此时期称作“分子生物学时期”)。

生物化学理论日臻完善得益于相关技术的不断完善和新技术、新方法的不断应用。在研究生物大分子的组成时，如分析氨基酸在蛋白质中的排列顺序时，可采用自动序列分析仪。在分析生物大分子的结构与性质时，可采用物理方法和仪器(红外线、紫外线、

X 线等)。知道生物大分子的组成和结构之后,就可以进一步研究其功能,还有可能用人工的方法合成它们。在此时期,我国生物化学和有机化学工作者于1965年首先用人工的方法,合成了有生物活性的胰岛素;1981年又合成了酵母丙氨酸 tRNA,开辟了人工合成生物大分子的途径。除此之外,生物化学家也常采用人工培养的细胞及繁殖迅速的细菌作为研究材料,以及其他现代先进手段,不但把糖类、脂类及蛋白质的分解代谢途径研究得更清晰,而且将糖类、脂类、蛋白质、核酸、胆固醇、某些类固醇激素、血红素等的生物合成基本弄明白;还测出了具有生物活性的某些重要蛋白质的基本结构和空间结构以及一些酶的活性中心结构等。

20世纪下半叶以来,生物化学发展的显著特征是分子生物学的崛起。1953年 J. D. Watson 和 F. H. Crick 提出了 DNA 双螺旋结构模型,是生物化学发展进入分子生物学时代的重要标志。此后,Meselson 和 Stahl 为 DNA 半保留复制模型提出了实验证明。对 DNA 的复制机制、RNA 的转录及蛋白质合成过程进行了深入的研究。1958年 Crick 提出了分子遗传信息传递的中心法则。1961年 Jacob 和 Monod 提出了操纵子学说,并假设了 mRNA 的功能。20世纪70年代初,随着限制性核酸内切酶的发现和 DNA 分子杂交技术的建立,基因工程学得到发展。1972年 P. Berg 首次将不同的 DNA 片段连接起来,并将这个重组的 DNA 分子有效地导入到细菌细胞中进行繁殖,于是产生了重组的 DNA 克隆。1976年 Y. W. Kan 等应用 DNA 实验技术就胎儿羊水细胞 DNA 做出了 α- 地中海贫血的出生前诊断。1977年人类第一个基因被克隆,美国成功地用基因工程方法生产出人生长激素抑制素。T. R. Cech 等1981年发现了核酶,表明 RNA 除具有原先人们认识的功能外,还具有催化功能。这一发现打破了"酶必定是蛋白质"的传统概念,并提出"在蛋白质尚未出现前存在一个 RNA 世界",为生命的起源提出了新的理论。1986年 K. Mullis 等建立了 PCR 技术,使人们可以在体外进行极简便和快速的 DNA 扩增。20世纪90年代基因治疗正式进入了临床实验阶段。2003年完成了人类基因组计划(human genome project)。在此基础上,后基因组计划将进一步深入研究各种基因的功能与调节。2006年 Andrew Z. Fire 和 Craig C. Mello 由于在 RNAi(RNA interference)及基因沉默现象研究领域的杰出贡献从而摘取了当年的诺贝尔生理学或医学奖。E. Blackburn、C. Greider 和 J. Szostak 三人因揭示了染色体是如何被端粒和端粒酶保护的而获得了2009年诺贝尔生理学或医学奖。分子生物学的研究对生命科学的发展起着巨大的推动作用,受到国际科学界的高度重视。近20年来,几乎每年的诺贝尔生理学或医学奖以及几届诺贝尔化学奖授予了从事生物化学和分子生物学的科学家,就足以说明生物化学与分子生物学研究在生命科学中的重要地位和作用。

随着研究的深入,人们对生命现象和本质有了深入的认识,并懂得了体内物质代谢主要在细胞内进行。不同类别的细胞构成了不同的组织和器官,并赋予它们不同的生理功能。第三时期就是研究生物分子、亚细胞、细胞、组织和器官的结构与功能的关系,从一个完整的生物机体的角度来研究其体内的化学结构及其化学变化,称为"功能生物化学"。

生物化学发展的三个时期是合乎发展规律的,如果没有对生物体物质组成的了解,物质代谢的研究就无从着手。如果没有物质代谢的知识,功能生物化学也就难以发展。

第二节　生物化学的主要内容

如上所述，生物化学是探讨生命奥秘的科学。它的研究内容十分广泛，包括生物体的化学物质组成、生物分子的结构与功能、物质代谢及其调节、从分子水平阐明生物体生命活动的化学本质和规律等。当代生物化学研究的内容可大体分为以下几个部分。

一、生物体的物质组成及生物分子的结构与功能

生物体是由许多物质按严格的规律构建起来的。要研究生物体的化学变化，首先要对其物质组成、含量等进行研究。如经研究已知人体内含水 55%～67%，蛋白质 15%～18%，脂类 10%～15%，糖类 1%～2%，无机盐 3%～4%，此外，还有核酸等。从以上分析来看，人体的组成似乎比较简单，其实不然，人体内还含有维生素、激素、氨基酸及其衍生物等。而且其中的蛋白质，据估算有 10 余万种，各种蛋白质的组成和结构不同，因而也就具有不同的生物学功能。这些蛋白质极少与其他生物体内的完全相同。实际上，每一种生物都各有其一套特有的蛋白质分子。

蛋白质、核酸、多糖类和脂类等这些大而复杂的分子特别称作生物大分子。当下生物大分子主要指蛋白质、核酸，其重要特征之一是具有信息功能，故也称之为生物信息分子。它们都是由某些基本结构单位（包括氨基酸和核苷酸）按一定顺序和方式连接所形成的多聚体，分子量一般大于 10^4，这些小而简单的基本结构单位可以看作生物分子的构件，故也称作构件分子。对于生物大分子，在研究其种类、排列顺序和方式的基础上，更重要的是研究其空间结构与功能的关系。分子的结构是功能的基础，而功能则是结构的体现。生物大分子的功能还通过分子之间的相互识别和相互作用而实现。因此，分子结构、分子识别和分子的相互作用是执行生物信息分子功能的基本要素。这一领域的研究是当今生物化学的热点之一。

二、物质代谢及其调节

生命的基本特征之一就是新陈代谢。生物体通过不停地与外界环境进行物质交换，摄取养料、排除废物，以维持体内环境的稳定，从而使生命得以延续。如人类平均生活到 60 岁时，与外界交换的物质约：60 000kg 水、10 000kg 糖类、600kg 蛋白质以及 1000kg 脂类。在生物体内各种物质都按一定规律进行物质代谢（合成代谢和分解代谢），通过物质代谢为生命活动提供所需的能量；同时，各种组织化学成分得到不断的代谢更新。在体内所发生的繁纷复杂的代谢过程是需要各种代谢之间互相协调的。这种复杂的体系的调节是通过多种调节因素（包括神经、激素和酶等）来完成的。在体内物质代谢一旦发生紊乱，则可引起疾病。现在，对生物体内的主要物质代谢途径虽已基本清楚，但仍有许多问题有待探讨。物质代谢有序性调节的分子机制也尚需进一步阐明。细胞信息传递参与多种物质代谢及与其相关的生长、繁殖、分化等生命进程的调节。其中细胞信息传递的机制及网络也是近代生物化学研究的重要课题之一。

三、基因信息传递及其调控

基因信息的传递，包括复制（DNA 生物合成）、转录（RNA 生物合成）、翻译（蛋白质生物合成）以及逆转录等生物化学过程。此反应存在于生物遗传、变异、生长和分化等生命过程之中。对此研究的主要内容有：DNA 的分子结构（包括结构的多态性）与功能的关系，基因在基因组中的定位（所谓基因简而言之就是 DNA 分子中的功能性区段）；基因中遗传信息的表达及调控机制，包括转录阶段的时间与空间调控以及翻译水平的加工修饰等。除了当前的顺式作用元件（cis acting element）与反式作用因子（trans acting factor）调节机制外，小 RNA（特别是微 RNA，microRNA）分子的调节作用也备受关注。基因的信息传递也与多种疾病有关，如遗传性疾病、恶性肿瘤、心血管病、糖尿病及血液系统疾病等。因此，对基因信息本身存在形式、传递过程及调控规律的深入研究，将进一步阐明生命的奥秘，进而解释生命行为和疾病的发生机制，从而在分子水平上为人类疾病的诊断、治疗和预防提供科学依据和实用技术。当前，随着研究的不断深入和系统化，按照基因信息传递的纵轴形成了基因组学、转录组学、蛋白质组学和代谢组学等研究领域。这都将大大推动基因信息传递及其调控整体性研究的进程。

第三节　生物化学与医药学的关系

生物化学是生命科学领域里（包括形态学、分类学、遗传学、生理学、生物化学、生态学等）的重要组成部分之一。在医学院校里的所谓医学生物化学或药学生物化学都是普通生物化学的专业性分支，它既是生物化学，也是医学和药学专业的重要主干课程。生物化学的理论和技术已渗透到医药卫生的各个领域。无论是基础医药学各学科还是临床医药学各学科的研究中都涉及物质分子变化问题，并应用生物化学的理论与技术解决各学科的问题，从而产生了“分子药理学”、“分子遗传学”、“分子免疫学”、“分子病理学”、“分子肿瘤学”等一批新的交叉学科或分支学科，并已初步形成体系。

生物化学与医学药学的发展密切相关、相互促进，由于生物化学发展到分子生物学的阶段，人们对许多疾病的本质以及对疾病治疗手段有了更加深刻的认识。在医学上出现了新的诊断和治疗方法，特别是基因诊断和基因治疗，如基因芯片技术用于临床诊断，基因治疗的基因增补技术对某些疾病已获得临床应用。在生物制药方面，基因工程药物及基因药物的设计与生产等均离不开生物化学知识，现已有许多品种基因工程药物生产和用于临床治疗。所以作为医药院校学生必须学好并掌握生物化学的基本知识、技术方法以备为医药卫生事业做出贡献。

第四节　学习生物化学的目的与意义

生物化学是一切与生命相关科学的重要基础学科。我们医药院校学生继形态学及生理学等学习之后，应在分子水平认识人体生命的化学变化规律，学习并掌握好生物化学理论、原理及相关技术方法，对于疾病发生、发展机制的分析，疾病的预防以及新的诊断、治疗技术与方法的建立和新药研究等都是非常重要的。同时，学习好生物化学知识也为今后学习后续相关课程提供了保障。

历史上我国劳动人民早就将生物化学知识应用于医疗实践中，为生物化学的产生和发展做出了积极的贡献。现在，将生物化学知识应用于中医药学研究也大大促进了中医药学的发展。特别是中医药要做到面向世界、面向现代化、面向未来，必须要与现代科学，特别是现代医药学相结合。其中生物化学与分子生物学势必起着十分重要的作用。

学习小结

1. 学习内容

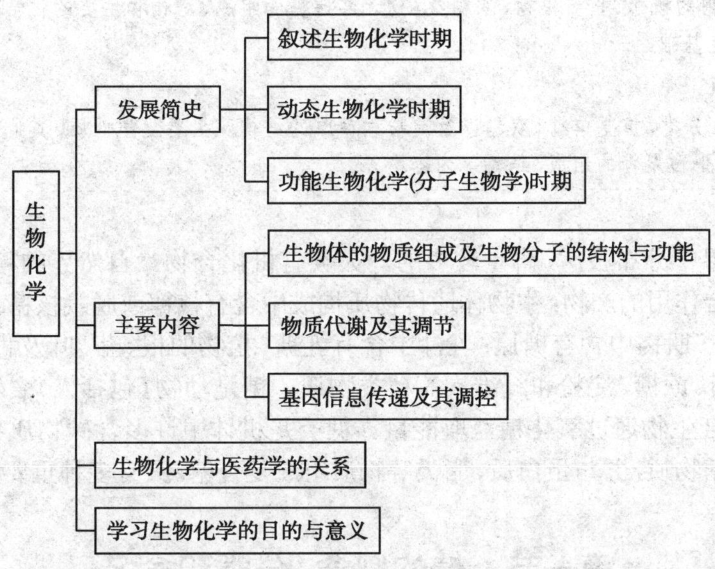

2. 学习方法　要在结合以前所学过的形态学和相关功能学知识的基础上，来学习、认识、理解和掌握这门生命科学中的重要基础学科。它能进一步解释生物体在形态学方面的物质组成、分子结构规律和在功能学方面的功能实现的化学变化规律。

（于英君）

复习思考题

1. 生物化学的发展历史分为几个时期，其各时期的特点是什么？
2. 生物化学的主要内容有哪些？
3. 为什么说生物化学与医药学密不可分？
4. 如何认识生物化学与现代中医药事业的发展？

第二章 糖类化学

学习目的

通过学习糖的概念、重要单糖、双糖及多糖，掌握糖的组成、结构和主要的化学性质，为学习糖代谢等章节奠定基础。

学习要点

糖的概念、分类，重要单糖、双糖以及淀粉和糖原的结构及主要化学性质，其他包括同多糖、杂多糖及糖蛋白、蛋白聚糖的组成、结构等内容。

糖是生物界中分布极广、含量较多的一大类有机化合物。自然界的糖是绿色植物及某些微生物光合作用的产物；生物体遗传物质构成中含有核糖或脱氧核糖；动物血液中含有葡萄糖，肝脏、肌肉中含有糖原；乳汁中含有乳糖；植物的根、茎、叶及种子等中大多含有葡萄糖、果糖、蔗糖、淀粉和纤维素等糖类物质。糖是动物（包括人）食物的主要成分，绝大多数非光合生物通过氧化糖获取能量。糖类是机体中许多含碳物质分子的前体，可转化为多种非糖物质，并与蛋白质、脂类等物质组成复合糖，具有多种重要的生物学功能。

第一节 糖的概念、分类和命名

一、糖的概念

糖主要由C、H、O三种元素所组成，是一类多羟基醛或多羟基酮或是它们的缩聚物、衍生物。多数糖分子内H、O元素的原子个数之比为2∶1，可用通式$Cn(H_2O)m$表示，因此又被称为碳水化合物（carbohydrate）。不过有些糖的元素组成并不符合这一规律，如脱氧核糖（$C_5H_{10}O_4$）；而一些元素组成符合这一规律的化合物并不是糖，如醋酸（$C_2H_4O_2$）。

二、糖的分类

根据能否水解，糖可分为单糖、低聚糖和多糖三大类。

（一）单糖

单糖（monosaccharide）是指不能再水解的糖。它是构成各种糖分子的基本单位。根据其分子中所含碳原子数目的多少，可分为丙糖、丁糖、戊糖、己糖等；根据其分子中含有醛基或酮基可分为醛糖和酮糖。自然界中存在的单糖主要有戊糖（核糖、2-脱氧核糖）和己糖（葡萄糖、果糖、半乳糖等）。

（二）低聚糖

低聚糖（oligosaccharide）是由2～10个单糖分子组成的。最常见的是二糖（双糖），水解后生成两分子单糖，如麦芽糖、蔗糖、乳糖等。

（三）多糖

多糖（polysaccharide）是能水解成 10 个以上单糖的高分子化合物。凡由一种单糖组成的多糖称同多糖，如淀粉、糖原和纤维素等；由多种单糖或单糖衍生物组成的多糖称杂多糖，如透明质酸、硫酸软骨素、肝素等糖胺聚糖（又称黏多糖）。

三、糖 的 命 名

糖类化合物大多数是根据其来源给予一个通俗的名称，如葡萄糖、果糖、蔗糖、乳糖等。

第二节 单糖的结构与化学性质

单糖至少含两个羟基。单糖分子中含羟基的碳原子多数是手性碳原子，可形成具有不同立体结构（构型）的化合物。在各种单糖中，葡萄糖最具有代表性，它既是生物体内最丰富的单糖，又是寡糖和多糖最主要的组成成分。这里以葡萄糖为例介绍单糖的结构及其表示方式，以及单糖的主要化学性质。

一、单糖的结构

（一）葡萄糖

1. 葡萄糖的开链结构和构型 葡萄糖（glucose）的分子式为 $C_6H_{12}O_6$，它是含有 5 个羟基、1 个醛基的己醛糖。根据命名原则，将—CHO 的碳原子定为第一个碳原子，其他依次标示。葡萄糖的开链结构中有 4 个手性碳原子（C_2、C_3、C_4 和 C_5）。对于含有多个手性碳原子的糖分子，其相对构型是根据其分子结构中离羰基最远的手性碳原子连接的—OH 来确定的。规定与 D- 甘油醛一致的、—OH 在右侧的单糖为 D- 构型，与 L- 甘油醛一致的、—OH 在左侧的单糖为 L- 构型。在葡萄糖的 4 个手性碳原子中，C_5 离 C_1 羰基最远，C_5 手性碳原子中—OH 投影在右边，与 D- 甘油醛一致，所以葡萄糖为 D- 构型。

```
                                            ¹CHO
                                             2|
                                        H—C—OH
                                             3|
                                       HO—C—H
                                             4|
                                        H—C—OH
      ¹CHO             ¹CHO                  5|
       2|               2|              H—C—OH
   HO—C—H           H—C—OH                   6|
       3|               3|                  CH2OH
      CH2OH            CH2OH
    L–甘油醛          D–甘油醛            D–葡萄糖
```

具有不对称手性碳原子结构的分子具有旋光性，可使偏振光的偏振面发生旋转。具有旋光性的物质称为旋光性物质。旋光性物质使偏振光的偏振面旋转的角度称为旋光度，标准条件下的旋光度称为比旋光度。对于旋光方向，规定用（+）表示偏振面向右（即顺时针方向）旋转，简称右旋；用（–）表示偏振面向左（即逆时针方向）旋转，简称左旋。葡萄糖可使偏振光右旋。

2. 葡萄糖的环式结构　葡萄糖的碳链实际上并不是一条直线。葡萄糖的 C_1 上醛基的氧原子和 C_5 上的羟基在空间位置上比较靠近，在分子内发生醛和醇的半缩醛加成反应，形成环状的半缩醛结构，并使 C_1 成为手性碳原子。C_1 通过加成得到的羟基叫半缩醛羟基，根据其投影位置的不同，分别命名为 α- 构型（半缩醛羟基投影在右边）和 β- 构型（半缩醛羟基投影在左边）。在水溶液中，开链结构与两种环式结构的葡萄糖形成一个动态平衡。

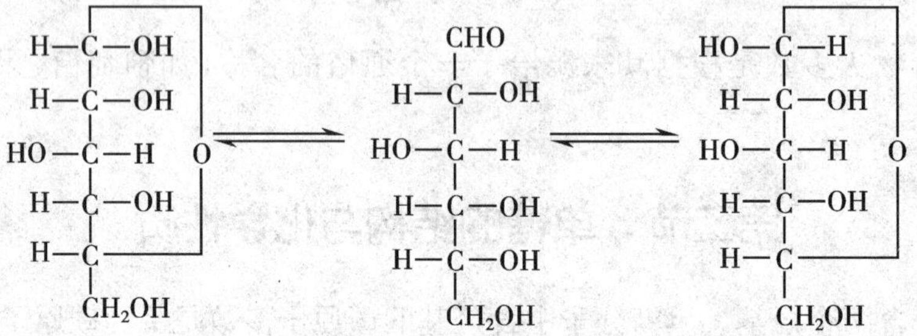

α–D–(+)–葡萄糖(36%)　　D–(+)–葡萄糖(0.024%)　　β–D–(+)–葡萄糖(64%)

3. 葡萄糖的 Haworth 透视式　糖的环式结构用 Haworth 透视式表示更合理。在写 Haworth 透视式时，把糖环横写（省略成环碳原子），粗线表示偏向我们，将链式结构中碳链左边的原子或基团写在环的上面，右边的原子或基团写在环的下面。

溶液中的单糖有两种环式结构：一种结构的环式骨架类似于吡喃，称为吡喃糖（pyranose）；另一种结构的环式骨架类似于呋喃，称为呋喃糖（furanose）。两种稳定的环式葡萄糖异构体均为吡喃糖，分别命名为 α-D- 吡喃葡萄糖、β-D- 吡喃葡萄糖。

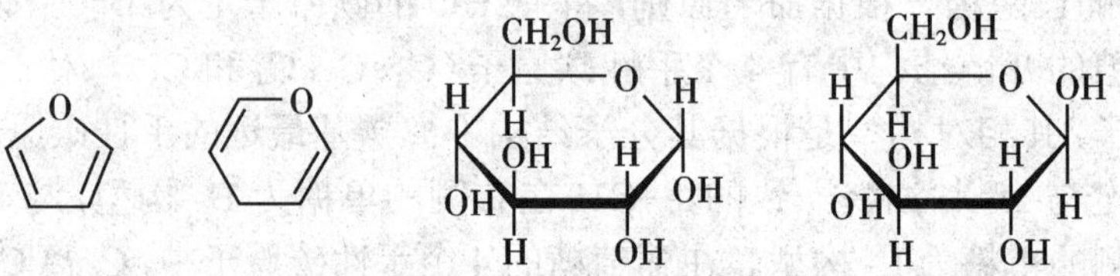

呋喃　　吡喃　　α–D–(+)–吡喃葡萄糖　　β–D–(+)–吡喃葡萄糖

4. 葡萄糖的构象　构象是通过旋转单键使分子中的原子或基团在空间产生的不同排列形式。吡喃葡萄糖有椅式和船式等典型构象，其中以下两种椅式构象比较稳定。

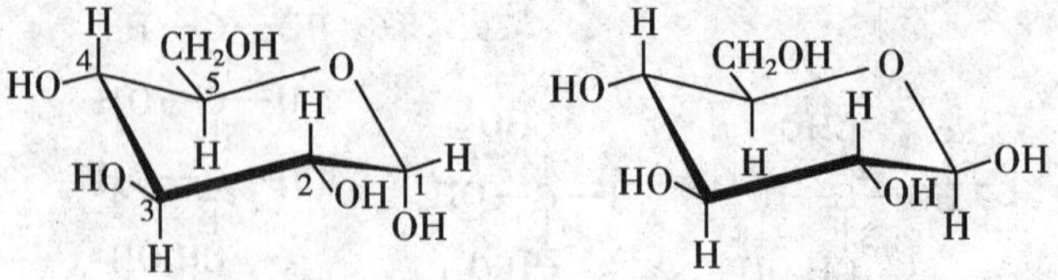

α–D–吡喃葡萄糖　　β–D–吡喃葡萄糖

（二）其他单糖的 Haworth 结构

含五个以上碳原子的单糖都有环式结构和开链结构，在溶液中主要以环式存在，也都存在两种环式异构体，并参照葡萄糖命名为 α- 构型和 β- 构型。

1. 果糖、半乳糖　果糖（fructose）为己酮糖，有两种环式结构：游离果糖在溶液中主要以吡喃糖形式存在，结合型果糖则以呋喃糖形式存在。而半乳糖（galactose）为己醛糖，与葡萄糖的差异仅在 C_4 上羟基的位置不同，其成环的方式与葡萄糖相同。

α-D-呋喃果糖　　β-D-吡喃果糖　　β-D-吡喃半乳糖

2．核糖、脱氧核糖　核糖（ribose）和脱氧核糖（deoxyribose）都是含有五个碳原子的醛糖，都具有开链结构和环式结构：环式结构的核糖和脱氧核糖以呋喃糖形式存在。

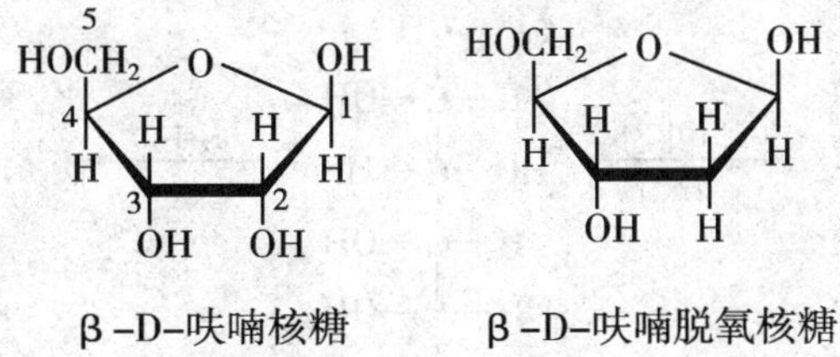

β-D-呋喃核糖　　β-D-呋喃脱氧核糖

二、单糖的主要化学性质

单糖既能发生醇的反应，也能发生醛或酮的反应，环式单糖的半缩醛羟基还能发生特殊反应。

（一）氧化反应

一定条件下，单糖分子中的醛基和羟甲基可被氧化，氧化条件不同则氧化产物不同。

1．与碱性弱氧化剂反应　在碱性条件下，醛能被托伦试剂等碱性弱氧化剂氧化成酸，同时生成金属单质或低价金属氧化物。醛糖能被碱性弱氧化剂氧化成糖酸等复杂产物，称为还原糖（reducing sugar）。酮糖可通过醛酮异构生成醛糖，所以无论是醛糖还是酮糖，都能被碱性弱氧化剂氧化成糖酸等复杂产物，都是还原糖。

$$\text{单糖} + Ag(NH_3)_2^+ \xrightarrow{\triangle} \underset{\text{银镜}}{Ag\downarrow} + \text{复杂氧化物} + NH_3\uparrow$$

本尼迪克特试剂（班氏试剂）是由硫酸铜、碳酸钠和柠檬酸钠配制而成的一种深蓝色溶液，性质稳定，使用方便，且不为尿酸和肌酸等所干扰，临床上常用该试剂检验尿糖（尿液中的葡萄糖）含量。但本尼迪克特试剂与葡萄糖的反应不是特异性的，其他单糖或一些双糖也可以发生该反应。临床上采用特异性很强的葡萄糖氧化酶法检测血糖（即血液中的葡萄糖）含量，可排除其他单糖干扰。

$$\text{单糖} + Cu(OH)_2 \xrightarrow{\triangle} \underset{\text{砖红色}}{Cu_2O\downarrow} + \text{复杂氧化物}$$

2．与非碱性弱氧化剂反应　醛糖与非碱性弱氧化剂作用生成相应的糖酸。例如葡萄糖与溴水反应生成葡萄糖酸（gluconate），利用该反应可区分醛糖和酮糖。

3．酶促反应　在肝脏内，葡萄糖经酶促氧化生成葡糖醛酸（glucuronic acid），后者具有保肝解毒作用。

4．与较强氧化剂反应　单糖与较强氧化剂（如稀 HNO_3）作用生成糖二酸。

5. 彻底氧化　单糖完全氧化生成二氧化碳和水，同时释放能量。

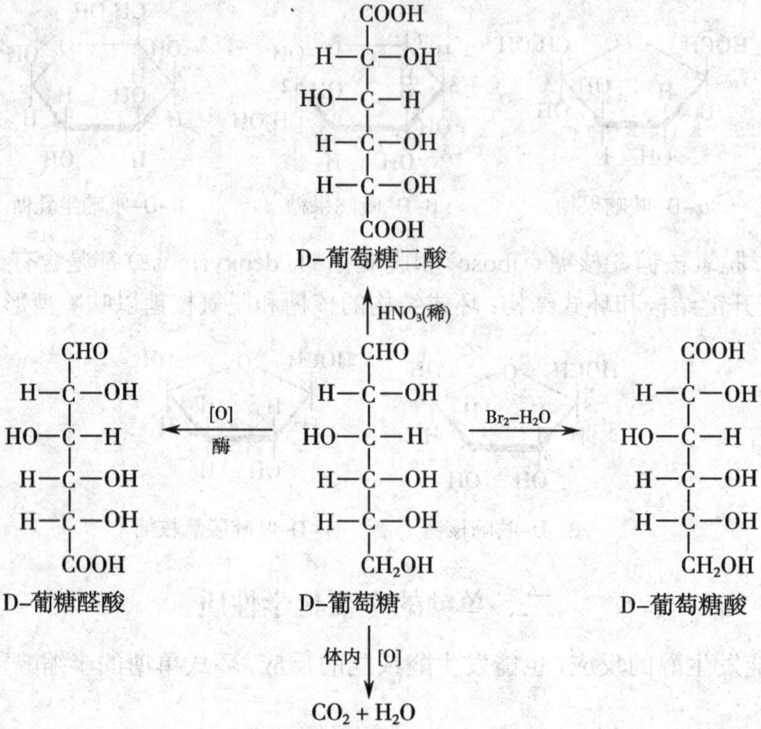

D-葡萄糖二酸

HNO_3(稀)

D-葡糖醛酸　　D-葡萄糖　　D-葡萄糖酸

[O] 酶　　Br_2-H_2O　　体内 [O]

$CO_2 + H_2O$

（二）还原反应

葡萄糖 C_1 醛基可还原为羟基而生成山梨醇，后者积聚在糖尿病患者的晶状体中，可引起白内障。

（三）成酯反应

单糖分子中的羟基都能与酸成酯，其中具有重要生物学意义的是形成磷酸酯。例如3-磷酸-甘油醛和6-磷酸葡萄糖等，都是人体内糖代谢的重要中间产物。

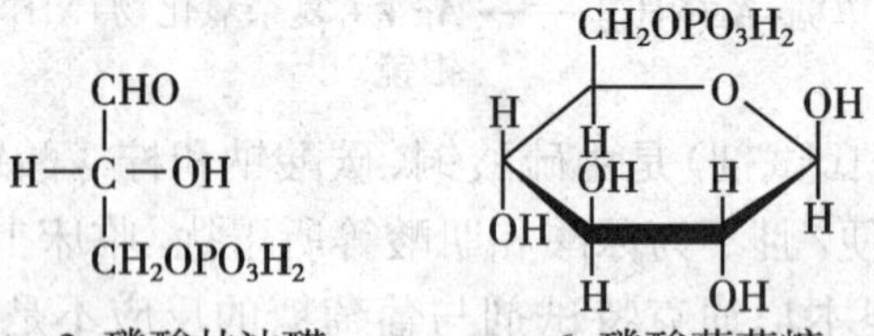

3-磷酸甘油醛　　6-磷酸葡萄糖

（四）成苷反应

环式单糖的半缩醛羟基可与其他分子中的羟基（或活泼氢原子）缩合，生成糖苷（glycoside）。例如，葡萄糖和甲醇缩合生成α-D-甲基葡萄糖苷和β-D-甲基葡萄糖苷。

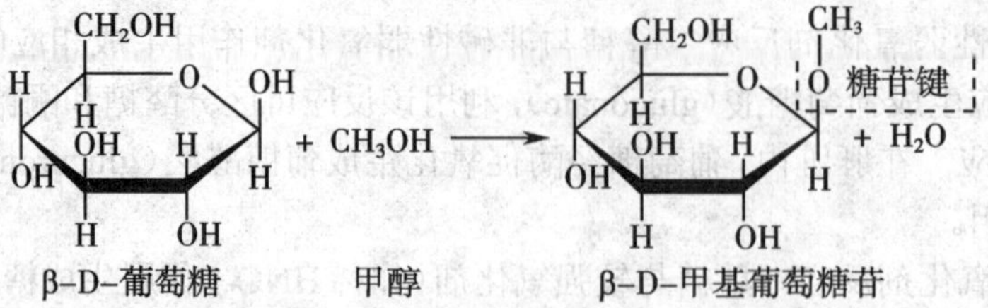

β-D-葡萄糖 + CH_3OH → β-D-甲基葡萄糖苷 + H_2O

甲醇　　糖苷键

苷类化合物包括糖部分和非糖部分，非糖部分称为苷元。连接糖和苷元的化学键称为糖苷键（glycosidic bond），通常有氧糖苷键、氮糖苷键和碳糖苷键。

苷类化合物结构中没有游离半缩醛羟基，不能开环形成醛基，所以没有还原性。

苷类在自然界分布很广，化学结构较复杂，如靛蓝、茜素等天然色素，各种花色素都是糖苷。核糖与脱氧核糖常和多种含氮碱基成苷而形成生物体内的重要物质如腺苷三磷酸（ATP）、烟酰胺腺嘌呤二核苷酸（NAD^+）等。很多苷类化合物具有明显的药理作用，常为中草药的有效成分之一。例如槐花中含有的芸香苷（又称芦丁）具有维持血管正常功能的作用；洋地黄中含有的洋地黄苷有强心作用；杏仁中含有的苦杏仁苷有止咳平喘的作用；人参中含有的人参皂苷有调节中枢神经系统、增强机体免疫功能等作用。

第三节 重要的双糖

寡糖一般易溶于水，其中最重要的寡糖是双糖（disaccharide），包括麦芽糖、蔗糖和乳糖等。

一、麦 芽 糖

麦芽糖（maltose）是用大麦芽中的淀粉酶水解淀粉而成的。食物中的淀粉受人体的唾液淀粉酶或胰淀粉酶催化也可水解成麦芽糖。

麦芽糖是由两分子 α-D- 葡萄糖通过 α-1，4 糖苷键结合而成的。因分子内仍保留着一个半缩醛羟基，因此具有还原性。

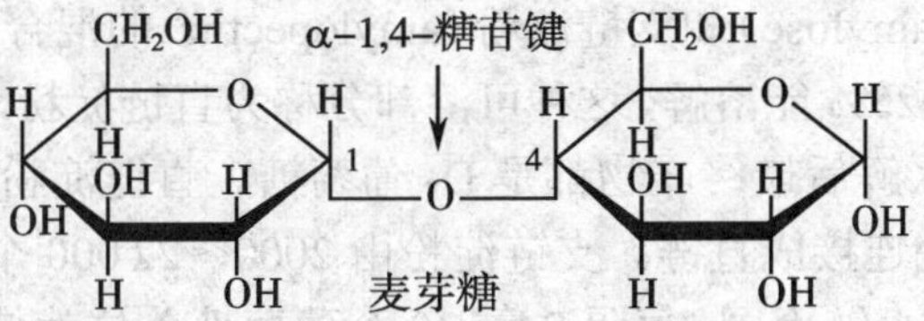

α-1,4-糖苷键

麦芽糖

二、蔗 糖

蔗糖（sucrose）广泛存在于光合植物中，由 1 分子 D- 葡萄糖和 1 分子 D- 果糖以 α-1，2-β- 糖苷键相连而成，无半缩醛羟基。因此没有还原性。

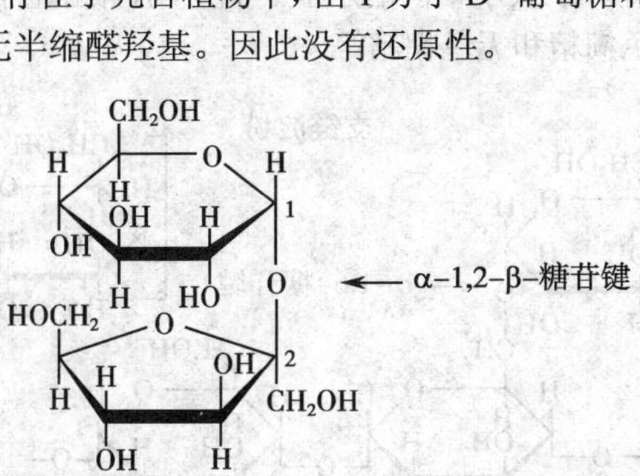

α-1,2-β-糖苷键

蔗糖

三、乳 糖

乳糖（lactose）存在于哺乳动物的乳汁中，含量约为 5%，是婴儿糖类营养物的主要来源。因分子内仍保留着一个半缩醛羟基，因此具有还原性。

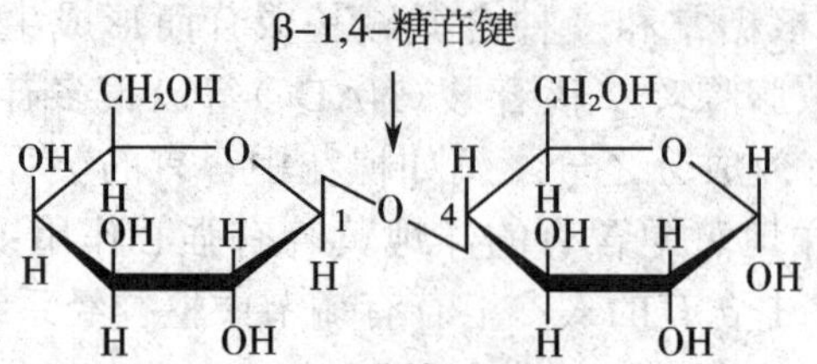

乳糖

第四节 多 糖

多糖在自然界分布很广，有着非常重要的生物学意义。多糖可按其组成分为同多糖和杂多糖。

一、同 多 糖

同多糖由同一种单糖缩合而成，包括淀粉、糖原和纤维素等。

（一）淀粉

淀粉（starch）是植物多糖，是葡萄糖在植物中的存储形式。淀粉主要存在于植物根茎和种子中。例如大米中含 75%～80%，小麦中约含 60%。

淀粉是直链淀粉（amylose）和支链淀粉（amylopectin）的混合物，广泛分布于植物界。淀粉经热水处理，约有 25% 能溶解，这种可溶部分称为直链淀粉，其余 75% 为不溶部分，称支链淀粉。两者经水解后最终产物都是 D- 葡萄糖。直链淀粉平均由 1000 个 α-D- 葡萄糖通过 α-1，4 糖苷键连接成直链。支链淀粉由 2000～22 000 个葡萄糖残基通过 α-1，4 糖苷键连接成链，但与直链不同，每隔 24～30 个葡萄糖单位就伸出一条支链，在支链处的两个葡萄糖单位之间是通过 α-1，6 糖苷键相连的。

淀粉溶液遇碘呈蓝色，是淀粉常用的定性鉴别反应。在酸或酶的催化下，淀粉可发生逐步水解，生成一系列分子大小不同的水解中间产物，根据它们与碘反应的颜色不同，分别称为紫色糊精、红色糊精和无色糊精等。

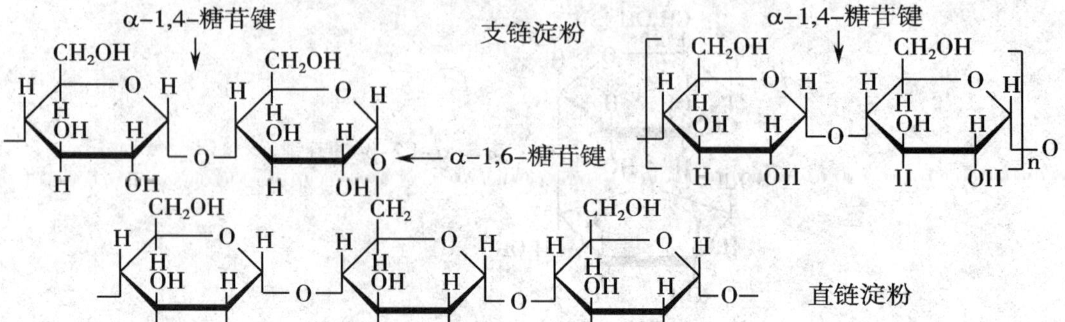

（二）糖原

糖原（glycogen）又称为动物淀粉，是储存于动物体内的多糖，主要存在于肝脏和肌肉中，因此有肝糖原和肌糖原之称。它们的含量随生理情况而异。糖原也是由 D- 葡萄糖组成的，其结构与支链淀粉相似，但较支链淀粉的分支更多，支链更短，在糖原分子的链中每隔 6～8 个葡萄糖单位就有一个分支。

糖原与碘溶液作用，呈红褐色。肝脏的糖原可分解为葡萄糖，通过血液运到各组织被利用。肌肉的糖原为肌肉收缩提供能量。

（三）纤维素

纤维素（cellulose）是以纤维二糖为基本单位缩合而成的多糖，是构成植物细胞壁及支柱组织的重要成分。纤维二糖是由二分子 β-D- 葡萄糖通过 β-1，4 糖苷键连接而成的二糖。纤维素为白色固体，无臭无味，不溶于水、稀酸、稀碱及乙醇等有机溶剂，能溶于浓硫酸及氢氧化钠溶液，有较强的韧性。纤维素难以水解，在体外用浓碱或酸，经过高温、高压和长时间加热才能水解产生 D- 葡萄糖。反刍动物（如牛、羊等）消化道微生物可分泌纤维素酶，所以它们能以草（含大量纤维素）为食。人消化道缺乏纤维素酶，所以人体不能利用纤维素。但纤维素能促进肠的蠕动，有利于粪便排出。食物中的纤维素还能和胆固醇的代谢产物胆酸在肠道中结合，从而减少人体对胆固醇的吸收。此外，纤维素在食物中起支架作用，可给人以饱足感。

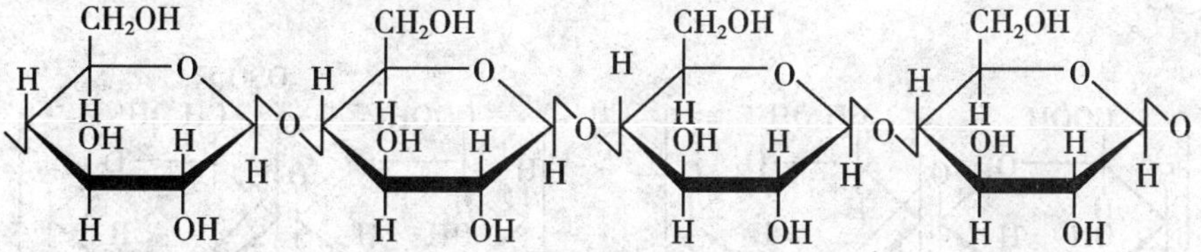

纤维素

（四）右旋糖酐

右旋糖酐（dextran）又称葡聚糖，是细菌和酵母的代谢物，由葡萄糖通过 α-1，6 糖苷键连接而成，有分支，支链通过 α-1，3 糖苷键连接成链，少数通过 α-1，2、α-1，4 产生分支结构。在临床上，右旋糖酐可用作血容量扩充剂，平均分子量在 70 000 的称为中分子右旋糖酐（右旋糖酐 -70）。分子量大于这个数值的右旋糖酐在体内会引起细胞凝集，不适于药用。分子量平均为 20 000～40 000 的称为低分子右旋糖酐（右旋糖酐 -40），平均分子量为 10 000 的称为小分子右旋糖酐（右旋糖酐 -10），后两者主要用于降低血液黏滞度，防止血栓形成，并有助于改善微循环，兼有利尿作用。

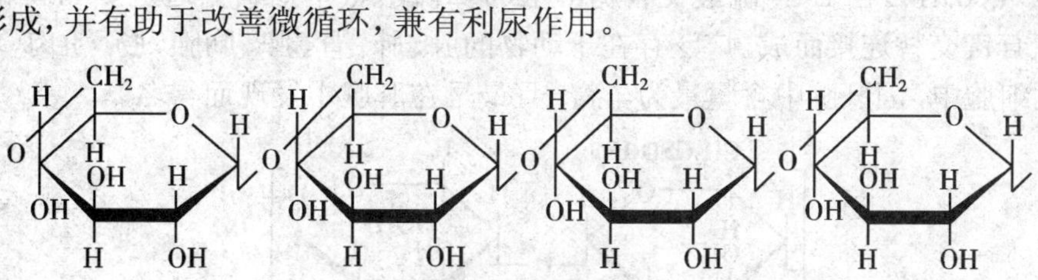

右旋糖苷

二、杂 多 糖

杂多糖由多种单糖或单糖衍生物组成，包括糖胺聚糖（由氨基糖和糖醛酸等组成）、阿拉伯胶（由半乳糖和阿拉伯糖组成）等，以糖胺聚糖最为重要。

糖胺聚糖（glycosaminoglycan，GAG）又称为氨基多糖，一般由 N- 乙酰氨基己糖和糖醛酸聚合而成。因其溶液具有较大黏性，故又称为黏多糖。有的糖胺聚糖还有硫酸基团，因而具有酸性。

糖胺聚糖广泛分布于动物体内，是许多结缔组织基质的重要成分，腺体与黏膜的分泌液、血及尿等体液都含有少量糖胺聚糖。常见的有透明质酸、硫酸软骨素、肝素及血型物质等。

（一）透明质酸

透明质酸（hyaluronic acid）是糖胺聚糖中结构较简单的一种，由 N- 乙酰氨基葡萄糖和葡糖醛酸通过 β-1，3- 糖苷键和 β-1，4- 糖苷键反复交替连接而成。透明质酸是分布最广的糖胺聚糖，存在于一切结缔组织中，眼球玻璃体、角膜、脐带、细胞间质、关节液、某些细菌细胞壁及恶性肿瘤中均含有透明质酸。它与水形成黏稠凝胶，有润滑和保护细胞的作用。

（二）硫酸软骨素

硫酸软骨素（chondroitin sulfate）有 A、B 和 C 三种，其中硫酸软骨素 A 由葡糖醛酸和 N- 乙酰氨基半乳糖 -4- 硫酸通过 β-1，3- 糖苷键和 β-1，4- 糖苷键反复交替连接而成。硫酸软骨素是骨骼和软骨的重要成分，广泛存在于结缔组织中，肌腱、皮肤、心脏瓣膜、唾液中均含有。

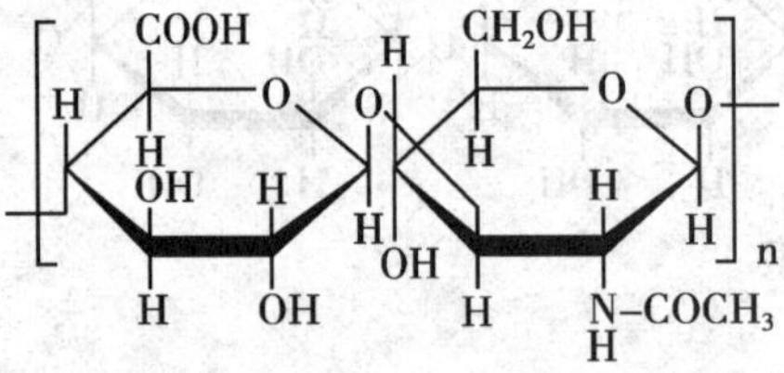

葡糖醛酸　N–乙酰氨基葡萄糖　　葡糖醛酸　N–乙酰氨基半乳糖–4–硫酸

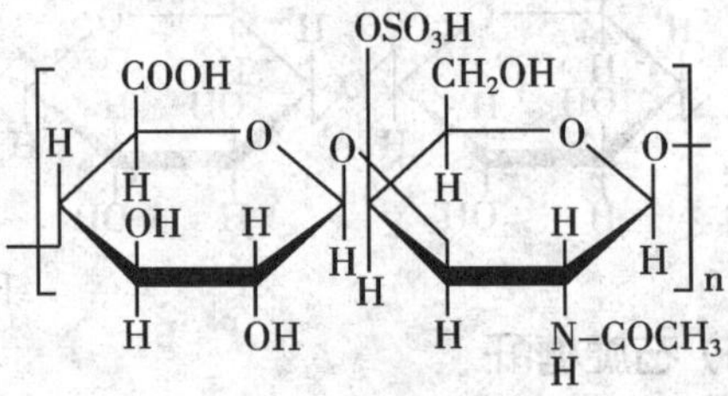

透明质酸　　　　　　　　　　　硫酸软骨素

在机体中，硫酸软骨素与蛋白质结合形成糖蛋白。动脉粥样硬化病变时，硫酸软骨素 A 含量降低。因此，硫酸软骨素 A 可用于治疗动脉粥样硬化。

（三）肝素

肝素（heparin）由 L-2- 硫酸艾杜糖醛酸与二硫酸氨基葡萄糖通过 β-1，4- 糖苷键和 α-1，4- 糖苷键交替连接而成，广泛存在于动物的肝、肺、肾、脾、胸腺、肠、肌肉、血管等组织及肥大细胞中，因肝脏中含量最为丰富，且最早在肝脏中发现而得名。

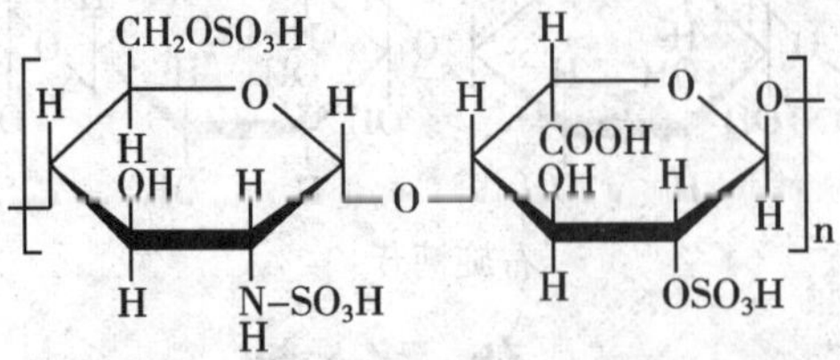

二硫酸氨基葡萄糖　L–2–硫酸艾杜糖醛酸

肝素

肝素具有阻止血液凝固的特性，是动物体内的天然抗凝血物质，对凝血过程的各个环节均有影响。临床上输血时以肝素为抗凝剂，也常用于防止血栓形成。

(四) 血型物质

目前已知的血型物质有很多种，其中以ABO系血型最典型，存在于红细胞膜及人体分泌的黏液中。ABO系血型的化学本质是鞘糖脂，不同血型鞘糖脂糖链末端有所不同。O型血鞘糖脂的糖链半乳糖末端上再接上1个N-乙酰氨基半乳糖，就成为A型血鞘糖脂；O型血鞘糖脂的糖链半乳糖末端上再接上1个半乳糖，就成为B型血鞘糖脂。AB型血的红细胞膜上则同时存在A、B两种血型鞘糖脂。

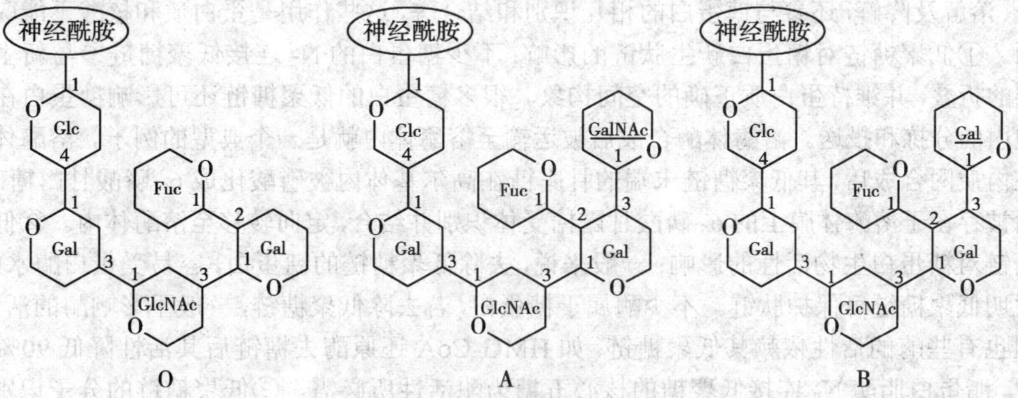

ABO系血型物质糖链结构

第五节 糖蛋白与蛋白聚糖

糖与蛋白质共价结合，可以形成糖蛋白(glycoprotein)和蛋白聚糖(proteoglycan)。它们分布于细胞表面、细胞内分泌颗粒及细胞核内，也可被分泌出细胞，构成细胞外基质成分。糖蛋白和蛋白聚糖都由共价键相连接的蛋白质和糖两部分组成。但一般来讲，糖蛋白分子中的蛋白质重量百分比大于糖，而蛋白聚糖中多糖链所占重量在一半以上，甚至高达95%，两者的糖链结构也迥然不同。因此糖蛋白和蛋白聚糖在功能上也存在显著差异。

一、糖 蛋 白

1. 糖蛋白的结构 构成糖蛋白分子中糖链的单糖有D-葡萄糖、D-半乳糖、D-甘露糖及其衍生物，此外，还有L-岩藻糖、D-木糖、D-艾杜糖醛酸和唾液酸等。根据这些单糖构成的糖链与蛋白质的连接方式不同，糖蛋白可分为N-连接糖蛋白和O-连接糖蛋白两类。N-连接糖蛋白的低聚糖链中的N-乙酰葡萄糖胺与多肽链中特定氨基酸序列(糖基化位点)的天冬酰胺残基酰胺氮连接。其低聚糖链的合成场所是在粗面内质网和高尔基体中，可与蛋白质多肽链的合成同时进行，并需要长萜醇作为糖链载体。在内质网上，UDPGlcNAc在糖基转移酶作用下将GlcNAc基转移至长萜醇，然后逐个加上糖基，直至形成含有14个糖基的长萜醇焦磷酸多聚糖结构，其中的多聚糖作为一个整体被转移给多肽链中糖基化位点的天冬酰胺残基酰胺氮上，多聚糖链在内质网和高尔基体进一步加工，成熟为各型N-连接多聚糖。O-连接糖蛋白的低聚糖链中的N-乙酰半乳糖胺与多肽链的丝氨酸或苏氨酸残基的羟基连接。O-连接糖蛋白中的低聚糖链合成场所与N-连接低聚糖链相同，不同的是O-连接低聚糖链合成是在多肽链合成后进行的，而且没有糖链载体。在GalNAc转移酶作用下，将UDPGalNAc中的GalNAc基转移至多肽链的丝氨酸或苏氨酸的羟基上，形成O-连接，然后逐个加上糖基。整个过程从内质网开始，到高尔基体内完成。

2. 糖蛋白低聚糖链的功能　许多执行不同功能的蛋白质都是糖蛋白，因此糖蛋白的功能十分广泛，但长期以来对糖蛋白中低聚糖链的功能所知甚少。近年来随着研究方法的发展，对低聚糖链的功能已有所了解。低聚糖链不但能影响蛋白部分的构象、聚合、溶解及降解，还参与糖蛋白的相互识别和结合等，这些作用是蛋白质和核酸不能取代的。①低聚糖链对糖蛋白新生肽链的影响：不少糖蛋白的N-连接低聚糖链参与新生肽链的折叠，并维持蛋白质正确的空间构象。很多糖蛋白的低聚糖链还可影响糖蛋白在细胞内的分拣和投送。溶酶体酶合成后被运输至溶酶体内就是一个典型的例子。溶酶体酶在内质网合成后，其低聚糖链末端的甘露糖在高尔基体内被磷酸化成6-磷酸甘露糖，然后被存在于溶酶体膜上的6-磷酸甘露糖受体识别并结合，定向转移至溶酶体内。②低聚糖链对糖蛋白生物活性的影响：一般来说，去除低聚糖链的糖蛋白，容易受蛋白酶水解，说明低聚糖链可保护肽链。不少酶属于糖蛋白，若去除低聚糖链，一般不影响酶的活性，但也有些酶的活性依赖其低聚糖链，如HMG-CoA还原酶去糖链后其活性降低90%以上，脂蛋白脂酶N-连接低聚糖的核心五糖为酶活性所必需。③低聚糖链的分子识别作用：低聚糖链中单糖间的连接方式有1→2、1→3、1→4、1→6几种，又有α和β之分，这种结构的多样性是低聚糖链起到分子识别作用的基础。例如红细胞的血型物质含糖达80%～90%。ABO血型系统中血型物质A和B均是在血型物质O的糖链非还原端各加上GalNAc或Gal，仅一个糖基之差，却使红细胞能分别识别不同的抗体，产生不同的血型。可见糖链在分子识别方面具有重要的功能作用。

二、蛋白聚糖

蛋白聚糖的糖链主要由氨基糖和糖醛酸组成的二糖单位多次重复而构成。蛋白聚糖的糖链部分称为糖胺聚糖或黏多糖，蛋白聚糖的许多性状与功能都与其糖链部分密切相关。体内蛋白聚糖主要分布在结缔组织、软骨、皮肤、角膜、肌腱及关节滑液、眼玻璃体中，细胞质膜上也发现有蛋白聚糖。蛋白聚糖是上述组织结构的成分，它由糖胺聚糖与核心蛋白以共价键结合而成。其中，糖胺聚糖所占比率较大，因此常呈多糖性状。

1. 重要的糖胺聚糖　生物体内存在的糖胺聚糖主要有透明质酸、硫酸软骨素、肝素等，其组成、结构等见杂多糖部分。

2. 核心蛋白　与糖胺聚糖链共价结合的蛋白质称为核心蛋白。一些蛋白聚糖通过核心蛋白特殊结构域锚定在细胞表面或细胞外基质的大分子中。

在内质网上，蛋白聚糖先合成核心蛋白的多肽链，多肽链合成的同时即以O-连接或N-连接的方式在丝氨酸或天冬酰胺残基上进行糖链合成。糖链的延长和加工修饰主要是在高尔基体内进行的。

3. 蛋白聚糖的功能　①蛋白聚糖最主要的功能是构成细胞间的基质，在基质中蛋白聚糖与弹性蛋白、胶原蛋白以特异的方式相连而赋予基质特殊的结构。基质中含有大量透明质酸，可与细胞表面的透明质酸受体结合，影响细胞与细胞的黏附、细胞迁移、增殖和分化等细胞生物学行为。由于蛋白聚糖中的糖胺聚糖是多价阴离子化合物，可结合 Na^+、K^+，从而吸引水分子，糖的羟基也亲水，所以基质内的蛋白聚糖可以吸引、保留水而形成凝胶，容许小分子化合物自由扩散但阻止细菌通过，起保护作用。②细胞表面众多类型的蛋白聚糖大多含有硫酸肝素，分布广泛，在神经发育、细胞识别、结合和分化等方面起到重要的调节作用。③有些蛋白聚糖还有其特殊功能。例如肝素是重要的抗凝剂，能使凝血酶原失活。肝素还能特异性地与毛细血管壁的脂蛋白脂酶结合，促使后者释放入血。在软骨中，含量丰富的硫酸软骨素可维持软骨的机械性能。

学习小结

1. 学习内容

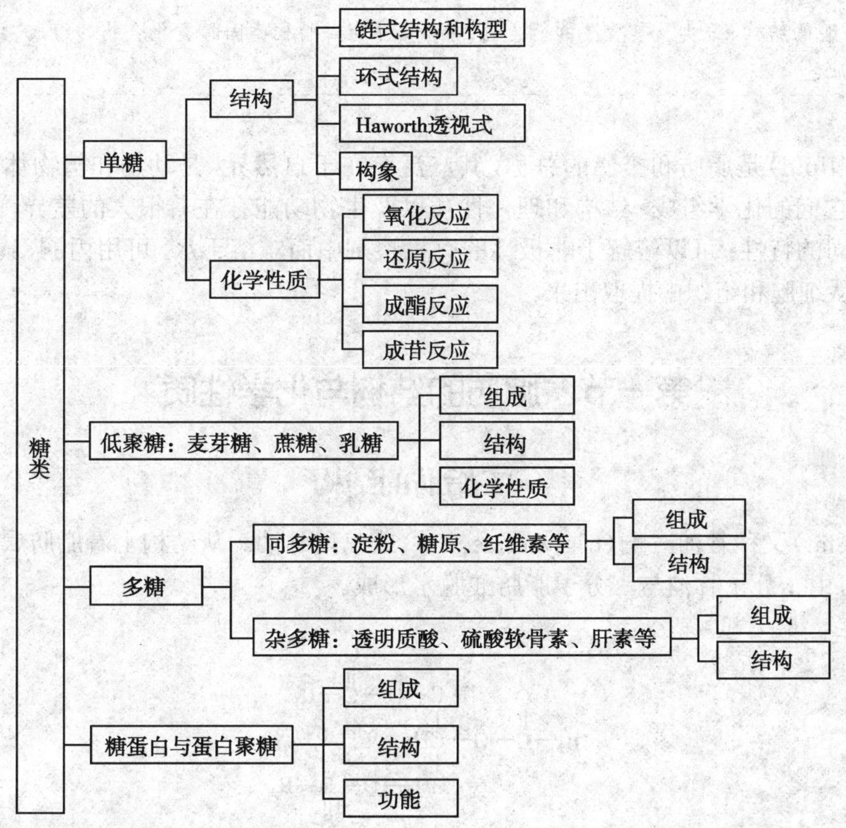

2. 学习方法

(1) 糖类的学习首先要掌握糖类的基本概念和分类。

(2) 单糖要注意对葡萄糖结构、性质的学习和掌握。

(3) 低聚糖和多糖主要注意对其组成、连接键和性质的学习，并通过比较掌握特点。

（杨　云）

复习思考题

1. 以 D- 葡萄糖为例，写出 D- 葡萄糖的链式结构和 Haworth 结构，并命名。
2. 简述单糖的主要化学性质。
3. 列表比较麦芽糖、乳糖、蔗糖、淀粉、糖原和纤维素的单糖组成、连接键、有无还原性。

第三章 脂 类 化 学

学习目的

通过学习脂肪、甘油磷脂和类固醇类化合物的组成、结构、化学性质与作用，为脂类代谢等相关内容的学习奠定基础。

学习要点

脂肪酸的结构、分类及其重要的衍生物；脂肪、甘油磷脂和类固醇类化合物的组成、结构和主要化学性质。

脂类（lipid）是脂肪和类脂的总称，其广泛存在于自然界，是动物和植物体的重要组成成分。它们的化学组成、结构和理化性质以及生物功能存在着很大的差异，但它们都有一个共同的特性：可以溶解于非极性的有机溶剂中而难溶于水，可用丙酮、氯仿、乙醚等将它们从细胞和组织中提取出来。

第一节 脂肪的结构与化学性质

一、脂肪的结构

脂肪（fat）又称甘油三酯（triglyceride，TG）或三酰甘油。从结构上看脂肪属于甘油的酯化物，可由一分子甘油与三分子脂肪酸脱水形成。

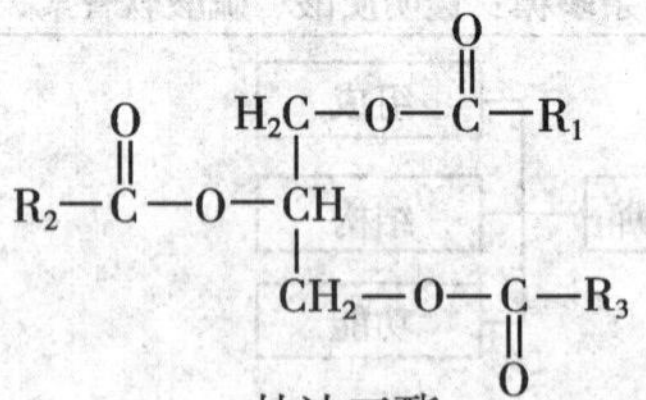

```
                              O
                              ‖
           O        H2C—O—C—R1
           ‖         |
   R2—C—O—CH
                     |
                    CH2—O—C—R3
                              ‖
                              O
```

甘油三酯

若构成甘油三酯的三个脂肪酸相同，则称简单甘油三酯，命名时称甘油三××酸酯，如甘油三硬脂酸酯、甘油三油酸酯等；若三个脂肪酸不同，则称为混合甘油三酯，命名时以 α、β 和 α' 分别表示不同脂肪酸的位置。天然油脂多数是多种混合甘油三酯的混合物，简单甘油三酯极少，仅橄榄油中含甘油三油酸酯较多，约占 70%。

甘油三酯是能量的储备形式，还具有保温和保护内脏的作用，同时也是生物体内的重要溶剂，许多物质如各种脂溶性维生素（A、D、E、K 等）、芳香油、类固醇和某些激素等因溶于其中而被吸收和转运。

(一) 甘油

甘油又称丙三醇，为无色、黏稠、可溶于水的液体。

$$
\begin{array}{c}
H_2C-OH \\
| \\
HO-CH \\
| \\
H_2C-OH
\end{array}
$$

甘油

(二) 脂肪酸

1. 脂肪酸的结构、分类与命名 脂肪酸（fat acid）结构通式为 R—COOH，它是构成脂肪及其他脂类物质的基本结构单位。

脂肪酸种类繁多，其主要区别是在所含碳原子的数目、双键的数目及位置等方面。可以按脂肪酸所含碳原子的数目将其分为短链脂肪酸（C_6 以下）、中链脂肪酸（C_6～C_{12}）和长链脂肪酸（C_{12} 以上）。天然脂肪中的脂肪酸多为偶数个碳原子的长链脂肪酸（又称高级脂肪酸），其中 16 碳和 18 碳的脂肪酸含量最多，如油酸、亚油酸、亚麻油酸、软脂酸、硬脂酸等。常见的天然脂肪酸见表 3-1。

表 3-1 常见的天然脂肪酸

类别	双键数	俗名	系统命名	结构式
饱和脂肪酸	0	月桂酸	十二碳酸	$CH_3(CH_2)_{10}COOH$
	0	豆蔻酸	十四碳酸	$CH_3(CH_2)_{12}COOH$
	0	软脂酸	十六碳酸	$CH_3(CH_2)_{14}COOH$
	0	硬脂酸	十八碳酸	$CH_3(CH_2)_{16}COOH$
	0	花生酸	二十碳酸	$CH_3(CH_2)_{18}COOH$
	0	山嵛酸	二十二碳酸	$CH_3(CH_2)_{20}COOH$
	0	掬焦油酸	二十四碳酸	$CH_3(CH_2)_{22}COOH$
不饱和脂肪酸	1	棕榈油酸	9- 十六碳烯酸	$CH_3(CH_2)_5CH{=}CH(CH_2)_7COOH$
	1	油酸	9- 十八碳烯酸	$CH_3(CH_2)_7CH{=}CH(CH_2)_7COOH$
	2	亚油酸	9，12- 十八碳二烯酸	$CH_3(CH_2)_4(CH{=}CHCH_2)_2(CH_2)_6COOH$
	3	亚麻油酸	9，12，15- 十八碳三烯酸	$CH_3CH_2(CH{=}CHCH_2)_3(CH_2)_6COOH$
	4	花生四烯酸	5，8，11，14- 二十碳四烯酸	$CH_3(CH_2)_4(CH{=}CHCH_2)_4(CH_2)_2COOH$
	5	EPA	5，8，11，14，17- 二十碳五烯酸	$CH_3(CH_2CH{=}CH)_5(CH_2)_3COOH$
	6	DHA	4，7，10，13，16，19- 二十二碳六烯酸	$CH_3(CH_2CH{=}CH)_6(CH_2)_2COOH$

按分子中 R 基团是否含有不饱和键可将脂肪酸分为饱和脂肪酸和不饱和脂肪酸。饱和脂肪酸常见的有月桂酸、豆蔻酸、软脂酸、硬脂酸等。不饱和脂肪酸又分为单不饱和脂肪酸和多不饱和脂肪酸，单不饱和脂肪酸分子中 R 基团中只有一个双键，如油酸（9- 十八碳烯酸）。多不饱和脂肪酸分子中有两个或两个以上的双键，如亚油酸（9，12- 十八碳二烯酸）、花生四烯酸（5，8，11，14- 二十碳四烯酸）等。不饱和脂肪酸分子中因有双键存在，故有两种同分异构体，天然存在的不饱和脂肪酸都具有顺式构型。饱和脂肪酸主要存在于动物的脂肪中，不饱和脂肪酸通常存在于各种植物油中。如牛脂肪中饱和脂肪酸占

60%～70%，棉籽油的不饱和脂肪酸占 75%。不饱和脂肪酸中 π 键比较活泼，容易被氧化剂氧化形成过氧化物（peroxide）和自由基（radicals），过氧化物和自由基可损伤其他脂类以及蛋白质和核酸等生物大分子。

按营养学角度可把脂肪酸分为必需脂肪酸和非必需脂肪酸。维持机体正常代谢不可缺少而自身又不能合成或合成量无法满足机体需要，必须通过食物供给的脂肪酸称为必需脂肪酸（essential fatty acids，EFA）。亚油酸、花生四烯酸和亚麻酸是人体必需的三种脂肪酸（体内亚油酸供应充足可转化成花生四烯酸，也有学者将后者归纳为非必需脂肪酸）。非必需脂肪酸是自身能够合成的，不一定需要食物供给。人体内可以合成饱和脂肪酸和单不饱和脂肪酸，如前所述的硬脂酸、软脂酸、油酸等属于非必需脂肪酸。

脂肪酸的命名可采用俗名，也可使用系统命名。系统命名则根据脂肪酸中碳原子个数、双键的位置和数目来命名。饱和脂肪酸常称为“×× 碳（烷）酸”；不饱和脂肪酸双键位置的表示方法主要有两种：Δ 编号系统和 ω 编号系统。Δ 编号系统是从羧基端数起，给双键定位；ω 编号系统采用碳原子的倒数序数（从甲基端数起），给双键定位（表 3-2）。

表 3-2　脂肪酸碳原子的编码系统

	CH_3	CH_2	CH_2	CH_2	CH_2	CH=CH	CH_2	CH=CH
Δ 编号系统	18	17	16	15	14	13　12	11	10　9
ω 编号系统	1	2	3	4	5	6　7	8	9　10
	CH_2	CH_2	CH_2	CH_2	CH_2	CH_2	CH_2	COOH
Δ 编号系统	8	7	6	5	4	3	2	1
ω 编号系统	11	12	13	14	15	16	17	18

如亚油酸的 Δ 编号系统命名为 $\Delta^{9,12}$ 十八碳二烯酸，简写为 $18:2\Delta^{9,12}$，表明亚油酸为十八个碳原子的二烯酸，双键位置分别在 C_9～C_{10} 和 C_{12}～C_{13} 之间。其 ω 编号系统命名为 $\omega^{6,9}$ 十八碳二烯酸，简写 $18:\omega^{6,9}$。

2. 二十碳不饱和脂肪酸的重要衍生物　二十碳的花生四烯酸可以在体内合成前列腺素、血栓素、白三烯等多种物质。它们在体内含量虽少，但分布广泛，具有重要的生理活性。

(1) 前列腺素：前列腺素（prostaglandin，PG）是 20 世纪 30 年代瑞典科学家 Uib Von Euler 首先在人的精液中发现的具有降低血压和兴奋平滑肌的物质。体内多种组织均可以合成多种前列腺素，它们都具有前列腺酸的基本结构，前列腺酸由一个五元环和 R_1、R_2 两条侧链构成。

花生四烯酸
($20:4\Delta^{5,8,11,14}$)

前列烷酸

前列腺素可以根据其五元环上取代基和双键的位置等分为 A、B、C、D、E、F、G、H、I 共 9 种类型，每一种类型又可以根据侧链 R_1、R_2 上所含双键数目分为 3 类，如 PGE 包括

PGE_1、PGE_2、PGE_3，再根据五元环上羟基的空间排布进一步分为α型与β型，如$PGF_1α$。天然前列腺素均为α型。

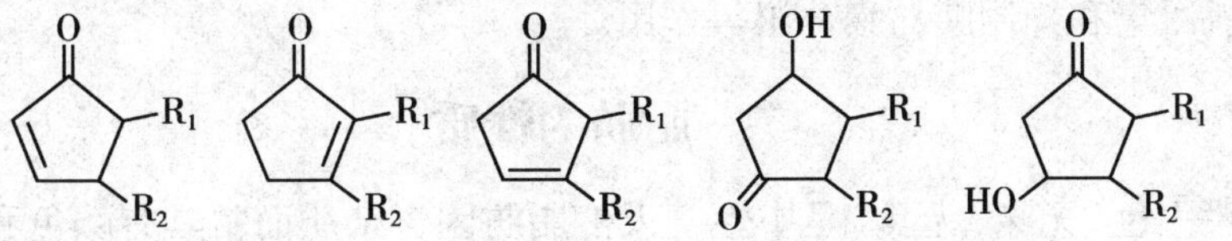

A B C D E

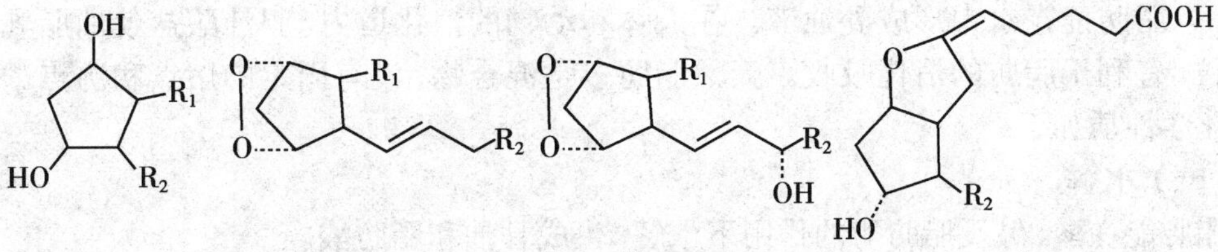

F G H I

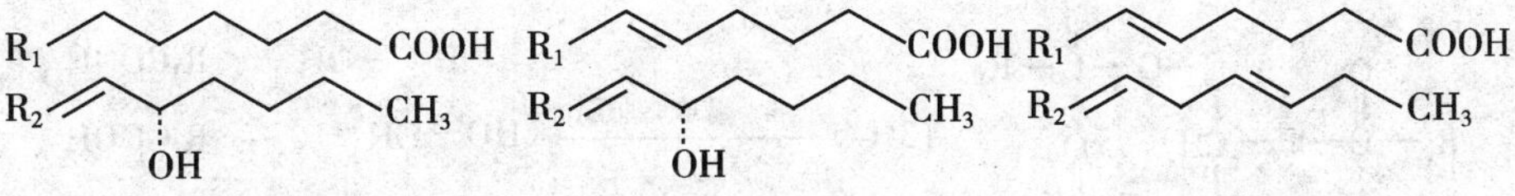

1类 2类 3类

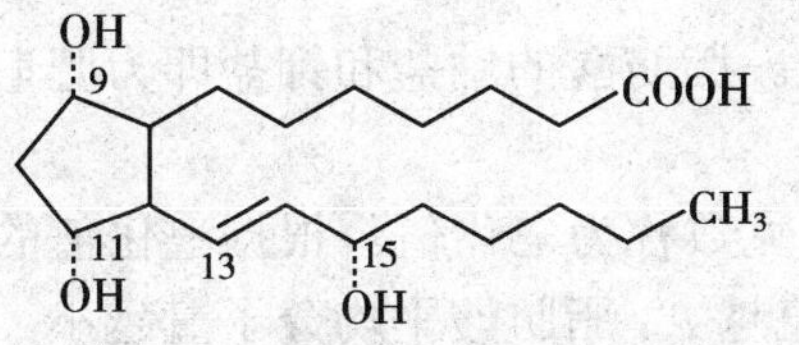

$PGF_{1\alpha}$ $PGF_{2\alpha}$

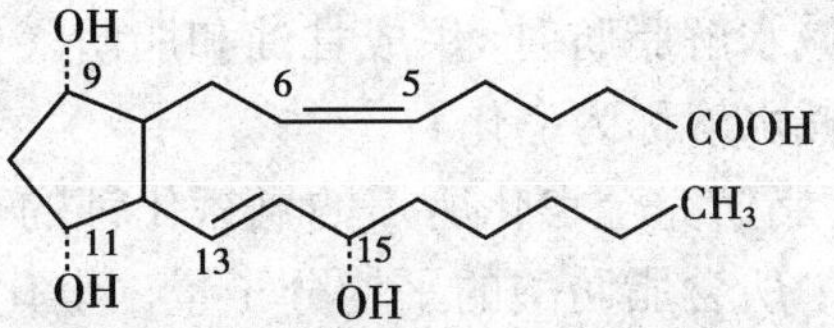

前列腺素广泛分布于人体和其他哺乳动物体内，其中精囊内的含量稍高，其他组织细胞内仅有微量。前列腺素种类多、活性强、作用广泛，并具有特异性。各类前列腺素均有其特定的生理功能，目前已经引起广泛关注。PGE_2 能诱发炎症，促进毛细血管扩张、通透性增加，引起红、肿、痛等症状。PGF_2 可作用于卵巢，使卵巢平滑肌收缩，促进排卵。

（2）血栓素：1973 年 M. Hamberg 从血小板中获得血栓素 A_2（thromboxane A_2，TXA_2）并证明其本质为二十碳多不饱和脂肪酸的衍生物。血栓素能使血管收缩、血栓形成，加速血液凝固。目前认为血栓素可能与冠心病血栓形成有关，阿司匹林治疗冠心病的主要机制是其能够抑制血栓素的合成，防止血栓形成。

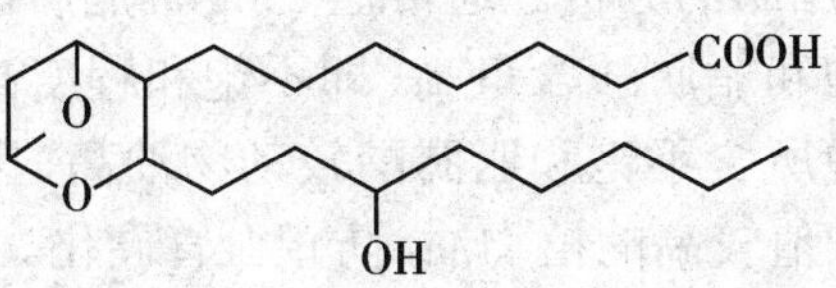

血栓素A_2 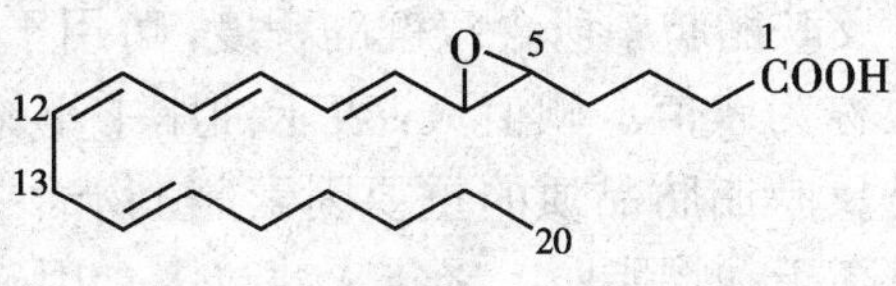　　白三烯A_4

（3）白三烯：1979 年 B. Samuelsson 从白细胞中分离出含有三个双键的白三烯（leukotriene，LT）亦具有二十碳多不饱和脂肪酸的基本结构。已发现的白三烯有 A、B、C、D、E 等不同的衍生物，不同类型白三烯的生理功能有所不同，如 LTA_4 能使支气管平滑肌收缩、血管通透性增加，已经证实其与过敏反应发生有关；LTB_4 能够调节白细胞的功能，促进中性粒细胞和嗜酸性粒细胞游走及发挥趋化作用，诱发多核白细胞脱颗粒，使溶酶体释放水解酶，促进炎症和过敏反应的发展；LTC_4 和 LTD_4 可使毛细血管通透性增强，并具有促进血小板凝集和抑制胰岛素分泌等作用。

二、脂肪的性质

脂肪一般无色、无味、无臭，呈中性。天然脂肪因含杂质而常具有颜色和气味。脂肪比重小于 1，比水轻，不溶于水而易溶于有机溶剂。但在乳化剂如胆汁酸、肥皂等存在的情况下，脂肪能在水中形成乳浊液。在人体和动物的消化道内，胆汁酸盐使油脂乳化形成微粒，有利于脂肪的消化吸收。天然脂肪多是混合物，没有固定的熔点和沸点。其主要的化学性质如下：

（一）水解

脂肪能在酸、碱及脂肪酶的作用下水解，生成甘油和脂肪酸。

$$\begin{array}{l} \qquad\qquad\qquad\quad H_2C-O-\overset{O}{\overset{\|}{C}}-R_1 \\ \qquad\qquad\qquad\qquad | \\ R_2-\overset{O}{\overset{\|}{C}}-O-CH \\ \qquad\qquad\qquad\qquad | \\ \qquad\qquad\qquad\quad CH_2O-\overset{O}{\overset{\|}{C}}-R_3 \end{array} + 3H_2O \xrightarrow{\text{酸、碱或脂肪酶}} \begin{array}{c} H_2C-OH \\ | \\ HO-CH \\ | \\ H_2C-OH \end{array} + \begin{array}{c} R_1COOH \\ R_2COOH \\ R_3COOH \end{array}$$

当用碱水解脂肪时，生成甘油和脂肪酸盐。脂肪酸的钠盐和钾盐即为肥皂。因此可把脂肪的碱水解称为皂化。

使 1g 脂肪完全皂化所需的氢氧化钾的毫克数称为皂化值。根据皂化值的大小可以判断油脂中所含脂肪酸的平均分子量。皂化值越大，脂肪酸平均分子量越小。脂肪酸平均分子量 $=3\times56\times1000\div$ 皂化值。

（二）加成反应

含不饱和脂肪酸的脂肪，分子中的双键可以与氢或卤素等发生加成反应。

氢化：在高温、高压和金属镍催化下，碳 - 碳双键与氢发生加成反应，转化为饱和脂肪酸。氢化的结果是使液态的油变成半固态的脂肪，所以常称为“油脂的硬化”。脂肪容易变质，不利于运输，氢化后便于较长时间的储存。在许多加工食品中存在硬化脂肪：如人造黄油的主要成分就是氢化的植物油；某些高级糕点的松脆油也是适当加氢硬化的植物油。

卤化：卤素中的溴、碘可与双键加成，生成饱和的卤化脂，这种作用称为卤化。卤化程度可以反映脂肪中所含双键的程度，可用于脂肪的分析。通常把 100g 油脂所能吸收的碘的克数称为碘值。碘值大，表示油脂中不饱和脂肪酸含量高，即不饱和程度高。碘值的大小是反映脂肪品质的重要因素，植物油中所含不饱和脂肪酸较动物油高，因而植物油的碘值高于动物脂肪。老年人建议多食用碘值较高的植物油，防止血管硬化。

（三）酸败

脂肪在空气中放置过久，逐步发生变质产生难闻的臭味，这种变化称为酸败。酸败是由空气中氧、水分或真菌的作用而引起的，光照加速这个反应。

酸败的化学本质可能是油脂水解释放出游离的脂肪酸，其中不饱和脂肪酸氧化产生过氧化物，再裂解成小分子的醛或酮。脂肪酸氧化时产生小分子的 β- 酮酸，再脱羧也可生成酮类物质。低分子量的脂肪酸、醛和酮常有刺激性酸臭味，且会破坏脂肪中的天然维生素。

酸败程度的大小用酸值表示。酸值是指中和1g脂肪中的游离脂肪酸所需的KOH毫克数。酸值越大，表明脂肪的酸败程度越大，酸值也是衡量脂肪质量的指标之一。酸值大于6.0的脂肪不宜食用。通常将脂肪置于密闭容器中，放于阴凉处储存，也可适当添加维生素E等抗氧化剂防止其酸败。

第二节　类　脂

类脂主要包括磷脂、糖脂和类固醇类化合物，它们的物理性质与脂肪相似。

一、磷　脂

磷脂（phospholipid，PL）是一类含有磷酸的脂类。机体中主要含有两大类磷脂，分别为甘油磷脂（phosphoglyceride）和鞘氨醇磷脂（sphingphospholipid）。它们广泛存在于动物的脑、肝，蛋黄及植物的种子中，参与细胞膜系统的组成。

（一）甘油磷脂

天然存在的甘油磷脂是磷脂酸的衍生物，结构通式如下：

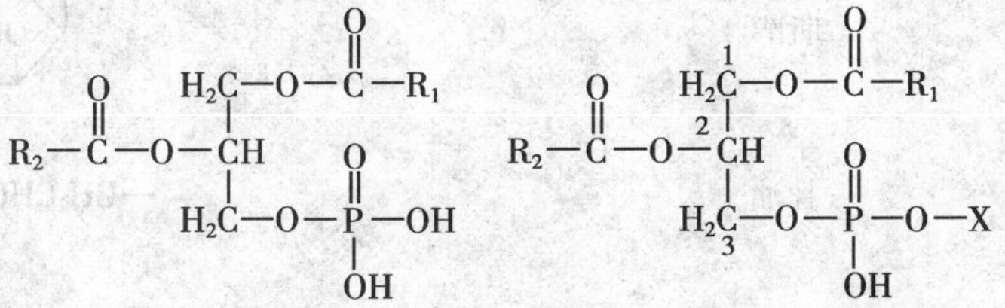

$$\begin{array}{l} H_2C-O-\overset{O}{\overset{\|}{C}}-R_1 \\ R_2-\overset{O}{\overset{\|}{C}}-O-CH \\ H_2C-O-\overset{O}{\overset{\|}{P}}(OH)-OH \end{array}$$

L-磷脂酸

$$\begin{array}{l} {}^{1}H_2C-O-\overset{O}{\overset{\|}{C}}-R_1 \\ R_2-\overset{O}{\overset{\|}{C}}-O-{}^{2}CH \\ {}^{3}H_2C-O-\overset{O}{\overset{\|}{P}}(OH)-O-X \end{array}$$

L-甘油磷脂

甘油磷脂C_1上所连接的脂肪酸为饱和脂肪酸，如软脂酸、硬脂酸等；C_2上所连接的脂肪酸为不饱和脂肪酸，如油酸、亚油酸、亚麻油酸和花生四烯酸等。C_3位上的磷酸基团被各种小分子的羟基化合物酯化，从而形成不同的甘油磷脂，见表3-3。甘油磷脂中甘油第一、二个羟基与高级脂肪酸相连成为分子中非极性的部分，称之为两个非极性的尾；第三个羟基与磷酸及X的部分相连是分子中的极性部分，称之为极性头。因而，甘油磷脂是一个双性分子，当其处于水溶液中，它的极性头指向水相，非极性的尾部由于对水的排斥而相互吸引，聚集在一起形成双分子层。这种性质是构成生物膜结构的分子基础。细胞膜的磷脂双分子层结构如图3-1所示。

细胞及细胞器表面覆盖着一层极薄的膜，统称为生物膜。生物膜主要由脂类和蛋白质组成，脂类约占40%（最主要的是甘油磷脂类，也有一些糖脂和胆固醇），蛋白质占60%。不同种类的生物膜中二者比例差异很大，如线粒体内膜只含20%～25%的脂类，而有些神经细胞表面的髓磷脂膜含脂类高达75%。

自然状态的磷脂两条比较柔软的长烃链有亲脂性；极性头具有强亲水性，使磷脂可以在水中扩散成胶体，因此具有乳化性质。磷脂能帮助不溶于水的脂类均匀扩散于体内的水溶液体系中。

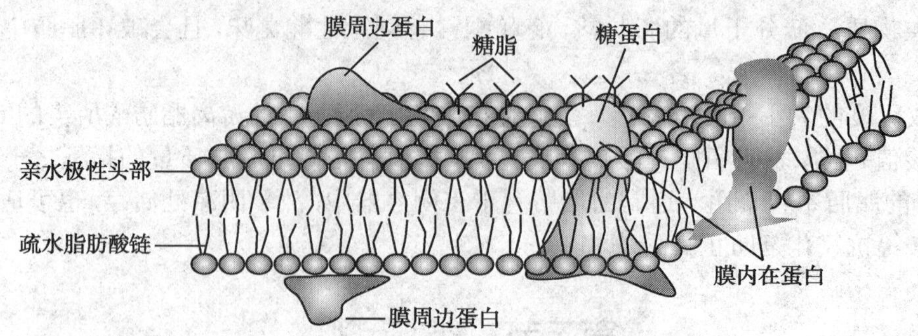

图 3-1 细胞膜的磷脂双分子层结构图

表 3-3 体内几种重要的甘油磷脂

甘油磷脂名称	X-OH	X 取代基结构
磷脂酰胆碱	胆碱	$—CH_2CH_2N^+(CH_3)_3$
磷脂酰乙醇胺	乙醇胺	$—CH_2CH_2NH_2$
磷脂酰丝氨酸	丝氨酸	$—CH_2CH(NH_2)—COOH$
磷脂酰肌醇	肌醇	肌醇环（—O 连接，5 个 OH）
磷脂酰甘油	甘油	$—CH_2CHOHCH_2OH$
二磷脂酰甘油	磷脂酰甘油	$—CHCHOHCH_2O—P(=O)(OH)—OCH_2—CHOCOR_2—CH_2OCOR_1$

1．磷脂酰胆碱　1844 年法国人 Gohley 从蛋黄中发现磷脂酰胆碱（phosphatidylcholine，PC），又称卵磷脂。磷脂酰胆碱是由磷脂酸与胆碱脱水缩合而成的。刚制备出的纯净卵磷脂是白色蜡状物，在空气中放置很快变成暗褐色，其可能原因是磷脂酰胆碱中的不饱和脂肪酸被氧化。磷脂酰胆碱易溶于乙醚、乙醇和氯仿，不溶于丙酮。

磷脂酰胆碱几乎存在于所有细胞之中，其中在脑、大豆、禽蛋蛋黄中含量最为丰富。卵磷脂是生命的物质基础，参与各种生命活动。它是构成生物膜的主要成分，如细胞膜、核膜、内质网膜、线粒体膜等。磷脂酰胆碱可协助脂肪的运输，若体内胆碱不足，则会影响脂肪代谢，造成脂肪在肝内积聚形成脂肪肝。

2．磷脂酰乙醇胺　磷脂酰乙醇胺（phosphatidyl ethanolamine，PE）由磷脂酸中的磷酸基和乙醇胺的羟基脱水生成的，又称脑磷脂。磷脂酰乙醇胺存在于脑、神经、大豆等中。新鲜制品是无色固体，空气中易变为红棕色。有吸湿性。溶于氯仿和乙醚，微溶于乙醇，不溶于水和丙酮。

磷脂酰乙醇胺也是生物膜的重要组成成分，尤其是神经组织。磷脂酰乙醇胺还与血液凝固有关，凝血激酶原激活时所需酶是由磷脂酰乙醇胺与蛋白质组成的。在生物界所存在的磷脂中，磷酯酰乙醇胺的含量仅次于卵磷脂，在大肠菌中，其约占总磷脂的80%。人体中含量最高的磷脂是磷脂酰胆碱和磷脂酰乙醇胺，约占体内磷脂总量的75%。

3．磷脂酰肌醇　磷脂酰肌醇（phosphatidyl inositols）是由磷脂酸与环己基六醇（肌醇）构成的。所生成的磷脂酰肌醇还可与第二个、第三个磷酸脱水形成一磷酸肌醇磷脂和二磷酸肌醇磷脂。

磷脂酰肌醇主要分布在肝、心肌；一磷酸磷脂酰肌醇和二磷酸磷脂酰肌醇常与脑磷脂一起，位于脑组织中。二磷酸磷脂酰肌醇可在磷脂酶的作用下，生成甘油二酯和三磷酸肌醇，后两者是细胞内重要的第二信使，参与细胞间的信息传递。

（二）鞘氨醇磷脂

神经鞘磷脂（sphingomyelin）不含甘油，是由神经鞘氨醇、脂肪酸、磷酸和含氮碱基各1分子组成，简称鞘磷脂。鞘氨醇是含有一个碳-碳双键的十八碳氨基二元醇。脂酰基与鞘氨醇的氨基以酰胺键相连，所形成的脂酰鞘氨醇又称神经酰胺；神经酰胺与磷酸胆碱（或磷酸乙醇胺）以酯键相结合形成鞘磷脂。在神经鞘磷脂中发现的脂肪酸有软脂酸、硬脂酸、掬焦油酸等。磷酸胆碱为鞘磷脂的极性头，脂肪酸和鞘氨醇的烃链为鞘磷脂非极性尾，故鞘磷脂也具有两性。

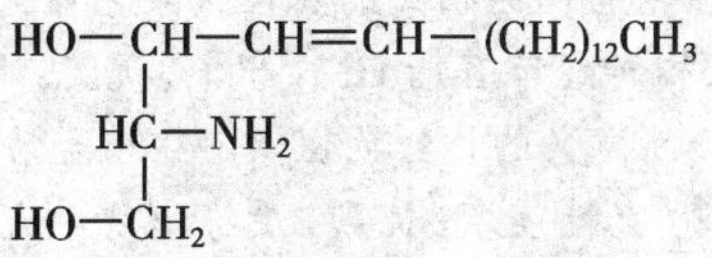

$$\begin{array}{l} HO-CH-CH=CH-(CH_2)_{12}CH_3 \\ \quad\;\; | \\ \quad HC-NH_2 \\ \quad\;\; | \\ HO-CH_2 \end{array}$$

鞘氨醇

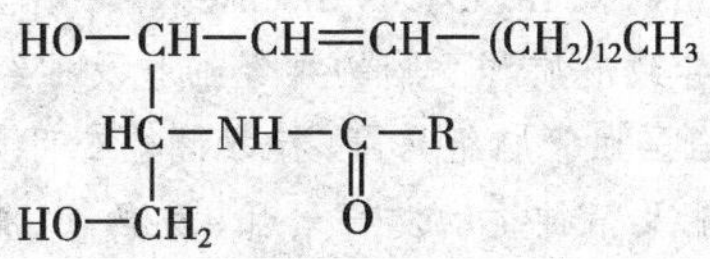

$$\begin{array}{l} HO-CH-CH=CH-(CH_2)_{12}CH_3 \\ \quad\;\; | \\ \quad HC-NH-\underset{\underset{O}{\|}}{C}-R \\ \quad\;\; | \\ HO-CH_2 \end{array}$$

神经酰胺

$$\begin{array}{l} \qquad\qquad\qquad\qquad\qquad\qquad\quad HO-CH-CH=CH-(CH_2)_{12}CH_3 \\ \qquad\qquad\qquad\qquad\qquad\qquad\qquad\quad | \\ \qquad\qquad\qquad\qquad\qquad\qquad\qquad HC-NH-\underset{\underset{O}{\|}}{C}-R \\ \qquad\qquad\qquad\qquad\qquad\qquad\qquad\quad | \\ (H_3C)_3^+N-CH_2CH_2-O-\overset{\overset{O}{\|}}{\underset{\underset{OH}{|}}{P}}-O-CH_2 \end{array}$$

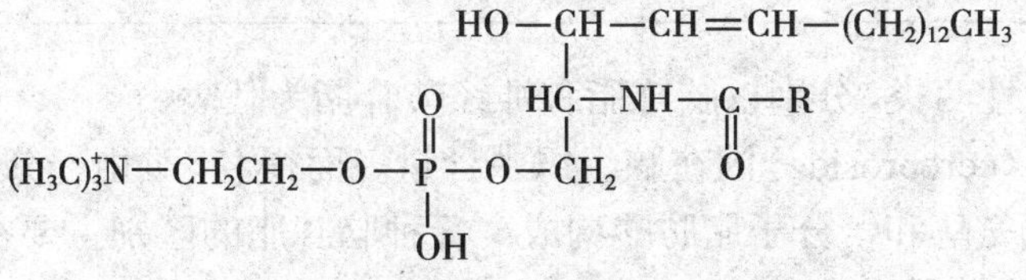

鞘氨醇磷脂的典型结构

鞘磷脂在脑和神经组织中含量丰富，是构成神经髓鞘的主要成分。其在肝、脾及其他组织含量较少。神经鞘磷脂不溶于丙酮、乙醚，而溶于热乙醇。利用它们在乙醚中的溶解度不同可将鞘磷脂与卵磷脂、脑磷脂分离。

二、糖　　脂

糖脂（glycolipid）是一类分子中含糖的类脂，糖与脂类以糖苷键相连。根据分子中所含的醇不同将糖脂分为甘油糖脂和鞘糖脂两大类。它们是细胞结构的组成成分，也是血型物质及细胞膜抗原的重要组成。

（一）甘油糖脂

以甘油二酯和单糖或寡糖构成的糖脂称为甘油糖脂（glyceroglycolipid）。甘油糖脂广泛存在于高等植物至绿藻类和细菌类中，又称植物糖脂。其中最重要的是存在于叶绿体膜上的单或双半乳糖甘油二酯和结核菌菌体上的磷酸肌醇低聚甘露糖脂。高等生物的神经组织中也发现有少量的半乳糖甘油二酯存在于脑中，近年来极受重视。其结构式如下：

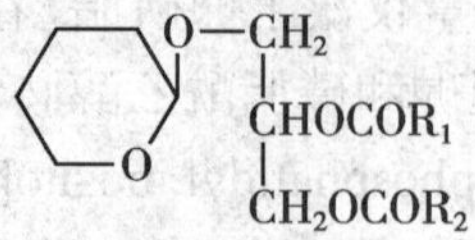

O—CH_2
CHOCOR$_1$
O
CH_2OCOR_2

半乳糖甘油二酯

（二）鞘糖脂

鞘糖脂（glycosphingolipid）是动物界主要的糖脂，是由鞘氨醇、脂肪酸和单糖等构成的类脂。鞘糖脂是构成生物膜的成分之一，其含量远比磷脂低。糖脂的极性头部露在细胞膜的表面，不对称地朝向细胞外侧定位，而非极性的尾部可伸向细胞膜的双分子层结构。其糖结构突出于质膜表面，与细胞识别和免疫有关；位于神经细胞的还与神经传递有关。另外，它与血型物质的识别、组织器官的特异性等都有关系。对其生理功能还有许多不明了之处，推测可能在调节细胞增殖和相互识别、分化、神经功能以及感染和细胞的癌变等方面起作用。已知 Tay-Sachs 病是由鞘糖脂类的代谢异常所致的遗传病。

知识拓展

Tay-Sachs 病

Tay-Sachs 病（Tay-Sachs disease）指一种与神经鞘脂代谢相关的隐性常染色体遗传病，因缺乏己糖胺酶 A 导致皮质和小脑的神经细胞及神经轴索内神经节苷脂 GM_2 积聚、沉淀。视网膜神经纤维变性使黄斑区血管脉络暴露，检眼镜检查可见有诊断意义的桃红色斑点。在出生后 6 个月内还可有严重的智能及精神运动发育紊乱、易激惹、失明、强直性痉挛、惊厥，最终出现去大脑强直并在 3 岁左右死亡。本病在 Ashkenazi 犹太人中发病率最高。近年来，采用杂合子筛查和分娩前诊断使其发生率有所下降。

糖脂分为中性和酸性两类，分别以脑苷脂和神经节苷脂为代表。

1. 脑苷脂 脑苷脂（cerebroside）因在脑组织中含量多而得名，可由一分子单糖（葡萄糖或半乳糖）、一分子鞘氨醇和一分子脂肪酸构成。各种脑苷脂的区别主要在于脂肪酸不同，其中二十四碳的脂肪酸最为常见。

2. 神经节苷脂 神经节苷脂（ganglioside）是 1940 年在神经节细胞中发现的一种糖脂，在细胞膜中含量虽少，但具有许多特殊生理活性。神经节苷脂在脑灰质和胸腺中含量丰富，与神经冲动的传导有关。细胞表面的神经节苷脂决定血型专一性。某些神经节苷脂是激素（促甲状腺素、绒毛膜促性腺激素等）、毒素（破伤风毒素、霍乱毒素等）和干扰素等的受体。

神经节苷脂结构复杂，含唾液酸和多个糖基，又称唾液酸糖鞘脂。唾液酸的数目一般为 1～5 个，其结合脂类的位点也不同。目前分离出的神经节苷脂有 30 多种。常用缩写表示，以 G 代表神经节苷脂，M、D、T 代表含有唾液酸残基的数目（1、2、3），用阿拉伯数字表示唾液酸寡糖链的类型。

半乳糖—N-乙酰氨基半乳糖—半乳糖—葡萄糖—鞘氨醇—脂肪酸
|
唾液酸

神经节苷脂(GM_1)

三、类固醇

类固醇（steroid）是一类具有重要生理活性的物质，广泛地存在于动植物体内。这类化合物的结构以环戊烷多氢菲为基础：是由3个六元环（A、B、C环）和一个五元环（D环）组合而成。在环戊烷多氢菲的A、B环之间和C、D环之间各有一个甲基，称角甲基；在C_{17}位上连有取代基。可用“甾”字表示（甾字中的“田”字表示四个环，“巛”表示上述三个取代基），故类固醇类化合物也称甾体。重要的类固醇包括胆固醇、维生素D、胆汁酸及一些类固醇类激素等。

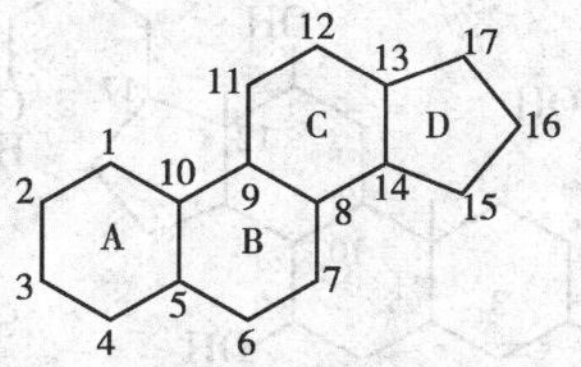

环戊烷多氢菲 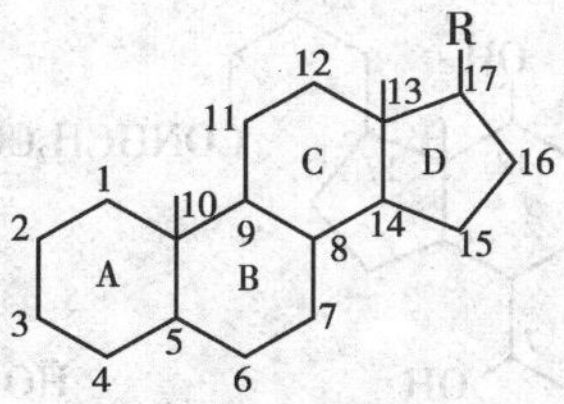　　类固醇的基本骨架

（一）胆固醇及胆固醇酯

胆固醇（cholesterol）最早是从动物胆石中分离出来的固体化合物，具有类固醇的基本骨架。C_3位置上有羟基，C_5与C_6之间为双键，C_{17}位上有一八碳取代基。羟基可与脂肪酸脱水形成胆固醇酯（cholesterol ester，CE），胆固醇酯是胆固醇的运输和储存形式。

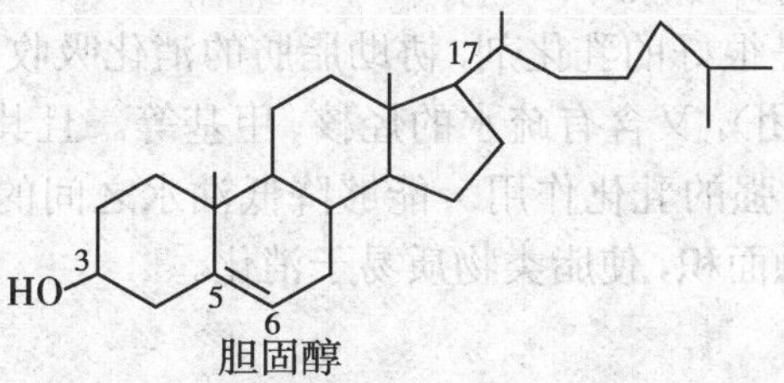

胆固醇

胆固醇是一种无色或微黄色的结晶，难溶于水，易溶于乙醚、氯仿和热乙醇中。溶解于氯仿中的胆固醇与乙酐及浓硫酸反应，颜色由浅红变成蓝紫，最后转为绿色。该反应称之为李伯曼反应，可用于胆固醇定性及定量检测。

胆固醇在脑、肝、肾和蛋黄中含量很高。胆固醇分子与磷脂类似，具有两性（羟基极性头，甾核为非极性尾），参与动物细胞膜的组成，生物膜的流动性和通透性都与之有关。胆固醇也是血中脂蛋白复合体的成分，同时它是生物合成胆汁酸、维生素D及类固醇类激素的前体。另外，胆固醇与粥样硬化有关，它是动脉壁上形成的粥样硬化斑块成分之一。

（二）胆汁酸

胆汁酸（bile acid）是人和动物胆石中的重要固体成分，也是胆固醇转化的主要形式。其结构特征：具有甾体母核结构C_{17}上的侧链较短，侧链末端有一个羧基；根据分子中C_3、C_7和C_{12}上所连基团不同，形成了胆酸（cholic acid）、脱氧胆酸（deoxycholic acid）、鹅脱氧胆酸（chenodeoxycholic acid）和石胆酸（lithocholic acid）四种胆汁酸，具体结构如下图所示：

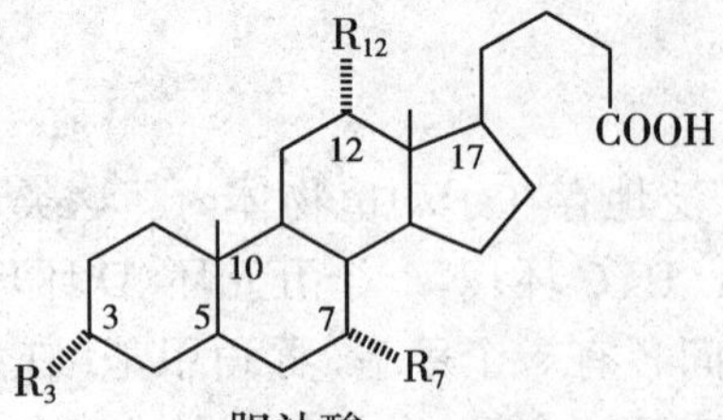

胆汁酸

	胆酸	脱氧胆酸	鹅脱氧胆酸	石胆酸
R_3	OH	OH	OH	OH
R_7	OH	H	OH	H
R_{12}	OH	OH	H	H

以上四种胆汁酸统称为游离胆汁酸，游离胆汁酸与甘氨酸或牛磺酸结合的产物称为结合型胆汁酸。主要包括甘氨胆酸、甘氨鹅脱氧胆酸、牛磺胆酸及牛磺鹅脱氧胆酸等。

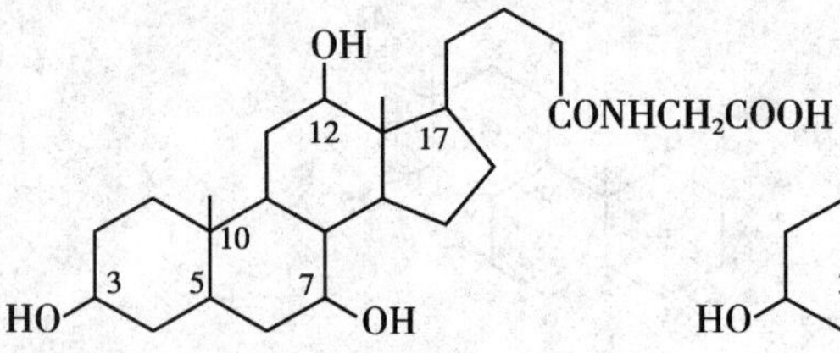

甘氨胆酸 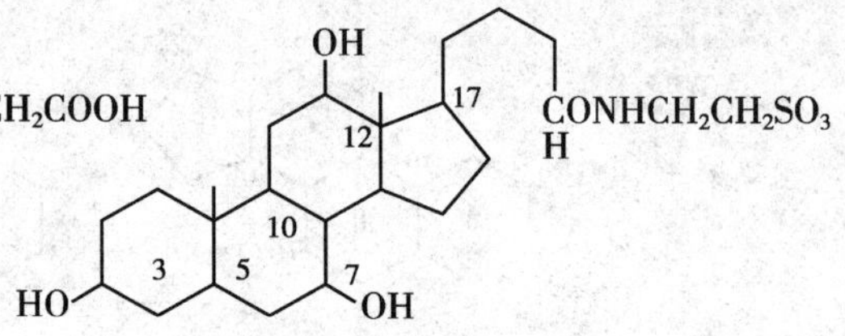　　牛磺胆酸

从来源上分类可分为初级胆汁酸和次级胆汁酸。肝细胞内，以胆固醇为原料直接合成的胆汁酸称为初级胆汁酸，包括胆酸和鹅脱氧胆酸及其结合甘氨酸或牛磺酸形式。初级胆汁酸在肠道中受细菌作用，进行 7-α 脱羟作用生成的胆汁酸，称为次级胆汁酸，包括脱氧胆酸和石胆酸及其结合形式。

肠道中的胆汁酸盐是很好的乳化剂，协助脂肪的消化吸收。胆汁酸分子内部有亲水的羟基、羧基（或磺酸基团），又含有疏水的烃核、甲基等。且其亲水基团在一侧，疏水基团在另一侧，使其具有很强的乳化作用。能够降低油水之间的表面张力，增大脂类食物与脂肪酶及消化液的接触面积，使脂类物质易于消化。

（三）类固醇类激素

类固醇类激素可分为肾上腺皮质激素和性激素两大类。

1. 肾上腺皮质激素　肾上腺皮质激素（adrenocortical hormone）是由肾上腺皮质分泌的一类激素，大约有 30 多种，主要有醛固酮、皮质酮、皮质醇（氢化可的松）等。肾上腺皮质激素的结构特征为具有甾体的母体结构，其中 C_3 为酮基，C_4 与 C_5 之间为一双键，C_{11} 上有羟基，C_{17} 上的侧链为两个碳原子的羟基酮结构。具体结构式如下：

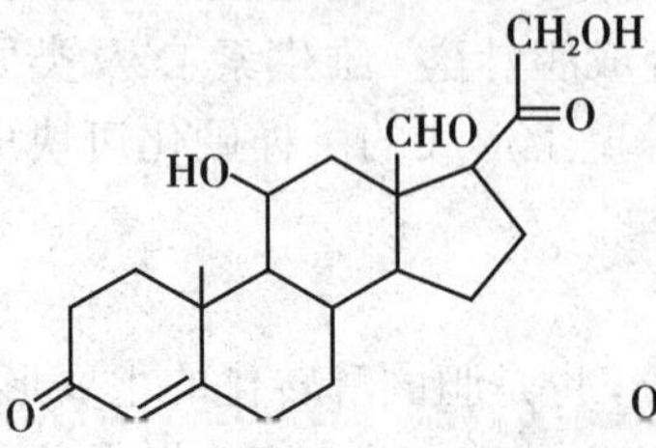

醛固酮 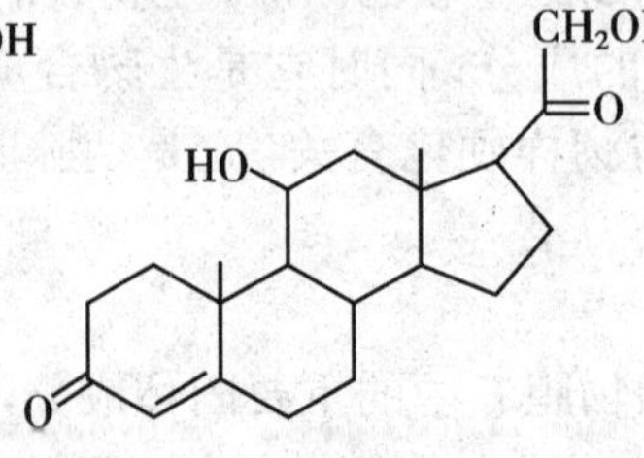　　皮质酮 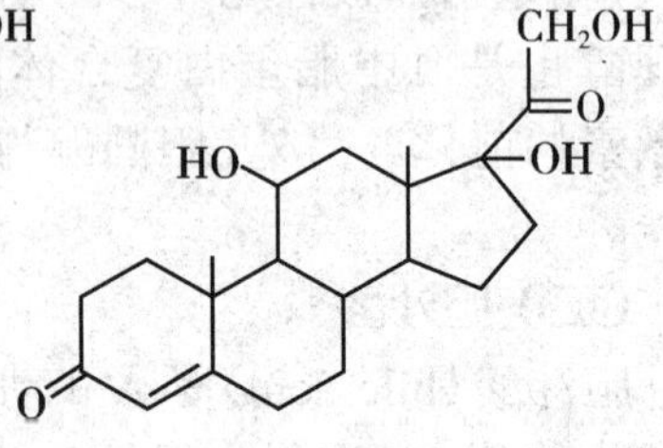　　皮质醇

皮质醇和皮质酮称为糖皮质激素，具有很强的调节糖代谢的作用，在应激状态、内脏神经刺激和低血糖等情况下，释放入血液循环，促进糖原分解并升高血糖。糖皮质激素

对水盐代谢的调节相对较弱，而醛固酮对水和盐的平衡具有较强的调节作用（保钠排钾的作用），故称盐皮质激素。

糖皮质激素具有重要的药理作用，在临床治疗上常用于抗炎、抗过敏。

2．性激素　性激素（sex hormone）是由动物体的性腺以及胎盘、肾上腺皮质网状带等组织合成的甾体激素，具有促进性器官成熟、副性征发育及维持性功能等作用。

（1）雌性激素：雌性激素（female hormone）主要由卵巢中成熟的卵泡和黄体分泌，肾上腺皮质网状带也有少量分泌。常见的雌性激素有雌二醇、雌三醇、雌酮等，其中雌二醇活性较强且其在人体内的合成呈周期性变化。雌激素为 18 碳的类固醇，A 环为苯环结构，C_{10} 上无甲基，C_3 处有羟基，C_{17} 处为羟基或酮基。雌性激素的靶组织为子宫、输卵管、阴道、垂体等，其主要作用在于促进女性副性器官和第二性征的发育及发生。各种形式的雌性激素衍生物已广泛应用于避孕，治疗月经不调、妇女更年期综合征、男子前列腺肥大症以及其他内分泌失调病等。

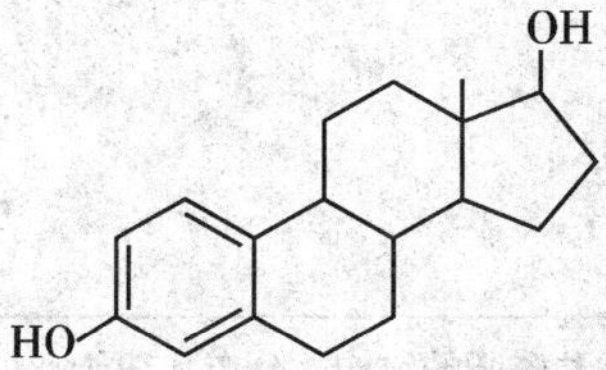

雌二醇 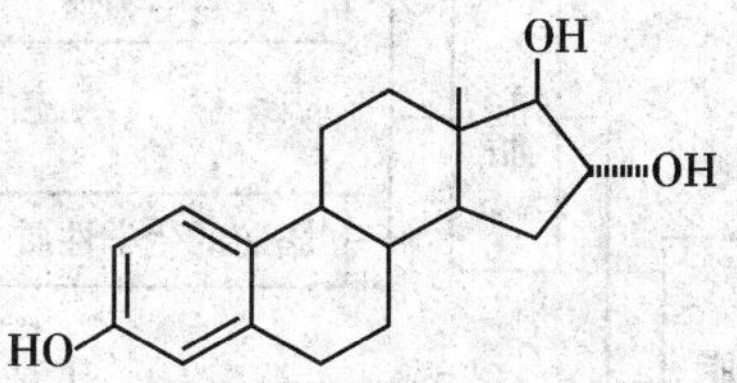　　雌三醇

（2）孕激素：孕酮（progestogen）又称黄体酮，是人体内作用最强的孕激素。孕酮为 21 个碳原子的类固醇，C_3 处有酮基，C_4 与 C_5 之间为一双键，C_{17} 处有一甲基酮侧链。孕酮是卵巢的卵泡排卵后形成的黄体以及胎盘所分泌的激素。其主要功能在于使女性的副性器官作妊娠准备，是胚胎着床于子宫并维持妊娠所不可少的激素。孕激素和雌性激素在机体内的联合作用，保证了月经与妊娠过程的正常进行。临床上用于治疗痛经、月经失调、子宫功能性出血和习惯性流产。

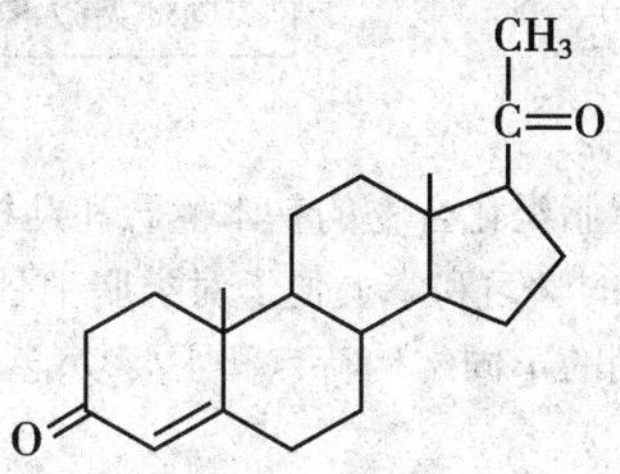

孕酮

（3）雄性激素：雄性激素（male hormone）是由睾丸、卵巢及肾上腺分泌的一类类固醇激素。雄性激素作用于雄性副性器官如前列腺、精囊等，促进其生长并维持其功能，也是维持雄性副性征所不可少的激素。雄性激素可促进蛋白质的合成，使雄性动物肌肉发达、骨骼粗壮。另外，雄性激素还具有促进全身合成代谢，加强氮的潴留等功能，这在肝脏和肾脏尤为显著。

睾酮在动物界分布广泛，是活性最强的雄性激素。睾酮是 19 碳的类固醇，C_3 上是酮基，C_4 与 C_5 之间为一双键，C_{17} 上为羟基。

睾酮

雄性激素的分泌不像雌性激素，无明显的周期性。已有大量人工合成的雄性激素，包括甲氧基化、酯化或氟取代的衍生物，便于口服或具较强的促合成代谢功能，可应用于临床。

学习小结

1. 学习内容

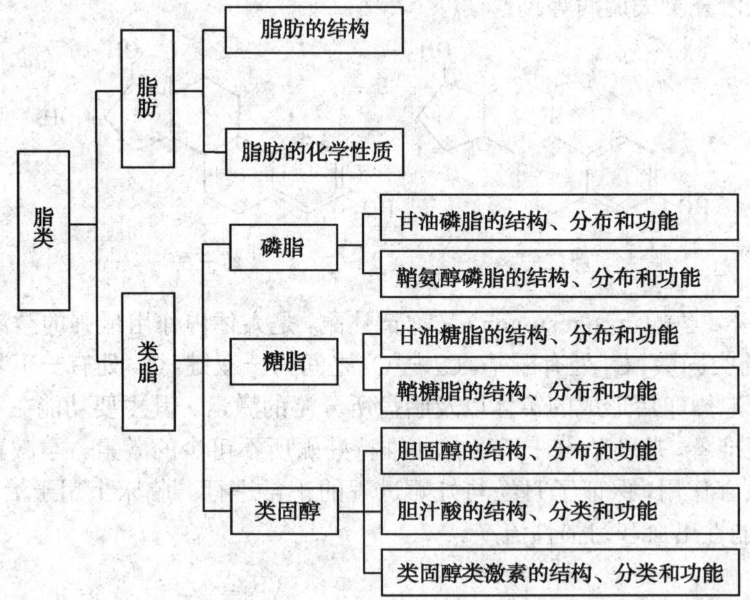

2. 学习方法

(1) 脂类化学的学习首先要掌握脂类化合物的基本概念和结构特征。

(2) 通过脂肪的基本结构、性质的学习和掌握便于对类脂中甘油磷脂的学习。

(3) 在类脂的学习中要注意它们的不同结构特点和主要功能。

（周　会）

复习思考题

1. 脂肪是由哪些部分构成的，其主要化学性质有哪些？
2. 什么是脂肪的皂化值、碘值和酸值，它们的大小说明什么问题？
3. 写出胆固醇、胆汁酸、雌二醇等的结构式，指明它们有何共同的特点。

第四章　蛋白质化学

学习目的

通过学习氨基酸和蛋白质的相关知识，掌握氨基酸的结构、分类与理化性质，蛋白质的各级结构、理化性质与分离纯化技术，为学习药理学、病理学、免疫学及分子生物学等专业课程奠定基础。

学习要点

氨基酸的结构、分类与理化性质；蛋白质的各级结构、理化性质与分离纯化技术。

蛋白质（protein）是生命的物质基础，是一切细胞和组织的重要组成成分。蛋白质具有复杂的空间结构，其多种多样的生理功能承载着几乎所有的生命活动。在细胞中，蛋白质可与其他大小分子发生特异性相互作用，从而发挥生物学功能。蛋白质结构与功能的揭示是目前生命科学中极具挑战性的研究领域。

第一节　蛋白质的分子组成

19 世纪 30 年代中期以前，对蛋白质的研究主要集中在认识其化学元素组成情况以及原子之间的结合比例等。到 1935 年，人们历经一百多年的时间最终完成了组成动植物蛋白质的 20 种氨基酸完全的分离和化学结构的鉴定。1955 年，英国科学家 F. Sanger 经过 10 年研究确定了牛胰岛素的完整氨基酸序列，清楚地证实了"蛋白质具有固定氨基酸序列"的假说，并于 1958 年被授予诺贝尔化学奖。

一、蛋白质的元素组成

碳、氢、氧和氮是组成蛋白质的主要元素，有些蛋白质还含有少量的硫，还有些蛋白质含有磷、铁、铜、碘、锌和钼等。氮是蛋白质的特征性元素，各种蛋白质的含氮量很接近，平均值为 16%，所以只要测定生物样品的含氮量就可以大致算出其蛋白质含量：

$$样品蛋白质含量 = 蛋白氮含量 \times 6.25$$

式中 6.25 为 1g 氮所代表的蛋白质量（克数）。

二、蛋白质的基本组成单位——氨基酸

氨基酸是组成蛋白质的基本单位。存在于自然界的氨基酸有 300 余种，但用来合成蛋白质的氨基酸只有 20 种，这 20 种氨基酸称为标准氨基酸。

（一）氨基酸的结构

在 20 种标准氨基酸中，除脯氨酸外，这些氨基酸在结构上的共同点是与羧基相邻的 α- 碳原子上都有一个氨基，因此称为 α- 氨基酸。连接在 α- 碳上的还有一个氢原子和一

个可变的侧链，称R基团(简称R基)，见图4-1A，各种氨基酸的区别就在于R基的不同。脯氨酸为亚氨基酸。α-碳原子是手性碳原子，氨基酸是手性分子(除甘氨酸之外)，有D型与L型之分。标准氨基酸均为L-氨基酸(甘氨酸没有构型)，D-氨基酸只发现于细菌细胞壁的部分肽及某些肽类抗生素中。

氨基酸的碳原子有2套编号规则：一套是将碳原子按照与羧基碳原子的距离依次编号为α、β、γ、δ等；另一套是用阿拉伯数字编号，羧基是主要功能基团，其碳原子编为1号，其他碳原子依次编为2号、3号……，见图4-1B。

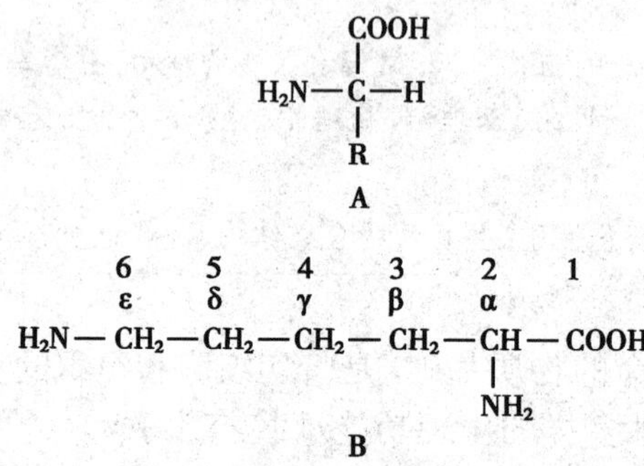

图4-1 L-α-氨基酸的结构与碳原子编号

(二)氨基酸的分类

对氨基酸进行分类有助于认识氨基酸的结构、性质和作用。依据不同的研究目的，氨基酸分类也不同：①根据R基团结构分类：脂肪族氨基酸、芳香族氨基酸、杂环氨基酸；②根据R基团酸碱性分类：酸性氨基酸、碱性氨基酸、中性氨基酸；③根据人体内能否自己合成分类：必需氨基酸、非必需氨基酸；④根据分解产物的进一步转化分类：生糖氨基酸、生酮氨基酸、生糖兼生酮氨基酸。

本章介绍氨基酸的结构和性质，综合考虑将氨基酸分为4类：

1. 非极性疏水R基氨基酸　这类氨基酸有9种，其R基是非极性疏水的。其中丙氨酸、缬氨酸、亮氨酸和异亮氨酸的R基在蛋白质分子内可以借助于疏水作用结合在一起，以稳定蛋白质结构。甘氨酸的结构最简单，它的R基太小，因而与其他氨基酸无疏水作用。甲硫氨酸是2种含硫氨基酸之一，它的R基含有非极性硫醚基。脯氨酸的R基形成环状结构，这种结构具有刚性，在蛋白质的空间结构中具有特殊意义(图4-2)。

2. 极性不带电荷R基氨基酸　这类氨基酸有6种，其R基具有亲水性，可以与H_2O形成氢键(半胱氨酸除外)。因此，与非极性氨基酸相比它们较易溶于水。丝氨酸、苏氨酸和酪氨酸侧链含有羟基，半胱氨酸侧链含有巯基，天冬酰胺和谷氨酰胺侧链含有酰胺基(图4-3)。

3. 带正电荷R基氨基酸　这类氨基酸有3种，其中赖氨酸R基所含的氨基、精氨酸R基所含的胍基和组氨酸R基所含的咪唑基均为碱性基团，在生理条件下可以结合H^+而带正电荷。组氨酸咪唑基的pK=6，接近pH 7，所以咪唑基既可以作为H^+供体也可以作为H^+受体参与催化反应(图4-4)。

4. 带负电荷R基氨基酸　天冬氨酸和谷氨酸R基所含的羧基在生理条件下可以给出H^+而带负电荷(图4-5)。

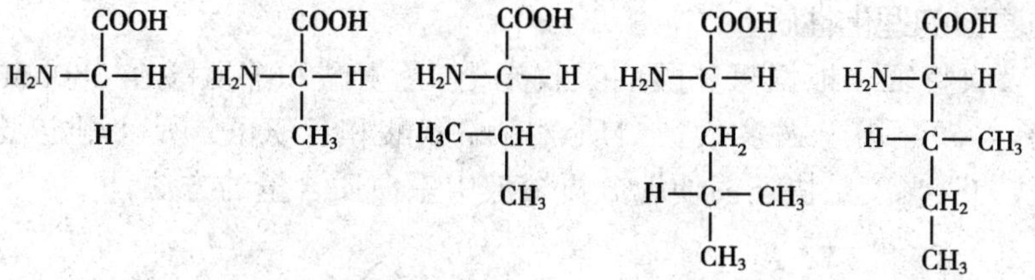

甘氨酸　丙氨酸　缬氨酸　亮氨酸　异亮氨酸

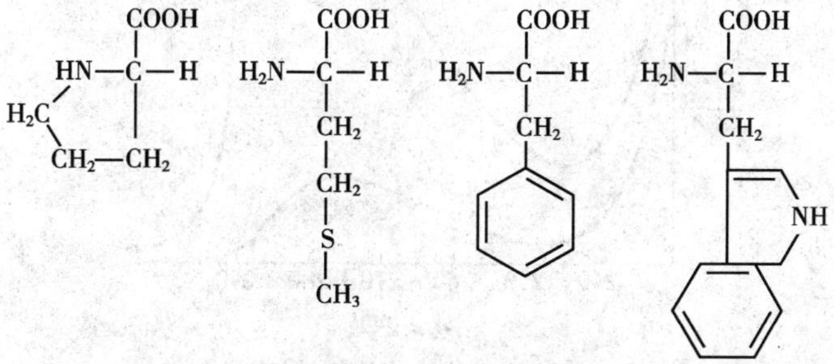

脯氨酸　甲硫氨酸　苯丙氨酸　色氨酸

图 4-2　非极性疏水 R 基氨基酸

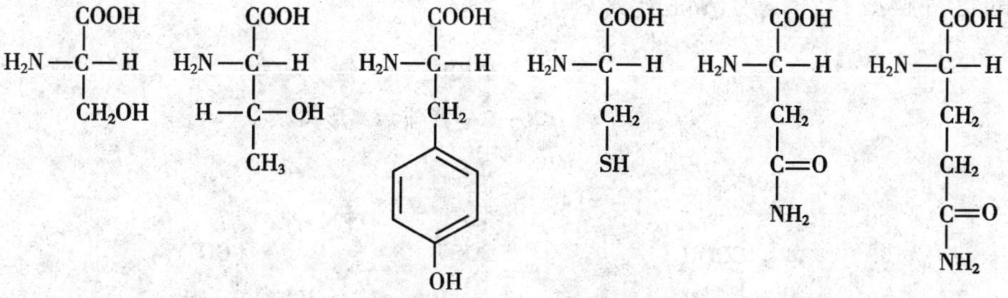

丝氨酸　苏氨酸　酪氨酸　半胱氨酸　天冬酰胺　谷氨酰胺

图 4-3　极性不带电荷 R 基氨基酸

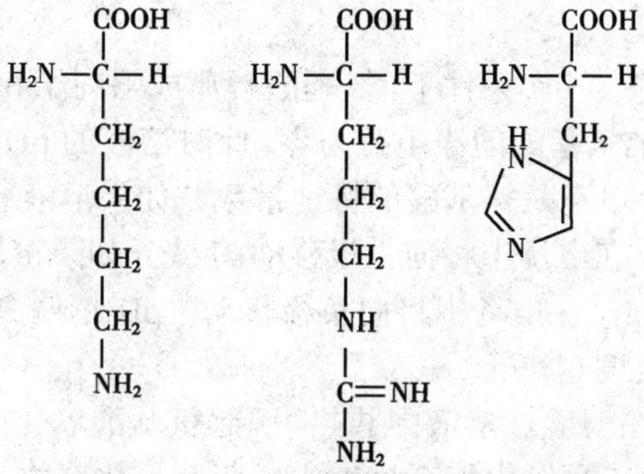

赖氨酸　精氨酸　组氨酸

图 4-4　带正电荷 R 基氨基酸

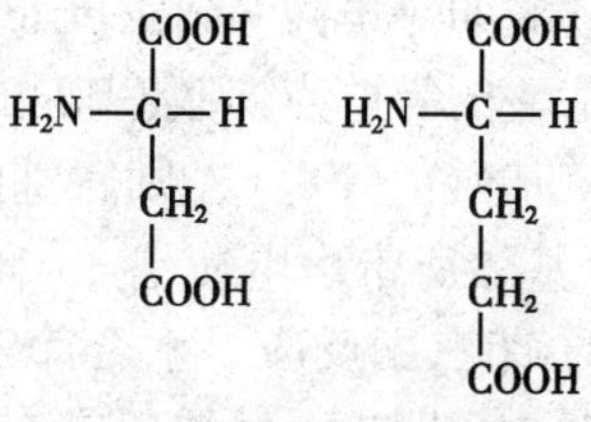

天冬氨酸　谷氨酸

图 4-5　带负电荷 R 基氨基酸

（三）氨基酸的理化性质

1. 紫外吸收特征　根据氨基酸的吸收光谱，色氨酸和酪氨酸在280nm波长附近存在吸收峰（图4-6）。由于大多数蛋白质含有酪氨酸和色氨酸，所以测定蛋白质溶液对280nm紫外线的吸光度是快速简便地分析溶液中蛋白质含量的方法。

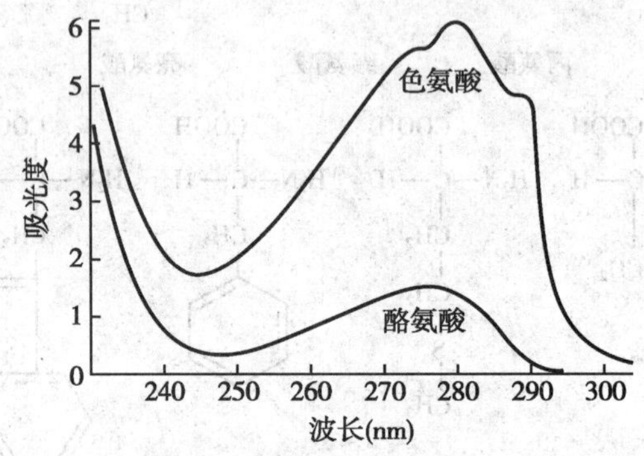

图4-6　氨基酸的紫外吸收光谱

2. 两性解离与等电点　氨基酸含有氨基和羧基，氨基可以结合 H^+ 而呈带正电荷的阳离子，羧基可以给出 H^+ 而呈带负电荷的阴离子，因此氨基酸是一种两性电解质（ampholyte），氨基酸的这种解离特性称为两性解离（图4-7）。

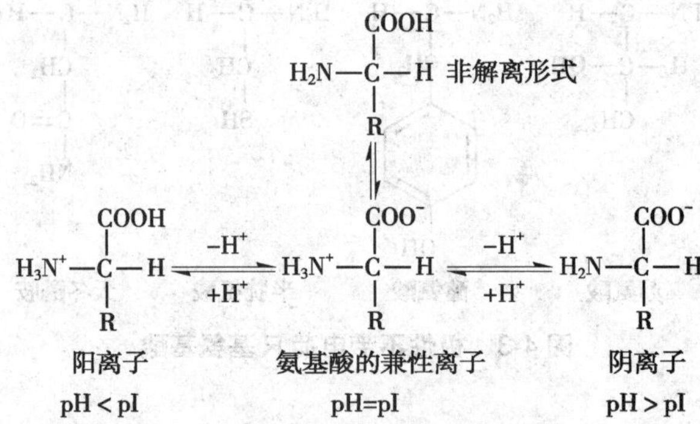

图4-7　氨基酸的两性解离与等电点

氨基酸在溶液中的解离受pH影响，在某一pH条件下，氨基酸解离成阳离子和阴离子的趋势及程度相等，成为兼性离子，溶液中氨基酸的净电荷为零，此时溶液的pH称为该氨基酸的等电点（isoelectric point，pI）。等电点是氨基酸的特征常数。如果溶液pH大于氨基酸的等电点，则氨基酸的净电荷为负，在电场中将向正极移动；反之，如果溶液pH小于氨基酸的等电点，则氨基酸的净电荷为正，在电场中将向负极移动。pH越偏离等电点，氨基酸所带净电荷越多，在电场中移动速度越快。

3. 茚三酮反应　水合茚三酮与氨基酸在弱酸性溶液中共热，引起氨基酸氧化脱氨、脱羧反应，茚三酮再与反应产物氨和还原茚三酮发生缩合反应生成蓝紫色化合物（反应过程见图4-8），该化合物在570nm波长处存在吸收峰。该反应可以用于氨基酸的定性鉴定和定量分析。

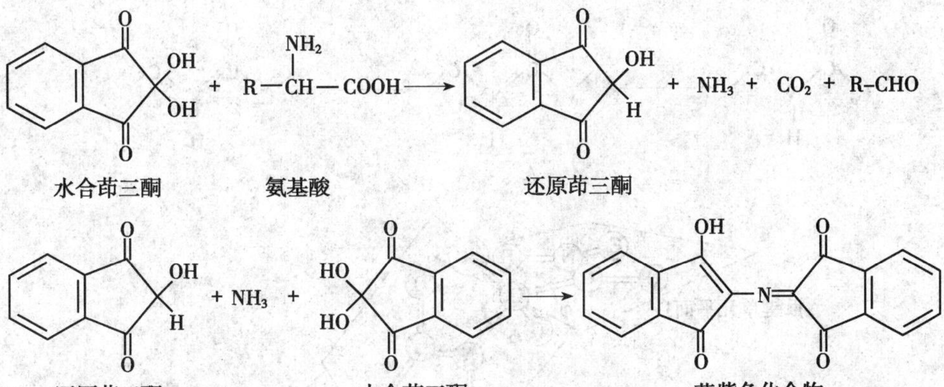

水合茚三酮 氨基酸 还原茚三酮

还原茚三酮 水合茚三酮 蓝紫色化合物

图 4-8 茚三酮反应

三、肽键与肽

早在 1890—1910 年间德国化学家 Emil Fischer 已充分证明蛋白质中的氨基酸经肽键相互结合成多肽链。

（一）肽键

氨基酸可发生成肽反应，反应过程中一个氨基酸的 α- 氨基与另一个氨基酸的 α- 羧基脱水缩合形成的化学键称肽键（图 4-9），氨基酸通过肽键连接而成的分子称为肽（peptide）。

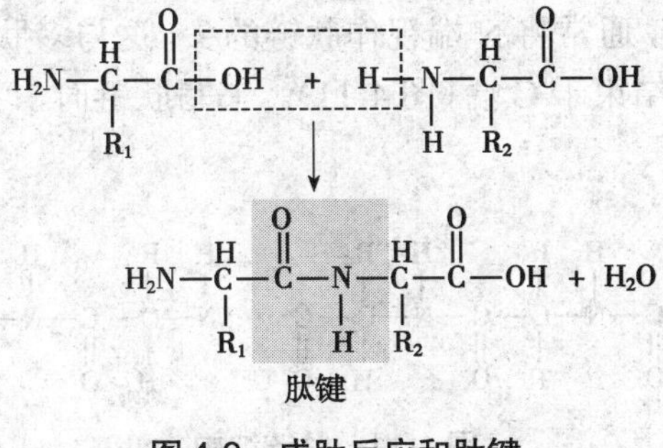

肽键

图 4-9 成肽反应和肽键

肽键是一种酰胺键，肽链中的酰胺键称为肽键（—CO—NH—），其 4 个原子与 2 个 C_α 构成一个肽单元（peptide group，—C_α—CO—NH—C_α—）。在肽单元中，羰基的 π 键电子对与 N 的孤电子对存在部分共享，C—N 键键长（0.132nm）介于单键（0.147nm）和双键（0.124nm）之间（图 4-10A），具有部分双键性质，不能自由旋转。因此，形成肽键的 4 个原子（C、O、N、H）和与之相连的两个 α- 碳原子都处在同一个平面内，此刚性结构的平面称肽键平面或酰胺平面。每一个肽单元实际上就是一个肽键平面。在肽键平面上，2 个 C_α 处于反式位置，N—C_α 键和 C_α—C 键可以旋转，肽链主链构象的形成与改变就是通过肽键平面围绕 C_α 旋转来实现的（图 4-10B）。

（二）肽

肽是氨基酸的链状聚合物，由 2 个氨基酸构成的肽是二肽，二肽通过肽键与另一个

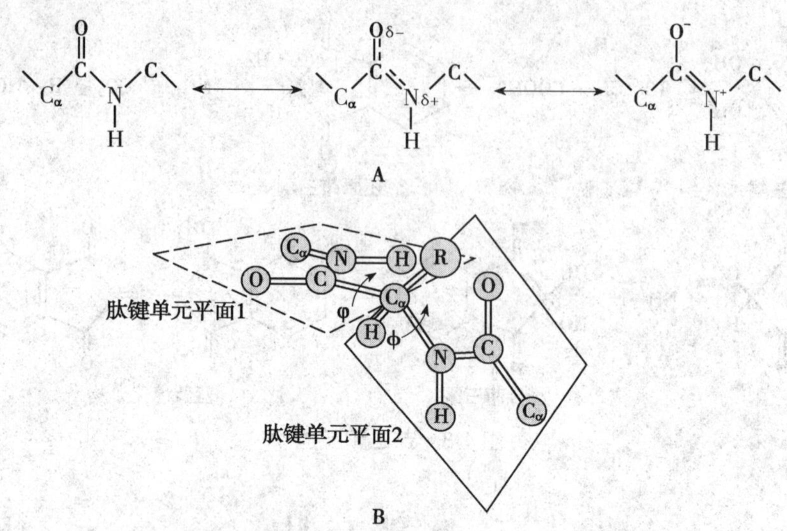

图4-10 肽键各键键长和肽键平面

氨基酸缩合生成三肽，此反应继续进行，可依次生成四肽、五肽……。一般来说，由10个以内氨基酸连接而成的肽称为寡肽，而更多氨基酸连接而成的肽称为多肽（polypeptide）。因多肽的化学结构呈链状，所以也称为多肽链。多肽链上由—N—C_α—C—重复构成的长链称为主链，也称骨架。主链有两个末端，含有游离α-氨基的一端称为氨基端或N端；含有游离α-羧基的一端称为羧基端或C端。肽链中的氨基酸分子因脱水缩合而基团不再完整，称为氨基酸残基，其R基相对骨架很小，称为侧链。

多肽链主链有方向性，通常将N端视作肽链的头，这与多肽链的合成方向一致，即多肽链的合成开始于N端，结束于C端（图4-11）。书写肽链时，习惯上把N端写在左侧，C端写在右侧。

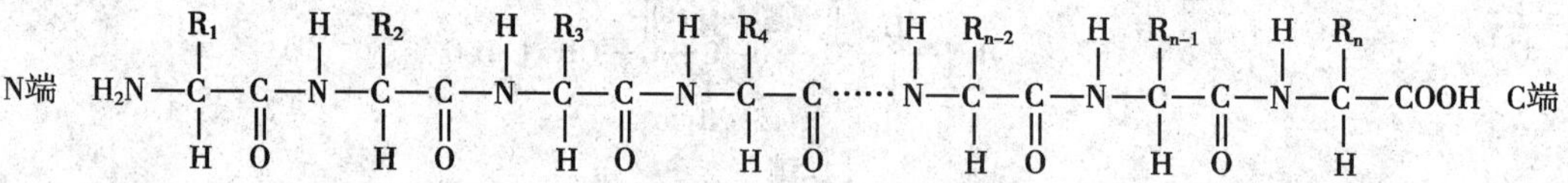

N端 $H_2N-CHR_1-CO-NH-CHR_2-CO-NH-CHR_3-CO-NH-CHR_4-CO\cdots\cdots NH-CHR_{n-2}-CO-NH-CHR_{n-1}-CO-NH-CHR_n-COOH$ C端

图4-11 肽链结构

（三）生物活性肽

生物体内有许多游离存在的活性肽，它们具有各种特殊的生物学功能。

1. 谷胱甘肽（glutathione，GSH） GSH是由谷氨酸、半胱氨酸和甘氨酸组成的三肽，其中谷氨酸通过γ-羧基与半胱氨酸的氨基形成酰胺键，分子中半胱氨酸的巯基是主要功能基团（图4-12）。由于巯基具有还原性，因此GSH是体内重要的抗氧化物质。

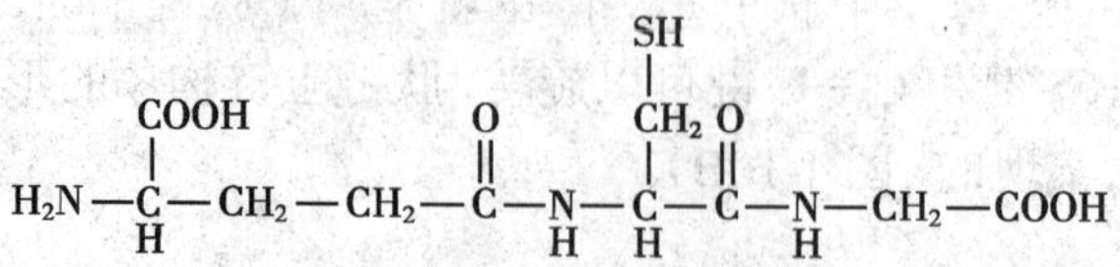

$H_2N-CH(COOH)-CH_2-CH_2-CO-NH-CH(CH_2SH)-CO-NH-CH_2-COOH$

图4-12 谷胱甘肽的分子结构

2. 肽类激素　体内有许多激素为寡肽或多肽，如属于下丘脑 - 垂体 - 肾上腺皮质轴的催产素（9 肽）、加压素（9 肽）、促肾上腺皮质激素（39 肽）、促甲状腺素释放激素（3 肽）等（图 4-13）。

Cys—Thy—Ile—Gln—Asn—Cys—Pro—Leu—Gly—NH_2　牛催产素
（Cys 与 Cys 之间以 s—s 相连）

Cys—Thy—Phe—Gln—Asn—Cys—Pro—Arg—Gly—NH_2　牛加压素
（Cys 与 Cys 之间以 s—s 相连）

Arg—Pro—Pro—Gly—Phe—Ser—Pro—Phe—Arg—NH_2　舒缓激肽

图 4-13　一些肽类激素的结构

3. 神经肽　神经肽是一类在神经传导过程中起信号传导作用的肽类，如脑啡肽（5 肽）、β- 内啡肽（31 肽）、强啡肽（17 肽）等，它们与中枢神经系统产生痛觉抑制有密切关系，用于临床的镇痛治疗。此外，神经肽还有 P 物质（10 肽）、神经肽 Y 等。

第二节　蛋白质的分子结构

蛋白质是由氨基酸连接形成的高分子化合物，分子内成千上万原子的空间排布十分复杂。蛋白质特定的氨基酸组成与结构是其具有独特生理功能的分子基础。在研究蛋白质的结构时，通常将其分为不同结构层次，包括一级结构、二级结构、三级结构和四级结构（图 4-14），其中二级结构、三级结构和四级结构称为蛋白质的空间结构或构象。

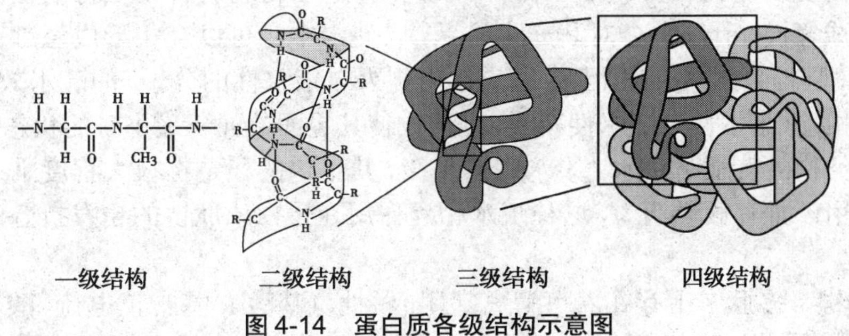

图 4-14　蛋白质各级结构示意图

一、维持蛋白质结构的化学键

蛋白质各级结构需化学键来稳定和维系，这些化学键分为共价键和非共价键。一级结构又可称为共价结构，肽键是主要化学键，有些蛋白质中还存在二硫键。维系空间结构的化学键主要是非共价键，如氢键、疏水作用、离子键和范德华力等，也会有少量共价键，如二硫键。依靠这些化学键，疏水性氨基酸主要聚集于分子内部，不与 H_2O 接触；多数极性氨基酸位于分子表面，少量位于内部的极性氨基酸或带电荷氨基酸也都形成氢键或离子键。认识这些化学键特别是非共价键有助于我们理解蛋白质构象的形成。

1. 二硫键　如果一个蛋白质分子内存在多个半胱氨酸，其巯基就可以通过氧化脱氢形成二硫键，反之二硫键也可以通过还原断开（图 4-15）。二硫键对稳定蛋白质三级结构起重要作用。不过，多肽链上的半胱氨酸不一定要形成二硫键，巯基在蛋白质中还有其他作用。实际上，只有膜蛋白质分子暴露于细胞膜外的部分和分泌蛋白才含有二硫键。

2. 氢键　氢键是一种静电吸引。H 与 N、O 等共价结合时，由于 N、O 电负性较强，

H 唯一的电子受这些电负性大而重的元素的原子核吸引，致使成键电子云偏离氢原子核，氢原子核附近出现了净正电荷，因而与其他电负性较强的原子之间产生吸引力而形成氢键。氢键既可以是分子间的，也可以是分子内的（图 4-16）。其键能比一般的共价键、离子键小，但强于静电引力。

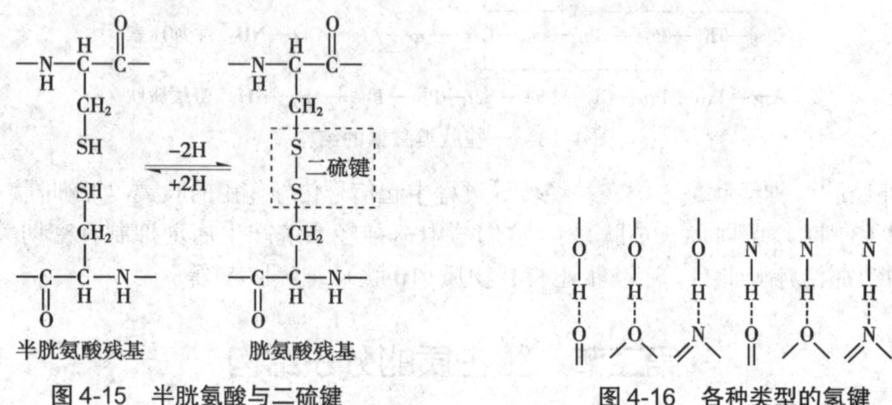

图 4-15　半胱氨酸与二硫键

图 4-16　各种类型的氢键

3．疏水作用　在化学中，疏水性指的是一个分子（疏水物）与水互相排斥的物理性质。疏水性分子偏向于非极性，并因此较会溶解在中性和非极性溶液中（如有机溶剂）。疏水性分子在水里通常会聚成一团。

水是极性物质，并因此可以在内部形成氢键，这使得它有许多独特的性质。疏水性物质无法形成氢键，所以水会对其产生排斥，以使水本身可以互相形成氢键。这即是导致疏水作用（这名称并不正确，因为能量作用是来自亲水性的分子）的疏水效应，由此两个不相溶的相态（亲水性对疏水性）将会变化成使其界面的面积最小时的状态。

蛋白质结构的特征是疏水 / 亲水间的平衡，其结构的稳定在很大程度上有赖于分子内的疏水作用。且有假说认为，这种疏水相互作用在蛋白质肽链的自发折叠中亦起到了重要作用。

4．离子键　多肽链上存在着可解离基团，碱性氨基酸 R 基带正电荷，酸性氨基酸 R 基带负电荷。带电基团之间存在着离子相互作用，表现为同性电荷排斥、异性电荷吸引。存在于带异性电荷的基团之间的结合力称为离子键（也称盐键、盐桥）（图 4-17）。

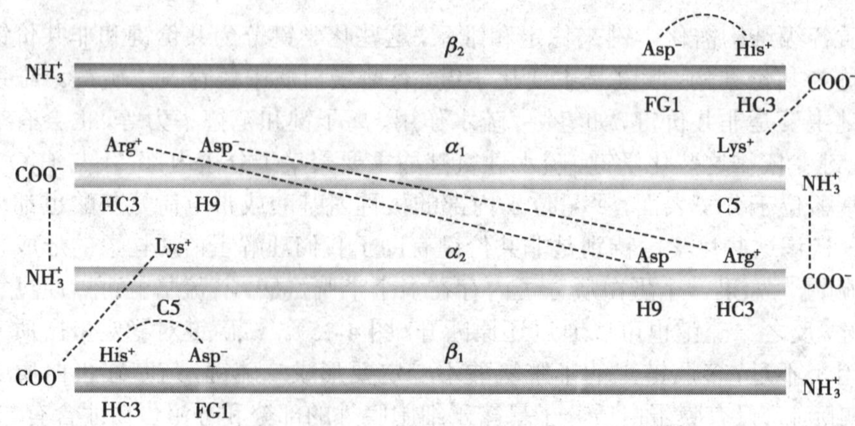

图 4-17　血红蛋白中的盐键

5. 范德华力　范德华力是任何2个原子保持范德华半径距离时都存在的一种作用力。

二、蛋白质的一级结构

1969年，国际纯化学与应用化学委员会（IUPAC）规定：蛋白质分子内氨基酸的排列顺序称为蛋白质的一级结构（primary structure），包括二硫键的位置。

蛋白质一级结构是其空间构象和特异生物学功能的基础，每种蛋白质都有其一定的氨基酸百分组成及排列顺序。自1953年英国剑桥大学F. Sanger报道了牛胰岛素两条多肽链的氨基酸序列（图4-18）以来，目前已知一级结构的蛋白质数量已相当可观，并且还会以更快的速度增长。国际互联网有若干重要的蛋白质数据库收集了大量最新的蛋白质一级结构及其他资料，为蛋白质结构与功能的深入研究提供便利。

图4-18是牛胰岛素的一级结构，有A、B 2条肽链，A链有21个氨基酸残基，B链有30个氨基酸残基，此外，含6个半胱氨酸，构成3个二硫键，其中2个在A、B链之间，A链内还有1个二硫键。

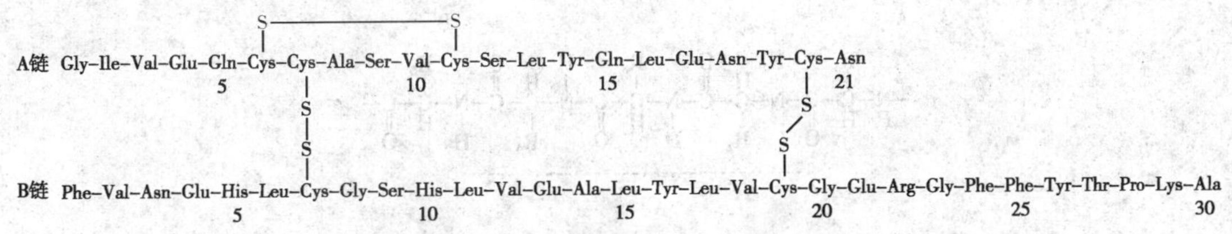

图4-18　牛胰岛素的一级结构

三、蛋白质的二级结构

蛋白质的二级结构（secondary structure）是指多肽链主链的局部构象，不涉及侧链的空间排布。在蛋白质多肽链上，氨基酸通过肽键连接。肽键是一个刚性平面结构，是肽链卷曲折叠的基本单位。N—C_α键和C_α—C键可以旋转，主链构象的形成与改变就是通过肽键平面围绕C_α旋转来实现的。由于肽键平面相对旋转的角度不同，多肽链可以形成α螺旋、β折叠、β转角和无规卷曲等几种二级结构，还可以在此基础上进一步形成超二级结构。

（一）二级结构类型

1. α螺旋　肽键平面围绕C_α旋转盘绕形成右手螺旋结构，称为α螺旋。螺旋涉及的是多肽链的主链围绕中心轴呈有规律的螺旋式上升，每上升1圈大约需要3.6个氨基酸残基，相邻两个氨基酸残基轴向距离0.15nm，螺距为0.54nm，螺旋的直径为0.5nm（图4-19A）。氨基酸的R基分布在螺旋的外侧。在α螺旋中，多肽链骨架的每个羰基O（第n个氨基酸残基）与其后面C-端方向的第4个氨基酸残基（n+4）的α-NH_2的H形成氢键（图4-19B），从而稳定α螺旋。

2. β折叠　多肽链上局部肽段的主链呈锯齿状伸展状态，数段平行排列可以形成裙褶样结构，称为β折叠（图4-20A）。1个β折叠单位包含2个氨基酸，其R基交错排列在β折叠平面的两侧，相邻肽段的肽键之间形成的氢键是维持折叠的主要作用力。β折叠中

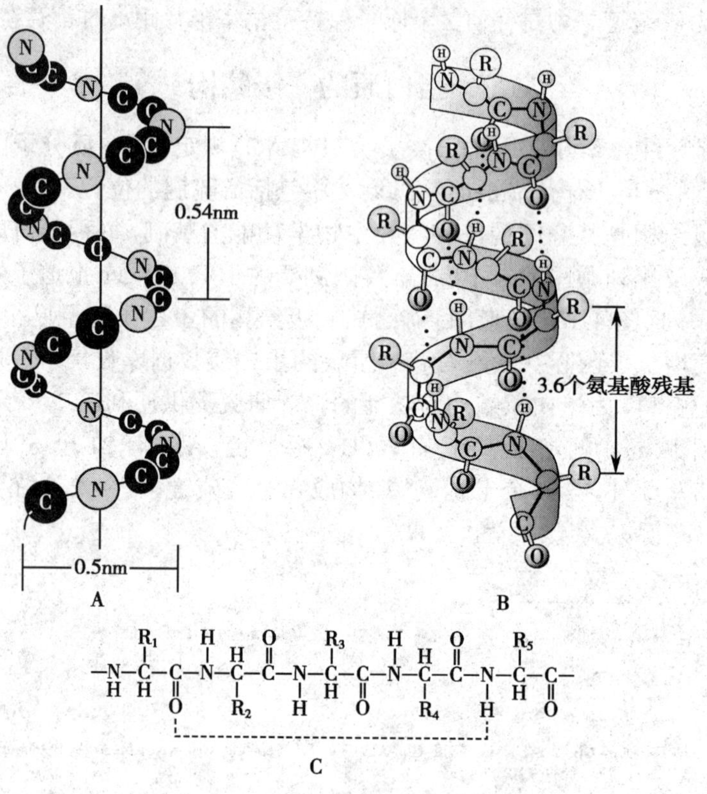

图 4-19 α螺旋

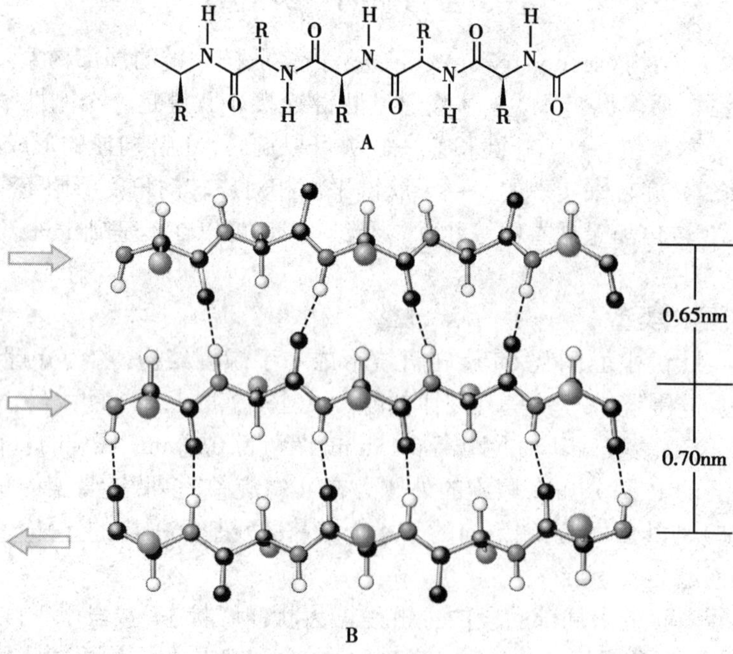

图 4-20 β折叠

的肽段有同向平行和反向平行 2 种构象，2 种构象基本相似，但折叠单位的长度不同：同向 β 折叠为 0.65nm，反向 β 折叠为 0.7nm（图 4-20B）。此外，一条肽链通过回折可以形成链内反向 β 折叠。

3．β 转角　β 转角位于肽链进行回折时的转折部位，由 4 个氨基酸组成，其中第二个氨基酸常为脯氨酸，第一个氨基酸的羰基 O 与第四个氨基酸的氨基 H 可以形成氢键（图 4-21）。

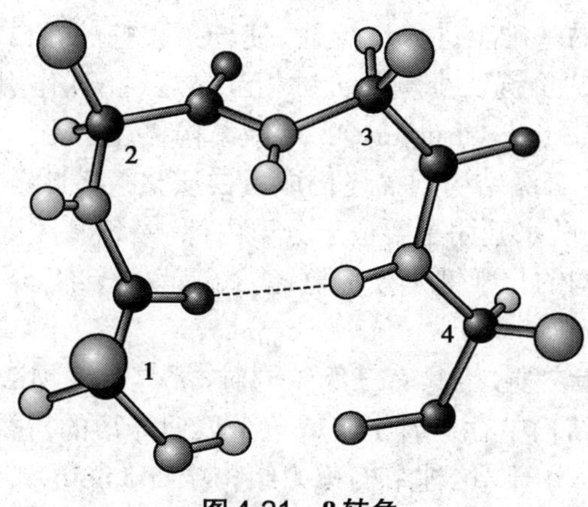

图 4-21　β 转角

4．无规卷曲　除了上述二级结构之外，蛋白质多肽链一些肽段的构象没有规律性，这类构象称为无规卷曲。

（二）超二级结构

1973 年，Rossman 提出了超二级结构的概念。超二级结构又称为基序或模体（motif），是指二级结构单元进一步聚集和组合在一起，形成规则的二级结构聚集体，如 αα、βαβ、βββ、螺旋 - 转角 - 螺旋（图 4-22A）等。超二级结构的形成可以降低蛋白质分子的内能，使之更加稳定，它是蛋白质从二级结构形成三级结构时经过的一个新的结构层次。

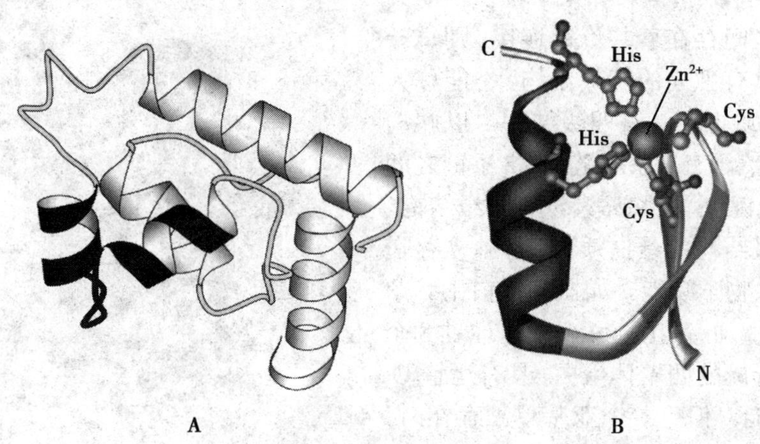

图 4-22　几种超二级结构

A．螺旋 - 转角 - 螺旋；B．锌指结构

超二级结构的特征性空间结构是其特殊功能的结构基础。如钙结合蛋白分子中通常有结合钙离子的基序，是由α螺旋-环-α螺旋三个肽段组成的，在环中有几个恒定的亲水侧链，侧链末端的氧原子通过氢键结合钙离子。又如锌指结构由1个α螺旋和2个反向平行的β折叠三个肽段组成，形似手指，具有结合锌离子的功能（图4-22B），从而稳定α螺旋并使其能嵌入DNA大沟中，因此含锌指结构的蛋白质能与DNA或RNA结合。

四、蛋白质的三级结构与结构域

多肽链在二级结构的基础上进一步折叠，使一条完整的蛋白质多肽链中彼此远离的一些氨基酸残基通过非共价键及少量共价键相互靠近、相互作用，以形成特定的空间结构，这就是其三级结构（tertiary structure）。二级结构描述了蛋白质多肽链上连续排列的一段氨基酸的主链构象，三级结构则描述构成蛋白质整条多肽链中全部氨基酸的相对空间位置。在三级结构中，疏水基团主要位于分子内部，亲水基团则位于分子表面。

维持蛋白质三级结构的化学键是众多氢键、疏水作用、部分离子键和少量共价键（如二硫键）。

由1条肽链构成的蛋白质，当具有三级结构时，才具有生物活性。

许多蛋白质的三级结构中存在着1个或多个近似球形的折叠区，它们在空间上是独立的，与分子的其他部分分开，这种结构称为结构域（domain）。结构域由多肽链或基序折叠形成，肽链缠绕紧密而稳定。每个结构域相对独立，功能各有不同。结构域之间相对松弛，常常通过无规卷曲的肽段相连接，可以有轻度或广泛的相互作用。结构域之间呈韧性连接，因而可以相对移动，对蛋白质功能的表达极为重要。

五、蛋白质的四级结构

许多蛋白质由几条甚至几十条肽链构成，肽链之间无共价键连接，每一条肽链都具有独立完整的三级结构，称为该蛋白质的一个亚基。亚基与亚基间以非共价键相连接形成特定的三维空间排布。这种蛋白质分子中各个亚基的空间排布及亚基接触部位的布局和相互作用，称为蛋白质的四级结构（图4-23）。在四级结构中，各亚基间的作用力主要是氢键和离子键等非共价键。如果一个蛋白质分子内的肽链之间存在着共价键连接，则每一条肽链都不具有独立的三级结构，不能称为亚基，该蛋白质也不具有四级结构。以胰岛素为例，它虽然含有2条肽链，但2条链之间存在2个二硫键，所以胰岛素没有四级结构。

具有四级结构的蛋白质，亚基独立存在时一般没有生物学功能。如血红蛋白由2个α亚基和2个β亚基组成，4个亚基通过8个离子键相连形成的四聚体蛋白，具有运输O_2和CO_2的功能。但每一个亚基单独存在时，虽可结合氧且与氧的亲和力增强，但难于释放氧，不能为机体组织供氧。

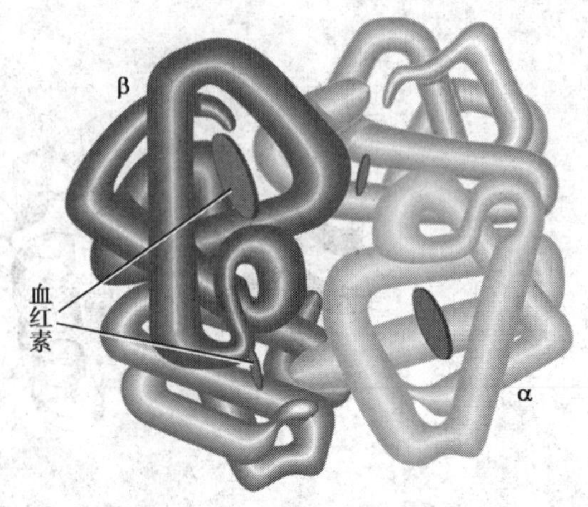

图4-23 血红蛋白四级结构

第三节 蛋白质结构与功能的关系

蛋白质的组成和结构是其生理功能的基础。不同结构的蛋白质具有不同的功能，改变蛋白质的结构将影响其功能。

一、蛋白质一级结构与功能的关系

蛋白质的一级结构决定其构象，进而决定其生理功能。

（一）蛋白质的一级结构是空间结构的基础

Anfinsen 在研究核糖核酸酶时提出了“蛋白质一级结构决定高级结构”这一著名论断。核糖核酸酶是由 124 个氨基酸组成的一条多肽链，分子中 8 个半胱氨酸残基的巯基形成 4 个二硫键，以形成具有一定空间结构的球状蛋白质（图 4-24）。用还原性 β- 巯基乙醇和尿素处理核糖核酸酶溶液，使其分子中二硫键被还原，并破坏非共价键，使肽链完全展开。核糖核酸酶空间结构被破坏，酶的催化活性完全丧失，但其一级结构仍保持完整。用透析法去除巯基乙醇和尿素后，分子内重新形成二硫键和非共价键，并形成活性构象，催化活性和理化性质也完全恢复。这充分证明，每一种蛋白质分子特有的氨基酸组成和排列顺序即一级结构中包含了指导其形成天然构象所需的全部信息。

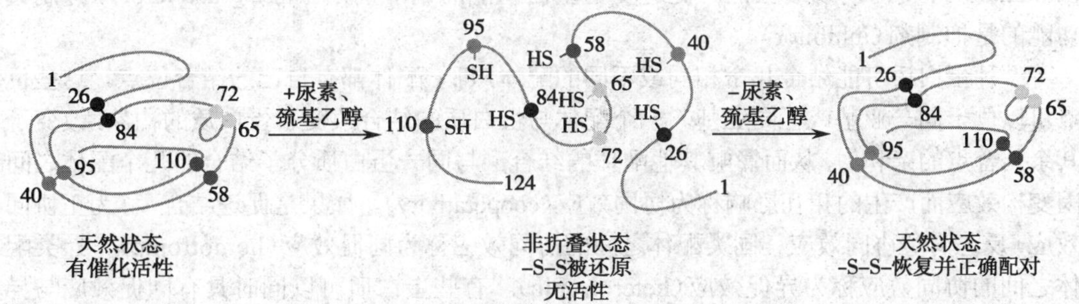

图 4-24 核糖核酸酶结构与功能的关系

（二）同源蛋白质存在序列同源现象

不同种属来源的一些蛋白质的氨基酸序列非常相似，构象也相似，功能也一致，这些蛋白质称为同源蛋白质。同源蛋白质氨基酸序列的这种相似性称为序列同源现象。在同源蛋白质的氨基酸序列中，有许多位置的氨基酸是相同的，这些氨基酸称为不变残基。不变残基大多是维持蛋白质构象和活性所必需的氨基酸。相比之下，其他位置的氨基酸差异较大，这些氨基酸称为可变残基。

例如，哺乳动物的胰岛素都由 A 链和 B 链组成，兔、巨头鲸和人胰岛素的 A 链完全相同，山羊、牛和人胰岛素的 B 链完全相同。这些动物胰岛素的二硫键配对和分子构象也极为相似，只是几个位置的氨基酸不同。这些差异不影响胰岛素的基本功能，但影响其免疫学性质。

（三）蛋白质一级结构改变与疾病

基因突变可以改变蛋白质的一级结构，从而改变蛋白质的生物活性甚至生理功能而发生疾病。例如，镰状细胞贫血是由血红蛋白分子结构异常而引起的分子病（由基因突变造成蛋白质结构或合成量异常而导致的疾病称为分子病）。正常成人血红蛋白（HbA）是由$\alpha_2\beta_2$ 4个亚基组成，其β亚基的第6位氨基酸是谷氨酸。而镰状细胞贫血患者的血红蛋白（HbS）中此氨基酸变成了缬氨酸，即酸性氨基酸被中性氨基酸替代：

HbA　N末端　缬-组-亮-苏-脯-谷-谷

HbS　N末端　缬-组-亮-苏-脯-缬-谷

仅此一个氨基酸的改变，使本为水溶性的血红蛋白溶解度降低，聚集成丝，相互黏着，导致红细胞形态扭曲成镰状，这一过程因损害细胞膜而使其极易破碎，产生溶血性贫血。

二、蛋白质空间构象与功能的关系

（一）蛋白质通过构象变化调节功能

在生物体内，某些蛋白质可在一些因素的触发下发生构象变化，从而调节其功能活性。例如酶原激活、蛋白质的变构等。

1．蛋白质的变构效应　蛋白质可以因与其他分子结合而在一定程度上改变构象，从而改变功能，与之结合的分子叫配体（ligand）。配体的结合常导致蛋白质构象改变，称为蛋白质的变构效应。此类蛋白质称为变构蛋白（allosteric protein），配体则称为调节剂（modulator）、变构剂或效应剂。促进变构蛋白功能的调节剂是激活剂（activator），抑制其功能的是抑制剂（inhibitor）。

一种蛋白质可能结合几个相同或不同的配体，每一配体都有自己的结合位点。这些位点可以位于同一亚基或不同亚基。一个配体与蛋白质的结合改变了蛋白质的构象，改变了其余结合点的亲和力，从而影响其他配体的结合。与同一蛋白质分子结合的几个配体之间因变构效应而产生的相互影响称为协同效应（cooperativity）。如果是促进结合，称为正协同效应，反之为负协同效应。同类配体之间的协同效应称为同促效应（homotropic）。异类配体之间的协同效应称为异促效应（heterotropic）。有些蛋白质可以同时具有同促效应与异促效应。

2．氧合蛋白的构象与功能　氧合蛋白包括肌红蛋白（myoglobin，Mb）与血红蛋白（hemoglobin，Hb）。肌红蛋白是存在于肌肉细胞内的一种能结合氧气的球蛋白，功能是储藏氧气，并在迅速收缩的肌肉组织中加快氧的运输。血红蛋白是红细胞的主要成分，在红细胞内浓度高达34%，功能是运输氧和二氧化碳。氧气在动物血液循环中几乎完全由红细胞携带并运输。

肌红蛋白与血红蛋白是最早确定构象的蛋白质，均为结合蛋白，其多肽链部分称为珠蛋白（globin），血红素是它们共同的辅基。肌红蛋白与血红蛋白已经成为认识蛋白质功能的经典模型，研究体现了生物化学的重要内容：配体与蛋白质的可逆结合。

肌红蛋白分子量为16 700，是由153个氨基酸残基构成的单一肽链，约有75%的肽链构成α-螺旋，分为8段，通过β-转角其他弯曲连接。各类氨基酸残基在肌红蛋白构象中的定位充分反映出非共价键所起的作用：多数疏水性氨基酸都在分子内部，不与水接触；除了2个组氨酸之外，所有极性氨基酸都在分子表面并且与水结合。1个肌红蛋白分子中有4个脯氨酸，有3个处在弯曲的位置，第4个处在一段螺旋中，造成了整个螺旋的弯曲，而这种弯曲正是形成三级结构必需的。

血红蛋白是四亚基蛋白，HbA 的 α- 亚基含 141 个氨基酸残基，β- 亚基含 146 个氨基酸残基，分子量为 64 500。人血红蛋白 α、β- 亚基的一级结构中，有不到一半的氨基酸残基是相同的，与肌红蛋白一级结构比较，只有 27 个氨基酸残基是相同的，但其三级结构却非常相似。血红蛋白存在 R（relaxed，松弛）、T（tense，紧张）两种构象，两者都可以结合氧，但 R 型结合力更强，氧合后也更稳定，是氧合血红蛋白的主要构象，而不与氧结合时 T 型更稳定，所以 T 型是脱氧血红蛋白的主要构象。两种构象的差别主要在四级结构，即亚基之间的排布，而每个亚基的构象改变不大。T 态转变成 R 态是逐个结合氧而实现的。

2，3- 二磷酸甘油酸（BPG）是糖酵解的中间产物，是血红蛋白的异促调节剂。1 分子血红蛋白能结合 1 个 BPG，BPG 的结合使血红蛋白氧合力降低为正常的 1/26，起到了稳定 T 构象的作用，从而使血红蛋白能在外周组织有效地释放氧。

在不同发育期由不同的亚基组成。胎儿血红蛋白主要为 HbF（fetal），亚基组成是 $\alpha_2\gamma_2$；成人血红蛋白主要为 HbA（adult），亚基组成为 $\alpha_2\beta_2$。BPG 对血红蛋白氧合力的调节对胎儿发育尤为重要。胎儿只能从母血获得氧，母血氧分压低于大气，所以胎儿血红蛋白 HbF 的氧合力必须高于母血。HbF 的亚基组成是 $\alpha_2\gamma_2$，与成人不同，其对 BPG 的亲和力低于成人，所以氧合力也就高于成人。

（二）蛋白质构象病

生物体内蛋白质的合成、加工和成熟是一个复杂的过程，其中多肽链的正确折叠对其正确构象形成和功能发挥至关重要。尽管蛋白质一级结构不变，但若其折叠发生错误，使其构象发生改变仍可影响其功能，严重时可导致疾病发生，有人将此类疾病称为蛋白质构象病。

粒子蛋白（prion protein，PrP；也有人译为朊病毒蛋白）是存在于正常哺乳动物脑组织细胞膜上的一种糖蛋白，有 2 种构象：一种是正常的 PrPC 构象，以 α 螺旋为主；另一种是致病的 PrPsc 构象，以 β 折叠为主。PrPsc 分子能“催化”——将其他 PrP 的 PrPC 构象转变成 PrPsc 构象。遗传性粒子蛋白病患者的 PrP 存在突变，其一个氨基酸被另一个氨基酸取代，突变 PrP 比正常 PrP 更容易形成 PrPsc 构象。疯牛病和人类 Creutzfeldt-Jakob 病等都与此有关。Prusiner 因发现 prion protein 而获得 1997 年诺贝尔生理学或医学奖。

第四节　蛋白质的理化性质与应用

蛋白质的理化性质不仅是分析和研究蛋白质的化学基础，还是诊断和治疗疾病的分子基础。

一、蛋白质的理化性质

（一）一般性质

蛋白质含有肽键和芳香族氨基酸，所以对紫外线有吸收；蛋白质是两性电解质，所以有等电点；此外，蛋白质也能发生各种呈色反应。

1. 紫外吸收特征　蛋白质在紫外线范围内两处有吸收峰：一是由于其含色氨酸残基

和酪氨酸残基，其分子内部存在着共轭双键，在280nm处有一吸收峰；二是因肽键存在而引起的，在200～220nm处有一吸收峰。此两处吸收峰都可用于蛋白质的定量测定，但以前者为常用。在一定条件下，蛋白质溶液对280nm紫外线的吸光度与其浓度成正比。

2. 两性解离与等电点　蛋白质肽链主链末端有自由的α-NH_2和α-COOH，还有许多氨基酸的侧链上尚有可解离的基团，如谷氨酸和天冬氨酸的非α-羧基，可以给出H^+而带负电荷；也有肽链主链N端的氨基、赖氨酸的ε-氨基、精氨酸的胍基和组氨酸的咪唑基，可以结合H^+而带正电荷。这些基团的解离状态决定蛋白质的带电荷状态，而解离状态受溶液的pH影响。当蛋白质溶液在某一pH下，蛋白质解离为正负离子的程度及趋势相等，即成兼性离子，此时溶液的pH称为蛋白质的等电点（pI）。如果溶液$pH < pI$，则蛋白质带正电荷；如果溶液$pH > pI$，则蛋白质带负电荷。

各种蛋白质等电点不同，但大多数小于pH 6.0，所以在人体溶液pH 7.4的环境下，大多数蛋白质解离成阴离子。少数蛋白质含碱性氨基酸较多，其等电点偏于碱性，称为碱性蛋白质，如组蛋白、细胞色素c等。也有少数蛋白质含酸性氨基酸较多，其等电点偏于酸性，称为酸性蛋白质，如胃蛋白酶、蚕丝蛋白等。

3. 呈色反应　呈色反应常用于蛋白质定量分析。

（1）茚三酮反应：蛋白质分子内含有游离氨基，所以也与水合茚三酮反应呈蓝紫色。

（2）双缩脲反应：双缩脲由2分子尿素脱氨缩合生成，在碱性溶液中与Cu^{2+}作用呈紫红色，称双缩脲反应。蛋白质分子内的肽键也能发生双缩脲反应。

（3）酚试剂反应：酚试剂含有磷钼酸-磷钨酸，与蛋白质的呈色反应比较复杂，包括以下反应：①在碱性条件下，蛋白质与Cu^{2+}作用生成螯合物；②蛋白质分子内酪氨酸的酚基在碱性条件下将磷钼酸-磷钨酸试剂还原，呈深蓝色（磷钼蓝和磷钨蓝混合物）。酚试剂反应的灵敏度比双缩脲反应高100倍。

（二）高分子特性

蛋白质是生物大分子，最小的分子量也有10 000，最大的分子量达到3 000 000，具有一般小分子没有的特性。

1. 蛋白质溶液是胶体溶液　蛋白质分子的直径已经达到胶体颗粒大小的范围（1～100nm），之所以能够形成溶液，主要是存在两个稳定因素：电荷与水化膜。生理pH下的蛋白质绝大多数带负电荷，同性电荷使蛋白质分子互相排斥，不易形成可以沉淀的大颗粒；蛋白质多肽链中的极性氨基酸残基大都处于分子表面，它们可以与水形成氢键，从而在分子表面包裹了一层结合水，在蛋白质分子之间起到了隔离作用。

2. 沉降与沉降系数　蛋白质颗粒的密度比水大，在溶液中有在重力作用下沉降的趋势，但水分子对蛋白质颗粒的不断碰撞使之产生布朗运动，足以抵消重力沉降趋势，使蛋白质维持均相溶液状态。然而，如果通过超高速离心技术制造重力场，增加其相对重力，则蛋白质颗粒就会克服布朗运动，沿相对重力场方向沉降，沉降速度与分子量及分子形状相关。

对于特定蛋白质颗粒，其沉降速度与离心加速度（相对重力）之比为一常数，我们称之为沉降系数，以S表示，其单位为秒，因为该值很小，所以规定用S（Svedberg）作为沉降系数单位：$1S = 10^{-13}$秒。沉降系数与分子量相关，但因为影响因素较多，所以二者并不成正比关系。

3. 蛋白质不能透过半透膜　半透膜是一种只允许离子和小分子自由通过的膜结构，生物大分子不能自由通过半透膜，其原因是半透膜的孔隙比离子和小分子大但比生物大分子小。蛋白质为生物大分子，因此不能透过半透膜。

半透膜限制大分子的运动，导致膜两侧溶液的粒子浓度不同，两侧溶液具有不同的渗透压。血浆与组织间液之间的相对胶体渗透压主要是由血浆清蛋白（又称白蛋白）维持的。细胞质膜、各种细胞器膜和肾脏基底膜均属于半透膜，因此酶和蛋白质在体内有固定的分布。当上述生物膜受到损伤时，蛋白质才会溢出，进入血浆或者尿液，这是临床许多实验诊断的理论依据。

（三）变性和沉淀

1. 蛋白质的变性　天然蛋白质的构象与其生物学功能密切相关。某些理化因素可以破坏蛋白质分子中的副键，使其构象发生变化，引起蛋白质的理化性质和生物学功能的改变，这种现象称为蛋白质的变性作用（denaturation）。变性蛋白质与天然蛋白质最明显的区别是生物学活性丧失。此外，变性蛋白质由于分子内部疏水基团的暴露、肽链展开、分子的不对称性增加，使其水中溶解度降低，黏度增加，并更易被蛋白酶消化水解。

促使蛋白质变性的物理因素有加热、高压、紫外线、X 线和超声波等；化学因素有强酸、强碱、重金属离子、胍和尿素等。蛋白质的变性主要涉及非共价键和二硫键的破坏，并不涉及肽键和一级结构的改变。因此，若引起变性的因素比较温和，蛋白质构象的变化较小，则去除变性因素后，仍能使其构象恢复到原来的状态，并恢复其原有的生物活性。如果消除造成蛋白质变性的因素，使其重新处于维持天然构象时的生理条件下，则会自发恢复天然构象，生物学活性也完全恢复，该过程称为蛋白质的复性（renaturation）。生命科学史上一个经典实验就是核酸酶的变性与复性（见图 4-24）。

但是绝大多数情况下（如强酸、强碱、加热、紫外线等因素）蛋白质的变性不可逆。

蛋白质的变性在实际应用上具有重要意义。如临床工作中经常用乙醇、加热、高压、紫外线照射等物理或化学方法进行消毒灭菌，使细菌或病毒的蛋白质变性。而蛋白质制剂（如胰岛素、尿激酶、链激酶、干扰素、人血浆清蛋白、γ- 球蛋白等）以及疫苗、菌苗，应在适当低温下保存，以预防变性。

2. 蛋白质沉淀　蛋白质分子从溶液中析出的现象称为蛋白质沉淀（precipitation）。凡能破坏蛋白质溶液稳定因素的方法都可以使蛋白质分子聚集成颗粒并沉淀。

变性的蛋白质易于沉淀，因为蛋白质变性后，疏水侧链暴露在外，肽链融汇相互缠绕继而聚集并从溶液中析出。但有时蛋白质沉淀并不变性。

3. 蛋白质的凝固作用　蛋白质经强酸、强碱作用发生变性后，仍能溶解于强酸或强碱溶液中，若将 pH 调至等电点，则变性蛋白质立即结成絮状的不溶解物，如加热则絮状物可变成比较坚固的凝块，此凝块不再易溶于强酸和强碱中，这种现象称为蛋白质的凝固作用。凝固是蛋白变性后进一步发展的不可逆结果。

二、蛋白质的分离纯化技术

蛋白质分离纯化的目的是从复杂的混合物中获得一种具有良好生物学活性及化学结构完整的单一种类蛋白质。利用各种方法将蛋白质与其他分子的混合物或者不同种类蛋白质的混合物分成单一蛋白质成分的过程称为蛋白质分离；通过分离技术获得目的蛋白质单一成分纯品的过程称为蛋白质的纯化。纯化必须在分离的基础上进行。

(一) 离心

离心技术是利用物体高速旋转时产生强大的离心力，使置于旋转体中的悬浮颗粒发生沉降或漂浮，从而使某些颗粒达到浓缩或与其他颗粒分离的目的。

超速离心法既可以用来分离纯化蛋白质也可以用作测定蛋白质的分子。蛋白质在高达 50 万 g(g 为 gravity，即地心引力)的重力作用下，在溶液中逐渐沉降，直至其浮力与离心所产生的力相等，此时沉降停止。不同蛋白质其密度与形态各不相同，因此用上述方法可将它们进行分离。

(二) 透析与超滤

透析(dialysis)是通过大分子不能透过半透膜扩散到水(或缓冲液)的原理，将小分子与生物大分子分开的一种分离纯化技术。蛋白质分子不易透过半透膜。在分离提纯蛋白质时，我们可以利用这一性质，将含有小分子杂质的蛋白质溶液封入半透膜制成的透析袋内，浸入流动水或缓冲液中，小分子杂质皆从透析袋中透出，蛋白质得到纯化；也可利用该特性透析去除溶剂水，浓缩蛋白质(或其他大分子)溶液。

超滤又称为超过滤，用于截留水中胶体大小的颗粒如蛋白质，而水和低分子量溶质则允许透过超滤膜。此法简便且回收率高，是蛋白质溶液浓缩的常用方法。

(三) 沉淀

沉淀作为分离提纯蛋白质的一种手段，常用的方法有：盐析、有机溶剂沉淀法、生物碱试剂沉淀法、重金属盐沉淀法和免疫沉淀法等。

1. 盐析　在蛋白质溶液中加入大量的中性盐以破坏其胶体溶液稳定性而使其沉淀，这种方法称为盐析(salting out)。常用的中性盐有硫酸铵、硫酸钠和氯化钠等。不同蛋白质盐析时所需的盐浓度及 pH 可能不同，例如在血清中加硫酸铵使之达到 50% 饱和度，则血清中的球蛋白会沉淀出来；如果加硫酸铵使之达到 100% 饱和度，则血清中的清蛋白和球蛋白都会沉淀出来。因此，盐析法可以用来分离蛋白质组分。调节溶液 pH 至蛋白质的等电点之后再进行盐析，则蛋白质沉淀的效果会更好。盐析得到的蛋白质沉淀经透析脱盐后仍保持生物活性。

2. 有机溶剂沉淀法　利用不同蛋白质在不同浓度有机溶剂中溶解度的差异进行分离的方法称为有机溶剂沉淀法。有机溶剂能降低水的介电常数，增加蛋白质分子上不同电荷的引力，导致蛋白质溶解度降低；另外，有机溶剂是脱水剂，可争夺蛋白质分子表面的水化膜，故蛋白质在一定浓度的有机溶剂中可沉淀析出。常用的有机溶剂有丙酮和乙醇。

在室温下，有机溶剂不仅能引起蛋白质的沉淀，而且伴随着变性。因此，通常要将有机溶剂冷却，然后在不断搅拌下加入有机溶剂防止局部浓度过高，可在很大程度上解决蛋白质变性问题。

3. 免疫沉淀法　免疫沉淀法是一种研究蛋白质间交互作用的生物技术，这种技术是将蛋白质视为抗原，并利用抗体与之进行特异性结合的特性，来进行研究。这项技术可用于在含有上千种不同蛋白质的样品中分离和浓缩出特定蛋白质。

(四) 层析

层析法是利用不同物质理化性质的差异而建立起来的技术。所有的层析系统都由两个相组成：一是固定相，另一是流动相。当待分离的混合物随流动相通过固定相时，由于各组分的理化性质存在差异，与两相发生相互作用（吸附、溶解、结合等）的能力不同，在两相中的分配（含量比）不同，且随流动相向前移动，各组分不断地在两相中进行再分配。分部收集流出液，可得到样品中所含的各单一组分，从而达到将各组分分离的目的。

层析可用于蛋白质的分离纯化。待分离蛋白质溶液（流动相）经过一个固态物质（固定相）时，根据溶液中待分离的蛋白质颗粒大小、电荷多少及亲和力等，使待分离的蛋白质在两相中反复分配，并以不同速度流经固定相而达到分离的目的。常见的层析方法有离子交换层析、凝胶过滤和亲和层析等。

1. 离子交换层析　采用具有离子交换性能的物质作固定相，利用它与流动相中的离子能进行可逆交换的性质来分离离子型化合物的方法。蛋白质是两性电解质，在某一特定 pH 时，各蛋白质的电荷量及性质不同，故可以通过离子交换层析进行分离。

2. 凝胶过滤　凝胶过滤又称分子筛过滤，其固定相是多孔凝胶，蛋白质溶液各组分的分子大小不同，小分子蛋白能进入凝胶小孔内，因而在层析柱中停留时间长，大分子蛋白质不能进入小孔而径直流出。本法的优点是所用凝胶属于惰性载体，吸附力弱，操作条件温和，不需要有机溶剂，对蛋白质有很好的分离效果。

3. 亲和层析　利用待分离蛋白质和它的特异性配体间具有特异的亲和力，从而达到分离纯化此蛋白质的目的。将可与某蛋白质亲和的分子以共价键形式与不溶性载体相连作为固定相吸附剂，当含混合组分的样品通过此固定相时，只有和固定相分子有特异亲和力的蛋白质，才能被固定相吸附结合，无关组分随流动相流出。再改变流动相组分，将结合的亲和蛋白洗脱下来。

（五）电泳

带电颗粒在电场作用下，向着与其电性相反的电极移动，称为电泳（electrophoresis，EP）。利用带电粒子在电场中移动速度不同而达到分离的技术称为电泳技术。带电粒子在电场作用下移动受三个因素的影响：①带电粒子本身的性质，如：粒子的实际电荷，粒子的形状、大小、两性电离行为及解离程度；②带电粒子所处的环境，如缓冲液的浓度、离子强度、pH、黏度和温度等；③电场强度。

蛋白质是两性电解质，在不处于其等电点环境中总是带有一定的净电荷，因此蛋白质可被看作带电颗粒，在外加直流电场中能够泳动。

1. SDS 聚丙烯酰胺凝胶电泳（简称 SDS-PAGE）　在 SDS-PAGE 中，所有蛋白质都被 SDS 完全变性、呈伸展状态（即相同的形状），具有相似的荷质比。这时蛋白质在电场中的移动速度完全取决于其分子质量（即肽链的长度）。凝胶的分子筛效应使得这些蛋白质分子被高效分开。电泳结束后，凝胶经考马斯亮蓝染色或银染之后，每条蛋白带的近似分子质量可以在已知分子质量的标准样品指示下获得。

2. 等电聚焦（isoelectric focusing，IEF）电泳　当蛋白分子所在溶液的 pH 正好等于其 pI 时，蛋白质所带正、负电荷相等，这时蛋白质净电荷为零，在外加电场中不移动。在 IEF 电泳中，先通过预电泳使加在凝胶柱中的两性电解质混合物中的每一个 pH 载体分别向一定方向移动，最后带负电荷和带正电荷最多的两性电解质分别集中在凝胶柱的两端，形成一个连续的 pH 梯度；而后加入样品蛋白质，在电场作用下，带电的样品蛋白质将在 pH 梯度中移动，当进入与其 pI 相等的区域后蛋白质净电荷变为零，蛋白质不再移动。IEF 电泳可以将两个表面电荷相差一个单位的蛋白质分子分开。

3. 二维凝胶电泳（two-dimensional gel electrophoresis） 上述两种电泳是根据蛋白质分子在两种不同性质上的差异实现的：SDS-PAGE 是根据蛋白质分子质量的差异，而 IEF 电泳是根据蛋白质的等电点差异。前者无法分开分子质量差异不大的蛋白质，后者无法分开等电点差异不大的蛋白质，即这两种电泳结果中看到的一条带中可能含有多种不同的蛋白分子。

如果将二者结合在一起，即二维凝胶电泳。二维凝胶电泳分两步进行：首先将保持天然构象的混合蛋白通过等电聚焦电泳，再通过 SDS-PAGE 将蛋白质进行变性分离。二维电泳产生的每一个点代表一种蛋白质（分子质量和等电点都相同的蛋白质很少存在）。

第五节 蛋白质的分类

蛋白质的种类繁多，功能各异，化学结构变化复杂，目前常见的蛋白质分类方法有：分子形状、组成、溶解度和功能等分类方法。

一、根据分子形状分类

1. 球状蛋白质 蛋白质分子长短轴之比小于 10，多可溶于水，如酶、血红蛋白、肌红蛋白、免疫球蛋白、血浆清蛋白等。

2. 纤维状蛋白质 蛋白质分子长短轴之比大于 10，多不溶于水，而成为生物体的结构材料，如指甲、毛发、皮肤中的角蛋白，构成细胞间质及分布于皮肤、肌腱、骨骼、血管和角膜的胶原蛋白，蚕丝中的丝蛋白等。

二、根据化学成分分类

按组成成分可分为单纯蛋白质和结合蛋白质两类：

1. 单纯蛋白质（simple protein） 蛋白质组分中只含有氨基酸。如清蛋白、角蛋白、胰蛋白酶等。

2. 结合蛋白质（conjugated protein） 此类蛋白质由蛋白质与被称作辅基（prosthetic group）的非蛋白质部分结合而成。根据辅基不同，又分为核蛋白、糖蛋白、脂蛋白、磷蛋白和金属蛋白等，分别含有核酸、糖、脂类、磷酸基和金属离子。

三、根据溶解度分类

1. 可溶性蛋白质 可溶性蛋白质指可溶于水、稀中性盐和稀酸溶液的蛋白质，如清蛋白、球蛋白、组蛋白和精蛋白等。

2. 醇溶性蛋白质 一类不溶于水而溶于 70%～80% 乙醇的蛋白质，如醇溶谷蛋白。

3. 不溶性蛋白质 此类蛋白质既不溶水和稀盐溶液，也不溶于有机溶剂，如角蛋白、胶原蛋白、弹性蛋白和谷蛋白等。

四、根据功能分类

蛋白质根据功能可分为两大类：活性蛋白质和非活性蛋白质。

1. 活性蛋白质　活性蛋白质是指生命运动中一切有活性的蛋白质及其前体。活性蛋白质占蛋白质的绝大部分。

2. 非活性蛋白质　非活性蛋白质多担负生物保护及支持作用，如胶原蛋白、角弹性蛋白、角蛋白、丝心蛋白等。

学习小结

1. 学习内容

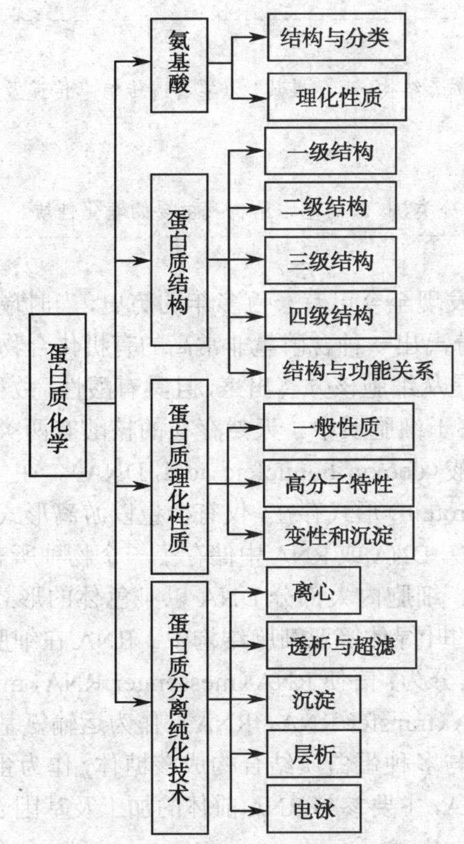

2. 学习方法

(1) 从标准氨基酸的结构理解其性质与分类。

(2) 从肽键的结构特点、性质以及副键的作用去理解蛋白质的分子结构。

(3) 从氨基酸与蛋白质的理化性质理解蛋白质的分离纯化技术。

（孙丽萍）

复习思考题

1. 简述氨基酸的分类。
2. 简述肽链的基本结构。
3. 简述蛋白质各级结构的含义及其稳定因素。
4. 简述蛋白质的α螺旋结构。
5. 概述蛋白质的理化性质。
6. 概述蛋白质的分离纯化技术。

第五章　核 酸 化 学

学习目的

通过学习核酸的分子组成、结构、理化性质，为学习遗传信息传递及分子生物学技术方法奠定基础。

学习要点

核酸的概念、分子组成、分类，核酸的基本结构及主要的理化性质。

核酸（nucleic acid）的发现至今已有一百多年的历史，当时瑞士青年医生 F. Miescher 从外科绷带上的脓细胞中分离出一种含磷量非常高的有机化合物，具有很强的酸性，称之为核素（nuclein）。因最初是从细胞核分离出来，且具有酸性，故称为核酸，后来发现其不仅存在于细胞核内，还存在于细胞质中。天然存在的核酸有两类：核糖核酸（ribonucleic acid，RNA）和脱氧核糖核酸（deoxyribonucleic acid，DNA）。在生物体内，核酸常与蛋白质结合，以核蛋白（nucleoprotein）形式存在，仅有少量以游离形式存在，如 tRNA。

所有生物中均含有核酸，DNA 或 RNA 中储存了一个物种所有的遗传信息，是物种进化和世代繁衍的物质基础。细胞内大部分 DNA 以染色体的形式存在于细胞核中，少量存在于线粒体或植物细胞的叶绿体等亚细胞结构中。RNA 在细胞质中的含量较多，根据其结构和功能不同，可将其分为：信使 RNA（messenger RNA，mRNA），作为指导蛋白质生物合成的模板；转运 RNA（transfer RNA，tRNA），作为运输氨基酸的载体；核糖体 RNA（ribosomal RNA，rRNA），与多种蛋白质结合构成核糖体，作为蛋白质合成的场所；以及其他一些非编码小分子 RNA，主要参与 RNA 前体的加工及基因表达调控等作用。

第一节　核酸的分子组成

一、核酸的元素组成

无论是 DNA 还是 RNA，其主要组成元素均有碳（C）、氢（H）、氧（O）、氮（N）和磷（P）等，且 P 含量比较恒定，平均为 9%～10%，故可以通过测定生物样本中有机磷含量来推算核酸的含量。

二、核酸的基本组成单位——核苷酸

对核酸分子组成的研究发现，核酸分子经水解反应首先得到单核苷酸（脱氧单核苷酸），单核苷酸（脱氧单核苷酸）进一步水解可生成核苷和磷酸，核苷再一步水解可生成戊糖（核糖和脱氧核糖）和含氮碱基（嘌呤碱基和嘧啶碱基）。

（一）核苷酸的组成

通过对核苷酸分子的研究发现，其可进一步被水解，核苷酸水解可得到三类组成成分：磷酸、戊糖和含氮碱基。

1. 磷酸　核酸是含磷酸量最多的生物大分子，带有大量的负电荷。磷酸基团可连接在戊糖的 C-2′、C-3′、C-5′ 位的羟基（—OH）上，常连接在核糖或脱氧核糖的 C-5′ 位，形成 5′- 核苷酸。

2. 戊糖　组成核苷酸的戊糖有两种：β-D- 核糖和 β-D-2- 脱氧核糖，β-D- 核糖存在于 RNA 分子中，β-D-2- 脱氧核糖存在于 DNA 分子中，二者的差别在于核糖的 C-2 连接羟基（—OH），脱氧核糖的 C-2 连接 H 原子。核苷酸分子中的戊糖环上碳原子常用 C-1′～C-5′ 表示。

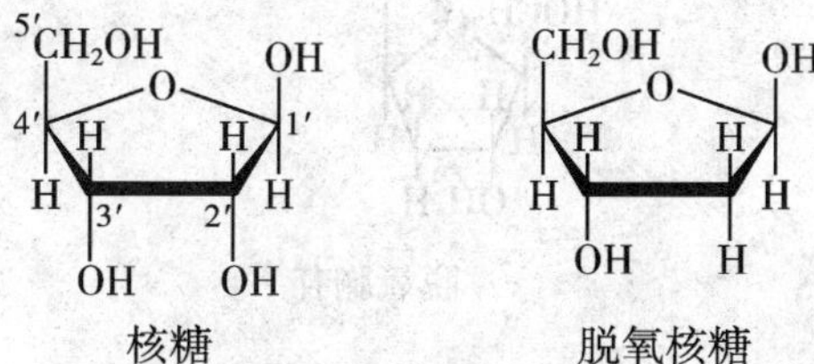

核糖　　脱氧核糖

3. 碱基　核酸分子含有两类碱基：嘧啶碱基和嘌呤碱基。嘌呤碱基主要有腺嘌呤（adenine，A）、鸟嘌呤（guanine，G）。嘧啶碱基主要有胞嘧啶（cytosine，C）、尿嘧啶（uracil，U）和胸腺嘧啶（thymine，T）。RNA 和 DNA 分子中均含有 A、G 和 C，而 U 只存在于 RNA 分子中，T 只存在于 DNA 分子中。

腺嘌呤　　鸟嘌呤　　胞嘧啶　　尿嘧啶　　胸腺嘧啶

为了避免与戊糖碳原子相混淆，碱基中原子在编号时，杂环原子直接以阿拉伯数字 1、2、3……编号。除了上述 5 种常见的碱基外，在核酸分子中还有一些含量很少的碱基，被称为稀有碱基。稀有碱基是上述 5 种碱基的衍生物，杂环上的基团常被其他基团取代，其中大部分是甲基化的，如 5- 甲基胞嘧啶、1- 甲基鸟嘌呤等，这些甲基化的稀有碱基有重要的生物学功能：起到调节和保护遗传信息的作用。tRNA 分子中含有较多的稀有碱基，如二氢尿嘧啶、次黄嘌呤等，这些稀有碱基与 tRNA 具有的特殊结构及功能有关（表 5-1）。

表 5-1　核酸中部分稀有碱基

DNA	RNA
5- 甲基胞嘧啶（m^5C）	5，6- 双氢尿嘧啶（DHU）
5- 羟甲基胞嘧啶（hm^5C）	1- 甲基腺嘌呤（m^1A）
N^6- 甲基腺嘌呤（m^6A）	1- 甲基鸟嘌呤（m^1G）
	N^7- 甲基腺嘌呤（m^7A）

（二）核苷酸的结构

核苷酸分子中的碱基与核糖或脱氧核糖通过共价键连接，形成核苷或脱氧核苷。

1．核苷与脱氧核苷　各种碱基与核糖或脱氧核糖以糖苷键结合构成核苷（nucleoside）或脱氧核苷（deoxynucleoside），嘧啶碱基以N-1、嘌呤碱基以N-9位与核糖的C-1′位形成N-β-糖苷键，常见的核苷和脱氧核苷有腺苷（adenoside，A）、鸟苷（guanosine，G）、胞苷（cytidine，C）和尿苷（uridine，U）及脱氧腺苷（deoxyadenosine，dA）、脱氧鸟苷（deoxyguanosine，dG）、脱氧胞苷（deoxycytidine，dC）、脱氧胸苷（deoxythymidine，dT），部分核苷和脱氧核苷结构如下。

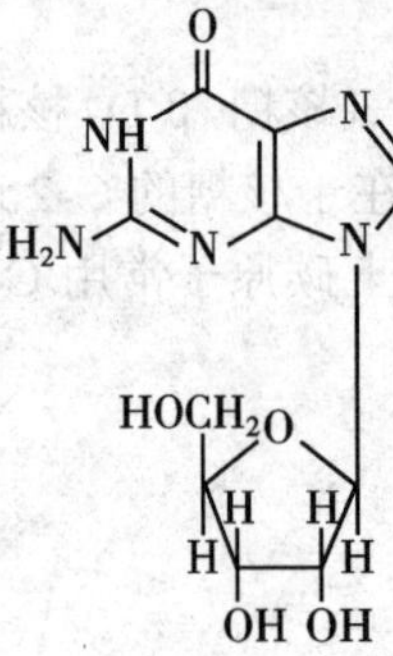

鸟苷 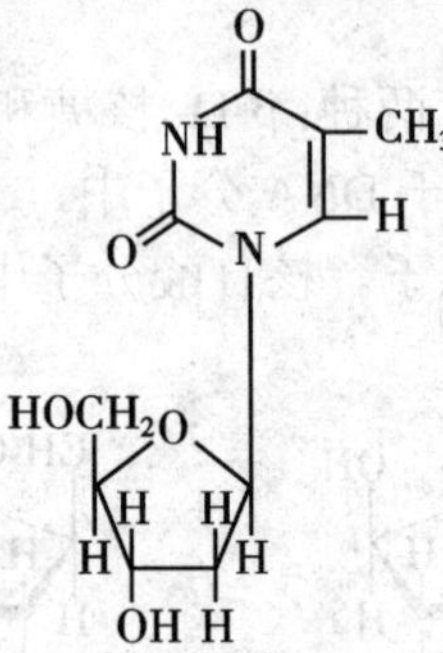　　脱氧胸苷 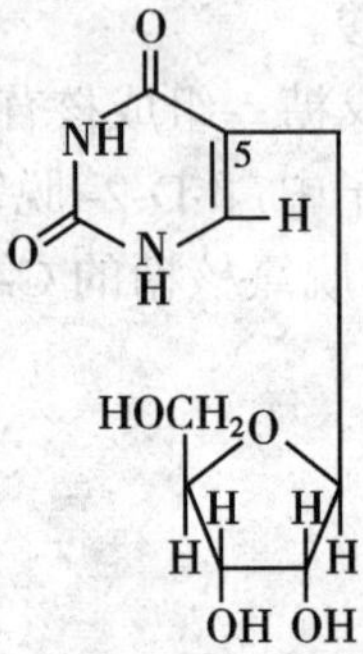　　假尿嘧啶核苷

2．核苷酸与脱氧核苷酸　各种核苷和脱氧核苷均可与磷酸相连，构成核苷一磷酸称核苷酸（nucleotide）、脱氧核苷一磷酸称脱氧核苷酸（deoxynucleotide）（表5-2）。在生物体内，磷酸大多与戊糖的C-5′-OH以磷酸酯键相连构成5′-磷酸脱氧核苷（即5′-脱氧核苷酸）和5′-磷酸核苷（即5′-核苷酸）。

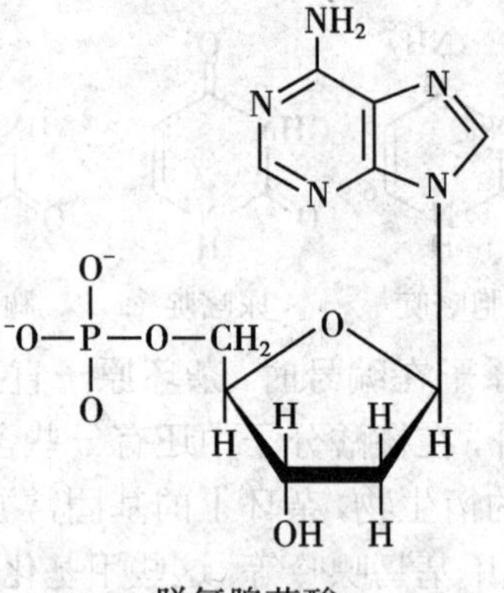

脱氧腺苷酸 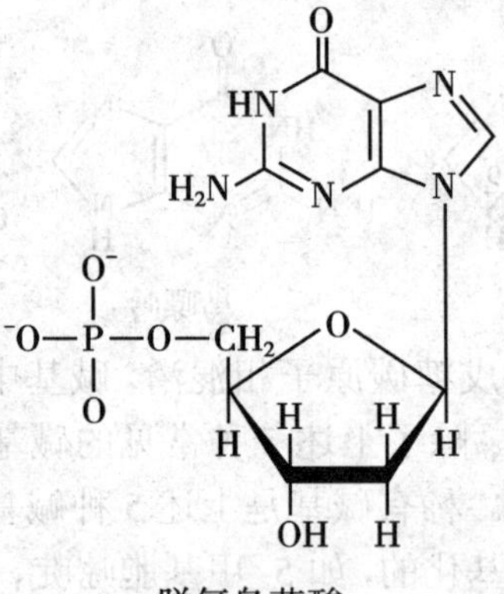　　脱氧鸟苷酸

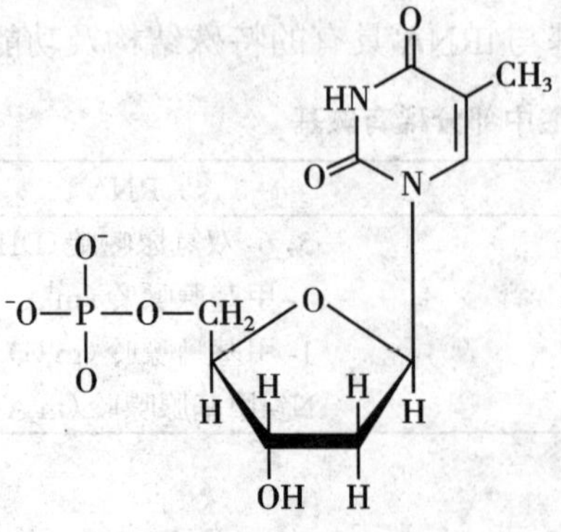

脱氧胸腺苷酸 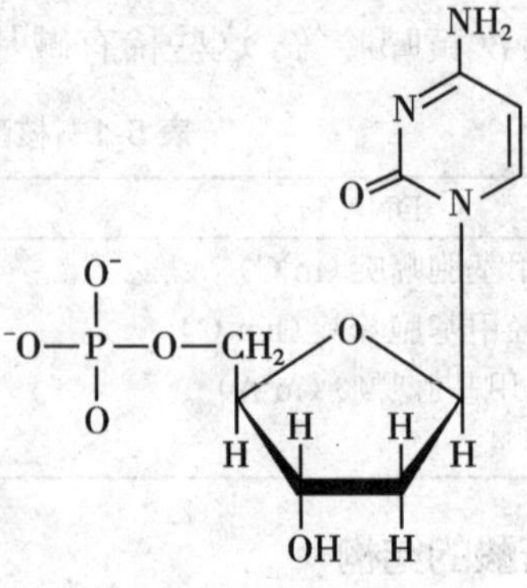　　脱氧胞苷酸

表 5-2　核苷酸和脱氧核苷酸的种类

核苷酸种类	脱氧核苷酸种类
腺嘌呤核苷酸（adenoside monophosphate，AMP）	脱氧腺嘌呤核苷酸（deoxyadenosine monophosphate，dAMP）
鸟嘌呤核苷酸（guanosine monophosphate，GMP）	脱氧鸟嘌呤核苷酸（deoxyguanosine monophosphate，dGMP）
胞嘧啶核苷酸（cytidine monophosphate，CMP）	脱氧胞嘧啶核苷酸（deoxycytidine monophosphate，dCMP）
尿嘧啶核苷酸（uridine monophosphate，UMP）	脱氧胸腺嘧啶核苷酸（deoxythymidine monophosphate，dTMP）

除了常见的 4 种核苷酸和脱氧核苷酸外，细胞内还有相当数量的核苷酸代谢中间物。如黄嘌呤核苷酸（xanthosine monophosphate，XMP）和次黄嘌呤核苷酸（inosine monophosphate，IMP）（见第十二章），后者又简称肌苷酸。

3．二磷酸或核苷三磷酸与脱氧核苷　5′- 磷酸核苷或 5′- 磷酸脱氧核苷可以通过酸酐键结合第二个、第三个磷酸，形成核苷二磷酸（nucleoside diphosphate，NDP）、核苷三磷酸（nucleoside triphosphate，NTP），以及脱氧核苷二磷酸（dNDP）和脱氧核苷三磷酸（dNTP）。NTP 根据碱基不同有 ATP、GTP、CTP 和 UTP 四种，它们是 RNA 合成的原料。dNTP 根据碱基不同有 dATP、dGTP、dCTP 和 dTTP 四种，它们是 DNA 合成的原料。

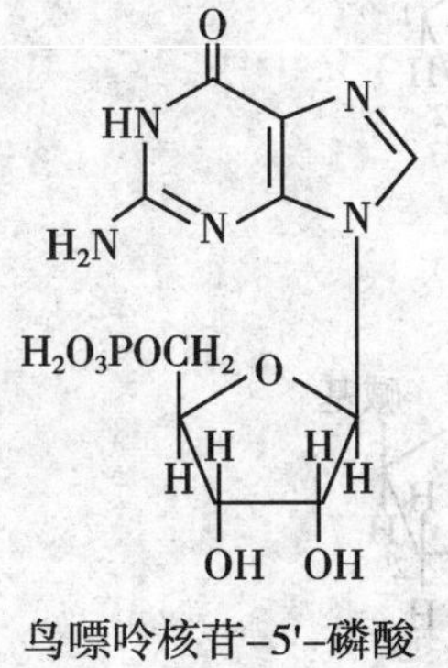

鸟嘌呤核苷-5′-磷酸
(GMP)

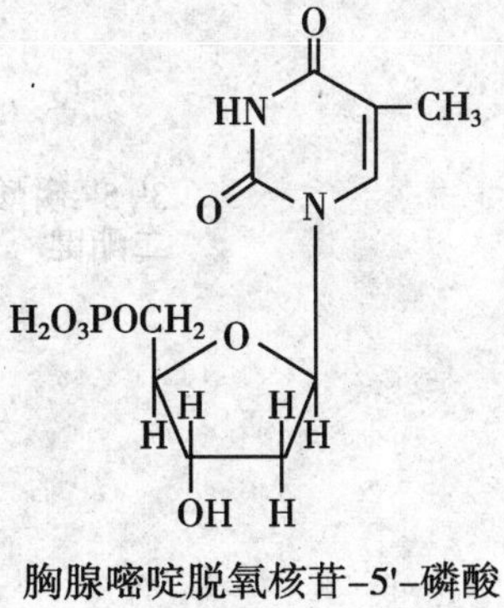

胸腺嘧啶脱氧核苷-5′-磷酸

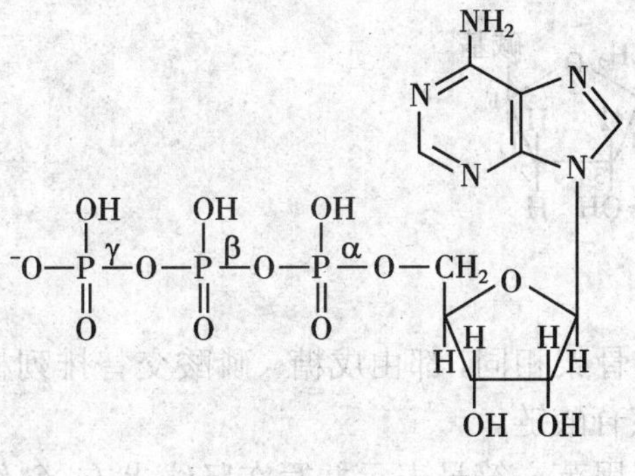

ATP

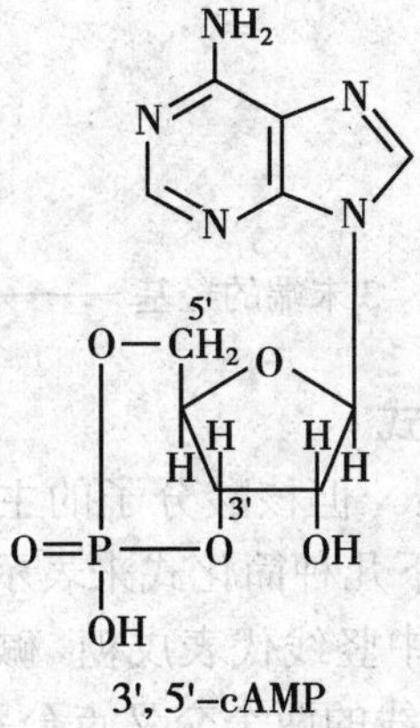

3′, 5′-cAMP

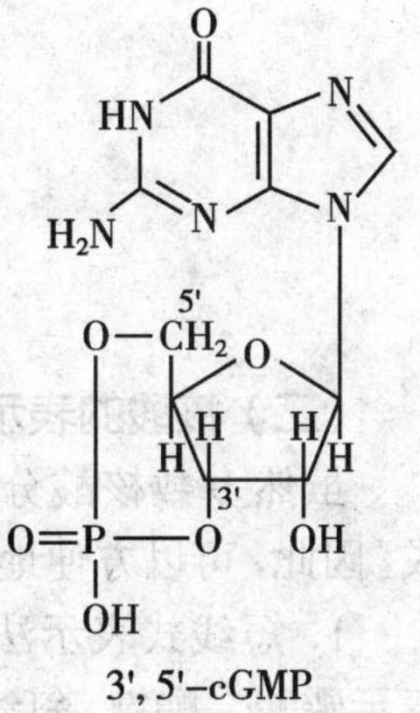

3′, 5′-cGMP

在体内，ATP 和 GTP 还可以在环化酶作用下，核糖 C-5′- 磷酸与 C-3′- 羟基之间脱去 1 分子水形成 3′, 5′- 环腺苷酸（3′, 5′-cyclic adenylic acid，cAMP）和 3′, 5′- 环鸟苷酸（3′, 5′-cyclic guanylic acid，cGMP）。ATP、cAMP 和 cGMP 结构见上图。

三、多聚核苷酸链

（一）核酸的连接方式

在核酸分子中，核苷酸分子的戊糖 C-3′ 羟基与下一个核苷酸的戊糖 C-5′ 磷酸基反应，脱去 1 分子水形成 3′, 5′- 磷酸二酯键（phosphodiester linkage），连接构成多聚核苷酸链。核酸分子的主链骨架由磷酸基团和戊糖通过磷酸二酯键相连而成，碱基构成侧链部分。核酸主链两端分别用 5′- 末端和 3′- 末端表示，5′- 末端常含游离磷酸基（$5'\text{-}PO_3H_2$），为多聚核苷酸链的“头”，3′- 末端含游离羟基（3′-OH），为多聚核苷酸链的“尾”，因此多聚核苷酸链的方向为 5′→3′。

核酸分子大小常用碱基数目表示（base 或 kilobase，b 或 kb，用于单链 RNA 或 DNA），或用碱基对数目表示（base pair，bp 或 kilobase pair，用于双链 DNA）。

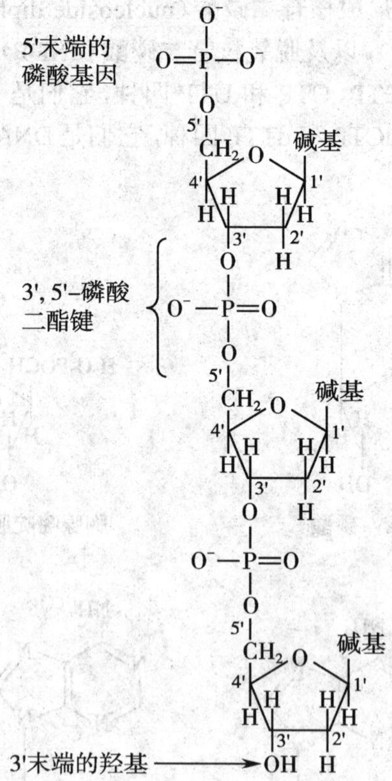

5'末端的磷酸基因
3', 5'–磷酸二酯键
碱基
3'末端的羟基

（二）核酸的表示简化式

虽然多数核酸分子较大，但核酸分子的主链骨架相同，都由戊糖 - 磷酸交替排列构成，因此，可以方便地用以下几种简化式来表示核苷酸链。

1. 短线式表示法　其中竖线代表戊糖，碱基用英文符号表示并写在竖线上方，斜线表示磷酸二酯键，斜线与竖线的两个交叉点分别为戊糖的 C-3′ 和 C-5′ 位。

2. 字母式表示法　核酸字母书写方式一般 5′ 端在左侧，3′ 端在右侧，或干脆将 5′ 端和 3′ 端都省去。

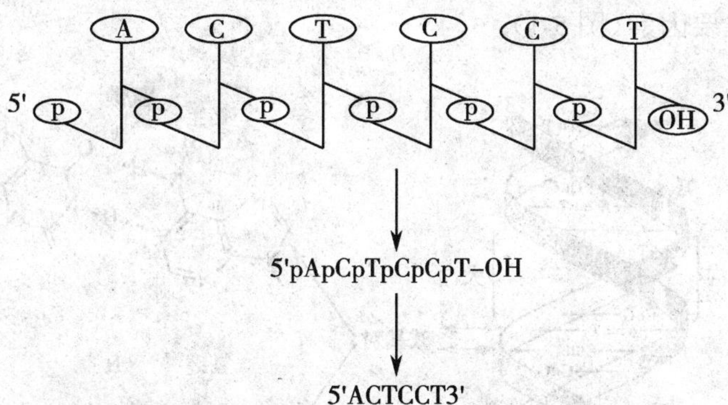

5'pApCpTpCpCpT-OH

5'ACTCCT3'

通常把小于 50 个核苷酸构成的核苷酸链称为寡核苷酸（oligonucleotide），更多的则称为多聚核苷酸（polynucleotide），通称为核酸。

第二节　核酸的分子结构

一、DNA 的分子结构

（一）DNA 的一级结构

脱氧核糖核酸是单脱氧核糖核苷酸的缩聚物，由四种脱氧核糖核苷酸（dAMP、dCMP、dGMP 和 dTMP）彼此间通过 3′, 5′- 磷酸二酯键相连，构成具有一定排列顺序的多聚脱氧核苷酸链。DNA 分子中脱氧核糖核苷酸的排列顺序称为 DNA 的一级结构。因为核苷酸之间的差异只是碱基不同，所以 DNA 的一级结构常用碱基的排列顺序表示。

（二）DNA 的二级结构

1. DNA 碱基的组成规律　20 世纪 40 年代末 Chargaff 及其同事用紫外分光光度法和纸层析等技术研究了不同生物的 DNA，发现碱基组成具有以下规律：① DNA 的碱基组成存在种属差异，但没有组织差异，即不同物种 DNA 的碱基组成不同，同一个体不同组织 DNA 的碱基组成相同；②某一个特定生物 DNA 的碱基组成不随年龄、营养、环境改变而改变；③不同物种 DNA 碱基组成均存在以下关系：A 与 T、G 与 C 摩尔数总是相等，因此 A+G=T+C，即总嘌呤碱基等于总嘧啶碱基。这种 DNA 碱基组成的特殊规律，被称为 Chargaff 规律。

2. DNA 二级结构——右手双螺旋结构模型　20 世纪 50 年代，根据 X 线衍射图谱和 Chargaff 等人的研究结果，Watson 和 Crick 提出了经典的 DNA 双螺旋结构模型（DNA double helix model），其要点如下：① DNA 分子是由两条反向平行的核苷酸链绕同一中心轴形成的右手双螺旋结构，其中一条链为 5′→3′ 方向，另一条链为 3′→5′ 方向。② DNA 分子中的脱氧核糖和磷酸交替排列在两条互补链外侧构成主链骨架，碱基作为侧链位于两条互补链的内侧。③ DNA 分子两条链上的碱基通过 A=T、G≡C 之间形成氢键而互补配对，并处于同一平面构成碱基对平面，与中心轴垂直，相邻 2 个碱基对平面间通过疏水键相互作用形成碱基堆积力，以稳定双螺旋结构。④双螺旋直径为 2nm，每一螺旋含

10bp，螺距 3.4nm，相邻碱基对之间的轴向距离为 0.34nm；双螺旋表面有两条沟槽：大沟和小沟，大沟和小沟间隔排列，形如锯齿状。⑤碱基之间的氢键和碱基堆积力是维持双螺旋结构稳定的主要因素（图 5-1）。

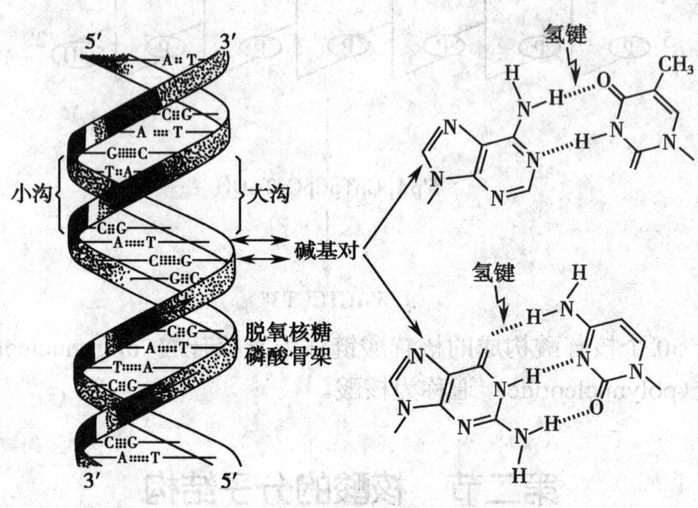

图 5-1 DNA 的碱基配对

3. DNA 双螺旋结构的其他类型　由 Watson 和 Crick 提出的 DNA 双螺旋结构模型是基于在 92% 相对湿度下得到最典型的 B 型 DNA，在生理 pH 条件下可能最为稳定。1979 年，A. Rich 等人在研究人工合成的 CGCGCG 的晶体结构时意外发现 DNA 分子的具有左手螺旋（left-handed helix）的特征，后来证实这种结构在天然 DNA 分子中同样存在，称为 Z 型 DNA。但 DNA 是柔性分子，在改变溶液的离子强度或相对湿度后，双螺旋结构的沟槽深浅、螺距、旋转角度等均会发生一些改变，从而出现不同于 B 型 DNA 的构象。各种类型的 DNA 双螺旋构象有其各自的特征，如 A 型 DNA 构象，为右手双螺旋，碱基对之间螺距缩短，两链间直径变宽，使大沟变深，小沟变浅，结构外形呈粗短型；Z 型 DNA 构象为左手双螺旋，碱基对之间螺距增长，两链间直径变窄，使其大沟几乎消失，而小沟变深、变窄，结构呈细长型。各类 DNA 双螺旋构型均具有以下共性：双链反向互补，A 与 T 配对，G 与 C 配对，都依赖于氢键和碱基堆积力维系双螺旋结构的稳定等。A 型、B 型和 Z 型三种结构模型见图 5-2。

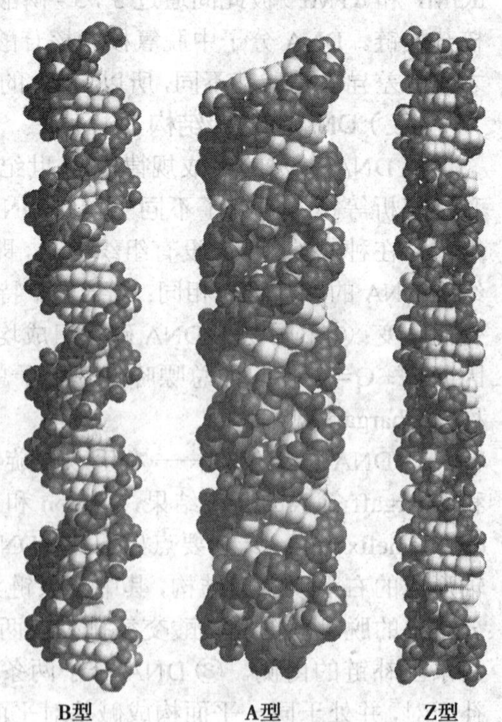

图 5-2 DNA 三种结构模型示意图

（三）DNA 的超螺旋结构

在二级结构基础上，DNA 双螺旋进一步扭曲、盘绕和折叠形成的特定空间构象，称之为

DNA 的三级结构。许多病毒、细菌和线粒体 DNA 都为闭合环状双螺旋，盘曲形成的超螺旋结构具有不同的拓扑异构体（图 5-3）。

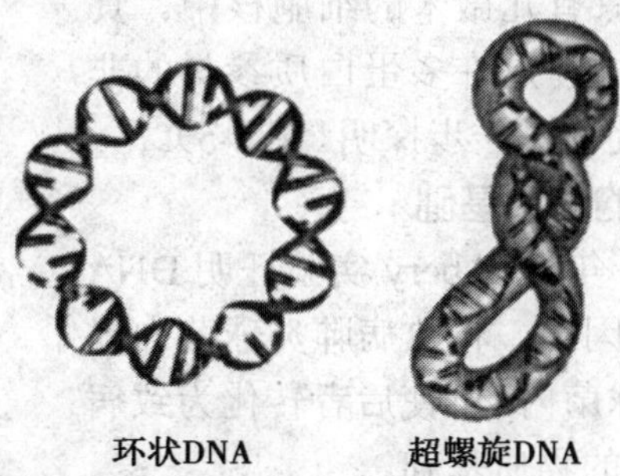

图 5-3 原核生物 DNA 超螺旋结构

根据螺旋进一步盘曲的方向可有正超螺旋和负超螺旋两种结构。如果盘绕方向与 DNA 双螺旋方向相同则为正超螺旋，正超螺旋使双螺旋结构更紧密，双螺旋圈数增加；反之为负超螺旋，负超螺旋可以减少双螺旋的圈数，使 DNA 容易解链，利于 DNA 的复制、转录。几乎所有天然 DNA 都存在负超螺旋结构。

真核生物 DNA 存在于细胞核中，以高度有序、压缩的线性超螺旋结构存在于染色体中。染色体结构是由 DNA、蛋白质以及 RNA 构成的不同层次缠绕线和螺线管结构。细胞处于分裂间期时，它们不定形地、随机地分散在整个核中，被称为染色质（chromatin）；细胞分裂时，染色质凝集，并组装成高度有序的染色体（chromosome），此时，在光学显微镜下可以观察到细胞核中有一种密度很高的着色实体。因此真核染色体只限于定义体细胞有丝分裂期间这种特定形态的实体。

在电子显微镜下可观察到染色体具有串珠样结构，这就是核小体（nucleosome）。核小体由 DNA 与组蛋白构成，是染色质的基本组成单位。组蛋白有 H_1、H_2A、H_2B、H_3 和 H_4 五种，其中 H_2A、H_2B、H_3、H_4 各两分子构成核小体的八聚体，且 DNA 双螺旋以此为核心在外绕 1.75 圈（约 150bp）构成直径约 10nm 的核小体。核小体间被一条长度小于 60bp 的 DNA 链和 H_1 组蛋白构成的连接区串连起来，形成念珠样结构，称为染色质纤维（图 5-4）。

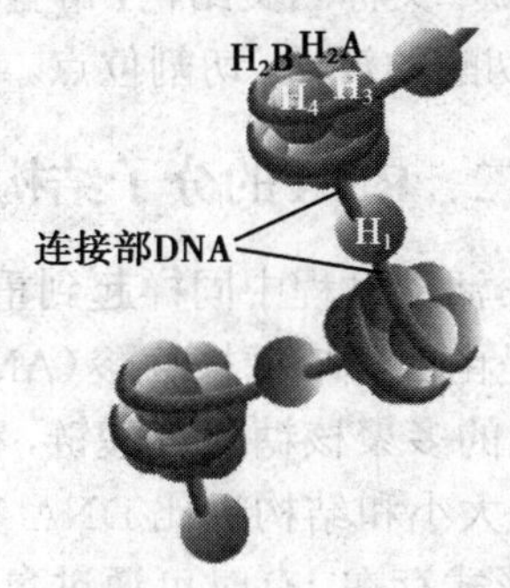

图 5-4 核小体结构

核小体是 DNA 在核内形成致密结构的一级折叠，使 DNA 长度压缩为原来的约 1/7。二级折叠是由每 6 个核小体盘绕、卷曲构成的 30nm 纤维，使 DNA 长度压缩为原来的约 1/100；三级折叠由 400nm 纤维进一步盘曲、缠绕直至形成特征性的染色体结构，使 DNA

总长度压缩了约40倍。在分裂期形成染色体的过程中，DNA被压缩为原来的1/10 000～1/8000，从而将近2米长的DNA有效组装在直径只有几微米的细胞核中。真核细胞染色体DNA的折叠过程是许多蛋白质参与的非常精确的动态过程，其细节尚需进一步探明（图5-5）。

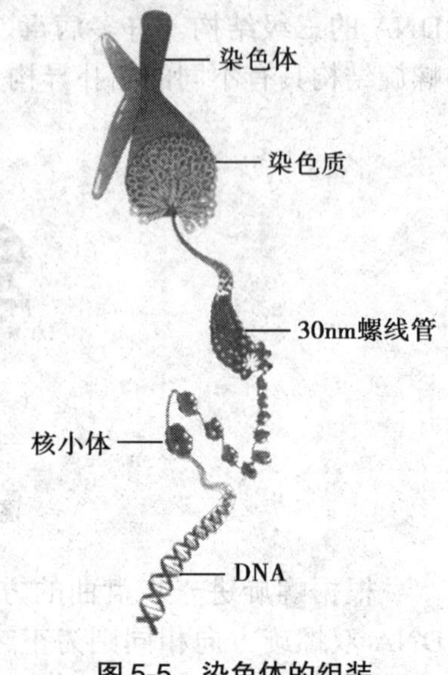

图5-5 染色体的组装

（四）DNA是遗传信息的物质基础

1. 基因与基因组 1944年O. Abery实验证明DNA是肺炎球菌遗传性状的转化因子。将致病肺炎球菌中提取的DNA注入非致病肺炎球菌内，可使后者转化为致病菌，从而证实了DNA是遗传的物质基础。

DNA由四种碱基通过不同的排列、组合构成，储存了大量的遗传信息。DNA分子中的特定碱基序列可以决定特定蛋白质的氨基酸顺序。通常将DNA中指导蛋白质或RNA合成所必需的全部碱基序列称为基因（gene）。基因组（genome）则包含了一种生物体中所有编码蛋白质和RNA的碱基序列以及非编码序列的总和，即生物体的全部DNA分子或RNA分子。

2. 真核生物基因组DNA的特点 真核生物基因组DNA分子中有许多重复出现的核苷酸顺序，重复序列长度可长可短，短的仅含两个核苷酸，长的多达数百，甚至上千个，且重复频率也不尽相同。①高度重复序列（highly repetitive sequence）：其重复频率可高达10^6次，这种重复序列结构短，含5～100个碱基。高度重复序列占基因组DNA的5%～6%，经密度梯度离心及光密度扫描，往往出现与主体DNA分离的一个或多个小峰，故称为卫星DNA（satellite DNA）。②中度重复序列（moderately repetitive sequence）：这种结构由几百个bp组成，占基因组的25%～40%，其在不同物种基因组中的重复频率和位置变化较大。③单拷贝序列（nonrepetitive sequence）：指在整个基因组中只出现一次或很少几次的核苷酸序列，真核生物编码蛋白质的结构基因绝大多数为单拷贝序列。④反向重复序列（inverted repeat sequence）：又称回文结构，常有4～8bp在基因组DNA中呈互补反向排列，往往是限制性核酸内切酶的辨认、切割位点。

二、RNA的分子结构

如同DNA一样，RNA在生命活动过程中同样起到重要作用，它们和蛋白质一起共同影响基因的表达和调控。RNA是由四种核糖核苷酸（AMP、GMP、CMP和UMP）彼此间通过3′，5′-磷酸二酯键连接而成的多聚核糖核苷酸链，称为RNA的一级结构。RNA是由DNA转录生成的，且其种类、大小和结构远比DNA复杂得多。RNA分子比DNA小得多，在细胞内RNA常以单链形式存在，有时可通过自身回折形成局部双链、茎环或突环结构，以完成一些特殊功能。在原核生物或真核生物细胞内，参与蛋白质生物合成的RNA主要有三类：信使RNA、转运RNA和核糖体RNA。

（一）信使RNA

在20世纪40年代，科学家已经发现细胞质内蛋白合成速度与RNA的水平有关，作为遗传信息的载体——DNA 存在于细胞核内，而蛋白质的生物合成则在细胞质的核糖体上进行。因此，推测必有一类分子可以将遗传信息从细胞核带到细胞质中以指导蛋白质生物合成。由于 RNA 分子在细胞核和细胞质中均存在，且蛋白质合成的速度总是随着细胞质中 RNA 水平增加和周转而加快，由此可见 RNA 最适合执行此功能。1961 年 F. Jacob 和 J. Monod 提出，能够将细胞核 DNA 分子中的遗传信息带到细胞质核糖体上，以指导蛋白质合成的 RNA 分子称为信使 RNA（mRNA）。原核生物的 mRNA 结构简单，而真核生物 mRNA 结构复杂。真核生物在细胞核内刚合成的 RNA 分子量较大且不均一，被称为核不均一 RNA（heterogeneous，hnRNA）。hnRNA 合成后需经加工、剪接等过程才能转变为成熟的 mRNA。

真核生物成熟 mRNA 的主要特点是在其 5′ 端有一个被称为“帽子”结构的 7- 甲基鸟嘌呤核苷三磷酸（m^7GpppN）。mRNA 5′ 端加“帽”修饰可保护其免遭核酸酶的降解，也是蛋白质生物合成过程中被起始因子识别的一种标志；mRNA 3′ 端 poly A，长度为 100～200 个腺苷酸，一般新生 mRNA 的 poly A 较长，而衰老 mRNA 的 poly A 较短。mRNA 3′ 端加“尾”修饰有利于引导其由细胞核转移到细胞质，增加 mRNA 的稳定性，其结构如下。

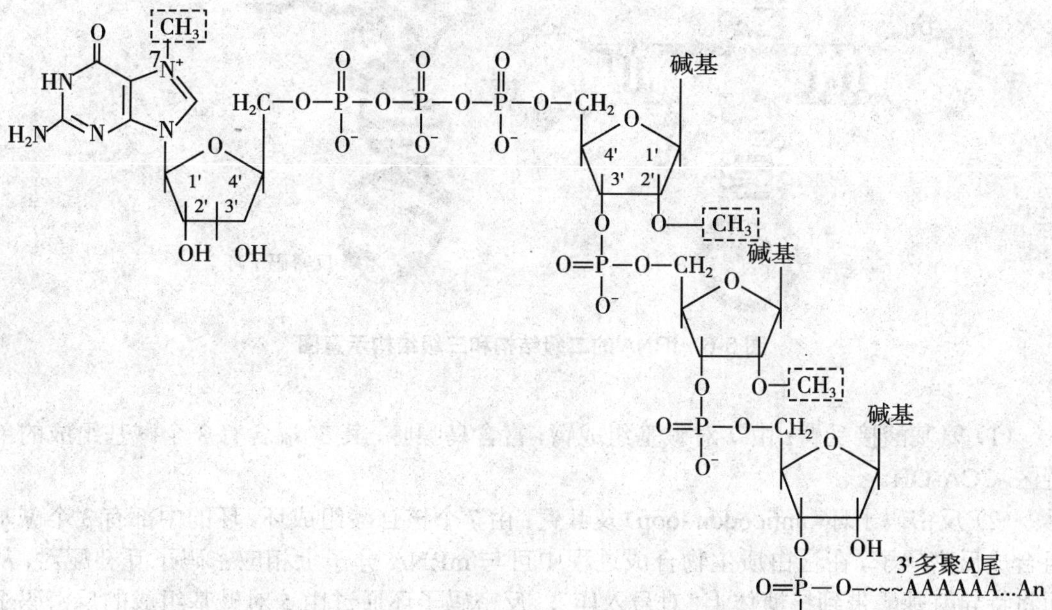

mRNA 在细胞内虽然含量较少，约占细胞总 RNA 的 5% 左右，但种类多，不同蛋白质多肽链均有相应的 mRNA。mRNA 主要功能是作为蛋白质生物合成的模板，这是由于其分子中相邻的三个核苷酸碱基（又称三联体）编码 1 个氨基酸的密码子。mRNA 一旦完成模板功能即被降解，故其半衰期短。

（二）转运 RNA

目前，已发现的转运 RNA（tRNA）有 100 多种，占细胞内总 RNA 的 10%～15%。在蛋白质生物合成过程中，tRNA 具有选择性转运氨基酸和识别 mRNA 密码子的功能。研究证明，每一种氨基酸都有一种或几种相应的 tRNA，而一个 tRNA 只能携带一个氨基酸。

tRNA 的一级结构早已被阐明，其二级和三级结构也比较清楚。无论是真核生物还是原核生物，其 tRNA 均有如下的结构特征。

1. tRNA 一级结构特点　① tRNA 分子含 74～95 个核苷酸，多数含 76 个，分子质量约 25kD，沉降系数 4S 左右；② tRNA 分子中含有 7～15 个稀有碱基，可达碱基总数的 10%～20%。

2. tRNA 的二级结构　tRNA 均具有三叶草形（cloverleaf pattern）二级结构（图 5-6）。局部双螺旋区构成了叶柄，不配对的单链部分往往形成突环，突环区类似三叶草的三片小叶。tRNA 分子中双螺旋区所占有的比例甚高，故其二级结构十分稳定。三叶草形包括以下四臂四环结构：

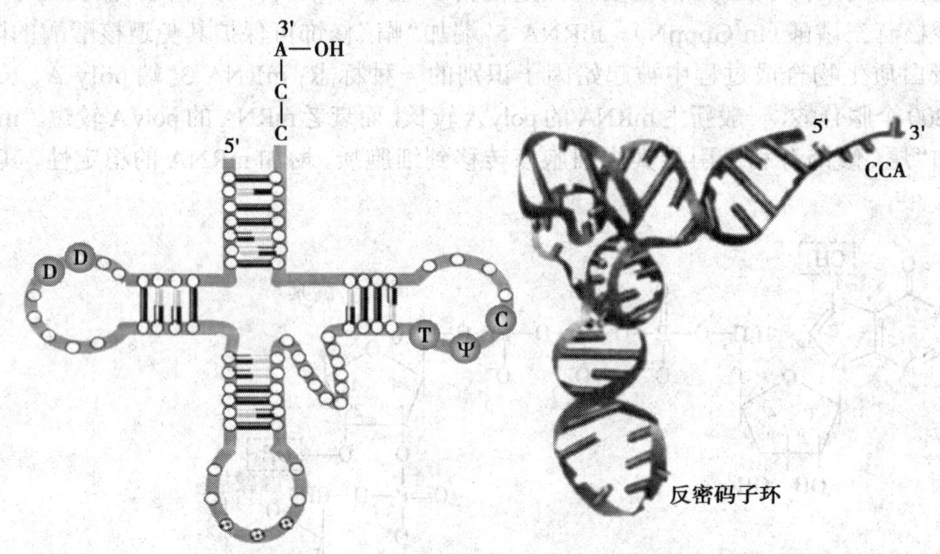

图 5-6　tRNA 的二级结构和三级结构示意图

（1）氨基酸接受臂：由 7 对碱基组成臂，富含鸟嘌呤，其 3′ 端含有 3 个碱基组成的单链区 -CCA-OH。

（2）反密码子环（anticodon loop）及其臂：由 7 个核苷酸组成环，环的中部有 3 个碱基组合成反密码子，在蛋白质生物合成过程中可与 mRNA 分子上相应密码子互补配对，从而将特异氨基酸带到核糖体上“对号入座”。反密码子环通过由 5 对碱基组成的反密码子臂与 tRNA 的其余部分相连。

（3）TΨC 环及其臂：TΨC 环含有 7 个碱基，环的大小相对恒定，几乎所有的 TΨC 环都含有核糖胸苷酸（T）、假尿嘧啶核苷酸（Ψ）和胞苷酸（C），故命名为 TΨC 环；TΨC 环通过由 5 对碱基组成的 TΨC 臂与 tRNA 其余部分相连。

（4）DHU 环及其臂：各种 tRNA 的 DHU 环大小并不恒定，常由 8～12 个核苷酸构成，因含有稀有碱基 5，6 二氢尿嘧啶（DHU）而得名；DHU 环通过由 3～4 对碱基组成的 DHU 臂与 tRNA 其余部分相连。

（5）额外环：有些 tRNA 在 TΨC 臂和反密码子臂之间还有一个额外环，其碱基组成变动较大，一般有 3～18 个碱基，又称可变环。可变环往往作为 tRNA 分类的重要标志。

3. tRNA 的三级结构　tRNA 的三级结构呈双螺旋的倒"L 形"结构（图 5-6）。其特点是：氨基酸臂和 TΨC 臂形成一个双螺旋，D 臂和反密码子臂形成另一个连续的双螺旋，两个双螺旋形成倒"L 形"结构。倒"L 形"结构可使 tRNA 3′-CCA-OH 末端和反密码子环位于相对两侧，更有利于 tRNA 执行其接受特异氨基酸和辨认 mRNA 密码子的两个重要功能。

（三）核糖体 RNA

细胞内的核糖体 RNA（rRNA）需要与多种蛋白质构成核糖体，才能作为蛋白质合成场所，起着"装配机"的作用。rRNA 含量最多，占总 RNA 量的 80% 以上。rRNA 属于单链分子，链内有大量碱基配对形成许多茎环结构（图 5-7）。

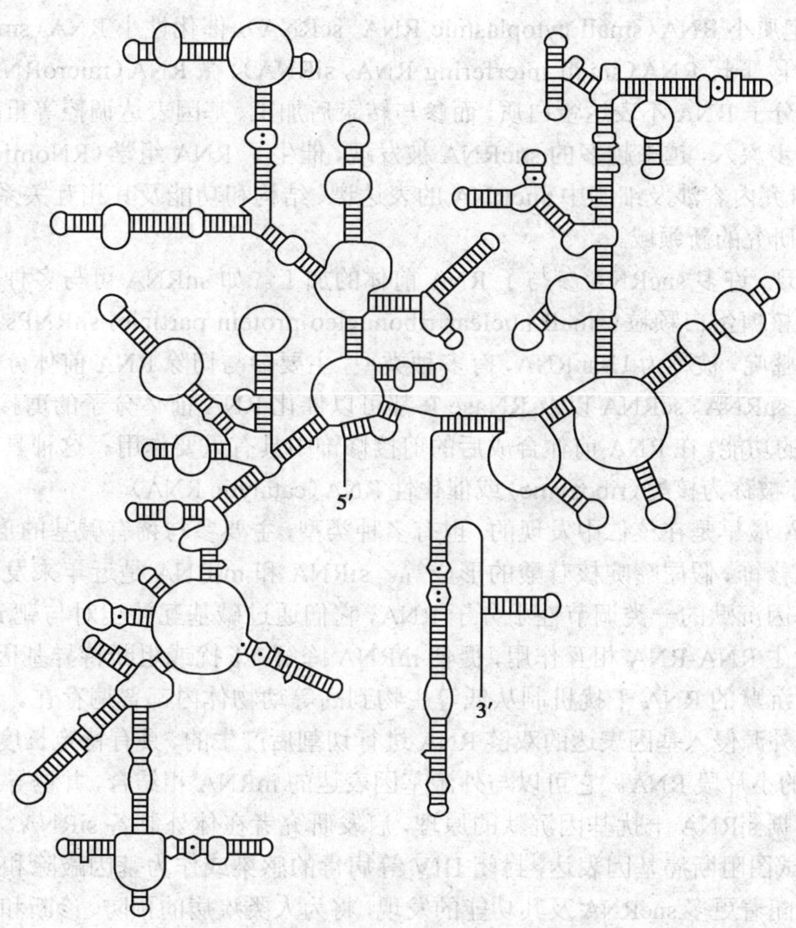

图 5-7　大肠杆菌 16S rRNA 的二级结构

核糖体都由大小两个亚基组成，如原核生物核糖体为 70S，由 50S 大亚基和 30S 小亚基构成；真核生物核糖体为 80S，由 60S 大亚基和 40S 小亚基构成。每个亚基由几种 rRNA 和数十种蛋白质组成，见表 5-3。

rRNA 分子的二级结构中有许多茎环结构，为核糖体的组装提供了结构基础，且为核糖体进一步结合 mRNA、tRNA 和多种蛋白因子提供了相互作用的空间环境。

表 5-3 原核生物与真核生物的核糖体组成

核糖体		大亚基		小亚基	
		rRNA	蛋白质	rRNA	蛋白质
原核生物	70S	23S，5S	36 种	16S	21 种
真核生物	80S	28S，5.8S，5S	49 种	18S	33 种

（四）非编码小分子 RNA

除了上述三种 RNA 外，细胞的不同部位还存在着许多其他种类的小分子 RNA，这些非编码小分子 RNA（small non-coding RNA，sncRNA）为双链结构，长 20～25bp。sncRNA 主要包括核内小 RNA（small nuclear RNA，snRNA）、核仁小 RNA（small nucleolar RNA，snoRNA）、胞质小 RNA（small cytoplasmic RNA，scRNA）、催化性小 RNA（small catalytic RNA）、小片段干扰 RNA（small interfering RNA，siRNA）、微 RNA（microRNA，miRNA）等。这些小分子 RNA 不表达蛋白质，而参与转录后加工、基因表达调控等重要过程。随着研究的逐步深入，越来越多的 sncRNA 被发现，催生了 RNA 组学（RNomics）的研究。RNA 组学研究内容涉及细胞中 sncRNA 的表达谱、结构和功能及其相互关系等，是现代分子生物学研究的新领域。

研究发现，许多 sncRNA 参与了 RNA 前体的加工。如 snRNA 可与多种蛋白因子结合形成小核核糖蛋白颗粒（small nuclear ribonucleo-protein particle，snRNPs），由于其分子中富含尿嘧啶，被称为 U-snRNA，有多种类型，主要参与切除 RNA 前体分子中的内含子。已发现 snRNA、scRNA 以及 RNase P 都可以催化 RNA 前体分子的剪接，发挥核酶（ribozyme）的功能，在 RNA 前体合成后的剪接修饰中具有重要作用。这种具有催化作用的小 RNA 亦被称为核酶（ribozyme）或催化性 RNA（catalytic RNA）。

snoRNA 最早是在核仁中发现的，也有多种类型，主要参与稀有碱基的形成，如核苷酸的甲基化修饰、假尿嘧啶核苷酸的形成等。siRNA 和 miRNA 是近年来发现的能够介导转录后基因沉默的一类调节性小分子 RNA，它们通过碱基互补配对与靶 mRNA 中的同源序列发生 RNA-RNA 相互作用，促使 mRNA 降解，干扰或阻断特异基因表达，现认为这种基因沉默的 RNA 干扰机制从低等生物到高等动物体内都普遍存在。siRNA 是生物宿主对于外源侵入基因表达的双链 RNA 进行切割后产生的、具有特定长度（21 个核苷酸）和序列的小片段 RNA。它可以与外源基因表达的 mRNA 相结合，并诱导这些 mRNA 的降解。根据 siRNA 干扰基因沉默的原理，启发研究者在体外制备 siRNA，将其导入到靶细胞内，试图阻断癌基因表达，封闭 HIV 等病毒的感染或作为基因敲除和基因治疗的重要手段。随着更多 sncRNA 及其功能的发现，将为人类疾病的预防、诊断和治疗提供更多的新技术和新思路。

第三节 核酸的理化性质

核酸是生物大分子，因含磷酸基，故等电点较低，有较强的酸性，易与金属离子结合成盐，也能与碱性蛋白（如组蛋白）结合。DNA 具有双螺旋结构，其分子比 RNA 大得多，在溶液中比 RNA 具有更大的黏度。当 DNA 溶液加热时，可使螺旋松散成无规则线团结构，随之黏度下降，以此可以作为DNA变性的指标。

一、核酸的紫外吸收

核酸是由单核苷酸组成的，其嘌呤环和嘧啶环中均含有共轭双键，故核酸和核苷酸均在260nm紫外波长具有强烈的吸收作用（图5-8）。利用这一性质，通过测定样品溶液对260nm波长的吸收值（absorbance，A_{260}），对核苷酸或核酸进行定量分析。

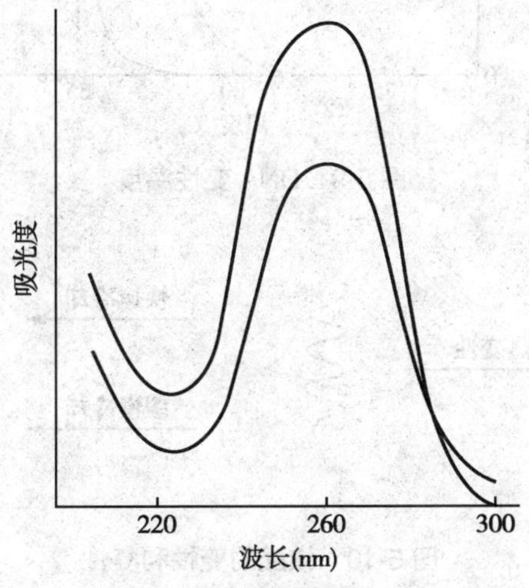

图5-8 核酸的紫外吸收光谱

以$A_{260}=1.0$相当于50μg/ml双链DNA、40μg/ml单链DNA（或RNA）、20μg/ml寡核苷酸为标准，计算溶液中的核酸含量。还可以通过分别测定A_{260}/A_{280}比值，判断核酸样品的纯度。纯DNA，$A_{260}/A_{280}\approx1.8$；而纯RNA，$A_{260}/A_{280}\approx2.0$。该法快速、准确，且不浪费样品，是实验室最常用的定量少量DNA或RNA的方法。如果样品中含有杂蛋白及苯酚，A_{260}/A_{280}比值明显降低，则可以用琼脂糖凝胶电泳分离出区带，经染色后粗略估计其核酸含量。

二、核酸的变性与复性

核酸的变性（denaturation）是指在某些理化因素（如加热、酸、碱、辐射等）作用下，DNA分子互补碱基对之间的氢键断裂，使DNA双螺旋结构松散，成为无规则线团结构，又称DNA变性（图5-9）。DNA变性只改变其二级结构，不改变其核苷酸序列。变性可使核酸溶液黏度下降，丧失其生物学功能。在实验室，使DNA变性最常用的方法是加热，且通常将因温度升高（80℃以上）引起的变性称为热变性。DNA变性解链达50%时的温度称为解链温度（图5-9），又称变性温度、熔点或熔解温度（melting temperature，Tm）。每一种DNA都有自己的Tm，它与DNA的分子大小、碱基组成、溶液pH、离子强度等因素有关。GC之间有三对氢键，破坏时需较多的能量，因此，DNA分子中GC含量越高，其Tm越高。

缓慢降温，逐渐恢复至生理温度，变性DNA又会自发进行碱基互补配对，重新形成双链结构的过程，称为复性（renaturation，图5-10），也称退火（annealing）。若DNA变性

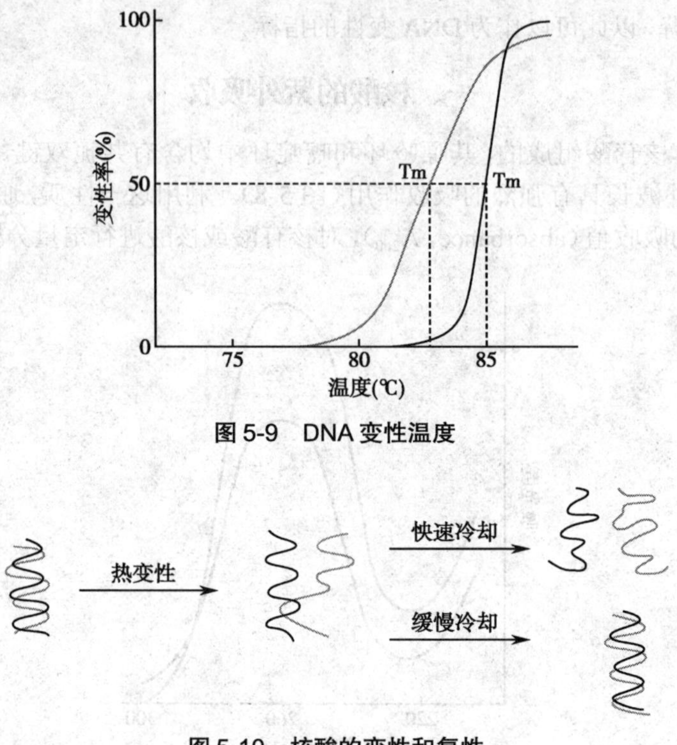

图 5-9 DNA 变性温度

图 5-10 核酸的变性和复性

不彻底，此时两条链之间没有完全分离，则复性很快。变性 DNA 的浓度越大则越容易复性，而 DNA 的片段越大复性越慢。核酸变性后有以下几个特点：

（1）增色效应：单链 DNA 紫外吸收比双链 DNA 约高 40%，DNA 变性使其双链解开、碱基对暴露而导致紫外吸收值增高，称为增色效应（hyperchromic effect）。反之，DNA 复性，随着两条单链重新互补结合形成双链，紫外吸收值又降低，称为减色效应（hypochromic effect）。故可通过检测紫外吸收值的变化来研究 DNA 的变性与复性。

（2）黏度下降、生物学功能丧失：变性后由于 DNA 分子对称性降低，故黏度下降；DNA 变性可导致其生物学功能丧失。

三、核酸分子杂交

核酸分子杂交是 DNA 热变性和复性原理在分子生物学中的应用。不同来源的核酸链，因存在碱基互补序列而形成互补杂交双链的过程，称为核酸分子杂交（hybridization，图 5-11）。具有碱基互补序列的两股 DNA 可以形成双链，可以利用该特性从不同来源的 DNA 中寻找相同序列。

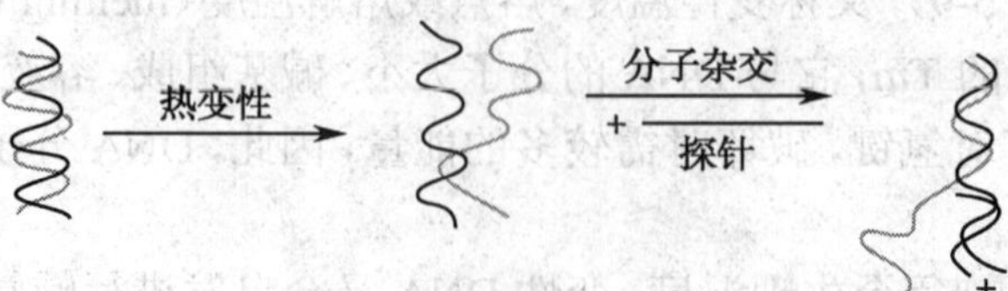

图 5-11 核酸分子杂交

核酸分子杂交可以发生在 DNA 与 DNA 之间、DNA 与 RNA 之间，也可以发生在 RNA 与 RNA 之间。核酸分子杂交在重组 DNA 技术中的应用十分广泛。它可以用于分离并鉴定目的基因或 RNA，在遗传疾病的检测、刑事案件的侦破、法医鉴定等中被广泛应用。

学习小结

1. 学习内容

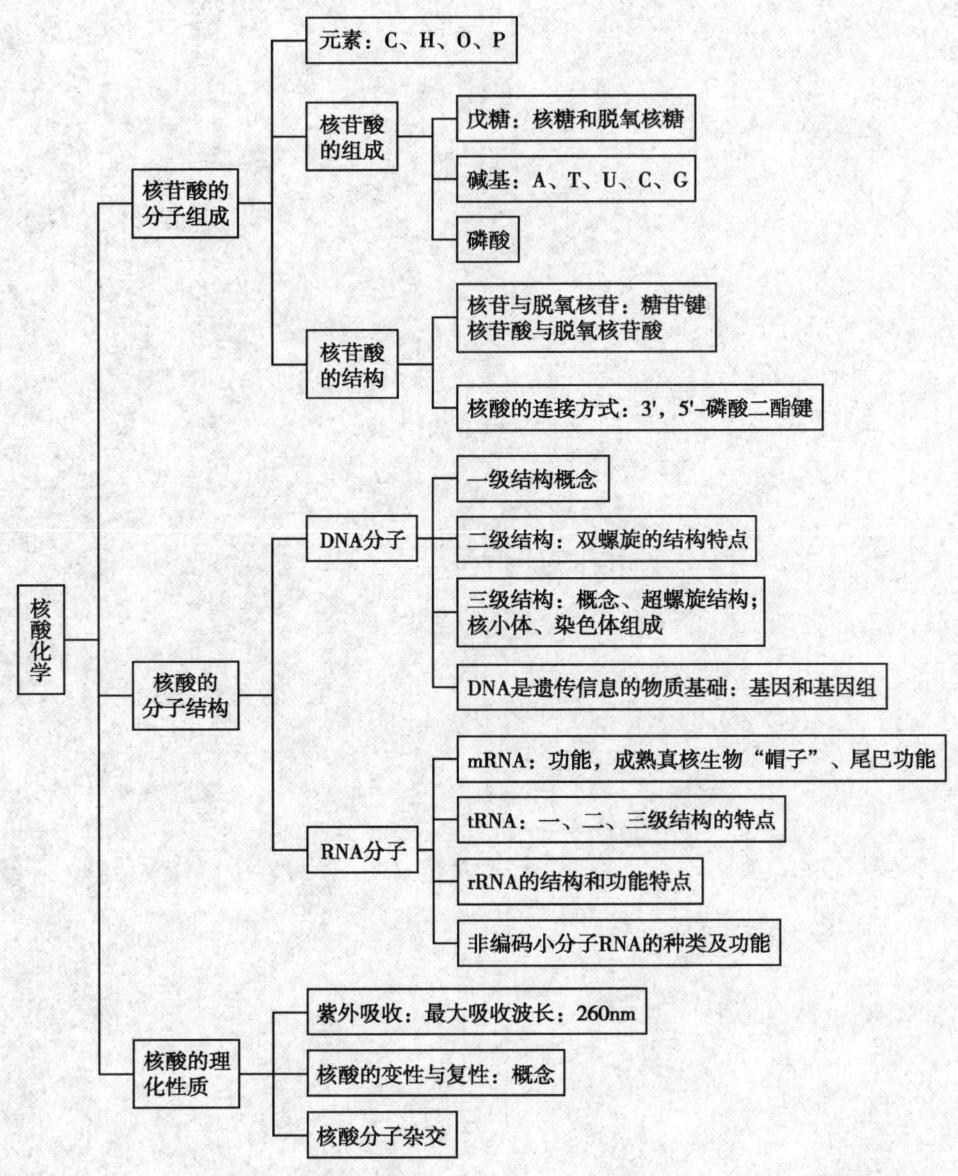

2. 学习方法

(1) 核酸化学首先要掌握核酸的基本组成、结构及功能特点与理化性质。

(2) DNA 和 RNA 的组成、结构及功能特点可通过列表比较的方法来掌握。

（郑里翔）

复习思考题

1. 简述核苷酸的分子组成与结构。
2. 简述 DNA 双螺旋结构特点。
3. 简述 tRNA 二级结构的特点。
4. 引起 DNA 变性的主要因素有哪些？变性后的理化性质有何改变？

第六章 维 生 素

学习目的

通过对维生素的学习要掌握B族维生素和维生素C、A、D、E、K的生化作用及结构与性质，为今后学习酶的相关内容和营养学奠定基础。

学习要点

维生素的概念和分类，水溶性维生素的特点、来源、活性形式和生化功能；脂溶性维生素的特点、来源、活性形式和生化功能及缺乏症。

维生素（vitamin）是机体六大重要营养素之一，主要作为辅酶或辅基的组成成分参与并调节机体物质代谢，保障生理功能的正常以维持机体健康，摄取过多或者过少都会导致疾病。

第一节 概 述

一、维生素的概念与特点

维生素是维持机体生理功能所必需的，由食物供给的一类小分子有机化合物。虽然维生素既不构成机体组织成分，也不氧化分解释放能量，但通过参与多种不同的生理生化过程而发挥重要作用。机体对维生素的每天需要量极少，常以微克计算，但由于不能自身合成或合成量不足，而必须由食物供给。若食物中长期缺乏维生素，就会导致相应的维生素缺乏病。

二、维生素的命名与分类

（一）维生素的命名

维生素常用的命名方式是按发现的先后顺序用英文的大写字母A、B、C、D、E来命名，同一族的则在字母的右下角用不同的阿拉伯数字区分，如B_1、B_2、B_6等；也有根据其化学结构或化学特征来命名的，如维生素B_1又称为硫胺素，维生素B_2又称为核黄素；或根据其生理功能命名，如维生素D又称为抗佝偻病维生素，维生素K又称为凝血维生素，维生素A称为抗眼干燥症维生素。还有将其化学结构和生理功能结合起来命名的，如维生素A又称为视黄醇。

（二）维生素的分类

维生素的种类很多，结构各异，通常根据其溶解性质的不同而分为脂溶性维生素和水溶性维生素两大类。

三、维生素缺乏与中毒

要维持机体代谢正常每天都需要一定量维生素，摄取过多或者过少都会导致疾病，必须合理使用。

（一）维生素缺乏的原因

下列因素常可引起维生素的不足或缺乏。

1. 摄取不足　膳食调配不合理或有偏食习惯，长期食欲不好等都会造成摄取不足；另外食物的储存及加工方法不科学也可造成维生素的大量破坏与丢失。如小麦加工过精，稀饭加碱蒸煮等会损失维生素 B_1；蔬菜储存过久、先切后洗或烹饪时间过长会使维生素C大量破坏。

2. 吸收障碍　尽管食入足量的维生素，但吸收障碍，也可造成维生素的缺乏。如长期腹泻、肝胆系统疾病等可造成维生素缺乏。

3. 机体需要量增加　生长期儿童、妊娠及哺乳期妇女，对维生素A、D、C的需要量增加。重体力劳动、长期高热和慢性消耗性疾病患者都对维生素A、B_1、B_2、C、D及维生素PP等的需要量增加，故必须额外增加这些维生素的摄入量，以满足机体的需要。

4. 服用某些药物　体内肠道细菌可合成维生素K、维生素 B_6、泛酸、叶酸等供人体需要。若长期服用抗菌药物，可抑制肠道细菌的生长，导致这些维生素的缺乏。有些药物是维生素的拮抗剂，如一些抗肿瘤化疗药物是叶酸拮抗剂，治疗结核病的异烟肼是烟酰胺拮抗剂，都会引起某些维生素的不足。

5. 其他原因　一些特异性的缺陷也可引起维生素缺乏症，如缺乏内源性因子影响维生素 B_{12} 的吸收；长期日光照射不足，使体内维生素 D_3 生成减少；肝、肾疾病可影响维生素D的羟化，导致活性维生素D的不足。

（二）维生素中毒

维生素对维持机体正常生理功能非常重要，不可缺乏，但并非越多越好，如长期过量摄入则会导致维生素中毒。一般来讲，水溶性维生素在体内达饱和后可以随尿液排出体外，不易引起机体中毒。脂溶性维生素摄入过多如维生素A、D，常因不易排出体外而蓄积，引起中毒。

第二节　水溶性维生素

水溶性维生素有维生素C和B族维生素，B族维生素包括维生素 B_1、维生素 B_2、维生素 B_6、维生素PP、维生素 B_{12}、泛酸、叶酸、生物素等。水溶性维生素易溶于水而不溶于脂溶剂，易从尿中排泄，故体内储存较少，必须经常从食物中摄取。

一、B族维生素

（一）维生素 B_1

1. 结构、性质及来源　维生素 B_1 由含硫的噻唑环及含氨基的嘧啶环以亚甲基相连，故又称硫胺素（thiamine）。维生素 B_1 是白色结晶，在中性及碱性溶液中遇热极易破坏，而在酸性溶液中则可耐受120℃高温。氧化剂或还原剂都可以使其失活。维生素 B_1 的结构如图 6-1 所示。

维生素 B_1 广泛分布于植物种子的外皮及胚芽中，在坚果、动物内脏、蛋类、酵母中含量也很丰富。大米过分加工淘洗会使所含维生素 B_1 有不同程度的损失，用微波加热或用高压蒸汽加热食品，维生素 B_1 损失也较大。

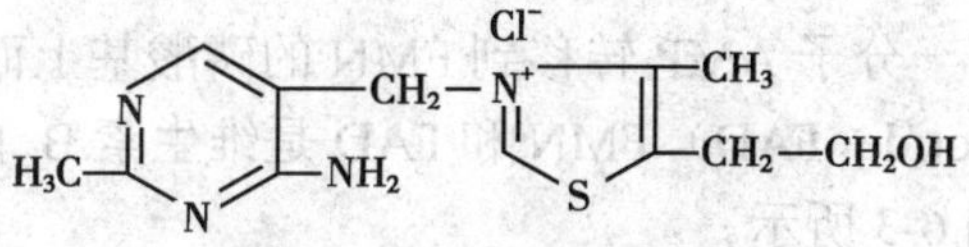

图 6-1　维生素 B_1 的结构

2. 生化功能和缺乏病　在体内，硫胺素与 ATP 通过硫胺素焦磷酸激酶催化生成焦磷酸硫胺素（thiamine pyrophosphate，TPP）。TPP 是维生素 B_1 在体内的活性形式。焦磷酸硫胺素的结构如图 6-2 所示。

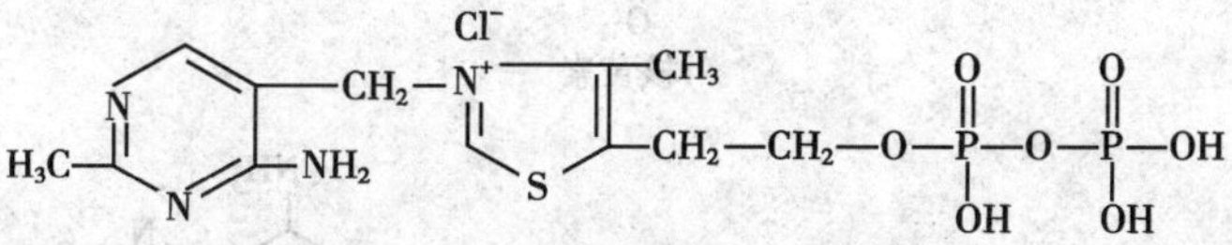

图 6-2　焦磷酸硫胺素（TPP）的结构

TPP 是 α- 酮酸氧化脱羧酶系的辅酶。α- 酮酸如丙酮酸、α- 酮戊二酸，在 TPP 的参与下，氧化脱羧分别生成乙酰辅酶 A 和琥珀酰辅酶 A，参与三羧酸循环。因此，维生素 B_1 在糖代谢中起重要作用。神经和肌肉等组织所需能量主要依靠糖代谢供应，若维生素 B_1 缺乏，α- 酮酸的氧化受阻，造成丙酮酸和乳酸的堆积，使能量供应不足，影响了心肌、骨骼肌和神经系统的功能。临床表现为健忘、易怒、肢端麻木、共济失调、眼肌麻痹、肌肉萎缩、心力衰竭等症状，称为脚气病。隋唐时期的孙思邈曾用谷皮熬成米粥来预防和治疗脚气病。

TPP 也是转酮醇酶的辅酶，参与磷酸戊糖途径的代谢。后者能提供给机体两种重要的化合物——5′- 磷酸核糖和 NADPH。缺乏维生素 B_1 可使体内核苷酸合成及神经髓鞘中鞘磷脂合成受阻，导致末梢神经炎和其他神经病变。

维生素 B_1 可抑制胆碱酯酶的活性，同时，丙酮酸氧化脱羧所生成的乙酰辅酶 A 是体内合成乙酰胆碱的原料之一。当维生素 B_1 缺乏时，乙酰胆碱的合成减少，分解增多，使胆碱能神经受到影响，表现为胃肠道蠕动变慢，消化液分泌减少，食欲减退、消化不良。

3. 临床应用　成人每日需要维生素 B_1 1.2～1.7mg。临床主要用于防治维生素 B_1 缺乏症，此外，还用于多发性神经炎、周围神经炎、面神经瘫、消化不良和心脏疾病的辅助治疗。

（二）维生素 B_2

1. 结构、性质及来源　维生素 B_2 是 6，7- 二甲基异咯嗪与 D- 核醇的缩合物，其水溶液呈黄绿色荧光，故又称为核黄素（riboflavin）。

维生素 B_2 耐热，在中性或酸性溶液中稳定，但易被碱和紫外线破坏。

维生素 B_2 广泛存在于自然界，动物的肝、心脏、蛋黄、乳汁及酵母中含量丰富，豆类植物、绿叶蔬菜等含量也较多，人体肠道细菌也能合成一部分。

2．生化功能和缺乏病　维生素 B_2 异咯嗪环的第 1 及第 10 位氮原子易接受氢原子转变成为无色的还原型，后者又很容易再脱去氢原子，故具有可逆的氧化还原特性。在小肠中，维生素 B_2 在黄素激酶的催化下，生成黄素单核苷酸（flavin mononucleotide，FMN），还可再从 ATP 将一分子 AMP 转移到 FMN 的磷酸基上而生成黄素腺嘌呤二核苷酸（flavin adenine dinucleotide，FAD），FMN 和 FAD 是维生素 B_2 的活性形式。维生素 B_2、FMN 和 FAD 的结构如图 6-3 所示。

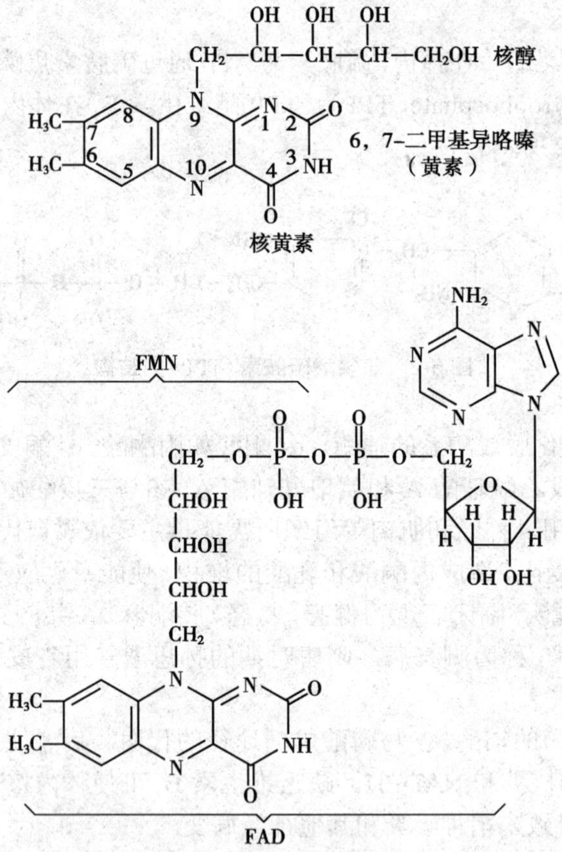

图 6-3　维生素 B_2、FMN 和 FAD 的结构

FMN 和 FAD 是各种黄素酶的辅基，在生物氧化过程中通过其异咯嗪环上 N1 和 N10 的可逆的加氢还原和脱氢氧化而发挥递氢作用。

维生素 B_2 缺乏时，出现唇炎、舌炎、口角炎、阴囊炎、脂溢性皮炎及眼结膜炎等，机制尚未明了。

3．临床应用　成人每日需要维生素 B_2 1.2～1.7mg。临床上主要用于防治各种维生素 B_2 缺乏症。

（三）维生素 PP

1．结构、性质及来源　维生素 PP 在自然界中有烟酸（nicotinic acid，尼克酸）和烟酰胺（nicotinamide，尼克酰胺）两种，在体内两者可以互相转化（图 6-4）。

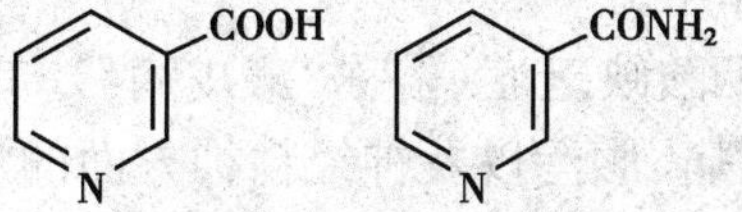

COOH N CONH$_2$ N

图 6-4 维生素 PP 的结构

维生素 PP 是白色结晶，耐热，在 120℃ 20 分钟不被破坏，在酸、碱性溶液中均比较稳定，是维生素中性质最稳定的一种。

自然界中维生素 PP 广泛存在于动植物体内，在动物内脏、肉类、酵母及谷类中含量丰富。肠道细菌能利用色氨酸合成一部分维生素 PP。玉米中维生素 PP 和色氨酸贫乏，长期单食玉米，能引起维生素 PP 缺乏症。抗结核药异烟肼与维生素 PP 的结构相似，是维生素 PP 的拮抗剂，长期使用时应注意补充维生素 PP。

2. 生化功能和缺乏病　在细胞液中，烟酸与磷酸核糖焦磷酸化合生成烟酸单核苷酸，再与 ATP 反应生成烟酸腺嘌呤二核苷酸，后者由谷氨酰胺获得酰胺基，生成烟酰胺腺嘌呤二核苷酸（nicotinamide adenine dinucleotide，NAD$^+$），又称为辅酶Ⅰ（CoⅠ）。NAD$^+$ 磷酸化即生成烟酰胺腺嘌呤二核苷酸磷酸（nicotinamide adenine dinucleotide phosphate，NADP$^+$），又称为辅酶Ⅱ（CoⅡ）。NAD$^+$ 和 NADP$^+$ 是维生素 PP 的活性形式，其结构如图 6-5 所示。

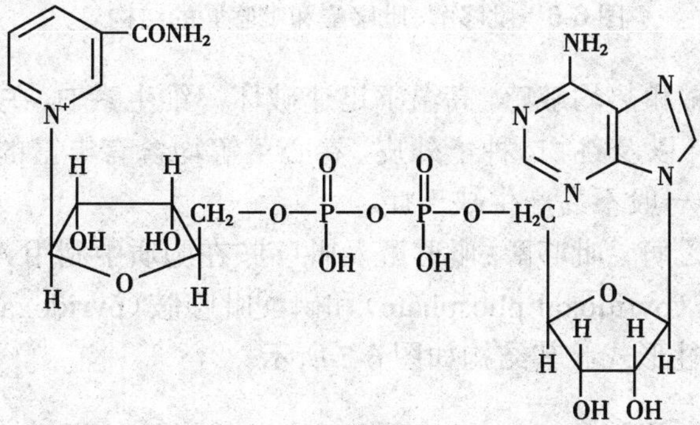

NAD$^+$(辅酶Ⅰ)

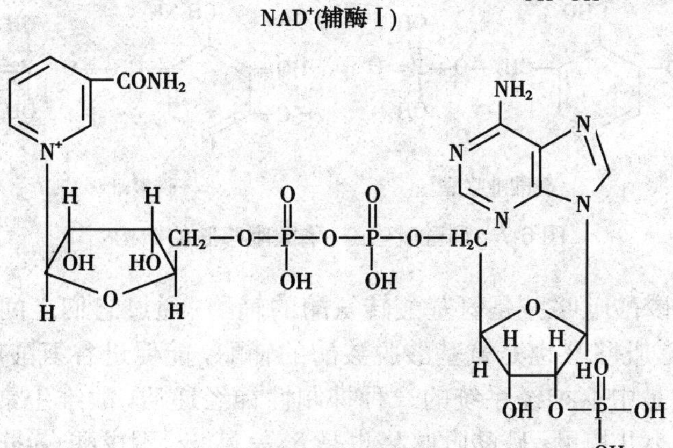

NADP$^+$(辅酶Ⅱ)

图 6-5 NAD$^+$ 和 NADP$^+$ 的结构

NAD^+ 和 $NADP^+$ 是脱氢酶的辅酶，分子中的吡啶环能可逆地加氢还原和脱氢氧化，在生物氧化过程中发挥递氢作用。

缺乏维生素PP，能引起烟酸缺乏症（俗称“癞皮病”），其临床表现为机体裸露的部位出现对称性皮炎，也可出现腹痛、腹泻以及神经精神方面的症状。

3. 临床应用　成人每日需要维生素PP 12～17mg。临床用于防治烟酸缺乏症。由于烟酸对周围血管具有较强的扩张作用，故还用于末梢血管痉挛、血栓闭塞性脉管炎、视网膜炎、高血压和心绞痛的治疗。烟酸还是广谱调血脂药物，能降低血浆甘油三酯和胆固醇水平，故可用于高脂血症和动脉粥样硬化的治疗。

烟酸的不良反应有皮肤潮红、瘙痒、消化性溃疡及肝功能损害等。

（四）维生素B_6

1. 结构、性质及来源　维生素B_6包括吡哆醇（pyridoxine）、吡哆醛（pyridoxal）和吡哆胺（pyridoxamine）三种，均为吡啶的衍生物，在体内，吡哆醇可转变为吡哆醛，吡哆醛和吡哆胺可互相转变。吡哆醇、吡哆醛和吡哆胺的结构如图6-6所示。

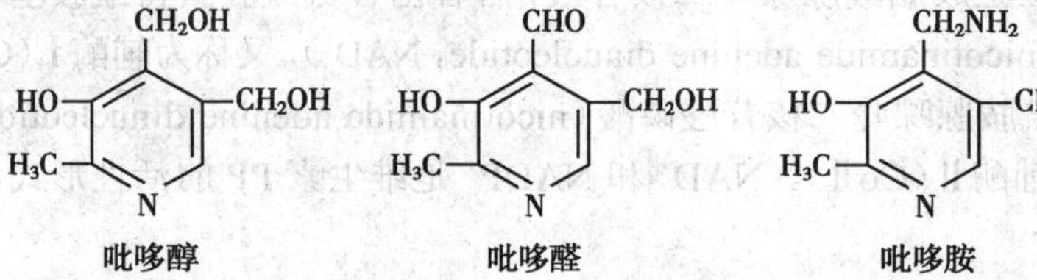

吡哆醇　吡哆醛　吡哆胺

图 6-6　吡哆醇、吡哆醛和吡哆胺的结构

维生素B_6对光、碱和热均敏感，高温下迅速破坏。维生素B_6在动植物中分布很广，如蛋黄、肉类、鱼、乳汁以及谷物、种子外皮、卷心菜等均含有丰富的维生素B_6。肠道细菌也能少量合成，人体一般不易产生缺乏症。

2. 生化功能和缺乏病　吡哆醇、吡哆醛及吡哆胺在胞质中利用ATP可被磷酸化为磷酸吡哆醇、磷酸吡哆醛（pyridoxal phosphate）和磷酸吡哆胺（pyridoxamine phosphate），后两者是维生素B_6的活性形式。其结构如图6-7所示。

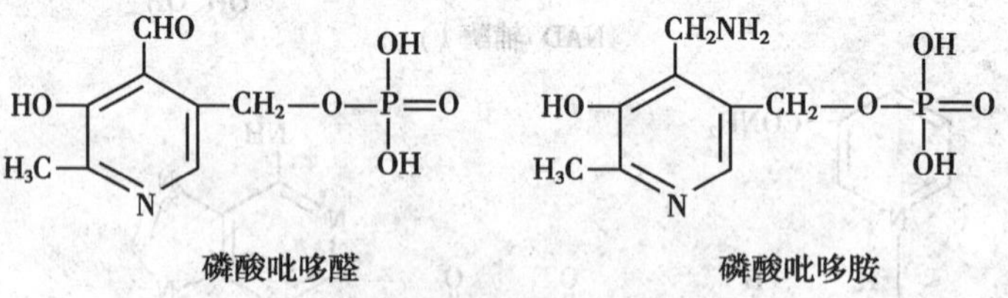

磷酸吡哆醛　磷酸吡哆胺

图 6-7　磷酸吡哆醛、磷酸吡哆胺的结构

磷酸吡哆醛和磷酸吡哆胺是氨基酸转氨酶的辅酶，通过它们之间的相互转变，起传递氨基的作用；磷酸吡哆醛也是氨基酸脱羧酶的辅酶，能促进谷氨酸脱羧，生成γ-氨基丁酸。γ-氨基丁酸是中枢神经系统的一种抑制性神经递质，故维生素B_6在临床上常用于治疗妊娠呕吐和小儿惊厥；磷酸吡哆醛也是δ-氨基-γ-酮戊酸（δ-aminolevulinic acid，ALA）合成酶的辅酶，参与血红素的合成，缺乏时可引起低色素性贫血；磷酸吡哆醛是糖原磷酸化酶的重要组成部分，参与糖原分解。

近年研究发现维生素 B_6 还与同型半胱氨酸的代谢有关。在体内同型半胱氨酸除了甲基化生成甲硫氨酸外，还可分解生成半胱氨酸，而维生素 B_6 是催化同型半胱氨酸分解代谢酶的辅酶。发现 2/3 的高同型半胱氨酸血症与叶酸、维生素 B_{12} 和维生素 B_6 缺乏有关。研究发现高同型半胱氨酸血症是心血管疾病、血栓形成和高血压的危险因子。维生素 B_6 对上述疾病有一定的治疗作用。

人类未发现典型的维生素 B_6 缺乏的病例，但吡哆醛可与抗结核药异烟肼结合而失活，故长期使用异烟肼需补充维生素 B_6。

3．临床应用　成人每日需要维生素 B_6 2mg。临床上维生素 B_6 主要用于治疗中枢神经兴奋症状和周围神经炎、药物及妊娠等引起的呕吐、贫血、白细胞减少等。还用于肝炎、动脉粥样硬化的辅助治疗。

（五）泛酸

1．结构、性质及来源　泛酸（pantothenic acid），又称遍多酸，因广泛分布于自然界而得名。它是由 β- 丙氨酸通过酰胺键与二甲基羟丁酸缩合而成的一种酸性物质。在中性溶液中耐热，在酸性或碱性溶液中加热则易被分解破坏，但对氧化剂及还原剂极稳定。

泛酸在食物中普遍存在，尤其在动物组织、谷物、豆类及酵母中含量丰富，肠内细菌亦能合成，因而单纯的泛酸缺乏症极为罕见。

2．生化功能和缺乏病　泛酸经磷酸化并与半胱氨酸反应获得巯基乙胺而成为 4- 磷酸泛酰巯基乙胺（phosphopantetheine）。后者一方面构成了酰基载体蛋白（acyl carrier protein，ACP）的组分，另一方面与 AMP 结合并再磷酸化而成为辅酶 A（HSCoA，CoA），CoA 是泛酸的活性形式，是酰基转移酶的辅酶（图 6-8）。因此，泛酸在糖、脂肪和蛋白质代谢过程中起重要作用。

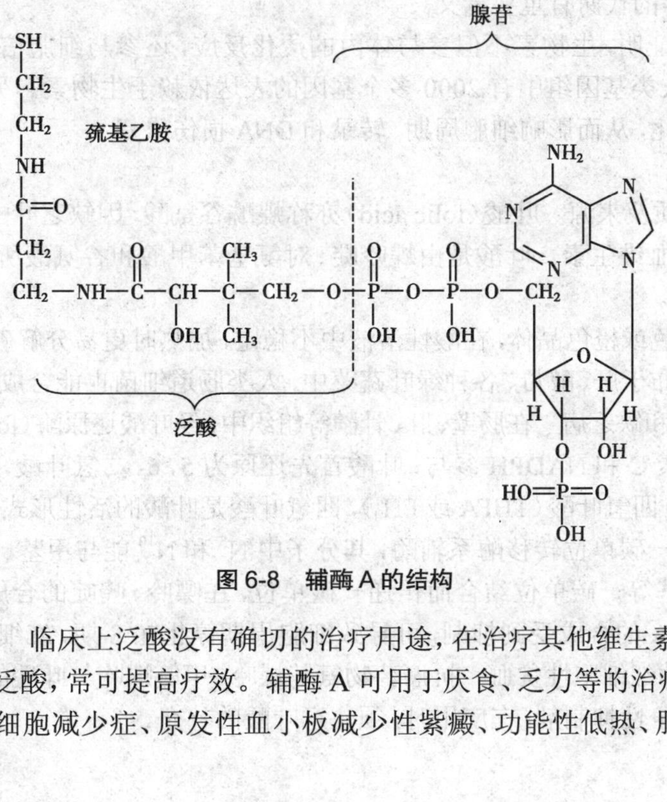

图 6-8　辅酶 A 的结构

3．临床应用　临床上泛酸没有确切的治疗用途，在治疗其他维生素 B 缺乏症时，若同时给予适量的泛酸，常可提高疗效。辅酶 A 可用于厌食、乏力等的治疗，对症状有改善作用。还用于白细胞减少症、原发性血小板减少性紫癜、功能性低热、脂肪肝、各种肝炎及动脉粥样硬化、心肌梗死等疾病的辅助治疗。

（六）生物素

1. 结构、性质及来源　生物素（biotin）是由带有戊酸侧链的噻吩和尿素结合的骈环。自然界至少有两种生物素——α- 生物素及 β- 生物素。生物素的结构如图 6-9 所示。

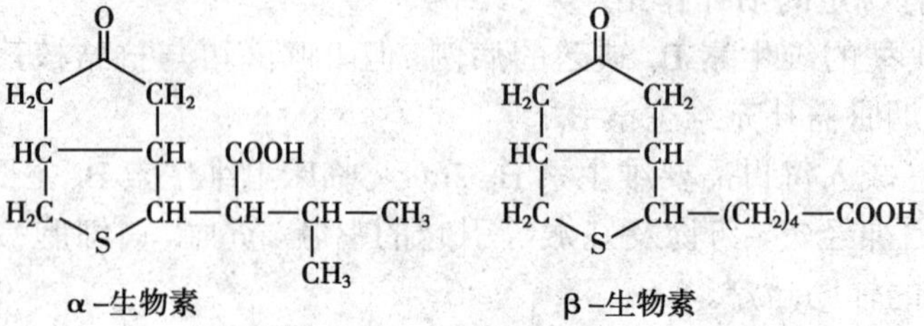

α-生物素　β-生物素

图 6-9　生物素的结构

生物素为无色针状结晶体，在酸性溶液中较稳定，在碱性溶液中易被破坏，氧化剂及高温可使其失活。

生物素分布广泛，在蛋黄、牛奶、肝脏、酵母、谷类及蔬菜中均含有，肠道细菌也能合成，因而缺乏病罕见。在卵清中含有抗生物素蛋白，能与生物素结合成一种稳定而无活性的难以被人体吸收的化合物，故长期服用生卵清，可致生物素缺乏，引起疲乏、恶心、呕吐、食欲减退、皮炎和毛发脱落。

2. 生化功能　生物素是羧化酶的辅酶，参与体内的羧化反应。生物素分子中的羧基与羧化酶活性中心的赖氨酸残基的 ε 氨基通过酰胺键连接，而尿素环上的 N 原子起到结合和固定 CO_2 的作用。生物素作为丙酮酸羧化酶、乙酰 CoA 羧化酶的辅基，参与的羧化反应对糖、脂肪等的代谢有重要意义。

近年来研究证明，生物素不但参与体内的羧化反应，还参与细胞信号转导和基因表达，已鉴定出在人类基因组中有 2000 多个基因的表达依赖于生物素。另外，生物素还可使组蛋白生物素化，从而影响细胞周期、转录和 DNA 损伤修复。

（七）叶酸

1. 结构、性质及来源　叶酸（folic acid）亦称蝶酰谷氨酸，因缺乏叶酸能引起贫血，故叶酸又称为抗贫血维生素。叶酸是由蝶呤啶、对氨基苯甲酸和谷氨酸所组成。叶酸的结构如图 6-10 所示。

叶酸为深黄色或橙色晶体，在酸性溶液中不稳定，加热时更易分解破坏。

叶酸广泛分布于肝、酵母、各种绿叶蔬菜中，人类肠道细菌也能合成。

2. 生化功能和缺乏病　在肠壁、肝、骨髓等组织中，经叶酸还原酶（folic acid reductase）催化，并有维生素 C 和 NADPH 参与，叶酸首先还原为 5，6- 二氢叶酸，然后再进一步还原生成 5，6，7，8- 四氢叶酸（THFA 或 FH_4），四氢叶酸是叶酸的活性形式。

四氢叶酸是一碳单位转移酶系辅酶，其分子中 N^5 和 N^{10} 能与甲基、甲烯基、甲炔基、甲酰基、亚氨甲基等一碳单位结合而传递一碳单位，在嘌呤、嘧啶的合成中起重要作用。叶酸缺乏时，DNA 的合成受到抑制，可导致细胞周期停止在 S 期，红细胞的发育成熟受到影响，出现巨幼红细胞性贫血。抗癌药物氨基蝶呤、甲氨蝶呤与叶酸的结构相似，均为叶酸还原酶的竞争性抑制剂，在应用时，须注意叶酸的补充。

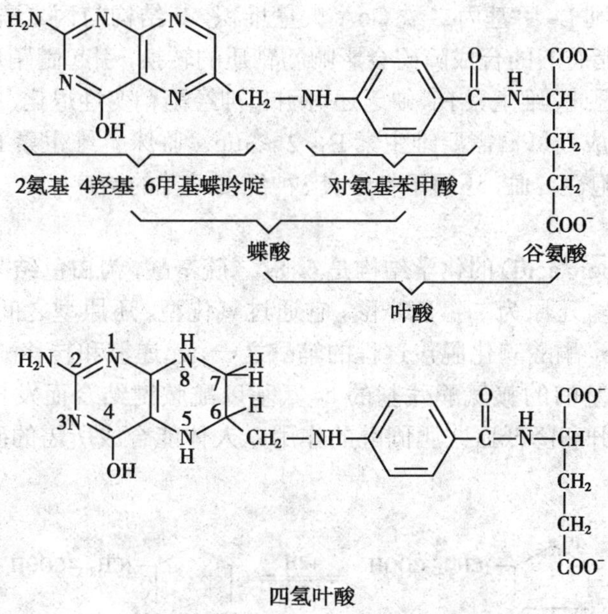

图 6-10 叶酸和四氢叶酸的结构

3. 临床应用 成人每日需要叶酸 200～400μg。临床上叶酸用于治疗巨幼红细胞性贫血，还用于再生障碍性贫血及白细胞减少症的辅助治疗。

（八）维生素 B_{12}

1. 结构、性质及来源 维生素 B_{12} 分子中含有金属钴，也含有氰，所以又称钴胺素（cobalamin）或氰钴胺素，是唯一含有金属元素的维生素。其结构式复杂，是一类含钴、氰、咕啉环、3′-磷酸-5，6-二甲基苯并咪唑核苷和氨基丙醇的化合物。

维生素 B_{12} 在弱酸条件下稳定、耐热，但对光敏感，氧化剂或还原剂均易使其破坏，其水溶液呈粉红色。其中羟钴胺素性质最稳定，是药用的主要形式。

维生素 B_{12} 广泛存在于动物食品中，特别是肉类、肝。肠道细菌也可合成，但在大肠中不能吸收。食物中的维生素 B_{12} 常与蛋白质结合在一起，必须在胃中在胃酸和胃蛋白酶的作用下得以游离，然后再与胃幽门部黏膜分泌的一种特异性糖蛋白——内因子相结合，才能被回肠吸收。萎缩性胃炎及胃切除术后，由于内因子缺乏，应注意补充维生素 B_{12}，且必须肌内注射给药。

2. 生化功能和缺乏病 维生素 B_{12} 在体内的活性形式是甲钴胺素（甲基 B_{12}）和 5′-脱氧腺苷钴胺素（辅酶 B_{12}，CoB_{12}）。

维生素 B_{12} 是甲基转移酶的辅酶，参与胞质中同型半胱氨酸的甲基化。在这一过程中，N^5-甲基四氢叶酸是甲基的供体，当甲基转移酶的酶蛋白与作为辅酶的维生素 B_{12} 结合后，N^5-甲基四氢叶酸将其甲基转移到维生素 B_{12} 分子上，生成甲基 B_{12}。然后由后者使同型半胱氨酸甲基化，生成甲硫氨酸。若缺乏维生素 B_{12}，不仅影响甲硫氨酸的代谢，影响胆碱、肌酸等重要物质的合成，还能造成体内游离的四氢叶酸缺乏，产生巨幼红细胞性贫血。

5′-脱氧腺苷钴胺素是 L-甲基丙二酰 CoA 变位酶的辅酶，催化琥珀酰 CoA 的生成。

若缺乏维生素 B_{12}，则 L- 甲基丙二酰 CoA 大量堆积，其结构与丙二酰 CoA 相似，影响脂肪酸的正常合成。脂肪酸的合成障碍会影响髓鞘质的转换，引起髓鞘质变性退化，进而造成进行性脱髓鞘。因此，维生素 B_{12} 缺乏还可引起神经髓鞘变性退化，智力衰退等表现。

3. 临床应用　成人每日需要维生素 B_{12} 2～3μg。临床上维生素 B_{12} 主要用于治疗恶性贫血及巨幼红细胞性贫血，还用于神经炎、神经萎缩等的治疗。

（九）硫辛酸

α- 硫辛酸（α-lipoic acid）的化学结构是 6，8- 二硫辛酸，为白色结晶。

α- 硫辛酸能加氢还原为二氢硫辛酸，它通过氧化型、还原型之间的相互转变传递氢原子（图 6-11），是 α- 酮酸氧化脱羧过程的辅酶之一，起递氢和转移酰基的作用。其羧基与二氢硫辛酰转酰基酶的赖氨酸残基的 ε- 氨基以酰胺键结合而发挥转移酰基的作用。硫辛酸还有抗脂肪肝和降低血浆胆固醇的作用。人体能合成所需的硫辛酸，故临床上未发现硫辛酸缺乏病。

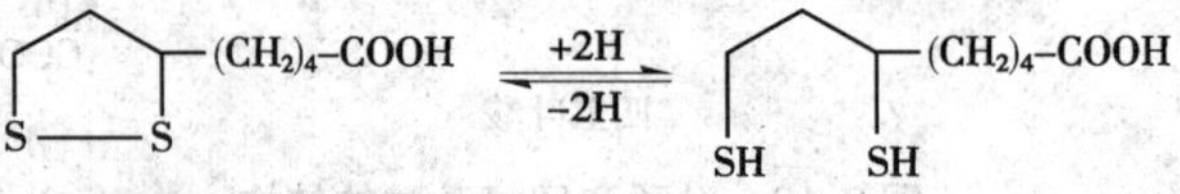

$(CH_2)_4$–COOH　+2H / –2H　$(CH_2)_4$–COOH

S　S　　SH　SH

α–硫辛酸　　二氢硫辛酸

图 6-11　α- 硫辛酸与二氢硫辛酸的相互转变

二、维 生 素 C

维生素 C 是一种酸性化合物，具有防治坏血病的作用，故又称为抗坏血酸（ascorbic acid）。

（一）结构、性质、来源

1. 维生素 C 为具有烯醇结构的多羟基六碳化合物，以内酯形式存在。C_2 和 C_3 烯醇式羟基上的氢可以氢离子的形式解离出来，也可以脱掉氢原子生成脱氢维生素 C。因此，维生素 C 不但是较强的有机酸，还是较强的还原剂，弱氧化剂就可使其氧化。在有微量铜、铁离子或活性炭存在时，在空气中也能氧化。在中性或碱性溶液中加热，更能促使其破坏。在日常烹调中，蔬菜中的维生素 C 约有 5%～50% 或更多的损失。

维生素 C 广泛存在于新鲜水果、蔬菜中，如番茄、柑橘、柠檬、山楂、辣椒等，尤其在酸枣中含量丰富。由于植物组织中存在的抗坏血酸氧化酶的作用，能使维生素 C 氧化而失活，故经过干燥、久存等过程，食物中的维生素 C 极易遭到破坏，干菜中几乎不含维生素 C。

维生素 C 和脱氢维生素 C 通过相互转化，参与体内的氧化还原反应。脱氢维生素 C 继续氧化生成的二酮古乐糖酸则丧失活性，后者可进一步氧化生成草酸和 L- 苏阿糖酸。维生素 C 及其氧化转变如图 6-12 所示。

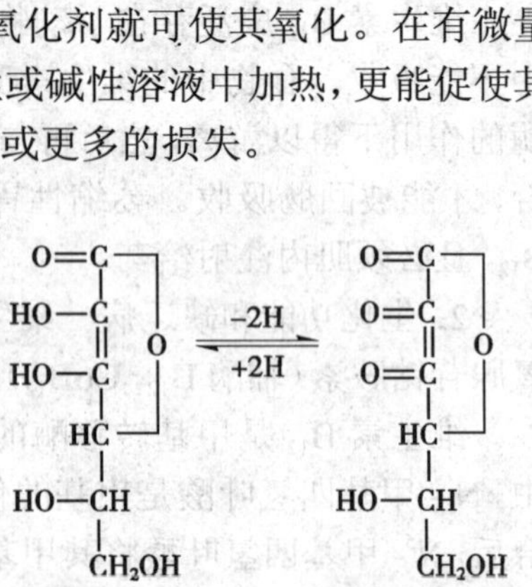

O═C　HO—C　HO—C　HC　HO—CH　CH_2OH　O

–2H / +2H

O═C　O═C　O═C　HC　HO—CH　CH_2OH　O

抗坏血酸（维生素C）　　脱氢抗坏血酸（氧化型维生素C）

图 6-12　维生素 C 及其氧化转变

（二）生化功能和缺乏病

1. 参与体内羟化反应　人体内物质代谢的很多过程需要羟化反应，维生素 C 以辅助因子的形式参与羟化反应。

（1）促进胶原蛋白的合成：胶原蛋白合成时，在其前 α- 链的翻译后修饰过程中，肽链上的某些脯氨酸残基和赖氨酸残基需要经过羟化酶催化，生成相应的羟脯氨酸和羟赖氨酸。维生素 C 是羟化酶的辅助因子之一，因而能促进胶原蛋白的合成。前 α- 链是前胶原的组成成分，未经羟化的 α- 链所构成的前胶原之间不能交联成为正常的胶原纤维。胶原是结缔组织、骨及毛细血管等的重要组成。维生素 C 缺乏，胶原蛋白不能形成正常的结构，就会导致毛细血管壁的通透性增加，易破裂出血，创口溃疡不易愈合，骨和牙齿易折断和脱落，即坏血病（scurvy）。

（2）参与类固醇的羟化：体内大部分胆固醇转变成胆汁酸，维生素 C 是催化这一过程的关键酶——7α- 羟化酶的辅助因子。因此，维生素 C 缺乏可导致胆汁酸合成减少，血浆胆固醇增高。此外，在肾上腺皮质维生素 C 还参与胆固醇合成肾上腺皮质激素的羟化反应。

（3）促进单胺类递质的合成：色氨酸羟化并脱羧生成 5- 羟色胺、苯丙氨酸羟化为酪氨酸、酪氨酸脱氨基生成对羟苯丙酮酸，后者再羟化生成尿黑酸，以及酪氨酸羟化为多巴胺，继而再羟化为去甲肾上腺素的过程中，均需要维生素 C 参与的羟化反应。

2. 参与体内氧化还原反应　维生素 C 既可以还原型，又可以氧化型存在，作为递氢体，参与体内许多氧化还原反应。

（1）促进 GSH 的生成，加强解毒作用：维生素 C 能使氧化型谷胱甘肽（G-S-S-G）还原生成还原型谷胱甘肽（G-SH），后者使巯基酶的 -SH 免遭氧化剂的破坏而保持还原状态，故维生素 C 能维持巯基酶的活性。此外，GSH 将重金属离子如 Hg^{2+} 排出体外，防止其破坏巯基酶，因而维生素 C 具有解毒作用。

（2）促进造血作用：食物中的铁离子有 Fe^{3+} 和 Fe^{2+} 两种形式，后者易被吸收。维生素 C 能将 Fe^{3+} 还原成 Fe^{2+}，不但有利于肠道铁的吸收，还有利于铁在体内的储存和利用。维生素 C 还参与四氢叶酸的生成，能使亚铁络合酶的巯基保持活性状态，均有利于造血作用。

此外，维生素 C 能使红细胞中的高铁血红蛋白还原为亚铁血红蛋白，保证红细胞对氧的运输能力。

（3）促进抗体生成：血液中维生素 C 的水平与免疫球蛋白 IgG 和 IgM 浓度呈正相关。免疫球蛋白分子中二硫键的生成需要维生素 C 的参与。维生素 C 还促进体内抗菌活性、NK 细胞活性，促进淋巴细胞增殖和趋化作用以及提高吞噬细胞的吞噬能力，从而提高机体免疫力。

3. 其他作用　食物中的亚硝酸在胃酸作用下能与仲胺合成具有致癌作用的亚硝胺，维生素 C 能阻止亚硝胺合成并促进其分解，因此具有一定的防癌作用。维生素 C 通过直接清除自由基和维持 GSH 的含量发挥抗氧化损伤的作用。机体在代谢过程中可产生自由基，生物膜上的不饱和脂肪酸易被自由基氧化生成过氧化脂质，从而改变膜的结构和功能。在谷胱甘肽过氧化物酶的催化下过氧化脂质由还原型谷胱甘肽提供氢原子而还原，从而使膜的正常结构和功能得以维持。维生素 C 抗氧化损伤的作用如图 6-13 所示。

（三）临床应用

成人每日需要维生素 C 60mg。

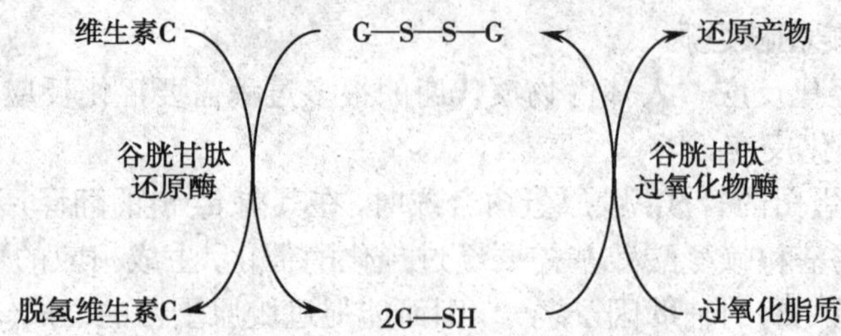

图 6-13 维生素 C 抗氧化损伤的作用

临床上维生素 C 用于坏血病的防治，高铁血红蛋白血症的治疗，以及各种急慢性感染性疾病、创伤、过敏性疾病、血小板减少性紫癜、缺铁性贫血、冠心病等的辅助治疗。长期大剂量服用维生素 C 可使尿液酸化，尿酸溶解度降低而析出，草酸增加，形成尿酸结石或草酸钙结石。

第三节 脂溶性维生素

脂溶性维生素包括维生素 A、D、E、K 等，它们均不溶于水，易溶于脂肪及脂溶剂中。在食物中常与脂类物质共存，其在小肠吸收也与脂类的吸收密切相关，需要胆汁酸的协助。若脂类吸收不良，可导致脂溶性维生素的吸收障碍，甚至产生相应的维生素缺乏病。吸收后，脂溶性维生素在血液中与血浆脂蛋白或某些特殊的结合蛋白结合后运输，如视黄醇结合蛋白。脂溶性维生素在体内有一定储存，但服用过多可导致中毒。

一、维 生 素 A

（一）结构、性质及来源

维生素 A 的化学结构是含白芷酮环的不饱和一元醇，有 A_1 和 A_2 两种，A_1 也称为视黄醇（retinol），主要存在于海鱼肝脏。A_2 又称为 3- 脱氢视黄醇（3-dehydroretinol）。主要存在于淡水鱼中。A_2 比 A_1 在环上多一个双键，但其活性只有 A_1 的一半。结构如图 6-14 所示。

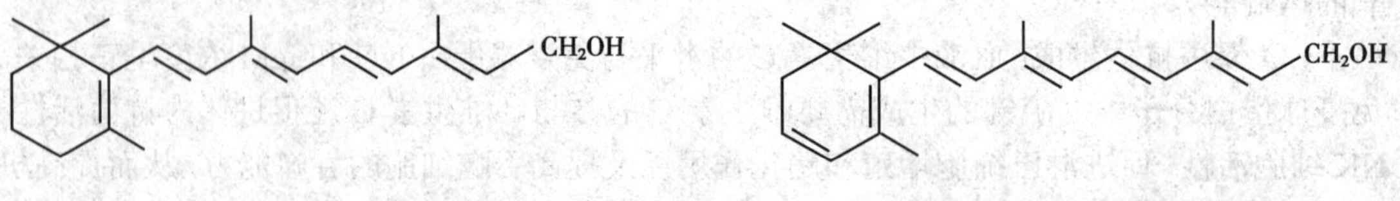

CH_2OH CH_2OH

维生素A_1（视黄醇） 维生素A_2（3–脱氢视黄醇）

图 6-14 维生素 A_1、A_2 的结构

维生素 A 及维生素 A 原的分子中均含有多个双键，化学性质活泼，易在空气中氧化，或受紫外线破坏，因此，维生素 A 制剂应避光保存。但在油溶液中较稳定，一般烹调方法对食物中维生素 A 的破坏较少。

维生素 A 在肝、蛋黄、乳类中含量较多。我国隋唐时期的孙思邈就已用猪肝治疗维生素 A 缺乏症——雀目（夜盲症）。植物中不存在维生素 A，但含有多种胡萝卜素，如 α- 胡萝卜素、β- 胡萝卜素、γ- 胡萝卜素等，其中 β- 胡萝卜素最重要。胡萝卜、红辣椒等蔬菜中含有较多β-胡萝卜素，β-胡萝卜素在15，15′-加双氧酶作用下碳链断裂，能生成两分子的视黄醇，故β-胡萝卜素也称为维生素A原。β-胡萝卜素的结构如图6-15所示。

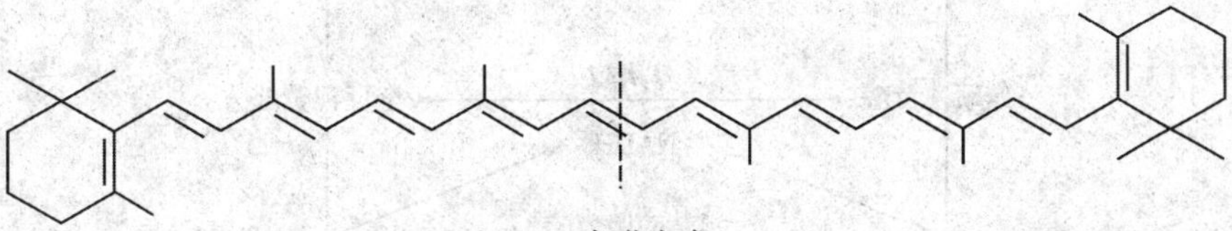

β-胡萝卜素

图6-15 β-胡萝卜素的结构

肝脏是储存维生素A的主要场所。在肝脏中维生素A以脂蛋白的形式储存于储脂细胞内，根据需要向血液中释放。正常机体维生素A的储存量足够机体利用数月。

（二）生化功能和缺乏病

在体内视黄醇可氧化成视黄醛（retinal），视黄醛可进一步氧化为视黄酸（retinoic acid），它们均是维生素A的活性形式。

1. 维生素A是构成视觉细胞内感光物质的成分 视网膜杆状细胞中视色素是视紫红质（rhodopsin），视紫红质由11-顺视黄醛与视蛋白结合而成。在弱光下，视紫红质感光，使11-顺视黄醛异构化，转变为全反视黄醛，而与视蛋白分离，出现褪色反应，造成胞外Ca^{2+}内流，使杆状细胞的膜电位发生变化，激发神经冲动，经传导至大脑而产生暗视觉。视黄醛的顺、反异构体如图6-16所示。

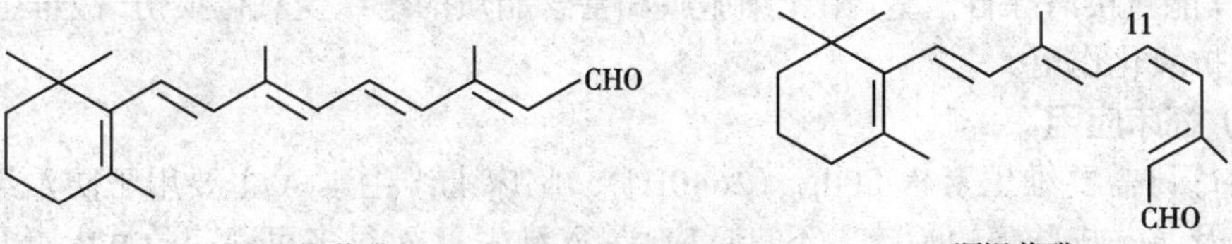

CHO

全反视黄醛

11

CHO

11–顺视黄醛

图6-16 11-顺视黄醛及全反视黄醛的结构

维生素A供应不足，能导致视紫红质合成延缓，暗适应延长，甚至出现暗视觉障碍，即夜盲症。视紫红质合成和再生过程如图6-17所示。

2. 维持上皮组织结构的完整性 视黄醇的磷酸酯作为糖的载体参与糖蛋白的合成，而糖蛋白是上皮细胞（尤其是黏液细胞）的细胞膜成分。维生素A缺乏，糖蛋白合成障碍，就会导致上皮组织细胞干燥、增生、角化过度，其中对眼、呼吸道、消化道、泌尿道、生殖器官黏膜的影响尤为显著。上皮组织不健全将降低机体抵抗微生物侵袭的能力，容易感染疾病。泪腺上皮组织不健全使眼泪分泌减少或停止，易形成眼干燥症，其临床表现为角膜及结膜干燥、发炎、角膜软化甚至穿孔。维生素A可治疗眼干燥症，故称为抗眼干燥症维生素。

3. 促进生长、发育、繁殖 维生素A参与类固醇的合成。维生素A的缺乏使肾上腺、性腺中的类固醇激素合成减少，影响机体的生长、发育和繁殖。使机体生长停滞，发育不良。

4. 其他作用 癌肿是来自于上皮组织的恶性肿瘤。因此，癌肿的发生与上皮组织的

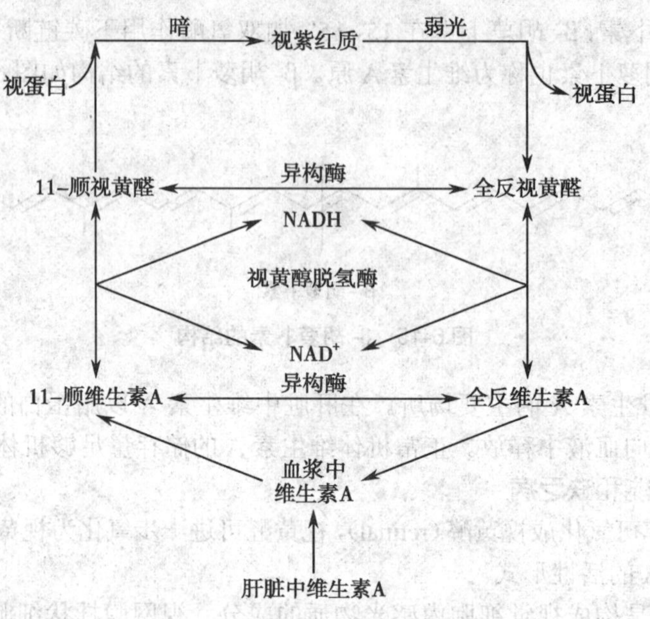

图 6-17 视紫红质的合成和再生

健康与否有关。动物实验表明：对于维生素 A 缺乏的动物用化学致癌物质诱发肿瘤的发病率较高。目前认为人体上皮细胞的正常分化与视黄酸直接相关。维生素 A 有抑制癌变、促进癌细胞自溶等作用，可用来防癌、抗癌。维生素 A 和 β- 胡萝卜素在氧分压较低的条件下，能直接清除自由基，阻止细胞膜和富含脂质的组织受氧化损伤，故维生素 A 具有一定的抗氧化作用。

（三）临床应用

成人每日需要维生素 A 800μg（2640IU）。临床上维生素 A 主要用于防治维生素 A 缺乏症以及某些皮肤病的治疗。不良反应：摄入维生素 A 过多可引起急性中毒及慢性中毒。急性中毒时主要表现为：眩晕、嗜睡或兴奋，以及头痛、呕吐等颅内压增高症状。严重维生素 A 中毒甚至可引起急性肝坏死；慢性中毒表现为骨痛，多发生在四肢长骨，伴有皮肤干燥、脱屑，毛发脱落、稀疏，食欲减退，肝脾大等。

二、维生素 D

（一）结构、性质及来源

维生素 D 化学本质为类固醇衍生物，主要有维生素 D_2 和维生素 D_3 两种。

维生素 D_2 又称麦角钙化醇（ergocalciferol），植物和酵母中存在麦角固醇，在紫外线照射下，可转变成维生素 D_2，但人体肠道不易吸收麦角固醇，麦角固醇是人工制备维生素 D_2 的原料。维生素 D_3 又称为胆钙化醇（cholecalciferol），人体皮下的胆固醇在脱氢酶的催化下生成 7- 脱氢胆固醇，后者经紫外线照射，发生异构化而生成胆钙化醇即维生素 D_3。因而麦角固醇和 7- 脱氢胆固醇统称为维生素 D 原。维生素 D_2 和维生素 D_3 的生成过程如图 6-18 所示。

维生素 D 主要存在于鱼肝油、肝、奶、蛋黄中，但一般人只要充分接受阳光照射，就可以满足生理需要。

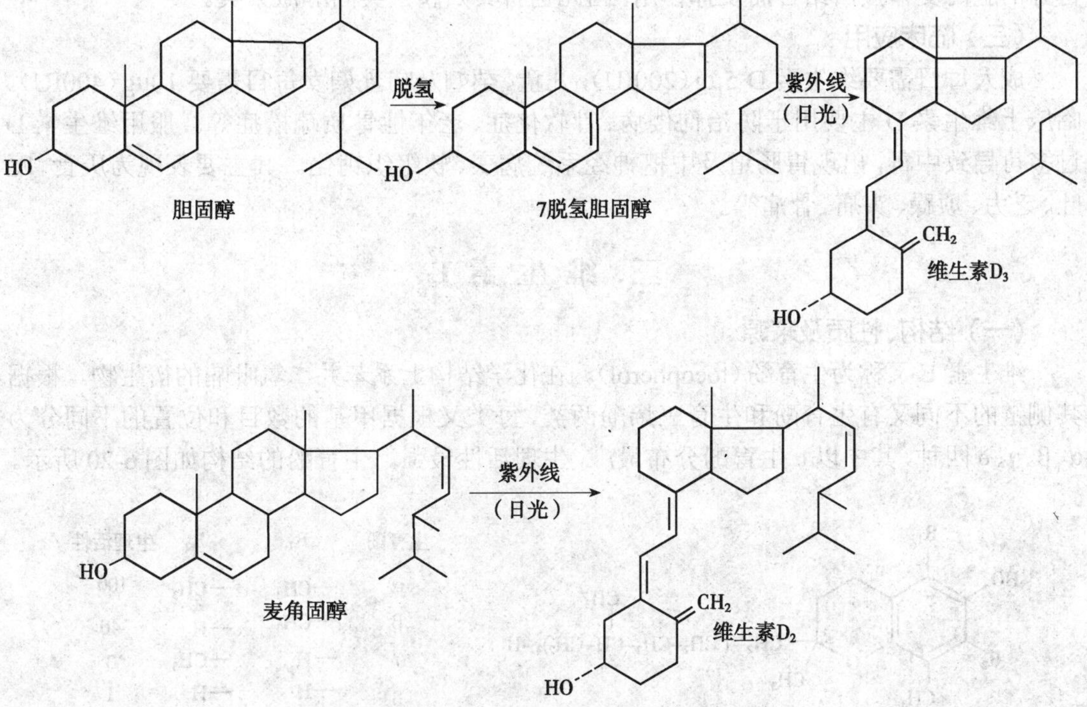

胆固醇 —脱氢→ 7脱氢胆固醇 —紫外线（日光）→ 维生素D_3

麦角固醇 —紫外线（日光）→ 维生素D_2

图 6-18 维生素 D_2 和维生素 D_3 的生成过程

维生素 D_3 本身没有生物活性，必须在体内进一步转化生成维生素 D_3 的活性形式，才能发挥生理功能。首先，经肝细胞微粒体的 25- 羟化酶系催化，在 NADPH、Mg^{2+}、O_2 的参与下，维生素 D_3 羟化生成 25-（OH）-D_3，再在肾脏 1- 羟化酶系的催化下进一步羟化成为 1，25-（OH）$_2$-D_3，这是维生素 D_3 最主要的活性形式。维生素 D_3 的转变过程如图 6-19 所示。

D_3 —25-羟化酶（肝）→ 25-(OH)-D_3 —1-羟化酶（肾）→ 1，25-(OH)$_2$-D_3

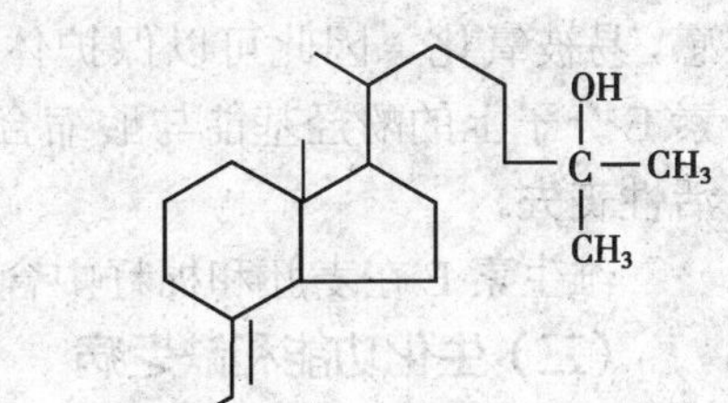

图 6-19 1，25-(OH)$_2$-D_3 的生成过程

（二）生化功能和缺乏病

1，25-（OH）$_2$-D_3 主要参与钙、磷代谢的调节。作用途径有：促进肠黏膜对钙磷的吸收，同时在甲状旁腺的协同作用下，提高血钙、血磷的含量；促进骨对钙、磷的吸收和沉积，利于骨的钙化；促进肾小管对磷的重吸收，减少尿磷排出。

缺乏维生素 D 或有关活性物质时，儿童由于成骨作用障碍可出现佝偻病，成人则出现骨软化症，甚至可出现自发性骨折；中老年人易发生骨质疏松症。当肝、肾有严重疾病时，可造成维生素 D_3 羟化过程障碍，而出现维生素 D 缺乏症的表现，此时必须用 1，25-（OH）$_2$-D_3 治疗才有效。

近年来认为，维生素 D 的活性形式 1，25-（OH）$_2$-D_3，由血液循环输送到靶器官，经与特异的胞内受体蛋白结合而发挥作用，因此也将其归属于类固醇激素类。

（三）临床应用

成人每日需要维生素 D 5μg（200IU），儿童、孕妇及哺乳妇女每日需要 10μg（400IU）。临床上维生素 D 主要用于防治佝偻病、骨软化症、老年性骨质疏松症等。服用维生素 D 过多可导致中毒，出现胃肠道及中枢神经系统病变、软组织钙化。其主要表现为厌食、呕吐、乏力、烦躁、头痛、骨痛等。

三、维生素 E

（一）结构、性质及来源

维生素 E 又称为生育酚（tocopherol）。在化学结构上系苯并二氢吡喃的衍生物。根据其侧链的不同又有生育酚和生育三烯酚两类，每类又根据甲基的数目和位置的不同分为 α、β、γ、δ 四种，其中以 α 生育酚分布最广，生理活性最强。生育酚的结构如图 6-20 所示。

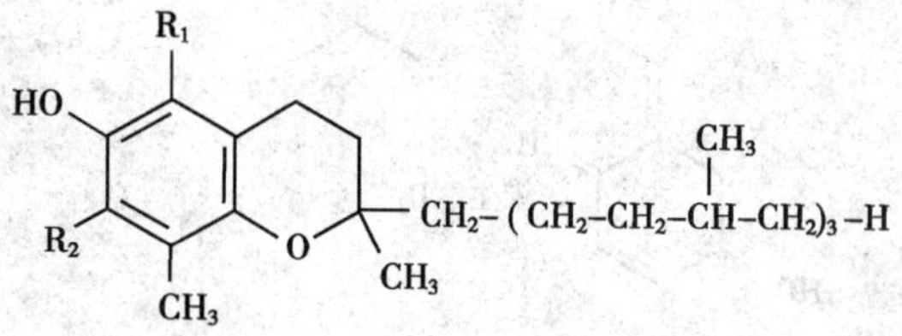

生育酚	R_1	R_2	生理活性
α	$-CH_3$	$-CH_3$	100
β	$-CH_3$	—H	40
γ	—H	$-CH_3$	3
δ	—H	—H	1

图 6-20 生育酚的结构

维生素 E 在无氧条件下对热稳定，当温度高达 200℃时也不被破坏，但对氧极为敏感，易被氧化。因此可以保护体内其他生物分子免遭氧化破坏，起到抗氧化作用。维生素 E 分子上的酚羟基能与酸缩合成酯类，后者性质比较稳定，抗不育活性增强，但抗氧化活性丧失。

维生素 E 在麦胚和棉籽中含量最多，豆类、谷物和蔬菜中含量也丰富。

（二）生化功能和缺乏病

1. 抗氧化作用　维生素 E 分子中 C_6 上的酚羟基极易被氧化，故能保护体内一些重要化合物如多不饱和脂肪酸、巯基化合物等免遭氧化破坏，从而维持细胞膜和细胞器的完整性及稳定性，维持巯基酶的活性。目前认为自由基与人体的衰老有关。自由基是指带有未配对电子的分子、原子或原子团。它们的性质非常活泼，且广泛分布于生物膜和线粒体内，能引起生物膜上脂质的过氧化作用，破坏生物膜的结构和功能，影响生物膜的稳定性，并形成脂褐素，也能使蛋白质变性和产生交联，使酶及激素失活，机体的免疫力降低，导致代谢失常，促进机体衰老。由于维生素 E 的抗氧化性，能对抗自由基对人体的危害，故可用于抗衰老和预防疾病。

2. 抗不育作用　维生素 E 的抗不育作用是在动物实验中发现的。实验证实，维生素 E 能维持鼠的生殖功能，缺乏时雄鼠的睾丸退化，精子形成障碍；雌鼠卵巢退化，胎盘及胚胎萎缩而被吸收，引起流产。

维生素 E 的缺乏还可引起某些动物中枢神经系统和血管系统损害，肌营养障碍，核酸代谢紊乱。

由于食物中维生素E分布广泛，来源充足，故在人类尚未发现缺乏症。

（三）临床应用

成人每日需要维生素E 10mg。临床上维生素E用作治疗不孕症、习惯性流产、肌营养不良及动脉硬化等的辅助药物。因维生素E能保护红细胞膜不饱和脂肪酸免于氧化破坏，故也用于防治溶血。维生素E能降低毛细血管的脆性及通透性，改善微循环，因而临床也用来治疗冻疮、脑血管意外后遗症、糖尿病的某些并发症等。

四、维 生 素 K

（一）结构、性质及来源

维生素K又称为凝血维生素，其化学结构是2-甲基-1，4-萘醌的衍生物，天然存在的有维生素K_1和维生素K_2两种，均为脂溶性。维生素K_1主要存在于绿叶蔬菜和动物肝脏中，维生素K_2则是人体肠道中细菌的代谢产物。人工合成的维生素K_3和维生素K_4为水溶性物质，可以口服或注射。维生素K的结构如图6-21、图6-22所示。

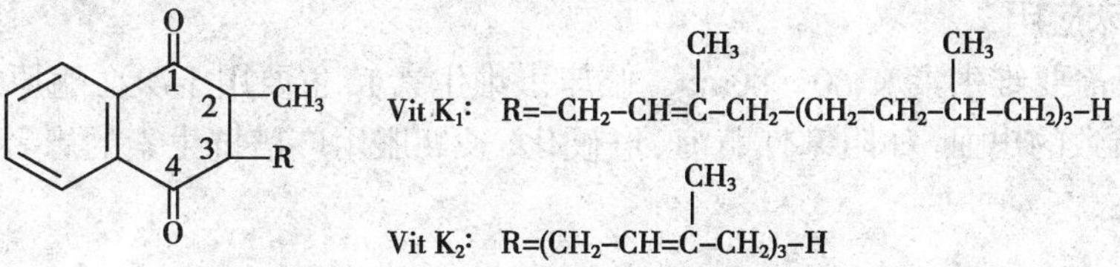

Vit K_1: $R=-CH_2-CH=\overset{CH_3}{C}-CH_2-(CH_2-CH_2-\overset{CH_3}{CH}-CH_2)_3-H$

Vit K_2: $R=(CH_2-CH=\overset{CH_3}{C}-CH_2)_3-H$

图6-21 维生素K_1、K_2的结构

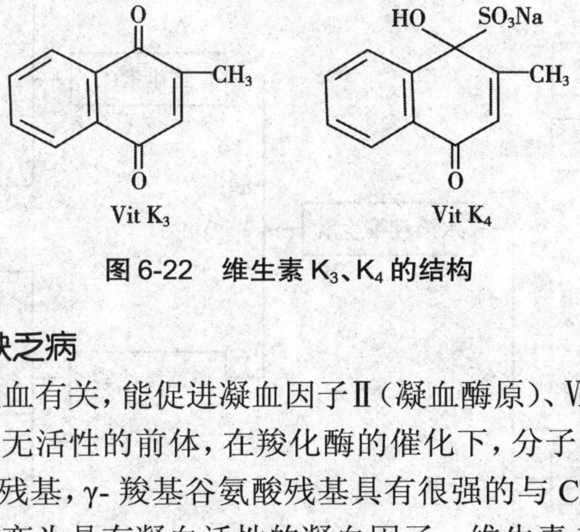

Vit K_3　　Vit K_4

图6-22 维生素K_3、K_4的结构

（二）生化功能和缺乏病

维生素K主要与凝血有关，能促进凝血因子Ⅱ（凝血酶原）、Ⅶ、Ⅸ和Ⅹ的合成。由肝脏合成这些凝血因子的无活性的前体，在羧化酶的催化下，分子中的谷氨酸残基发生羧化，生成γ-羧基谷氨酸残基，γ-羧基谷氨酸残基具有很强的与Ca^{2+}螯合的能力，从而使这些凝血因子的前体转变为具有凝血活性的凝血因子。维生素K是这种羧化作用中不可缺少的辅助因子。缺乏维生素K时，血中这几种凝血因子均减少，凝血时间延长，易发生皮下、肌肉及胃肠道出血。新生儿肠道无细菌合成维生素K，故孕妇产前或早产儿常给予维生素K以预防新生儿出血。

此外，维生素K还能解除平滑肌痉挛而具有解痉止痛作用。

一般较少见维生素K的缺乏，但严重肝、胆疾患或长期使用抗菌药物抑制了肠道细菌，可产生维生素K缺乏症。

香豆素类药物是维生素K的拮抗剂，维生素K在参与凝血因子谷氨酸残基的羧化反应过程中，本身由具有活性的氢醌型转变成为环氧化物而失活，后者需在环氧化物还原酶的催化下重新活化为氢醌型。在结构上香豆素类药物与维生素K极为相似，能竞争性地抑制环氧化物还原酶，从而拮抗维生素K的作用。维生素K、双香豆素的结构如图6-23所示。

维生素K　　双香豆素

图6-23　维生素K、双香豆素的结构

常用于治疗风湿和类风湿关节炎的中药白花丹和茅膏菜，均含有在结构上与维生素K相似的有效成分矶松素，故具有祛风散瘀、解痉止痛的作用。

（三）临床应用

成人每日需要维生素K 60～80mg。临床上维生素K主要用于凝血酶原过低症及由维生素K缺乏所致的出血，如阻塞性黄疸、肝硬化、长期服用广谱抗生素的患者、早产儿等。

学习小结

1. 学习内容

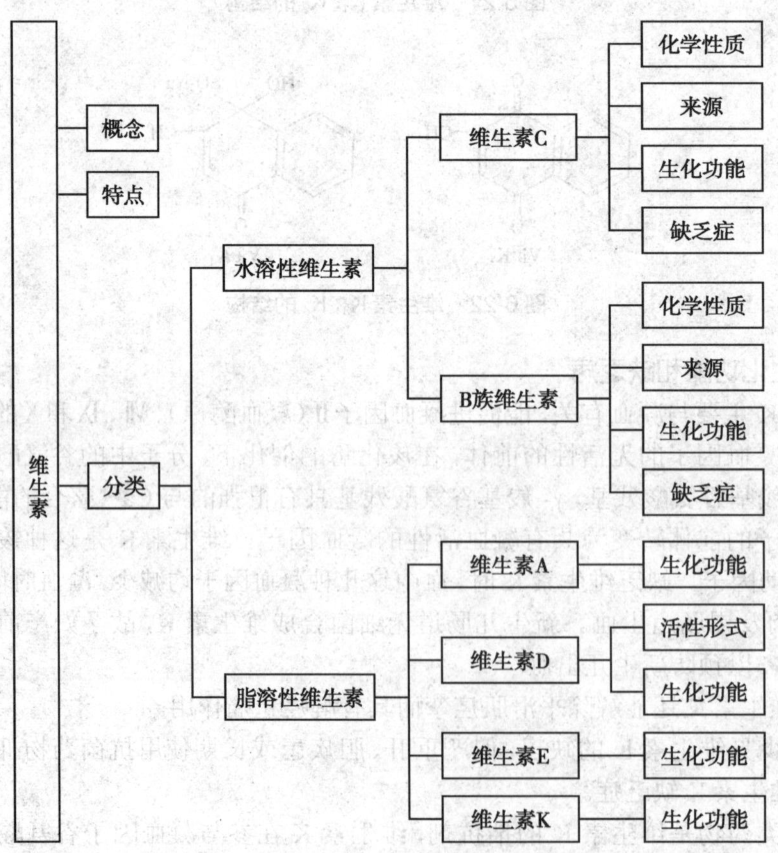

2. 学习方法

(1) 学习维生素一章首先要熟悉每种维生素的结构特点和来源。

(2) 掌握维生素的活性形式就能更好地理解和掌握维生素的功能及缺乏症。

(魏敏惠)

复习思考题

1. 何谓维生素？有哪些特点？
2. 简述维生素缺乏的主要原因。
3. 何谓水溶性维生素？主要包括哪几类？
4. 简述B族维生素的活性形式和主要生化作用。
5. 试从维生素角度分析巨幼红细胞性贫血的发生机制。
6. 简述维生素A、C、D的生化作用。
7. 何谓脂溶性维生素？主要包括哪几类？

第七章　酶

学习目的

通过对本章的学习要掌握酶的分子组成与活性中心，酶促反应特点，酶的调节和酶促反应动力学以及酶与医学的关系，为物质代谢及临床检验等内容的学习奠定基础。

学习要点

酶的分子组成与活性中心，酶促反应特点，酶的调节，酶促反应动力学，酶活性测定与酶活性单位等内容。

酶(enzyme)是生物活细胞产生的具有催化作用的蛋白质，又称为生物催化剂(biological catalyst)。1982年，Thomas Cech等首先发现四膜虫的rRNA前体分子在没有蛋白质的参与下以鸟苷为辅助因子能自身催化完成剪接。这对于“酶是蛋白质”的概念是一个很大的冲击，为了与化学本质为蛋白质的酶区别，提出把具有催化活性的RNA称为核酶(ribozyme)。继核酶之后又发现了具有催化功能的单链DNA片段，称为脱氧核酶(deoxyribozymes)。但本章所要讨论的仍然主要是传统意义上的酶，即化学本质是蛋白质的酶。

生物体内几乎所有的化学反应都是在酶的催化下进行的，而这些化学反应是维持生命活动所必需的。人体多种疾病和酶异常有关，多种酶用于临床的诊断和治疗，还有些药物是通过影响体内的酶活性而达到治疗目的，所以酶与医学关系密切。

知识拓展

Buchner兄弟的偶然发现与重大贡献

Buchner兄弟制作不含细胞的酵母菌榨汁来供药剂之用。兄弟俩最初是打算用动物来作实验，不好用强烈的防腐剂，就采用家常食物保存中惯用的办法，加了许多蔗糖。这样一来就引起了一个重大发现。酵母菌榨汁可以使蔗糖发酵，使糖发酵产生酒精和二氧化碳。这一过程说明酵母菌榨汁中，显然含有一种或多种催化剂。后来又发现其他类似的生物催化剂，统称为酵素酶(enzyme)，从而说明了发酵是酶作用的化学本质，为此Buchner兄弟获得了1907年诺贝尔化学奖。

第一节　酶的分子组成与活性中心

1926年Jams B. Sumner首次从刀豆中提取出脲酶结晶，提出酶的本质是蛋白质。酶分子与其他蛋白质一样，具有一级结构和空间结构，酶的催化活性依赖于特定的空间构象。酶可以是一条多肽链，也可以是多条多肽链。由一条多肽链构成的酶称为单体酶(monomeric enzyme)。由多条多肽链组成的酶称为寡聚酶(oligomeric enzyme)。在细胞中还存在着多酶体系(multienzyme system)，它是由许多不同功能的酶彼此嵌合形成的复合物。有时一条多肽链上含有两种或两种以上催化活性的酶称为串联酶(tandem enzyme)或多功能酶(multifunctional enzyme),这是基因融合的产物。串联酶和多酶体系的存在有利于提高物质代谢速度和调节效率。

一、酶的分子组成

酶按其分子组成可分为单纯酶和结合酶两大类。单纯酶(simple enzyme)是仅由多肽链构成的酶。它的催化活性仅仅决定于其酶蛋白本身。如脲酶、蛋白酶、淀粉酶、脂酶、核糖核酸酶等均属于此类。而结合酶(conjugated enzyme)的催化活性除蛋白质部分外还需要非蛋白质成分参与。蛋白质部分称为酶蛋白(apoenzyme),非蛋白质部分称为酶的辅助因子(cofactor)。两者结合形成的复合物称作全酶(holoenzyme),只有全酶才有催化作用,酶蛋白和辅助因子各自单独存在时均无催化活性。酶蛋白决定结合酶的特异性,辅助因子决定反应性质和反应类型。

辅助因子有金属离子和小分子有机化合物两类。常见金属离子有 K^+、Na^+、Mg^{2+}、Cu^+(或 Cu^{2+})、Zn^{2+}、Fe^{2+}(或 Fe^{3+})等。金属离子作为辅助因子其主要作用有:①稳定酶蛋白活性构象;②参与构成酶的活性中心;③连接酶和底物的桥梁;④中和阴离子。小分子有机化合物多数是 B 族维生素的活性形式,主要起传递氢原子、电子和某些化学基团(氨基、羧基、酰基、一碳单位等)的作用(表 7-1)。

表 7-1 含 B 族维生素的辅酶(或辅基)及其作用

辅酶或辅基名称	所含维生素	转移基团或原子
TPP(焦磷酸硫胺素)	维生素 B_1	羟乙基
FMN(黄素单核苷酸)	维生素 B_2(核黄素)	氢原子、电子
FAD(黄素腺嘌呤二核苷酸)	同上	同上
NAD^+(烟酰胺腺嘌呤二核苷酸)	烟酰胺(维生素 PP)	同上
$NADP^+$(烟酰胺腺嘌呤二核苷酸磷酸)	同上	同上
磷酸吡哆醛	吡哆醛(维生素 B_6)	氨基
辅酶 A(CoA)	泛酸	酰基
生物素	生物素	二氧化碳
四氢叶酸	叶酸	一碳单位
钴胺素辅酶类	维生素 B_{12}	甲基
硫辛酸	硫辛酸	酰基和氢原子

辅助因子按其与酶蛋白结合的紧密程度不同可分为辅酶与辅基。辅酶(coenzyme)与酶蛋白的结合疏松,可以用透析或超滤的方法除去;辅基(prosthetic group)则与酶蛋白结合紧密,不能通过透析或超滤方法除去。

对于结合酶而言,一种酶蛋白必须与某一特定的辅酶或辅基结合,才能成为有活性的全酶。但是一种辅酶可与多种不同的酶蛋白结合,而组成具有不同特异性的全酶。例如 NAD^+ 可以与不同的酶蛋白结合,组成乳酸脱氢酶、苹果酸脱氢酶和 3- 磷酸甘油醛脱氢酶等,以催化不同的底物发生化学反应。

二、酶的活性中心

酶的催化作用并非需要整个分子，如氨基肽酶原有的180个氨基酸残基自N端被水解掉120个以后，剩余的多肽仍有水解木瓜蛋白酶的活性。可见酶的催化活性仅与其分子的一部分肽段有关，其中与酶的活性密切相关的基团称为酶的必需基团（essential group），如组氨酸残基的咪唑基、丝氨酸残基的羟基、半胱氨酸残基的巯基以及谷氨酸残基的γ-羧基等是常见的必需基团。必需基团在酶蛋白一级结构上可能相距甚远，但在空间结构上彼此靠近，组成具有特定空间结构的区域，能与底物特异性结合并将底物转化为产物，这一区域称为酶的活性中心（active center）或称活性部位（active site）。在结合酶中辅酶或辅基参与活性中心的组成。

酶活性中心的必需基团按其功能分为两类：结合基团（binding group）和催化基团（catalytic group）。前者与底物结合，后者催化底物发生化学变化。活性中心内的必需基团有些可同时具有这两方面的功能。还有一些必需基团虽不直接参与活性中心的组成，但为维持酶活性中心特有的空间构象所必需，这些基团称为酶活性中心以外的必需基团（图7-1）。

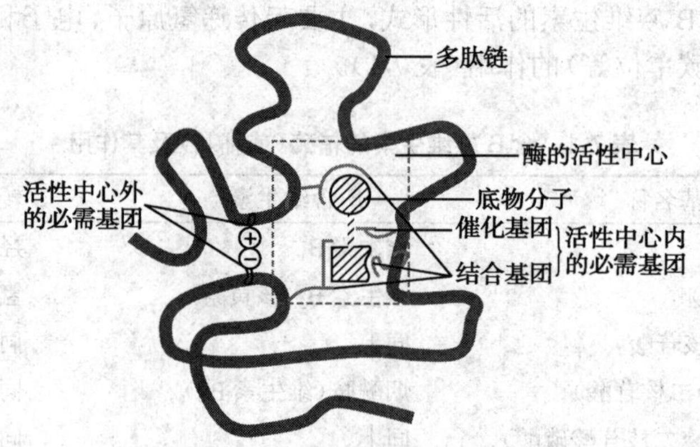

图7-1 酶的活性中心示意图

酶的活性中心仅占整个酶分子的很小一部分，是一个具有三维空间构象的区域，在酶分子的表面形成一个裂隙或凹陷，深入酶分子内部，多由疏水基团组成的疏水"口袋"，容纳底物并与之以非共价键结合。

第二节 酶促反应特点与机制

酶作为生物催化剂具有与一般催化剂相同的催化性质，只能催化热力学上允许的化学反应，在化学反应前后本身质和量不改变，不改变化学反应的平衡点，降低反应活化能等。然而酶是蛋白质，因此酶促反应又具有其特殊的特点。

一、酶促反应的特点

（一）高度催化效率

酶和一般催化剂一样都可通过降低反应活化能（activation energy）以加速反应的进

行。在任一反应中，初态底物分子所含能量较低，只有那些获得较高能量并达到一定阈值的活化分子才有可能发生化学反应。这些初态底物分子转变为活化分子所需的能量称为活化能（图 7-2）。酶的催化反应比非催化反应速度高 10^8～10^{20} 倍，比其他非酶催化反应速度高 10^7～10^{13} 倍。例如，脲酶催化尿素水解的速度是 H^+ 催化作用的 7×10^{12} 倍；α- 胰凝乳蛋白酶对苯酰胺水解的速度是 H^+ 的 6×10^6 倍。这是由于酶比一般催化剂能更有效地降低反应所需的活化能，使初态底物只需较少能量便可转变为活化分子，从而使单位体积内活化分子数大大增多，化学反应加速进行。

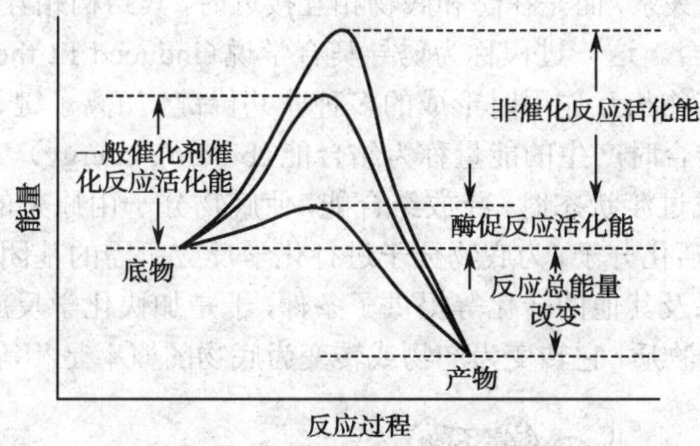

图 7-2 酶促反应活化能的改变

（二）高度特异性

酶对其所催化的底物具有严格的选择性。即一种酶仅作用于一种或一类化合物，或作用于一种化学键，以催化一定的化学反应转变为产物，这种性质称为酶的特异性或专一性（specificity）。根据酶对底物结构选择的严格程度不同，酶的特异性常有以下三类：

1. 绝对特异性　一种酶仅作用于一种底物，进行一种专一的反应，这种特异性称为绝对特异性（absolute specificity）。例如脲酶只能催化尿素水解生成氨和二氧化碳，对尿素的衍生物如甲基尿素则不起作用。

2. 相对特异性　一种酶可作用于一类化合物或一种化学键发生化学反应，这种不太严格的特异性称为相对特异性（relative specificity）。例如磷酸酶可水解磷酸和羟基化合物形成的磷酸酯键；脂蛋白脂肪酶不仅能水解三酰甘油，也能水解二酰甘油和一酰甘油等。

3. 立体异构特异性　一种酶仅作用于立体异构体中的一种，而对另一种则无作用，这种特异性称为立体异构特异性（stereo specificity）。例如乳酸脱氢酶只能催化 L- 乳酸脱氢生成丙酮酸，对 D- 乳酸则无作用，α- 淀粉酶只能水解淀粉中 α-1，4- 糖苷键，不能水解纤维素中的 β-1，4- 糖苷键等。

（三）高度不稳定性

酶的化学本质是蛋白质，其催化活性依赖于特定空间构象。外界条件极易通过改变酶蛋白的构象而影响它的催化活性。因此，酶对导致蛋白质变性的理化因素（如高温、强酸、强碱、激烈震荡、紫外线、有机溶剂、重金属等）都非常敏感，极易受这些因素的影响而变性失活。

（四）酶活性的可调性

酶促反应受到多种因素的调控，生物体内存在着严密而复杂的代谢调节系统，酶的活性不仅受本身结构变化的影响，还往往受到底物的诱导、产物的抑制，以及神经内分泌的调控，以确保代谢活动的协调性和统一性，维持生命活动的正常进行。

二、酶促反应的机制

酶能特异性地和底物结合，将底物转化为过渡态，降低活化能，发挥其高效催化作用是通过多种机制达到的。

1. 诱导契合作用　酶在发挥其催化作用之前，必须先和底物密切结合。这种结合不是锁与钥匙式的机械关系，而是在酶和底物相互接近时，其结构相互诱导、相互变形和相互适应，进而相互结合。这一过程称为诱导契合学说（induced fit theory）（图 7-3）。酶活性中心功能基团与底物相互作用时形成的多种非共价键，如离子键、氢键、疏水键，也包括范德华力。它们结合时产生的能量称为结合能（binding energy）。当酶与底物生成 ES 复合物并进一步形成过渡状态时，释放结合能，使底物分子由原来的基态转变成过渡状态，即底物分子成为活化分子，为底物分子进行化学反应所需的基团的组合排布、瞬间不稳定的电荷的生成以及其他的转化等提供了条件，于是加快化学反应的速度。过渡状态不是一种稳定的化学物质，它转变为产物或转变为底物的概率是相等的。

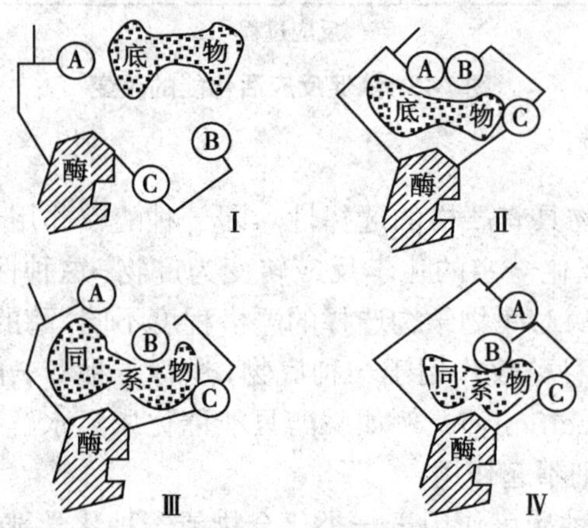

图 7-3　诱导契合示意图

Ⅰ. 酶与底物接近；Ⅱ. 酶与底物诱导契合；
Ⅲ. 底物分子过大；Ⅳ. 底物分子过小

2. 邻近效应与定向排列　酶可以将底物结合在它的活性中心，在两个以上底物参加的反应中，底物之间必须以正确的方向相互碰撞，才有可能发生反应。酶在反应中将诸底物结合到酶的活性中心，使它们相互接近并形成有利于反应的正确定向关系。这种邻近效应（proximity effect）与定向排列（orientation arrange）把分子间的反应变成了类似于分子内的反应，使反应速度大大提高。

3. 表面效应（surface effect）　酶的活性中心多为疏水性的“口袋”，该“口袋”可将水分子排除在外，避免水分子对酶和底物功能基团的极性干扰，防止在酶和底物之间形成水化膜，使酶和底物能够密切接触。

4. 多元催化（polyfunctional catalysis）　酶是两性电解质，酶的活性中心某些氨基酸残基的 R 基团，有的是质子供体（酸），有的是质子受体（碱），因此，在水溶液中这些酸性或碱性基团可以执行与酸碱相同的催化作用。同一种酶常常兼有酸、碱双重催化作用。这些多功能基团（包括辅酶和辅基）的协同作用比只有酸催化或碱催化具有更高的催化效率。

5. 共价催化　很多酶的催化基团在催化过程中通过和底物形成瞬间共价键而将底物激活，并很容易进一步被水解形成产物和游离的酶。这种催化机制称为共价催化（covalent catalysis）作用。如胰蛋白酶和凝血酶等均属于丝氨酸蛋白酶，这类蛋白酶水解肽键的作用分为两步：①酶以其丝氨酸残基的 $-CH_2-OH$ 作用于底物分子的羧基并形成酯键，使肽键断裂；②共价结合的酯酰 - 酶中间产物水解。

许多酶促反应常常有多种催化机制同时介入，共同完成催化反应，这是酶促反应高效率的重要原因。

第三节　酶促反应动力学

酶促反应动力学研究的是酶促反应速度及其影响因素。这些因素主要包括酶浓度、底物浓度、pH、温度、抑制剂、激活剂等。在探讨各种因素对酶促反应速度的影响时，通常测定其初速度来代表酶促反应速度，即底物转化量 $<5\%$ 时的反应速度。而且在研究某种影响因素时，应保持其他因素不变，单独改变待研究的因素，即单因素研究。酶促反应动力学的研究具有重要的理论和实际应用意义。

一、底物浓度对酶促反应速度的影响

在酶浓度恒定的条件下，以底物浓度对反应速度作图，二者呈矩形双曲线（rectangular hyperbola）（图 7-4）。这是由于酶促反应中，酶（E）首先需与底物（S）形成酶 - 底物中间复合物（ES），然后才能分解转变为产物（P）的缘故，由此提出中间复合物学说来解释［S］与 V 的关系。反应式如下：

$$E + S \underset{k_2}{\overset{k_1}{\rightleftharpoons}} ES \xrightarrow{k_3} E + P$$

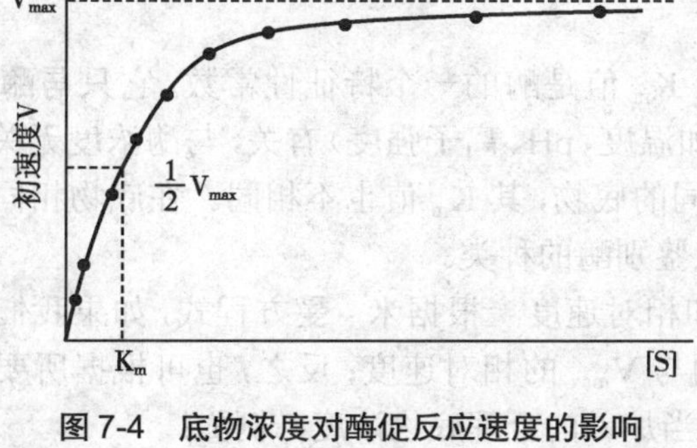

图 7-4　底物浓度对酶促反应速度的影响

在底物浓度较低时，溶液中有大量的游离酶，此时，当底物浓度［S］增高，［ES］随之升高，反应速度（V）随［S］的增加而直线上升，二者成正比关系。随着［S］的继续增加，反应速度不再与底物浓度成正比，而是缓慢增加，两者呈弧线关系。如果继续加大底物

浓度，反应速度几乎不再增加，此时，说明酶已被底物所饱和，无论怎样增加底物浓度，反应速度也不再加快。所有的酶都有饱和现象，只是达到饱和时所需的底物浓度不同而已。

（一）米-曼方程式

L. Michaelis 和 M. L. Menten 于 1913 年根据中间复合物学说进行数学推导，得出了 V 和[S]关系的公式，即著名的米-曼方程式（Michaelis equation）：

$$V=\frac{V_{max}[S]}{K_m+[S]}$$

式中 K_m 是米氏常数（Michaelis constant），$K_m=(k_2+k_3)/k_1$。V_{max} 指该酶促反应的最大反应速度（maximum velocity），[S]为底物浓度，V 是在某一底物浓度时观察到的反应速度。

上述米-曼方程式只适用于单底物酶促反应，对多底物酶促反应，不能用米-曼方程式来表示，它远比单底物更为复杂。

（二）米氏常数的意义

当反应速度为最大速度一半时，米-曼方程式可以变换如下：

$$\frac{1}{2}V_{max}=V_{max}[S]/K_m+[S]$$

进一步整理可得到：$K_m=[S]$，单位与底物浓度一样，用 mol/L 表示。

米氏常数在酶学研究中极为重要，它有如下意义：

1. K_m 在数值上等于酶促反应速度为最大速度一半时的底物浓度。

2. K_m 可近似地反映酶与底物的亲和力　按中间复合物学说，反应达恒态时，[E][S]/[ES]=$(k_2+k_3)/k_1$，设 $K_m=(k_2+k_3)/k_1$。当 $k_2>>k_3$ 时，即 ES 解离成 E 和 S 的速度大大超过 ES 分解成 E 和 P 的速度时，k_3 可以忽略不计。此时 K_m 值近似于 ES 的解离常数 K_S。在这种情况下，K_m 值可用来表示酶对底物的亲和力。

$$K_m=k_2/k_1=[E][S]/[ES]=K_s$$

K_m 值愈大，酶与底物的亲和力愈小；K_m 值愈小，酶与底物亲和力愈大。如果一个酶有几种底物，就有几个 K_m 值，其中 K_m 值最小的对酶的亲和力最大，一般为酶的天然底物或最适底物。

3. 判断酶的种类　K_m 值是酶的一个特征性常数，它只与酶的结构、酶所催化底物的种类和反应的条件（如温度、pH、离子强度）有关，与酶浓度无关。不同的酶其 K_m 值不同，同一种酶作用于不同的底物，其 K_m 值也不相同。在底物相同、反应条件相同的情况下，测定酶的 K_m 值可以鉴别酶的种类。

4. 计算底物浓度和相对速度　根据米-曼方程式，如果我们已知底物浓度，可求出在该条件下所能达到的与 V_{max} 的相对速度；反之，也可根据所要求达到的反应速度（与 V_{max} 的百分比），求出应当加入的合理底物浓度。例如：

要求反应速度达到 V_{max} 的 99%，其底物浓度为：

$$99\%=100\%[S]/(K_m+[S])\quad 99\%K_m+99\%[S]=100\%[S]\quad [S]=99K_m$$

已知底物浓度 $[S]=10K_m$，则此时反应速度与 V_{max} 之比为：

$$V=V_{max}\times 10K_m/(K_m+10K_m)\quad V/V_{max}=10K_m/(K_m+10K_m)=0.91$$

5. 反映激活剂与抑制剂的存在　酶不仅与底物结合，也可与激活剂或抑制剂结合而影响 K_m 值。通过 K_m 值的测定可以协助判断激活剂及抑制剂的存在，以及抑制作用的类型。

（三）K_m 和 V_{max} 的求法

从底物浓度与酶促反应速度的矩形双曲线图，只能求得近似的 K_m 值和 V_{max}，即很难准确地测得 K_m 和 V_{max}，且费材费力。如果将米 - 曼方程式进行变换，使它成为相当于 $y=ax+b$ 的直线方程式，便可容易地用图解法求得准确的 K_m 值和 V_{max}。常用的是双倒数作图法（double reciprocal plot），又称为林 - 贝（Lineweaver-Burk）作图法。

将米 - 曼方程式等号两边取倒数，所得到的双倒数方程式称为林 - 贝方程：

$$\frac{1}{V}=\frac{K_m}{V_{max}}\frac{1}{[S]}+\frac{1}{V_{max}}$$

以 $1/V$ 对 $1/[S]$ 作图得一直线，其斜率是 K_m/V_{max}，其纵轴上的截距为 $1/V_{max}$，横轴上的截距为 $-1/K_m$（图 7-5）。此作图法除用于求取精确的 K_m 和 V_{max} 外，在判断酶的可逆性抑制作用类型方面也有重要的参考价值。

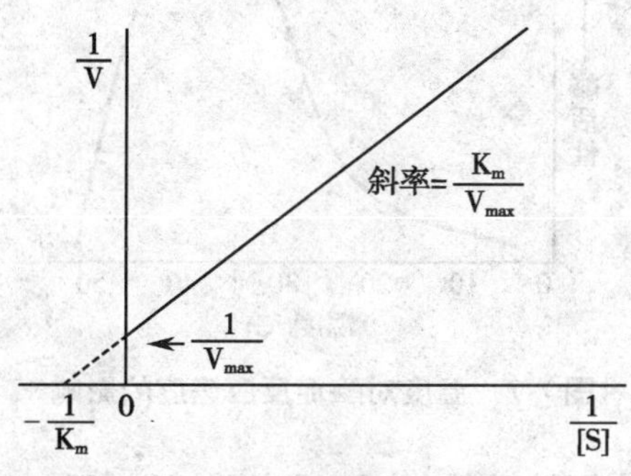

图 7-5　双倒数作图法

二、酶浓度对酶促反应速度的影响

在酶促反应系统中，当底物浓度大大超过酶浓度时，这时酶促反应速度随酶浓度增加而成比例加快，即反应速度与酶的浓度变化成正比关系（图 7-6）。在细胞内，通过改变酶浓度来调节酶促反应速度，是代谢调节的一个重要方式。

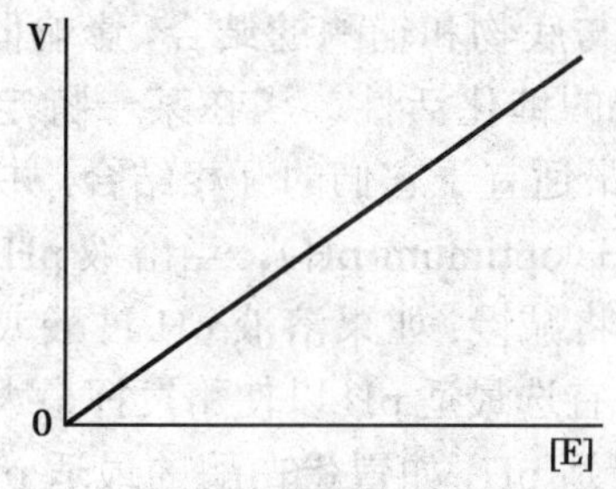

图 7-6　酶浓度对酶促反应速度的影响

三、温度对酶促反应速度的影响

一般来讲，化学反应的速度随温度增高而加快，但酶是蛋白质，当温度升高超过一定范围时，酶蛋白受热而变性。因此，温度对酶促反应的影响是两方面的。在温度较低时，反应速度随温度升高而加快，温度每升高 10℃，反应速度大约增加 1～2 倍。但温度过高，酶受热变性的因素占优势，反应速度反而随温度上升而减慢。当温度超过 60℃时，多数酶开始变性，超过 80℃时，多数酶已经发生不可逆变性。通常将酶促反应速度达到最大时的温度称为该酶促反应的最适温度（optimum temperature）。高于或低于最适温度，酶促反应速度都将减慢（图 7-7）。温血动物体内的酶最适温度多在 35～40℃，人体内酶的最适温度是 37℃左右。酶的最适温度相当于细胞最适生存环境的温度或稍高。生活在温泉和深海中的生物，有的酶的最适温度可高达 100℃。用于聚合酶链反应（polymerase chain reaction，PCR）的 Taq-DNA 聚合酶是从生活在 70～80℃的栖热水生菌中提取的，最适温度为 74℃左右，此酶在近 100℃高温中也不变性。

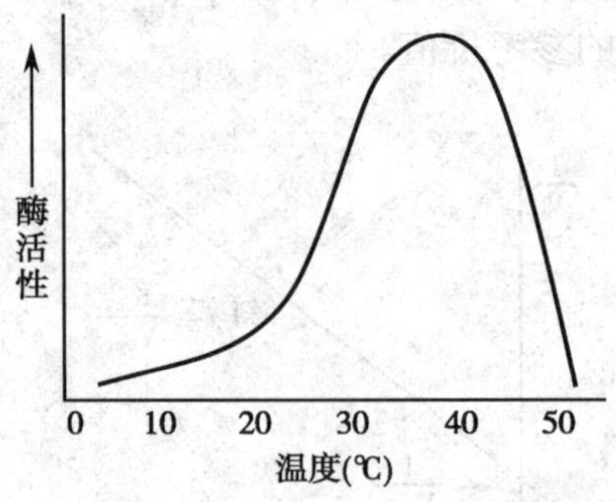

图 7-7 温度对酶促反应速度的影响

最适温度并不是酶的特征性常数，它随反应时间的延长而降低。低温可使酶的活性降低，但并不破坏酶的结构，温度回升时，酶的活性又可恢复。临床上采用低温麻醉即是利用酶的这一特性降低酶的活性，使组织细胞的代谢速度减慢，提高机体对氧和营养物质缺乏的耐受性。动物细胞、菌种、酶制剂保存通常应用低温或超低温。生化实验中测定酶活性时，应严格控制反应温度。

四、pH 对酶促反应速度的影响

酶是蛋白质，属于两性电解质，不同的 pH 可以影响酶的电离状态、活性中心结合基团的解离状态，影响酶蛋白与底物和辅酶的结合，影响催化基团中质子供体和质子受体的离子化状态，从而影响酶的催化活性。当在某一特定的 pH 条件下，酶蛋白、底物和辅酶处于最佳解离状态时，最适宜于它们的互相结合，并发挥最佳的催化作用，此时该环境 pH 为酶促反应的最适 pH（optimum pH）。当溶液 pH 高于或低于最适 pH 时，酶活性都会降低，酶促反应速度都将减慢；如果溶液 pH 过酸或过碱，可使酶变性而失活（图 7-8）。因此，在测定酶活性时，宜选最适 pH 以使酶发挥最大催化作用。

不同种类的酶有不同的最适 pH，如胃蛋白酶的最适 pH 是 1.8，精氨酸酶的最适 pH 是 9.8。但动物体内大多数酶的最适 pH 为 6.5～8.0。

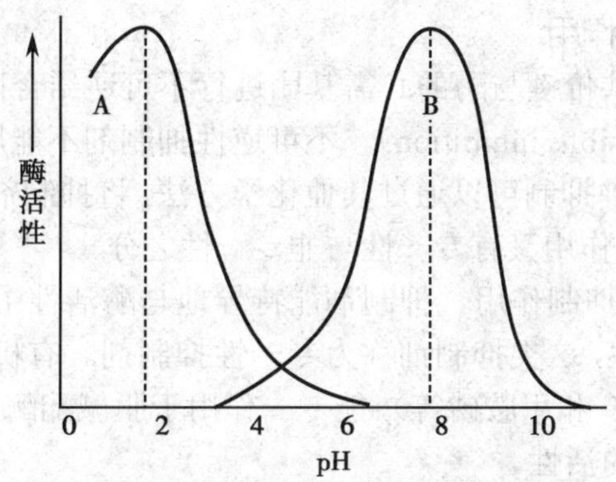

图 7-8 pH 对酶促反应速度的影响

A. 胃蛋白酶；B. 胰凝乳蛋白酶

最适 pH 不是酶特征性常数，它受底物种类与浓度、缓冲对种类与浓度、酶的纯度等因素的影响。

五、激活剂对酶促反应速度的影响

使酶由无活性变为有活性，或使酶活性增加的物质称为酶的激活剂。激活剂大多为金属离子，如 Mg^{2+}、K^{+}、Mn^{2+} 等，少数为阴离子，如 Cl^{-} 等。也有些是小分子有机化合物，如胆汁酸盐等。按其对酶促反应速度影响的程度，可将激活剂分为两大类。

（一）必需激活剂

使酶由无活性变为有活性的激活剂称为必需激活剂（essential activator），多数为金属离子，例如 Mg^{2+} 是许多激酶的必需激活剂。必需激活剂对酶促反应是不可缺少的。

（二）非必需激活剂

激活剂不存在时，酶仍有一定的催化活性，但催化效率较低，加入激活剂后，酶的催化活性显著提高。这类激活剂称为非必需激活剂（non-essential activator）。如 Cl^{-} 是唾液淀粉酶的非必需激活剂，胆汁酸盐是胰脂肪酶的非必需激活剂。

激活剂的作用机制，可能是与酶的活性中心以外的基团结合，使酶蛋白的构象发生变化，使得酶的活性中心更适宜与底物结合；或是它先与底物结合，使之更适宜与酶的活性中心结合。总之，它有利于增加 ES 复合物的浓度而加速化学反应。

六、抑制剂对酶促反应速度的影响

凡能使酶活性下降而不引起酶蛋白变性的物质，统称为酶的抑制剂（inhibitor，I）。抑制剂可以与酶必需基团结合，从而抑制酶的催化活性。当去除抑制剂后，酶仍可表现其原有活性。加热、强酸、强碱等因素使酶变性失活，没有特异性，称钝化作用，不属于酶的抑制剂。酶的抑制作用在医学中具有十分重要的意义。许多药物就是通过对体内某些酶的抑制来发挥治疗作用的；有些毒物中毒，实质上就是毒素对酶抑制的结果。

根据抑制剂与酶结合的紧密程度和相互作用的机制，抑制作用通常分为可逆性抑制与不可逆性抑制两大类。

（一）不可逆性抑制作用

这类抑制剂通常以共价键与酶的必需基团进行不可逆结合而使酶丧失活性，故称不可逆性抑制作用（irreversible inhibition）。不可逆性抑制剂不能用透析、超滤等物理方法除去而使酶复活。但这种抑制可以通过其他化学方法，将抑制剂从酶分子上除去。按其作用特点，不可逆性抑制作用又有专一性与非专一性之分。

1. 专一性不可逆性抑制作用　抑制剂能特异地与酶活性中心的必需基团进行共价结合，从而抑制酶的活性，这类抑制剂称为专一性抑制剂。有机磷化合物如有机磷杀虫剂（敌敌畏、敌百虫、1059 和甲胺磷等），能专一作用于胆碱酯酶活性中心的丝氨酸残基，使其磷酰化而抑制该酶的活性。

$$O{=}P(OR)(OR')-X + HO\text{-}Ser\text{-}E \longrightarrow O{=}P(OR)(OR')-O-Ser\text{-}E + HX$$

有机磷杀虫剂　胆碱酯酶(活)　　磷酰化胆碱酯酶(失活)

胆碱酯酶是催化乙酰胆碱水解的丝氨酸酶，乙酰胆碱是胆碱能神经末梢分泌的神经递质，当胆碱酯酶的活性被抑制后，乙酰胆碱不能及时分解，导致胆碱能神经过度兴奋的症状而产生中毒症状（如心跳变慢、瞳孔缩小、流涎、多汗和呼吸困难等）。因此，将有机磷化合物称为神经毒剂。

$$\text{乙酰胆碱} + H_2O \xrightleftharpoons[\text{胆碱乙酰化酶}]{\text{胆碱酯酶}} \text{胆碱} + \text{乙酸}$$

（有机磷杀虫剂抑制胆碱酯酶）

解救的办法可用解磷定（pyridine aldoxime methyliodide，PAM），其分子中含有负电性较强的肟基（—CH═NOH），可与有机磷的磷原子发生反应，从而夺取与胆碱酯酶结合的磷酰基，使胆碱酯酶的丝氨酸羟基游离出来而恢复活性，解除了有机磷对酶的抑制作用。

$$\text{Py}^{+}(N\text{-}CH_3 \cdot I^{-})\text{-}CH{=}NOH + O{=}P(OR)(OR')-O-Ser\text{-}E \longrightarrow \text{Py}^{+}(N\text{-}CH_3 \cdot I^{-})\text{-}CH{=}NO-P(OR)(OR'){=}O + HO\text{-}Ser\text{-}E$$

解磷定　被有机磷抑制的酶　解磷定-有机磷复合物　恢复活性的酶

2. 非专一性不可逆性抑制作用　抑制剂能与酶分子中的一类或几类基团作用，不管是否为必需基团，皆可与之共价结合，从而使酶失去催化活性，这类抑制剂称为非专一性抑制剂。如低浓度的重金属离子（如 Pb^{2+}、Cu^{2+}、Hg^{2+} 等）、砷剂（如路易士气、砒霜）等属于此种类型的抑制剂，它们能与酶分子的巯基共价结合，使巯基酶失活，从而引起中毒甚至死亡。如铅中毒引起的贫血就与铅结合在亚铁螯合酶（ferrochelatase）的巯基上，导致血红素合成障碍有关。

$$\text{E}\langle^{\text{SH}}_{\text{SH}} + \text{Hg}^{2+} \longrightarrow \text{E}\langle^{\text{S}}_{\text{S}}\rangle\text{Hg}$$

巯基酶　汞离子　　失活的酶分子

巯基酶中毒可用二巯丙醇（British anti-Lewisite，BAL）进行解毒，它含有两个巯基，当其在体内的浓度达到一定值后，可与毒剂结合而使酶恢复活性。

$$\begin{matrix}CH_2SH\\ |\\ CHSH\\ |\\ CH_2OH\end{matrix} + \text{E}\langle^{\text{S}}_{\text{S}}\rangle\text{Hg} \longrightarrow \text{E}\langle^{\text{SH}}_{\text{SH}} + \begin{matrix}CH_2S\\ |\\ CHS\\ |\\ CH_2OH\end{matrix}\rangle Hg$$

二巯基丙醇　失活的酶分子　复活的酶

（二）可逆性抑制作用

抑制剂以非共价键与酶或酶 - 底物复合物的特定区域结合，从而使酶活性降低或丧失，用透析、超滤等物理方法将抑制剂除去后，酶的活性可以恢复，此种抑制作用称为可逆性抑制作用。根据抑制剂、底物与酶三者的相互关系，可逆性抑制作用（reversible inhibition）又分为竞争性抑制作用、非竞争性抑制作用和反竞争性抑制作用三种类型。

1. 竞争性抑制作用　抑制剂与底物结构相似，两者相互竞争与酶的活性中心结合，当抑制剂与酶结合后，可以阻碍酶与底物的结合，从而抑制酶活性，称此为竞争性抑制作用（competitive inhibition）（图 7-9A）。酶与抑制剂结合形成 EI 后可以阻碍酶与底物的结合。但如果增加底物浓度，就可促使 EI 解离而去除抑制剂，使 E 和 S 结合形成 ES，从而恢复酶的活性。

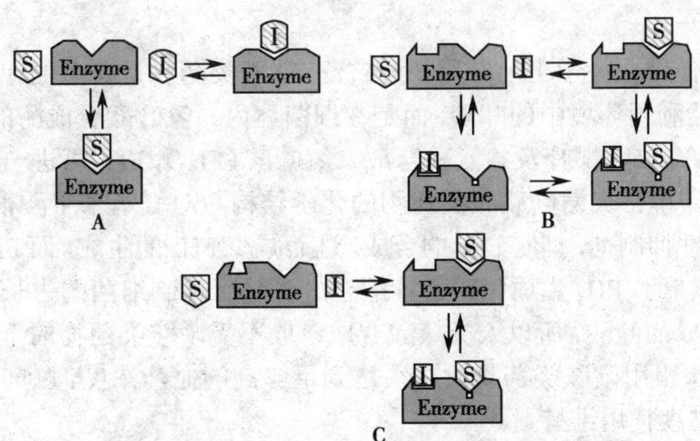

图 7-9　三种可逆性抑制作用示意图

A. 竞争性抑制作用；B. 非竞争性抑制作用；C. 反竞争性抑制作用

竞争性抑制作用的特点有：①抑制剂与底物的结构相似；②抑制剂与底物相互竞争与酶活性中心结合；③抑制程度取决于[I]/[S]的相对比例；④增加底物浓度，可以减少甚至解除抑制作用；⑤酶与底物的亲和力降低，即 K_m 值增大，但最大反应速度 V_{max} 不变（图 7-10）。

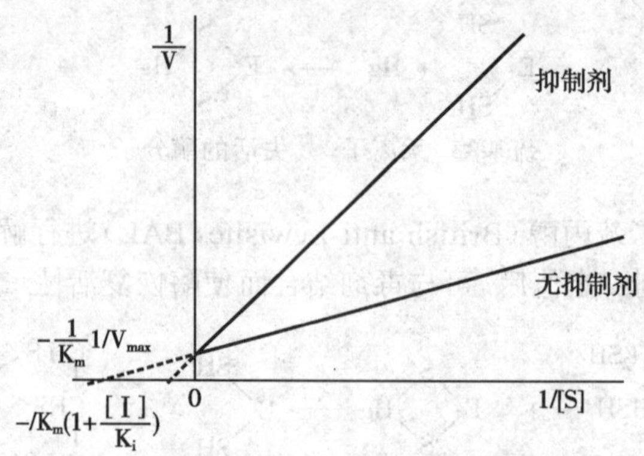

图 7-10 竞争性抑制的特征性曲线

丙二酸对琥珀酸脱氢酶的抑制作用是竞争性抑制作用的典型实例。丙二酸与琥珀酸结构类似，两者相互竞争与琥珀酸脱氢酶活性中心结合，当丙二酸与琥珀酸脱氢酶结合后，就阻碍了琥珀酸与酶的结合，从而抑制酶活性。若增大琥珀酸的浓度，抑制作用可被削弱。

COOH—CH_2—CH_2—COOH（琥珀酸） $\xrightarrow[\text{琥珀酸脱氢酶}]{FAD \rightarrow FADH_2}$ COOH—CH=HC—COOH（延胡索酸）

COOH—CH_2—COOH（丙二酸）↑

竞争性抑制作用在医学上的应用十分广泛，磺胺类药物是典型的代表。某些细菌在生长繁殖时，不能利用环境中的叶酸，而是在细菌体内二氢叶酸合成酶的催化下，由对氨基苯甲酸（PABA）、二氢蝶呤及谷氨酸合成二氢叶酸（FH_2），FH_2 再进一步还原成四氢叶酸（FH_4）参与一碳单位代谢。磺胺类药物的化学结构与对氨基苯甲酸很相似，是二氢叶酸合成酶的竞争性抑制剂，抑制 FH_2 的合成，进而减少 FH_4 的生成，而 FH_4 是细菌合成核苷酸不可缺少的辅酶，FH_4 生成障碍使核酸合成受阻而抑制细菌的生长繁殖。人类能直接利用食物中现成的叶酸，所以人类核酸合成一般不受磺胺类药物的干扰。根据竞争性抑制的特点，首次服用磺胺类药物时必须达到足够高的血药浓度，以产生较大的竞争性抑制作用，然后继续使用维持量。

H_2N—C_6H_4—COOH（对氨基苯甲酸）　　H_2N—C_6H_4—SO_2NHR（磺胺类药物）

临床使用的许多抗癌药物如甲氨蝶呤（MTX）、氟尿嘧啶（5-FU）、6- 巯基嘌呤（6-MP）等均为竞争性抑制剂，它们分别抑制四氢叶酸、脱氧胸苷酸及嘌呤核苷酸的合成，达到抑制肿瘤生长的目的。

2. 非竞争性抑制作用　抑制剂可与酶活性中心以外的必需基团结合，不影响酶与底物的结合，酶与底物的结合也不影响酶与抑制剂的结合（图 7-9B）。但酶、底物和抑制剂三者生成的 ESI 复合物不能释放出产物。这种抑制作用称为非竞争性抑制作用（non-competitive inhibition）。非竞争性抑制剂的酶促反应表示如下：

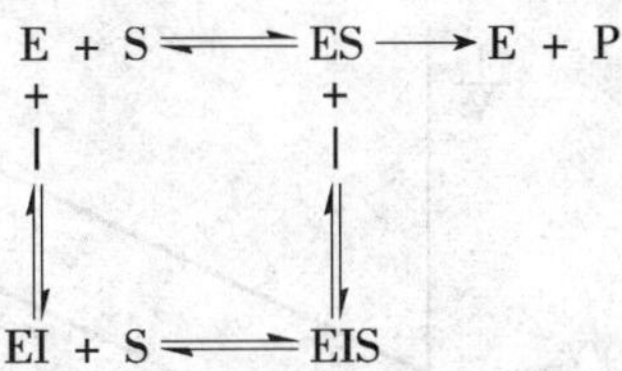

与竞争性抑制作用相比较，非竞争性抑制常有下列特点：①底物和抑制剂结构不相似；②两者可以互不干扰同时与酶的不同部位相结合，不存在竞争关系；③抑制程度只取决于[I]；④增加[S]不能去除抑制作用；⑤ K_m 值不变，V_{max} 值降低（图 7-11）。

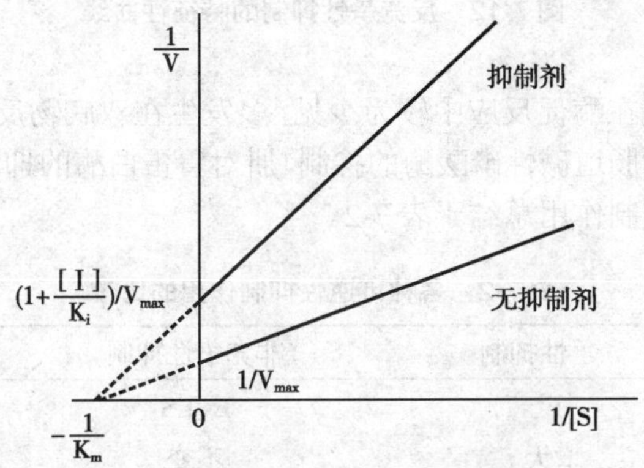

图 7-11　非竞争性抑制的特征性曲线

如别嘌醇是黄嘌呤氧化酶的竞争性抑制剂，同时它也是该酶的底物，可被催化生成氧嘌呤醇，又称别黄嘌呤，别黄嘌呤是黄嘌呤氧化酶的非竞争性抑制剂，这是别嘌醇治疗痛风症的机制之一（见核苷酸代谢章）。

3. 反竞争性抑制作用　此类抑制剂仅与酶 - 底物复合物（ES）结合，使酶失去催化活性。抑制剂与 ES 结合后，减弱了 ES 离解成 E 和 P 的趋势，更加有利于底物和酶的结合，这种现象恰好与竞争性抑制相反，故称为反竞争性抑制作用（uncompetitive inhibition）（图 7-9C）。ESI 形成后，使中间产物 ES 量下降，这样既减少了从中间产物转化产物的量，同时也减少了从中间产物解离出来的游离酶和底物的量。反竞争性抑制剂的酶促反应可用下式表示：

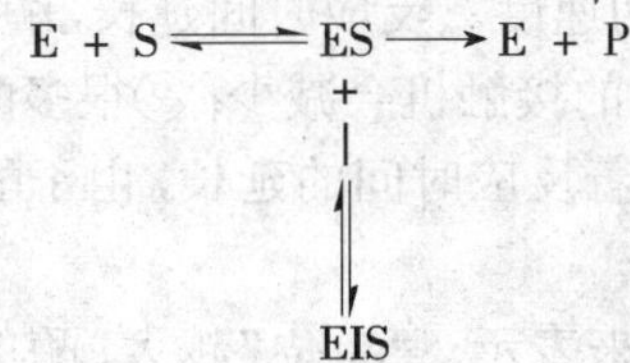

反竞争性抑制作用的特点有：①抑制剂只能和 ES 结合，生成不能形成产物的 ESI 三元复合物；②当有 I 存在时，增加 S 的浓度使 ES 浓度增加，I 不断和 ES 结合转变成 ESI，促进平衡向生成 ES 的方向移动，故 I 的存在反而促进 S 与酶相互结合；③使 K_m 与 V_{max} 同时降低（图 7-12）。

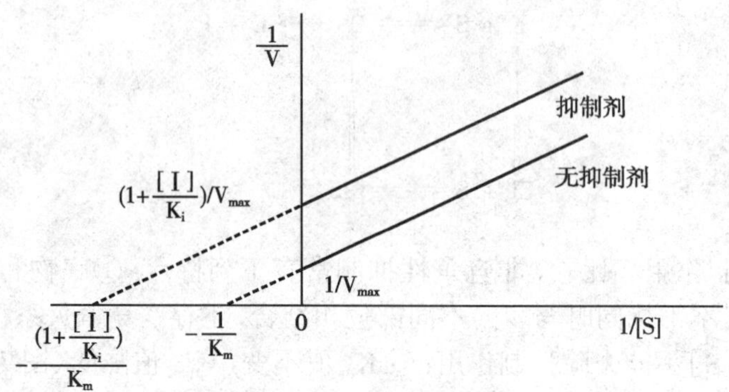

图 7-12 反竞争性抑制的特征性曲线

反竞争性抑制作用在酶促反应中较为少见，多发生在双底物反应中，偶见于酶促水解反应中。L- 苯丙氨酸对肠道碱性磷酸酶的抑制，肼对胃蛋白酶的抑制等均属于此种类型。

现将 3 种可逆性抑制作用总结于表 7-2。

表 7-2 各种可逆性抑制作用的比较

	竞争性抑制	非竞争性抑制	反竞争性抑制
I 结合的对象	E	E、ES	ES
K_m 变化	增大	不变	减小
V_{max} 变化	不变	降低	降低

七、酶活性测定与酶活性单位

在生物样品中，酶蛋白的含量甚微，很难直接测量，尤其同时存在多种其他杂蛋白，准确定量难度更大。然而酶具有高度特异的催化活性，这种活性是其他杂蛋白没有的。因此常采取测定酶活性来表示酶量。

测定酶活性大小，可以通过设计一个酶促反应，观察酶促反应的速度来表示。酶催化的反应速度愈快，则酶的活性愈大。酶促反应速度可用单位时间内底物的减少量或产物生成量来衡量。底物虽然逐渐减少，但总是存在着；产物生成从无到有，比较灵敏，故以测定产物生成量的方法为常见。

酶活性测定应测定反应的初速度。反应时间延长，酶促反应速度会降低，因为：①底物浓度逐渐降低以后，与酶分子的接触机会减少；②很多酶促反应是可逆反应，当产物浓度过高时，有逆反应进行；③随着反应时间的延长，由于酶的不稳定性，酶分子可能发生变性失活。

酶活性大小一般用“单位”来表示。“单位”越大，酶的活性越大，也就是样品中酶的含量越高。表示酶活性大小的浓度单位是人为规定的，如血清丙氨酸氨基转移酶（ALT）的测定，规定1ml血清在pH 7.4、37℃条件下，经30分钟保温，使底物丙氨酸和α酮戊二酸之间转移氨基，每产生2.5μg的丙酮酸，规定为血清ALT一个活性单位。那么，在上述条件下，0.1ml血清经30分钟保温如产生了10μg丙酮酸，则换算成1ml血清中ALT活性为：10×1/0.1×2.5＝40U。20世纪50年代以前酶活性单位的命名混乱，常以方法提出者的姓氏来命名，例如淀粉酶的Somogyi单位、碱性磷酸酶的King单位等。1963年国际生化学会提出一个"国际单位"概念来表示酶量的多少，即1分钟能转化1微摩尔底物（μmol/min）的酶量为一个国际单位，以IU（international unit）表示。目前大多数实验工作者常省略国际二字，直接以U表示。一般使用U/L来表示酶活性。但同样酶量在不同条件下，1分钟所转化底物的量会有明显差异，因此，国际生化学会（IUB）酶学委员会于1976年规定：在温度25℃、最适pH、最适底物浓度时，每分钟转化1μmol底物所需的酶量为一个酶活性国际单位（IU）。1979年国际生化学会又推荐以催量单位（Katal）来表示酶的活性。1催量（Kat）是指在特定条件下，每秒钟使1mol底物转化为产物所需的酶量。国际单位和催量之间的关系为：$1IU = 1\mu mol/min = (1\times10^{-6}/60) mol/s = 16.67\times10^{-9}Kat$，$1Kat = 6\times10^{7}IU$。

根据国际生化学会酶学委员会的规定，每毫克蛋白所含的酶活性单位称为酶的比活力（specific activity）。酶的比活力代表酶制剂的纯度，对于同一种酶来说，比活力愈大，表示酶的纯度愈高。

第四节　酶的调节

通过改变酶活性可以影响代谢速度甚至代谢方向，这是生物体内代谢调节的重要方式。细胞内各种物质代谢往往定位在某一区域内进行的，这是由于代谢上相互有关联的一系列酶构成一个多酶体系分布在特定亚细胞区域，使反应既能连续进行又避免相互干扰，还有利于代谢调节。对于一个连续的酶促反应体系，欲改变代谢速度，通常不必改变代谢途径中所有酶的活性，而只需调节其中一个或几个关键酶，也称调节酶（regulatory enzyme）即可。所谓关键酶（key enzyme）是指在一系列连续的酶促反应中，只能催化单向反应且速度较慢的酶，调节该酶活性可以影响整个代谢速度，甚至改变代谢方向。

酶活性调节可以通过酶的结构和酶的含量来实现。酶结构的调节，是通过对现有的酶分子结构的改变来改变酶活性，一般在数秒或数分钟内即可完成，属于快速调节；而酶含量的调节，往往通过基因表达调控来影响酶蛋白合成量，从而调节酶活性，一般需要数小时才能完成，属于迟缓调节。改变细胞内现有的酶分子结构来影响酶活性，又根据调节机制不同有别构调节和化学修饰调节两种方式。

一、别构酶与别构调节

某些小分子物质能与酶分子活性中心以外的非催化部位非共价键结合，引起酶蛋白空间构象变化，从而改变酶活性，这种调节称为酶的别构调节或称变构调节（allosteric regulation）。能使酶发生别构的物质称为别构效应剂（allosteric effector）。若引起酶活性增加，则称为别构激活剂；引起酶活性降低，则称为别构抑制剂。受别构调节的酶称为别构酶(allosteric enzyme)。

各代谢途径中的关键酶大多是别构酶。而代谢途径中酶作用的底物、终产物或某些中间产物以及ATP、ADP、AMP等一些小分子化合物，常可以作为别构效应剂。

二、酶促化学修饰调节

酶蛋白肽链上某些氨基酸残基可在另一种酶的催化下发生化学修饰，使其共价结合或脱去某些化学基团从而改变酶的活性，这种调节方式称为化学修饰(chemical modification)调节，也称共价修饰(covalent modification)调节。酶的化学修饰包括磷酸化与去磷酸、乙酰化与去乙酰、甲基化与去甲基、腺苷化与去腺苷等，其中以磷酸化修饰最为常见。酶的化学修饰是体内快速调节酶活性的另一种重要方式。

糖原磷酸化酶是典型的酶化学修饰调节的实例，此酶有两种形式，即无活性的磷酸化酶b与有活性的磷酸化酶a。两种形式的互变分别受到磷酸化酶b激酶和磷蛋白磷酸酶催化，从而使酶蛋白分子上丝氨酸或苏氨酸残基的羟基既可以接受ATP提供的磷酸基而发生化学修饰，又可以脱去磷酸基而恢复原来状态，进而使酶活性发生改变(详见第十三章物质代谢的调节)。

三、酶蛋白含量的调节

通过改变关键酶的合成速度或降解速度以调节酶的含量，进而影响代谢速度是酶调节的另一种方式。这类调节作用主要发生在基因的转录水平，因此所需时间较长，但调节效应持续时间较久，是一种缓慢而持久的调节方式。

(一)酶蛋白合成的诱导与阻遏

某些代谢底物、药物以及激素等均可以影响酶蛋白的合成。一般将增加酶蛋白合成的物质称为诱导剂(inducer)，这种作用称为诱导作用。相反能减少酶合成的物质称为阻遏剂(repressor)，这种作用称为阻遏作用。例如，糖皮质激素能诱导糖异生途径中关键酶的合成，使糖异生速度随之加快。胆固醇能阻遏肝内胆固醇合成途径中的关键酶——HMG-CoA还原酶的合成，使胆固醇的合成速度减慢。有关通过诱导或阻遏作用，调控酶蛋白基因表达的详细机制，见第十七章基因表达调控。

(二)酶蛋白的降解

改变酶分子的降解速度，也可调节细胞内酶的含量，从而影响代谢速度。例如饥饿时，大鼠精氨酸酶活性增高系由于酶的降解速度减慢。饥饿还同时使乙酰辅酶A羧化酶含量降低，其原因除了酶蛋白合成减少外，还与酶分子的降解速度增加有关。一般情况下，通过胞内酶降解的调节，不如酶的诱导和阻遏调节重要。

细胞内各种酶的半衰期相差很大，如：鸟氨酸脱羧酶的半衰期很短，仅有30分钟，而乳酸脱氢酶的半衰期可长达130小时。现已知人体内蛋白质的降解方式有两种途径：①溶酶体蛋白酶降解途径(不依赖于ATP)：由溶酶体内的蛋白水解酶非选择性催化分解，这是一些半衰期较长的蛋白质的降解途径；②泛素参与的降解途径(依赖于ATP供能)：泛素是由76个氨基酸残基组成的蛋白质，分子量约为8.5kD。当泛素在识别蛋白的参与下与待降解的蛋白质结合时(即泛素化)，可使该蛋白质打上“标记”而被迅速降解。这是对细胞内异常蛋白和半衰期较短的蛋白质的降解途径，鸟氨酸脱羧酶属于此类。泛素诱导细胞周期蛋白的降解在细胞周期的调控中起重要作用。

四、酶原与酶原的激活

某些酶在最初合成分泌时没有催化活性，这种没有活性的酶的前体称为酶原(zymogen)，如胃蛋白酶原、胰蛋白酶原和糜蛋白酶原等。酶原在一定条件下转变成有活性的酶的过程称为酶原激活。酶原激活的实质是酶活性部位形成或暴露的过程。如胰蛋白酶刚从胰腺分泌出来时，是没有催化活性的胰蛋白酶原。当它随胰液进入小肠时，在肠激酶的作用下，水解下一个六肽，使分子的构象发生了变化，组氨酸、丝氨酸、异亮氨酸等残基互相靠近，构成了活性中心，于是无活性的酶原就变成了有活性的胰蛋白酶(图 7-13)。

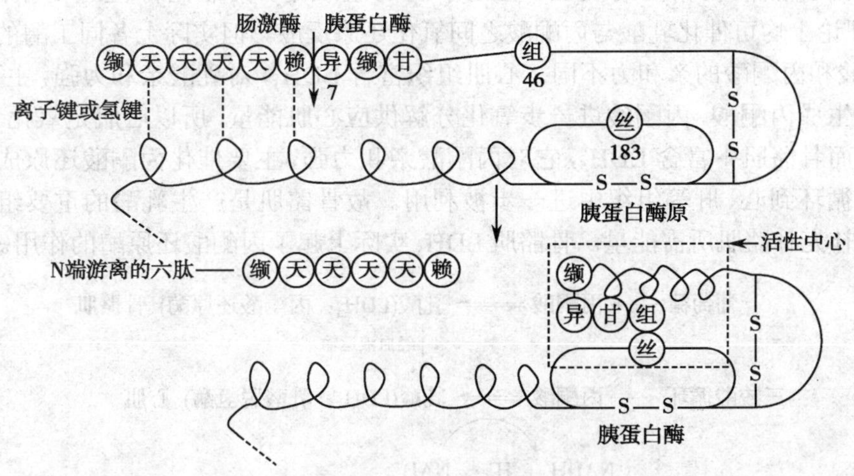

图 7-13 胰蛋白酶原激活示意图

此外，胃蛋白酶原含有 392 个氨基酸残基，在胃酸作用下，将 N 端第 42～43 氨基酸残基间的肽键断裂，切去 42 肽，剩下的肽链盘绕、折叠形成有活性的胃蛋白酶；胰凝乳蛋白酶原含有 245 个氨基酸残基，受胰蛋白酶催化除去 2 个二肽，剩下的肽链盘绕、折叠形成有活性的胰凝乳蛋白酶。消化道内蛋白酶原的激活具有级联反应性质。胰蛋白酶原被肠激酶激活后，生成的胰蛋白酶除了可以自身激活外，还可以进一步激活糜蛋白酶原、羧基肽酶原等，从而加速对食物的消化。血液中凝血与纤维蛋白溶解系统的酶类也都是以酶原的形式存在，它们的激活也具有典型的级联反应性质。因此，只要少数凝血因子被激活，便可通过瀑布式的放大作用，迅速使大量的凝血酶原转化为凝血酶，引发快速而有效的血液凝固。纤维蛋白溶解系统也是如此。

酶原的激活具有重要的生理意义：避免细胞产生的蛋白酶对细胞自身进行消化，并使之在特定部位发挥作用。出血性胰腺炎的发生就是由于胰腺分泌的蛋白酶原在进入小肠前被激活而消化自身的胰腺细胞，导致胰腺破裂出血。此外，酶原还可以视为酶的储存形式。如凝血酶原和纤维蛋白溶解酶类以酶原的形式在血液循环中运行，一旦需要即被激活为有活性的酶，迅速发挥其对机体的保护作用。酶原分泌、储备和激活常受到生理信号在时间和空间上的精确调控。

五、同 工 酶

同工酶（isoenzyme）是指能催化相同化学反应，但酶分子的组成、结构、理化性质乃至免疫学性质或电泳行为均不同的一组酶。同工酶可以存在于同一种属或同一个体的不同组织或同一细胞的不同亚细胞结构中。

现已发现有百余种同工酶。研究最多的如 L- 乳酸脱氢酶（L-lactate dehydrogenase，LDH）。该酶是由 H 亚基（Heart，H 心肌型）和 M 亚基（Muscle，M 骨骼肌型）组成的四聚体。两种亚基可以不同比例组合成 5 种同工酶：LDH_1（H_4）、LDH_2（H_3M_1）、LDH_3（H_2M_2）、LDH_4（H_1M_3）和 LDH_5（M_4）。五种 LDH 中的 M、H 亚基比例各异，决定了它们理化性质的差别。通常用电泳可把五种 LDH 分开，LDH_1 向正极泳动速度最快，而 LDH_5 泳动最慢。

同工酶虽然催化相同的反应，但在不同的组织中，其催化特性可不相同。例如 $LDH_{1\sim5}$ 理论上均可催化乳酸与丙酮酸之间氧化还原反应。但实际上各同工酶的 K_m 值不同，对乳酸和丙酮酸的亲和力不同。心肌组织富含 LDH_1，对乳酸亲和力强，主要是催化乳酸脱氢生成丙酮酸，丙酮酸进一步氧化分解供应心肌能量，所以心肌是氧化乳酸的重要组织。而骨骼肌中富含 LDH_5，它对丙酮酸亲和力强，主要催化丙酮酸还原成乳酸，乳酸经血液循环到心、肝等组织中进一步被利用。故骨骼肌是产生乳酸的重要组织，利于在缺氧时补充骨骼肌所需能量。骨骼肌 LDH_5 实际上起了丙酮酸还原酶的作用。

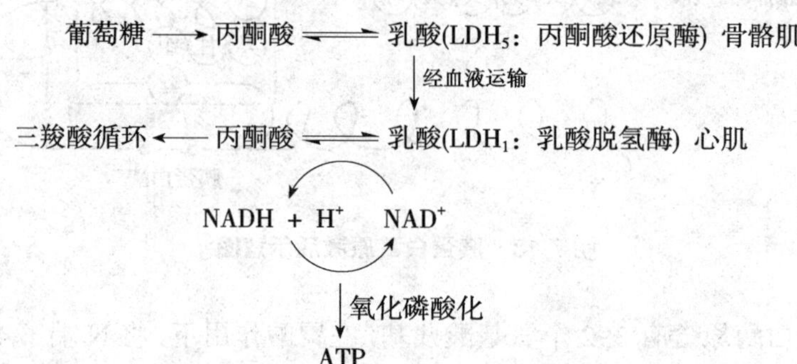

各种不同类型的 LDH 同工酶在不同组织器官中的比例是不同的。LDH_1 在心肌含量最高而 LDH_5 在肝脏含量最高。在临床上，通过分析患者血清中 LDH 同工酶的电泳图谱，可以辅助诊断某些器官组织是否发生病变。例如，心肌梗死时患者血清 LDH_1 含量明显上升，肝病患者血清 LDH_5 含量高于正常。

第五节 酶的命名与分类

一、酶 的 命 名

生物体内酶有数千种，在实际工作中需要按一定规则对每一种酶给予命名，以避免引起混淆。常有两大类命名法：

（一）习惯命名法

20 世纪 50 年代以前，所有的酶命名都是根据酶作用的底物、酶催化的反应性质和酶的来源，由发现者各自拟定的。这就是习惯命名法。

1. 一般采用底物加反应类型而命名，如蛋白水解酶、乳酸脱氢酶、磷酸己糖异构酶等。

2. 对水解酶类，只要底物名称即可，如蔗糖酶、胆碱酯酶、蛋白酶等。

3. 有时在底物名称前冠以酶的来源，如血清谷丙转氨酶、唾液淀粉酶等。

习惯命名法虽然简单，使用方便，但有时出现一酶数名或一名数酶的混乱现象。为此，国际生化学会酶学委员会（Eenzyme Commission，EC）于 1961 年提出了系统命名法。

（二）系统命名法

系统命名法规定每一个酶均有一个系统名称，它标明酶的所有底物与反应性质。底物名称之间以“：”分隔。由于许多酶促反应是双底物或多底物反应，且许多底物的化学名称太长，这使许多酶的系统命名的名称过长和过于复杂。因此，国际生化学会酶学委员会又从每种酶的数个习惯名称中选定一个简便实用的推荐名称。每一种酶的命名需包括：系统名称、推荐名称和酶的编号三大部分。酶的编号用 4 个数字表示（见“酶的分类与编号”），一些酶的系统名称和推荐名称举例列于表 7-3。

表 7-3　一些酶的分类与命名

酶的分类	系统名称	EC 编号	推荐名称
氧化还原酶类	乙醇：NAD^+ 氧化还原酶	EC 1.1.1.1	乙醇脱氢酶
转移酶类	L- 天冬氨酸：α- 酮戊二酸氨基转移酶	EC 2.6.1.1	天冬氨酸转氨酶
水解酶类	D- 葡糖 -6- 磷酸水解酶	EC 3.1.3.9	葡糖 -6- 磷酸酶
裂解酶类	酮糖 -1- 磷酸裂解酶	EC 4.1.2.7	醛缩酶
异构酶类	D- 葡糖 -6- 磷酸酮 - 醇异构酶	EC 5.3.1.9	磷酸果糖异构酶
连接酶类	L- 谷氨酸：氨连接酶	EC 6.3.1.2	谷氨酰胺合成酶

二、酶的分类与编号

按国际生化学会酶学委员会的规定，根据酶促反应的性质，将酶分为六大类，其排序如下：

1. 氧化还原酶类（oxidoreductases）　催化底物进行氧化还原反应的酶类。包括转移电子、氢和分子氧参加的反应。如脱氢酶、氧化酶、还原酶和过氧化物酶等属于这一类。

2. 转移酶类（transferases）　催化底物之间进行某些基团（如乙酰基、甲基、磷酸基、氨基等）的转移或交换的酶类。例如，甲基转移酶、氨基转移酶、转硫酶、乙酰转移酶、激酶等。

3. 水解酶类（hydrolases）　催化底物发生水解反应的酶类。实际上是需要水为底物的酶，例如，淀粉酶、蛋白酶、磷酸酶、脂肪酶、糖苷酶等。

4. 裂解酶类（或裂合酶类，lyases）　这是一类催化一种化合物裂解成两种化合物（非水解），或将两种化合物逆向合成一种化合物的酶。例如，碳酸酐酶、醛缩酶、脱水酶、脱羧酶、柠檬酸合酶等。

5. 异构酶类（isomerases）　催化各种同分异构体、几何异构体、光学异构体之间相互转化的酶类。如异构酶、消旋酶、表构酶等。

6. 合成酶类（synthetases，或连接酶类，ligases） 催化2分子底物合成1分子化合物，同时偶联有ATP的磷酸键断裂释放能量的酶类。例如，谷氨酰胺合成酶、氨基酸：tRNA连接酶、DNA连接酶等。

国际系统命名法除按上述六类将酶依次编号外，还根据酶所催化的化学键的特点和参加反应的基团不同，将每一大类又进一步分类。每种酶的分类编号均由四个数字组成，数字前冠以EC（enzyme commission）。编号中的第一个数字表示该酶属于六大类中的哪一类；第二个数字表示该酶属于哪一亚类；第三个数字表示亚-亚类；第四个数字是该酶在亚-亚类中的排序。例如乙醇：NAD^+氧化还原酶为EC 1.1.1.1。

第六节 酶与医学的关系

酶与医学的关系非常密切。从生物化学角度看，健康的具体表现是体内物质代谢有规律地进行。一旦代谢出现异常，就会产生疾病。体内与代谢有关的所有化学反应，几乎都是在酶的催化下进行的。维持酶的正常催化活性是机体健康的重要保证。许多疾病的发生是由于先天性或继发性酶活性的异常引起的。有些疾病又导致了某些酶活性的升高或降低。因此疾病的临床表现和治疗与酶密切相关。随着酶学和医学研究的发展，酶在医学上的重要性越来越引起人们的关注。酶不仅涉及疾病的发生和发展，而且酶活性的测定已成为临床辅助诊断的重要手段。随着酶提纯技术的发展，用于治疗的酶也越来越多。有些酶已发展到采用基因诊断和基因治疗的阶段。

一、酶与疾病的发生

酶与疾病的发生主要表现在两个方面：一是先天性或继发性酶缺陷所致疾病；二是酶的异常或活性受到抑制。

（一）酶缺陷所致的疾病

酶的先天性缺乏可导致代谢缺陷。当编码某一重要酶的基因突变时，常导致这些酶蛋白合成量的不足或酶分子丧失正常的催化活力而产生疾病。由于这类突变是遗传性的，称为遗传性代谢性疾病。如先天性酪氨酸酶缺陷引起的白化病；6-磷酸葡萄糖脱氢酶缺陷所致的蚕豆病；苯丙氨酸羟化酶缺乏导致的苯丙酮尿症；胱硫醚合酶的遗传缺陷所致的同型胱氨酸尿症；维生素K缺乏所致继发性凝血酶的缺陷等。

（二）酶活性异常所致疾病

因酶被抑制所导致的代谢异常，在临床医学中有着十分重要的意义。许多中毒性疾病实际上是体内某些酶活性被抑制所引起的。如有机磷农药敌百虫、敌敌畏、1059等抑制胆碱酯酶活性；重金属离子抑制巯基酶活性；氰化物可以抑制细胞色素氧化酶活性等。

（三）疾病引起酶异常

例如急性胰腺炎时，胰蛋白酶原在胰腺中被激活，造成胰腺组织被水解破坏。

二、酶与疾病的诊断

酶活性测定有助于对许多疾病的诊断。因为临床上很多疾病都可以表现为酶活性的异常。其原因主要有：①酶的合成减少。很多疾病可以引起酶的合成减少，尤其是肝脏疾病，如肝功能障碍患者，凝血酶原、尿素合成酶、卵磷脂胆固醇酰基转移酶（LCAT）等都减少。②酶的合成量较正常增加，如恶性肿瘤患者血清乳酸脱氢酶活性增加，佝偻病和骨肉瘤患者血清碱性磷酸酶增多等。③细胞膜通透性增加或组织器官损伤，使胞内酶流入血液，如急性肝炎患者血清丙氨酸氨基转移酶活性升高，心肌炎和急性心肌梗死患者血清肌酸激酶活性的升高。④正常排泄途径受阻而逆流入血，如胆道梗阻患者，碱性磷酸酶不能随胆汁排出而在血清中含量升高。所以临床上进行体液酶活性检查，可作为疾病诊断、病情监测、疗效观察、预后及预防的重要指标。

三、酶与疾病的治疗

（一）酶作为药物用于临床治疗

通过向患者体内提供外源性的酶制剂，使患者缺乏的酶得到补偿，以达到治疗的目的。这就是所谓的“酶替代疗法”。早在20世纪60年代就试图用异种酶的粗提物治疗先天性代谢缺陷性疾病。目前常用的酶制剂如：

1. 消化酶类　如淀粉酶、胃蛋白酶、糜蛋白酶、胰蛋白酶、纤维素酶等。用以治疗消化功能失调，消化液分泌不足或其他原因引起的消化系统疾病。

2. 抗栓酶类　蝮蛇抗栓酶、尿激酶、链激酶及弹性蛋白酶等既有明显的降低血液黏度及血小板聚集，溶栓扩张血管、增加病灶血液供应、改善微循环的作用，又能促进胆固醇转变成胆酸，加速胆汁排泄，防止胆固醇在血管壁上沉积，对动脉硬化及血栓形成有预防及治疗作用。

3. 抗炎清创酶类　胰蛋白酶、链激酶、尿激酶、纤溶酶、木瓜蛋白酶、菠萝蛋白酶等蛋白水解酶，能将炎症部位的纤维蛋白或脓液中的黏蛋白分解，抗炎消肿。

4. 抗肿瘤细胞生长的酶类　现在肿瘤已成为严重威胁人们生命的主要疾病之一，化疗是治疗肿瘤的重要手段之一，其中属于这一类的酶有天冬酰胺酶、谷氨酰胺酶及神经氨酸苷酶，它们的作用机制主要是干扰蛋白质的合成，以抑制肿瘤细胞的生长。

5. 抗氧化酶类　在正常情况下，体内氧自由基的产生和消除是平衡的。一旦氧自由基产生过多或抗氧化体系出现障碍，体内氧自由基代谢就会出现失衡，从而导致细胞损伤，引起心脏病、癌症和衰老等严重疾病。能清除体内氧自由基的酶有超氧化物歧化酶、过氧化氢酶等。

此外，固定化酶制造新型的人工肾，由微胶囊的尿酶和微胶囊离子交换树脂的吸附剂组成。前者水解尿素产生氨，后者吸附氨，以降低患者血液中过高的非蛋白氮。

（二）通过抑制酶的活性治疗疾病

许多药物可通过抑制体内的某些酶来达到治疗目的。凡能抑制细菌重要代谢途径中的酶活性，即可以达到抑菌或杀菌目的。如前述的磺胺类药物是细菌二氢叶酸合成酶的竞争性抑制剂。氯霉素通过抑制某些细菌转肽酶活性来抑制其蛋白质合成达到抗菌作用。氟尿嘧啶、6-巯基嘌呤、甲氨蝶呤是核酸代谢途径中相关酶的竞争性抑制剂，能阻断肿瘤细胞的核酸合成，抑制肿瘤的生长。

此外，工具酶、固定化酶以及酶标记测定法，广泛应用于科学研究和生产。限制性核酸内切酶和连接酶是基因工程中必不可少的工具酶。抗体酶是人工制造的兼有抗体和酶活性的蛋白质，可以制备自然界不存在的新酶种等。

学习小结

1. 学习内容

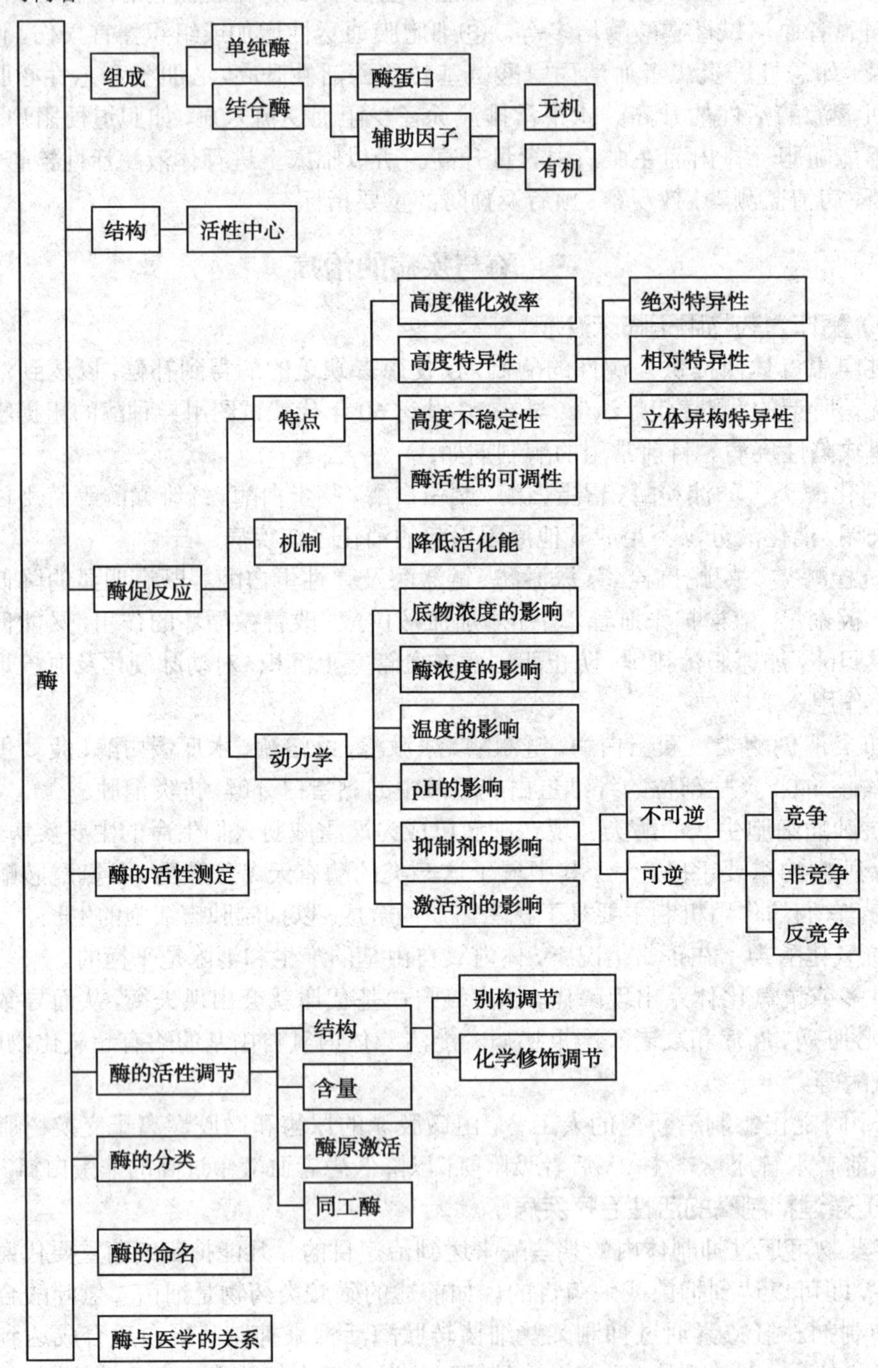

2. 学习方法

(1) 对酶的学习可以结合在中学期间所学的催化剂的知识，理解掌握酶的基本概念。酶也是催化剂，酶促反应时也遵循其规律，不过酶是生物催化剂，要注意酶促反应特点。

(2) 从酶本质是蛋白质，酶的活性是受环境因素影响和调节的，来理解酶的影响因素与调节等问题。

（李丽帆）

复习思考题

1. 什么是酶，酶促反应有何特点？
2. 举例说明酶的三种特异性（定义、分类、举例）。
3. 说明酶原与酶原激活的意义。
4. 简述酶原激活的机制及生理意义。
5. 简述温度对酶促反应速度的影响。
6. 举例说明竞争性抑制作用在临床上的应用。

第八章 生 物 氧 化

学习目的

通过对本章的学习掌握生物氧化的概念、特点和方式，体内两条重要的呼吸链的结构及其作用，ATP 的生成方式，为学习三大物质分解代谢的能量生成等相关内容奠定基础。

学习要点

生物氧化的概念、特点和方式，体内两条重要的呼吸链，ATP 的生成方式、利用与储存，氧化磷酸化的偶联部位、偶联机制和影响因素以及非线粒体氧化体系等内容。

第一节 概 述

一、生物氧化的概念

所有生物体在整个生命活动过程中均需要能量。能量主要来源于生物体从外界食物摄取的三大营养物质（糖、脂肪和蛋白质）在体内的氧化分解。糖类、脂类和蛋白质等有机物在体内经过一系列的氧化分解，最终生成二氧化碳和水，并释放出能量的过程称为生物氧化（biological oxidation）。由于细胞在进行生物氧化时需要摄取氧气，并释放出二氧化碳，所以生物氧化又称为组织呼吸或细胞呼吸。生物氧化实际上是通过需氧生物呼吸作用中的一系列氧化还原过程，提供机体所需的能量，其中相当一部分使 ADP 磷酸化生成 ATP，供生命活动的需求，剩余部分主要以热能的形式释放，可用于维持体温的恒定。

二、生物氧化的特点

糖、脂类和蛋白质等有机物在体内外的氧化分解都需要消耗氧，最终产物都是二氧化碳和水，并释放出相同的能量，但两者的表现形式和所处的条件则截然不同。体外氧化（燃烧）产生二氧化碳和水是由有机物中的碳和氢在高温条件下与空气中的氧气直接化合生成的，能量是突然释放的，并以光和热的形式向环境中散发。但生物氧化是在细胞内温和的环境中（体温 37℃，pH 近于中性），在一系列酶的催化下逐步进行的，故有机物中的能量是逐步释放的，除部分以热能形式散发以维持体温外，近半数的能量用于合成 ATP 这类高能磷酸化合物。在需要的时候再由 ATP 分子中释放，这样就提高了 ATP 的利用率。同时还可以转换成各种形式的能量，以满足机体生命活动的需要。生物氧化的终产物二氧化碳是有机物氧化生成的有机酸在酶的作用下经脱羧反应产生的；而生物氧化过程中产生的水是有机物分子中脱下的氢，经过一连串的传递氢或传递电子的过程，最终与氧结合生成水。

三、二氧化碳的生成

生物体内二氧化碳的生成并不是代谢物中的碳与氧分子直接结合，而是有机酸在酶的作用下经脱羧作用产生的。脱羧反应（decarboxylation）可分为α- 脱羧和β- 脱羧。有些脱羧并不伴有氧化，称为单纯脱羧；有些脱羧同时伴有脱氢，称为氧化脱羧。体内有四种不同的脱羧反应，绝大多数是由相应的酶催化而完成的。

1. α- 单纯脱羧 在氨基酸脱羧酶作用下脱去α碳原子上的羧基。

$$\underset{\alpha\text{-氨基酸}}{R-\underset{\displaystyle NH_2}{\underset{|}{CH}}-\boxed{COO}H} \xrightarrow{\text{氨基酸脱羧酶}} \underset{\text{胺}}{R-CH_2NH_2} + CO_2$$

2. α- 氧化脱羧 在丙酮酸脱氢酶系作用下脱氢同时脱去α碳原子上的羧基。

$$\underset{\text{丙酮酸}}{CH_3CO\boxed{COO}H} + HSCoA \xrightarrow[NAD^+、CoA\text{-}SH]{\text{丙酮酸脱氢酶系}} \underset{\text{乙酰CoA}}{CH_3CO\sim SCoA} + CO_2 + NADH + H^+$$

3. β- 单纯脱羧 在丙酮酸羧化酶作用下脱去β碳原子上的羧基。

$$\underset{\text{草酰乙酸}}{\begin{array}{l}\beta\ CH_2-\boxed{COO}H\\ \quad |\\ \alpha\ COCOOH\end{array}} \xrightleftharpoons{\text{丙酮酸羧化酶}} \underset{\text{丙酮酸}}{CH_3COCOOH} + CO_2$$

4. β- 氧化脱羧 在异柠檬酸脱氢酶作用下脱氢同时脱去β碳原子上的羧基。

$$\underset{\text{异柠檬酸}}{\begin{array}{l}\alpha\ OH-CHCOOH\\ \qquad\quad |\\ \beta\quad H-C-\boxed{COO}H\\ \qquad\quad |\\ \qquad CH_2COOH\end{array}} \xrightleftharpoons[NAD^+]{} \underset{\alpha\text{-酮戊二酸}}{\begin{array}{l}O=C-COOH\\ \qquad |\\ H-C-H\\ \qquad |\\ \quad CH_2COOH\end{array}} + CO_2 + NADH + H^+$$

第二节 线粒体氧化体系

一、呼 吸 链

体内两个重要的产能途径即三羧酸循环和氧化磷酸化均是在线粒体内进行的，因此，线粒体是细胞内产生能量的重要场所，故有细胞“发电站”之称。代谢物在酶作用下所脱的氢，经过线粒体内膜上多种酶和辅酶（或辅基）的逐步传递，最终与氧结合成水，并产生大量的能量以促使ATP的生成。这些酶与辅酶依次连接，构成的电子传递系统称为呼吸链（respiratory chain）或电子传递链（electron transport chain）。有些辅酶或辅基直接传递氢原子，称为递氢体；有些则只传递电子，称为递电子体，但是递氢体（$2H \longleftrightarrow 2H^+ + 2e$）也起传递电子的作用。

二、呼吸链各组成成分及其作用

呼吸链的成分很多，为研究方便，按照化学结构和功能将呼吸链的各组成成分分为以下五大类：

（一）烟酰胺脱氢酶类及其辅酶

烟酰胺脱氢酶是催化多种底物（如苹果酸、乳酸、异柠檬酸、葡萄糖-6-磷酸等）脱氢的一种常见酶，它们的酶蛋白各不相同，但辅酶只有两种：一种是烟酰胺腺嘌呤二核苷酸（NAD^+），简称辅酶Ⅰ（coenzyme Ⅰ）；另一种是烟酰胺腺嘌呤二核苷酸磷酸（$NADP^+$），简称辅酶Ⅱ。关于 NAD^+ 和 $NADP^+$ 的结构详见维生素章。NAD^+ 和 $NADP^+$ 中起递氢作用的部分是烟酰胺（维生素 PP），它能反复地进行脱氢氧化和加氢还原。在生理条件下，烟酰胺中的吡啶氮为正五价，能可逆地接受电子而成三价氮。其对侧的碳原子也比较活泼，能可逆地加氢还原，因此一般将 NAD^+ 和 $NADP^+$ 视为递氢体，但烟酰胺在加氢反应时每次只能接受一个氢原子和一个电子，而将另一质子（H^+）游离于介质中，故通常将还原型 NAD^+ 和 $NADP^+$ 分别写成 $NADH+H^+$ 和 $NADPH+H^+$。

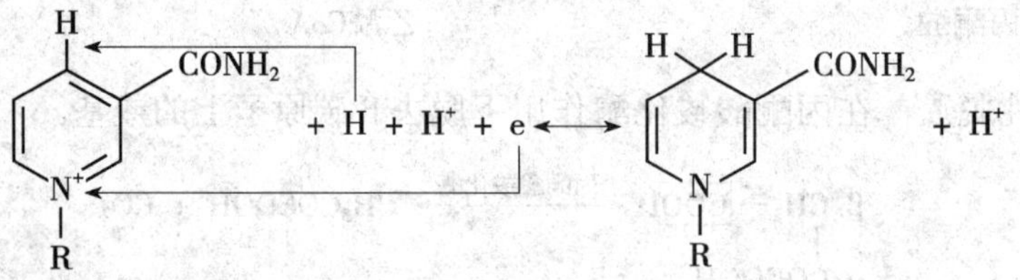

$$NAD^+ (\text{或} NADP^+) + H + H^+ + e \longleftrightarrow NADH (\text{或} NADPH) + H^+$$

NAD^+(或$NADP^+$)　　　　NADH (或NADPH)

通常可将反应式写成：NAD^+（或 $NADP^+$）$+2H \longleftrightarrow$ NADH（或 NADPH）$+H^+$。

这类脱氢酶催化底物脱氢，其辅酶接受氢后成为还原型辅酶，后者可在黄素酶的催化下，将氢传递给黄素酶的辅基，本身再被氧化为氧化型的辅酶。

（二）黄素蛋白酶类及其辅基

黄素蛋白酶类的辅基有两种：黄素单核苷酸（FMN）和黄素腺嘌呤二核苷酸（FAD），它们都是以核黄素（维生素 B_2）为中心构成的黄素核苷酸。FMN 和 FAD 均为递氢体，其分子中发挥作用的异咯嗪环部分可进行可逆地脱氢和加氢反应，每次传递两个氢原子，使氧化型 FMN 或 FAD 与还原型 FMN 或 FAD 相互转变。

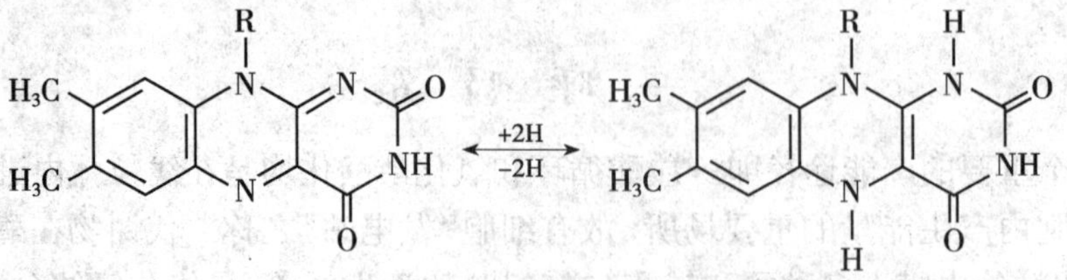

$$\text{氧化型FMN或FAD} \underset{-2H}{\overset{+2H}{\longleftrightarrow}} \text{还原型FMN或FAD}$$

氧化型FMN或FAD　　　　还原型FMN或FAD

即：FMN（或 FAD）$+2H \longleftrightarrow FMNH_2$（$FADH_2$）$-2H$

黄素蛋白酶种类很多，如与呼吸链有关的有 NADH 脱氢酶，其辅基是 FMN；另外还有琥珀酸脱氢酶、脂酰辅酶 A 脱氢酶和 α- 磷酸甘油脱氢酶等，它们的辅基都是 FAD。

(三)铁硫蛋白类

铁硫蛋白(iron-sulfur protein)是呼吸链中的一类电子传递体,它含有非血红素铁和对酸不稳定的硫。在线粒体内膜上铁硫蛋白往往和其他递氢体或电子传递体(如黄素酶或细胞色素)结合成复合物而存在。

铁硫蛋白传递电子的反应中心称为铁硫簇(iron-sulfur cluster,Fe-S),通常由2个或4个铁原子及硫原子组成,形成[2Fe2S]或[4Fe4S]的形式。铁原子与硫原子相互连接成晶格结构,并通过铁原子再与蛋白质中四个半胱氨酸残基的硫原子相连接。其结构如下:

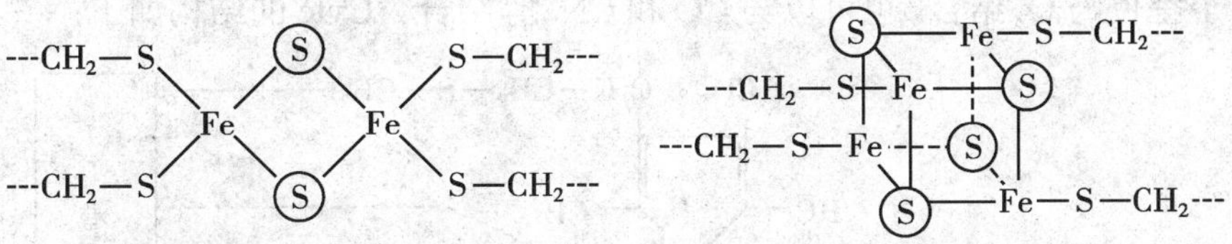

铁硫蛋白中的铁能可逆地氧化还原,氧化状态时,铁均为三价,还原状态时,一个铁变为二价,因此铁硫蛋白是单电子传递体。即:$Fe^{3+}+e \longleftrightarrow Fe^{2+}-e$。在呼吸链中功能是将 $FMNH_2$ 的电子传递给泛醌。

(四)辅酶Q

辅酶Q(coenzyme Q,CoQ)是一种脂溶性醌类化合物,由于广泛存在于生物界,故又称为泛醌(ubiquinone)。CoQ的化学结构为2,3-二甲氧基-5-甲基-1,4苯醌的衍生物。在第6位碳上有若干(n)个异戊间二烯单位的侧链。不同来源的辅酶Q,其侧链的异戊间二烯单位数目不同,人和哺乳动物n=10,通常用 CoQ_{10} 表示。辅酶Q的醌类结构能可逆地进行氧化还原反应,因此是递氢体。

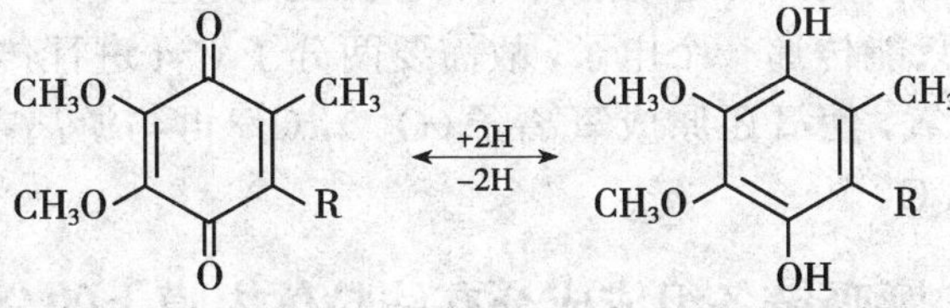

$$CoQ\text{(氧化型)} \underset{-2H}{\overset{+2H}{\rightleftharpoons}} CoQH_2\text{(还原型)}$$

CoQ(氧化型)　　CoQH$_2$(还原型)

在呼吸链的传递过程中,CoQ接受上述两类黄素酶传来的氢而被还原成氢醌,然后再将电子传给细胞色素,而将质子释于介质中,本身被氧化成醌。

(五)细胞色素类

细胞色素(cytochrome,Cyt)是呼吸链中的一类以铁卟啉衍生物为辅基传递电子的结合酶类。细胞色素依靠其辅基中铁的化合价可逆变化而传递电子,为单电子传递体。

$$CytFe^{3+} \underset{-e}{\overset{+e}{\longleftrightarrow}} CytFe^{2+}$$

不同生物来源的细胞色素各不相同,目前已发现的Cyt有30多种。它们因具有特殊的吸收光谱而呈现颜色。参与线粒体呼吸链组成的细胞色素根据其吸收光谱不同可分为Cyta、Cytb、Cytc三类,每类再根据最大吸收峰的微小差异细分成几种亚类,如 $Cytb_{560}$、$Cytb_{562}$、$Cytb_{566}$;$Cytc_1$ 和Cytc;Cyta与 $Cyta_3$ 等。细胞色素a与 a_3 结合紧密,很难分离,统称为细胞色素 aa_3($Cytaa_3$)。$Cytaa_3$ 直接以氧分子为电子接受体,故又称为细胞色素氧化酶(cytochrome oxidase)。$Cytaa_3$ 分子中除含有铁卟啉外，尚含有铜离子，在电子传递过程中，依靠 $Cu^+ \longleftrightarrow Cu^{2+} + e$ 在 $Cytaa_3$ 与氧分子之间传递电子。两个铁卟啉辅基和两个铜离子(Cu_A、Cu_B)共同构成了 $Cytaa_3$ 的活性中心。

目前对细胞色素的结构和功能研究得比较清楚的是细胞色素 c(Cytc)。Cytc 中辅基铁卟啉与酶蛋白肽链上的两个半胱氨酸残基结合成牢固的硫醚键。铁原子有六个配位键，其中有四个配位键与卟啉环生成络合物，另外两个键与蛋白质部分的组氨酸残基和蛋氨酸残基相连，所以不能连接别的化合物。细胞色素 aa_3 的铁原子只形成五个配位键，还保留一个空位与 O_2 结合，也可以与 CO 和 CN^- 等结合。Cytc 的结构如下：

CH_3　$CH_2-CH_2-S-CH_2$
HC　CH
H_3C　N　CH_3
$HOOC-CH_2-CH_2$　N···Fe^{2+}···N　$CH_2-CH_2-S-CH_2$　蛋白质
HC　N　CH
CH_2　CH_3
CH_2
COOH

在呼吸链中细胞色素只接受 CoQ 传来的电子，而将质子游离于环境中，通过其辅基中的铁化合价的可逆变化依次传递电子。即：电子经细胞色素 $b \rightarrow c_1 \rightarrow c \rightarrow aa_3$ 依次传递。由于每个铁卟啉每次只能传递一个电子，故需要两分子 Cyt 进行传递，最后由细胞色素氧化酶将电子传递给氧，使氧还原成氧离子(O^{2-})，O^{2-} 再与游离在环境中的两个质子($2H^+$)结合为一分子 H_2O。

三、呼吸链各组成成分在线粒体内膜上的分布

1976 年，Hatefi 利用胆酸盐溶解和硫酸铵分级沉淀等方法，在线粒体内膜上得到呼吸链四种具有传递电子功能的酶复合体(complex Ⅰ～Ⅳ)(表 8-1)。它们是上述构成呼吸链各成分在线粒体内膜上的存在与功能形式。

表 8-1　线粒体内膜的四种酶复合体

复合体	酶名称	辅酶或辅基	功能
复合体Ⅰ	NADH-泛醌还原酶	FMN，Fe-S	将 NADH 中的氢传递给 CoQ
复合体Ⅱ	琥珀酸-泛醌还原酶	FAD，Fe-S	将 $FADH_2$ 中的氢传递给 CoQ
复合体Ⅲ	泛醌-细胞色素 c 还原酶	Cytb，$Cytc_1$，Fe-S	将 CoQ 中的电子传递给 Cytc
复合体Ⅳ	细胞色素 c 氧化酶	Cyta，$Cyta_3$，Cu_A，Cu_B	将 Cytc 中的电子传递给 $1/2O_2$

值得说明的是，上述呼吸链各组成成分中，多数成分与线粒体内膜紧密结合，但是辅酶 Q 可以游离存在。另外，水溶性的细胞色素 c 不稳定，极易从线粒体内膜中分离出来。

故辅酶Q和细胞色素c不属于上述任何一种复合体。呼吸链各组成成分在线粒体内膜上的分布概况如图8-1所示。

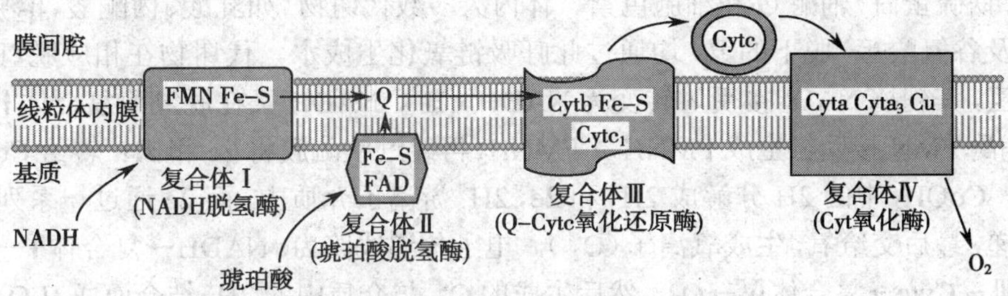

图8-1 呼吸链各组成成分在线粒体内膜上的分布

四、呼吸链各组成成分的排序依据

长期以来人们对呼吸链各传递体的排列顺序进行了多方面的研究，其中利用电化学原理和技术测定各组分标准氧化还原电位，按电位递增值而确定的排列顺序（电位低容易失去电子），是较早且具有代表性的方法。在电化学中，常用在pH＝7.0、25℃、1mol/L反应浓度条件下测得的标准氧化还原电位E°′（伏特，V）值来表示还原剂释出电子或氧化剂获得电子的能力。表8-2列入呼吸链中各氧化还原对（成对的氧化型/还原型物质的简称）的E°′值。

表8-2 呼吸链中各种氧化还原对的E°′值

氧化还原对	E°′（V）	氧化还原对	E°′（V）
$NAD^+/NADH+H^+$	−0.32	细胞色素 c_1 Fe^{3+}/Fe^{2+}	+0.22
$FMN/FMNH_2$	−0.22	细胞色素 c Fe^{3+}/Fe^{2+}	+0.25
$FAD/FADH_2$	−0.22	细胞色素 a Fe^{3+}/Fe^{2+}	+0.29
细胞色素 b Fe^{3+}/Fe^{2+}	+0.05（或0.10）	细胞色素 a_3 Fe^{3+}/Fe^{2+}	+0.35
$CoQ_{10}/CoQ_{10}H_2$	+0.06	$1/2O_2/H_2O$	+0.82

根据氧化还原原理，E°′值越低的氧化还原对，释出电子的倾向越大，越容易成为还原剂而排列于呼吸链的前面。以上实验结果分析得到各种氧化还原对按E°′值的递增排列顺序如下式（传递体下面数字为E°′值）：

$$\underset{-0.32}{NADH}\rightarrow\underset{-0.22}{FMN}\rightarrow FeS\rightarrow\underset{+0.06}{CoQ}\rightarrow\underset{+0.10}{Cytb}\rightarrow\underset{+0.22}{Cytc_1}\rightarrow\underset{+0.25}{Cytc}\rightarrow\underset{+0.29}{Cyta}\rightarrow\underset{+0.35}{Cyta_3}\rightarrow\underset{+0.82}{O_2}$$

上式说明，自左至右各电子传递体的氧化能力依次增强，即O_2的氧化能力最强，NADH氧化能力最弱；也可以说NADH的还原能力最强，O_2的还原能力最弱。这种按氧化还原能力所排列的顺序，也表示各传递体反应的依次性，即氧化能力强的成分并不越级去氧化距它较远的还原剂。如O_2并不能直接去氧化NADH或$CoQH_2$，而只能氧化细胞色素aa_3。

五、体内重要呼吸链的排列顺序

线粒体内重要的呼吸链有两条：NADH氧化呼吸链和琥珀酸氧化呼吸链。

（一）NADH 氧化呼吸链

NADH 氧化呼吸链是体内最主要的呼吸链。组成这一呼吸链的主要成分是 NAD^+、黄素酶、铁硫蛋白、辅酶 Q 和细胞色素。体内大多数代谢物（如乳酸、丙酮酸、β- 羟丁酸、苹果酸及谷氨酸等）脱下的氢，均通过此呼吸链氧化生成水。代谢物在相应脱氢酶的催化下脱氢，其辅酶 NAD^+ 接受氢转变为 $NADH+H^+$。NADH 又在脱氢酶复合体Ⅰ作用下脱氢，辅酶 FMN 接受氢生成 $FMNH_2$。$FMNH_2$ 再经过铁硫簇将 2e 和 $2H^+$ 转给 CoQ 生成 $CoQH_2$。$CoQH_2$ 中的 2H 分解成 $2H^+$ 和 2e，$2H^+$ 游离于介质中，而 2e 通过一系列细胞色素的传递，最后交给氧，生成氧离子（O_2^-）。电子传递线路为：NADH→复合体Ⅰ→CoQ→复合体Ⅲ→Cytc→复合体Ⅳ→O_2。然后生成的 O^{2-} 与介质中的 $2H^+$ 结合而成 H_2O。每 2H 通过这条呼吸链氧化成水并释放出能量。组成此呼吸链的各种传递体的排列顺序及其作用见图 8-2。

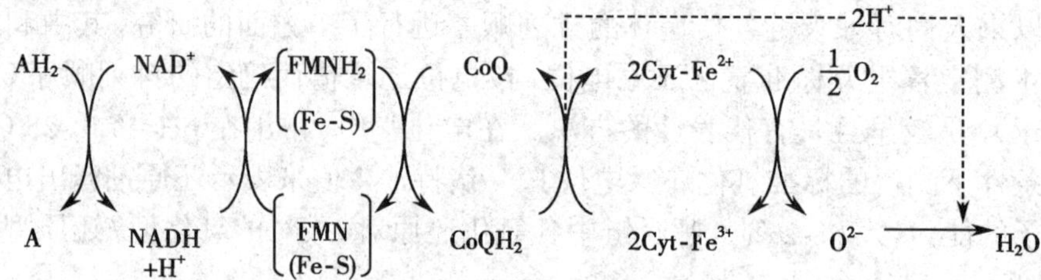

图 8-2 NADH 氧化呼吸链

至于 NADPH，大多数在线粒体外生成，主要参与合成代谢。但线粒体中也可生成少量的 NADPH。后者在转氢酶的作用下，将氢转给 NAD^+，然后 NADH 再通过上述呼吸链进行氧化。

（二）琥珀酸氧化呼吸链

琥珀酸氧化呼吸链（$FADH_2$ 氧化呼吸链）由复合体Ⅱ、辅酶 Q 和细胞色素体系组成。负责将电子从琥珀酸传递给 CoQ 形成 $CoQH_2$，再往下的传递线路与 NADH 氧化呼吸链相同。该呼吸链的组成及作用见图 8-3。

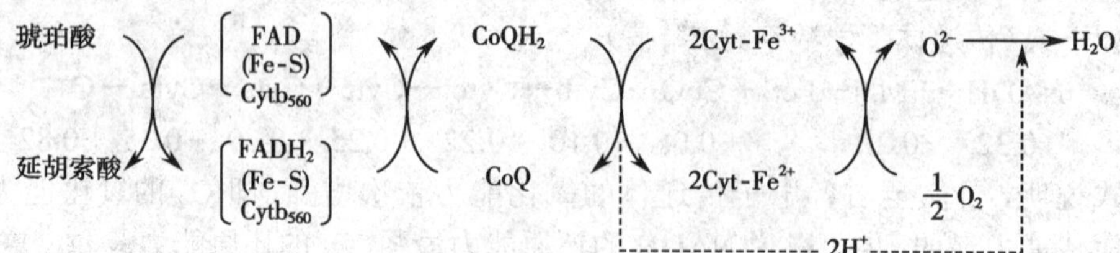

图 8-3 琥珀酸氧化呼吸链

琥珀酸氧化呼吸链与 NADH 氧化呼吸链的区别在于从琥珀酸分子中脱下的氢原子直接由复合体Ⅱ传递给辅酶 Q，故每 2H 经过此呼吸链氧化所释放的能量仅生成 1.5 分子的 ATP。除琥珀酸外，线粒体中尚有其他代谢物，如脂酰辅酶 A 和 α- 磷酸甘油等，这类代谢物的脱氢酶的辅基为 FAD。它们氧化过程中所脱下的 2H 也通过此呼吸链氧化。

线粒体两条呼吸链的传递皆经过 CoQ，因此 CoQ 成为线粒体中不同作用物氧化时呼吸链的汇合点。

六、胞液中 $NADH+H^+$ 的氧化

线粒体内生成的 NADH 可直接通过 NADH 氧化呼吸链氧化生成 H_2O，但胞液中的某些脱氢反应，如糖酵解过程中的 3- 磷酸甘油醛和乳酸在胞液中脱氢氧化生成的 NADH，由于不能透过线粒体内膜，需要通过某种穿梭系统（shuttle system），将线粒体外 NADH 所携带的氢转运到线粒体内，再经呼吸链氧化。现已知转运线粒体外 NADH 至线粒体内的机制主要有 3- 磷酸甘油穿梭和苹果酸 - 天冬氨酸穿梭两种。

（一）3- 磷酸甘油穿梭作用

3- 磷酸甘油穿梭作用主要在肌肉和神经组织中进行，如图 8-4 所示。

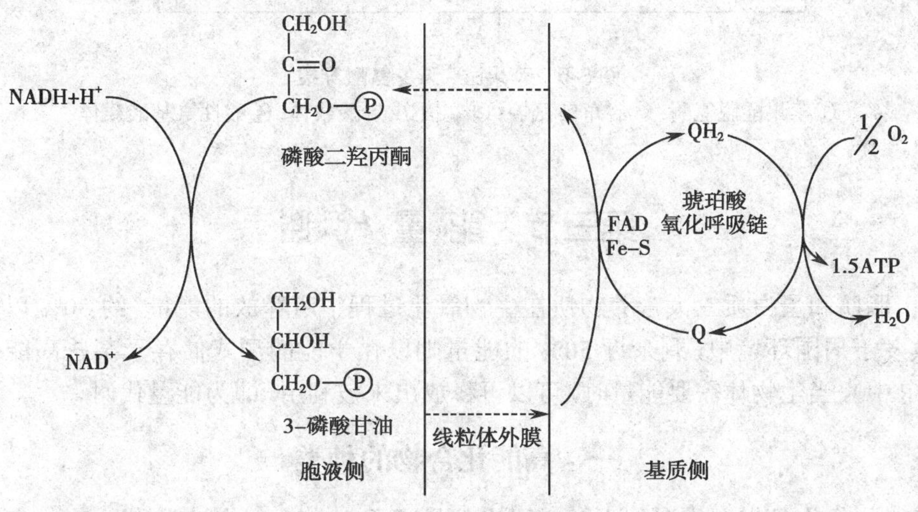

图 8-4 3- 磷酸甘油穿梭

线粒体外产生的 NADH 在胞液 α- 磷酸甘油脱氢酶作用下，使磷酸二羟丙酮还原成 3- 磷酸甘油，后者穿过线粒体内膜，再在线粒体内经 FAD 为辅基的另一 α- 磷酸甘油脱氢酶催化，脱氢生成 $FADH_2$ 和磷酸二羟丙酮，后者扩散返回胞液，继续发挥传递 NADH 的作用。而 $FADH_2$ 则进入琥珀酸氧化呼吸链，将 2H 传递给 CoQ，最终生成 H_2O 并释放 1.5 分子 ATP。因此在脑和骨骼肌这些组织中，一分子葡萄糖彻底氧化生成 30 分子 ATP。

（二）苹果酸 - 天冬氨酸穿梭作用

苹果酸 - 天冬氨酸穿梭作用主要在肝脏和心肌中进行，如图 8-5 所示。

胞液中的 NADH 在胞液中苹果酸脱氢酶作用下，将 NADH 移交给草酰乙酸，使其还原成苹果酸。后者通过线粒体内膜上的苹果酸 -α- 酮戊二酸载体进入线粒体，再在线粒体基质中苹果酸脱氢酶作用下脱氢生成草酰乙酸和 $NADH+H^+$。后者进入 NADH 氧化呼吸链，并生成 2.5 分子 ATP；线粒体内生成的草酰乙酸不能直接穿越线粒体膜返回胞液，须经谷草转氨酶作用转变为天冬氨酸，然后穿过线粒体膜，再转氨基生成草酰乙酸，以继续穿梭作用。因此在心肌和肝组织，一分子葡萄糖彻底氧化生成 32 分子 ATP。

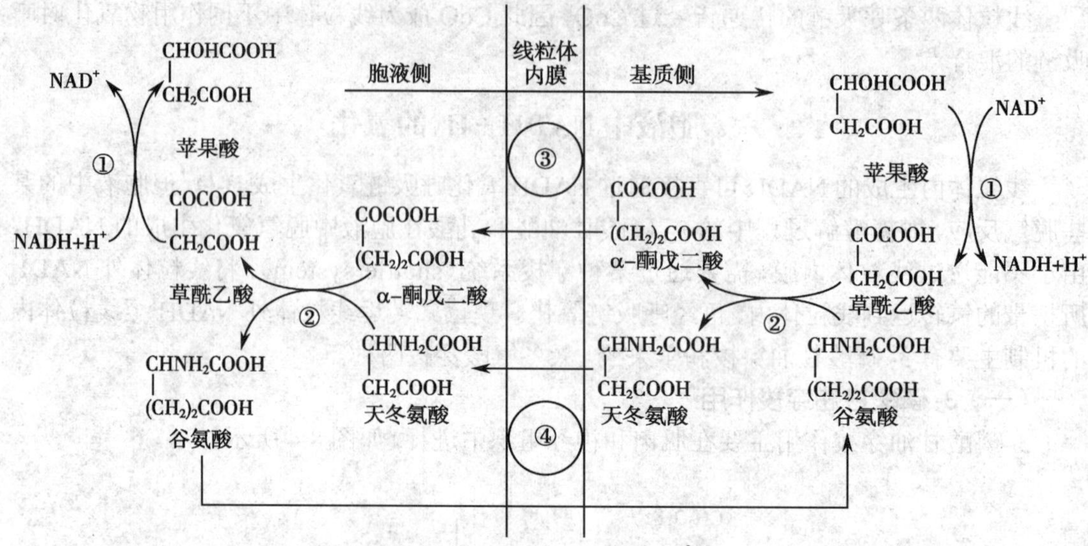

图 8-5 苹果酸 - 天冬氨酸穿梭

①苹果酸脱氢酶；②谷草转氨酶；③ α- 酮戊二酸载体；④酸性氨基酸载体

第三节 能量代谢

糖、脂肪和蛋白质三大营养物质在生物氧化过程中所释放的能量，约 50% 以热能的形式散发于周围环境中，剩余近 50% 的能量则以化学能的形式储存于某些高能化合物（如 ATP 中），当生物体需要能量时，可以再释放出来被利用，即为能量代谢。

一、高能化合物的种类

高能化合物是指在代谢中水解时释出能量大于 30kJ/mol 的有机化合物。高能化合物根据其结构不同，可分为高能磷酸化合物和高能硫酯化合物，如 ATP、ADP、磷酸肌酸（CP）、1，3- 二磷酸甘油酸（1，3-DPG）、磷酸烯醇式丙酮酸（PEP）、氨基甲酰磷酸、乙酰 CoA 和琥珀酰 CoA，它们所含磷酸酯键称高能磷酸键。而硫酯键称高能硫酯键。高能键一般用符号“～”表示。

二、ATP 的生成

这里介绍两种主要的 ATP 的生成方式，即底物水平磷酸化和氧化磷酸化。

（一）底物水平磷酸化

在分解代谢过程中，底物因脱氢或脱水等作用使能量在分子内部重新分布，形成高能磷酸键或高能硫酯键，然后再将底物分子中的能量直接转移给 ADP（或 GDP）生成 ATP（或 GTP）的反应过程，称为底物水平磷酸化（substrate level phosphorylation）。

例如，在糖的分解代谢过程中，3- 磷酸甘油醛脱氢并磷酸化生成 1，3- 二磷酸甘油酸，在分子中形成一个高能磷酸键，在酶催化下，1，3- 二磷酸甘油酸可将此高能磷酸键转给 ADP，生成 3- 磷酸甘油酸与 ATP，即：

$$\begin{array}{c}CHO\\|\\CHOH\\|\\CH_2O(P)\end{array}\xrightarrow[\text{3-磷酸甘油醛脱氢酶}]{NAD^++Pi\ \ NADH+H^+}\begin{array}{c}COO\sim(P)\\|\\CHOH\\|\\CH_2O(P)\end{array}\xrightarrow[\text{3-磷酸甘油酸激酶}]{ADP\ \ ATP}\begin{array}{c}COOH\\|\\CHOH\\|\\CH_2O(P)\end{array}$$

3-磷酸甘油醛　　　1,3-二磷酸甘油酸　　　3-磷酸甘油酸

又如 2- 磷酸甘油酸脱水生成磷酸烯醇式丙酮酸时，也能在分子内部形成一个高能键，然后再转移给 ADP 形成 ATP。即：

$$\begin{array}{c}COOH\\|\\CHO(P)\\|\\CH_2OH\end{array}\xrightarrow[\text{烯醇化酶}]{-H_2O}\begin{array}{c}COOH\\|\\CO\sim(P)\\\|\\CH_2\end{array}\xrightarrow[\text{丙酮酸激酶}]{ADP\ \ ATP}\begin{array}{c}COOH\\|\\C=O\\|\\CH_3\end{array}$$

2-磷酸甘油酸　　磷酸烯醇式丙酮酸　　　丙酮酸

此外，α- 酮戊二酸氧化脱羧生成的琥珀酰 CoA 中的高能硫酯键可以转移给 GDP 生成 GTP，后者再转给 ADP 生成 ATP。即：

$$\text{琥珀酰CoA} + H_3PO_4 + GDP \longrightarrow \text{琥珀酸} + CoA + GTP$$
$$GTP + ADP \longrightarrow GDP + ATP$$

（二）氧化磷酸化

氧化磷酸化是指生物氧化过程中，代谢物脱下的氢经过呼吸链氧化生成水时，所释放出能量驱动 ADP 磷酸化生成 ATP。即该物质的氧化释放能量与 ADP 磷酸化相偶联而产生 ATP 储存能量的方式，称为氧化磷酸化（oxidative phosphorylation）。

$$\begin{array}{lcl}\text{底物}\cdot 2H \xrightarrow{\text{呼吸链}} 1/2O_2 & \text{氧化} & \\ \quad\downarrow \text{释放能量} & & \Big\}\text{偶联}\\ ADP + H_3PO_4 \xrightarrow[\text{储存能量}]{} ATP & \text{磷酸化} & \end{array}$$

在线粒体内进行的氧化磷酸化过程，是需氧生物生命活动的基础，体内约 80% 的 ATP 是通过这种方式生成的。其偶联反应的部位可通过 P/O 比值实验和自由能变化获得。

1. P/O 比值及氧化磷酸化的偶联部位　P/O 比值是指每消耗 1 摩尔原子氧所消耗无机磷的摩尔数。由于每两摩尔原子氢经过呼吸链传递最终与 1 摩尔氧结合成水，其间因伴有 ADP 的磷酸化，故消耗无机磷酸。测定氧和无机磷的消耗量即可求出 P/O 比值。某种物质氧化时，每用去 1 摩尔氧所消耗无机磷的摩尔数，即为该物质的 P/O 比值，也就是其生成 ATP 的摩尔数。

利用离体线粒体实验，加入不同代谢物测定 P/O 比值可大致推导出氧化磷酸化的偶联部位。近年实验证实，β- 羟丁酸脱下的 2H，经 NADH 氧化呼吸链氧化，其 P/O≈2.5，即生成 2.5 分子 ATP；经琥珀酸氧化呼吸链氧化，其 P/O≈1.5，即生成 1.5 分子 ATP。因此第一个偶联部位大约位于 NADH→CoQ（复合体Ⅰ）之间。测得抗坏血酸通过细胞色素 c 进入呼吸链被氧化时，P/O≈1，而还原型细胞色素 c 经过复合体Ⅳ被氧化时 P/O 比值也接近 1，说明在细胞色素 aa_3→1/2 O_2（复合体Ⅳ）之间也存在着一个偶联部位。从 β- 羟丁酸、琥珀酸和还原型细胞色素 c 氧化时 P/O 比值的比较中可以推测，在 CoQ 与 Cytc（复合

体Ⅲ）之间还存在另一个偶联部位。因此，NADH 氧化呼吸链存在 3 个偶联部位，琥珀酸氧化呼吸链存在 2 个偶联部位（表 8-3）。

表 8-3 某些代谢物的线粒体离体实验测得的 P/O 比值

底物	呼吸链的组成	P/O 比值	生成 ATP 数
β-羟丁酸	$NAD^+ \rightarrow FMN \rightarrow CoQ \rightarrow Cyt \rightarrow O_2$	2.5	2.5
琥珀酸	$FAD \rightarrow CoQ \rightarrow Cyt \rightarrow O_2$	1.5	1.5
抗坏血酸	$Cytc \rightarrow Cytaa_3 \rightarrow O_2$	1	1
细胞色素 c	$Cytaa_3 \rightarrow O_2$	1	1

2．自由能变化　根据自由能（⊿G）与电位差（⊿E）之间的关系式，计算如下：

$$\Delta G = -nF\Delta E$$

其中，n 表示传递电子数；F 表示法拉第常数（96.5kJ/mol·V）；$\Delta E = E^{\circ\prime} - E^{\circ\prime}$（高 - 低）。

在 NADH→CoQ、CoQ→Cytc、$Cytaa_3 \rightarrow 1/2\ O_2$ 之间的反应 1 摩尔释放的自由能分别为 69.5kJ、36.7kJ 和 112kJ，均超过合成 1 摩尔 ATP 所需要的能量（30.5kJ）。说明在复合体Ⅰ、Ⅲ和Ⅳ内各自存在一个 ATP 生成部位。因此在 NADH 氧化呼吸链中，一对电子由 NADH 传递到 O_2 的过程中有三个部位形成 ATP，这三个部位是：$NAD^+ \rightarrow CoQ$ 之间，细胞色素 b→c 之间，细胞色素 $aa_3 \rightarrow O_2$ 之间。这一结果与用 P/O 比值测得的结果相同。现将氧化磷酸化偶联部位总结在图 8-6 中。

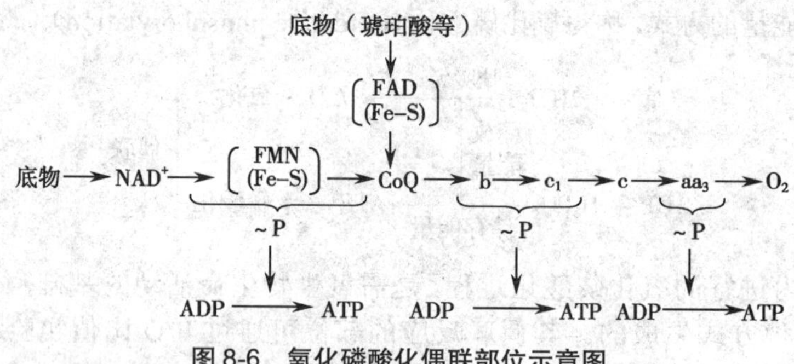

图 8-6　氧化磷酸化偶联部位示意图

3．氧化磷酸化的机制　化学渗透学说（chemiosmotic hypothesis）：该学说认为线粒体的内膜中电子传递与线粒体释放 H^+ 是偶联的，即呼吸链在传递电子过程中释放出来的能量不断地将 H^+ 从线粒体内膜的基质侧逆浓度梯度泵到内膜外。由于 H^+ 不能自由透过线粒体内膜，结果使得线粒体内膜外侧 H^+ 浓度增高，基质内 H^+ 浓度降低，在线粒体内膜两侧形成一个质子的电化学梯度（H^+ 浓度梯度和跨膜电位差），并储存能量。实验证明复合体Ⅰ、Ⅲ、Ⅳ均具有质子泵作用。复合体 F_0 相当于一个特异的质子通道，当 H^+ 顺浓度梯度返回线粒体内膜时，其所含能量驱动位于线粒体基质侧的 ATP 合酶（ATP synthase）催化 ADP 和 Pi，生成并释放 ATP。自从 Mitchell 提出化学通透学说以来，已为大量的实验结果验证，为该学说提供了实验依据（图 8-7）。

4．影响氧化磷酸化的因素

（1）氧化磷酸化的抑制剂：某些药物或毒物可阻断呼吸链的电子传递或使氧化和磷酸化的偶联过程解离，从而抑制氧化磷酸化反应的进行。主要有以下两类：

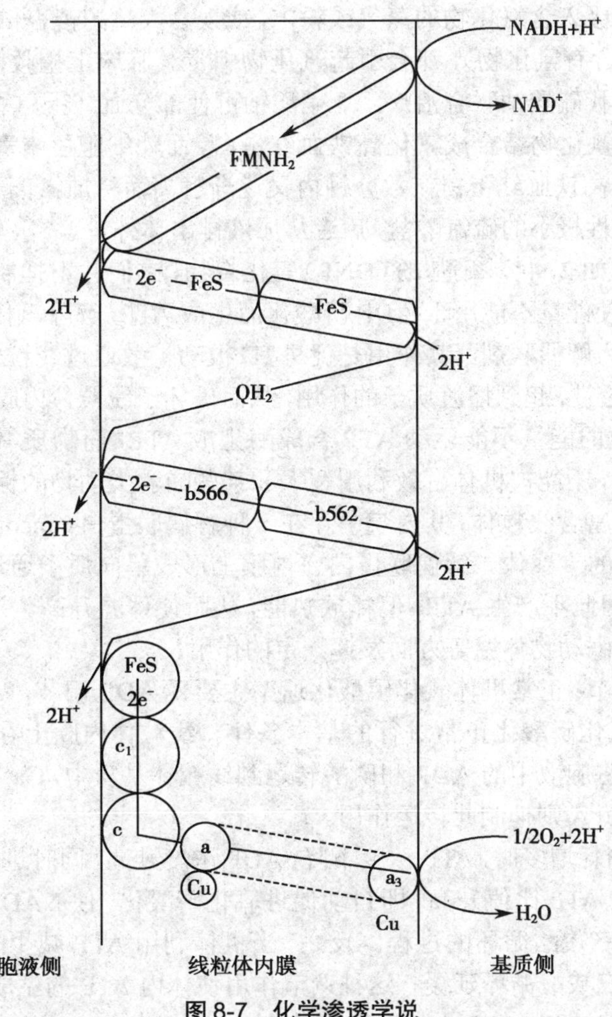

图 8-7 化学渗透学说

1）呼吸链抑制剂：这类抑制剂对呼吸链的某些部位有特异的抑制作用，可以阻断这些环节氢与电子的传递。如异戊巴比妥、鱼藤酮、杀粉蝶素 A 等能抑制 NADH 到 CoQ 之间的电子传递；抗霉素 A（由链霉素产生的抗生素）、二巯丙醇可阻断 Cytb 与 $Cytc_1$ 间的电子转运；氰化物、CO、叠氮化物和硫化氢可阻断细胞色素氧化酶与分子氧之间的电子传递。

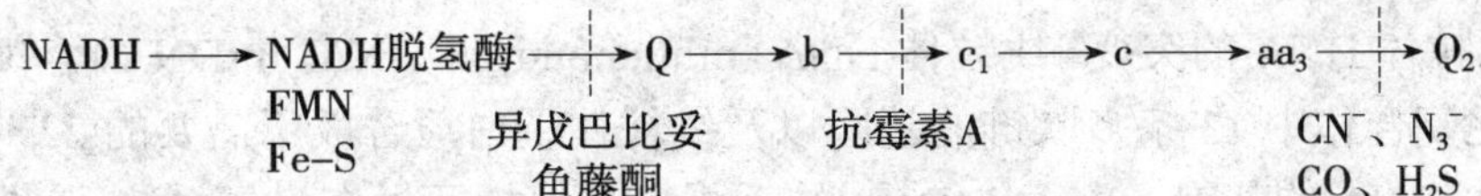

CO 主要作用于还原型细胞色素氧化酶，而 CN^- 极易与氧化型细胞色素氧化酶的三价铁结合成氰化高铁细胞色素氧化酶，而使其失去最终传递给氧的作用。因此，当 CO 和氰化物中毒时，细胞色素 aa_3 与 CN^- 结合后便不能传递电子使氧还原，从而阻断了 H_2O 和 ATP 的生成，可使呼吸链完全中断，氧化磷酸化无法进行，此时即使组织细胞有充足的氧也不能利用，造成呼吸停顿，能源断绝，严重时发生窒息而危及生命，这就是氰化物中毒致死的原因。

在工业生产中吸入含氰化物的蒸气或粉末，或误食大量的苦杏仁、桃仁、白果（银杏）和木薯等（它们均含有氰化物），都会引起氰化物中毒。临床上抢救氰化物中毒时，通常使用亚硝酸钠和硫代硫酸钠联合治疗。亚硝酸钠可使部分血红蛋白氧化为高铁血红蛋白（$Hb\text{-}Fe^{3+}$），后者与氰化物结合成氰化高铁血红蛋白，而使细胞色素氧化酶恢复其传递电子的功能。但氰化高铁血红蛋白在数分钟内又逐渐解离而释放氰离子，而硫代硫酸钠能与氰离子结合成毒性极小的硫氰酸盐，后者从尿液排出体外。

2）解偶联剂：如2，4-二硝基酚（DNP）等化合物，它们并不抑制呼吸链的电子传递和氧的消耗，但能使能量不能用于ADP磷酸化而生成ATP，解除氧化与磷酸化的偶联作用，这类化合物称为解偶联剂。其作用是促进H^+被动扩散通过线粒体内膜，即增强线粒体内膜对H^+的通透性，起到摆渡质子的作用，从而破坏了线粒体内膜两侧的H^+梯度，使电子传递过程释放的能量不能驱动ATP合成酶生成ATP，而物质氧化释放的能量大部分以热的形式散失，不能被机体有效利用。人和某些哺乳类动物的棕色脂肪组织（brown adipose tissue）中，富含线粒体，其内膜中存在一种解偶联蛋白（uncoupling protein），为2个32kD亚基形成的二聚体。解偶联蛋白在内膜上形成单向质子通道，可将线粒体外的H^+输送回基质。因此不产生ATP，但释放热能，从而使体温升高。这在御寒、防止新生儿硬肿症和维持冬眠动物体温等方面发挥一定的作用。

（2）ADP的调节：正常机体氧化磷酸化速率主要受ADP调节。ADP和Pi的不断供应是确保线粒体氧化磷酸化正常进行的基本条件。线粒体内膜上存在转运腺苷酸和磷酸的特异载体，可将胞液中的ADP和磷酸转运到线粒体基质中，Ca^{2+}可促进腺苷酸的转运，而长链脂酰辅酶A则抑制此转运作用。

当机体ATP消耗增多时，ATP浓度下降，ADP浓度升高，同时进入线粒体的ADP和Pi增多，导致ADP/ATP比值升高，即自动促进氧化磷酸化，使NADH被消耗，而NAD^+增多，从而促进了三羧酸循环的过程。反之，当机体利用ATP减少时，ADP不足，氧化磷酸化速度减慢，三羧酸循环延缓。这种调节作用使体内ATP的生成速度适应生理的需要，防止能源的浪费。

（3）甲状腺素的调节：甲状腺素能诱导除了脑组织以外许多组织的细胞膜上Na^+、K^+-ATP酶的合成，从而使ATP水解为ADP和Pi的速度加快，ADP/ATP的比值升高，促进氧化磷酸化过程。由于ATP的合成和分解均增强，机体的耗氧量和产热量也都随之增加。故甲状腺功能亢进的患者常出现基础代谢率（basic metabolic rate，BMR）增高、怕热、易出汗等症状。

（4）线粒体DNA的突变：线粒体DNA（mitochondrial DNA，mtDNA）含编码呼吸链氧化磷酸化复合体中13条多肽链的基因以及线粒体蛋白质合成所需要的22个tRNA的基因和2个rRNA的基因。由于mtDNA缺乏蛋白质保护及损伤修复系统，容易受到氧自由基损伤而发生突变，且突变率比核DNA高10倍以上，从而严重影响氧化磷酸化的功能，使ATP生成减少而导致疾病。耗能较多的组织器官更易出现功能障碍，如痴呆、聋、盲、肌无力和糖尿病等。另外，随着年龄的增长，mtDNA的突变日趋严重。

三、ATP的利用、转移和储存

生物氧化过程中代谢物如糖类、脂肪和蛋白质等分解代谢释放出的能量必须首先转换成 ATP 形式，然后才能被机体利用，所以 ATP 是能量的直接来源和主要的磷酸载体，体内能量的储存和释放主要依靠 ATP 和 ADP 的相互转变。在体外 pH 7.0、25℃条件下，每摩尔 ATP 水解成 ADP 和 Pi 时释放的能量为 30.5kJ，而在生理条件下可释放 51.6kJ 的能量，这部分能量可转换成肌肉收缩的机械能、合成代谢的化学能、神经传导的电能、维持体温的热能、物质主动转运的渗透能等多种形式。

虽然细胞内的 ATP 是生命活动的直接供能物质，但是体内某些合成代谢需要其他核苷三磷酸作为供能者，如糖原合成需要 UTP，磷脂合成需要 CTP，蛋白质合成需要 GTP。这些核苷三磷酸分子的高能磷酸键，不能从物质氧化过程中直接生成，而主要来源于 ATP。也就是说物质氧化时释放的能量首先合成 ATP，然后再由 ATP 将高能磷酸键转移给 UDP、CDP 和 GDP 而生成相应的 UTP、CTP 和 GTP。

$$\mathrm{ATP + UDP \longrightarrow ADP + UTP}$$
$$\mathrm{ATP + CDP \longrightarrow ADP + CTP}$$
$$\mathrm{ATP + GDP \longrightarrow ADP + GTP}$$

ATP 水解时所释放的能量，除供给生理活动所需要的能量外，还有一部分能量通过高能键的方式转给肌酸以生成肌酸磷酸，后者为肌肉及脑组织中能量的储存形式。磷酸肌酸中所含的高能磷酸键不能直接利用，当机体消耗 ATP 过多而使 ADP 增多时，肌酸磷酸还可以将高能磷酸键（～P）转移给 ADP 而生成 ATP，再由 ATP 为生命活动提供能量。这一反应由肌酸激酶（creatine kinase，CK，又称肌酸磷酸激酶，CPK）催化，可见肌酸磷酸发挥着储存能量的作用。

$$\begin{array}{c} NH_2 \\ | \\ C{=}NH \\ | \\ N{-}CH_3 \\ | \\ CH_2 \\ | \\ COOH \\ \text{肌酸(C)} \end{array} + ATP \xrightleftharpoons{\text{肌酸激酶}} \begin{array}{c} NH{\sim}PO_3H_2 \\ | \\ C{=}NH \\ | \\ N{-}CH_3 \\ | \\ CH_2 \\ | \\ COOH \\ \text{肌酸磷酸(C~P)} \end{array} + ADP$$

肌酸几乎都存在于肌肉组织中，这与肌肉活动需要大量的能量密切相关，所以经常参加劳动和体育锻炼的人，肌肉健壮，其中肌酸磷酸和 ATP 的含量比较多，与代谢有关的酶活性也较强。反之，肌肉就会出现萎缩无力。

现将体内能量的转移、储存和利用的关系总结如图 8-8。

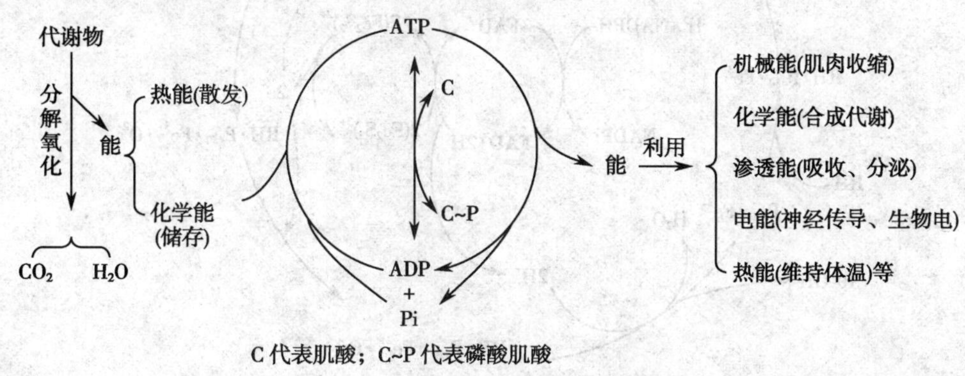

图 8-8　体内能量的转移、储存和利用

第四节 非线粒体氧化体系

除了细胞的线粒体氧化体系以外，机体还存在其他的氧化系统，包括微粒体和过氧化物酶体。它们与线粒体氧化体系不同，其共同特点是水不是经过呼吸链电子传递而产生的，氧化过程也不伴有 ADP 的磷酸化，因此不产生 ATP 提供能量。这些氧化体系参与机体的某些中间代谢产物如过氧化氢、类固醇和儿茶酚胺类化合物以及药物和毒物等的代谢过程，所以是机体生物转化作用的重要方式。

一、微粒体氧化体系

微粒体是在细胞器分离过程中（差速离心法）得到的一些小碎片，主要为内质网。微粒体中有一种特殊的氧化体系，它所催化的反应都是在底物分子中加入一个氧原子形成羟基，因此称为单加氧酶或羟化酶。由于催化反应时氧分子中一个氧原子进入底物中，而另一个氧原子还原为水，即一个 O_2 同时起两种作用，故又称此酶为混合功能氧化酶，总反应可以表示为：

$$RH + NADPH + H^+ + O_2 \xrightarrow{\text{单加氧酶}} ROH + NADP^+ + H_2O$$

该酶系主要由细胞色素 P_{450}（$CytP_{450}$，属 Cytb 类，与 CO 结合后在 450nm 处出现最大的吸收峰）和一种黄素酶（NADPH- 细胞色素 P_{450} 还原酶）两部分组成。在反应过程中黄素酶利用 $NADPH+H^+$ 还原 $CytP_{450}$ 中的 Fe^{3+}，使其转变为 $CytP_{450}$ Fe^{2+} 而与氧分子结合，而 $CytP_{450}$ 具有类似细胞色素 a_3 的作用，能使氧分子激活，促使一个氧原子进入底物而完成羟化过程，同时氧分子中的另一个氧原子被电子还原后，与介质中的 $2H^+$ 结合成一分子水。其作用见图 8-9。

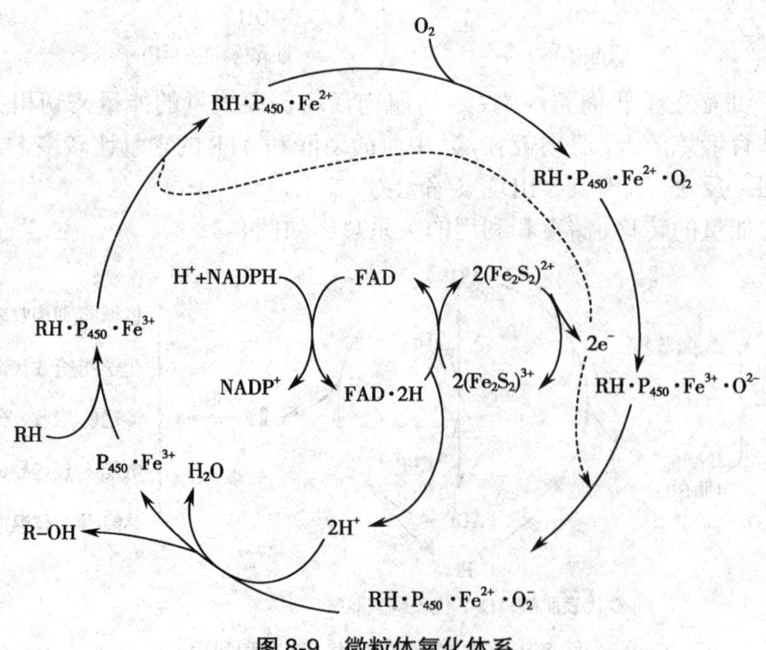

图 8-9 微粒体氧化体系

微粒体氧化体系主要作用于许多脂溶性药物或毒物而使其发生羟化反应，羟化后可以增加水溶性而有利于排出体外。同时，它还参与体内正常代谢物的氧化。例如：胆汁酸、胆色素和儿茶酚胺的生成，肾上腺皮质激素与性激素的合成和维生素 D 的活化等都必须由单加氧酶参与。

二、过氧化物酶体中的氧化酶类

人体的某些组织如肝脏、胃、中性粒细胞和小肠黏膜细胞等都含有过氧化物酶体（即微体）。在过氧化物酶体中既含有多种产生过氧化氢的需氧脱氢酶，也含有分解过氧化氢的氧化酶类，后者主要有过氧化氢酶和过氧化物酶。

（一）过氧化氢酶

过氧化氢酶（catalase，Cat）又称触酶，是一种含血红素辅基的缀合酶，在体内分布很广。能催化对细胞有毒害的过氧化氢（H_2O_2）分解为 H_2O 和 O_2。即：

$$2H_2O_2 \xrightarrow{\text{过氧化氢酶}} 2H_2O + O_2$$

过氧化氢酶催化效率很高，每分子过氧化氢酶在 0℃时每分钟可使 2 640 000 分子 H_2O_2 分解成水和氧气，所以一般情况下体内不会因过氧化氢蓄积而发生中毒。

（二）过氧化物酶

过氧化物酶（peroxidase）也是一种含血红素辅基的缀合酶。它催化 H_2O_2 直接氧化酚类或芳香族胺类等有毒的代谢物，故有双重保护作用。

$$R\text{–}OH + H_2O_2 \xrightarrow{\text{过氧化物酶}} R\text{–}COOH + H_2O$$

$$R\text{–}NH_2 + 2H_2O_2 \xrightarrow{\text{过氧化物酶}} R\text{–}COOH + 2H_2O + NH_3$$

（三）谷胱甘肽过氧化物酶

谷胱甘肽过氧化物酶（GSH-Px）是机体内广泛存在的一种重要的含金属硒（selenium，Se）的过氧化物分解酶。它能催化还原型谷胱甘肽（GSH）变为氧化型谷胱甘肽（GSSG），使有毒的脂质过氧化物还原成无毒且较稳定的羟基化合物，同时还可以促进脑组织、心肌细胞和骨骼肌中产生的 H_2O_2 的分解生成水。

生成的氧化型谷胱甘肽在谷胱甘肽还原酶的作用下，利用磷酸戊糖途径提供的 NADPH 作为供氢体，再转变为还原型谷胱甘肽，从而保护细胞膜的结构及功能不易受过氧化物的干扰及损害。

三、超氧化物歧化酶

超氧化物歧化酶（superoxide dismutase，SOD）是 1969 年美国科学家 Fridovich 教授和他的研究生 McCord 发现的一种含有金属元素的活性蛋白酶。动物体内的超氧化物歧化酶按照结合的金属离子种类不同，分为两种：铜锌超氧化物歧化酶（Cu-Zn-SOD）和锰超氧化物歧化酶（Mn-SOD）。Cu-Zn-SOD 存在于胞质，Mn-SOD 存在于线粒体，两种 SOD 都催化超氧阴离子自由基歧化为过氧化氢（H_2O_2）与氧气（O_2）。

$$2O_2^{\bar{\cdot}} + 2H \xrightarrow{\text{SOD}} H_2O_2 + O_2$$

通过上述反应消除了超氧阴离子对生物膜和核酸结构及功能的破坏、蛋白质变性和交联以及酶和激素失活，在防御活性氧的毒性、抗肿瘤、抗辐射损伤、抗动脉粥样硬化、抗衰老以及增强机体免疫力等方面发挥着十分重要的作用。所以 SOD 是机体内天然存在的抗氧自由基损伤的主要酶。

知识拓展

关于生物氧化的研究

Lavoisier 于 1785 年最早提出“生物氧化”的概念。1820 年，德国化学家 Liebig 提出生物体通过分解反应提供能量。1850 年，德国生物学家 Kölliker 在肌肉细胞的细胞质中发现了线粒体。1900 年，Michaelis 证明线粒体具有氧化还原反应的功能。1913 年，Warburg 从细胞匀浆质中分离出了线粒体，并发现它能够消耗氧。1929 年，Keillin 提出了呼吸链的概念。1940 年，Ochoa 借助放射性核素实验测定了在呼吸链中 O_2 的消耗与 ATP 生成的关系，提出了磷与氧比值（P/O）的概念。1948 年，Green 证实线粒体含所有三羧酸循环的酶。1949 年，Lehninger 发现，脂肪酸氧化为 CO_2 的过程也是在线粒体内完成的。1961 年，英国生物化学家 Mitchell 提出“化学渗透学说”。Hatefi 于 1976 年纯化了呼吸链四个独立的复合体。1977 年，Boyer 提出构象偶联假说。1994 年，Walker 成功地完成了牛心线粒体 ATP 酶的晶体结构分析，进一步揭示了 ATP 生成的机制。

学习小结

1. 学习内容

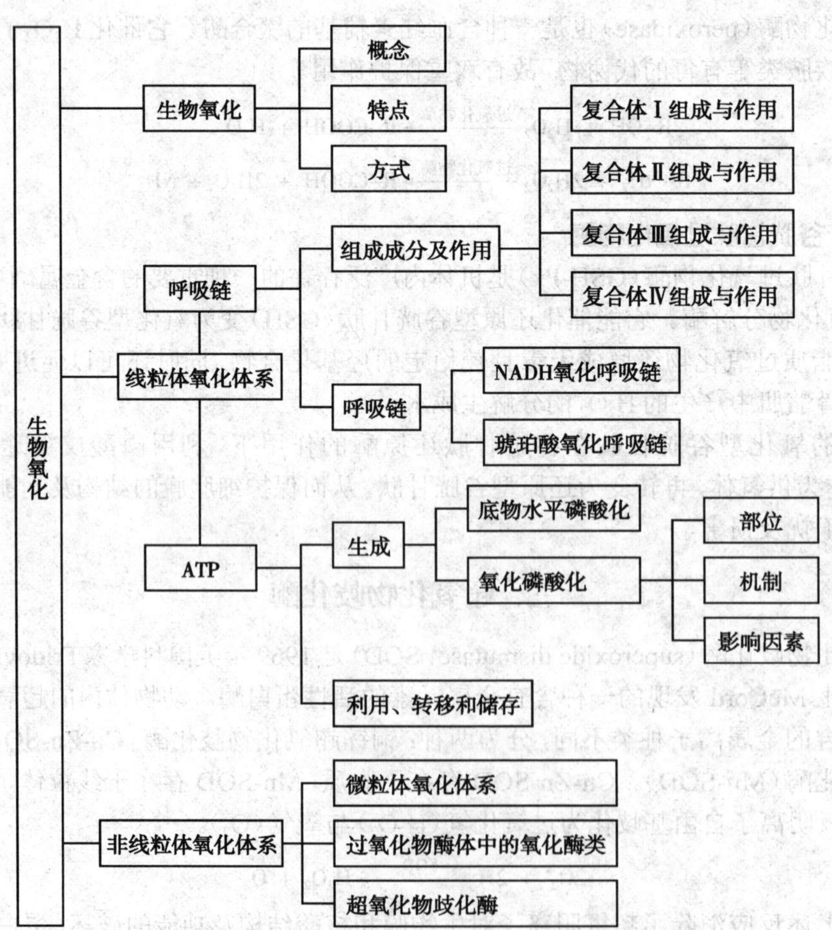

2. 学习方法

(1) 本章的学习首先要结合 B 族维生素所学的相关知识理解呼吸链的组成成分和复合体构成，以及生物氧化和呼吸链的基本概念。

(2) 要从氧化释放能量的角度理解 ATP 生成、储存和利用的方式。

(颜亭祥)

复习思考题

1. 简述生物氧化的特点、体内 H_2O 产生的过程和 CO_2 产生的方式。

2. NADH 氧化呼吸链和琥珀酸氧化呼吸链有何异同点？

3. 体内 ATP 是如何生成和利用的？

第九章　糖　代　谢

学习目的

通过学习本章内容要掌握糖的无氧酵解和有氧氧化的反应过程及磷酸戊糖途径的生理意义等相关内容，同时为进一步学习脂类、蛋白质和核酸代谢以及相互转化打下基础。

学习要点

糖在体内存在的一般形式与调节；糖分解代谢的三种主要途径及其特点；三羧酸循环反应的生理意义；糖异生的生理意义。

糖是多羟基醛或多羟基酮及其衍生物或多聚物的总称，是为机体供能的主要物质。糖代谢是指葡萄糖在体内的一系列复杂的化学反应过程。它包括糖的合成代谢和分解代谢。葡萄糖还可在机体内转变成多种非糖物质如甘油、乳酸、脂肪及非必需氨基酸等；有些非糖物质（如甘油、乳酸和生糖氨基酸等）也可转变为葡萄糖。本章将重点介绍葡萄糖在机体内的代谢。

第一节　概　　述

一、糖的消化与吸收

（一）糖的消化

膳食中的糖主要有植物淀粉、动物糖原、麦芽糖、蔗糖、乳糖、葡萄糖等，一般以淀粉为主。唾液和胰液中都含有α-淀粉酶，可水解淀粉分子内的α-1，4糖苷键，使淀粉水解成葡萄糖。

淀粉的消化是从口腔开始的，由于食物在口腔停留时间很短，所以淀粉主要在小肠内进行消化。在α-淀粉酶作用下，淀粉被水解为麦芽糖和麦芽三糖（约占65%）及含分支的异麦芽糖和由4～9个葡萄糖残基构成的α-临界糊精（约占35%）。在小肠黏膜刷状缘上含有α-葡萄糖苷酶及α-临界糊精酶，α-葡萄糖苷酶（包括麦芽糖酶）水解没有分支的麦芽糖和麦芽三糖；α-临界糊精酶（包括异麦芽糖酶）则可水解α-1，4-糖苷键和α-1，6-糖苷键，将α-糊精和异麦芽糖水解成葡萄糖。肠黏膜细胞还存在蔗糖酶和乳糖酶等，分别水解蔗糖和乳糖。有些成人由于缺乏乳糖酶，在食用牛奶后发生乳糖消化吸收障碍，可引起腹胀、腹泻等症状。

食物中含有大量的纤维素，因人体内不产生β-葡萄糖苷酶而不能对其分解利用，但其具有刺激肠蠕动促进排便等功效，有利于身体健康。

（二）糖的吸收

当糖被消化成单糖后被小肠吸收，经门静脉输入肝脏。小肠黏膜细胞对葡萄糖的吸收是一个依赖于特定载体的主动转运过程，在吸收过程中同时伴有 Na^+ 的转运。这类葡萄糖转运体被称为 Na^+ 依赖型葡萄糖转运体。它们主要存在于小肠黏膜和肾小管上皮细胞。

二、糖代谢概况

糖代谢是由一系列酶催化的复杂的化学反应过程。葡萄糖吸收入血后，首先由葡萄糖转运体（glucose transporter，GLUT）将葡萄糖转运到细胞内，进而实现体内的代谢过程。葡萄糖在不同类型细胞中的代谢途径有所不同，其分解代谢途径主要包括糖的无氧分解、有氧氧化、磷酸戊糖途径及糖原的分解。糖的合成代谢主要包括糖原合成和糖异生。

第二节　糖的氧化分解

葡萄糖在细胞内的分解代谢途径与细胞内氧含量有关。在氧充足的情况下，葡萄糖进行有氧氧化，生成二氧化碳和水，并逐步放出能量；在氧供应不足或缺氧的情况下，葡萄糖进行无氧分解生成乳酸并伴有少量的能量生成。此外，糖还可以通过磷酸戊糖途径使葡萄糖生成 5- 磷酸核糖、$NADPH+H^+$ 和 CO_2，但磷酸戊糖途径不生成 ATP。

一、糖的无氧分解

在氧供应不足或缺氧情况下，葡萄糖经一系列酶催化下生成丙酮酸进而还原生成乳酸的过程称之为糖酵解（glycolysis），也称为糖的无氧氧化（anaerobic oxidation）。糖酵解的反应过程可分为两个阶段：第一阶段是由葡萄糖分解成丙酮酸的过程，称之为糖酵解途径；第二阶段是丙酮酸转变为乳酸的过程。糖酵解的全部反应均在胞液中进行。

（一）糖酵解反应过程

糖酵解反应过程包含 11 步反应。第一阶段酵解途径包括 10 步反应；第二阶段丙酮酸还原为乳酸只有 1 步反应。

1. 糖酵解途径　通过糖酵解途径 1 分子葡萄糖生成 2 分子乳酸。

反应 1：葡萄糖磷酸化生成 6- 磷酸葡萄糖。

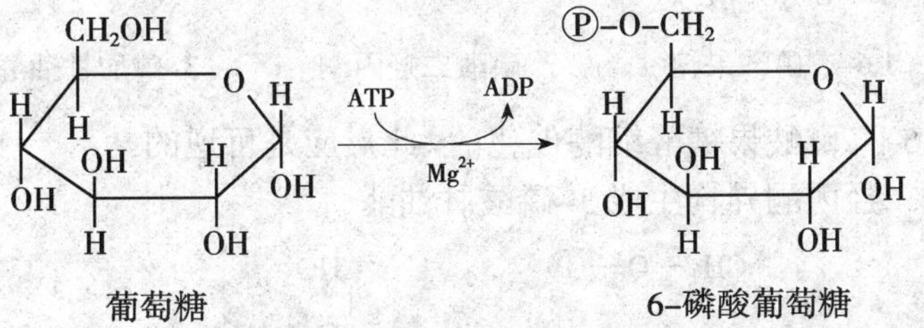

$$\text{葡萄糖} \xrightarrow[Mg^{2+}]{ATP \to ADP} \text{6-磷酸葡萄糖}$$

葡萄糖第 6 位碳的羟基磷酸化成为 6- 磷酸葡萄糖；磷酸由 ATP 供给。

此反应是由己糖激酶（hexokinase，HK）催化的耗能反应，消耗 1 分子 ATP。该反应是不可逆的。肝内催化葡萄糖磷酸化的酶是葡萄糖激酶（glucokinase，GK），它对葡萄糖的亲和力很低，这表明肝细胞与其他细胞在葡萄糖代谢上的不同：肝脏主要为肝外组织细胞提供葡萄糖，维持血糖恒定；肝外组织则主要为满足自身细胞的能量需求而代谢葡萄糖。

己糖激酶是糖酵解的第一个关键酶和调节位点。Mg^{2+} 是激活己糖激酶所必需的阳离子。

反应 2：6- 磷酸葡萄糖异构生成 6- 磷酸果糖。

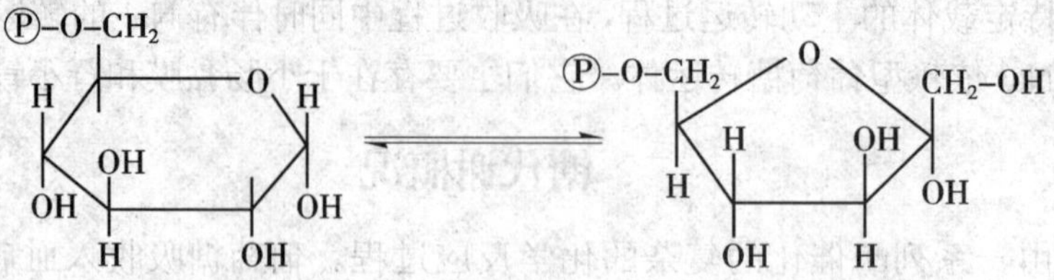

6–磷酸葡萄糖 ⇌ 6–磷酸果糖

反应是由磷酸己糖异构酶催化的，此反应是可逆的。

反应 3：6- 磷酸果糖磷酸化生成 1，6- 二磷酸果糖。

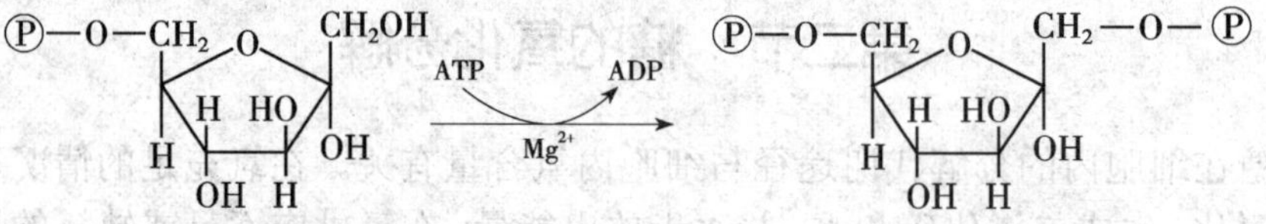

6–磷酸果糖 —(ATP→ADP，Mg^{2+})→ 1,6–二磷酸果糖

此反应是由 6- 磷酸果糖激酶 -1（phosphofructokinase 1，PFK1）催化 6- 磷酸果糖 C_1 磷酸化生成 1，6- 二磷酸果糖，反应所需的磷酸也是由 ATP 提供的。这也是一步耗能的不可逆反应，消耗 1 分子 ATP。Mg^{2+} 也是激活 6- 磷酸果糖激酶 -1 必需的阳离子。6- 磷酸果糖激酶 -1 是糖酵解的第二个关键酶和调节位点。

反应 4：1，6- 二磷酸果糖一分为二生成 1 分子磷酸二羟丙酮和 1 分子 3- 磷酸甘油醛（即 2 分子丙糖）。

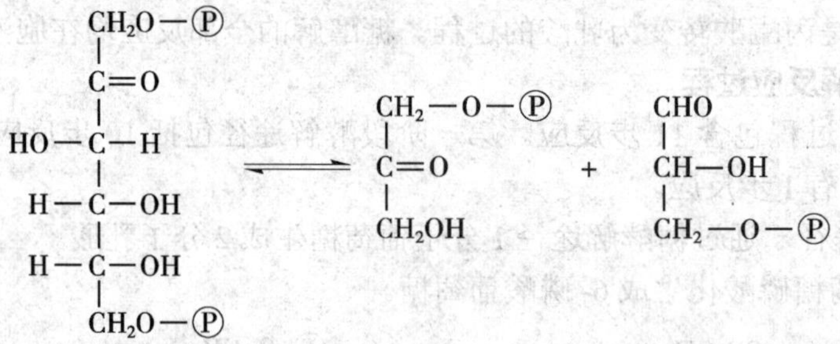

1,6–二磷酸果糖 ⇌ 磷酸二羟丙酮 + 3–磷酸甘油醛

反应是由 1，6- 二磷酸果糖醛缩酶催化的，此反应是可逆的。

反应 5：磷酸二羟丙酮异构生成 3- 磷酸甘油醛。

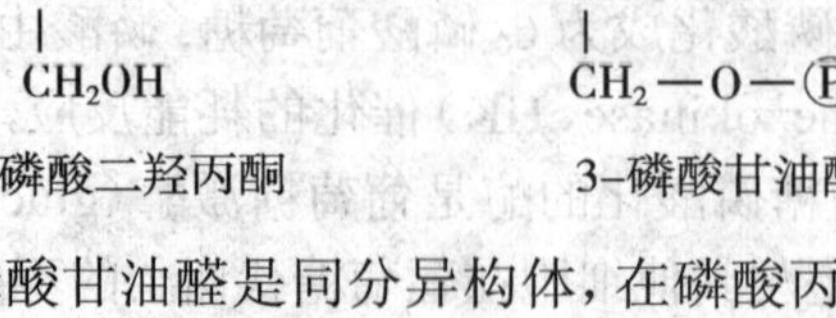

磷酸二羟丙酮 ⇌ 3–磷酸甘油醛

磷酸二羟丙酮与 3- 磷酸甘油醛是同分异构体，在磷酸丙糖异构酶的催化下，反应可以双向进行。但在细胞内，反应趋向磷酸二羟丙酮生成 3- 磷酸甘油醛。所以，每 1 分子

1，6- 二磷酸果糖相当于产生 2 分子 3- 磷酸甘油醛。

反应 6：3- 磷酸甘油醛氧化为 1，3- 二磷酸甘油酸。

$$\begin{matrix}\text{CHO}\\ |\\ \text{CH—OH}\\ |\\ \text{CH}_2\text{—O—Ⓟ}\end{matrix} \xrightleftharpoons[\text{Pi}]{\text{NAD}^+ \quad \text{NADH+H}^+} \begin{matrix}\text{O=C—O\textasciitilde Ⓟ}\\ |\\ \text{CH—OH}\\ |\\ \text{CH}_2\text{—O—Ⓟ}\end{matrix}$$

3-磷酸甘油醛　　　　1,3-二磷酸甘油酸

此反应由 3- 磷酸甘油醛脱氢酶催化，3- 磷酸甘油醛的醛基脱氢氧化生成含有高能磷酸键的 1，3- 二磷酸甘油酸。NAD^+ 是 3- 磷酸甘油醛脱氢酶的辅酶，在该反应中接受氢或电子，生成 $NADH + H^+$。这是糖酵解途径中唯一的脱氢反应，它可为缺氧状态下丙酮酸生成乳酸提供氢。

反应 7：1，3- 二磷酸甘油酸生成 3- 磷酸甘油酸。

$$\begin{matrix}\text{O=C—O\textasciitilde Ⓟ}\\ |\\ \text{CH—OH}\\ |\\ \text{CH}_2\text{—O—Ⓟ}\end{matrix} \xrightleftharpoons{\text{ADP} \quad \text{ATP}} \begin{matrix}\text{COO}^-\\ |\\ \text{CH—OH}\\ |\\ \text{CH}_2\text{—O—Ⓟ}\end{matrix}$$

1,3-二磷酸甘油酸　　　　3-磷酸甘油酸

此反应由磷酸甘油酸激酶催化，1，3- 二磷酸甘油酸上的高能磷酸键转移给 ADP 生成 ATP 和 3- 磷酸甘油酸。这是糖酵解过程中第一次产生 ATP 的反应，也称为底物水平磷酸化（见生物氧化章）。磷酸甘油酸激酶催化的这步反应是可逆的，逆反应过程则需消耗 1 分子 ATP。

反应 8：3- 磷酸甘油酸生成 2- 磷酸甘油酸。

$$\begin{matrix}\text{COO}^-\\ |\\ \text{CH—OH}\\ |\\ \text{CH}_2\text{—O—Ⓟ}\end{matrix} \rightleftharpoons \begin{matrix}\text{COO}^-\\ |\\ \text{CH—O—Ⓟ}\\ |\\ \text{CH}_2\text{—OH}\end{matrix}$$

3-磷酸甘油酸　　　　2-磷酸甘油酸

此反应由磷酸甘油酸变位酶催化，3- 磷酸甘油酸 C_3 位上的磷酸基转移到 C_2 位，这步反应是可逆的。

反应 9：2- 磷酸甘油酸脱水生成磷酸烯醇式丙酮酸。

$$\begin{matrix}\text{COO}^-\\ |\\ \text{CH—O—Ⓟ}\\ |\\ \text{CH}_2\text{—OH}\end{matrix} \rightleftharpoons \begin{matrix}\text{COO}^-\\ |\\ \text{C—O\textasciitilde Ⓟ}\\ \|\\ \text{CH}_2\end{matrix} + H_2O$$

2-磷酸甘油酸　　　　磷酸烯醇式丙酮酸

此反应由烯醇化酶催化，2- 磷酸甘油酸脱水生成磷酸烯醇式丙酮酸（phosphoenolpyruvate，PEP）。由于脱水反应引起分子内部的电子重排和能量的重新分布，形成了一个高能磷酸键，为下一步产能作了准备。

反应 10：磷酸烯醇式丙酮酸生成丙酮酸。

$$\begin{array}{c}COO^-\\|\\C-O\sim Ⓟ\\\|\\CH_2\end{array}\xrightarrow{ADP\quad ATP}\begin{array}{c}COO^-\\|\\C=O\\|\\CH_3\end{array}$$

磷酸烯醇式丙酮酸　　丙酮酸

此反应是由丙酮酸激酶（pyruvate kinase）催化的，将磷酸烯醇式丙酮酸的高能磷酸基转移给 ADP 生成 ATP 及丙酮酸，这是糖酵解途径中第二次通过底物水平磷酸化产生 ATP 的反应。这步反应是不可逆的，丙酮酸激酶是糖酵解的第三个关键酶和调节位点，需要 K^+ 和 Mg^{2+} 参与。反应最初生成烯醇式丙酮酸，但烯醇式迅速经非酶促反应转变为酮式。

2. 丙酮酸还原为乳酸的过程。

反应 11：丙酮酸被还原为乳酸。

$$\begin{array}{c}CH_3\\|\\C=O\\|\\COOH\end{array}\xrightarrow{NADH+H^+\quad NAD^+}\begin{array}{c}CH_3\\|\\CHOH\\|\\COOH\end{array}$$

丙酮酸　　乳酸

在缺氧情况下，由乳酸脱氢酶（lactate dehydrogenase，LDH）催化丙酮酸还原成乳酸，反应所需的氢原子来自上述第 6 步反应中的 3- 磷酸甘油醛的脱氢生成的 $NADH + H^+$。糖酵解的全部反应可归纳如图 9-1 所示。

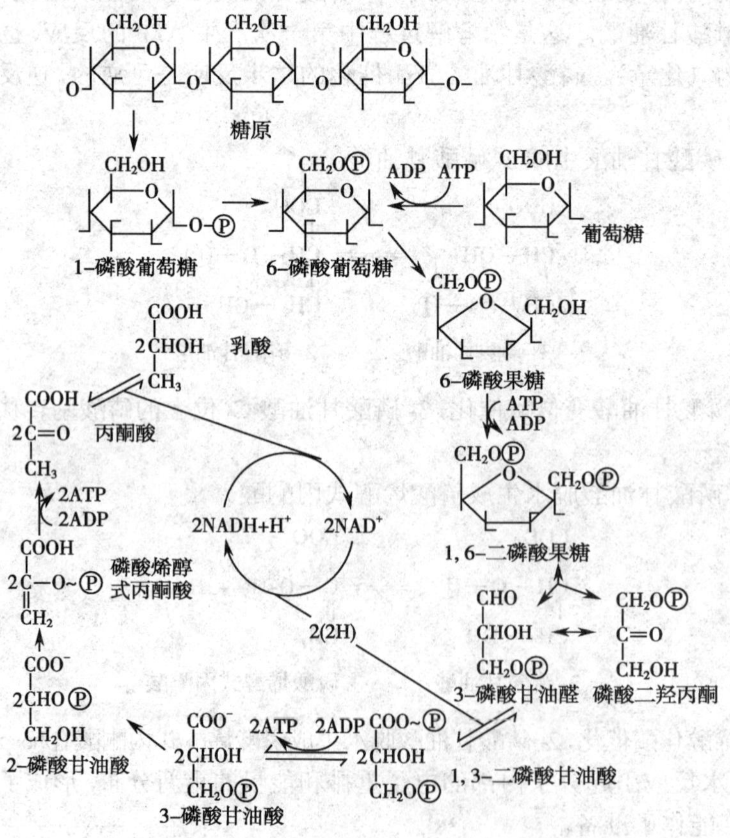

图 9-1　糖酵解反应过程

知识拓展

巴斯德效应机制

法国科学家巴斯德(Pasteur)在研究中发现酵母菌在无氧环境中可以发酵生醇，此过程与糖酵解相似。将其转移至有氧环境，发酵生醇过程即被抑制。此现象称为巴斯德效应。这是因为丙酮酸的代谢去向是由 $NADH+H^+$ 决定的。在缺氧时 $NADH+H^+$ 不能进入线粒体被氧化，丙酮酸就作为受氢体被还原生成乳酸。在有氧的情况下，$NADH+H^+$ 可进入线粒体内氧化生成 ATP；同时，丙酮酸也进入线粒体进行有氧氧化因而不生成乳酸，所以氧抑制了酵解。

(二) 糖酵解的调节

在整个糖酵解过程中，己糖激酶(葡萄糖激酶)、6-磷酸果糖激酶-1和丙酮酸激酶所催化的反应是不可逆的，是糖酵解过程中的关键酶，分别受变构效应剂和激素的调节。调节这些酶的活性可以影响糖酵解的速度。糖酵解是体内葡萄糖分解供能的重要途径之一，对于某些组织，尤其是骨骼肌，通过上述关键酶的调控以满足这些组织对能量的需求。

除葡萄糖外，其他己糖也可转变成磷酸己糖进入糖酵解途径。例如，果糖在己糖激酶的催化下可转变成6-磷酸果糖；甘露糖经己糖激酶催化生成6-磷酸甘露糖，后者在异构酶的作用下转变为6-磷酸果糖。

(三) 糖酵解的生理意义

1. 提供能量　由图9-1可知，糖酵解过程中每分子葡萄糖生成2分子乳酸时净生成2分子 ATP；如果从糖原开始酵解，每分子糖原可净生成3分子 ATP。肌组织中因葡萄糖进行有氧氧化的反应过程比糖酵解长，通过糖酵解可迅速获得 ATP。

2. 糖酵解是机体在缺氧或剧烈运动时获得能量的主要途径　如剧烈运动时，骨骼肌处于相对缺氧状态，使糖酵解过程加强，以补充运动所需的能量。人们从平原进入高原的初期，组织细胞也通过增强糖酵解过程来适应缺氧的环境。在一些病理情况下，例如严重贫血、大量失血、呼吸障碍、循环障碍等因氧气供给不足时，也使糖酵解过程加强，甚至可因糖酵解过度，造成乳酸堆积而发生乳酸性酸中毒。

3. 糖酵解是某些组织细胞获得能量的有效方式　成熟红细胞没有线粒体不能进行有氧氧化，完全依赖糖酵解供应能量。皮肤、睾丸、视网膜、神经组织、白细胞、骨髓等，即使在不缺氧时也常由糖酵解提供能量。

二、糖的有氧氧化

葡萄糖在有氧条件下彻底氧化成水和二氧化碳并产生能量的过程称为糖的有氧氧化(aerobic oxidation)。糖的有氧氧化是糖分解代谢的主要方式，绝大多数细胞都是通过此途径获得能量的。糖的有氧氧化与糖酵解有一段共同的代谢过程，即从葡萄糖转变为丙酮酸的过程，不同的是丙酮酸以后的代谢。在糖酵解过程中，丙酮酸在胞液内接受 NADH 的氢还原为乳酸；而在有氧氧化中，丙酮酸进入线粒体，氧化脱羧生成乙酰辅酶 A，后者再经三羧酸循环彻底氧化成 CO_2 和 H_2O。糖的有氧氧化与糖酵解的关系见图9-2。

(一) 糖有氧氧化的反应过程

糖有氧氧化的反应过程可分为三个阶段：

1. 葡萄糖氧化生成丙酮酸　这个阶段也是在胞液中进行的，与无氧酵解过程基本相

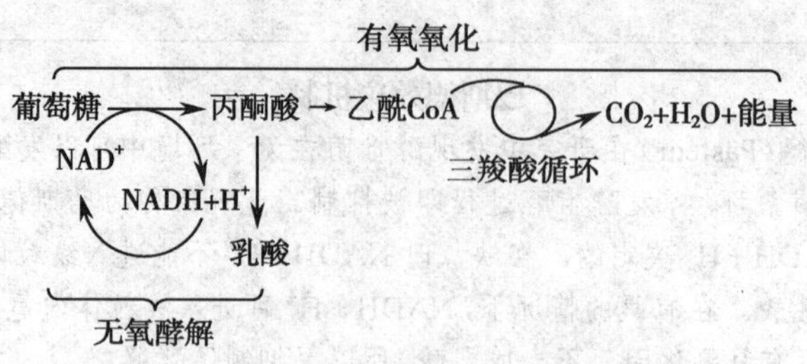

图 9-2 糖的有氧氧化与糖酵解的关系

同，不同的是所生成的 2 分子 $NADH+H^+$ 不参与丙酮酸还原为乳酸的反应，而是通过线粒体内呼吸链使 $NADH+H^+$ 中的 2H 氧化成 H_2O，并释放能量产生 3～5 分子 ATP（详见生物氧化章）。

2．丙酮酸氧化脱羧生成乙酰 CoA　在有氧状态下，胞液中的丙酮酸透过线粒体膜进入线粒体后，经丙酮酸脱氢酶系（复合体）催化，氧化脱羧并与辅酶 A 结合而生成乙酰 CoA。这是一个高度不可逆的反应，也是糖类经丙酮酸进入三羧酸循环的必经途径。

$$CH_3CO\boxed{COOH+HS}-CoA \xrightarrow{\text{丙酮酸脱氢酶系}} CH_3CO\text{-}SCoA$$

NAD^+　$NADH+H^+$　CO_2

丙酮酸　　辅酶A　　乙酰辅酶A

丙酮酸脱氢酶系是一个复杂的多酶复合体，由丙酮酸脱氢酶（E_1）、二氢硫辛酰胺转乙酰酶（E_2）和二氢硫辛酰胺脱氢酶（E_3）三种酶按一定比例组合而成。参与反应的辅酶有 TPP、硫辛酸、FAD、NAD^+ 及 HSCoA，它们分别来自维生素 B_1、硫辛酸、维生素 B_2、泛酸和维生素 PP 五种维生素。此多酶复合体形成了紧密相连的连锁反应结构，故催化效率极高。其反应过程见图 9-3。

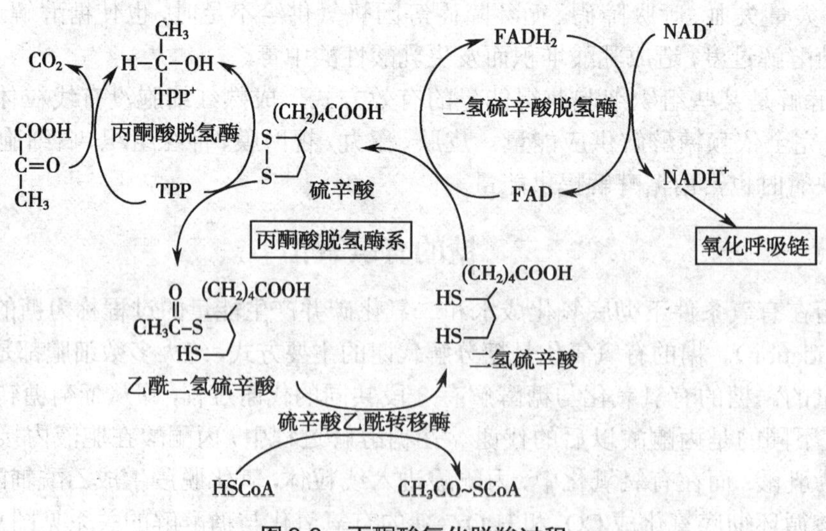

图 9-3 丙酮酸氧化脱羧过程

3．三羧酸循环　三羧酸循环（tricarboxylic acid cycle，TCA cycle，TCA 循环）亦称柠檬酸循环。此名称源于其第一个中间产物柠檬酸含有三个羧基故而称三羧酸循环。又因

Krebs 正式提出了三羧酸循环的学说，故此循环又称为 Krebs 循环。它是由一系列酶促反应构成的循环反应系统，在该反应过程中，首先由乙酰 CoA（主要来自于三大营养物质的分解代谢）与草酰乙酸缩合生成 3 个羧基的柠檬酸，再经过 4 次脱氢、2 次脱羧，生成 3 分子 $NADH+H^+$、1 分子 $FADH_2$ 及 2 分子 CO_2，重新生成草酰乙酸。

三羧酸循环是在线粒体中进行的，其整个过程包含 8 步反应。

（1）三羧酸循环反应过程

反应 1：柠檬酸的生成。

$$\underset{\text{草酰乙酸}}{O{=}C(COOH){-}CH_2{-}COOH} + \underset{\text{乙酰CoA}}{CH_3{-}C({=}O){-}SCoA} + H_2O \longrightarrow \underset{\text{柠檬酸}}{HO{-}C(CH_2COOH)_2{-}COO^-} + \underset{\text{辅酶A}}{HSCoA}$$

柠檬酸合酶催化乙酰 CoA 与草酰乙酸缩合形成柠檬酸。在此反应中乙酰 CoA 上的甲基 C 与草酰乙酸的酰基 C 结合为柠檬酰辅酶 A，然后迅速水解成柠檬酸和 HSCoA。此反应在生理条件下是不可逆的。柠檬酸合酶是别构酶，是三羧酸循环的第一个关键酶和调节点。

反应 2：异柠檬酸的形成。

$$\underset{\text{柠檬酸}}{^-OOC{-}CH_2{-}C(OH)(COO^-){-}CH_2{-}COO^-} \xrightarrow{-H_2O} \underset{\text{[酶–顺乌头酸]复合物}}{\left[^-OOC{-}CH{=}C(COO^-){-}CH_2{-}COO^-\right]} \xrightarrow{H_2O} \underset{\text{异柠檬酸}}{^-OOC{-}CH(OH){-}CH(COO^-){-}CH_2{-}COO^-}$$

顺乌头酸酶催化柠檬酸与异柠檬酸的可逆互变，但要通过顺乌头酸这个中间物，先脱水转变为顺乌头酸，再加水形成异柠檬酸，此反应是可逆的。

反应 3：α- 酮戊二酸的生成（第一次氧化脱羧反应）。

$$\underset{\text{异柠檬酸}}{^-OOC{-}CH(OH){-}CH(COO^-){-}CH_2{-}COO^-} \xrightarrow[Mg^{2+}]{NAD^+ \quad NADH+H^+,\ CO_2} \underset{\text{α–酮戊二酸}}{^-OOC{-}C({=}O){-}CH_2{-}CH_2{-}COO^-}$$

异柠檬酸脱氢酶催化异柠檬酸氧化脱羧成为 α- 酮戊二酸。此反应使异柠檬酸分子上 α- 碳的羟基氧化成羰基，脱下的氢生成 $NADH+H^+$。同时脱去 β 位羧基，通常称为 β- 氧化脱羧反应，是生理条件下不可逆的反应。异柠檬酸脱氢酶也是一种以 NAD^+ 为辅酶的别构酶，ADP 和 NAD^+ 是该酶的别构激活剂，ATP 和 $NADH+H^+$ 是其别构抑制剂。异柠檬酸脱氢酶是三羧酸循环的第二个关键酶和调节点。

反应 4：琥珀酰 CoA 生成（第二次氧化脱羧）。

$$\begin{array}{c}COO^- \\ | \\ C{=}O \\ | \\ CH_2 \\ | \\ CH_2 \\ | \\ COO^-\end{array} + NAD^+ + HS{-}CoA \longrightarrow \begin{array}{c}O{=}C{\sim}SCoA \\ | \\ CH_2 \\ | \\ CH_2 \\ | \\ COO^-\end{array} + NADH + H^+ + CO_2$$

α-酮戊二酸　　　　琥珀酰CoA

α-酮戊二酸脱氢酶系催化α-酮戊二酸氧化脱羧生成琥珀酰 CoA。脱下的氢由 NAD^+ 接受生成 $NADH+H^+$。该酶系是由α-酮戊二酸脱氢酶、硫辛酸琥珀酰基转移酶及二氢硫辛酸脱氢酶组成的复合体，其辅酶为 TPP、硫辛酸、FAD、NAD^+ 和 HSCoA，其催化机制与丙酮酸脱氢酶系相似，属于不可逆的α-氧化脱羧反应，是三羧酸循环的第三个关键酶和调节位点。

反应 5：琥珀酸的生成（底物水平磷酸化反应）。

$$\begin{array}{c}O{=}C{\sim}SCoA \\ | \\ CH_2 \\ | \\ CH_2 \\ | \\ COO^-\end{array} \xrightleftharpoons[]{GDP+Pi \quad GTP} \begin{array}{c}COO^- \\ | \\ CH_2 \\ | \\ CH_2 \\ | \\ COO^-\end{array} + HSCoA$$

琥珀酰CoA　　　　琥珀酸

琥珀酰 CoA 合成酶催化琥珀酰 CoA 生成琥珀酸。在此反应中，琥珀酰 CoA 的高能硫酯键断开，释出的能量使 GDP 磷酸化生成 GTP，所生成的 GTP 经核苷二磷酸激酶催化，可转变为 ATP。这是三羧酸循环中唯一一次底物水平磷酸化的反应。

反应 6：延胡索酸的生成。

$$\begin{array}{c}COO^- \\ | \\ CH_2 \\ | \\ CH_2 \\ | \\ COO^-\end{array} \xrightleftharpoons[]{FAD \quad FADH_2} \begin{array}{c}COO^- \\ | \\ C{-}H \\ \| \\ H{-}C \\ | \\ COO^-\end{array}$$

琥珀酸　　　　延胡索酸

琥珀酸脱氢酶催化琥珀酸氧化成为延胡索酸，脱下的氢由 FAD 接受生成 $FADH_2$。该酶结合在线粒体内膜上，将来自琥珀酸的电子通过琥珀酸氧化呼吸链进行氧化。丙二酸是琥珀酸脱氢酶的竞争性抑制物，所以丙二酸可以抑制三羧酸循环。

反应 7：苹果酸的生成。

$$\begin{array}{c}COO^- \\ | \\ C{-}H \\ \| \\ H{-}C \\ | \\ COO^-\end{array} \xrightleftharpoons{H_2O} \begin{array}{c}COO^- \\ | \\ HO{-}C{-}H \\ | \\ H{-}C{-}H \\ | \\ COO^-\end{array}$$

延胡索酸　　　　苹果酸

延胡索酸酶催化延胡索酸加水生成苹果酸。该酶只能催化延胡索酸（反丁烯二酸）的反应，对于马来酸（顺丁烯二酸）则无催化作用，因而具有高度立体异构特异性。

反应 8：草酰乙酸的生成。

$$\begin{array}{c} COO^- \\ | \\ HO-C-H \\ | \\ H-C-H \\ | \\ COO^- \\ \text{苹果酸} \end{array} \underset{}{\overset{NAD^+ \quad NADH+H^+}{\rightleftharpoons}} \begin{array}{c} COO^- \\ | \\ C=O \\ | \\ CH_2 \\ | \\ COO^- \\ \text{草酰乙酸} \end{array}$$

三羧酸循环的最后一个反应是由 L- 苹果酸脱氢酶催化苹果酸脱氢生成草酰乙酸，脱下的氢由 NAD^+ 接受生成 $NADH+H^+$。

三羧酸循环的总反应为：

$CH_3CO\sim SCoA+3NAD^++FAD+GDP+Pi+2H_2O \rightarrow 2CO_2+3NADH+3H^++FADH_2+HSCoA+GTP$

三羧酸循环的反应全过程见图 9-4。

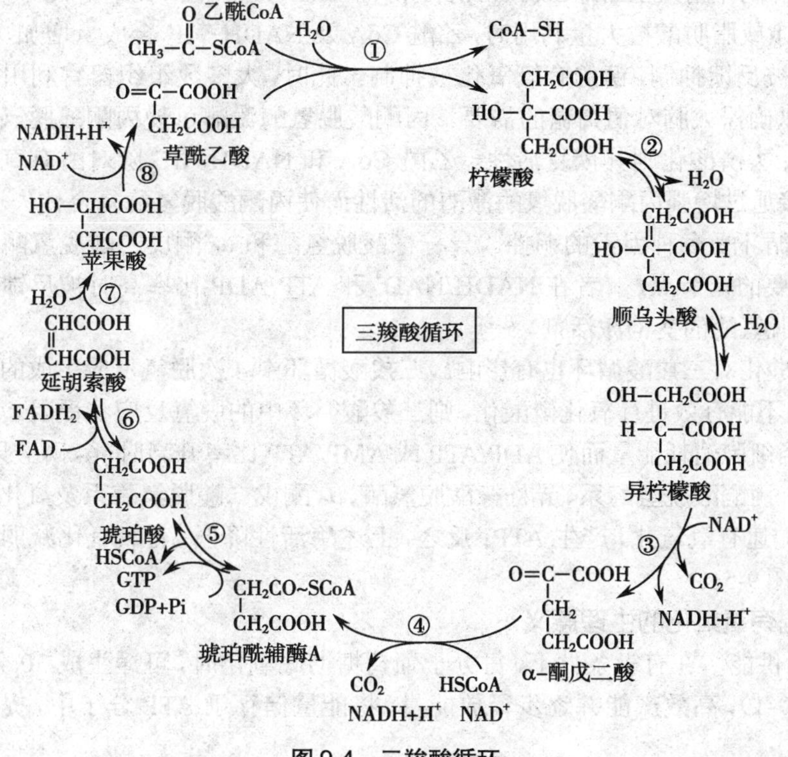

图 9-4 三羧酸循环

（2）三羧酸循环的特点：①两次脱羧 CO_2 和氢的生成：三羧酸循环在线粒体中进行，其反应是从含 2 个分子碳原子的乙酰 CoA 与含 4 个碳原子的草酰乙酸缩合成含 6 个碳原子的柠檬酸开始，反复脱氢氧化，通过脱羧方式生成 2 分子 CO_2，这是体内 CO_2 的主要来源。②有 4 次脱氢反应（其中三次以 NAD^+ 为受氢体，一次以 FAD 为受氢体），脱下的氢经电子传递链氧化释放的能量驱动 ADP 磷酸化生成 9 分子 ATP。另外，每一次循环还以底物水平磷酸化形式生成 1 分子 ATP。这样每循环一次共生成 10 分子 ATP。③三个关键酶：柠檬酸合酶、异柠檬酸脱氢酶、α-酮戊二酸脱氢酶系所催化的反应不可逆，所以整个循环是不可逆的。④草酰乙酸互变：三羧酸循环从草酰乙酸开始，最后仍生成草酰乙酸，虽其数量不变，但实际上草酰乙酸可通过参与其他代谢而不断更新。例如通过转氨基作用，草酰乙酸与天冬氨酸可以相互转变；草酰乙酸还可脱羧生成丙酮酸，丙酮酸也可经丙酮酸羧化酶催化生成草酰乙酸。⑤重要的调节点：异柠檬酸脱氢酶和α-酮戊二酸脱氢酶系是三羧酸循环最重要的调节点，当 $NADH+H^+/NAD^+$、ATP/ADP 比率增高时它们的活性受反馈抑制，ADP 是异柠檬酸脱氢酶的激活剂。

（二）糖有氧氧化的调节

糖的有氧氧化是机体获得能量的主要方式。调节糖有氧氧化的反应速率，以满足机体对能量的需求。糖酵解途径的调节已在前面详细讲述，这里主要介绍丙酮酸脱氢酶系以及三羧酸循环的调节。

丙酮酸脱氢酶系可通过变构效应和共价修饰两种方式进行快速调节。AMP 能激活丙酮酸脱氢酶系，而 ATP 对该酶系有抑制作用。乙酰 CoA 及 $NADH+H^+$ 对丙酮酸脱氢酶系有反馈抑制作用，当乙酰 CoA/HSCoA 和 $NADH+H^+/NAD^+$ 比值升高时，酶活性被抑制。如当饥饿或脂肪酸被大量利用时，乙酰 CoA 及 $NADH+H^+$ 合成量增加，丙酮酸脱氢酶系的活性被反馈抑制，糖的有氧氧化被抑制。此时，大多数组织器官利用脂肪酸作为能量来源，以确保大脑对葡萄糖的需要。丙酮酸脱氢酶激酶可使丙酮酸脱氢酶系磷酸化而失去活性；去磷酸化则其恢复活性。乙酰 CoA 和 $NADH+H^+$ 除对酶有直接抑制作用外，还可间接通过增强丙酮酸脱氢酶激酶的活性而使丙酮酸脱氢酶复合体失活。

三羧酸循环受多种因素的调控。异柠檬酸脱氢酶和α-酮戊二酸脱氢酶系是三羧酸循环中最重要的调节点，二者在 $NADH/NAD^+$ 和 ATP/ADP 比率高时被反馈抑制。ADP 是异柠檬酸脱氢酶的变构激活剂。

氧化磷酸化对三羧酸循环也有影响。三羧酸循环中 4 次脱氢反应生成的 $NADH+H^+$ 和 $FADH_2$ 如不能有效进行氧化磷酸化，则三羧酸循环中的脱氢反应将受阻。

此外，当细胞消耗能量而使 ADP/ATP 或 AMP/ATP 比率升高时，6-磷酸果糖激酶-1、丙酮酸激酶、丙酮酸脱氢酶系、异柠檬酸脱氢酶、α-酮戊二酸脱氢酶系及氧化磷酸化等被激活，从而加速有氧氧化，产生 ATP；反之，上述酶活性降低，有氧氧化减弱。三羧酸循环的调节见图 9-5。

（三）糖有氧氧化的生理意义

1. 氧化供能　在有氧条件下，每分子葡萄糖彻底氧化时，可净生成 30 分子或 32 分子 ATP（表 9-1），高效产能并逐步释放能量，将能量储存于 ATP 分子中，提高了能量利用率。

2. 三羧酸循环是三大营养物质氧化分解的共同途径　糖、脂肪、氨基酸在体内进行生物氧化都可生成乙酰 CoA。然后进入三羧酸循环彻底氧化分解并生成 ATP。因此，它是体内糖、脂肪和蛋白质三大营养物质分解代谢的最终共同途径。

3. 三羧酸循环也是糖、脂肪和氨基酸代谢联系的枢纽　糖代谢的中间产物乙酰 CoA 是脂肪酸合成的重要原料；许多氨基酸的碳架是三羧酸循环的中间产物，当生糖氨基酸分解代谢时可异生成葡萄糖。反之，由葡萄糖分解代谢产生的中间产物则可用于合成非必需氨基酸。

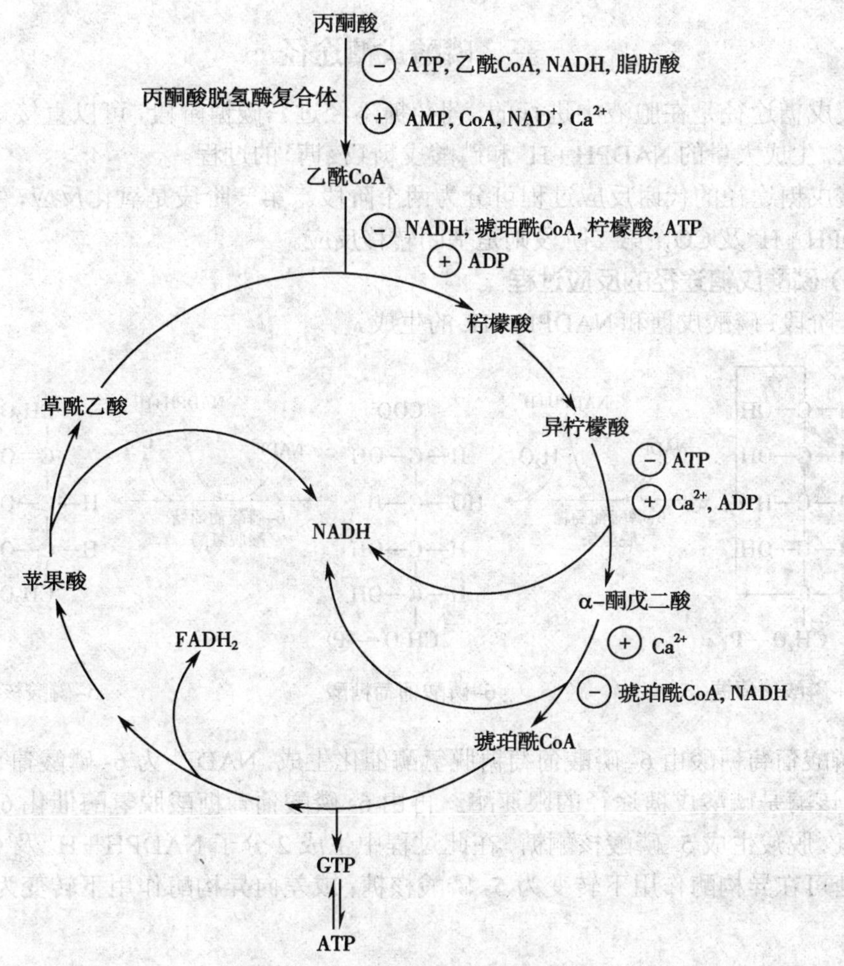

图 9-5　三羧酸循环的调节

表 9-1　葡萄糖有氧氧化生成的 ATP

	反应	辅酶	ATP
第一阶段	葡萄糖→6-磷酸葡萄糖		−1
	6-磷酸果糖→1，6-二磷酸果糖		−1
	2×3-磷酸甘油醛→2×1，3-二磷酸甘油酸	NAD^+	2^{Δ}×2.5 或 2*×1.5
	2×1，3-二磷酸甘油酸→2×3-磷酸甘油酸		2×1
	2×磷酸烯醇式丙酮酸→2×丙酮酸		2×1
第二阶段	2×丙酮酸→2×乙酰 CoA	NAD^+	2×2.5
第三阶段	2×异柠檬酸→2×α-酮戊二酸	NAD^+	2×2.5
	2×α-酮戊二酸→2×琥珀酰 CoA	NAD^+	2×2.5
	2×琥珀酰 CoA→2×琥珀酸		2×1
	2×琥珀酸→2×延胡索酸	FAD	2×1.5
合计			30 或 32

$^{\Delta}$ 由于每分子葡萄糖可裂解为 2 分子丙糖，故乘 2；* 根据 NADH 进入呼吸链的途径而定

三、磷酸戊糖途径

磷酸戊糖途径是在胞液中进行的，葡萄糖不经过三碳糖阶段，可以直接进行脱氢和脱羧反应，生成大量的 NADPH + H^+ 和磷酸戊糖（核糖）的过程。

磷酸戊糖途径的代谢反应过程可分为两个阶段。第一阶段是氧化反应，生成磷酸戊糖、NADPH + H^+ 及 CO_2；第二阶段则是基团转移反应。

（一）磷酸戊糖途径的反应过程

第一阶段：磷酸戊糖和 NADPH + H^+ 的生成。

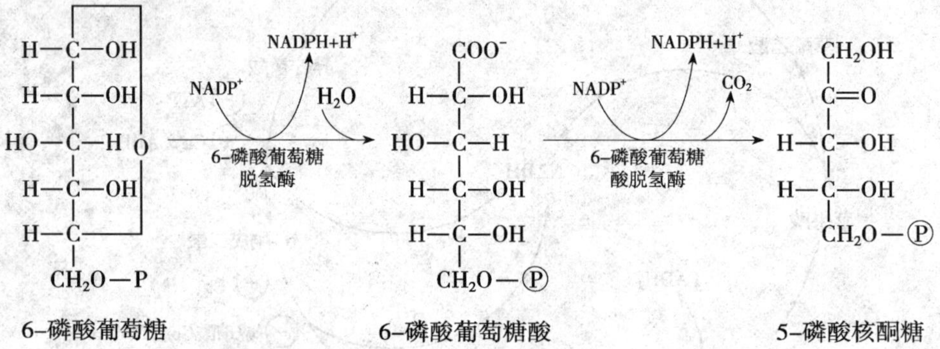

6- 磷酸葡萄糖酸由 6- 磷酸葡萄糖脱氢酶催化生成，$NADP^+$ 为 6- 磷酸葡萄糖脱氢酶的辅酶，该酶是磷酸戊糖途径的限速酶。再由 6- 磷酸葡萄糖酸脱氢酶催化 6- 磷酸葡萄糖酸脱氢、脱羧生成 5- 磷酸核酮糖，在此过程中生成 2 分子 NADPH + H^+ 及 CO_2。5- 磷酸核酮糖可在异构酶作用下转变为 5- 磷酸核糖；或差向异构酶作用下转变为 5- 磷酸木酮糖。

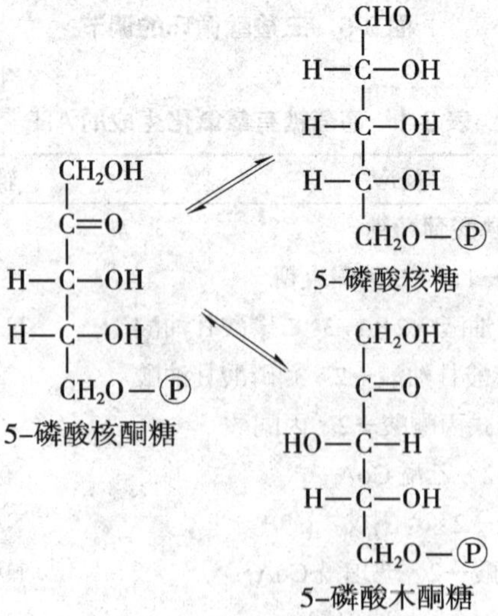

第二阶段：基团转移反应。

此阶段通过一系列基团转移反应，将核糖转变成 6- 磷酸果糖和 3- 磷酸甘油醛回到糖酵解途径中。因此磷酸戊糖途径也称磷酸戊糖旁路（图 9-6）。

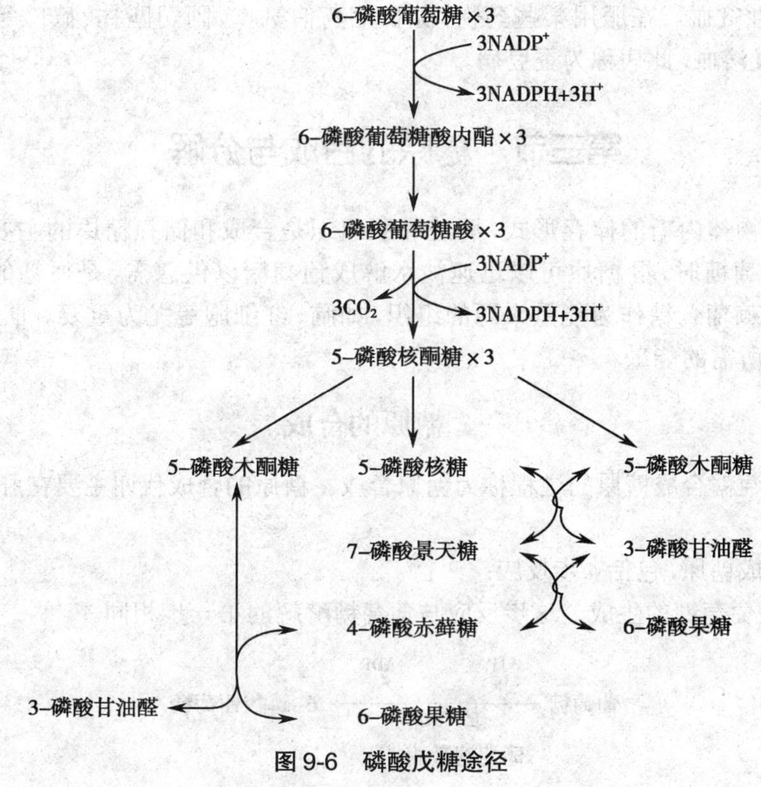

图 9-6 磷酸戊糖途径

磷酸戊糖之间的互相转变及其他基团转移反应均为可逆反应，这有利于丙糖、丁糖、戊糖、己糖、庚糖在体内的互变，为机体细胞提供多种糖和 NADPH。磷酸戊糖途径总的反应为：

$$3\times 6\text{-磷酸葡萄糖}+6NADP^{+}\rightarrow 2\times 6\text{-磷酸果糖}+3\text{-磷酸甘油醛}+6NADPH+6H^{+}+3CO_2$$

（二）磷酸戊糖途径的生理意义

1. 为核酸的生物合成提供核糖　磷酸戊糖途径是体内利用葡萄糖生成 5- 磷酸核糖的唯一途径，为体内核酸合成提供了原料。

2. 提供 NADPH 作为供氢体参与多种代谢反应　$NADPH+H^+$ 与 $NADH+H^+$ 不同，它携带的氢不进入氧化呼吸链氧化以释出能量，而是作为供氢体参与体内多种代谢反应。

(1) 为脂肪酸、胆固醇、类固醇激素等合成提供氢。

(2) NADPH 参与体内羟化反应：有些羟化反应与生物合成有关。例如：从鲨烯合成胆固醇，从胆固醇合成胆汁酸、类固醇激素等；有些羟化反应则与生物转化有关，如激素灭活。

(3) NADPH 是谷胱甘肽还原酶的辅酶：两分子还原型谷胱甘肽（GSH）脱氢氧化成氧化型谷胱甘肽（GSSG），而后者可在谷胱甘肽还原酶作用下，被 NADPH 重新还原成为还原型谷胱甘肽。GSH 是体内重要的抗氧化剂，可以保护含巯基酶等重要物质免受氧化。GSH 对于保护红细胞膜蛋白的完整性尤其重要。若红细胞内缺乏 6- 磷酸葡萄糖脱氢酶，不能经磷酸戊糖途径得到充分的 NADPH，导致 GSH 减少，红细胞膜容易氧化破裂，发生溶血性贫血。在服用某些药物，如抗疟药伯氨喹、阿司匹林、磺胺等，或者食用蚕豆后，可诱发溶血，此病称为蚕豆病。

第三节　糖原的合成与分解

糖原是动物体内糖的储存形式，肝脏和肌组织是合成和储存糖原的主要组织器官。当机体需要葡萄糖时，肝糖原可以迅速被水解成葡萄糖以供急需，是血糖的重要来源。这对于一些依赖葡萄糖作为能量来源的组织，如脑、红细胞等尤为重要。肌糖原则主要提供肌肉收缩所需的能量。

一、糖原的合成

体内由葡萄糖合成糖原的过程称为糖原合成。糖原的合成代谢主要在肝脏和肌组织中进行。

葡萄糖合成糖原，包括4步反应：

1. 6-磷酸葡萄糖的生成　这步反应与葡萄糖酵解的第一步相同。

$$\text{葡萄糖} \xrightarrow[\text{已糖激酶}]{\text{ATP} \quad \text{ADP}} \text{6-磷酸葡萄糖}$$

葡萄糖激酶(肝)

2. 1-磷酸葡萄糖的生成　6-磷酸葡萄糖在磷酸葡萄糖变位酶催化下生成1-磷酸葡萄糖。

$$\text{6-磷酸葡萄糖} \xrightleftharpoons{\text{磷酸葡萄糖变位酶}} \text{1-磷酸葡萄糖}$$

3. 尿苷二磷酸葡萄糖（UDPG）的生成。

$$\text{1-磷酸葡萄糖 (}CH_2OH\text{, O—P)} + Ⓟ\sim Ⓟ\sim Ⓟ—\text{尿苷} \xrightarrow{\text{UDPG焦磷酸化酶}} \text{UDP-葡萄糖(UDPG) (}CH_2OH\text{, O—P}\sim\text{P—尿苷)} + PPi$$

此反应在尿苷二磷酸葡萄糖焦磷酸化酶的催化下，生成UDPG，为糖原合成提供活性葡萄糖。反应中所释放出的PPi随即被磷酸酶催化水解生成2分子磷酸。该反应不可逆。

4. 糖原的生成。

$$\text{UDPG} + \text{糖原(Gn)} \xrightarrow{\text{糖原合成酶}} \text{UDP} + \text{糖原(Gn+1)}$$

式中的G代表葡萄糖，糖原（Gn）代表原有的糖原分子，糖（Gn+1）代表多了一个葡萄糖残基的糖原分子。可见糖原的合成是以原有的糖原分子为引物，逐个加入葡萄糖残基。新加入的葡萄糖残基以α-1，4糖苷键连于糖原引物的非还原端。重复进行上述4步反应使糖原分子直链不断延长。当链延长达到12个左右的葡萄糖残基时，分支酶就将含

6～7 个葡萄糖残基的糖链移至邻近的糖链上，并以 α-1，6 糖苷键相连，从而形成糖原分子的分支（图 9-7）。合成的糖原主要以颗粒形式存在于胞质中。

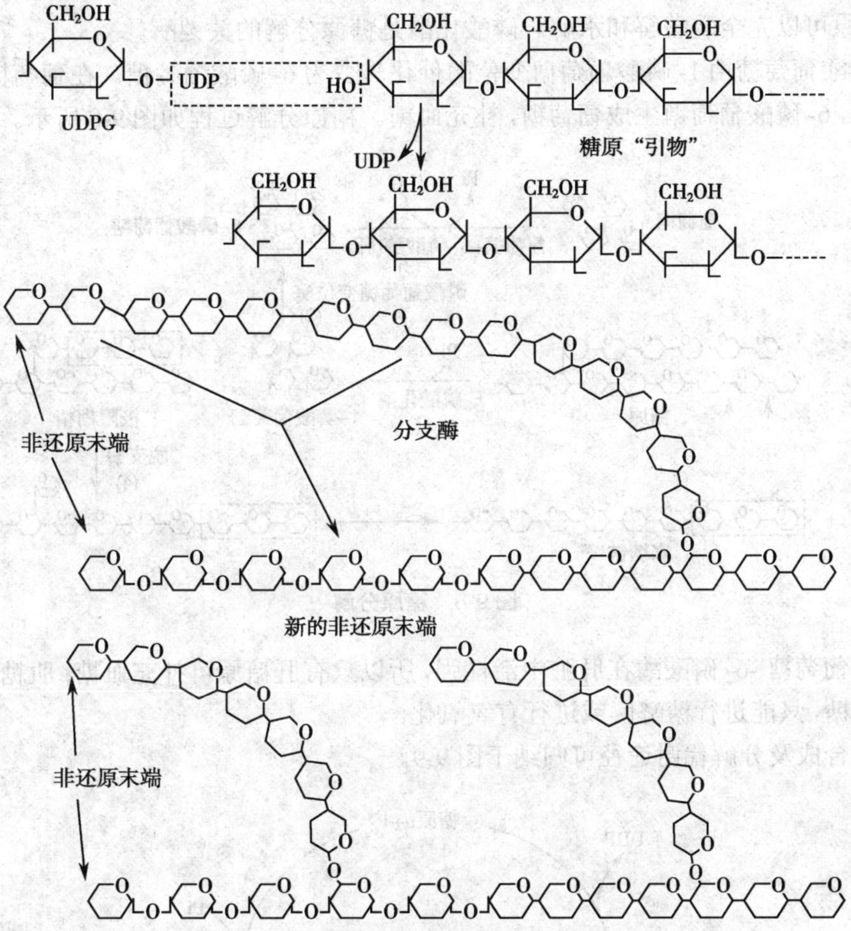

图 9-7 糖原合成过程

糖原合成过程中每增加 1 个葡萄糖单位需要消耗 2 个高能磷酸键，即在葡萄糖转变成 6- 磷酸葡萄糖时消耗 1 分子 ATP；在 1- 磷酸葡萄糖经 UDPG（活性葡萄糖）而合成糖原时消耗 1 分子 UTP，在细胞内，UDP + ATP $\rightleftharpoons$ UTP + ADP 的反应可以互变进行，故可认为在糖原分子上，每增加 1 分子葡萄糖单位，共消耗 2 分子 ATP。糖原合成酶是糖原合成过程的关键酶。

二、糖原的分解

糖原分解是指肝糖原分解成为葡萄糖的过程。

由糖原磷酸化酶催化，从糖原糖链的非还原端开始磷酸解，生成 1- 磷酸葡萄糖和比原先少了 1 分子葡萄糖的糖原。当糖链上的葡萄糖基逐个磷酸解至距离分支点约 4 个葡萄糖基时，磷酸化酶不能再发挥作用。糖原磷酸化酶只能分解 α-1，4 糖苷键，对 α-1，6- 糖苷键无作用，需要脱支酶的参与。脱支酶是一种双功能酶，它催化糖原脱支的两个反应：一是发挥4-α-葡萄糖基转移酶活性，将糖链上的3个葡萄糖基转移到邻近糖链末端，仍以α-1，4-糖苷键连接；二是以1，6-葡萄糖苷酶活性将分支处留下的通过α-1，6-糖苷键与糖链相连的1个葡萄糖残基水解成为游离的葡萄糖。在磷酸化酶与脱支酶的协同作用下，糖原可以完全磷酸解和水解。磷酸化酶是糖原分解的关键酶。

1-磷酸葡萄糖由1-磷酸葡萄糖变位酶催化转变为6-磷酸葡萄糖。在葡萄糖-6-磷酸酶催化下，6-磷酸葡萄糖生成葡萄糖，补充血糖。糖原分解过程如图9-8所示。

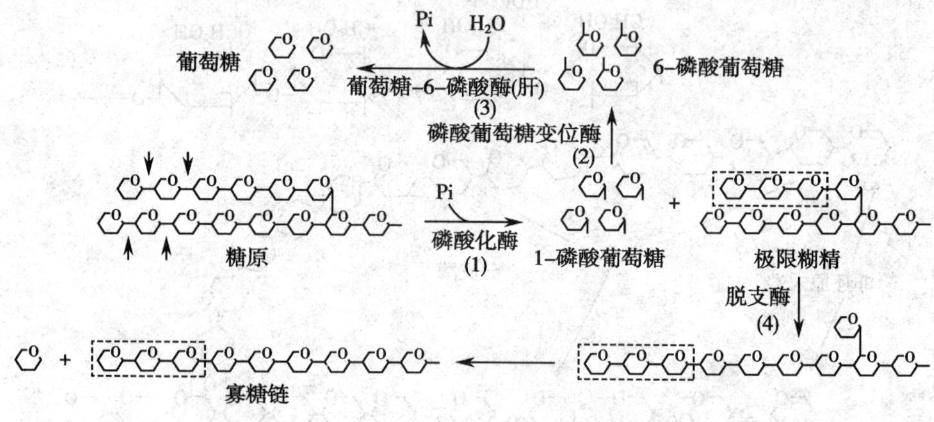

图9-8 糖原分解

由于葡萄糖-6-磷酸酶在肝脏中活性强，所以只有肝糖原可补充血糖；肌糖原不能分解成葡萄糖，只能进行糖酵解或进行有氧氧化。

糖原合成及分解代谢途径可归纳于图9-9。

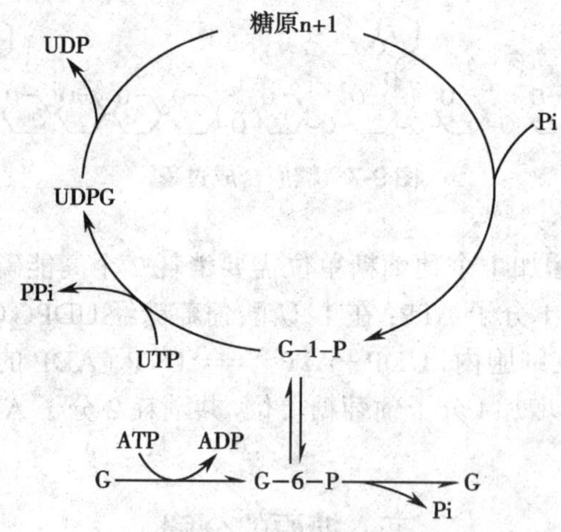

图9-9 糖原合成及分解代谢途径

三、糖原代谢的调节

糖原合成酶和糖原磷酸化酶分别是催化糖原代谢不同途径的关键酶，它们活性的高低决定糖原代谢的方向。糖原合成酶和磷酸化酶的快速调节有化学修饰调节和别构调节两种方式。

（一）化学修饰调节

糖原合成酶和磷酸化酶均受磷酸化和去磷酸化的化学修饰调节而改变酶活性。

糖原合成酶和磷酸化酶以其活性不同分为 a、b 两种形式。糖原合成酶 a 有活性，磷酸化成糖原合成酶 b 后即失去活性。而肝糖原磷酸化酶被磷酸化时，使活性很低的磷酸化酶 b 转变为活性强的磷酸型磷酸化酶（称为磷酸化酶 a）。当机体受某些因素影响时，如血糖水平下降、剧烈运动、应激反应时，肾上腺素、胰高血糖素分泌增加，使糖原合成酶 a 磷酸化失去活性，抑制了糖原合成；同时磷酸化酶磷酸化而促进了糖原分解。

（二）别构调节

糖原合成酶和磷酸化酶都是由多亚基构成的寡聚酶，可受代谢物的别构调节。葡萄糖 -6- 磷酸酶是糖原合成酶 b 的别构激活剂，当葡萄糖浓度增高时，葡萄糖 -6- 磷酸酶激活糖原合成酶 b 转变为有活性的糖原合成酶 a，使糖原合成速度加快。AMP 是磷酸化酶 b 的别构激活剂，当细胞能量供应不足时，AMP 浓度增高，使磷酸化酶 b 别构激活，加速糖原分解。

四、糖原的合成与分解的生理意义

糖原合成与分解是调节血糖浓度恒定的主要方式。进食后，一部分糖可在肝和肌肉等组织合成肝糖原和肌糖原暂时储存起来，防止血糖浓度过高；空腹时，肝糖原分解为葡萄糖进入血液补充血糖。

肌糖原虽不能直接补充血糖，但分解过程中产生的 6- 磷酸葡萄糖可以进入肌细胞糖酵解或糖的有氧氧化途径，释放能量维持肌肉收缩以减少对血糖的利用。

第四节　糖　异　生

由非糖物质转变为葡萄糖或糖原的过程称为糖异生。能转变为糖的非糖物质主要有甘油、有机酸（乳酸、丙酮酸及三羧酸循环中各种羧酸）和生糖氨基酸等。在生理条件下，肝脏是糖异生的主要器官，饥饿和酸中毒时，肾脏也可进行糖异生作用。

一、糖异生的途径

糖异生途径是指由丙酮酸转变成葡萄糖的过程，此途径基本上循糖酵解逆过程进行。糖酵解反应大部分是可逆的，只是由已糖激酶、6- 磷酸果糖激酶 -1 和丙酮酸激酶三个关键酶催化的不可逆反应必须由另外 4 个关键酶催化，才能实现糖异生，其过程如下：

（一）丙酮酸羧化支路

由两步反应完成：①胞液中的丙酮酸进入线粒体，在以生物素为辅酶的丙酮酸羧化酶催化下，由 ATP 供能，使 CO_2 固定到丙酮酸分子上，生成草酰乙酸；②草酰乙酸透出线粒体，在胞液中磷酸烯醇式丙酮酸羧激酶的催化下，生成磷酸烯醇式丙酮酸，此反应需 GTP 参与。这样可以绕过酵解过程中的一个不可逆反应。

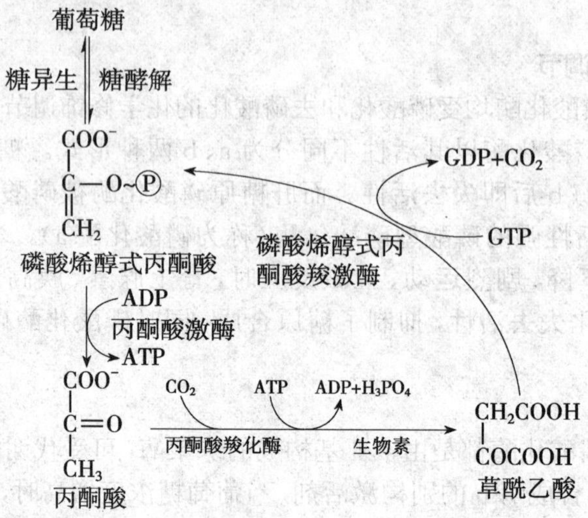

（二）1，6-二磷酸果糖生成 6-磷酸果糖

由果糖 -1，6- 二磷酸酶催化 1，6- 二磷酸果糖生成 6- 磷酸果糖，并释放磷酸。

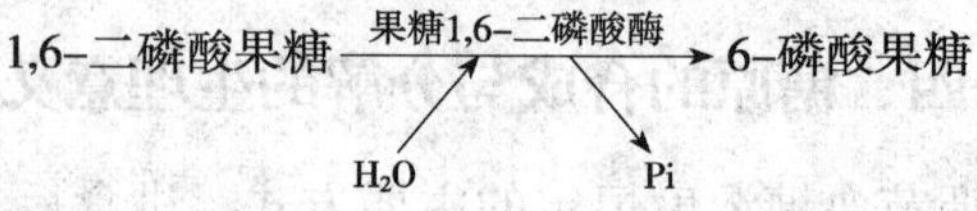

1,6–二磷酸果糖 —果糖1,6–二磷酸酶（H_2O → Pi）→ 6–磷酸果糖

（三）6-磷酸葡萄糖水解生成葡萄糖

在葡萄糖 -6- 磷酸酶催化下，6- 磷酸葡萄糖水解为葡萄糖。

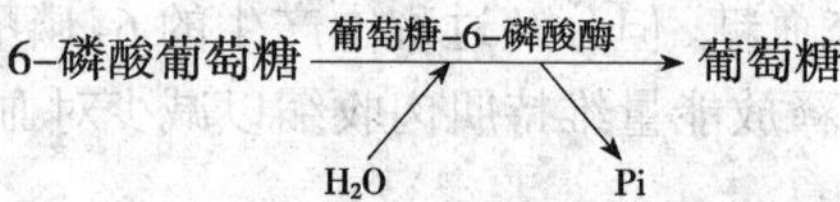

由上可见，在糖酵解三个不可逆反应中，作用物的互变反应分别由不同的酶催化其单向反应，这种互变循环称之为底物循环。在细胞内，通过对糖异生和糖酵解的协调调节，使催化底物循环的酶活性不完全相等，促使代谢反应仅向单一方向进行。

糖异生途径可归纳如图 9-10。

二、糖异生的调节

糖异生与糖酵解是两条方向相反的代谢途径。如果丙酮酸进行有效的糖异生，就必须抑制糖酵解途径，防止葡萄糖又重新分解成丙酮酸；反之亦然。这种调节主要是对 2 个底物循环进行调节。

糖异生途径中的 4 个关键酶活性可受到多种代谢物浓度变化的调节。如当肝细胞内甘油、氨基酸、乳酸及丙酮酸等糖异生原料增加时，糖异生作用增强；脂肪酸氧化生成乙酰 CoA 增多时，可以别构激活丙酮酸羧化酶，抑制丙酮酸脱氢酶，促使丙酮酸羧化为草酰乙酸，加速糖异生作用。ATP 可以别构激活 1，6- 二磷酸果糖酶，抑制 6- 磷酸果糖激酶 -1，促进糖异生作用；而 1，6- 二磷酸果糖和 AMP 激活 6- 磷酸果糖激酶 -1 的活性，同时抑制果糖 -1，6- 二磷酸酶 -1 的活性即抑制了糖异生，使反应向糖酵解方向进行（图 9-11）。

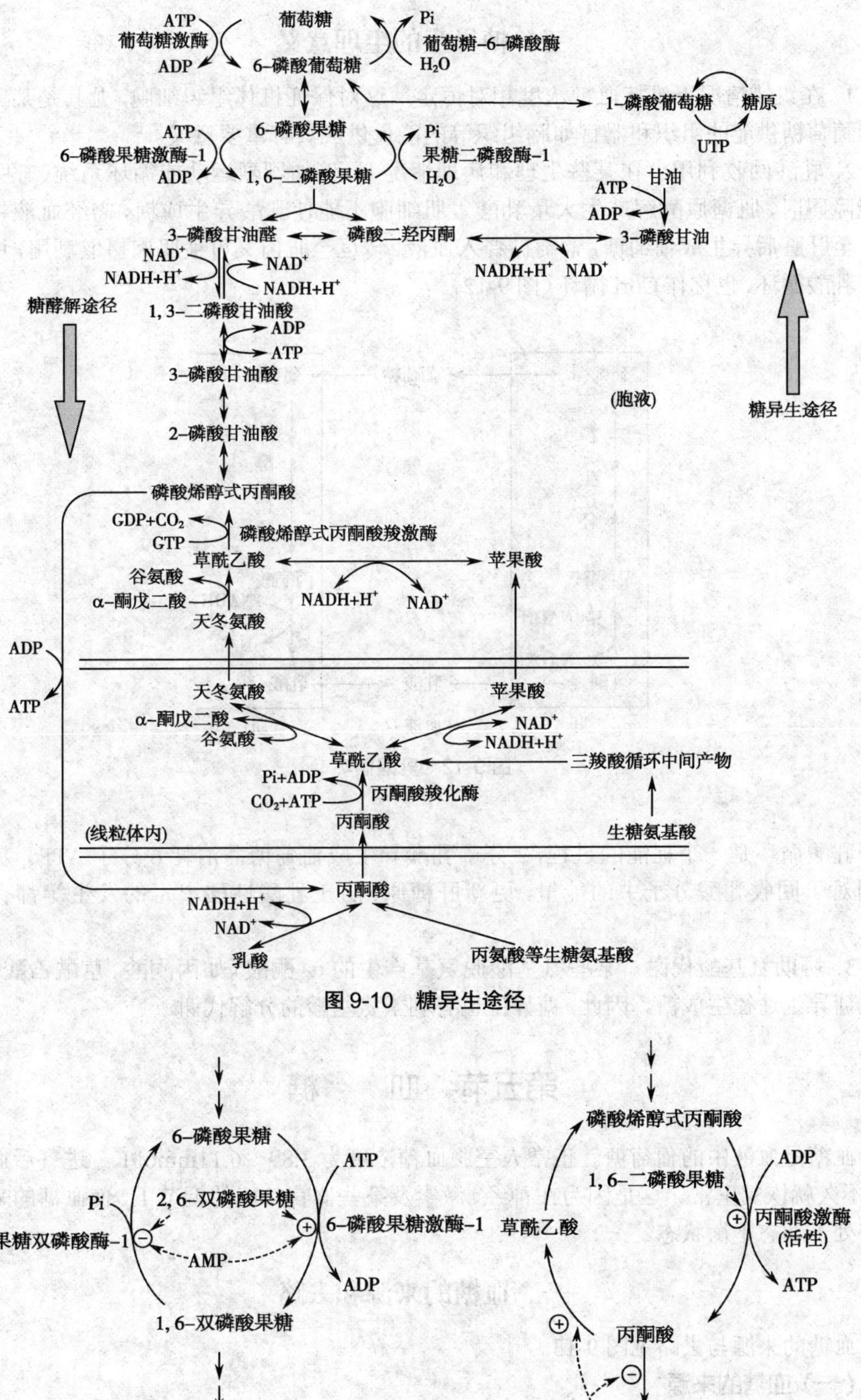

图 9-10 糖异生途径

图 9-11 糖异生途径的调节

三、糖异生的生理意义

1. 在饥饿情况下维持血糖浓度相对恒定　这对保证机体组织细胞，尤其是某些主要依赖葡萄糖供能的组织和器官如脑组织等的能量供应具有重要意义。

2. 乳酸回收利用　在某些生理和病理情况下，例如剧烈运动或循环系统、呼吸系统功能障碍时，肌糖原酵解产生大量乳酸。肌细胞不能使乳酸异生成糖，需经血液将乳酸转运至肝脏后异生成葡萄糖，葡萄糖释入血液，转运至肌肉又可被肌肉摄取利用，这样构成了乳酸循环，也称作 Cori 循环（图 9-12）。

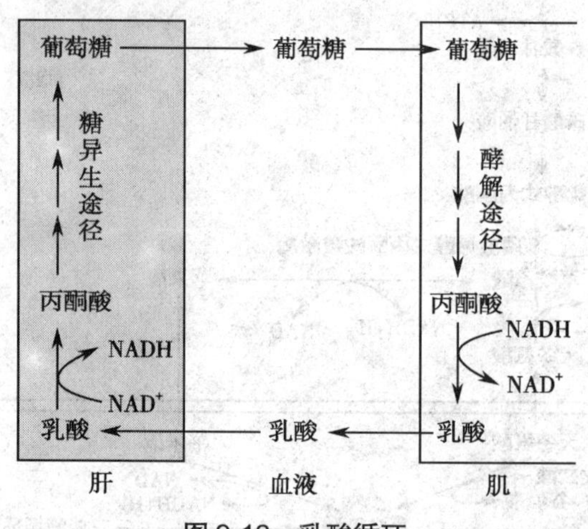

图 9-12　乳酸循环

乳酸循环是一个耗能的过程，2 分子乳酸异生成葡萄糖需消耗 6 分子 ATP。糖异生作用对于回收乳酸分子中的能量，更新肝糖原，防止乳酸性酸中毒的发生等都有一定意义。

3. 协助氨基酸代谢　某些氨基酸脱氨基产生的 α- 酮酸（如丙酮酸、草酰乙酸等）可通过糖异生途径生成糖。因此，糖异生也有利于氨基酸的分解代谢。

第五节　血　　糖

血糖是血液中的葡萄糖。正常人空腹血糖浓度为 3.89～6.11mmol/L。进餐后血糖稍高，不久就恢复正常。这是因为在神经、激素及某些器官功能的调节下，使血糖的来源和去路处于动态平衡状态。

一、血糖的来源和去路

血糖的来源与去路见图 9-13。

（一）血糖的来源

1. 食物中的糖　从食物中消化吸收的葡萄糖或其他单糖（如果糖、半乳糖等）生成的葡萄糖，为血糖的主要来源。

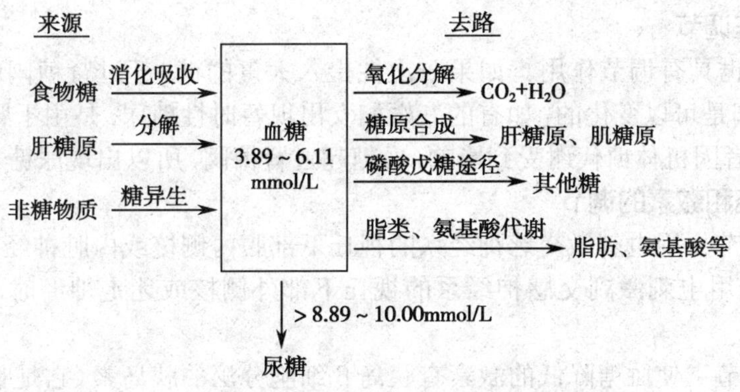

图 9-13 血糖的来源与去路

2. 肝糖原分解 肝糖原分解生成的葡萄糖是空腹时血糖的直接来源。

3. 肝中糖异生作用 由非糖物质，如甘油、乳酸、某些氨基酸等在肝脏中转变成葡萄糖而进入血液循环。

（二）血糖的去路

1. 氧化分解供能 血糖进入全身各组织细胞彻底氧化分解成 CO_2 和 H_2O，并释放大量能量。这是血糖的主要去路。

2. 合成糖原 血糖进入肝脏、肌肉等组织后合成肝糖原和肌糖原而被储存。

3. 转变为非糖物质和其他糖类 血糖在各组织中可转变为非糖物质，如脂肪和某些氨基酸等，也可转变为核糖、脱氧核糖、氨基糖、唾液酸和糖醛酸等。

4. 血糖过高时随尿排出 生理状态下，肾小管细胞能将原尿中的葡萄糖几乎全部重吸收入血；当血糖浓度高于 8.89mmol/L，即超过肾小管重吸收糖的能力（肾糖阈）时则出现糖尿。

二、血糖浓度的调节

血糖浓度的恒定主要依赖肝脏、肾脏等器官及激素等多种调节机制。

（一）血糖自身调节

葡萄糖分子自身既是糖代谢反应的底物，又是血糖浓度和代谢的调节因子。实验结果表明：给动物注射抗胰岛素血清，抵消胰岛素作用，或使用生长素抑制剂抑制胰岛素的分泌后，餐后动物血糖浓度升高时，可直接促进肝脏、肌肉及脂肪组织对葡萄糖的摄取，以用于合成肝糖原和肌糖原，促使脂肪组织合成脂肪；同时抑制肝糖原的分解，减少向血中释放葡萄糖，使血糖逐渐降至正常浓度。上述作用并非通过胰岛素分泌增加引起的，而是血糖可以自身调节。

（二）肝脏调节

肝脏是调节血糖浓度的最主要器官。肝脏对血糖浓度的调节是在神经、激素的控制下，通过糖原的合成与分解及糖异生作用来实现的。当血糖浓度高于正常值时，肝糖原的合成作用加强，糖异生作用减弱，使血糖降低；当血糖浓度低于正常值时，肝糖原分解作用加强，并可使非糖物质经糖异生作用转变成葡萄糖，以提高血糖浓度。

（三）肾脏调节

肾脏对糖也具有调节作用。如果一次性摄入大量的糖，超过肾糖阈时，则出现一过性糖尿；肾糖阈是可以变化的，如有的妊娠妇女出现暂时性糖尿，是由于肾糖阈降低的缘故。糖尿病患者因机体糖代谢受到影响，血糖超过肾糖阈，所以出现尿糖。

（四）神经和激素的调节

1. 神经调节　用电刺激交感神经系的视丘下部腹内侧核或内脏神经，能使肝糖原减少，血糖升高；用电刺激副交感神经系的视丘下部外侧核或迷走神经时，肝糖原合成增加，血糖降低。

2. 激素调节　使血糖降低的激素有胰岛β细胞分泌的胰岛素（它是唯一降低血糖的激素）；使血糖升高的激素主要有胰岛α细胞分泌的胰高血糖素，肾上腺髓质分泌的肾上腺素及皮质分泌的糖皮质激素、生长素、甲状腺素等。它们对血糖浓度的调节主要通过对糖代谢各途径的影响而实现（表9-2）。

表9-2　调节血糖浓度的激素及其作用机制

激素	生化机制
降低血糖的激素	
胰岛素	1. 促进肌肉、脂肪细胞摄取葡萄糖
	2. 诱导葡萄糖激酶（肝）、磷酸果糖激酶、丙酮酸激酶等的合成，并能激活丙酮酸脱氢酶的活性，促进葡萄糖在细胞内的氧化利用
	3. 抑制糖异生作用（抑制糖异生的四种关键酶）
	4. 增强糖原合成酶活性，抑制磷酸化酶活性，加速糖原合成，抑制糖原分解
	5. 促进糖类转变为脂肪，抑制激素敏感性脂肪酶催化的脂肪动员
升高血糖的激素	
胰高血糖素	1. 促进肝糖原分解成血糖
	2. 促进糖异生，抑制糖酵解（诱导肝中磷酸烯醇式丙酮酸羧激酶和果糖-1，6-二磷酸酶的合成；抑制肝中磷酸果糖激酶）
	3. 促进肝细胞摄取氨基酸，为糖异生作用提供原料
	4. 加速脂肪动员
糖皮质激素	1. 增强其他激素动员脂肪的作用，使血中脂肪酸增加，从而减少其他组织对葡萄糖的摄取和利用
	2. 促进糖异生（促进肌肉蛋白质分解生成氨基酸作为糖异生原料，并诱导糖异生的关键酶合成）
肾上腺素	1. 促进肝糖原分解和肌糖原酵解
	2. 促进糖异生作用（增强果糖-1，6-二磷酸酶活性）
甲状腺素	1. 促进糖的吸收和肝糖原的分解
	2. 促进葡萄糖在组织细胞内的有氧氧化
生长素	抗胰岛素作用

各激素的调节作用并非孤立地进行，而是互相协调又互相制约，共同维持糖代谢的正常进行。

第六节　糖代谢紊乱

糖代谢紊乱是机体由于某些生理或病理的原因，使糖代谢障碍而引起的血糖来源和去路失衡。表现为低血糖、高血糖及糖尿病等类型。

一、低　血　糖

成人空腹血糖浓度低于 2.8mmol/L 时称为低血糖。低血糖表现为饥饿感和四肢无力以及因低血糖刺激而引起的交感神经兴奋和肾上腺素分泌增加等症状，如脸色苍白、心慌、多汗、头晕、手颤等。

低血糖可见于长期不能进食、胰岛 β 细胞瘤、治疗时应用胰岛素过量、升高血糖激素分泌减少以及严重肝疾病等。

脑组织对低血糖比较敏感，因为脑组织功能活动所需的能量主要来自糖的氧化供能。当血糖浓度过低时，脑组织因缺乏能源而导致功能障碍。若血糖浓度继续下降低于 2.52mmol/L 时，就会严重影响脑的功能，出现惊厥和昏迷，称为“低血糖昏迷”。

二、高　血　糖

成人空腹血糖浓度高于 7.28mmol/L 称为高血糖。如果血糖值超过肾糖阈值时，还可出现尿糖。在某些生理情况下，如情绪激动、交感神经兴奋及肾上腺素分泌增加，导致肝糖原大量分解所致的情感性尿糖；一次性进食大量的糖，血糖迅速上升出现的饮食性尿糖。其特点是高血糖和尿糖是暂时的，其空腹血糖均为正常。以上均为生理性高血糖，不属于病理性高血糖。由于慢性肾炎、肾病综合征等引起肾小管对糖重吸收能力减弱，肾糖阈降低出现糖尿，称肾性糖尿，此时血糖正常。在某些情况下，出现持续性高血糖和糖尿，特别是空腹血糖和糖耐量曲线异常，就属于病理性高血糖。临床上病理性高血糖及糖尿多见于糖尿病。

三、糖　尿　病

糖尿病（diabetes mellitus）系胰岛素绝对或相对不足，或胰岛素利用低下引起的糖、脂、蛋白质代谢紊乱的代谢性疾病。主要症状是持续性高血糖，常伴有糖尿和多尿症。糖尿病的病因尚不完全清楚，临床上常见有 1 型糖尿病和 2 型糖尿病。1 型糖尿病又称胰岛素依赖性糖尿病，是由于胰岛素分泌不足所致，多与遗传有关。2 型糖尿病又称为非胰岛素依赖性糖尿病，常见于成人发病，也与遗传有关。2 型糖尿病患者血液中的胰岛素水平相对不足或产生胰岛素抵抗。体内糖代谢紊乱首先是葡萄糖转运受阻，糖异生作用加强，以及由乙酰 CoA 生成脂肪受阻。由于葡萄糖的氧化利用障碍导致细胞内能量供应不足，常因饥饿感而多食；多食又进一步使血糖升高，血糖含量超过肾糖阈时，葡萄糖从尿中大量排出而出现糖尿，随着糖的大量排出，必然带走大量水分，因而引起多尿；体内因失水过多，血液浓缩，渗透压增高，引起口渴，因而多饮；同时导致体内脂肪及蛋白质分解加强，使身体逐渐消瘦，体重减轻。因此有糖尿病的所谓“三多一少”（多食、多饮、多尿及体重减少）的症状，严重的糖尿病患者还出现酮血症及酸中毒。

四、糖耐量试验

正常人体处理所给予葡萄糖的能力称为葡萄糖耐量或耐糖现象。糖耐量试验是临床上检查糖代谢的常用方法。首先检测受试者早晨空腹血糖含量，然后一次进食葡萄糖 75g，或按每千克体重 0.5g 葡萄糖的剂量静脉注射 50% 葡萄糖溶液，分别在 30、60、120、180 分钟测定血糖含量，以时间为横坐标，血糖含量为纵坐标，绘成的曲线称为糖耐量曲线（图 9-14）。健康人糖代谢的调节结构健全，即使一次食入大量的糖，血糖浓度仅暂时升高，一般不超过 7.22mmol/L，约 2 小时，即可恢复到正常水平。如果血糖上升后恢复缓慢或血糖无明显升高甚至不升高，均反映血糖调节的障碍，称为耐糖现象失常。

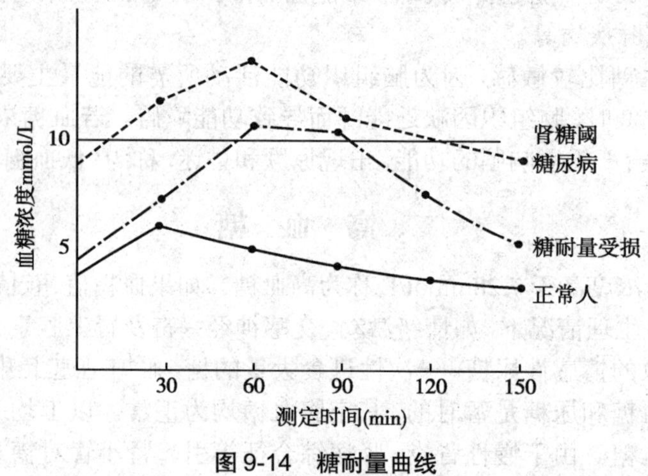

图 9-14 糖耐量曲线

如图 9-14 所示，正常人空腹血糖浓度正常（6.67mmol/L），口服糖后血糖浓度升高，在 0.5～1 小时达高峰，但不超过肾糖阈（8.89mmol/L），而后血糖浓度又迅速降低，在 2 小时恢复到正常水平。若空腹血糖浓度正常或稍高，口服糖后 2 小时血糖浓度为 7.78～11.11mmol/L，为糖耐量减低。糖尿病患者空腹血糖浓度高于正常水平（≥7.78mmol/L），进食糖后血糖水平急剧上升，并超过 11.11mmol/L，2 小时后尚不能恢复至空腹血糖水平。艾迪生病（Addison disease）患者肾上腺皮质功能减退，糖异生作用减弱，空腹时血糖浓度低于正常值，进食后由于吸收缓慢，吸收后又迅速被组织利用，所以血糖浓度升高不明显；且短时间即恢复到原有水平。

糖耐量试验可以受许多因素的影响，如年龄、饮食、药物、应激、标本采集及血糖测定方法等，但可以反映近期机体内糖代谢的状况。

五、糖原累积症

糖原累积症是一组由于患者先天缺乏与糖原代谢有关的酶类（如脱支酶）所引起的糖原在组织器官中大量沉积的疾病。其特征为糖原结构改变或数量增加并在组织内堆积。由于缺失的糖原代谢的酶不同，而引起的病理反应也不同。不同类型的糖原累积症对健康或生命的影响程度也不同，轻者无严重后果，重者可导致死亡。

学习小结

1. 学习内容

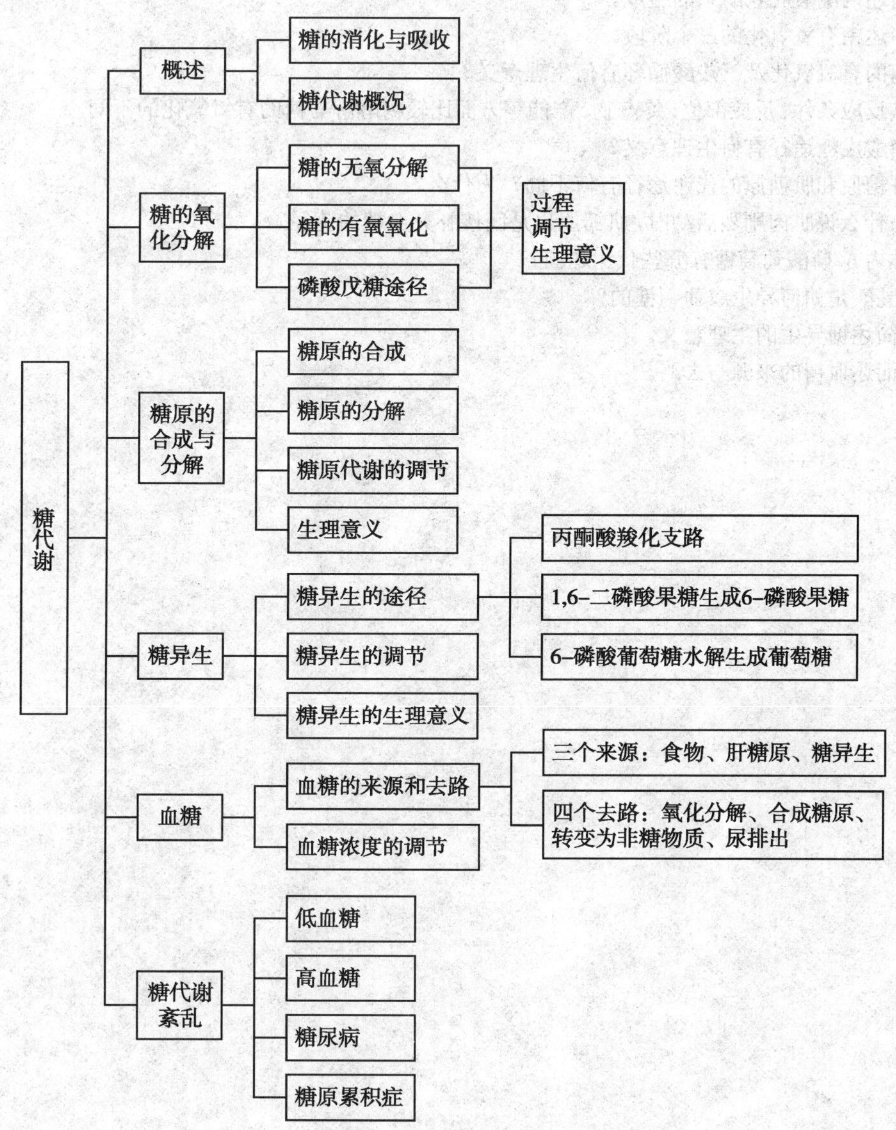

2. 学习方法

（1）学习本章时首先对糖的复杂代谢途径作概括性的理解，对主要代谢途径有一个比较清晰的概念；学习糖分解代谢途径时首先要把糖酵解和三羧酸循环途径弄清楚，注意各反应途径中能量的产生和消耗；对糖代谢的每条途径都要知道其在生物体内的意义；最后通过血糖的来源和去路的学习对全章做一总结，并能了解糖代谢紊乱引起的临床疾病。

（2）要抓住本章内容的核心是一分子葡萄糖是怎样被彻底代谢掉的，即通过酶促脱羧和脱氢反应实现的，同时生成 CO_2、H_2O 并释放能量。再将其他相关问题与此相联系，就能对此章的内容有很好的理解与掌握。

（王　威）

复习思考题

1. 糖酵解过程分为几个阶段？各阶段为何？
2. 简述丙酮酸脱氢酶系的组成。
3. 简述糖有氧氧化的三个阶段。
4. 糖的有氧氧化及三羧酸循环有何生理意义？
5. 从反应条件、反应部位、终产物、产能等方面比较糖酵解与糖的有氧氧化的不同。
6. 磷酸戊糖途径有何生理意义？
7. 肝糖原和肌糖原的代谢途径有何不同？为什么？
8. 为什么说肌肉剧烈活动时，肌糖原也是间接补充血糖的途径？
9. 体内6-磷酸葡萄糖有哪些代谢趋向？
10. 乳酸是如何异生成葡萄糖的？
11. 简述糖异生的生理意义。
12. 简述血糖的来源与去路。

第十章 脂类代谢

学习目的

通过学习血脂、甘油三酯及类脂的代谢等内容，充分理解脂类在人体内的代谢过程及生理意义，为进一步学习病理生理学、药理学、诊断学及内科学等课程奠定基础。

学习要点

甘油三酯的分解代谢；血脂的来源与去路；血浆脂蛋白的分类、命名、组成及其功能；胆固醇的转化。

脂类(lipid)是甘油三酯(triglyceride，TG，又称三酰甘油，脂肪)和类脂的总称。其共同特征是不溶或微溶于水而溶于非极性的有机溶剂，如乙醚、氯仿、丙酮等。脂类具有多种生物学功能，其中甘油三酯是机体内主要的储能和供能物质；类脂包括磷脂(phospholipid，PL)、糖脂(glycolipid)、胆固醇(cholesterol，C)及胆固醇酯(cholesterol ester，CE)等，是生物膜结构的重要组成成分。此外，胆固醇还是胆汁酸、维生素 D_3、类固醇激素等的合成原料。

第一节 脂类的消化吸收和分布

一、脂类的消化与吸收

1. 脂类的消化 食物中的脂类主要是脂肪，此外，还含少量磷脂、胆固醇及胆固醇酯等，其消化的主要部位是小肠。唾液中无消化脂类的酶。胃液中虽然含有少量脂肪酶，但成人胃液的 pH 在 1.5～2.5，而胃脂肪酶的最适 pH 在 6.3～7.0，因此，胃内脂肪的消化作用很弱。食物中的脂类在小肠中经胆汁酸盐的作用乳化并分散成细小的微团，在各种消化酶如胰脂酶、辅脂酶、磷脂酶 A_2 及胆固醇酯酶等催化下分别水解生成相应的消化产物。其中胰脂酶可特异地水解甘油三酯第 1、3 位酯键，生成 2- 甘油一酯和 2 分子脂肪酸。辅脂酶本身不具有脂酶活性，可通过解除胆汁酸盐对胰脂酶的抑制、增加胰脂酶活性而促进甘油三酯的水解。磷脂酶 A_2 可催化磷脂分子中第 2 位酯键水解，生成脂肪酸和溶血磷脂。食物中的胆固醇酯经胰腺分泌的胆固醇酯酶水解，生成游离胆固醇和脂肪酸。

2. 脂类的吸收 脂类的吸收部位主要在十二指肠下段和空肠的上段。上述消化产物如 2- 甘油一酯、长链脂肪酸、溶血磷脂及游离胆固醇等经胆汁酸盐乳化成更小的混合微团，穿过小肠黏膜细胞表面的水屏障，进入小肠黏膜细胞。在小肠黏膜细胞内重新合成甘油三酯、胆固醇酯、磷脂等，然后再与载脂蛋白 B_{48}、C、AI、AIV 等一起组装成乳糜微粒（chylomicron，CM），以 CM 的形式经淋巴进入血液循环。一些短链和中链脂肪酸构成的甘油三酯，经胆汁酸盐乳化后即可被吸收。

二、脂类的分布

脂肪主要分布于皮下、肠系膜、腹腔大网膜、内脏周围等处的脂肪组织中，这些储存脂肪的部位被称为脂库。脂库中储存的脂肪占体重的 10%～20%，因其含量易受膳食、运动、神经和激素等多种因素的影响而发生变动，故称为可变脂；类脂是组织细胞的构成材料，约占体重的 5%，在各种器官和组织中类脂的含量比较恒定，膳食营养状况和机体活动等因素对其影响较小，因此类脂又被称为固定脂或基本脂。

第二节　甘油三酯的代谢

甘油三酯既是机体重要的储能形式也是重要的能量来源，其分解代谢的主要途径是氧化分解并释放能量供机体所用。机体可以利用磷酸甘油和脂肪酸合成甘油三酯，肝脏、脂肪组织及小肠是甘油三酯合成的主要场所，合成甘油三酯的原料主要来自糖代谢。

一、甘油三酯的分解代谢

（一）脂肪的动员

储存在脂肪细胞中的甘油三酯被组织细胞内的脂肪酶逐步水解，释放出游离脂肪酸和甘油并释放入血供其他组织氧化利用的过程，称为脂肪动员（fat mobilization）（图 10-1）。其中所释放出的甘油可以在血浆中直接运输至肝、肾、肠等组织。游离脂肪酸不溶于水，

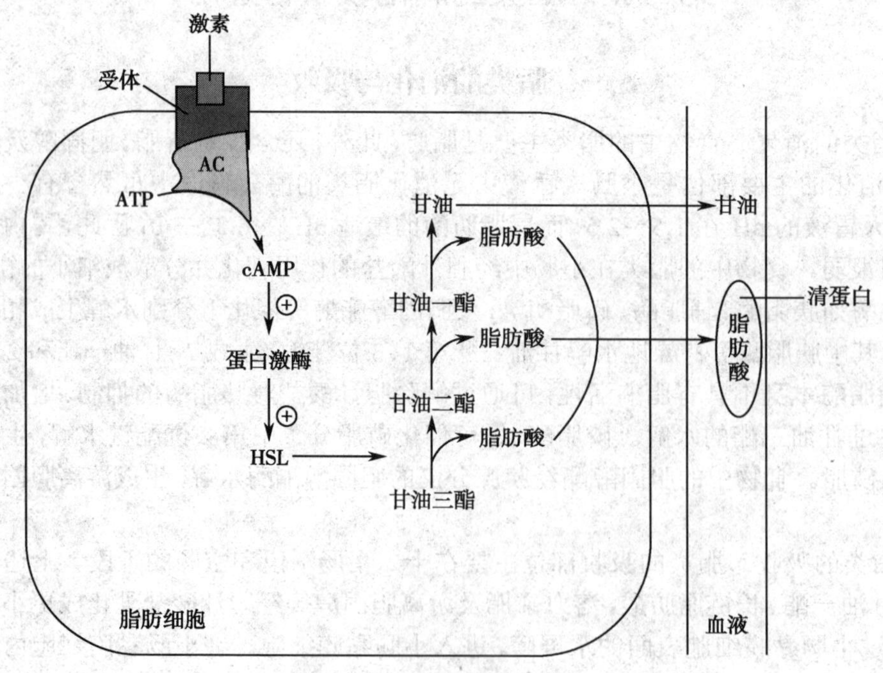

图 10-1　脂肪动员示意图

需要与血浆清蛋白结合，以脂肪酸-清蛋白复合体的形式在血浆中转运，主要被心、肝、骨骼肌等组织摄取利用。

在脂肪动员中，甘油三酯脂肪酶起决定性作用，是该过程的关键酶。因其活性受多种激素的调节，又称为激素敏感脂肪酶（hormone sensitive lipase，HSL）。肾上腺素、胰高血糖素、促肾上腺皮质激素、生长素等能增加该酶的活性，从而促进脂肪动员，被称为脂解激素。而胰岛素、前列腺素 E_2、雌激素等能够抑制此酶的活性，被称为抗脂解激素。

（二）甘油的代谢

在组织细胞中，甘油首先经甘油激酶（glycerokinase）催化转变成3-磷酸甘油，后者在3-磷酸甘油脱氢酶的作用下脱氢生成磷酸二羟丙酮，进入糖代谢途径进一步氧化分解或者异生成糖（图10-2）。肝、肾和肠等组织中含有丰富的甘油激酶，因此甘油的代谢主要在这些组织中进行。骨骼肌和脂肪细胞等组织因此酶的活性很低而不能很好地利用甘油。

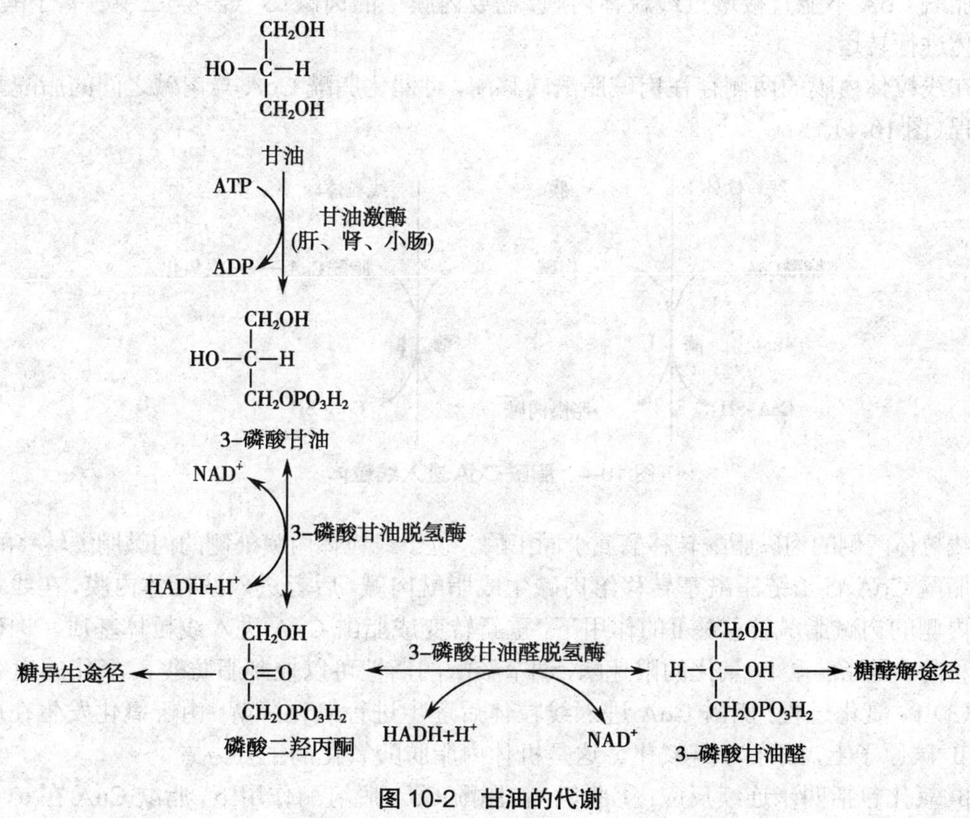

图10-2 甘油的代谢

（三）脂肪酸的氧化

除脑组织外，机体大多数组织均能氧化利用脂肪酸，其中以肝和骨骼肌等组织中脂肪酸的氧化最为活跃。机体内脂肪酸的氧化主要是以β-氧化方式进行。

1. 脂肪酸经β-氧化的分解过程　在 O_2 充足的情况下，脂肪酸可彻底氧化分解生成 CO_2 和 H_2O 并释放大量能量供机体利用。

（1）脂肪酸的活化：脂肪酸氧化分解前必须先经过活化，该过程在线粒体外进行。在

ATP、HSCoA 及 Mg^{2+} 的存在下，脂肪酸经内质网或线粒体外膜上的脂酰 CoA 合成酶催化而被活化，生成脂酰 CoA 并释放焦磷酸（PPi）（图 10-3）。

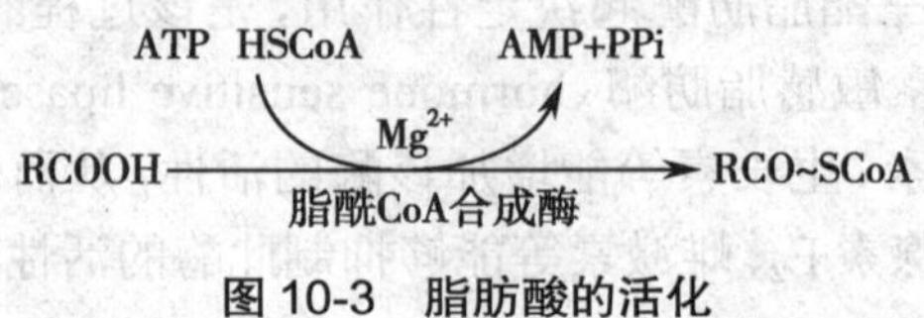

图 10-3 脂肪酸的活化

活化产物脂酰 CoA 分子中具有高能硫酯键，化学性质活泼且极性强，易于进一步氧化分解。此外，由于反应过程中生成的 PPi 立即被焦磷酸酶催化水解生成 2 分子 Pi，使反应不可逆，因此每分子脂肪酸活化实际消耗两个高能磷酸键，相当于消耗 2 分子 ATP。

（2）脂酰 CoA 进入线粒体：催化脂肪酸氧化分解的酶系存在于线粒体基质中，而上述活化反应是在线粒体外进行的，因此必须进入线粒体才能进一步进行氧化分解代谢。长链脂酰 CoA 不能直接透过线粒体内膜，需要内膜上的肉碱（3- 羟 -4- 三甲氨基丁酸）作为载体进行转运。

在线粒体内膜的两侧存在肉碱脂酰转移酶，可催化脂酰 CoA 与肉碱之间的脂酰基转移过程（图 10-4）。

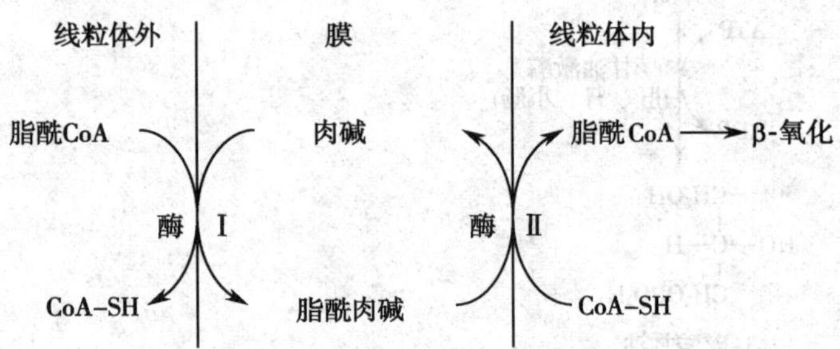

图 10-4 脂酰 CoA 进入线粒体

线粒体两侧的肉碱脂酰转移酶属于同工酶。位于线粒体内膜外侧的肉碱脂酰转移酶Ⅰ，催化脂酰 CoA 将长链脂酰基转移给肉碱生成脂酰肉碱，后者进入线粒体内膜，在线粒体内膜内侧的肉碱脂酰转移酶Ⅱ的作用下，重新转变成脂酰 CoA 进入线粒体基质。肉碱脂酰转移酶Ⅰ是脂肪酸 β- 氧化的限速酶，调节该酶的活性可以控制脂肪酸 β- 氧化的速率。

（3）β- 氧化过程：脂酰 CoA 进入线粒体后逐步进行氧化降解，由于氧化发生在脂酰基的 β- 碳原子上，故称为 β- 氧化。这是机体内脂肪酸氧化的主要方式。

β- 氧化包括四步连续反应：①脱氢：在脂酰 CoA 脱氢酶作用下，脂酰 CoA 在 α、β 碳原子上各脱下 1 个氢原子，生成 α, β- 烯脂酰 CoA。脱下的 2H 由 FAD 接受生成 $FADH_2$。②加水：α, β- 烯脂酰 CoA 经 α, β- 烯脂酰 CoA 水化酶催化在双键上加 1 分子的 H_2O 生成 β- 羟脂酰 CoA。③再脱氢：β- 羟脂酰 CoA 脱氢酶催化 β- 羟脂酰 CoA 脱氢，生成 β- 酮脂酰 CoA，同时其辅酶 NAD^+ 接受脱下的 2H 被还原生成 NADH + H^+。④硫解：β- 酮脂酰 CoA 在另 1 分子 HSCoA 的参与下由硫解酶催化在 α 和 β 碳原子中间裂解，生成 1 分子乙酰 CoA 和 1 分子比原来少 2 个碳原子的脂酰 CoA。

以上经过一次 β- 氧化过程所生成的比原来少 2 个碳原子的脂酰 CoA，再经过脱氢、加水、再脱氢、硫解，又生成1分子乙酰CoA。如此反复进行，最终脂肪酸全部分解为乙酰CoA（图10-5）。

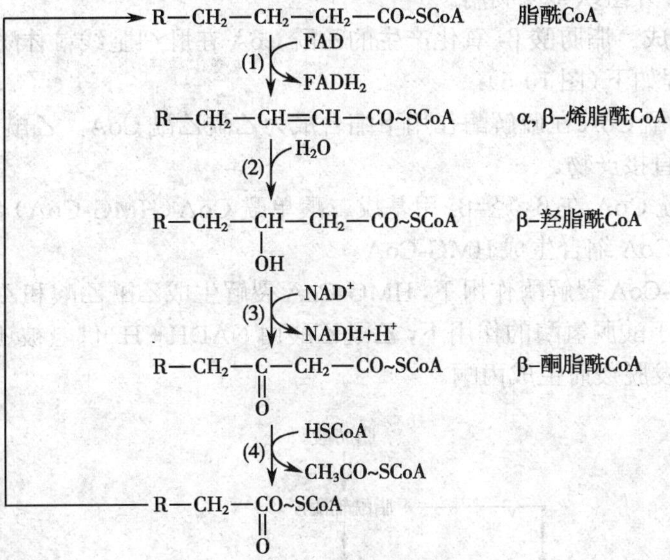

R—CH$_2$—CH$_2$—CH$_2$—CO~SCoA 脂酰CoA

(1) FAD → FADH$_2$

R—CH$_2$—CH═CH—CO~SCoA α, β-烯脂酰CoA

(2) H$_2$O

R—CH$_2$—CH(OH)—CH$_2$—CO~SCoA β-羟脂酰CoA

(3) NAD$^+$ → NADH+H$^+$

R—CH$_2$—C(═O)—CH$_2$—CO~SCoA β-酮脂酰CoA

(4) HSCoA → CH$_3$CO~SCoA

R—CH$_2$—C(═O)O~SCoA

图10-5 β-氧化过程

（4）乙酰CoA进入三羧酸循环：脂肪酸β-氧化所生成的大量乙酰CoA，进入三羧酸循环彻底氧化分解。

脂肪酸氧化分解是体内能量供应的主要途径。以16碳的软脂酸彻底氧化为例，在体内，1分子软脂酸彻底氧化分解，共进行7次β-氧化，产生8分子乙酰CoA、7分子$FADH_2$和7分子NADH+H$^+$。其中1分子$FADH_2$经过呼吸链氧化产生1.5分子ATP，1分子NADH+H$^+$氧化生成2.5分子ATP，1分子1乙酰CoA通过三羧酸循环氧化为CO_2和H_2O，产生10分子ATP。因此，1分子软脂酸彻底氧化总共生成$7\times(2.5+1.5)+8\times10=108$分子ATP，减去脂肪酸活化时消耗的2分子ATP，净生成106分子ATP。

2. 脂肪酸的其他氧化途径 上述β-氧化是脂肪酸氧化最重要的途径，除此之外，机体内还存在ω-氧化和α-氧化等其他氧化途径。①脂肪酸的ω-氧化：脂肪酸首先经羟化酶催化使其ω端的甲基氧化生成ω-羟脂酸，再氧化成二羧酸。后者进入线粒体，进行β-氧化，最后生成的琥珀酸直接参加三羧酸循环被氧化。②脂肪酸的α-氧化：脂肪酸经羟化酶的催化生成α-羟脂酸，后者继续氧化脱羧生成比原来少1个碳原子的脂肪酸，最后再进行β-氧化。③奇数碳脂肪酸的氧化：奇数碳脂肪酸经β-氧化产生乙酰CoA直至存留1分子丙酰CoA，后者转变为琥珀酰CoA，进入三羧酸循环彻底氧化。④不饱和脂肪酸的氧化：不饱和脂肪酸也能在线粒体内进行β-氧化。所不同的是天然不饱和脂肪酸在氧化过程中产生的顺式Δ^3中间产物需经线粒体中特异的$\Delta^3\rightarrow\Delta^2$反脂酰CoA异构酶的催化，转变成$\Delta^2$反式构型，再进入β-氧化。

（四）酮体的生成和利用

脂肪酸β-氧化生成的乙酰CoA，在心肌和骨骼肌等组织中直接进入三羧酸循环彻底氧化分解。而在肝组织细胞中，β-氧化产生的大量乙酰CoA没有全部氧化，部分乙酰 CoA 在肝线粒体中转变为乙酰乙酸、β-羟丁酸和丙酮，这三种物质统称为酮体（ketone bodies）。酮体是脂肪酸在肝组织细胞中氧化分解时特有的中间代谢物。肝内生成的酮体被及时输出，供肝外组织氧化利用。

1. 酮体的生成　脂肪酸β-氧化产生的乙酰 CoA 在肝细胞线粒体酶体系的催化下生成酮体，反应过程如下（图 10-6）：

（1）2 分子乙酰 CoA 在硫解酶作用下缩合成为乙酰乙酰 CoA。乙酰乙酰 CoA 也是β-氧化四碳阶段的直接产物。

（2）乙酰乙酰 CoA 在β-羟-β-甲基戊二酸单酰 CoA（HMG-CoA）合成酶的催化下，再与一分子乙酰 CoA 缩合生成 HMG-CoA。

（3）在 HMG-CoA 裂解酶作用下，HMG-CoA 裂解生成乙酰乙酸和乙酰 CoA。

（4）在β-羟丁酸脱氢酶的作用下，乙酰乙酸由 NADH＋H^+ 供氢被还原成β-羟丁酸。部分乙酰乙酸自发脱羧而生成丙酮。

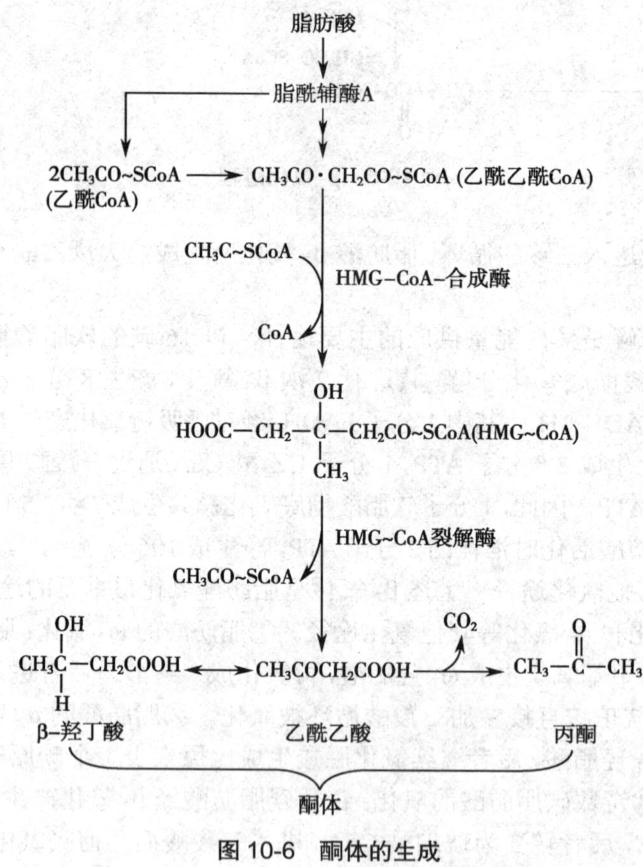

图 10-6　酮体的生成

肝线粒体内含有丰富的 HMG-CoA 合成酶和裂解酶，因此酮体主要在肝脏产生。但由于肝脏缺少利用酮体的酶，肝脏产生的酮体需经血液运输到肝外组织氧化分解。

2. 酮体的利用　肝外许多组织具有活性很强的利用酮体的酶，能将乙酰乙酸再活化为乙酰乙酰 CoA，然后在硫解酶作用下分解为 2 分子乙酰 CoA 而进入三羧酸循环。催化乙酰乙酸活化的酶有两种：①琥珀酰 CoA 转硫酶，主要存在于心、肾、脑和骨骼肌等组织细胞的线粒体中，在琥珀酰 CoA 存在的条件下，此酶催化乙酰乙酸活化生成乙酰乙酰 CoA；②乙酰乙酸硫激酶，存在于肾、心、脑等组织细胞的线粒体中，可催化乙酰乙酸直接与 HSCoA 结合生成乙酰乙酰 CoA，此反应需要 ATP 供能。

β- 羟丁酸在 β- 羟丁酸脱氢酶作用下，脱氢生成乙酰乙酸，再沿上述途径氧化（图 10-7）。丙酮含量很少，易挥发，可从肺直接呼出。部分丙酮也可转变为丙酮酸，进而氧化分解或异生为糖。

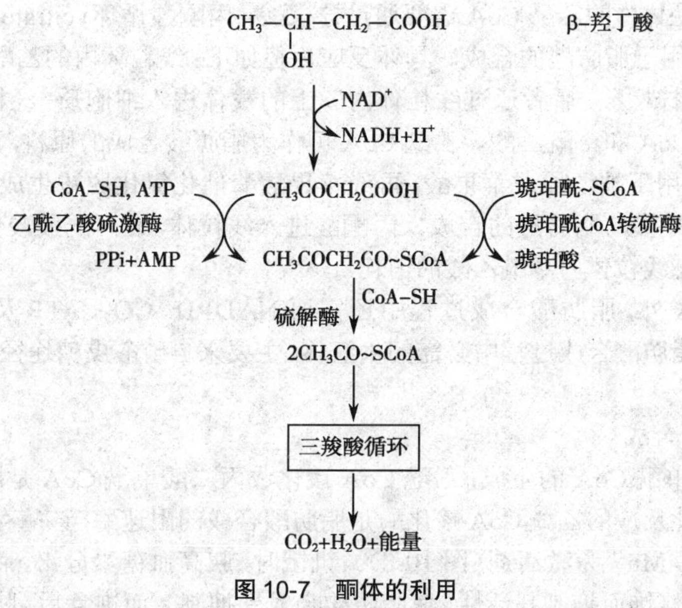

图 10-7　酮体的利用

3．酮体生成和利用的生理意义　酮体是脂肪酸在肝组织细胞中氧化分解时特有的中间代谢物，是肝脏向肝外组织输出能源的一种形式。小分子水溶性的酮体易于透过血脑屏障和肌肉毛细血管壁，是肌肉组织特别是脑组织的重要能源。正常情况下机体 60%～70% 的能量来自糖代谢，脂肪动员较少，体内不会生成太多的酮体。但在饥饿和糖尿病时，大量脂肪酸在肝脏氧化，酮体生成量明显增多，并且代替葡萄糖成为脑和肌肉组织的主要能源，以维持它们的正常生理功能。饥饿 3～4 天时，脑组织每天消耗 50g 酮体，饥饿 2 周以后，酮体的消耗量每天可达 100g。心肌细胞在正常情况下也首先选用酮体作为供能物质，其次是乳酸、游离脂肪酸和葡萄糖。

正常情况下，酮体一经生成即被肝外组织利用，因此血中仅含有少量酮体（为 0.03～0.50mmol/L 或 0.3～5mg/dl），其中乙酰乙酸占 28%～30%，β- 羟丁酸占 70%，丙酮在 2% 以下。饥饿、糖尿病、高脂低糖膳食时，脂肪动员加速，酮体生成过多，超过肝外组织利用的能力，可导致血中酮体含量异常升高，称为酮血症。如血中酮体达到 11.9mmol/L 以上，尿中排出大量酮体，称为酮尿症。乙酰乙酸和 β- 羟丁酸都是较强的有机酸，酮症酸中毒是一种临床常见的代谢性酸中毒。

二、甘油三酯的合成代谢

人体内的脂肪除从食物中摄取外，也可以在体内合成。肝、脂肪及小肠等组织是脂酸合成的主要场所。

（一）脂肪酸的合成

1. 合成部位与原料　脂肪酸合成酶系主要存在于在肝、肾、脑、肺、乳腺、脂肪等组织的细胞质中，其中肝脏合成脂肪酸的能力最强，是机体合成脂肪酸的主要部位，而脂肪组织是储存脂肪的主要场所。

乙酰 CoA 是脂肪酸合成的主要原料，主要来自糖代谢。细胞内的乙酰 CoA 全部在线粒体中产生，而合成脂肪酸的酶系存在于细胞质中，并且乙酰 CoA 不能自由透过线粒体内膜。因此，线粒体内的乙酰 CoA 需要通过柠檬酸 - 丙酮酸循环（citrate-pyruvate cycle）才能进入细胞质用于脂肪酸的合成。具体反应途径如下：线粒体内的乙酰 CoA 首先与草酰乙酸缩合生成柠檬酸，后者通过线粒体内膜上的载体进入细胞质，经柠檬酸裂解酶催化，分解为乙酰 CoA 和草酰乙酸。乙酰 CoA 可作为脂肪酸合成的原料，而草酰乙酸则在苹果酸脱氢酶作用下被还原成苹果酸，再经苹果酸酶催化氧化脱羧生成丙酮酸，同时生成的 NADPH＋H^+ 参与脂肪酸的合成。丙酮酸进入线粒体，经丙酮酸羧化酶催化转变为草酰乙酸，以补充线粒体内草酰乙酸的消耗。

除乙酰 CoA 外，脂肪酸合成过程中还需要 NADPH、CO_2、ATP 及 Mn^{2+} 等，其中 NADPH＋H^+ 是脂肪酸合成过程中必需的供氢体，主要来自磷酸戊糖途径和柠檬酸 - 丙酮酸循环。

2. 软脂酸的合成

（1）丙二酸单酰 CoA 的生成：乙酰 CoA 羧化成丙二酸单酰 CoA 是脂肪酸合成的第一步反应，催化此反应的乙酰 CoA 羧化酶是脂肪酸合成的限速酶，该酶存在于细胞质中，生物素为其辅酶，Mn^{2+} 为激活剂（图 10-8）。饥饿时，胰高血糖素分泌，刺激乙酰 CoA 羧化酶发生磷酸化修饰而抑制其活性，使脂肪酸合成受抑制。而饱食后，胰岛素分泌增加，可促进乙酰 CoA 羧化酶去磷酸化而活化，促进脂肪酸合成。

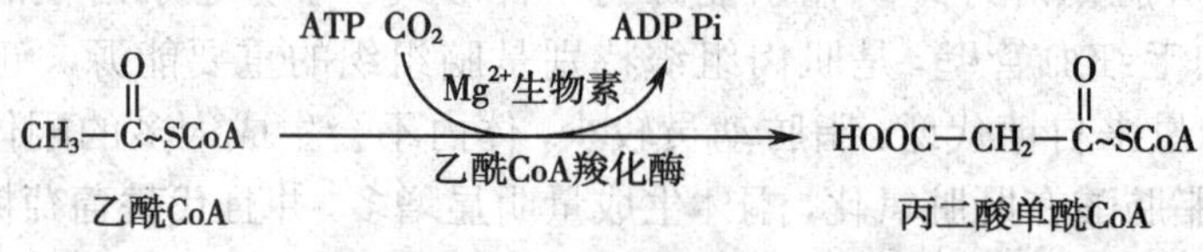

图 10-8　丙二酸单酰 CoA 的生成

（2）软脂酸的合成过程：各种生物合成脂肪酸的过程基本相似。在大肠杆菌中，催化此过程的酶为脂肪酸合成酶系，由一个脂酰载体蛋白（acyl carrier protein，ACP）和围绕在其四周的 7 种酶所组成。而哺乳动物的脂肪酸合成酶是一种多功能酶，7 种酶活性均在一条多肽链上，由一个基因所编码。

软脂酸（又称棕榈酸）合成过程由乙酰 CoA 和丙二酸单酰 CoA 经过重复 7 次加成反应。其反应途径主要包括：①脱羧缩合：该阶段包含三步反应。乙酰 CoA 首先与合成酶的巯基相结合；而丙二酸单酰 CoA 与 ACP 的巯基相结合；合成酶上的乙酰基经 β- 酮脂酰合成酶的催化转移并与 ACP 上丙二酰基缩合，同时脱羧释放 CO_2，生成 β- 酮丁酰 ACP。②加氢：β- 酮脂酰还原酶催化 β- 酮丁酰 ACP 从 NADPH＋H^+ 获得 2H，还原为 β- 羟丁酰 ACP。③脱水：在水化酶的作用下，β- 羟丁酰 ACP 脱去 1 分子 H_2O 生成 α，β- 烯丁酰 ACP。④再加氢：α，β- 烯丁酰 ACP 由 NADPH＋H^+ 供氢被还原成丁酰 ACP，此反应由α, β-烯脂酰还原酶催化。通过上述一轮反应，碳原子数目由2个增至4个，即乙酰基转变为丁酰基。如此，以丙二酸单酰CoA作为2碳单位的供体，反复进行缩合、加氢、脱水、再加氢的过程，经过7次循环，每次增加2个碳原子，生成16碳的软脂酰ACP，最后经硫酯酶作用生成软脂酸（图10-9）。软脂酸合成的总反应式为：

$$\text{乙酰CoA} + 7\text{丙二酸单酰CoA} + 14NADPH + 14H^+ \longrightarrow \text{软脂酸} + 7CO_2 + 6H_2O + 8HSCoA + 14NADP^+$$

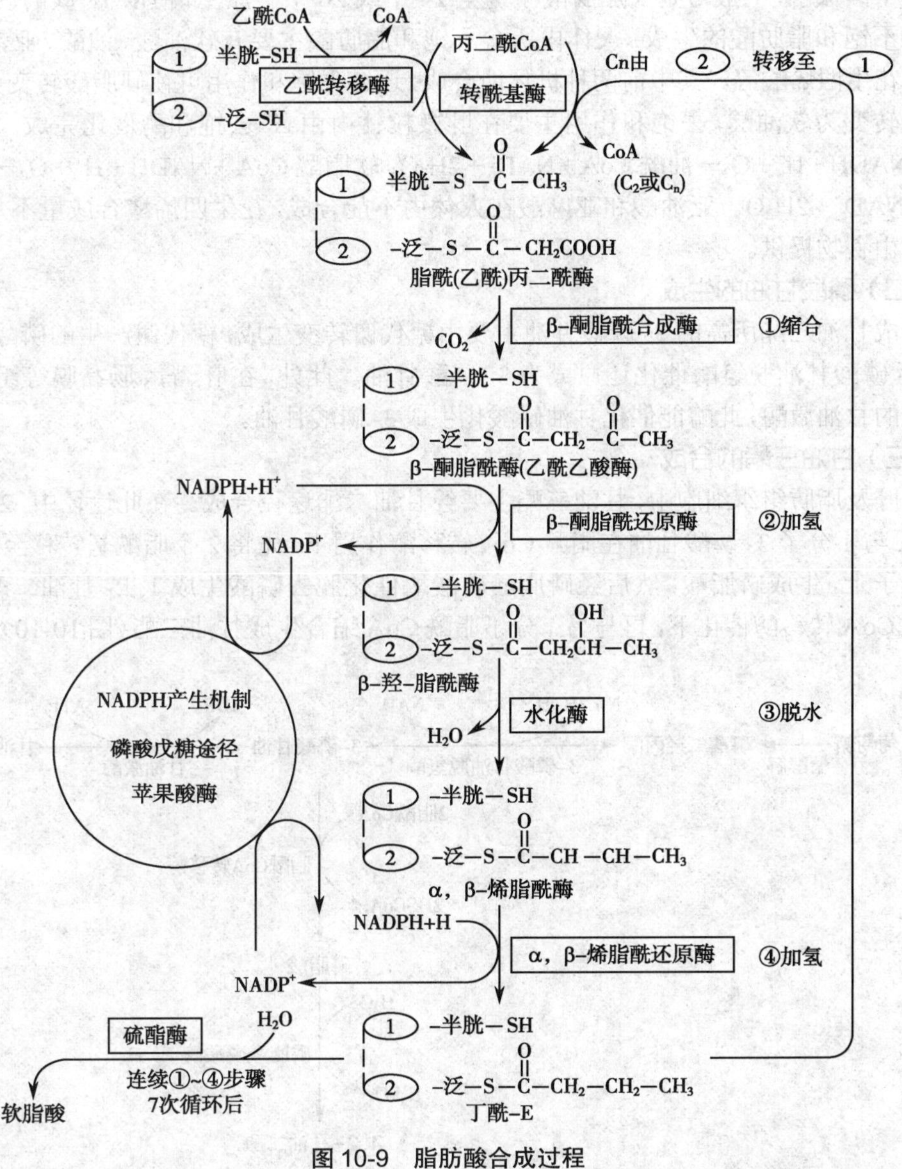

图10-9 脂肪酸合成过程

3. 脂肪酸碳链的加工　在细胞质中由脂肪酸合成酶系催化，首先合成的是软脂酸。但人体内需要分子质量大小不同的多种脂肪酸，因此需要对软脂酸进行碳链加工，主要包括碳链的延长或缩短、改变饱和度等过程。①脂肪酸碳链在内质网中的延长：在内质网脂肪酸延长酶体系作用下，以丙二酸单酰CoA为2碳单位的供体，由$NADPH + H^+$供氢，通过缩合、加氢、脱水、再加氢等反应，每轮反应增加2个碳原子，重复进行上述反应，使碳链逐步延长。此反应过程与软脂酸的合成相似，但是脂酰基是连在 HSCoA 上进行反应的，而不是以 ACP 为载体。一般可将脂肪酸碳链延长至 24 个碳原子，但以 18 碳的硬脂酸居多。②脂肪酸碳链在线粒体中的延长：在线粒体脂肪酸延长酶体系作用下，软脂酰 CoA 与乙酰 CoA 缩合，生成β- 酮硬脂酰 CoA，然后由 $NADPH+H^+$ 供氢，进行加氢、脱水、再加氢等反应过程生成硬脂酰 CoA，反复进行此过程，使碳链不断延长。每轮反应可加上 2 个碳原子，一般可延长脂肪酸碳链至 24 个或 26 个碳原子，但以 18 碳的硬脂酸居多。③不饱和脂肪酸的生成：人体内所含不饱和脂肪酸主要有软油酸、油酸、亚油酸、亚麻酸和花生四烯酸等。其中前两种机体能合成，通过去饱和作用可使硬脂酸转变为油酸，软脂酸转变为软油酸，去饱和作用主要在肝微粒体内由 Δ^9 去饱和酶催化完成。硬脂酰 $CoA+NADH+H^++O_2\rightarrow$ 油酰 $CoA+NAD^++2H_2O$；软脂酰 $CoA+NADH+H^++O_2\rightarrow$ 软油酰 $CoA+NAD^++2H_2O$。亚油酸和亚麻酸在人体内不能合成，花生四烯酸合成量不足，它们都必须由食物提供。

（二）磷酸甘油的生成

合成甘油三酯所需的 3- 磷酸甘油主要由糖代谢转变生成，糖代谢产生的磷酸二羟丙酮经 3- 磷酸甘油脱氢酶催化还原成为 3- 磷酸甘油。此外，在肝、肾、肠黏膜等组织中含有丰富的甘油激酶，此酶能催化甘油磷酸化生成 3- 磷酸甘油。

（三）甘油三酯的合成

在肝及脂肪组织细胞中，甘油三酯主要经甘油二酯途径合成。在此途径中，2 分子脂酰 CoA 与 1 分子 3- 磷酸甘油在脂酰 CoA 转移酶作用下，先将 2 个脂酰基转移至 3- 磷酸甘油分子上，生成磷脂酸，然后经磷脂酸磷酸酶催化脱去磷酸生成 1，2- 甘油二酯，后者在脂酰 CoA 转移酶催化下，再与另 1 分子脂酰 CoA 缩合生成甘油三酯（图 10-10）。

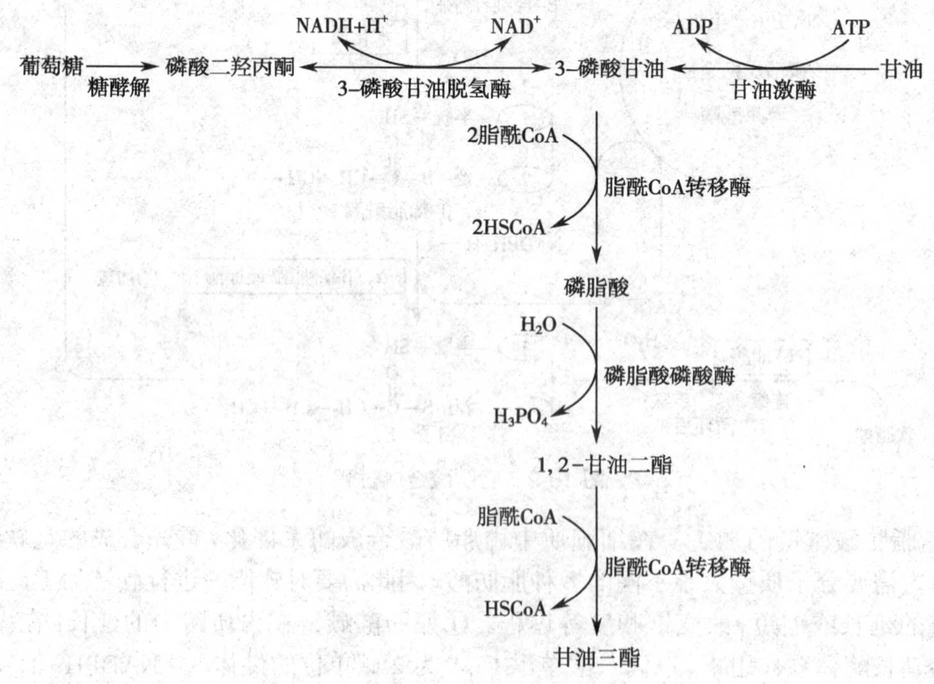

图 10-10 甘油三酯合成过程

此外，在小肠黏膜细胞中主要通过甘油一酯途径合成甘油三酯。

第三节　类脂的代谢

类脂包括磷脂、糖脂和胆固醇。其中磷脂根据组成不同又可分为甘油磷脂和鞘磷脂。本节简要介绍甘油磷脂和胆固醇的代谢。

一、甘油磷脂的代谢

机体内含量最多的磷脂为磷脂酰胆碱（卵磷脂）和磷脂酰乙醇胺（脑磷脂），占磷脂总量的75%以上。

（一）甘油磷脂的分解代谢

机体内存在多种催化甘油磷脂水解的磷脂酶如磷脂酶 A_1、A_2、C 和 D 等，它们分别作用于甘油磷脂分子中不同的酯键，将其水解成甘油、脂肪酸、磷酸、胆碱或胆胺等。甘油和脂肪酸均可进一步氧化分解成 CO_2 和 H_2O；胆碱经氧化和脱甲基后生成甘氨酸，脱下的甲基可用于其他物质的合成（图10-11）。

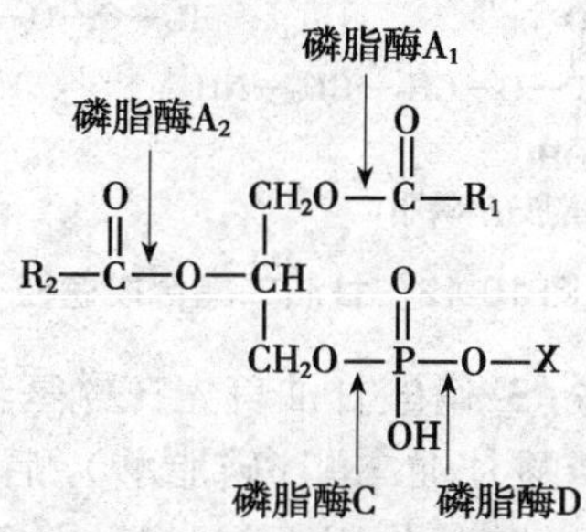

图10-11　磷脂酶的作用

事实上，在生物膜中的磷脂分解代谢不一定完全，中间产物常可再酯化又形成新的磷脂分子，磷脂分子中各种组分都处于动态更新中，甚至整个磷脂分子也可以在膜性结构之间进行交换。

（二）甘油磷脂的合成

人类可从食物中如蛋黄、瘦肉、大豆等摄取磷脂，同时机体也能自行合成磷脂。

1．合成部位与原料　人体全身各组织细胞内质网中均含有甘油磷脂合成酶系，因此均能合成甘油磷脂，其中以肝、肾及小肠等组织细胞中甘油磷脂的合成最为活跃。

甘油磷脂合成的基本原料为3-磷酸甘油、脂肪酸、乙醇胺、胆碱、丝氨酸及肌醇等。其中脂肪酸和3-磷酸甘油主要来自糖代谢，但甘油磷脂分子中C-2位的多不饱和脂肪酸必须由食物供给。胆碱、乙醇胺可从食物中获得，也可由丝氨酸脱羧生成乙醇胺，后者由S-腺苷甲硫氨酸提供甲基转变为胆碱。此外，还需要ATP、CTP等参与。

2．合成过程　甘油磷脂的合成主要有两种途径，即甘油二酯合成途径和CDP-甘油二酯合成途径。其中磷脂酰胆碱及磷脂酰乙醇胺主要通过甘油二酯合成途径合成，而磷脂酰肌醇、磷脂酰丝氨酸和心磷脂主要经CDP-甘油二酯合成途径合成。

（1）甘油二酯合成途径：在ATP存在的条件下，胆碱或乙醇胺首先受相应的激酶作用生成磷酸胆碱或磷酸乙醇胺，然后与 CTP 作用，生成 CDP- 胆碱或 CDP- 乙醇胺，后两者再分别与甘油二酯缩合成磷脂酰胆碱或磷脂酰乙醇胺（图 10-12）。

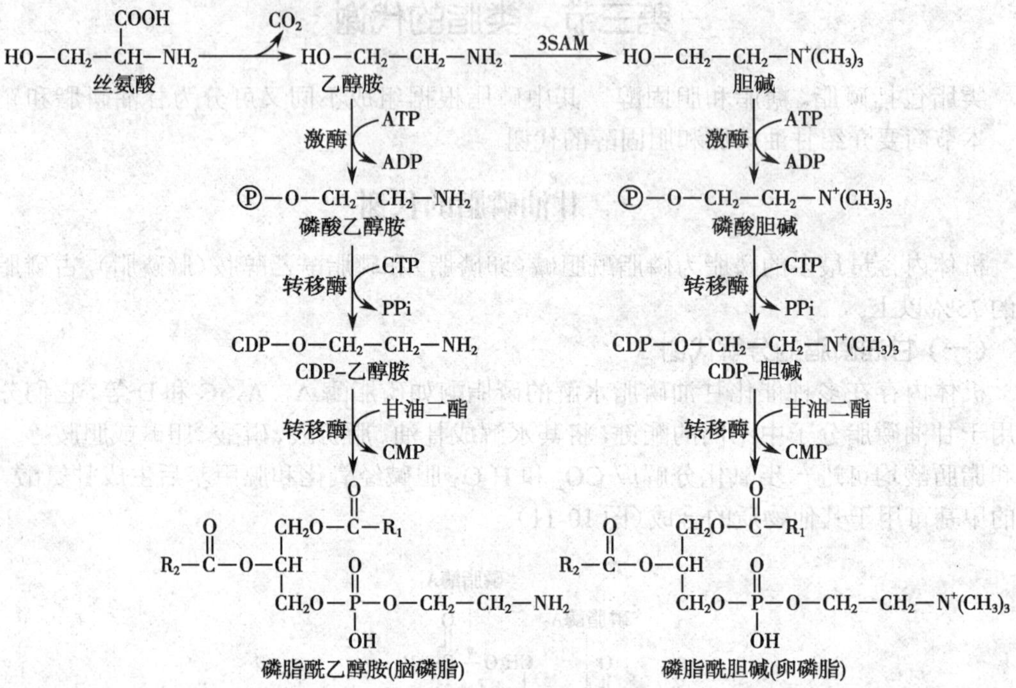

$HO-CH_2-CH(COOH)-NH_2$（丝氨酸）$\xrightarrow{-CO_2}$ $HO-CH_2-CH_2-NH_2$（乙醇胺）$\xrightarrow{3SAM}$ $HO-CH_2-CH_2-N^+(CH_3)_3$（胆碱）

激酶（ATP → ADP）：

Ⓟ$-O-CH_2-CH_2-NH_2$（磷酸乙醇胺）　　Ⓟ$-O-CH_2-CH_2-N^+(CH_3)_3$（磷酸胆碱）

转移酶（CTP → PPi）：

$CDP-O-CH_2-CH_2-NH_2$（CDP-乙醇胺）　　$CDP-O-CH_2-CH_2-N^+(CH_3)_3$（CDP-胆碱）

转移酶（甘油二酯 → CMP）：

$CH_2O-CO-R_1$ / $R_2-CO-O-CH$ / $CH_2O-P(=O)(OH)-O-CH_2-CH_2-NH_2$

磷脂酰乙醇胺(脑磷脂)

$CH_2O-CO-R_1$ / $R_2-CO-O-CH$ / $CH_2O-P(=O)(OH)-O-CH_2-CH_2-N^+(CH_3)_3$

磷脂酰胆碱(卵磷脂)

图 10-12　甘油二酯合成途径

（2）CTP- 甘油二酯合成途径：3- 磷酸甘油首先在酰基转移酶作用下接受来自 2 分子脂酰 CoA 提供的酰基转变成 3- 磷酸甘油二酯（磷脂酸），后者经胞苷酰转移酶催化与 CTP 作用生成 CDP- 甘油二酯，在相关酶的作用下与肌醇、丝氨酸磷脂酰甘油作用，分别生成磷脂酰肌醇、磷脂酰丝氨酸及心磷脂。

除上述基本途径外，磷脂酰胆碱亦可由磷脂酰乙醇胺从 S- 腺苷甲硫氨酸获得甲基而直接生成，通过这种方式生成的磷脂酰胆碱占人肝脏合成量的 10%～15%。磷脂酰丝氨酸亦可由磷脂酰乙醇胺转变而来。

二、胆固醇的代谢

正常成人体内约含胆固醇 140g，广泛存在于全身各组织中。胆固醇是机体组织细胞膜的基本成分，也是机体内重要类固醇化合物如维生素 D_3、胆汁酸、类固醇激素等的前体。

（一）胆固醇的合成

1. 合成的部位与原料　机体除从食物中摄取胆固醇外，亦可自行合成。除成熟红细胞及成年动物脑组织外，几乎全身组织均可合成胆固醇。其中肝脏合成能力最强，占体内胆固醇合成总量的 70%～80%。其次是小肠，约占 10%。胆固醇合成酶系存在于细胞质和滑面内质网上，因此胆固醇合成主要在细胞质和滑面内质网中。

胆固醇合成的基本原料是乙酰 CoA，还需要 $NADPH+H^+$、ATP 等参加。其中乙酰 CoA、ATP 主要来自糖氧化分解代谢，而 $NADPH+H^+$ 来自磷酸戊糖途径。

2. 合成过程　胆固醇的合成过程非常复杂，有近 30 种酶参与，可分为 3 个阶段

（图 10-13）：

（1）甲羟戊酸的合成：2 分子乙酰 CoA 在硫解酶的作用下缩合生成乙酰乙酰 CoA，后者再与 1 分子乙酰 CoA 经 HMG-CoA 合成酶催化缩合生成 HMG-CoA。此反应过程与酮体生成相似，所不同的是此过程是在细胞质中进行的，反应产物 HMG-CoA 在内质网 HMG-CoA 还原酶的催化下，接受来自 $NADPH+H^+$ 提供的 2H 被还原生成甲羟戊酸（mevalonic acid，MVA）。HMG-CoA 还原酶是胆固醇合成的限速酶。

（2）鲨烯的合成：MVA 在由 ATP 供能的细胞质中存在的一系列酶的催化下，经过磷酸化、脱羧等反应生成 Δ^3 异戊烯焦磷酸及其异构物二甲基丙烯焦磷酸，然后缩合生成焦磷酸法尼酯。2 分子焦磷酸法尼酯在内质网鲨烯合酶的作用下，经过缩合、还原最终即生成含 30 个碳原子的鲨烯（squalene）。

（3）胆固醇的合成：鲨烯具有与固醇母核相似的结构，结合在细胞质中的固醇载体蛋白上，经内质网单加氧酶、环化酶等催化环化生成羊毛固醇，后者经一系列氧化、脱羧及还原等反应，脱去 3 分子 CO_2，生成胆固醇。

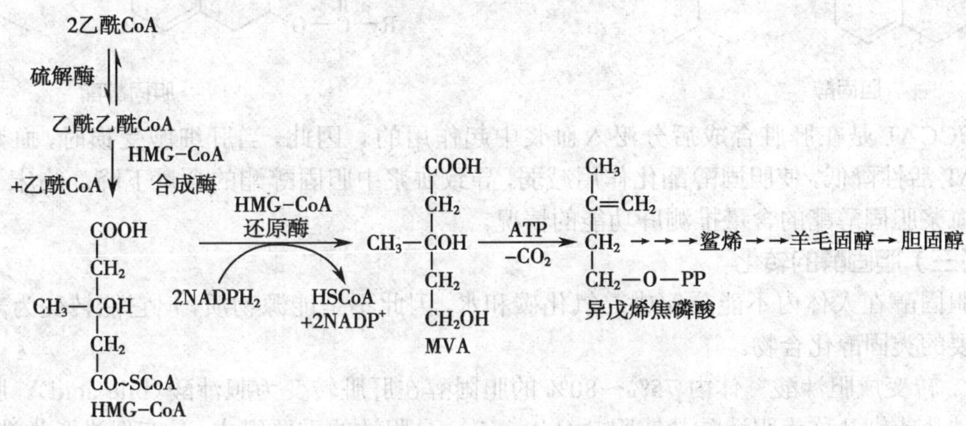

图 10-13 胆固醇合成简要过程

乙酰 CoA 是胆固醇合成的基本原料，每合成 1 分子胆固醇，需要 18 分子乙酰 CoA、36 分子 ATP 和 16 分子 $NADPH+H^+$。这些物质大部分来自糖的氧化分解代谢，因此膳食中糖或热量过多会使机体胆固醇的合成增多，而饥饿时胆固醇合成减少。

胆固醇合成受多种因素的调节，其中 HMG-CoA 还原酶在调节胆固醇的合成中具有决定性意义，许多因素通过改变此酶活性而影响体内胆固醇的合成。膳食胆固醇可通过抑制 HMG-CoA 还原酶活性而反馈抑制肝脏中胆固醇的合成。肾上腺素和甲状腺素可促进此酶活性，使胆固醇合成加强。由于甲状腺素又能促进胆固醇转变为胆汁酸，且后一作用大于前者，故总结果是使血浆胆固醇降低。因此，甲状腺功能亢进患者，血浆胆固醇含量较正常偏低；而甲状腺功能减退的患者常伴有高胆固醇血症及动脉粥样硬化。

（二）胆固醇的酯化

胆固醇在体内的存在形式有两种：游离胆固醇和胆固醇酯，后者是前者在机体各组织细胞和血浆中经酯化反应而生成的。在组织细胞中，脂酰 CoA 胆固醇酰基转移酶（acyl CoA cholesterol acyltransferase，ACAT）催化脂酰 CoA 分子中的脂酰基转移到游离胆固醇分子 C-3 羟基上，生成胆固醇酯。

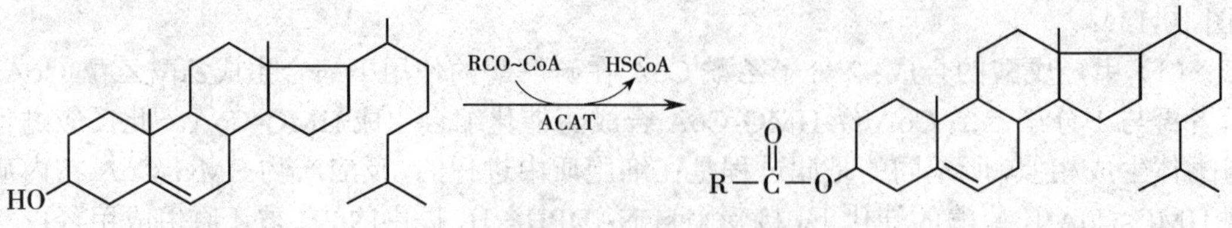

RCO~CoA HSCoA
ACAT

胆固醇 胆固醇酯

而在血浆中，由磷脂酰胆碱胆固醇酰基转移酶（phosphatidylcholine cholesterol acyltransferase，PCCAT），即卵磷脂胆固醇酰基转移酶（lecithin cholesterol acyltransferase，LCAT），催化磷脂酰胆碱将其分子上的第 2 位脂酰基转移到游离胆固醇分子 C-3 羟基上，生成胆固醇酯和溶血磷脂酰胆碱。

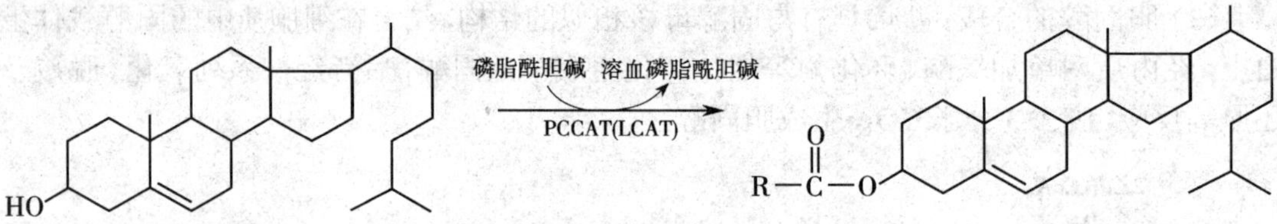

磷脂酰胆碱 溶血磷脂酰胆碱
PCCAT(LCAT)

胆固醇 胆固醇酯

PCCAT 是在肝脏合成后分泌入血浆中起作用的。因此，当肝细胞受损时，血浆中 PCCAT 活性降低，使胆固醇酯化作用减弱，导致血浆中胆固醇酯的含量下降。临床上可根据血浆胆固醇酯的含量推测肝功能的情况。

（三）胆固醇的转化

胆固醇在人体内不能分解成二氧化碳和水，因此不是能源物质，但它能转变为一系列重要的类固醇化合物。

1．转变成胆汁酸　体内 75%～80% 的胆固醇在肝脏转变为胆汁酸（bile acid）。胆汁酸的钠盐或钾盐称为胆汁酸盐或胆盐（bile salt），是胆汁的重要组成，具有促进脂类消化、吸收及抑制胆汁中胆固醇析出等作用。

2．转变成类固醇激素　胆固醇在肾上腺皮质细胞内可转变为醛固酮、皮质醇等肾上腺皮质激素；在卵巢可转变为雌二醇、孕酮等雌激素；在睾丸可转变为睾酮等雄性激素。

3．转变为 7- 脱氢胆固醇　在肝和肠黏膜细胞中，胆固醇可转变为 7- 脱氢胆固醇。后者储存于皮下，经紫外光照射后转变成维生素 D_3。

（四）胆固醇的排泄

体内少部分胆固醇可直接随胆汁或肠黏膜进入肠道排泄，其中大部分被重吸收，只有部分胆固醇被肠道细菌还原成为粪固醇随粪便排出体外。

第四节　血　　脂

一、血脂的组成和含量

血浆中的脂类统称为血脂。主要包括甘油三酯、磷脂、胆固醇及胆固醇酯和游离脂肪酸（free fatty acid，FFA）等。

血脂含量不如血糖恒定，易受年龄、性别、膳食、职业、运动状况及代谢等多种因素的影响，波动范围较大。我国正常成年人空腹12～14小时血脂的组成及含量见表10-1。

表10-1　正常成人血脂的组成及含量

脂类	正常参考值	
	mmol/L（平均值）	mg/dl（平均值）
总脂	—	400～700（500）
甘油三酯	0.11～1.69（1.13）	10～150（100）
总胆固醇	2.59～6.21（5.17）	100～250（200）
游离胆固醇	1.03～1.81（1.42）	40～70（55）
胆固醇酯	1.81～5.17（3.75）	70～200（145）
总磷脂	48.44～80.73（64.58）	150～250（200）
游离脂肪酸	—	5～20（15）

注：括号内为均值

二、血脂的来源和去路

血脂的含量虽然易受多种因素的影响而变化较大，但是在正常情况下，正常成人血浆总脂含量在400～700mg/dl范围内波动。这是因为血脂的来源和去路维持动态平衡。

血脂的来源主要有：①外源性脂类，即经消化吸收进入血浆的食物脂类；②内源性脂类，即机体内自行合成或经脂肪动员进入血浆的脂类。血脂的去路主要包括：①氧化分解供能；②进入脂库中储存；③参与生物膜构成；④转变为其他物质。

第五节　血浆脂蛋白代谢与代谢紊乱

脂类难溶于水，无论外源性还是内源性脂类均需与蛋白质结合成溶解度较大的脂蛋白复合体，方可通过血浆运输，即脂类以脂蛋白的形式在血浆中运输，供机体各组织利用。如果脂蛋白代谢发生障碍，可使甘油三酯、胆固醇等在血浆中堆积，从而导致高脂蛋白血症、动脉粥样硬化、肥胖症等。

一、血浆脂蛋白的代谢

（一）血浆脂蛋白的分类与命名

各种脂蛋白因其所含脂类和蛋白质的种类及数量不同，使其颗粒大小、表面所带电荷、密度、电泳行为等均有所不同。通常应用电泳法和超速离心法可分别将其分为四类。

1. 电泳法　不同脂蛋白所含蛋白的种类和数量不同，在生理条件下具有不同的表面电荷，颗粒大小也不相同，因此在电场中的迁移率不同。根据脂蛋白在电场中泳动速度的快慢，可将其分为α-脂蛋白、前β-脂蛋白、β-脂蛋白和乳糜微粒（CM）四类。α-脂蛋白泳动速度最快，相当于血浆α_1球蛋白的位置，占血浆脂蛋白总量的30%～47%；β-脂蛋白相当于血浆β-球蛋白的位置，含量最多，占血浆脂蛋白总量的48%～68%；前β-脂蛋白位于α-脂蛋白和β-脂蛋白之间，相当于血浆α_2-球蛋白的电泳位置，占血浆脂蛋白总量的 4%～16%。乳糜微粒停留在原点，正常人空腹血浆中不应检出乳糜微粒，仅在进食后出现（图 10-14）。

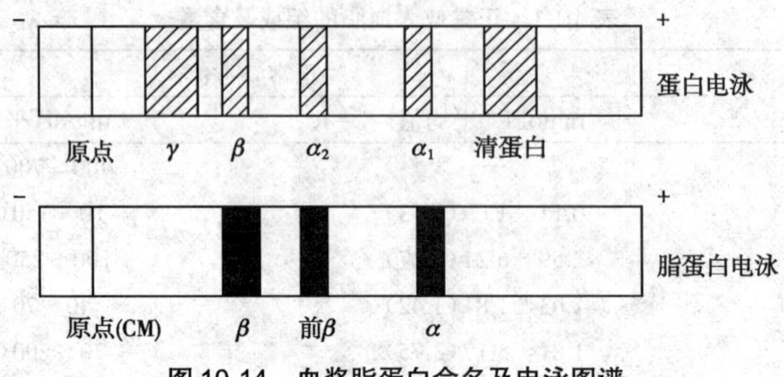

图 10-14 血浆脂蛋白命名及电泳图谱

2．超速离心法 由于各种脂蛋白所含脂类及蛋白质比例不同，因而密度也各不相同。若脂蛋白组成中脂类含量高，蛋白质含量少，则密度低；反之，密度高。将血浆置于一定密度的盐溶液中进行超速离心时，各种脂蛋白因密度不同而漂浮或沉降。根据漂浮或沉降的情况不同，血浆脂蛋白可分为四类：乳糜微粒（CM）、极低密度脂蛋白（very low density lipoprotein，VLDL）、低密度脂蛋白（low density lipoprotein，LDL）和高密度脂蛋白（high density lipoprotein，HDL）。其中 CM 密度最小，而 HDL 密度最大。

除上述四类脂蛋白外，还有密度介于 VLDL 和 LDL 之间的中间密度脂蛋白（intermediate density lipoprotein，IDL）和脂蛋白（a）[lipoprotein（a），Lp（a）]。IDL 是 VLDL 在血浆中的降解产物。Lp（a）含有类似 LDL 的脂质核心和 $ApoB_{100}$，此外，还具有特征性载脂蛋白 Apo（a），后者与 $ApoB_{100}$ 以二硫键相连。目前认为 Lp（a）是冠心病的独立危险因素。

（二）血浆脂蛋白的组成与结构

1．血浆脂蛋白的组成

（1）主要脂类成分：各类血浆脂蛋白都主要由蛋白质、甘油三酯、磷脂、胆固醇及胆固醇酯组成，但含量和组成比例却相差很远。CM 含甘油三酯最多，达脂蛋白颗粒的 80%～95%，蛋白质仅占 1% 左右，故密度最小，血浆静止即会漂浮；VLDL 含甘油三酯亦多，占脂蛋白的 50%～70%，但其甘油三酯与乳糜微粒的来源不同，主要为肝脏合成的内源性甘油三酯；LDL 组成中 45%～50% 是胆固醇及胆固醇酯，因此是一类运送胆固醇的脂蛋白颗粒；HDL 中蛋白质含量最多，因此密度最高。在其脂类成分中，磷脂约占 25%，胆固醇占 20%，而甘油三酯含量很少，仅为 5% 左右。

（2）载脂蛋白：血浆脂蛋白中的蛋白质部分称为载脂蛋白（apolipoprotein，Apo），迄今已发现有 20 种之多，主要包括 ApoA、B、C、D、E 和（a）。由于氨基酸组成的差异，每类载脂蛋白又分为若干亚类。如 ApoA 又分为 AⅠ、AⅡ、AⅢ、AⅣ；ApoB 又分为 B_{48} 和 B_{100}。各类脂蛋白颗粒所含的载脂蛋白不同。HDL 主要含有 ApoAⅠ和 AⅡ，LDL 几乎只含 $ApoB_{100}$；VLDL 除含 $ApoB_{100}$ 外还含有 CⅠ、CⅡ、CⅢ和 E；而 CM 则主要含 $ApoB_{48}$。目前，人类几种主要载脂蛋白的分布及功能见表 10-2。

载脂蛋白的主要功能是结合和转运脂质。此外，不同的载脂蛋白还参与调节脂蛋白代谢关键酶的活性及脂蛋白受体的识别，从而在脂蛋白代谢中发挥重要作用。如 ApoAⅠ

表 10-2　人血浆载脂蛋白的分布及功能

载脂蛋白	分子量	分布	功能
AⅠ	28 300	HDL、CM	激活 LCAT，识别 HDL 受体
AⅡ	17 000	HDL	稳定 HDL 结构，激活 HL
AⅣ	46 000	HDL、CM	辅助激活 LPL
B_{48}	264 000	CM	促进 CM 合成
B_{100}	512 723	VLDL、LDL	识别 LDL 受体
CⅠ	6500	CM、VLDL、HDL	促进 LCAT 的催化作用
CⅡ	8800	CM、VLDL、HDL	激活 LPL
CⅢ	8900	CM、VLDL、HDL	抑制 LPL，抑制肝 ApoE 受体
D	22 000	HDL	转运胆固醇酯
E	34 000	CM、VLDL、HDL	识别 LDL 受体
(a)	500 000	Lp(a)	抑制纤溶酶活性

能激活卵磷脂胆固醇酰基转移酶（LCAT），从而促进 HDL 成熟和胆固醇的逆向转运；ApoCⅡ是脂蛋白脂肪酶（lipoprotein lipase，LPL）的激活剂，能够促进 CM 及 VLDL 的降解。ApoAⅠ、ApoB$_{100}$ 和 ApoE 分别是 HDL 受体、LDL 受体、IDL 及 CM 残余颗粒受体识别的信号和结合的配体。

2. 血浆脂蛋白的结构　各种血浆脂蛋白具有相似的基本结构。疏水性较强的甘油三酯和胆固醇酯构成脂蛋白的核心，位于脂蛋白的内部；而载脂蛋白、磷脂及游离胆固醇等以单分子层覆盖在脂蛋白表面，其极性基团朝外，疏水基团朝向内部，与脂蛋白核心的疏水分子相联系，从而构成具有较强亲水性的球形脂蛋白颗粒，使脂类易于在血浆中运输（图 10-15）。

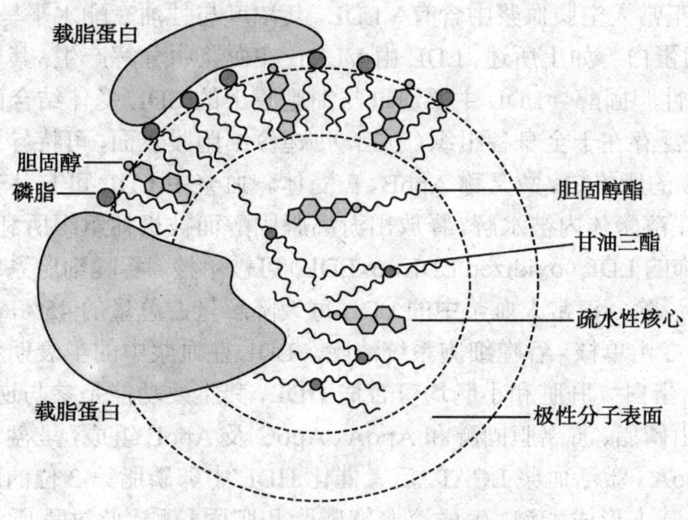

图 10-15　血浆脂蛋白结构示意图

（三）血浆脂蛋白的代谢与功能

1. 乳糜微粒　CM 在小肠黏膜细胞合成，是运输外源性甘油三酯和胆固醇的主要形式。在食物脂肪消化吸收过程中，小肠黏膜细胞再合成的甘油三酯，连同合成和吸收的磷脂及胆固醇，与 $ApoB_{48}$ 及 ApoAⅠ、AⅡ、AⅣ等结合组装成新生 CM。新生 CM 经淋巴进入血液循环后，从 HDL 处获得 ApoC 和 ApoE，并将部分 ApoAⅠ、AⅡ、AⅣ转移给 HDL，形成成熟 CM。其中的 ApoCⅡ激活存在于心肌、骨骼肌、脂肪组织毛细血管内皮细胞表面的 LPL，后者催化 CM 中的甘油三酯水解，释放出甘油和脂肪酸，被组织细胞摄取利用。CM 失去甘油三酯的同时，其表面的 ApoA、ApoC 以及磷脂和游离胆固醇转移到 HDL，最后 CM 内核中 90% 以上的甘油三酯被水解，颗粒变小，成为富含 $ApoB_{48}$、ApoE 和胆固醇酯的 CM 残粒，经与肝细胞膜上的 ApoE 受体结合后，进入肝细胞降解。因此，乳糜微粒不但以游离脂肪酸和甘油的形式向心肌、骨骼肌、脂肪组织、肝脏运送外源性甘油三酯，同时也将小肠吸收的胆固醇送至肝脏。CM 代谢迅速，在血浆中的半衰期仅 5～15 分钟，餐后 5～6 小时即不能检测出 CM。如果空腹 12～14 小时后血浆中仍有 CM，系Ⅰ型高脂蛋白血症，多因先天性 LPL 或 ApoCⅡ缺陷所致。

2. 极低密度脂蛋白　VLDL 在肝细胞内合成，是从肝脏转运内源性甘油三酯到脂肪等肝外组织的主要形式。肝脏的甘油三酯主要来自以葡萄糖为原料的自身合成，部分也来自 CM 残粒及脂肪动员产生的游离脂肪酸的酯化。肝细胞将甘油三酯、磷脂和胆固醇与自身合成的 $ApoB_{100}$ 及 ApoE 一起组装成 VLDL 并分泌入血液循环。

与 CM 的代谢相似，VLDL 分泌入血后，从 HDL 处获得 ApoC，其中的 ApoCⅡ激活肝外组织毛细血管内皮细胞表面的 LPL，后者催化 VLDL 中的甘油三酯水解，而表面的 ApoC、磷脂和胆固醇则转移至 HDL，再从 HDL 处接受胆固醇酯，形成中间密度脂蛋白（IDL）。IDL 中甘油三酯和胆固醇的含量大致相等，载脂蛋白主要为 $ApoB_{100}$ 和 ApoE。部分 IDL 通过 ApoE 受体介导，被肝细胞摄取，其余 IDL 在 LPL 和肝脂酶（hepatic lipase，HL）作用下，甘油三酯进一步被水解，而表面过剩的 ApoE 转移至 HDL，最终转变为富含胆固醇，尤其是胆固醇酯，而载脂蛋白几乎仅余 $ApoB_{100}$ 的 LDL。VLDL 在血中的半衰期为 6～12 小时。正常人空腹血浆中含有 VLDL，其浓度与甘油三酯水平呈正相关。

3. 低密度脂蛋白　如上所述，LDL 由 VLDL 在血浆中分解产生，其主要功能是转运肝脏合成的内源性胆固醇。LDL 主要通过与细胞膜上的 LDL 受体结合而进入细胞内降解。LDL 受体广泛存在于全身各组织（包括动脉壁）细胞膜表面，可特异地识别并结合含 $ApoB_{100}$ 或 ApoE 的脂蛋白，故又称 ApoB、E 受体。血浆中 LDL 可与其受体特异结合而进入细胞内，并在溶酶体内被水解，释放出游离胆固醇而被机体组织所利用。此外，LDL 还可被修饰，修饰的 LDL（oxidized LDL，oxLDL）可被单核 - 吞噬细胞系统中的巨噬细胞和血管内皮细胞清除。正常人血浆中的 LDL 每天降解量占总量的 45%，其中 2/3 LDL 经受体途径降解，1/3 由单核 - 吞噬细胞系统清除。LDL 在血浆中的半衰期为 2～4 天。

4. 高密度脂蛋白　肝脏和小肠均可合成 HDL，其主要功能是参与逆向转运胆固醇。新生 HDL 主要由磷脂、游离胆固醇和 ApoA、ApoC 及 ApoE 组成，呈盘状。进入血液循环后，其中的 ApoAⅠ激活血浆 LCAT，后者催化 HDL 中卵磷脂第 2 位的脂酰基转移至胆固醇第 3 位的羟基上形成酯键，生成溶血卵磷脂和胆固醇酯，此过程所消耗的卵磷脂和游离胆固醇可不断从细胞膜、CM 及 VLDL 得到补充。溶血卵磷脂与血浆清蛋白结合，送往各组织细胞，用于膜磷脂的更新。疏水的胆固醇酯进入 HDL 的核心，使其体积逐渐增大，转变为球状成熟 HDL。成熟 HDL 中的胆固醇可经过两条途径运到肝脏：一部分胆固醇酯在胆固醇酯转运蛋白（cholesterol ester transfer protein，CETP）的作用下从HDL转运至CM或VLDL，当CM残粒、IDL或LDL被肝细胞摄取时，其中的胆固醇酯也被运至肝脏；另一部分HDL中的胆固醇酯通过ApoAⅠ介导的HDL受体途径被肝细胞接受。在肝细胞内，大部分胆固醇转化为胆汁酸，通过胆汁分泌发挥乳化作用。HDL在血浆中的半衰期为3～5天。

各类血浆脂蛋白的主要成分、合成场所及功能见表10-3。

表10-3 血浆脂蛋白的主要成分、合成场所及功能

分类		合成场所	主要成分		主要功能
电泳法	超速离心法		脂类（%）	蛋白质（%）	
乳糜微粒	CM	小肠黏膜	TG（80～90）	0.5～2	转运外源性甘油三酯和少量胆固醇
前β-脂蛋白	VLDL	肝	TG（50～70）	5～10	转运内源性甘油三酯和少量胆固醇
β-脂蛋白	LDL	血浆	Ch及CE（45～50）	20～25	从肝转运胆固醇至肝外
α-脂蛋白	HDL	肝、小肠黏膜	PL及Ch（各25）	50	从肝外逆向转运胆固醇至肝

二、脂蛋白代谢紊乱

（一）高脂蛋白血症

空腹血脂水平持续高于正常范围上限称为高脂血症（hyperlipidemia）。临床上的高脂血症主要是指血浆胆固醇或甘油三酯的含量单独或者二者同时超过正常上限的异常状态，分别称为高胆固醇血症或高甘油三酯血症。由于血脂是以脂蛋白形式在血浆中存在和运输，高脂血症表现为不同类型的血浆脂蛋白水平增高，因此高脂血症也可以认为是高脂蛋白血症（hyperlipoproteinemia）。

正常人的血脂上限标准因地区、种族、膳食、年龄、职业以及测定方法等的不同而有差异。一般成人以空腹12～14小时后，血浆甘油三酯超过2.26mmol/L，胆固醇超过6.21mmol/L，儿童胆固醇超过4.14mmol/L作为高脂血症的诊断标准。

1970年世界卫生组织（WHO）建议将高脂蛋白血症分为六种类型（表10-4）。我国的高脂蛋白血症患者主要为Ⅱ型（约占40%）和Ⅳ型（占50%以上）。

表10-4 高脂蛋白血症分型

类型	血浆脂蛋白变化	血脂变化	
Ⅰ	CM增加	Ch↑	TG↑↑↑
Ⅱa	LDL增加	Ch↑↑	TG↑↑
Ⅱb	LDL和VLDL同时增加	Ch↑↑	TG↑↑
Ⅲ	IDL增加（电泳出现宽β-带）	Ch↑↑	TG↑↑
Ⅳ	VLDL增加		TG↑↑
Ⅴ	VLDL和CM同时增加	Ch↑↑	TG↑↑↑

高脂蛋白血症从病因上分为原发性和继发性两大类。继发性高脂蛋白血症由某些已知疾病引起，如糖尿病、肾病综合征、甲状腺功能减退等。原发性高脂蛋白血症病因多不明确。现已证实，部分为载脂蛋白异常、脂蛋白受体缺陷或代谢酶缺乏引起的脂蛋白代谢障碍。

（二）动脉粥样硬化

动脉粥样硬化（atherosclerosis，AS）指一类动脉壁的退行性病理变化。主要是由于血浆中胆固醇含量过多，沉积于大、中动脉内膜上，形成粥样斑块，导致动脉内皮细胞损伤，脂质浸润、管腔狭窄甚至阻塞，从而影响受累器官的血液供应。以动脉粥样硬化为病理基础的疾病如冠状动脉粥样硬化性心脏病（简称冠心病）等心血管疾病严重危害人类的健康。

动脉粥样硬化的发病机制非常复杂，与血浆脂蛋白代谢异常密切相关。研究表明，粥样斑块中的胆固醇来自血浆 LDL。当血浆中 LDL 水平升高时，可堆积在动脉分支或弯曲等处，与其他脂蛋白如 VLDL 残粒、Lp（a）等共同作用，导致动脉粥样硬化的发生。LDL 的氧化产物 oxLDL 可被巨噬细胞和平滑肌细胞膜上的清道夫受体识别并吞噬，并且清道夫受体的作用不受细胞内胆固醇的下调作用，因此，血浆中 oxLDL 水平增高可引起巨噬细胞内胆固醇摄入与流出失衡，导致巨噬细胞内胆固醇和胆固醇酯大量聚集而形成泡沫细胞，促进动脉粥样硬化的发生。VLDL 是 LDL 的前体，故 VLDL 水平升高可间接引起 LDL 的升高。VLDL 还可引起巨噬细胞内甘油三酯的堆积，对动脉粥样硬化的发生有促进作用。因此，血浆 LDL 和 VLDL 增高的患者，动脉粥样硬化的发病率显著升高。HDL 的主要功能是将肝外组织包括动脉壁、巨噬细胞等组织细胞的胆固醇逆向转运至肝，从而降低动脉壁胆固醇含量。同时 HDL 还具有抑制 LDL 氧化的作用。流行病学调查也表明血浆中 HDL 的水平与动脉粥样硬化的发生呈负相关。因此，血浆 LDL 及 VLDL 含量升高和 HDL 含量降低是导致动脉粥样硬化的关键因素。故降低 LDL 和 VLDL 的水平和提高 HDL 的水平是防治动脉粥样硬化、冠心病的基本原则。

（三）肥胖症

全身性的脂肪堆积过多，而导致体内发生一系列病理生理变化，称为肥胖症。目前国际上用身体质量指数（body mass index，BMI）作为肥胖度的衡量标准。BMI＝体重（kg）/身高^2（m^2）。我国规定 BMI 在 24～26 为轻度肥胖；BMI 在 26～28 为中度肥胖；BMI＞28 为重度肥胖。

知识拓展

肥胖与瘦素抵抗

近年来已成功克隆肥胖基因——*Ob* 基因，并发现其表达产物瘦素（leptin）是脂肪细胞分泌的一种激素，可作用于瘦素受体，参与糖、脂肪及能量代谢的调节，促使机体减少摄食，增加能量的释放，抑制脂肪的合成，使体重减轻。瘦素抵抗是指机体组织对瘦素的调节作用不敏感或无反应。大多数肥胖患者体内存在高瘦素血症，只有约 5% 的肥胖者瘦素水平低。同时有报道人类肥胖者的瘦素浓度为正常者的 4 倍。提示肥胖者普遍存在瘦素抵抗，瘦素抵抗与人类肥胖的发生密切相关。

学习小结

1. 学习内容

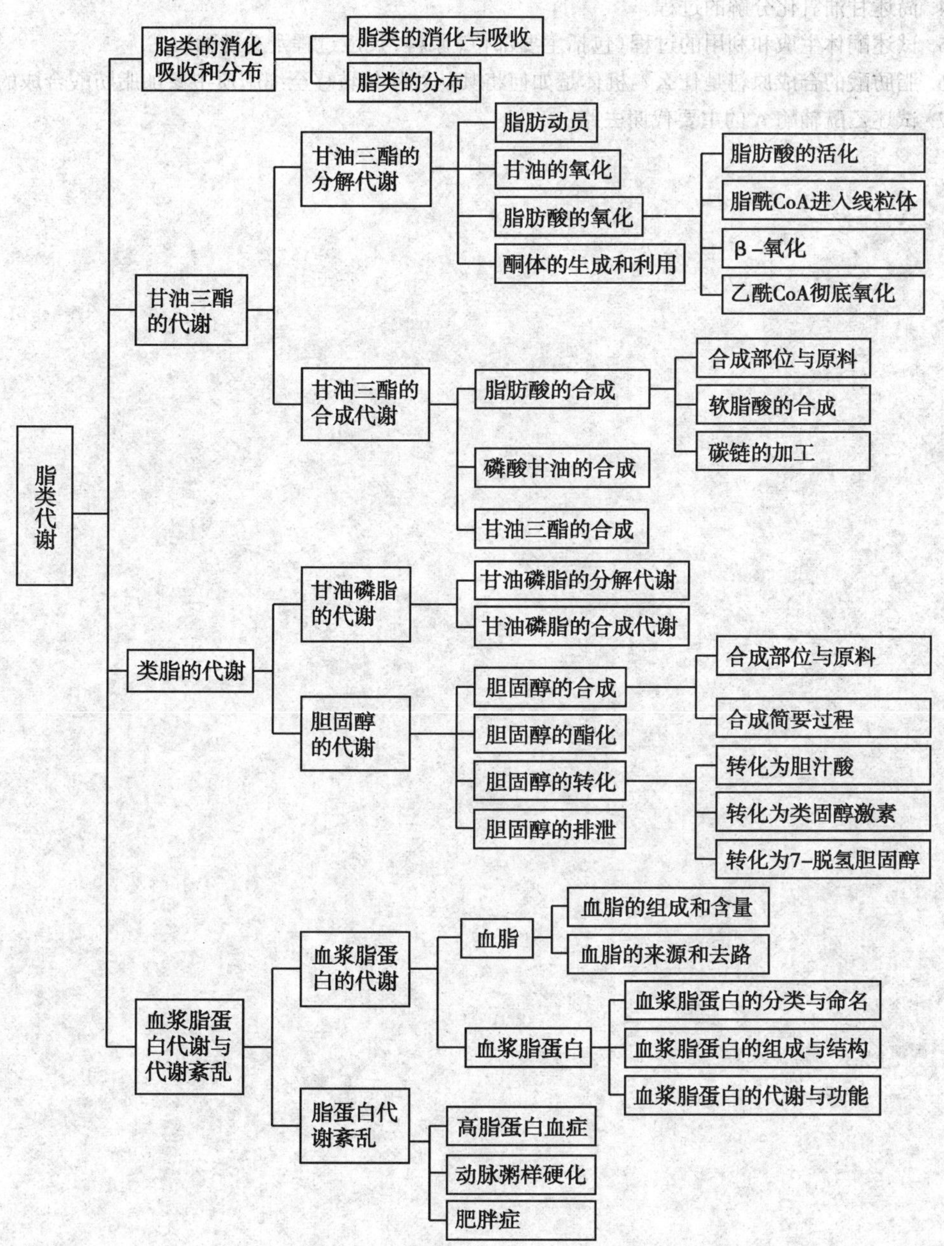

2. 学习方法　本章脂类化合物代谢包括分解代谢和合成代谢两类，但是其中更重要的是甘油三酯的分解代谢以及氧化功能作用。类脂的具体化合物较多且功能各异，可将其按类别和功能归类理解代谢的途径与意义。同时注意与相关章节内容的相互联系。

（柳　春）

复习思考题

1. 何谓血脂？血脂包含哪些成分？其以何种形式在血浆中运输？

2. 简述各类血浆脂蛋白的主要成分和功能。
3. 试述机体利用脂库中储存的脂肪氧化供能的过程(写出主要反应过程和关键酶)。
4. 简述甘油氧化分解的过程。
5. 试述酮体生成和利用的过程(包括主要部位、原料、反应过程及关键酶)。
6. 脂肪酸的合成原料是什么?机体是如何将其从线粒体转移至细胞质中参加脂肪酸合成的?
7. 试述乙酰辅酶A的主要代谢去路。

第十一章　蛋白质的分解代谢

学习目的

通过学习掌握氨基酸的一般代谢规律和氨的代谢特点，蛋白质的营养作用、一碳单位代谢及个别氨基酸代谢的特点，为后续营养学和病理生理学等相关内容学习打下基础。

学习要点

氮平衡、必需氨基酸、蛋白质的营养价值、氨基酸脱氨基作用、鸟氨酸循环及一碳单位等内容。

蛋白质是生命的物质基础，生物体内许多重要的生理活动均由蛋白质参与完成。因此，蛋白质代谢对于保障机体生命活动进行起着十分重要的作用。蛋白质代谢包括合成代谢和分解代谢两方面。有关蛋白质合成代谢将在第十六章中讨论，本章主要介绍蛋白质分解代谢部分。蛋白质在体内分解时，首先被水解为氨基酸，而后各种氨基酸可通过脱氨基或脱羧基作用进一步分解；或者转变为其他物质；或者重新参与蛋白质的合成。因此，氨基酸代谢是蛋白质分解代谢的中心内容。本章先简要介绍蛋白质的营养作用及消化吸收过程，然后将重点讨论氨基酸的分解代谢。

第一节　蛋白质的营养作用

一、蛋白质营养的重要性

（一）蛋白质能维持组织细胞的生长、更新和修补

蛋白质是组织细胞的主要成分，各种组织细胞的蛋白质总是处于新陈代谢之中，人体只有不断从膳食中获得足够的蛋白质，才能维持组织细胞的生长、更新和修补。

（二）蛋白质参与体内多种重要的生理活动

体内多种重要的生理活动都是由蛋白质来完成的。如血红蛋白运输氧；催化体内代谢反应的酶；调节物质代谢和生理活动的某些激素、信号转导分子及调节蛋白；参与机体防御功能的抗体等。肌肉收缩、物质的运输、血液凝固等也都离不开蛋白质。

（三）蛋白质可作为能源物质氧化供能

蛋白质还能经分解代谢释放能量供机体利用，每克蛋白质在体内氧化分解可释放17.19kJ（4.1kcal）的能量。正常生理状态下，成人每日约有 18% 的能量来自蛋白质氧化分解。蛋白质氧化供能的作用是其次要功能。

二、蛋白质的需要量

人体每日究竟需要摄入多少蛋白质才能维持机体组织细胞的生长、更新和修补呢？

蛋白质的需要量可根据氮平衡实验来确定。

(一)氮平衡

氮平衡是一种测定每日摄入氮量与排出氮量的比例关系，间接反映体内蛋白质代谢状况的实验。摄入的氮主要源于食物中的蛋白质，用于体内蛋白质的合成；而排出的氮主要来源于尿、粪中的含氮化合物，是蛋白质在体内分解的产物。因此，测定摄入氮与排泄氮之间的关系在一定程度上可以反映体内蛋白质的合成和分解概况。氮平衡有以下三种情况：

1. 氮总平衡　摄入氮 = 排出氮，反映体内蛋白质的合成与分解处于动态平衡。常见于健康成年人。

2. 氮正平衡　摄入氮 > 排出氮，反映体内蛋白质合成代谢占优势。如儿童、孕妇和康复期患者的蛋白质代谢属于此类情况。

3. 氮负平衡　摄入氮 < 排出氮，反映体内蛋白质分解代谢占优势。例如，长时间饥饿、消耗性疾病、大面积烧伤、大量失血等患者的蛋白质代谢属于此类情况。

(二)蛋白质的生理需要量

根据氮平衡实验测算，在不进食蛋白质时，成人每天最少也要分解约 20g 蛋白质。由于食物蛋白质与人体蛋白质组成有质的差异，不可能全部被利用。因此，成人每天至少需补充 30～50g 食物蛋白质才能维持氮的总平衡，这是蛋白质的最低生理需要量。要长期维持氮的总平衡，我国营养学会推荐正常成人每日蛋白质需要量为 80g。

三、蛋白质的营养价值与互补作用

对组成蛋白质的 20 种氨基酸进行营养缺乏性实验的结果表明：氨基酸可分为必需氨基酸(essential amino acid)和非必需氨基酸(non-essential amino acid)两大类。

(一)必需氨基酸

必需氨基酸是指人体需要，但体内不能合成，必须由食物供给的氨基酸，共有 8 种，包括缬氨酸、亮氨酸、异亮氨酸、苏氨酸、赖氨酸、甲硫氨酸、苯丙氨酸和色氨酸，体内缺乏任何一种，都会引起氮负平衡。其他 12 种氨基酸体内可以合成，不必由食物供给，这类氨基酸称为非必需氨基酸。酪氨酸和半胱氨酸虽然体内能合成，但要以苯丙氨酸、甲硫氨酸为原料转化生成，故二者被称为半必需氨基酸。

(二)蛋白质的营养价值

蛋白质的营养价值是指食物中蛋白质在体内的利用率，它是蛋白质的质量指标。蛋白质的营养价值高低主要取决于组成蛋白质的必需氨基酸的种类、数量和比例。一般来说，含必需氨基酸的种类多、数量足的蛋白质营养价值高，反之营养价值低。由于动物蛋白质所含必需氨基酸的种类、含量与比例接近人体需要，故营养价值高，植物蛋白一般营养价值较低。

(三)食物中蛋白质的互补作用

将营养价值低的蛋白质混合食用，彼此间必需氨基酸可以得到相互补充，从而提高蛋白质的营养价值，称为食物蛋白质的互补作用。这种互补作用有重要的现实意义，例如，谷类蛋白质中赖氨酸含量低而色氨酸含量高，豆类蛋白质中赖氨酸含量较高而色氨酸含量较低，两者混合食用即可提高蛋白质的营养价值。因此，食品种类多源化，是提高蛋白质营养价值的重要途径。

第二节　蛋白质的消化、吸收和腐败作用

一、蛋白质的消化

蛋白质是生物大分子，结构复杂，未经消化很难吸收；同时，消化过程还可以消除食物蛋白质的特异性和抗原性。蛋白质的消化从胃开始，主要在小肠中进行，在多种蛋白酶和肽酶的协同作用下，最终水解为氨基酸，是体内氨基酸的主要来源。

（一）胃内消化

胃黏膜主细胞能分泌无活性的胃蛋白酶原。胃蛋白酶原在胃酸激活下转变为有活性的胃蛋白酶，胃蛋白酶又反过来激活胃蛋白酶原。胃蛋白酶属于内肽酶，是从肽链内部水解肽键，对肽键的要求并不苛刻，作用的最适 pH 为 1.5～2.5，主要水解芳香族氨基酸、甲硫氨酸、亮氨酸等所形成的肽键，产物为多肽和少量氨基酸。

（二）小肠内消化

小肠是消化蛋白质的主要场所。小肠内有胰腺和肠黏膜细胞分泌的多种蛋白水解酶和肽酶，在这些酶的协同作用下，将蛋白质分解为氨基酸。参与小肠蛋白质消化的酶有：

1. 胰腺分泌的蛋白酶　胰腺分泌的蛋白酶（统称胰酶），根据作用部位的不同，分为内肽酶和外肽酶两类。内肽酶能水解肽链非末端肽键产生寡肽，例如胰蛋白酶、糜蛋白酶（又称为胰凝乳蛋白酶）和弹性蛋白酶等；外肽酶（exopeptidase）可从肽链两个末端逐个水解肽键产生氨基酸，主要包括氨基肽酶、羧基肽酶（carboxypeptidase）A 和羧基肽酶 B。

2. 肠黏膜细胞分泌的蛋白酶　根据它们的水解作用分为两类：

（1）肠激酶：肠激酶是由肠黏膜细胞合成的蛋白水解酶，在胆汁酸作用下，可大量释入肠液。肠激酶能特异性地催化胰蛋白酶原激活为胰蛋白酶，后者可以依次激活糜蛋白酶原、弹性蛋白酶原和羧基肽酶原，继而启动蛋白水解作用。

（2）寡肽酶：存在于肠黏膜细胞纹状缘和胞液中，如氨基肽酶和二肽酶等。氨基肽酶可将寡肽从氨基末端逐个水解产生氨基酸并产生二肽，二肽再经二肽酶催化水解生成氨基酸。

食物蛋白在胃肠道各种消化酶的共同作用下，通常有 95% 被完全水解为游离的氨基酸，有利于机体吸收和利用氨基酸。

二、氨基酸的吸收和转运

氨基酸的吸收主要在小肠进行。其吸收的机制尚未完全阐明，一般认为它是一个耗能的主动吸收过程，有两种方式：通过氨基酸载体转运系统或 γ- 谷氨酰循环转运吸收。

（一）氨基酸载体转运系统的吸收、转运

1. 氨基酸吸收的载体　肠黏膜细胞、肾小管上皮细胞和肌肉细胞等膜上均具有转运氨基酸的载体蛋白，能够在耗能、需钠的条件下，将氨基酸主动吸收入细胞内。参与氨基酸吸收转运的载体蛋白至少有 4 种类型：

（1）中性氨基酸载体：这类载体是转运氨基酸的主要载体。可转运脂肪族氨基酸、芳

香族氨基酸、谷氨酰胺、天冬酰胺等侧链中不带电荷的氨基酸，转运效率高。

（2）碱性氨基酸载体：此类载体转运速度仅为中性氨基酸载体的10%，主要转运精氨酸和赖氨酸等碱性氨基酸。

（3）酸性氨基酸载体：这类载体转运速度很慢，转运天冬氨酸和谷氨酸。

（4）亚氨基酸和甘氨酸载体：这类载体转运速度也很慢，主要转运脯氨酸、羟脯氨酸和甘氨酸。

当同一载体转运不同氨基酸时，相互间可产生竞争作用。

2．载体转运系统转运、吸收氨基酸的过程　小肠黏膜胞膜上转运氨基酸的载体蛋白，能与氨基酸和Na^+结合形成三联复合物，使载体蛋白的构象发生改变，把氨基酸和Na^+都转入肠黏膜细胞内。Na^+则被钠泵消耗ATP泵出胞外。氨基酸的不断进入使得小肠黏膜细胞内的氨基酸浓度高于毛细血管内，胞内高浓度的游离氨基酸则扩散到肠浆膜面的门静脉血液中，此过程与葡萄糖吸收的载体系统相似。这种通过载体蛋白转运系统吸收氨基酸的过程也存在于肾小管细胞和肌肉细胞等胞膜上。

（二）γ-谷氨酰循环的转运、吸收

氨基酸的吸收及转运是通过谷胱甘肽的分解与再合成循环来进行的。因该循环是由谷胱甘肽提供γ-谷氨酰基开始的循环，故称为γ-谷氨酰循环（γ-glutamyl cycle）。反应过程见图11-1。

位于小肠黏膜、肾小管、脑、肌肉组织细胞膜上的γ-谷氨酰基转移酶催化谷胱甘肽将谷氨酰基转移给氨基酸，生成γ-谷氨酰氨基酸和半胱氨酰甘氨酸而进入细胞内，再经其

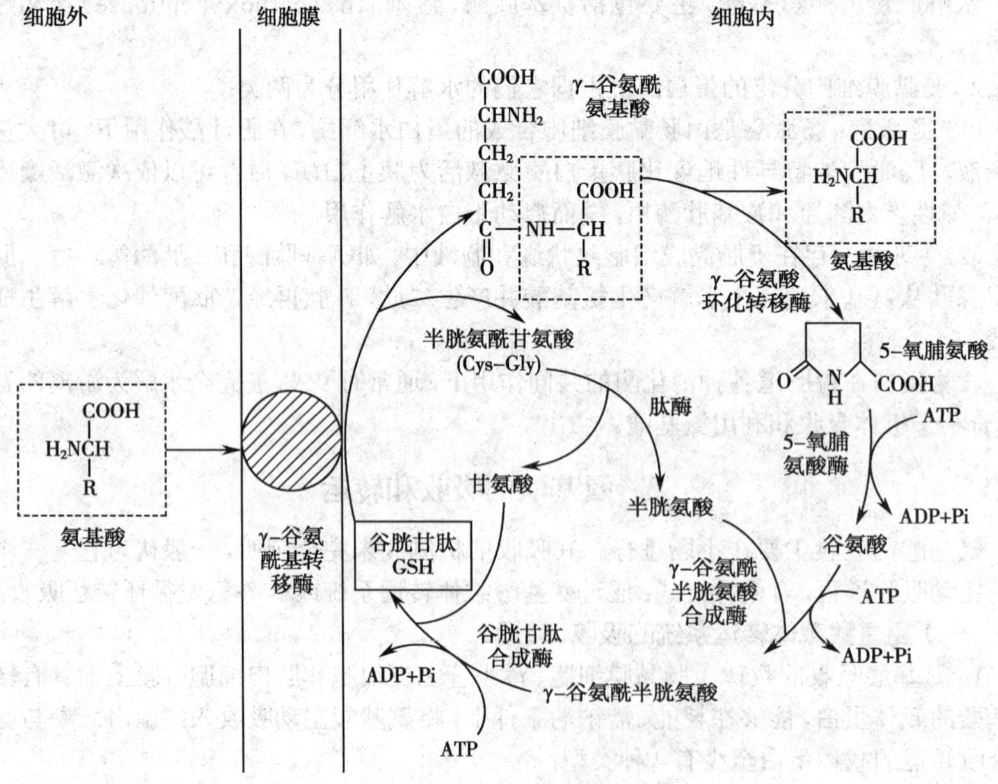

图11-1　γ-谷氨酰循环

他酶的催化释放氨基酸和完成谷胱甘肽的重新合成，构成一个循环。

催化上述反应的酶中，γ- 谷氨酰基转移酶位于细胞膜上，是循环的关键酶，其他酶均存在于胞液中。每转运 1 分子氨基酸需消耗 3 分子的 ATP，所以 γ- 谷氨酰循环也是一种主动转运氨基酸的过程。

除了以上氨基酸吸收机制外，在肠黏膜上还存在着吸收二肽或三肽的转运体系，这也是一个耗能的主动吸收过程。

三、蛋白质的腐败作用

未被消化的蛋白质和未被吸收的消化产物，在大肠下部受肠道菌作用被分解，此作用称之为蛋白质的腐败作用(putrefaction)。腐败过程主要以水解、脱羧基、脱氨基以及碳链降解等方式进行。腐败产物中，除少数(如维生素和脂肪酸等)有一定的营养价值外，大多数产物对人体是有害的，如胺类、酚类、氨、吲哚及硫化氢等。

(一)胺类的生成

肠道细菌蛋白酶可使未被消化的蛋白质水解成氨基酸，再经脱羧基作用产生有毒的胺类化合物。如组氨酸脱羧生成组胺，赖氨酸脱羧生成尸胺，酪氨酸脱羧生成酪胺，色氨酸脱羧生成色胺，苯丙氨酸脱羧生成苯乙胺等。

组胺和尸胺有降血压作用，酪胺和色胺有升压作用。胺类物质被吸收后，主要在肝内分解转化而排出体外，当肝功能受损时，酪胺和苯乙胺可进入脑组织，在 β- 羟化酶作用下，生成 β- 羟酪胺和苯乙醇胺，其结构类似于儿茶酚胺，故称为假神经递质(false neurotransmitter)。假神经递质可竞争性地干扰儿茶酚胺，阻碍神经冲动传递，使大脑功能抑制而昏迷。

(二)氨的生成

氨基酸还原脱氨生成氨，未被吸收的氨基酸在肠道细菌作用下可发生脱氨基作用生成氨，这是肠道氨的重要来源之一。

(三)其他腐败产物的生成

腐败作用除了产生胺类和氨外，还可生成苯酚、吲哚、甲基吲哚及硫化氢等有害物质。正常情况下，上述有害物质大部分随粪便排出，只有小部分被吸收，在肝脏代谢转变而解毒，故不会发生中毒现象。

第三节　氨基酸的代谢概况

食物蛋白质经消化吸收的氨基酸(外源性)与体内组织蛋白质降解产生的氨基酸及体内合成的非必需氨基酸(内源性)混为一体，分布于体内各处，参与代谢，构成了机体的氨基酸代谢库(amino acid metabolic pool)。氨基酸代谢库内氨基酸的来源和去路一般处于动态平衡中，以适应生理需要。

一、氨基酸的来源

体内氨基酸有三个来源：

1. 食物蛋白质消化、吸收。

2. 体内组织细胞合成非必需氨基酸。

3. 细胞内组织蛋白分解　组织蛋白分解生成的氨基酸扩散入血液。现认为真核细胞内组织蛋白质降解有两条途径：

(1) 溶酶体酶作用：主要水解外源性蛋白质、膜蛋白和结构蛋白等长半衰期的蛋白质。

(2) 蛋白酶体作用：蛋白酶体是胞质中一种由多种蛋白水解酶组成的 26S 的复合物，它催化经泛素化的异常蛋白质和短半衰期的蛋白质如细胞周期蛋白、关键酶等的降解。泛素是一种 8.5kD 的小分子蛋白质，在识别蛋白、泛素连接酶的作用下与待降解的蛋白质多位点结合使之泛素化后被蛋白酶体降解。

二、氨基酸的去路

体内氨基酸有四条去路：

1. 合成组织蛋白　体内氨基酸的主要功能是合成各种组织蛋白，以维持组织细胞的生长、更新和修补。

2. 脱氨基　氨基酸可通过脱氨基作用，产生 α- 酮酸和氨。

3. 脱羧基　氨基酸可脱羧基产生 CO_2 和胺类化合物。

4. 合成含氮生物活性物质　经特殊代谢途径，氨基酸可转变为一些含氮生物活性物质（如嘌呤、嘧啶及氨基酸衍生物激素等）。

由于各种氨基酸具有共同的结构特点，因此它们有共同的代谢途径。但不同氨基酸由于结构的差异，代谢方式也有差别。体内氨基酸代谢的概况见图 11-2。

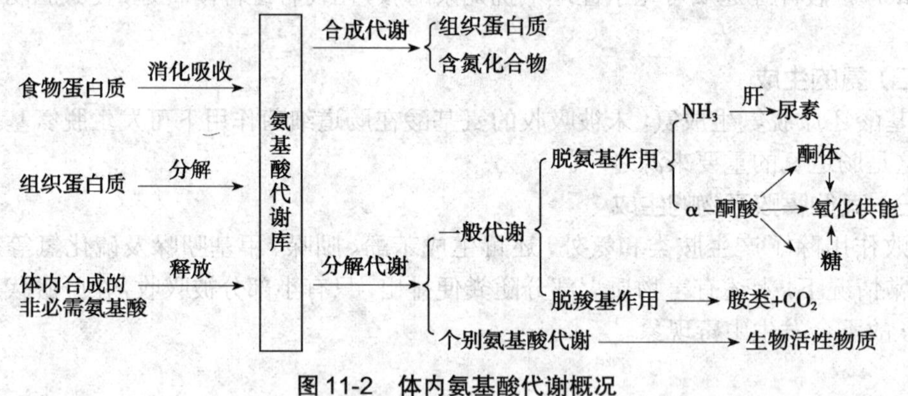

图 11-2　体内氨基酸代谢概况

第四节　氨基酸的一般代谢

氨基酸的分解代谢包括一般代谢和个别氨基酸代谢，一般代谢包括脱氨基和脱羧基。这里先介绍氨基酸脱氨基作用。

一、氨基酸的脱氨基作用

氨基酸在酶的催化下，脱去氨基生成 α- 酮酸的过程，称为氨基酸的脱氨基作用，它是氨基酸在体内分解的主要途径。此反应在大多数组织中均可进行。大多数氨基酸借此途径转变为氨和α-酮酸。由于氨基酸结构的差异，脱氨基的方式也不同，主要有转氨基作用、氧化脱氨基作用、联合脱氨基作用及其他脱氨基作用。其中联合脱氨基作用是氨基酸脱氨基的最主要方式。

(一) 转氨基作用

1. 转氨基作用与转氨酶　转氨基作用（transamination）是指氨基酸在氨基转移酶（aminotransferase）又称为转氨酶（transaminase）的催化下，将一个氨基酸的α-氨基转移到另一个α-酮酸的羰基位置上，使氨基酸转变为相应的α-酮酸，而接受氨基的α-酮酸则生成新的α-氨基酸。此过程只发生了氨基的转移，而无游离氨产生。反应如下：

$$\begin{matrix} R_1 \\ | \\ CHNH_2 \\ | \\ COOH \end{matrix} + \begin{matrix} R_2 \\ | \\ C{=}O \\ | \\ COOH \end{matrix} \underset{}{\overset{\text{转氨酶}}{\rightleftharpoons}} \begin{matrix} R_1 \\ | \\ C{=}O \\ | \\ COOH \end{matrix} + \begin{matrix} R_2 \\ | \\ CHNH_2 \\ | \\ COOH \end{matrix}$$

转氨基作用是可逆的。因此，转氨基作用既是氨基酸的脱氨基分解过程，也是体内某些非必需氨基酸合成的重要途径。除了赖氨酸、脯氨酸和羟脯氨酸等个别氨基酸外，大多数氨基酸都能进行转氨基作用。

转氨酶种类多、分布广、特异性强，不同的氨基酸与α-酮酸之间的转氨基作用只能由专一的转氨酶催化。在各种转氨酶中，以丙氨酸氨基转移酶（alanine aminotransferase，ALT，又称为谷丙转氨酶，glutamate-pyruvate transaminase，GPT）和天冬氨酸氨基转移酶（aspartate aminotransferase，AST，又称为谷草转氨酶，glutamate-oxaloacetate transaminase，GOT）最为重要，它们催化的反应如下：

$$\underset{\text{谷氨酸}}{\begin{matrix} COOH \\ | \\ CH_2 \\ | \\ CH_2 \\ | \\ CHNH_2 \\ | \\ COOH \end{matrix}} + \underset{\text{丙酮酸}}{\begin{matrix} CH_3 \\ | \\ C{=}O \\ | \\ COOH \end{matrix}} \overset{GPT}{\rightleftharpoons} \underset{\alpha\text{-酮戊二酸}}{\begin{matrix} COOH \\ | \\ CH_2 \\ | \\ CH_2 \\ | \\ C{=}O \\ | \\ COOH \end{matrix}} + \underset{\text{丙氨酸}}{\begin{matrix} CH_3 \\ | \\ CHNH_2 \\ | \\ COOH \end{matrix}}$$

$$\underset{\text{谷氨酸}}{\begin{matrix} COOH \\ | \\ CH_2 \\ | \\ CH_2 \\ | \\ CHNH_2 \\ | \\ COOH \end{matrix}} + \underset{\text{草酰乙酸}}{\begin{matrix} COOH \\ | \\ CH_2 \\ | \\ C{=}O \\ | \\ COOH \end{matrix}} \overset{GOT}{\rightleftharpoons} \underset{\alpha\text{-酮戊二酸}}{\begin{matrix} COOH \\ | \\ CH_2 \\ | \\ CH_2 \\ | \\ C{=}O \\ | \\ COOH \end{matrix}} + \underset{\text{天冬氨酸}}{\begin{matrix} COOH \\ | \\ CH_2 \\ | \\ CHNH_2 \\ | \\ COOH \end{matrix}}$$

GPT和GOT在体内分布广泛，但各组织中含量不同（表11-1）。

表11-1　正常成人各组织中GPT和GOT活性（单位/每克湿组织）

组织	心脏	肝脏	骨骼肌	肾脏	胰腺	脾脏	肺脏	血清
GPT	7100	44 000	4800	19 000	2000	1200	700	16
GOT	156 000	142 000	99 000	91 000	28 000	14 000	10 000	20

正常情况下转氨酶主要存在于组织细胞内，血清中活性很低。肝组织中 GPT 的活性最高，心肌组织中 GOT 的活性最高。当组织受损细胞膜通透性增高或细胞破裂时，转氨酶大量释放入血，使血中转氨酶活性明显增高。例如急性肝炎患者血清 GPT 活性显著增高，心肌梗死患者血清中 GOT 活性明显上升。故临床可以此作为疾病的诊断和预后的参考指标之一。

2. 转氨基作用机制　转氨酶的辅酶都是维生素 B_6 的磷酸酯，即磷酸吡哆醛，它结合在转氨酶活性中心赖氨酸残基的 ε- 氨基上。在转氨基过程中，磷酸吡哆醛先从氨基酸接受氨基转变为磷酸吡哆胺，氨基酸则转变成 α- 酮酸，磷酸吡哆胺进一步将氨基转移给另一种 α- 酮酸而生成相应的氨基酸，同时磷酸吡哆胺又转变为磷酸吡哆醛。在转氨基作用中，磷酸吡哆醛和磷酸吡哆胺的这种相互转变，起着传递氨基的作用。转氨基作用机制见图 11-3。

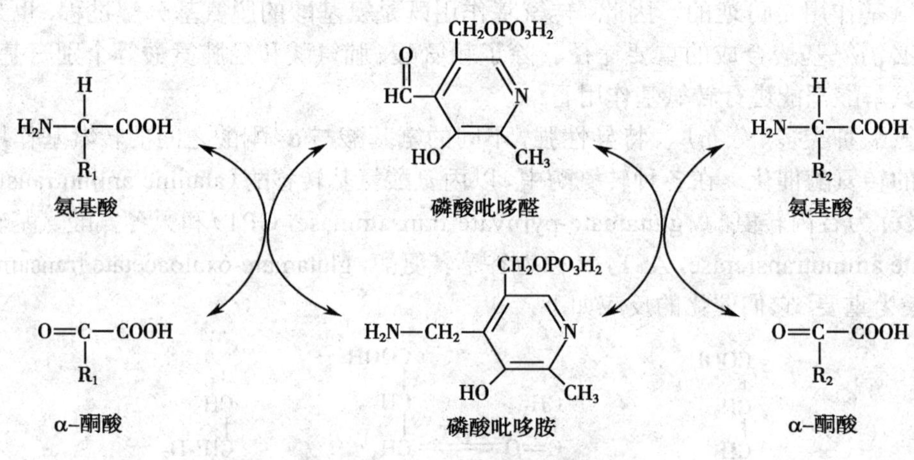

图 11-3　转氨基作用的机制

3. 转氨基作用的生理意义　转氨基作用不仅是体内多数氨基酸脱氨基的重要方式，也是体内合成非必需氨基酸和氨基酸互变的重要途径之一。另外，转氨基作用还是联合脱氨基的重要组成环节。

（二）氧化脱氨基作用

氧化脱氨基作用是指氨基酸在酶的作用下，氧化脱氢，水解脱氨，产生游离氨和 α- 酮酸的过程。反应通式如下：

$$\underset{\text{氨基酸}}{R-\underset{NH_2}{\overset{H}{\overset{|}{\underset{|}{C}}}}-COOH} \xrightarrow[\text{酶}]{-2H} \underset{\text{亚氨基酸}}{R-\underset{NH}{\underset{\|}{C}}-COOH} \xrightarrow{H_2O} \underset{\text{α-酮酸}}{R-\underset{O}{\underset{\|}{C}}-COOH} + \underset{\text{氨}}{NH_3}$$

催化氧化脱氨基的酶主要是 L- 谷氨酸脱氢酶。L- 谷氨酸脱氢酶是以 NAD^+ 或 $NADP^+$ 为辅酶的不需氧脱氢酶，广泛分布于哺乳动物的肝、肾和脑等大多数组织的线粒体中，活性高（肌肉组织中该酶活性较低），专一性强，只能催化 L- 谷氨酸氧化脱氨作用，产生α-酮戊二酸和游离氨。反应如下：

$$\underset{\text{谷氨酸}}{\text{HOOC(CH}_2)_2\text{CH(NH}_2)\text{COOH}} \xrightleftharpoons[\text{L-谷氨酸脱氢酶}]{NAD^+ \quad NADH+H^+} \text{HOOC(CH}_2)_2\text{C(=NH)COOH} \xrightleftharpoons[-H_2O]{+H_2O} \underset{\alpha\text{-酮戊二酸}}{\text{HOOC(CH}_2)_2\text{C(=O)COOH}} + NH_3$$

此反应是可逆的，一般情况下偏向于谷氨酸的合成，但当谷氨酸浓度高而氨浓度低时，则有利于脱氨基和生成α-酮戊二酸。由于L-谷氨酸脱氢酶只能催化L-谷氨酸氧化脱氨，因而该反应也有局限性。但当L-谷氨酸脱氢酶和转氨酶联合作用（联合脱氨基作用）时，几乎所有氨基酸都可以脱去氨基。因此L-谷氨酸脱氢酶在氨基酸代谢上占有重要地位。

L-谷氨酸脱氢酶是一种变构酶，由6个相同的亚基聚合而成，每个亚基的分子量为56 000。ATP和GTP为该酶的变构抑制剂，GDP和ADP是变构激活剂。因此，当机体能量不足时，L-谷氨酸脱氢酶经变构激活，可加速氨基酸氧化，对机体的能量代谢起着重要的调节作用。

（三）联合脱氨基作用

联合脱氨基作用是体内氨基酸脱氨基的主要途径，同时其逆反应也是体内合成非必需氨基酸的主要途径。联合脱氨基作用有两种方式：

1．转氨基作用偶联L-谷氨酸氧化脱氨基途径　该途径是前面介绍的两种氨基酸脱氨基方式的组合，即由转氨酶和L-谷氨酸脱氢酶联合催化的脱氨基反应。体内大多数氨基酸均由此途径被分解为α-酮酸和NH_3（图11-4）。该途径主要在肝、肾等组织中进行。

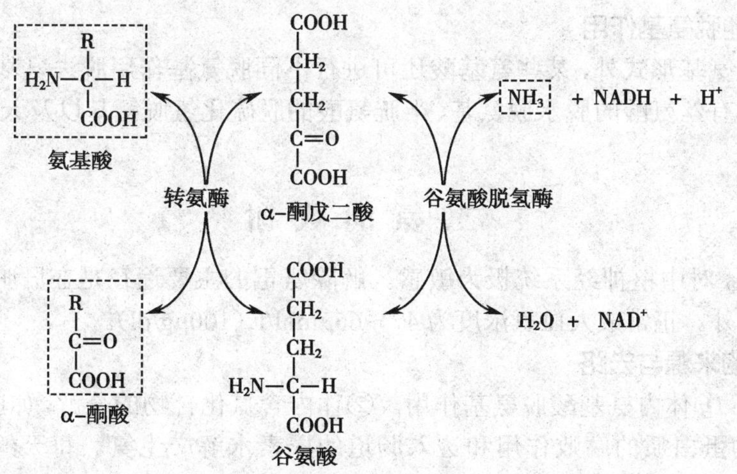

图11-4　转氨基作用偶联L-谷氨酸氧化脱氨基途径

2．转氨基作用偶联嘌呤核苷酸循环途径　由于骨骼肌和心肌组织内L-谷氨酸脱氢酶活性弱，难以进行前述的联合脱氨基过程。但肌肉中存在另一种氨基酸的联合脱氨基方式，即嘌呤核苷酸循环（purine nucleotide cycle）。其特点是：①氨基酸经连续转氨基作用将氨基转移给草酰乙酸，生成天冬氨酸；②天冬氨酸与次黄嘌呤核苷酸（IMP）缩合生成腺苷酸代琥珀酸，后者经裂解释放出延胡索酸并生成腺嘌呤核苷酸（AMP）；③ AMP 经脱氨基释放出氨，又重新生成 IMP，最终完成氨基酸的脱氨基作用。由于 IMP 既是接受天冬氨酸上氨基的起始物，又是释放氨基后的再生物，于是构成了嘌呤核苷酸循环（图 11-5）。

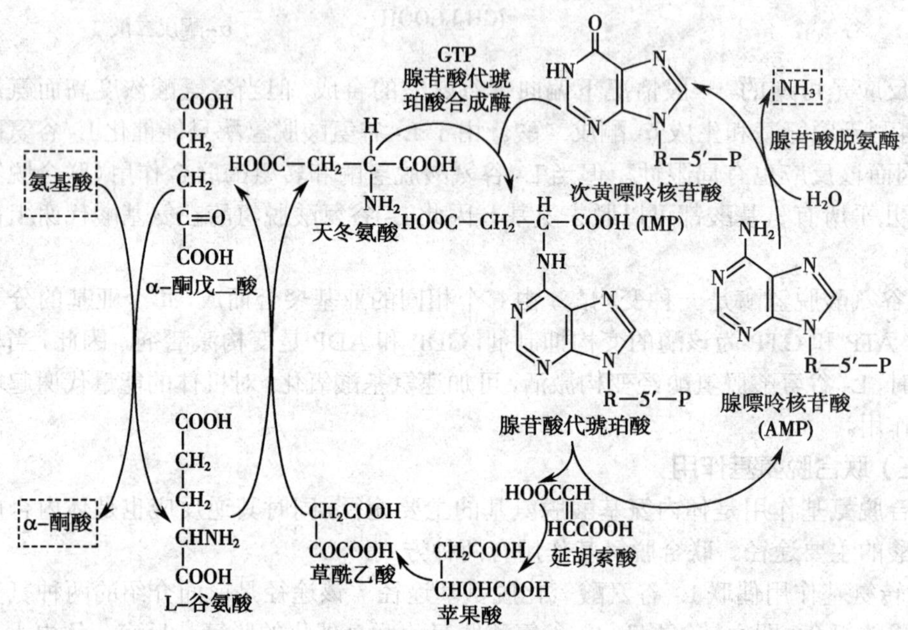

图 11-5 转氨基作用偶联嘌呤核苷酸循环途径

（四）其他脱氨基作用

除上述脱氨基形式外，某些氨基酸还可进行不同脱氨基作用脱去氨基，产生氨和 α-酮酸。常见的有丝氨酸的脱水脱氨基、半胱氨酸的脱硫化氢脱氨基以及天冬氨酸的直接脱氨基等。

二、氨的代谢

氨有毒性，对中枢神经系统极为敏感。解除氨毒的主要途径是在肝脏合成尿素，再经肾脏排出体外。正常成人血氨浓度为 47～65μmol/L（100μg/dl）。

（一）氨的来源与去路

（1）来源：①体内氨基酸脱氨基作用。②体内含氮化合物的分解，如胺类、嘌呤、嘧啶等。③食物蛋白质的腐败作用和透入肠道的尿素水解产生氨。每天约有 4g 氨经肠道吸收，通过门静脉运输到肝脏进一步代谢。④肾小管上皮细胞经水解谷氨酰胺泌氨，在碱性尿液中被重吸收。故临床上肝硬化腹水的患者不宜使用碱性利尿剂，以免使血氨升高。

（2）去路：①体内 80%～90% 氨的去路是在肝脏合成尿素；②合成谷氨酰胺；③合成某些含氮化合物，如嘌呤碱基、嘧啶碱基、非必需氨基酸等；④经肾脏泌氨与 H^+ 结合后以铵盐形式排出体外（图 11-6）。

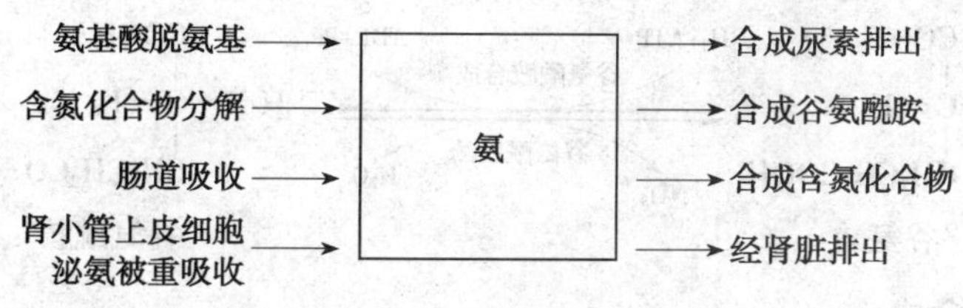

图 11-6　氨的来源与去路

（二）氨的转运

组织蛋白质分解生成的氨是以丙氨酸或谷氨酰胺形式进入血液被运输。具体过程如下：

1. 丙氨酸 - 葡萄糖循环　肌肉组织蛋白质分解产生的氨基酸，经嘌呤核苷酸循环释放出氨后，在 L- 谷氨酸脱氢酶和谷丙转氨酶的协同作用下，将氨转移给肌肉组织中由葡萄糖分解产生的丙酮酸生成丙氨酸，丙氨酸经血液运输到肝脏。在肝脏中，丙氨酸经联合脱氨基释放出氨用于尿素合成，同时生成的丙酮酸经糖异生途径合成葡萄糖。葡萄糖再由肝细胞释放入血液，被输送到肌肉组织，并沿糖分解途径转变成丙酮酸后，再接受氨生成丙氨酸。丙氨酸和葡萄糖反复地在肌肉组织与肝脏之间进行氨的转运，这一过程称为丙氨酸 - 葡萄糖循环（图 11-7）。该循环对机体的意义有两点：①使肌肉中有毒的氨以无毒的丙氨酸形式输出；②为肝脏提供合成尿素的氮源和糖异生的原料，而肝糖异生产生的葡萄糖既为肌肉组织提供能量又为肌肉排氨再循环提供了丙酮酸。

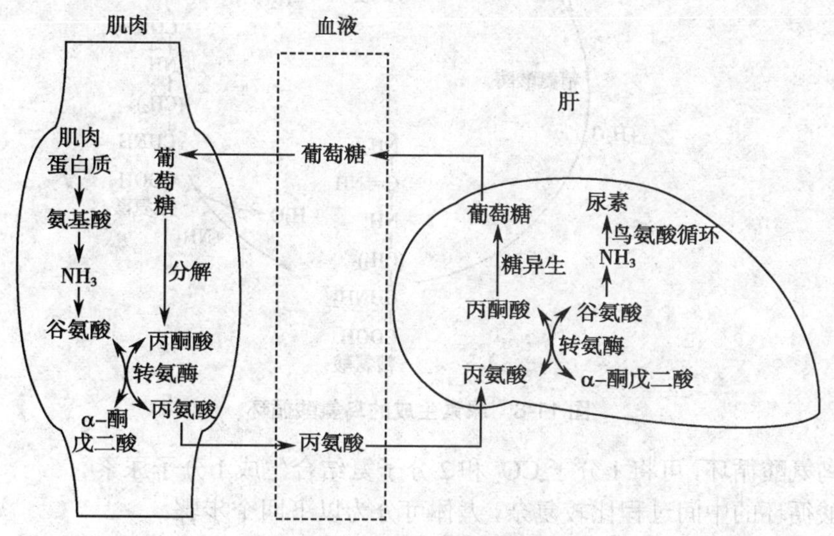

图 11-7　丙氨酸 - 葡萄糖循环

2. 谷氨酰胺的运氨作用　谷氨酰胺是血液中氨的另一种转运方式。在脑、肌肉等组织细胞的线粒体内，谷氨酰胺是由谷氨酰胺合成酶催化氨和谷氨酸合成的。谷氨酰胺在这些组织合成后，经血液输送到肝脏或肾脏，再经谷氨酰胺酶水解生成谷氨酸和氨。在肝脏中的氨被转化生成尿素解毒；在肾脏中的氨则被分泌，最终以铵盐形式排泄。经过谷氨酰胺在不同组织中合成与分解反应，实现了对氨的运输和解毒作用。尤其在脑组织，以谷氨酰胺形式固氨和运氨，对于维持正常的脑功能具有重要意义。

$$\underset{\text{谷氨酸}}{H_2N-\underset{CH_2CH_2COOH}{\overset{COOH}{C}}-H} \underset{\underset{NH_3 \quad H_2O}{谷氨酰胺酶}}{\overset{\overset{NH_3+ATP \quad ADP+Pi}{谷氨酰胺合成酶}}{\rightleftharpoons}} \underset{\text{谷氨酰胺}}{H_2N-\underset{CH_2CH_2CO-NH_2}{\overset{COOH}{C}}-H}$$

(三) 尿素的合成

尿素(urea)是体内解氨毒并排泄的主要形式。

1. 肝脏是尿素合成的主要器官　在动物实验中，切除犬的肝脏，则血和尿中的尿素含量明显下降。若再给此动物输入或饲喂氨基酸，则出现血中氨基酸和氨均升高，而尿素含量仍很低，最后动物死于氨中毒。若切除犬的肾脏而保留肝脏，则血中尿素明显升高。此外，在临床上急性肝坏死患者血及尿中几乎无尿素。这些结果都说明，肝脏是尿素合成的主要器官。肾脏是排泄尿素的主要器官。

2. 尿素合成途径　肝脏合成尿素的途径称为鸟氨酸循环(ornithine cycle)，又称为尿素循环(urea cycle)或 Kerbs-Henseleit 循环。1932 年 Hans Krebs 和 Kurt Henseleit 在一系列实验的基础上提出了尿素合成的鸟氨酸循环学说，后被放射性核素示踪实验证实(图 11-8)。

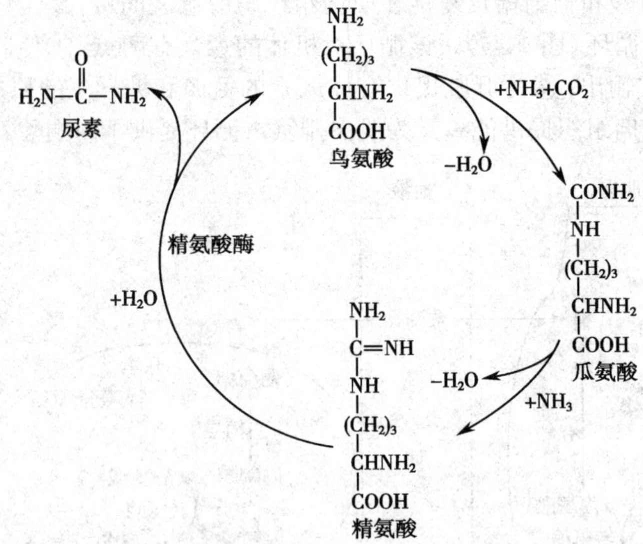

图 11-8　尿素生成的鸟氨酸循环

经过鸟氨酸循环，可将 1 分子 CO_2 和 2 分子氨结合生成 1 分子尿素。

鸟氨酸循环的中间过程比较复杂，大体可分为以下四个步骤：

(1) 氨基甲酰磷酸合成：氨和 CO_2 首先在线粒体内氨基甲酰磷酸合成酶Ⅰ(carbamoyl phosphate synthetase Ⅰ, CPS-Ⅰ)催化下，消耗 2 分子 ATP，生成氨基甲酰磷酸，在此反应中还需要有 Mg^{2+}、N- 乙酰谷氨酸(N-acetyl glutamic acid, AGA)参与。

$$CO_2+NH_3+H_2O+2ATP \xrightarrow[\text{N-乙酰谷氨酸，}Mg^{2+}]{\text{氨基甲酰磷酸合成酶 I}} \underset{\text{氨基甲酰磷酸}}{H_2N-\overset{O}{\overset{\|}{C}}-O\sim PO_3^{2-}} + 2ADP+Pi$$

CPS-Ⅰ是别构酶，AGA 是此酶的别构激活剂，可诱导该酶分子构象改变，暴露出某些巯基，从而增加了酶与 ATP 的亲和力，促进氨基甲酰磷酸的合成。氨基甲酰磷酸是高能化合物，性质活泼，易在酶的催化下与鸟氨酸缩合生成瓜氨酸。

$$CH_3C(=O)-NH-CH(COOH)-CH_2-CH_2-COOH$$

N-乙酰谷氨酸(AGA)

（2）瓜氨酸合成：在鸟氨酸氨基甲酰转移酶（ornithine carbamoyl transferase，OCT）的催化下，把氨基甲酰磷酸分子中的氨基甲酰基转移到鸟氨酸的氨基上生成瓜氨酸。

$$\underset{\text{鸟氨酸}}{NH_2-(CH_2)_3-CHNH_2-COOH} + \underset{\text{氨基甲酰磷酸}}{NH_2-C(=O)-O\sim PO_3^{2-}} \xrightarrow{\text{鸟氨酸氨基甲酰转移酶}} \underset{\text{瓜氨酸}}{NH_2-C(=O)-NH-(CH_2)_3-CHNH_2-COOH} + H_3PO_4$$

以上两步反应都不可逆。CPS-Ⅰ和 OCT 通常以复合物的形式存在于肝细胞的线粒体内。

（3）精氨酸合成：瓜氨酸在线粒体内合成后，由膜载体转移到线粒体外。在胞质中经精氨酸代琥珀酸合成酶的催化下，消耗 ATP 与天冬氨酸缩合生成精氨酸代琥珀酸，后者再经精氨酸代琥珀酸裂解酶的催化，生成精氨酸和延胡索酸。

$$\underset{\text{瓜氨酸}}{NH_2-C(=O)-NH-(CH_2)_3-CHNH_2-COOH} + \underset{\text{天冬氨酸}}{COOH-CH_2-CHNH_2-COOH} \xrightarrow[\text{ATP}\ \to\ H_2O,\ AMP+PPi]{\text{精氨酸代琥珀酸合成酶，}Mg^{2+}} \underset{\text{精氨酸代琥珀酸}}{NH_2-C(=N-CH(COOH)-CH_2-COOH)-NH-(CH_2)_3-CHNH_2-COOH}$$

$$\underset{\text{精氨酸代琥珀酸}}{NH_2-C(=N-CH(COOH)-CH_2-COOH)-NH-(CH_2)_3-CHNH_2-COOH} \xrightarrow[\text{裂解酶}]{\text{精氨酸代琥珀酸}} \underset{\text{精氨酸}}{NH_2-C(=NH)-NH-(CH_2)_3-CHNH_2-COOH} + \underset{\text{延胡索酸}}{COOH-CH=CH-COOH}$$

该反应中的氨基由天冬氨酸供给，生成的延胡索酸可经三羧酸循环转化成草酰乙酸，后者再经谷草转氨酶催化又重新生成天冬氨酸，参与下一轮反应。在上述GOT催化的转氨基反应中，谷氨酸的氨基实际上可由体内多种氨基酸转移而来。通过谷氨酸使多种氨基酸的氨基以天冬氨酸形式参与尿素的合成。由此可见，鸟氨酸循环与三羧酸循环相呼应，鸟氨酸循环与转氨基作用相关联，延胡索酸和天冬氨酸起着至关重要的桥梁作用（图11-9）。

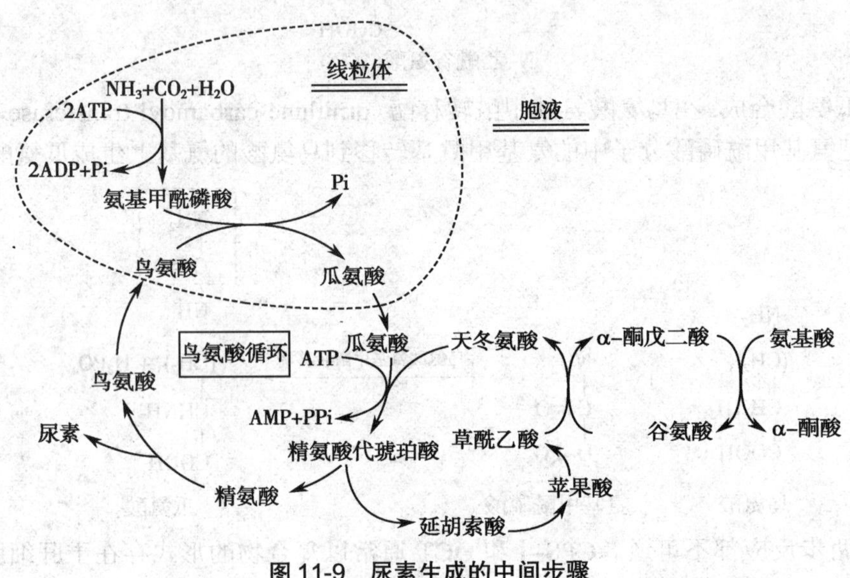

图11-9 尿素生成的中间步骤

（4）精氨酸水解：精氨酸在精氨酸酶（arginase）的作用下，水解生成尿素和鸟氨酸。鸟氨酸再通过线粒体内膜上载体转运又重返线粒体，为参加下一次循环作准备。

$$\underset{\text{精氨酸}}{H_2N-C(=NH)-NH-(CH_2)_3-CHNH_2-COOH} + H_2O \xrightarrow{\text{精氨酸酶}} \underset{\text{尿素}}{H_2N-C(=O)-NH_2} + \underset{\text{鸟氨酸}}{H_2N-(CH_2)_3-CHNH_2-COOH}$$

通过一次鸟氨酸循环，生成1分子尿素，要耗用3分子ATP（4个高能磷酸键），故尿素合成是一个耗能的过程。

在鸟氨酸循环中，精氨酸代琥珀酸合成酶是尿素合成酶系中活性最低的，是尿素合成启动后的限速酶，调节该酶活性可以影响尿素合成的速度。CPS-Ⅰ是尿素合成启动的限速酶，其活性受AGA别构激活，精氨酸又是AGA合成酶的激活剂。因此，给予精氨酸，可加速尿素合成。

CPS-Ⅰ存在于线粒体，其催化特点是以氨为氮源合成氨基甲酰磷酸，进而参与尿素的合成，它的活性被认为是细胞高度分化的标志之一。在胞质中还存在着另一种参与氨基甲酰磷酸合成的酶——CPS-Ⅱ。它以谷氨酰胺为氮源催化合成氨基甲酰磷酸，用于嘧啶核苷酸的合成（详见核苷酸代谢章），与细胞增殖有关，因而CPS-Ⅱ活性可作为细胞增殖程度的标志之一。

氨具有毒性，合成尿素是解除氨毒的主要方式。肝功能严重受损时，尿素合成障碍，可致血氨增高，称为高血氨症（hyperammonemia）。一般认为，大量的氨进入脑组织，与脑细胞中的α-酮戊二酸结合生成谷氨酸，氨也可与脑中的谷氨酸结合进一步生成谷氨酰胺，结果一方面消耗了较多的NADH和ATP等能源物质，另一方面消耗大量的α-酮戊二酸，使三羧酸循环速率降低，影响ATP的生成，使脑组织供能不足；此外，这个过程还消耗了谷氨酸，而谷氨酸是神经递质。能量及神经递质严重缺乏时将导致脑功能障碍，严重时出现昏迷。

三、α-酮酸的代谢

氨基酸脱氨基后生成的另一个中间代谢产物为含碳的α-酮酸，其在体内主要有三方面的代谢途径：

（一）合成非必需氨基酸

α-酮酸循联合脱氨基作用或转氨基作用的逆过程氨基化，重新生成相应的α-氨基酸。这是机体合成非必需氨基酸的重要途径。

（二）转变为糖或酮体

根据动物营养学研究和放射性核素标记示踪实验，已确定有13种氨基酸能转变成糖，故称生糖氨基酸。2种氨基酸即亮氨酸和赖氨酸只能转变为酮体或脂肪，故称生酮氨基酸。5种氨基酸即苯丙氨酸、酪氨酸、色氨酸、异亮氨酸、苏氨酸既能转变成糖，又能转变成酮体，故称生糖兼生酮氨基酸。氨基酸能转变为糖或酮体的过程，本质上是不同的氨基酸脱氨基后产生的各种α-酮酸，分别通过不同的中间代谢物或进入糖代谢途径，经糖异生产生葡萄糖；或进入酮体合成途径生成酮体。

（三）氧化供能

α-酮酸在线粒体内经三羧酸循环与呼吸链的偶联作用彻底氧化生成CO_2和水，并释放出能量以供生理活动需要。

四、氨基酸的脱羧基作用

氨基酸脱羧基作用（decarboxylation）是氨基酸分解代谢的另一种方式。部分氨基酸经α-脱羧基作用生成胺类化合物。催化这些反应的酶是氨基酸脱羧酶，辅酶是磷酸吡哆醛。氨基酸脱羧基反应及机制如图11-10所示。

氨基酸脱羧基后生成的胺类化合物虽然含量不高，但都具有特殊的生理功能。正常情况下，体内广泛存在着胺氧化酶，特别在肝脏此酶的活性较高，它们能使胺氧化生成相应的醛和酸，后者再进一步彻底氧化成CO_2和H_2O。

下面介绍几种氨基酸脱羧基产生的重要化合物。

（一）γ-氨基丁酸

γ-氨基丁酸（γ-aminobutyric acid，GABA）是由谷氨酸在谷氨酸脱羧酶的催化下脱羧基生成的。脑组织中该酶活性很高，因而GABA在脑组织中的浓度较高。GABA是中枢

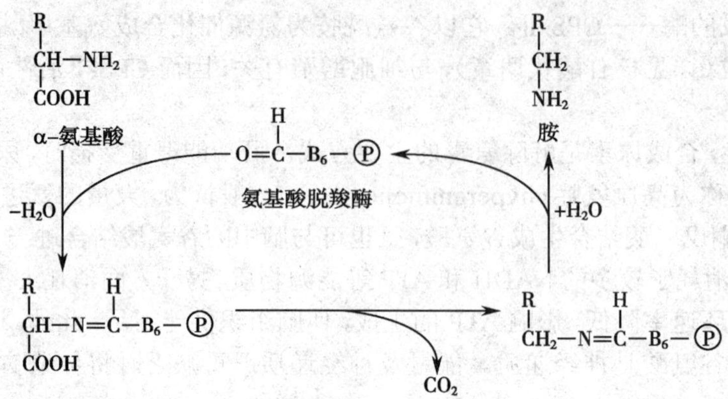

图 11-10 氨基酸脱羧基反应及机制

神经系统的抑制性神经递质。

$$\underset{\text{谷氨酸}}{HOOC-CH_2-CH_2-CHNH_2-COOH} \xrightarrow{\text{谷氨酸脱羧酶}} \underset{\gamma\text{-氨基丁酸}}{HOOC-CH_2-CH_2-CH_2-NH_2} + CO_2$$

（二）组胺

组胺（histamine）是由组氨酸在组氨酸脱羧酶的催化下脱羧基生成的。组胺在体内分布广泛，乳腺、肺脏、肝脏、肌肉及胃黏膜等组织的肥大细胞中含量较高。组胺是一种很强的血管舒张剂，能增加毛细血管的通透性，引起血压下降，甚至休克。组织创伤或炎症部位由于组胺的释放，可引起局部组织水肿。组胺能使支气管平滑肌痉挛导致哮喘。组胺还能刺激胃酸和胃蛋白酶分泌，故常被作为研究胃功能活动的物质。

（三）5-羟色胺

色氨酸经色氨酸羟化酶的作用生成 5-羟色氨酸，再经 5-羟色氨酸脱羧酶催化脱羧基生成 5-羟色胺（5-hydroxytryptamine，5-HT）。

$$\underset{\text{色氨酸}}{\text{吲哚}-CH_2-CH(NH_2)-COOH} \xrightarrow{\text{色氨酸羟化酶}} \underset{\text{5-羟色氨酸}}{HO-\text{吲哚}-CH_2-CH(NH_2)-COOH}$$

$$\xrightarrow{\text{5-羟色氨酸脱羧酶}} \underset{\text{5-羟色胺}}{HO-\text{吲哚}-CH_2-CH_2NH_2}$$

5-羟色胺在体内分布广泛，其作用在中枢和外周组织各不相同。脑组织中的 5-HT 是一种中枢抑制性神经递质；在外周组织中，5-HT 具有收缩血管作用。5-HT 经单胺氧化酶催化生成 5-羟色醛，进一步氧化生成 5-羟吲哚乙酸随尿排出。

（四）多胺

多胺（polyamine）是体内腐胺、精脒和精胺的总称。它们都是含有两个以上氨基的胺类化合物。腐胺是鸟氨酸脱羧的产物。精脒和精胺都是在腐胺的基础上由S-腺苷甲硫氨酸提供丙胺基后生成的产物。腐胺、精脒和精胺三者形成的过程如图11-11所示。

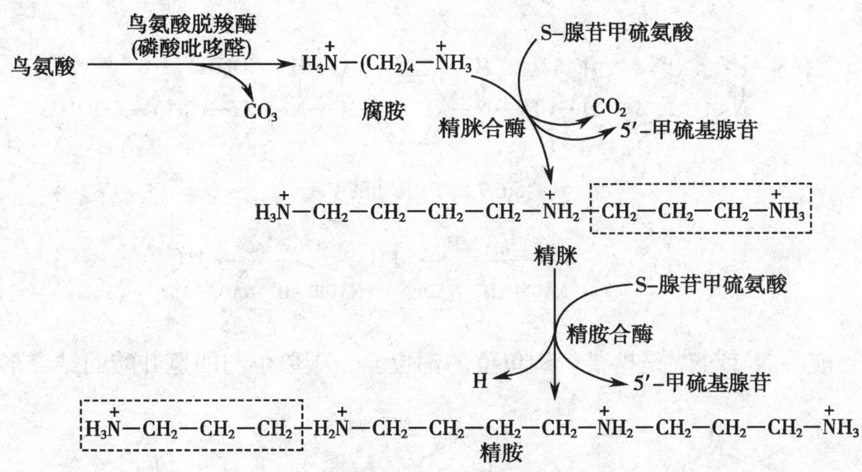

图11-11　腐胺、精脒和精胺形成的过程

多胺在哺乳动物体内分布很广，尤其是在生长旺盛的组织，如胚胎、再生肝、肿瘤组织含量较高，与这些组织中多胺合成的限速酶——鸟氨酸脱羧酶活性较强有关。在体内多胺大部分与乙酰基结合随尿排出，小部分氧化成CO_2和NH_3。多胺本身带有大量的正电荷，易与带负电荷的核酸结合，可能在转录和细胞分裂的调控中起作用。由于多胺在肿瘤组织中含量较高，故临床上常测定患者血及尿中多胺含量来作为肿瘤非特异性辅助诊断指标之一。此外，阿司匹林为鸟氨酸脱羧酶的抑制剂，临床上可用于预防结肠癌。

第五节　个别氨基酸的代谢

氨基酸的一般代谢过程，是体内组成蛋白质的20种氨基酸的共有代谢途径。然而各种氨基酸R侧链不同，因而又有各自特殊的代谢途径，并产生一些具有重要生理活性的中间产物。本节将介绍某些氨基酸的个别代谢过程。

一、一碳单位代谢

某些氨基酸在分解代谢过程中，能够产生含有一个碳原子的有机基团，称为一碳单位（one carbon unit），又叫一碳基团。一碳单位的生成、转变、运输及参与物质合成的反应过程称为一碳单位代谢。

（一）一碳单位的形式与来源

体内重要的一碳单位主要有：甲基（$-CH_3$）、甲烯基（$-CH_2-$）、甲炔基（$-CH=$）、甲酰基（$-CHO$）和亚氨甲基（$-CH=NH$）等，它们主要来自甘氨酸、组氨酸、丝氨酸和色氨酸等的分解代谢。

（二）一碳单位的生成与四氢叶酸

1．四氢叶酸是一碳单位的运载体　一碳单位不能游离存在，需与四氢叶酸（tetrahydrofolic acid，FH_4 或 THFA）结合而被转运，并参与嘌呤、嘧啶、胆碱、肾上腺素等多种重要物质的合成代谢。在体内四氢叶酸是由叶酸经二氢叶酸还原酶催化生成的。

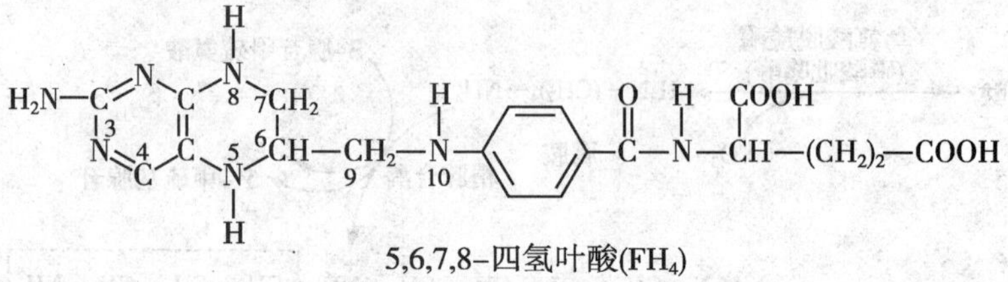

5,6,7,8-四氢叶酸（FH_4）

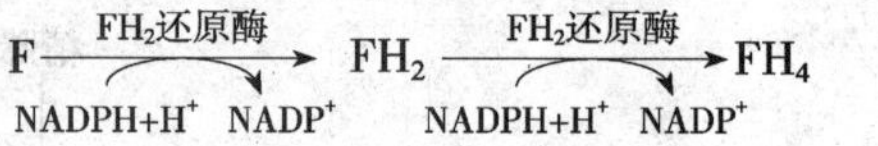

$$F \xrightarrow[NADPH+H^+ \ \rightarrow \ NADP^+]{FH_2\text{还原酶}} FH_2 \xrightarrow[NADPH+H^+ \ \rightarrow \ NADP^+]{FH_2\text{还原酶}} FH_4$$

四氢叶酸的 N^5 或 N^{10} 是携带一碳单位的部位。一碳单位与四氢叶酸的结合形式如下：

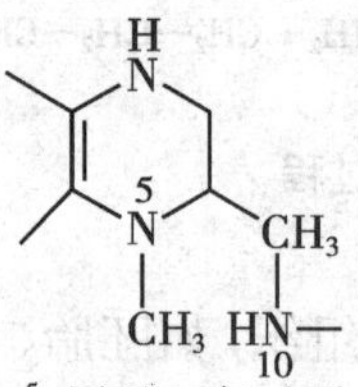

N^5-甲基四氢叶酸
（$N^5-CH_3-FH_4$）

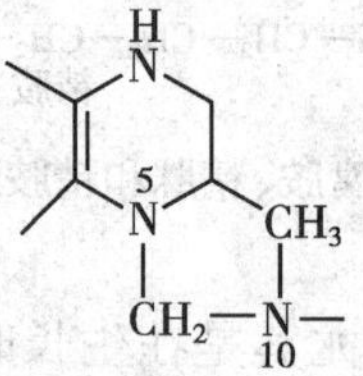

N^5,N^{10}-甲烯基四氢叶酸
（$N^5,N^{10}-CH_2-FH_4$）

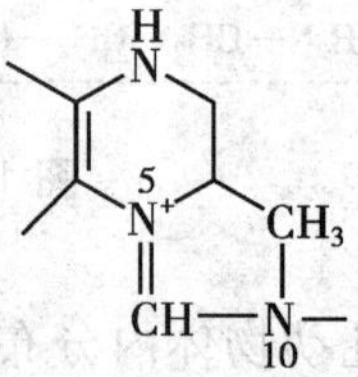

N^5,N^{10}-甲炔四氢叶酸
（$N^5,N^{10}=CH_2-FH_4$）

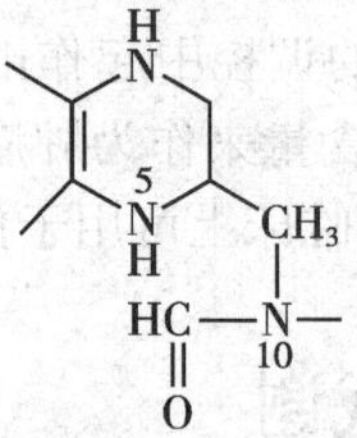

（N^{10}-甲酰四氢叶酸）
（$N^{10}-CHO-FH_4$）

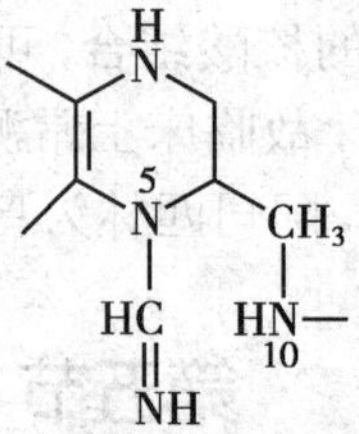

N^5-亚氨甲基四氢叶酸
（$N^5-CH=NH-FH_4$）

2．一碳单位的生成

（1）丝氨酸与一碳单位的生成：丝氨酸分子上的β-碳原子转移到 FH_4 上，同时脱去一分子水，生成 $N^5,N^{10}-CH_2-FH_4$ 和甘氨酸。

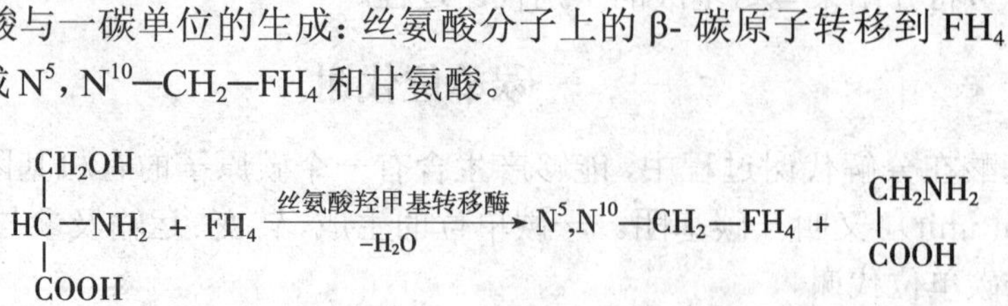

$$HOCH_2-CH(NH_2)-COOH + FH_4 \xrightarrow[-H_2O]{\text{丝氨酸羟甲基转移酶}} N^5,N^{10}-CH_2-FH_4 + CH_2NH_2-COOH$$

丝氨酸　　　　N^5,N^{10}—甲烯四氢叶酸　　甘氨酸

（2）甘氨酸与一碳单位的生成：甘氨酸经氧化脱氨生成乙醛酸，后者再氧化生成甲酸。乙醛酸和甲酸分别与 FH_4 结合可生成 $N^5,N^{10}=CH-FH_4$ 和 $N^{10}-CHO-FH_4$。

CH_2NH_2—COOH（甘氨酸）+ O_2 —甘氨酸氧化酶，$-NH_3$，$-H_2O_2$→ CHO—COOH（乙醛酸）—O_2，$-CO_2$→ HCOOH（甲酸）

甲酸 + FH_4 —N^{10}—甲酰FH_4合成酶，ATP→ADP→ N^{10}—CHO—FH_4（N^{10}—甲酰FH_4）

乙醛酸 + FH_4 —N^5,N^{10}—甲炔FH_4合成酶→ N^5,N^{10}=CH—FH_4（N^5,N^{10}—甲炔FH_4）

（3）色氨酸与一碳单位的生成：色氨酸经色氨酸吡咯酶等催化，生成甲酸和犬尿氨酸。甲酸与 FH_4 在 N^{10}—CHO—FH_4 合成酶作用下，消耗 ATP 生成 N^{10}—CHO—FH_4。

色氨酸 —色氨酸吡咯酶、犬尿氨酸甲酰胺酶，H_2O+O_2→ 犬尿氨酸 + HCOOH

HCOOH → N^{10}—CHO—FH_4（N^{10}—甲酰四氢叶酸）

（4）组氨酸与一碳单位的生成：组氨酸在分解代谢的过程可产生亚氨甲基谷氨酸，FH_4 接受其分子中的亚氨甲基，生成 N^5—CH=NH—FH_4。

组氨酸 → HOOC—CH(NH—HC=NH)—$(CH_2)_2$—COOH（亚氨甲基谷氨酸）—亚氨甲基转移酶，FH_4 → N^5—CH=NH—FH_4（N^5—亚氨甲基四氢叶酸）→ 谷氨酸

（三）一碳单位的互变与代谢意义

1．一碳单位的互变　一碳单位可由不同氨基酸分解代谢产生，但在不同分子形式的一碳单位之间，除 N^5—CH_3—FH_4 的生成为不可逆反应外，其余均可通过氧化还原作用而彼此互变（图 11-12）。

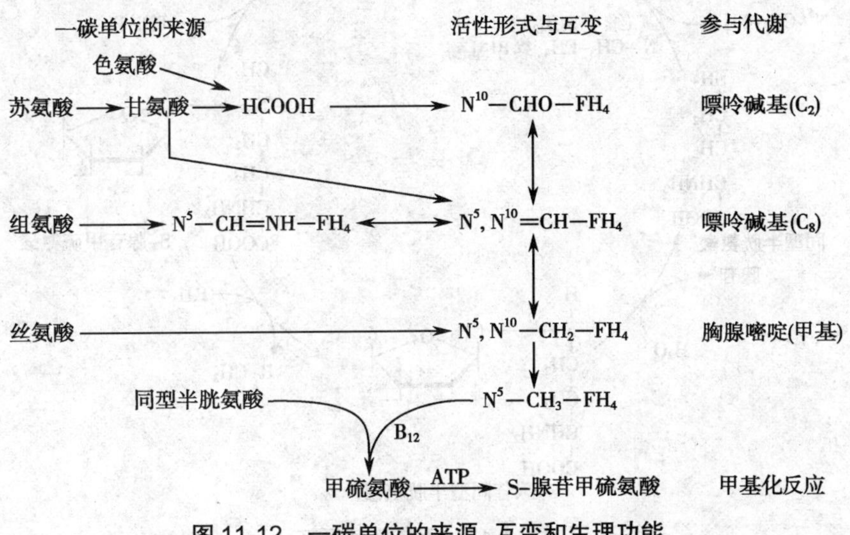

图 11-12　一碳单位的来源、互变和生理功能

2．一碳单位代谢的生理意义

（1）作为合成嘌呤和嘧啶的原料：嘌呤碱基中的 C_2 和 C_8 分别由 N^{10}—CHO—FH_4 和 N^5，N^{10}═CH—FH_4 供给；脱氧胸苷酸（dTMP）的甲基由 N^5，N^{10}—CH_2—FH_4 提供。氨基酸的一碳单位代谢与核苷酸合成代谢密切相关。因此一碳单位代谢与细胞的增殖、组织生长和机体发育等功能有关。一碳单位代谢的障碍可引起某些病理性改变，如巨幼红细胞性贫血。磺胺药和某些抗肿瘤药正是通过干扰了细菌或肿瘤细胞的叶酸或四氢叶酸的合成，进而影响一碳单位代谢与核苷酸的合成而发挥药理作用的。

（2）参与重要物质的合成：一碳单位代谢与 S- 腺苷甲硫氨酸的循环相连，通过 S- 腺苷甲硫氨酸参与的甲基化反应，间接参与胆碱、肌酸、卵磷脂、肾上腺素等的合成及核苷酸的甲基化修饰等多种代谢过程。

二、含硫氨基酸的代谢

体内含硫氨基酸有三种，即甲硫氨酸、半胱氨酸和胱氨酸。在代谢上这三种氨基酸相互联系，甲硫氨酸可以转变为半胱氨酸，半胱氨酸能与胱氨酸相互转化，但后两种氨基酸不能转变为甲硫氨酸，所以甲硫氨酸为必需氨基酸。

（一）甲硫氨酸代谢

1．S- 腺苷甲硫氨酸的生成　S- 腺苷甲硫氨酸（S-adenosylmethionine，SAM），是由甲硫氨酸在腺苷转移酶催化下，接受由 ATP 提供的腺苷而生成的（图 11-13）。SAM 是体内甲基的直接供体，参与体内 50 多种物质的甲基化反应，如胆碱、肌酸、肾上腺素等的合成。

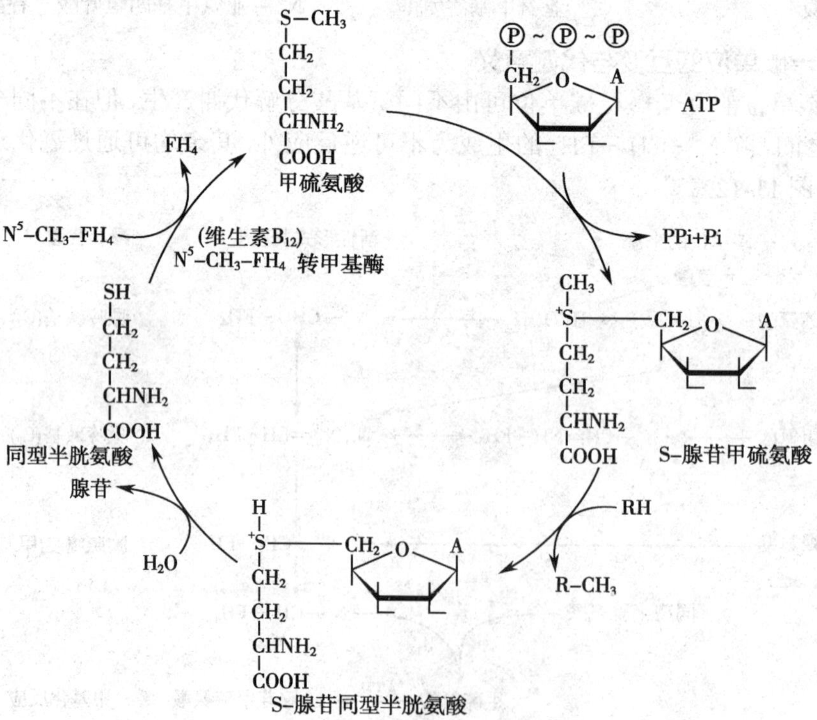

图 11-13　甲硫氨酸循环

2．甲硫氨酸循环　即活性甲基循环，其反应过程：SAM 转移甲基后，被分解为 S-腺苷同型半胱氨酸，后者经水解脱去腺苷转变为同型半胱氨酸，同型半胱氨酸在 N^5—甲基 FH_4 和维生素 B_{12} 的参与下，接受由 N^5—甲基 FH_4 提供的甲基生成甲硫氨酸，随后甲硫氨酸再与 ATP 反应重新生成 SAM，这一过程称为甲硫氨酸循环（methionine cycle）（图 11-13）。

尽管这一循环可以再生甲硫氨酸，但由于体内不能合成同型半胱氨酸，它只能由前体甲硫氨酸转变产生，所以体内实际上仍不能合成甲硫氨酸，必须从食物中不断获得。在这一循环中，维生素 B_{12} 是 N^5—甲基 FH_4 转甲基酶的辅酶，能够传递 N^5—CH_3—FH_4 上的甲基到同型半胱氨酸上去，使 FH_4 再生。因此，当维生素 B_{12} 缺乏时，不仅影响甲硫氨酸的生成，而且也使得组织中游离的四氢叶酸含量减少，使得一碳单位的转运能力下降，导致核酸合成障碍，影响细胞分裂，引起巨幼红细胞性贫血。

甲硫氨酸循环中生成的同型半胱氨酸除了可再生甲硫氨酸外，其主要分解途径是经胱硫醚合酶催化，与丝氨酸缩合生成胱硫醚，而后胱硫醚裂解产生半胱氨酸和同型丝氨酸，后者经转氨基后可转变为琥珀酰 CoA，琥珀酰 CoA 可进入三羧酸循环氧化分解；或沿糖异生途径生成葡萄糖。

同型半胱氨酸对血管内皮有损伤作用。目前认为，高同型半胱氨酸血症，可能是引起动脉粥样硬化发病的独立危险因子。

3．甲硫氨酸为肌酸的合成提供甲基　肌酸（creatine）和磷酸肌酸（creatine phosphate）是体内能量储存及利用的重要化合物。肌酸以甘氨酸作骨架，由精氨酸提供脒基，SAM 提供甲基而合成，肝脏是肌酸合成的主要器官，也可在胰腺合成。肌酸合成后再经血液运送到心肌、骨骼肌、大脑等组织，经肌酸激酶（creatine kinase，CK）催化转变成磷酸肌酸，储存 ATP 提供的高能磷酸键。

肌酸激酶由 M 型（肌肉型）和 B 型（脑型）两种亚基组成。胞质中有三种肌酸磷酸激酶同工酶：即 MM 型、BB 型及 MB 型，分别分布于骨骼肌、脑和心肌组织。当心肌梗死时，血清中 MB 型肌酸激酶活性增高，可作为急性心肌梗死辅助诊断的指标之一。

肌酸和磷酸肌酸分解代谢的终产物都是肌酸酐（creatinine）。肌酸酐主要是肌肉中的磷酸肌酸以不可逆的非酶促反应生成，经血液随尿排出。正常人，每日尿中肌酸酐的排出量恒定在 1.4g 左右，血浆肌酸酐为 50～120μmol/L。肾脏功能障碍时，肌酸酐排泄障碍，血中浓度升高。血清和尿中肌酸酐的测定有助于肾功能不全的临床诊断。肌酸代谢见图 11-14。

（二）半胱氨酸与胱氨酸代谢

1．半胱氨酸与胱氨酸的互变　半胱氨酸含巯基（—SH），而胱氨酸含二硫键（—S—S—），二者在体内可经氧化还原互变。

$$
2\begin{array}{c}CH_2SH\\|\\CHNH_2\\|\\COOH\end{array}
\underset{+2H}{\overset{-2H}{\rightleftharpoons}}
\begin{array}{ccc}CH_2S & -S- & CH_2\\| & & |\\CHNH_2 & & CHNH_2\\| & & |\\COOH & & COOH\end{array}
$$

半胱氨酸　　　　胱氨酸

2．半胱氨酸氧化分解　体内半胱氨酸有多种分解代谢途径：如联合脱氨基、非氧化

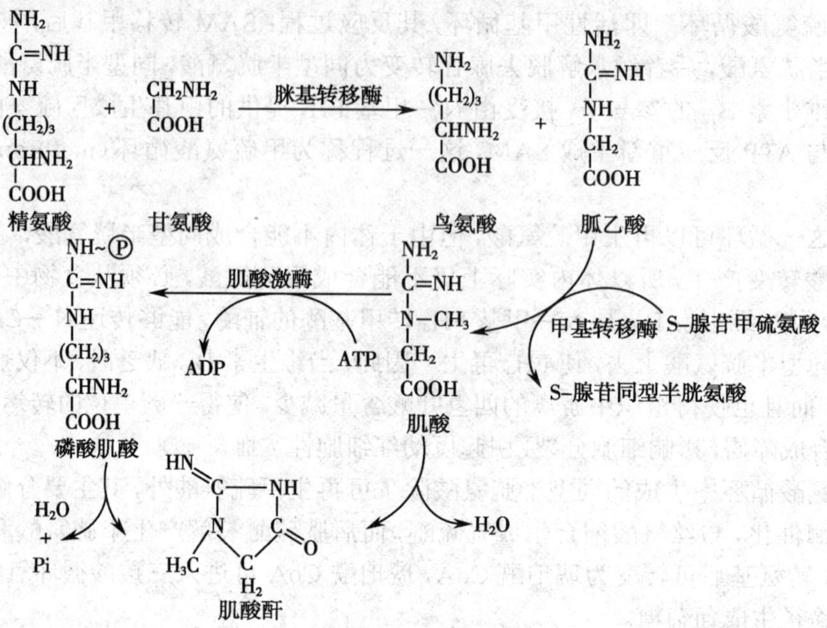

图 11-14 肌酸代谢

脱氨基作用以及直接氧化作用等（图 11-15）。前两条途径最终都产生丙酮酸；半胱氨酸经直接氧化、脱羧过程可产生牛磺酸（taurine），后者是构成结合胆汁酸的重要组成成分。

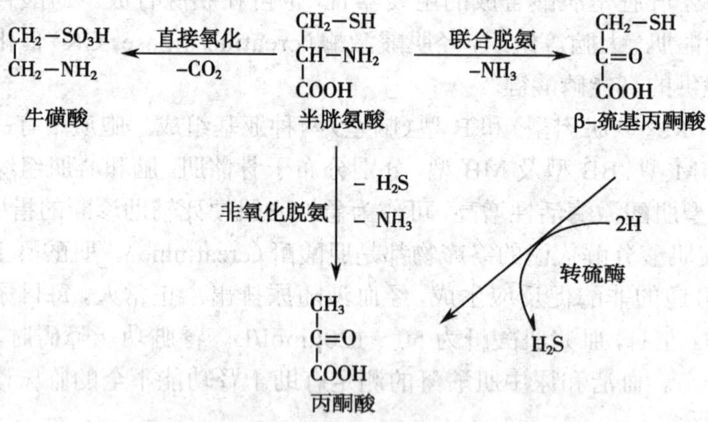

图 11-15 半胱氨酸的氧化分解

3．半胱氨酸分解产生活性硫酸根　半胱氨酸可氧化脱氨生成丙酮酸、NH_3 和 H_2S。H_2S 进一步氧化生成硫酸根。体内硫酸根一部分以无机盐形式随尿排出，另一部分被 ATP 活化生成活性硫酸根，即 3′- 磷酸腺苷 -5′- 磷酸硫酸（3′-phosphoadenosine-5′-phosphosulfate，PAPS），反应过程如下：

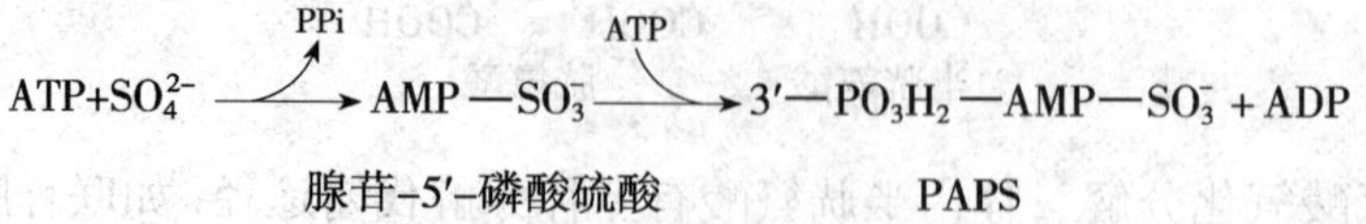

$$ATP+SO_4^{2-} \xrightarrow{\nearrow PPi} AMP-SO_3^- \xrightarrow{ATP \searrow} 3'-PO_3H_2-AMP-SO_3^- + ADP$$

腺苷-5′-磷酸硫酸　　　　PAPS

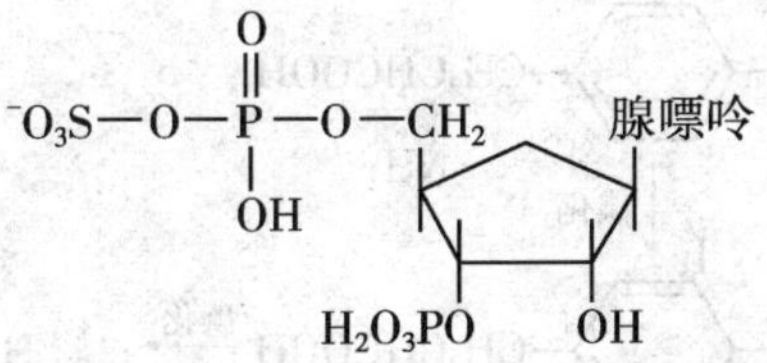

$$^{-}O_3S-O-\overset{O}{\overset{\|}{P}}(OH)-O-CH_2-\text{（核糖环，1'位接腺嘌呤，2'位 OH，3'位 }H_2O_3PO\text{）}$$

腺嘌呤

H_2O_3PO　OH

PAPS 化学性质活泼，可使某些物质硫酸酯化，参与肝脏生物转化作用，或参与糖胺聚糖（如肝素、硫酸软骨素等）的合成。

4．半胱氨酸参与合成谷胱甘肽　谷胱甘肽（GSH）是由谷氨酸、半胱氨酸和甘氨酸构成的三肽。GSH 中的巯基具有还原性，可作为体内重要的还原剂，保护体内许多酶或蛋白质分子中的巯基免遭氧化而失活；GSH 中的巯基还可与外源性的毒物，如药物或致癌剂等结合，从而阻断这些物质与体内生物大分子 DNA、RNA 或蛋白质结合，以保护机体免遭毒物损害。

三、芳香族氨基酸的代谢

芳香族氨基酸包括苯丙氨酸、酪氨酸、色氨酸。

（一）苯丙氨酸羟化为酪氨酸

正常情况下，苯丙氨酸在肝脏苯丙氨酸羟化酶的催化下，以四氢生物蝶呤为辅酶，利用分子氧生成酪氨酸。此反应不可逆，因而酪氨酸不能转变为苯丙氨酸。苯丙氨酸羟化酶先天性缺乏时，苯丙氨酸不能羟化生成酪氨酸，只能通过转氨基作用生成大量的苯丙酮酸，后者出现于血和尿液中，临床上称之为苯丙酮尿症（phenylketonuria，PKU）。苯丙酮酸对中枢神经系统具有毒性作用，可导致患儿智力发育障碍，故务必尽早发现，控制膳食中苯丙氨酸的摄入量。

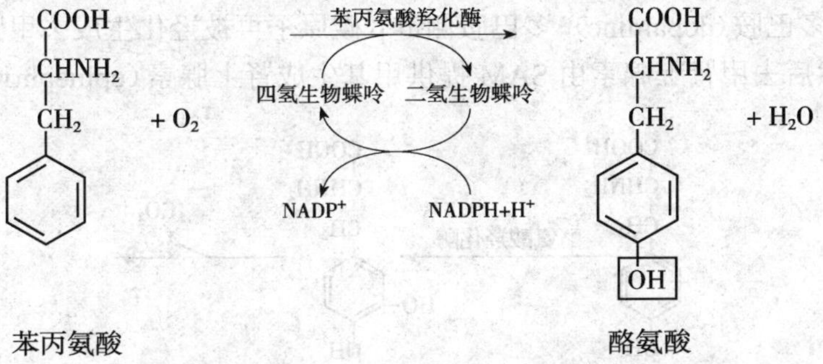

COOH—CHNH$_2$—CH$_2$—C$_6$H$_5$ + O_2 → COOH—CHNH$_2$—CH$_2$—C$_6$H$_4$—OH + H_2O

苯丙氨酸羟化酶

四氢生物蝶呤　二氢生物蝶呤

$NADP^+$　$NADPH+H^+$

苯丙氨酸　　　　酪氨酸

（二）酪氨酸转变为甲状腺激素

甲状腺激素（thyroid hormone）是甲状腺分泌的激素的统称，包括三碘甲腺原氨酸（3，5，3′-triiodothyronine，T_3）和四碘甲腺原氨酸（3，5，3′，5′，-thyronine，T_4），其中 T_4 又称为甲状腺素（thyroxine）。它们的合成过程是：首先甲状腺球蛋白中的酪氨酸碘化为 3- 碘酪氨酸（MIT）和 3，5- 二碘酪氨酸（DIT），然后两分子二碘酪氨酸缩合生成甲状腺素（3，5，3′，5′，- 四碘甲腺原氨酸，T_4）；或二碘酪氨酸与一碘酪氨酸缩合成三碘甲腺原氨酸（3，5，3′- 三碘甲腺原氨酸，T_3）。T_3 生理活性比 T_4 大 3～5 倍。

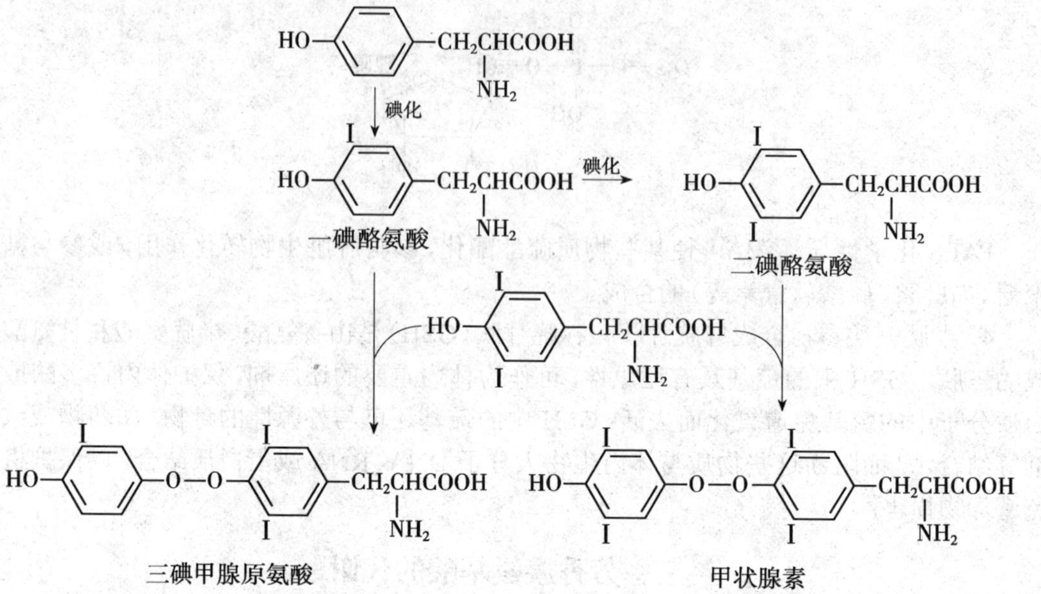

一碘酪氨酸　二碘酪氨酸

三碘甲腺原氨酸　甲状腺素

甲状腺激素的主要作用是促进糖、脂和蛋白质代谢以及能量代谢；促进机体生长、发育，特别对骨和脑的发育尤为重要。婴幼儿缺乏甲状腺激素时，中枢神经系统发育出现障碍，长骨生长停滞，以致表现出智力迟钝和身材矮小等特征，称此为呆小症（又称克汀病，cretinism）。某些地区因饮食中缺少碘，可以影响甲状腺激素的合成，在垂体分泌的促甲状腺素（TSH）刺激下，使甲状腺组织增生、肿大，引起地方性甲状腺肿。在食盐中加碘可预防碘缺乏。

（三）酪氨酸转变为儿茶酚胺类物质

儿茶酚胺（catecholamine）是多巴胺、去甲肾上腺素、肾上腺素三者的总称。酪氨酸在酪氨酸羟化酶（以四氢生物蝶呤为辅因子）的催化下生成 2，4- 二羟苯丙氨酸（多巴），多巴脱羧生成多巴胺（dopamine），多巴胺侧链 β 碳原子再被羟化生成去甲肾上腺素（norepinephrine），然后去甲肾上腺素由 SAM 提供甲基生成肾上腺素（epinephrine）（图 11-16）。

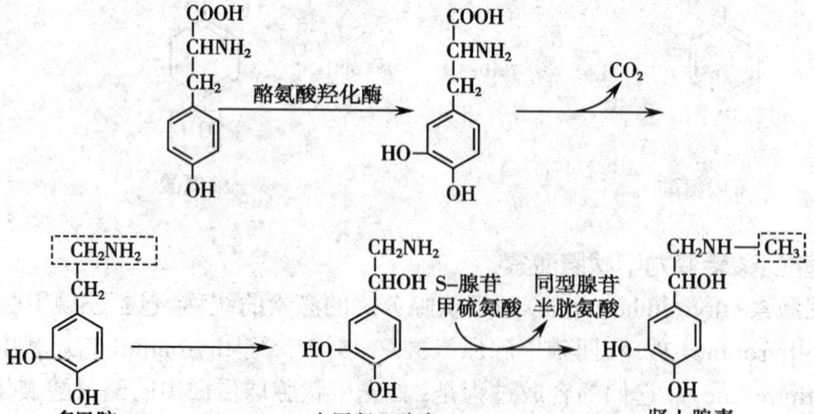

图 11-16　儿茶酚胺的合成

在中枢神经系统中三者起神经递质的作用，帕金森病（Parkinson 病）的发生与脑内多巴胺含量减少有关。在外周内分泌组织中，后两者为激素，参与代谢调节。

酪氨酸羟化酶是儿茶酚胺合成过程中的限速酶，其活性受儿茶酚胺的反馈抑制。

（四）酪氨酸转变为黑色素

在皮肤和毛囊等的黑色素细胞中，酪氨酸酶（一种含 Cu^{2+} 的氧化酶）催化酪氨酸羟化生成多巴，后者经氧化、脱羧、脱氨等反应生成吲哚醌，吲哚醌再经聚合生成黑色素（melanin）。酪氨酸酶先天性缺陷，黑色素合成障碍，导致白化病。

（五）酪氨酸氧化分解

酪氨酸经酪氨酸转氨酶的作用，生成对羟基苯丙酮酸，后者进一步氧化成尿黑酸，尿黑酸继续分解产生乙酰乙酸和延胡索酸，它们分别参与酮体或糖代谢。因此，苯丙氨酸与酪氨酸都是生糖兼生酮氨基酸。当体内缺乏尿黑酸氧化酶时，尿黑酸降解受阻，大量尿黑酸从尿中排出，经空气氧化使尿呈棕色，称为尿黑酸尿症（alkaptonuria）。

（六）色氨酸代谢

色氨酸除生成 5- 羟色胺外，还可以在肝脏中分解。色氨酸经其吡咯酶催化，氧化、裂解产生甲酸和犬尿氨酸。甲酸转化为一碳单位，犬尿氨酸进一步分解可产生丙酮酸和乙酰乙酰 CoA，故色氨酸是一种生糖兼生酮氨基酸。犬尿氨酸也可分解产生烟酸，即维生素 PP。虽然，色氨酸可产生维生素 PP，但由于 60mg 色氨酸才能转化为 1mg 维生素 PP，而成人每日维生素 PP 需要量至少为 10mg，故体内维生素 PP 主要还是由食物供给。

四、支链氨基酸的代谢

支链氨基酸是亮氨酸、异亮氨酸和缬氨酸三种氨基酸的总称。支链氨基酸分解主要在肌肉组织中进行。经过若干反应步骤，缬氨酸分解产生琥珀酰 CoA；亮氨酸分解产生的 HMG-CoA 经裂解可生成乙酰乙酸；异亮氨酸分解产生乙酰 CoA 和琥珀酰 CoA。所以这三种氨基酸分别是生糖氨基酸、生酮氨基酸以及生糖兼生酮氨基酸。胰岛素能促进肌肉组织对支链氨基酸的摄取，并抑制其分解，促进肌肉蛋白质的合成。

综上所述，氨基酸除了作为蛋白质合成原料外，还可以氧化分解供能；也可以转变成体内多种含氮的生理活性物质（表 11-2），它们在机体的代谢中发挥着重要作用。

表 11-2　氨基酸衍生的重要含氮生理活性物质

含氮生理活性物质	生理功能	氨基酸来源
嘌呤碱基	核苷酸组分	甘氨酸、天冬氨酸、谷氨酰胺
嘧啶碱基	核苷酸组分	天冬氨酸
卟啉化合物	合成血红素类化合物	甘氨酸
肌酸	能量储存	甘氨酸、精氨酸、蛋氨酸
儿茶酚胺类	激素、神经递质	苯丙氨酸、酪氨酸
甲状腺激素	激素	酪氨酸
黑色素	皮肤、毛发等色素	酪氨酸
烟酸	维生素	色氨酸
褪黑素	调节睡眠、记忆，抗氧化等	色氨酸
5- 羟色胺	血管收缩剂、神经递质	色氨酸

续表

含氮生理活性物质	生理功能	氨基酸来源
牛磺酸	形成结合胆汁酸	半胱氨酸
胆胺	磷脂成分	丝氨酸、蛋氨酸
组胺	血管舒张剂	组氨酸
多胺	细胞增殖促进剂	精氨酸、鸟氨酸、蛋氨酸
γ-氨基丁酸	神经递质	谷氨酸

学习小结

1. 学习内容

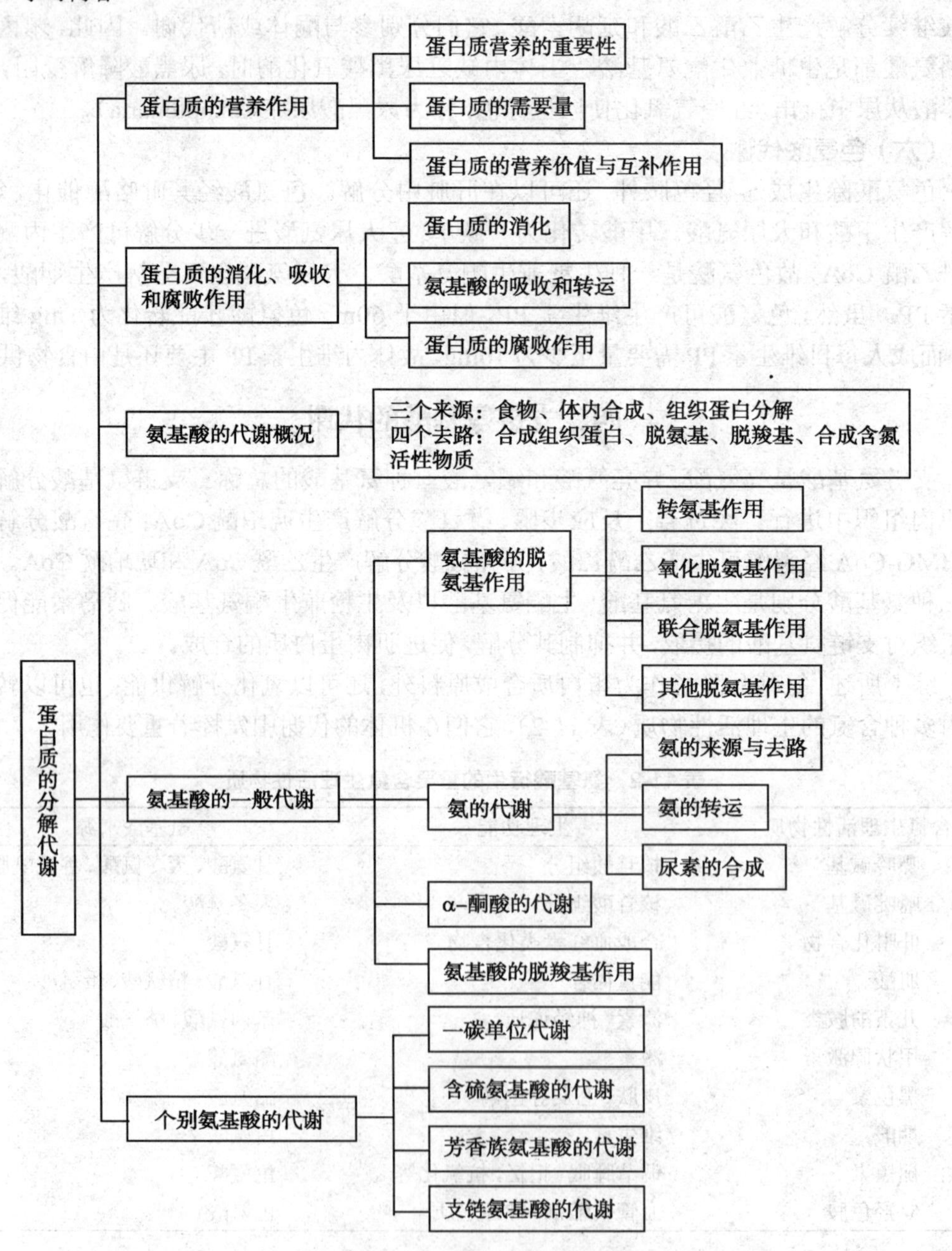

2. 学习方法　本章要理解氨基酸的代谢概况——氨基酸的来源和去路，把分解代谢上的两个途径：一般代谢和特殊代谢（个别氨基酸的代谢）作为主线条掌握氨基酸的去向、氨的代谢；蛋白质分解代谢的特殊产物——尿素的生成以及特殊氨基酸产生的生物活性物质。

（崔炳权）

复习思考题

1. 蛋白质在体内水解产生的氨基酸既能转变成糖又能转变为脂肪，因此，有人认为每天只要摄入足够量的蛋白质也能满足机体的需要，无需摄入糖和脂肪。这种想法正确吗？为什么？

2. 举例说明常见的氨基酸代谢异常疾病的发病机制及可能的预防和治疗方案。

第十二章　核苷酸代谢

学习目的

通过学习核苷酸代谢掌握核苷酸合成的主要方式、分解的产物和从头合成的主要原料来源以及各种抗代谢物的作用原理，为今后学习药理学及相关疾病的发生等内容打下基础。

学习要点

嘌呤核苷酸和嘧啶核苷酸的合成原料，嘌呤核苷酸的分解代谢终产物及临床意义以及核苷酸的代谢途径和抗代谢物。

核酸是生物细胞的基本成分之一，也是体内重要的含氮化合物，在个体的生长发育及繁殖的过程中，核酸起着重要的作用。核苷酸是核酸的基本组成单位，从化学组成来说每个单核苷酸由磷酸、戊糖、含氮碱基（嘌呤碱基或嘧啶碱基）组成。体内核苷酸除了部分来自食物核酸消化吸收外，主要由自身合成，因此，核苷酸不属于营养必需物质。

食物中的核酸多以核蛋白形式存在。核蛋白在胃中受胃酸的作用，分解为核酸和蛋白质。核酸的消化、吸收主要在小肠进行，并在胰液和肠液中多种水解酶的作用下完成。单核苷酸及各级水解产物均可被小肠黏膜细胞吸收，吸收后绝大部分仍可进一步分解。分解产物除了戊糖可被重新利用外，大部分被排出体外。可见食物来源的嘌呤和嘧啶碱基极少被机体利用。

核苷酸的生物学功能概括如下：①是核酸（DNA、RNA）合成的原料，这是核苷酸最重要的功能；②是生物体内的主要能源物质（如 ATP、GTP 等）；③某些核苷酸衍生物是许多物质生物合成的中间供体，如 UDP- 葡萄糖、CDP- 胆碱分别为糖原、甘油磷脂的中间活性物质；④部分核苷酸是某些辅酶如 NAD^+、$NADP^+$、FAD 和辅酶 A（CoA）的组成成分；⑤参与代谢调节，如 cAMP、cGMP 可作为激素的第二信使，参与物质代谢调节。

核酸代谢的异常是某些疾病发病的重要环节。例如，恶性肿瘤、病毒的繁殖和致病作用都与核酸有着密切的关系。许多嘌呤或嘧啶的类似物可通过干扰核苷酸的代谢，抑制肿瘤细胞 DNA 的复制。

本章重点讨论核苷酸在体内的分解与合成代谢以及有关抗代谢药物的作用。

第一节　核苷酸的分解代谢

核苷酸的分解代谢包括嘌呤核苷酸的分解代谢和嘧啶核苷酸的分解代谢。

一、嘌呤核苷酸的分解代谢

体内各种嘌呤核苷酸（AMP、GMP）首先在核苷酸酶的催化下水解去除磷酸生成嘌呤核苷（鸟苷和腺苷）。腺苷经脱氨和水解作用依次生成次黄嘌呤和黄嘌呤，鸟苷经黄嘌呤氧化酶氧化生成黄嘌呤。次黄嘌呤和黄嘌呤均可受黄嘌呤氧化酶作用生成尿酸（uric acid）。AMP 还可直接经脱氨和脱磷酸生成次黄嘌呤核苷，进而分解成尿酸。尿酸是人体内嘌呤碱基分解的终产物，随尿排出体外。

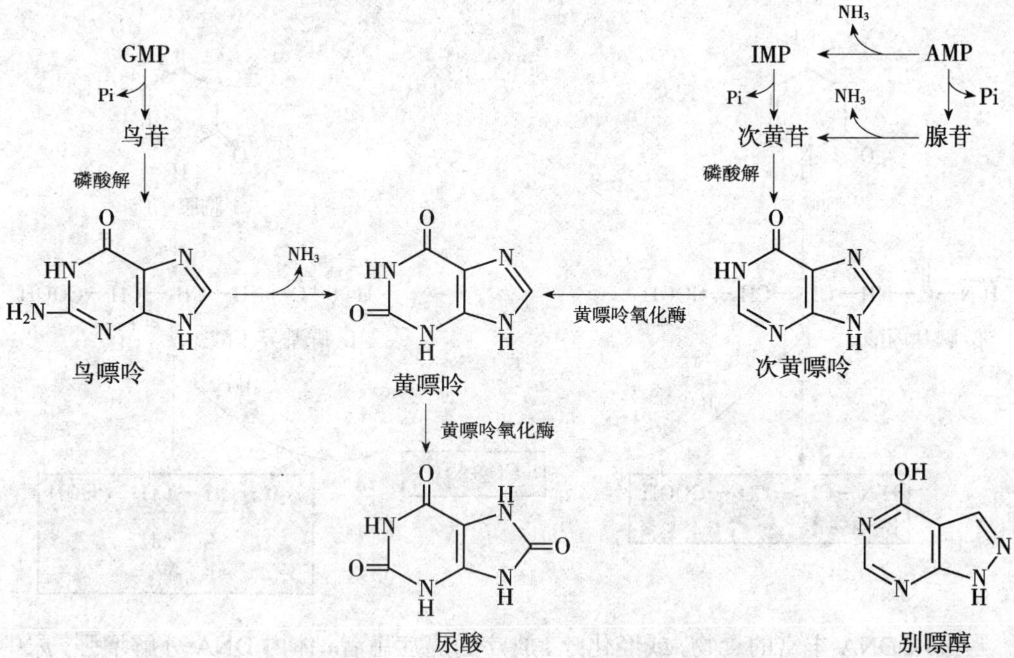

GMP → 鸟苷（Pi）；鸟苷 → 鸟嘌呤（磷酸解）；鸟嘌呤 → 黄嘌呤（NH_3）
AMP → IMP（NH_3）；IMP → 次黄苷（Pi）；AMP → 腺苷（Pi）；腺苷 → 次黄苷（NH_3）；次黄苷 → 次黄嘌呤（磷酸解）
次黄嘌呤 → 黄嘌呤（黄嘌呤氧化酶）；黄嘌呤 → 尿酸（黄嘌呤氧化酶）

鸟嘌呤　黄嘌呤　次黄嘌呤　尿酸　别嘌醇

正常人血浆中尿酸含量为 0.12～0.36mmol/L。尿酸的水溶性较差，当核酸摄入量过多、分解加强或排泄障碍（如肾脏疾病），血中尿酸含量增高超过 0.48mmol/L 时，可形成尿酸盐晶体沉积于关节、软骨组织而引起痛风症，如沉积在肾脏则可导致肾结石。痛风症多见于成年男性，原因尚不完全清楚，可能与嘌呤核苷酸分解代谢酶的先天性异常有关。此外，当进食高嘌呤饮食、体内核酸大量分解（如白血病、恶性肿瘤等接受放疗、化疗时），或肾脏疾病尿酸排泄障碍，均可导致血中尿酸升高。临床上常用别嘌醇（allopurinol）治疗痛风症。其治疗机制为别嘌醇与次黄嘌呤结构相似，抑制性黄嘌呤氧化酶，从而抑制尿酸的生成。

知识拓展

尿酸消除体内活性氧的作用

研究发现，尿酸具有消除体内活性氧的作用。血中存在的维生素 C、维生素 E 以及谷胱甘肽等非酶性抗氧化物质的总抗氧化作用也与尿酸有关。同时当体内维生素不足时，尿酸可替代它进行抗氧化作用。尿酸具有抗氧化防细胞突变作用，有人认为尿酸可抑制机体癌细胞的发生，血中尿酸值偏低，可能成为癌症发生的原因。近年对尿酸与人类健康关系的研究提示人们，除患某些特殊疾病应限制摄入高嘌呤食物外，对正常人不必限制。

二、嘧啶核苷酸的分解代谢

嘧啶核苷酸首先经过核苷酸酶及磷酸化酶的作用，除去磷酸及核糖，产生的嘧啶碱基再进一步分解。不同的嘧啶分解过程不完全相同，胞嘧啶脱氨基转变成尿嘧啶后，经还原、开环和水解最终生成 NH_3、CO_2 及 β- 丙氨酸；胸腺嘧啶通过上述类似的反应过程，生成 NH_3、CO_2 和 β- 氨基异丁酸。由嘧啶碱基分解生成的 β- 氨基酸易溶于水，可直接随尿排出或进一步分解，其他部分可被再利用。

胞嘧啶 → $H_2N—CO—NH—CH_2—CH_2—COOH$ β-脲基丙酸 → $H_2N—CH_2—CH_2—COOH$ β-丙氨酸 + CO_2+NH_3（H_2O）

胸腺嘧啶 → $H_2N—CO—NH—CH_2—CH(CH_3)—COOH$ β-脲基异丁酸 → $H_2N—CH_2—CH(CH_3)—COOH$ β-氨基异丁酸 + CO_2+NH_3（H_2O）

当摄入 DNA 丰富的食物，或经化疗、放疗的癌症患者，体内 DNA 分解增强，尿中的β- 氨基异丁酸排量增多。故检测尿中的 β- 氨基异丁酸含量对监测放射性损伤有一定的临床指导意义。

第二节　核苷酸的合成代谢

核苷酸的合成代谢包括嘌呤核苷酸的合成代谢和嘧啶核苷酸的合成代谢。

一、嘌呤核苷酸的合成代谢

体内合成核苷酸的途径有两条，即从头合成途径（de novo synthesis pathway）和补救合成途径（savage synthesis pathway）。机体利用磷酸核糖、氨基酸、一碳单位与 CO_2 等简单物质为原料，经一系列连续酶促反应合成核苷酸的过程，称为从头合成途径。直接利用体内游离的碱基，经简单反应合成核苷酸的过程，称补救合成途径。从头合成途径以肝组织为主，补救合成途径是脑、骨髓等组织核苷酸合成的重要方式。

（一）嘌呤核苷酸的从头合成途径

除某些细菌外，几乎所有的生物都能合成嘌呤核苷酸。嘌呤核苷酸的从头合成途径主要在肝内进行，其次是在小肠黏膜和胸腺组织。经放射性核素示踪实验证明，合成嘌呤环的原料分别是天冬氨酸、一碳单位、谷氨酰胺、甘氨酸和 CO_2，其各成分在嘌呤分子中的位置如下面结构式所示。合成嘌呤核苷酸还需 5- 磷酸核糖，由磷酸戊糖途径提供。由于以上合成原料都是简单的小分子，因此核苷酸不是人体的必需营养物。

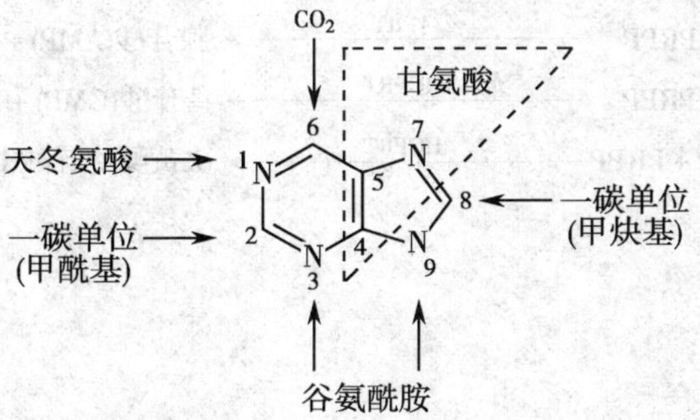

CO_2
甘氨酸
天冬氨酸
一碳单位(甲酰基)
一碳单位(甲炔基)
谷氨酰胺

嘌呤核苷酸的从头合成过程较为复杂。首先5-磷酸核糖(R-5-P)活化为5-磷酸核糖1-焦磷酸(PRPP);然后在PRPP基础上逐步加上各种原料合成次黄嘌呤核苷酸(IMP);IMP进一步转变为腺嘌呤核苷酸(AMP)和鸟嘌呤核苷酸(GMP)。嘌呤核苷酸的从头合成过程可分为以下三个阶段:

第一阶段:5-磷酸核糖1-焦磷酸(PRPP)的生成。

糖代谢中经戊糖磷酸途径生成的R-5-P在磷酸核糖焦磷酸激酶(PRPP合成酶)催化下,由ATP提供焦磷酸,生成5-磷酸核糖1-焦磷酸(PRPP)。PRPP是提供R-5-P的活性中间体,参加各种核苷酸的合成,故此步反应是核苷酸合成代谢过程中的重要步骤之一。

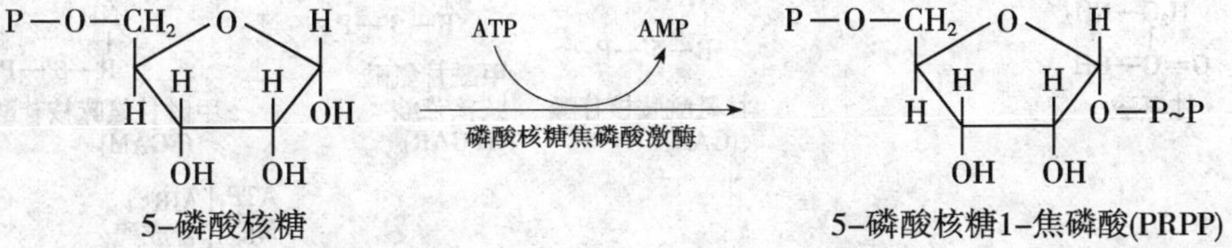

ATP AMP
磷酸核糖焦磷酸激酶
5-磷酸核糖 5-磷酸核糖1-焦磷酸(PRPP)

第二阶段:IMP的合成。

该阶段由磷酸核糖焦磷酸(PRPP)提供5′-磷酸核糖(R-5′-P),经过大约10步化学反应,逐步加上各种原料合成次黄嘌呤核苷酸(IMP),见图12-1。

第三阶段:AMP和GMP的生成。

以次黄嘌呤核苷酸(IMP)为起点,在合成酶催化下由GTP供能,IMP与天冬氨酸缩合,然后释放出延胡索酸生成AMP。IMP也可使嘌呤环上C-2氧化生成黄嘌呤核苷酸(XMP);后者进一步接受谷氨酰胺提供的氨基生成GMP(图12-2),该反应需ATP供能,AMP和GMP可连续发生两次磷酸化进一步生成ATP和GTP,作为合成RNA的原料。

(二)嘌呤核苷酸的补救合成途径

细胞利用已有的嘌呤碱基或嘌呤核苷重新合成嘌呤核苷酸,称为补救合成。此过程比较简单,消耗能量也少,约占体内嘌呤核苷酸合成总量的10%。脑和骨髓组织是补救合成的主要场所。补救合成途径可分为以下两种方式:

一种是利用现成的嘌呤碱基为底物,由PRPP供给磷酸核糖,在酶作用下直接合成嘌呤核苷酸。催化此反应的酶有两种:嘌呤磷酸核糖转移酶(adenine phosphoribosyl transferase, APRT)和次黄嘌呤-鸟嘌呤磷酸核糖转移酶(hypoxanthine-guanine phosphoribosyl transferase, HGPRT)。

腺嘌呤 + PRPP $\xrightarrow{\text{APRT}}$ 腺苷酸(AMP) + PPi

鸟嘌呤 + PRPP $\xrightarrow{\text{HGPRT}}$ 鸟苷酸(GMP) + PPi

次黄嘌呤 + PRPP $\xrightarrow{\text{HGPRT}}$ 次黄嘌呤苷酸(IMP) + PPi

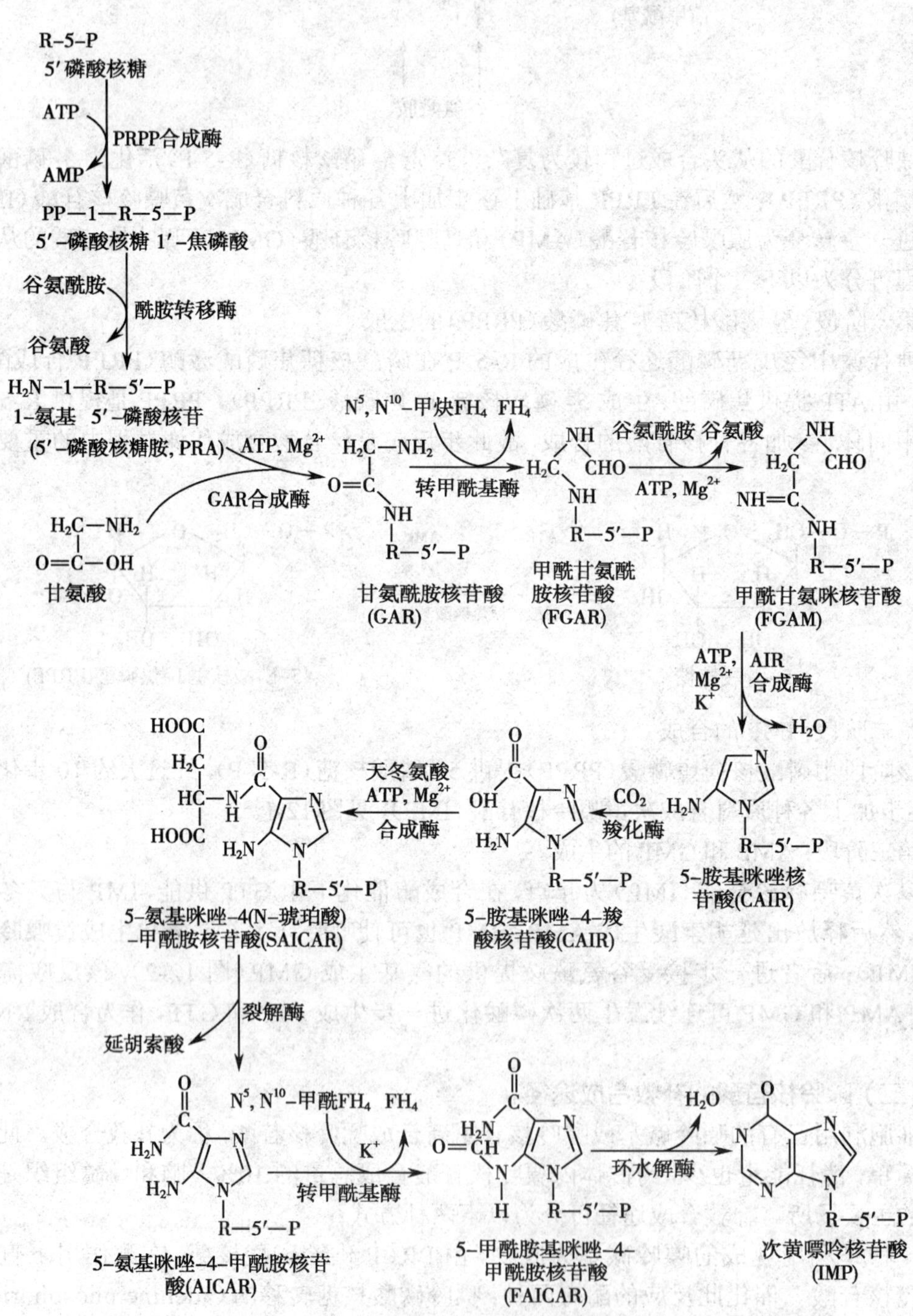

图 12-1 IMP 的从头合成途径

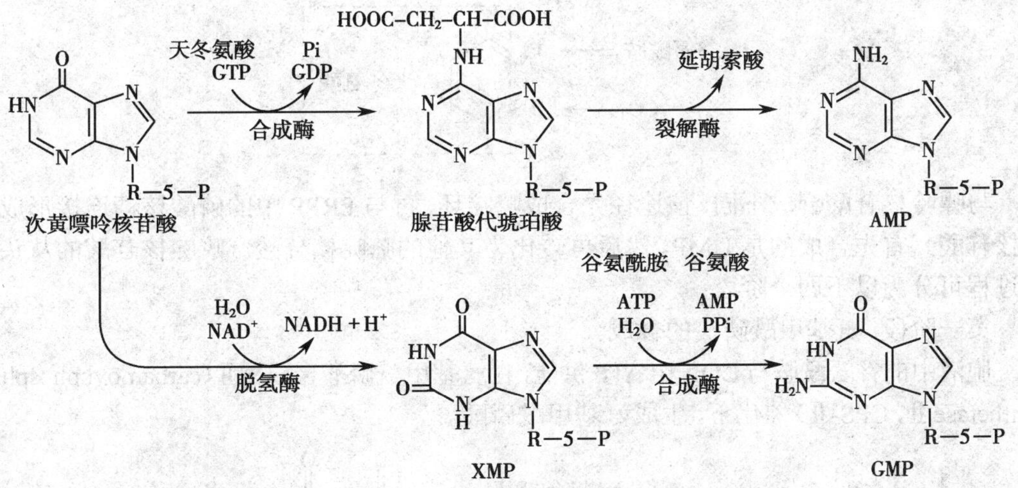

次黄嘌呤核苷酸 —天冬氨酸, GTP→Pi, GDP（合成酶）→ 腺苷酸代琥珀酸（HOOC－CH$_2$－CH－COOH, NH）—（裂解酶）→延胡索酸 + AMP

次黄嘌呤核苷酸 —H_2O, NAD^+→$NADH+H^+$（脱氢酶）→ XMP —谷氨酰胺, ATP, H_2O→谷氨酸, AMP, PPi（合成酶）→ GMP

图 12-2　AMP 和 GMP 的生成

另一种是嘌呤核苷的磷酸化。腺嘌呤在嘌呤核苷磷酸化酶的催化下，与 1- 磷酸核糖作用生成腺苷（AR）和磷酸。AR 再经腺苷激酶作用，与 ATP 生成腺苷酸和 ADP。

$$\text{腺嘌呤核苷} \xrightarrow[\text{}]{\text{ATP}\quad\text{腺苷激酶}\quad\text{ADP}} \text{腺苷酸(AMP)}$$

核苷酸补救合成途径比从头合成简单得多，可以减少能量和一些氨基酸的消耗。脑和骨髓等组织缺乏从头合成的酶系，故补救合成成为唯一能提供核苷酸的途径。如果遗传缺陷次黄嘌呤 - 鸟嘌呤磷酸核糖转移酶（HGPRT）时，可使患儿呈现自毁容貌症或称 Lesch-Nyhan 综合征。

知识拓展

自毁容貌症

自毁容貌症或称 Lesch-Nyhan 综合征。是由于次黄嘌呤 - 鸟嘌呤磷酸核糖转移酶的遗传缺陷引起的。患者表现为尿酸增高及神经系统异常。如脑发育不全、智力低下、攻击和破坏性行为。1 岁后可出现手足徐动，继而发展为肌肉强迫性痉挛，四肢麻木，发生自残行为，常咬伤自己的嘴唇、手和足趾，故亦称自毁容貌症。其尿酸增高较易解释，由于 HGPRT 缺乏，使得分解产生的 PRPP 不能被利用而堆积，PRPP 促进嘌呤的从头合成，从而使嘌呤分解产物——尿酸增高。而神经系统症状的机制尚不清楚。

二、嘧啶核苷酸的合成代谢

嘧啶核苷酸包括 UMP 和 CMP，也有从头合成与补救合成两条途径。

（一）嘧啶核苷酸的从头合成途径

此途径主要在肝脏进行。根据放射性核素实验证明，嘧啶环可利用天冬氨酸、谷氨酰胺和二氧化碳为原料合成。其各原料在嘧啶分子中的位置见下面结构式所示。

谷氨酰胺 → N3；CO_2 → C2；天冬氨酸 → C4、C5、C6、N1

与嘌呤核苷酸合成不同，该途径先合成嘧啶环，再与PRPP中的磷酸核糖连接形成嘧啶核苷酸。首先合成的是UMP，然后再转化为其他的嘧啶核苷酸。嘧啶核苷酸的从头合成过程可分为以下四个阶段：

第一阶段：氨基甲酰磷酸的合成。

胞液中的谷氨酰胺与CO_2，由ATP供能，在氨基甲酰磷酸合成酶Ⅱ(carbamoyl phosphate synthetase Ⅱ，CPS-Ⅱ)催化下，生成氨基甲酰磷酸。

$$\text{谷氨酰胺} + CO_2 \xrightarrow[\text{2ATP} \quad \text{2ADP+Pi}]{\text{氨基甲酰磷酸合成酶 II}} H_2N-\overset{O}{\overset{\|}{C}}\sim O-\overset{O}{\overset{\|}{\underset{OH}{\underset{|}{P}}}}-OH + \text{谷氨酸}$$

第二阶段：乳清酸的生成。

氨基甲酰磷酸和天冬氨酸生成氨基甲酰天冬氨酸，经过二氢乳酸酶催化脱水闭环，形成具有嘧啶环的二氢乳清酸。然后在二氢乳清酸脱氢酶的作用下，脱氢成为乳清酸。

第三阶段：UMP的生成。

乳清酸从PRPP中获得磷酸核糖，形成乳清苷酸，然后再由乳清苷酸脱羧酶脱去羧基，生成尿嘧啶核苷酸(UMP)。

第四阶段：胞苷酸(CTP)的生成。

UMP通过鸟苷酸激酶和二磷酸核苷激酶的连续作用，生成三磷酸尿苷(UTP)，UTP在CTP合成酶催化下，消耗一分子ATP，从谷氨酰胺接受氨基形成CTP。生成的UTP和CTP都可以作为RNA合成的原料。

$$\text{UMP} \xrightarrow[\text{ATP} \quad \text{ADP}]{\text{尿苷酸激酶}} \text{UDP} \xrightarrow[\text{ATP} \quad \text{ADP}]{\text{二磷酸核苷激酶}} \text{UTP} \xrightarrow[\text{谷氨酰胺 ATP} \quad \text{谷氨酸 ADP}]{\text{CTP合成酶}} \text{CTP}$$

嘧啶核苷酸的合成过程见图12-3。

(二)嘧啶核苷酸的补救合成途径

机体可利用外源的核苷酸产生的嘧啶碱基或嘧啶核苷合成嘧啶核苷酸，称为补救合成途径。嘧啶核苷酸的补救合成途径可通过嘧啶磷酸核糖转移酶催化，使各种嘧啶碱基接受PRPP供给的磷酸核糖基，直接生成嘧啶核苷酸；也可在核苷磷酸化酶催化下，嘧啶碱基先与R-1-P反应，生成嘧啶核苷，再经ATP磷酸化生成相应的核苷酸。现以尿嘧啶为例说明如下：

$$\text{尿嘧啶} + \text{PRPP} \xrightarrow{\text{尿嘧啶磷酸核糖转移酶}} \text{UMP} + \text{PPi}$$

$$\text{尿嘧啶} + \text{R-1-P} \xrightarrow[H_2O \quad Pi]{\text{尿苷磷酸化酶}} \text{UR} \xrightarrow[\text{ATP} \quad \text{ADP}]{\text{尿苷激酶}} \text{UMP}$$

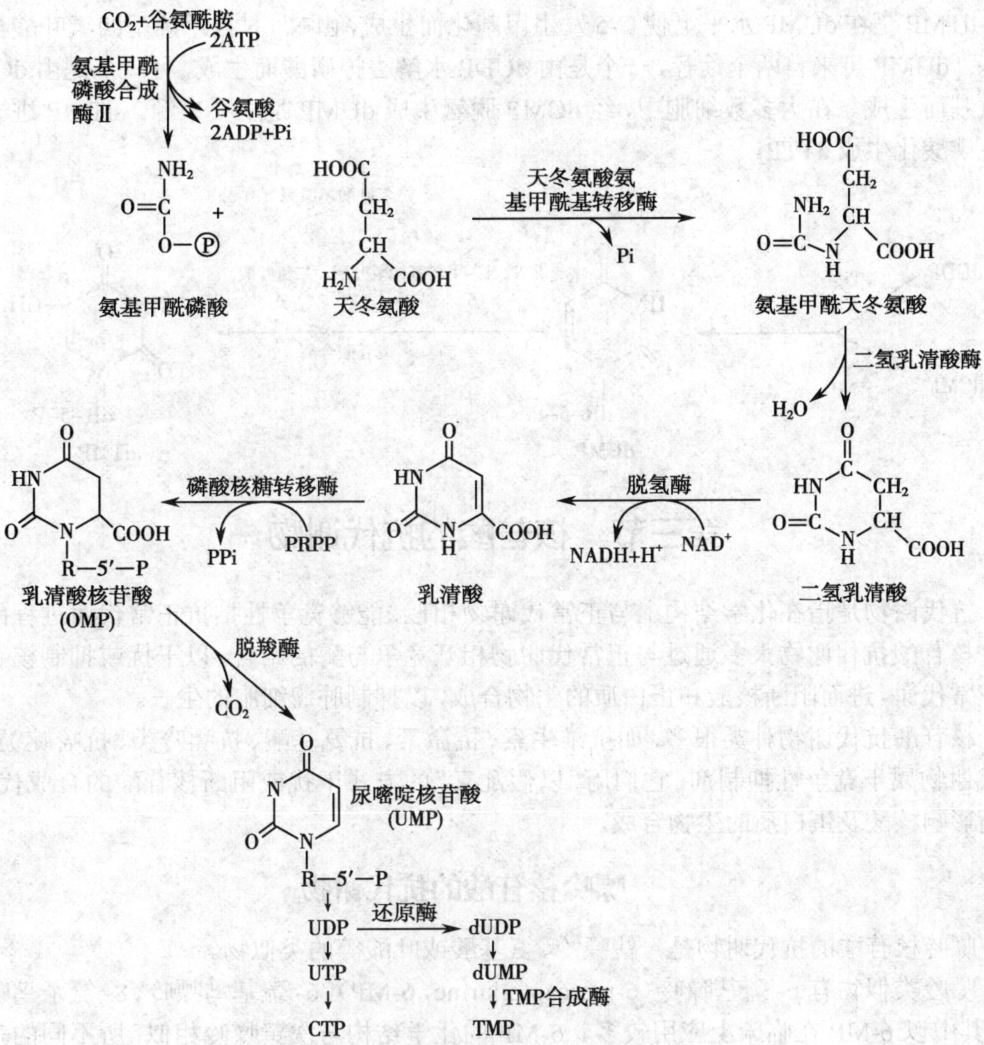

图 12-3 嘧啶核苷酸的从头合成途径

三、脱氧核苷酸的生成

脱氧核糖核苷酸是合成 DNA 的原料，体内脱氧核苷酸是在二磷酸核苷（NDP）水平上直接还原生成，即以氢取代核糖分子 C-2 的羟基而成。反应如下：

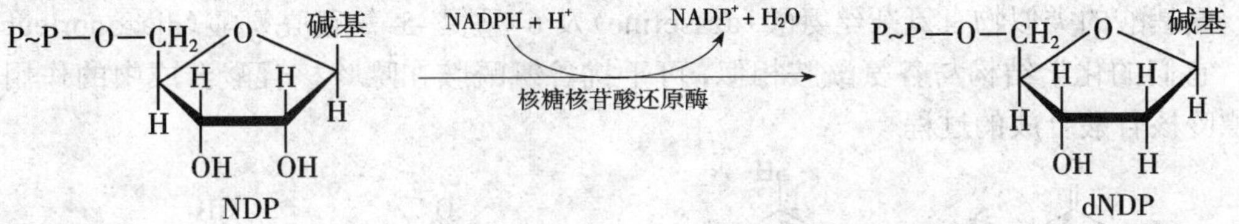

dNDP 再发生磷酸化生成三磷酸脱氧核苷（dNTP），作为合成 DNA 的原料。核糖核苷酸还原酶为一种别构酶。当某一种 NDP 转化成 dNDP 时，往往受到其他的核苷三磷酸的别构调节，从而使合成 DNA 所需的 4 种脱氧核苷酸维持恰当比例。

dTMP 是在 dUMP 水平上使 C-5 发生甲基化而生成，由 N^5，N^{10}- 甲烯基四氢叶酸提供甲基。dUMP 可来自两个途径，一个是由 dUDP 水解去掉磷酸而生成，另一个是由 dCMP 脱氨基而生成。在大多数细胞中，经 dCMP 脱氨生成 dUMP 是主要来源。dTMP 进一步发生磷酸化生成 dTTP。

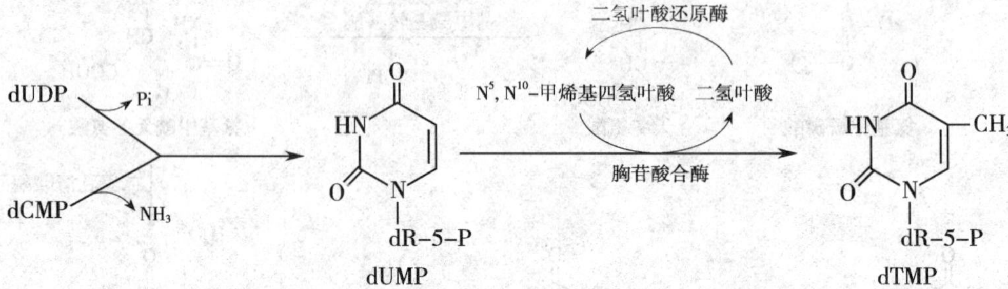

二氢叶酸还原酶
dUDP → Pi；dCMP → NH_3；dUMP（dR-5-P）；N^5，N^{10}-甲烯基四氢叶酸 → 二氢叶酸；胸苷酸合酶；dTMP（CH_3，dR-5-P）

第三节 核苷酸的抗代谢物

抗代谢物是指在化学结构上与正常代谢物相似，能够竞争性拮抗正常代谢过程的物质。核苷酸抗代谢物大多通过与正常代谢物相互竞争与酶的结合，以干扰或抑制核苷酸的正常代谢，进而阻断核酸和蛋白质的生物合成，以抑制肿瘤细胞的生长。

核苷酸抗代谢物种类很多，如抗维生素、抗激素、抗氨基酸、抗嘌呤类、抗嘧啶类等。抗代谢物属于竞争性抑制剂，它们用“以假乱真”的方式干扰或阻断核苷酸的合成代谢，进而影响核酸及蛋白质的生物合成。

一、嘌呤核苷酸的抗代谢物

嘌呤核苷酸的抗代谢物是一些嘌呤、氨基酸或叶酸等的类似物。

嘌呤类似物有 6- 巯基嘌呤（6-mercaptopurine，6-MP）、6- 巯基鸟嘌呤、8- 氮杂鸟嘌呤等，其中以 6-MP 在临床上应用较多。6-MP 的化学结构与次黄嘌呤相似，所不同的是分子中 C_6 上由巯基取代了羟基。6-MP 可在体内经磷酸化生成 6-MP 核苷酸，并以这种形式抑制 IMP 转变为 AMP 及 GMP。6-MP 还可以直接通过竞争性抑制，影响次黄嘌呤 - 鸟嘌呤磷酸核糖转移酶的活性，使 PRPP 分子中的磷酸核糖不能向鸟嘌呤及次黄嘌呤转移，从而抑制补救合成过程。此外，6-MP 核苷酸的结构与 IMP 相似，还可反馈抑制磷酸核糖酰胺转移酶而干扰 5- 磷酸核糖胺的生成，从而阻断嘌呤核苷酸的从头合成过程。因此，6-MP 是临床常用的抗肿瘤药物和免疫抑制剂。

氨基酸的类似物有氮杂丝氨酸（azaserine）及 6- 重氮 -5- 氧正亮氨酸（diazonorleucine）等。它们的化学结构与谷氨酰胺相似，可干扰谷氨酰胺在嘌呤核苷酸合成中的作用，抑制嘌呤核苷酸合成的过程。

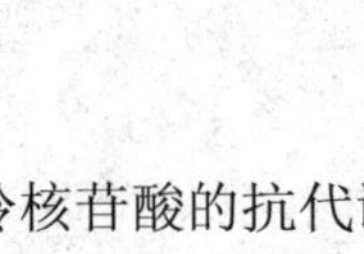

次黄嘌呤 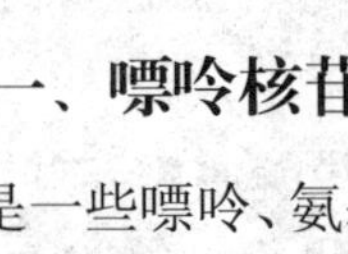　　6-巯基嘌呤(6-MP)　　谷氨酰胺（$H_2N-C(=O)-CH_2-CH_2-CH(NH_2)-COOH$）

$$N{\equiv}\overset{+}{N}-CH_2-\overset{\overset{\displaystyle O}{\|}}{C}-O-CH_2-\overset{\overset{\displaystyle NH_2}{|}}{CH}-COOH$$

氮杂丝氨酸(Azas)

叶酸类似物主要有氨基蝶呤及甲氨蝶呤（MTX），它们能竞争性抑制二氢叶酸还原酶，使 FH_2 不能再生为 FH_4，阻断 FH_4 携带一碳单位，因此使嘌呤分子中来自一碳单位的 C_2 及 C_8 得不到供应，从而抑制嘌呤核苷酸的合成过程。故临床上常用 MTX 治疗白血病等癌瘤。

嘌呤抗代谢物的作用部位见图 12-4。

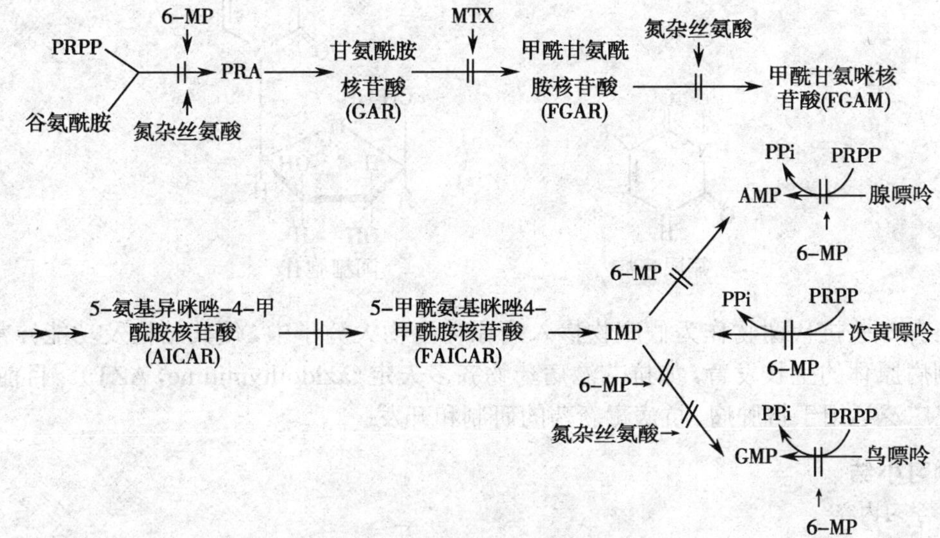

图 12-4　嘌呤抗代谢物的作用部位

二、嘧啶核苷酸的抗代谢物

嘧啶核苷酸的抗代谢物与嘌呤核苷酸同样也是一些嘧啶、氨基酸、叶酸等的类似物，它们对代谢的影响及抗肿瘤作用与嘌呤抗代谢物相似。

嘧啶类似物主要有氟尿嘧啶（5-fluorouracil，5-FU），它的结构与胸腺嘧啶相似。5-FU 本身并无活性，必须在体内转变为一磷酸脱氧氟尿嘧啶核苷（FdUMP）及三磷酸氟尿嘧啶核苷（FUTP）后，才能发挥作用。FdUMP 和 FUTP 是胸苷酸合成酶的抑制剂，阻断 dTMP 的合成，从而影响 DNA 的复制。FUTP 也能以 FUMP 的形式掺入 RNA 分子中。由于异常核苷酸的掺入，破坏了 RNA 的结构与功能。

氨基酸类似物及叶酸类似物主要是使 dUMP 不能利用一碳单位的甲基导致 dTMP 生成受阻，进而影响 DNA 的合成。

OH　N　$CH_2-\underset{H}{N}$　$\overset{\overset{\displaystyle O}{\|}}{C}-NH-\overset{\overset{\displaystyle COOH}{|}}{CH}-CH_2-CH_2-COOH$
N
H_2N　N　N

叶酸

氨基蝶呤

另外，某些核苷类似物通过改变核糖结构，也可影响DNA的复制。例如，阿糖胞苷和环胞苷也是重要的抗癌药物。阿糖胞苷能抑制CDP还原成dCDP。

氟尿嘧啶　　阿糖胞苷

还有一些抗代谢物作为假底物掺入病原体生物大分子中，使其结构及功能异常，从而抑制病原体的生长发育，如抗艾滋病药物齐多夫定（azidothymidine，AZT）。目前抗代谢物已广泛运用于抗肿瘤、抗病毒新药的研制和开发。

学习小结

1. 学习内容

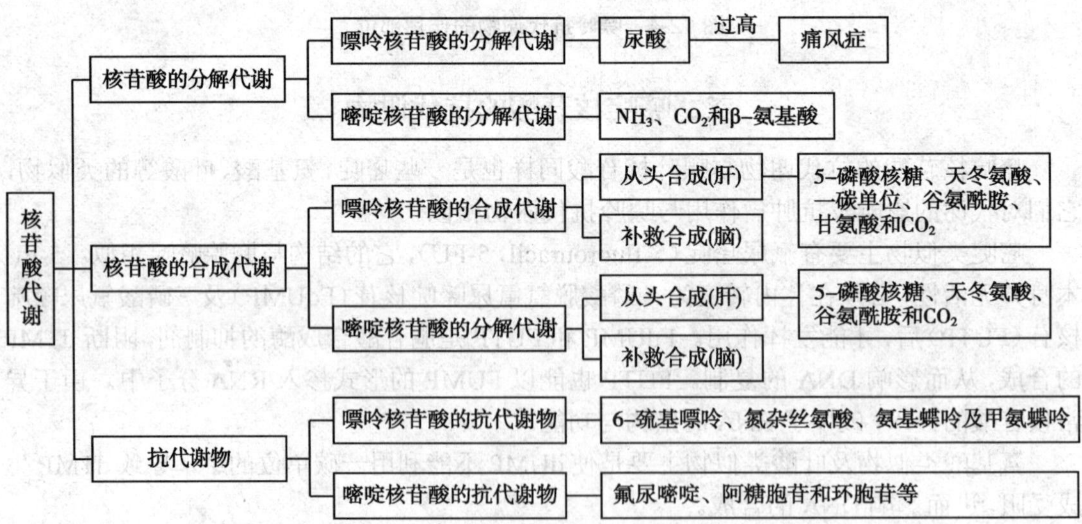

2. 学习方法　学习本章首先要理解核酸在体内分解的概况，即核酸如何分解成核苷酸、核苷，又如何进一步分解成各种产物；围绕核酸是否是营养必需品理解核酸合成的原料——核苷酸的来源（从头合成和补救合成）。

（张晓薇）

复习思考题

1. 嘌呤核苷酸合成的基本原料有哪些？首先合成的是什么核苷酸？
2. 嘧啶核苷酸合成的基本原料有哪些？首先合成的是什么核苷酸？
3. 试从原料、合成过程方面，比较嘌呤核苷酸与嘧啶核苷酸从头合成的特点。
4. 脑、骨髓等组织进行嘌呤核苷酸补救合成的生物学意义是什么？

第十三章　物质代谢的调节

学习目的

通过本章学习糖、脂类、蛋白质三者代谢的相互关系并在各水平进行缜密的调节过程，可理解各种代谢之间互相联系及其保障有条不紊地进行的因素，建立生物体代谢的整体概念，为学习其他相关课程奠定基础。

学习要点

物质代谢的特点、各种营养物质代谢之间的相互关系；细胞水平的调节；激素水平的调节特点及通过细胞膜受体激素的调节和细胞内受体激素的调节的主要途径；三种不同水平调节在机体活动中的意义。

生物体内的新陈代谢是由许多代谢途径组成的，这些代谢途径是由一系列连续的酶促化学反应构成的。如物质的合成和分解、能量的转化和传递等，它们形成各种具有特定功能的代谢途径。由于生物体内有灵敏的自我调节机制，使各种代谢途径相互联系、相互协调、相互制约和有条不紊地进行，从而维持代谢平衡。

代谢调节是生物在长期进化过程中，为适应环境和自身发展的需要而逐渐形成的适应能力。进化程度越高的生物其调节机制越复杂。根据生物的进化程度不同，代谢调节大体上可分三个水平，即细胞水平的调节（酶水平调节）、激素水平的调节和整体水平的调节（神经-体液调节）。而最原始、最基本的调节方式是酶水平的调节（特别是关键酶），激素和神经水平的调节是随着生物进化的发展而完善起来的调节机制，最终也要通过酶水平的调节而发挥作用。

以上三个水平的调节机制相互协作调节代谢，使其适应体内外环境变化，维持各种物质的适宜浓度，保证生命活动的能量供求，使整体代谢保持动态平衡。因此，代谢调节是维持细胞正常功能、保证机体正常生长发育的重要条件。一旦调节机制发生障碍，某一代谢环节运转失调，就会造成机体的代谢紊乱，引发多种疾病，甚至死亡。

第一节　物质代谢的相互联系

糖、脂类和蛋白质是人体三大营养物质，核苷酸是遗传物质的结构单位。它们的代谢过程有密切联系。

体内糖、脂类、蛋白质和核酸等的代谢不是彼此孤立的，而是在细胞内同时进行，且彼此相互关联，或相互转变，或相互依存。它们通过共同的中间代谢物，即两种代谢途径汇合时的中间产物，经三羧酸循环和生物氧化等构成统一的整体。各种物质之间互相转变，糖、脂类在体内氧化释放的能量保证了生物大分子蛋白质、核酸、多糖等合成时的能量需要，合成的各种酶蛋白作为生物催化剂又可促进体内糖、脂类、蛋白质等各种物质的代谢得以迅速进行。当一种物质代谢障碍时可引起其他物质代谢的紊乱，如糖尿病时，糖代谢的障碍，可引起脂类代谢、蛋白质代谢甚至水盐代谢的紊乱。

一、糖与脂类代谢的相互联系

糖代谢与脂类代谢的交汇点主要在乙酰 CoA 和磷酸二羟丙酮。糖代谢氧化分解产生的乙酰 CoA 可以合成脂肪酸和胆固醇，而磷酸二羟丙酮可以还原成 3- 磷酸甘油，进而脂肪酸和 3- 磷酸甘油合成脂肪储存于脂库。因此，摄入低脂高糖膳食同样可使人肥胖及甘油三酯升高。

脂肪分解产生甘油和脂肪酸。甘油可通过糖异生途径生成葡萄糖，或磷酸化生成 3-磷酸甘油，其脱氢转变成磷酸二羟丙酮进入糖代谢途径氧化分解；脂肪酸通过 β- 氧化产生乙酰 CoA，主要经三羧酸循环彻底氧化，或在肝脏合成酮体。由于乙酰 CoA 不能逆转变成丙酮酸，故脂肪酸不能转变成糖。所以体内糖与脂肪的关系以糖转化成脂肪为主，即糖可转化成脂肪，而脂肪只有甘油部分可以转变为糖，但量很少。

二、糖与蛋白质代谢的相互联系

氨基转移酶催化的转氨基反应是氨基酸代谢与糖代谢的重要交汇点。糖代谢过程中产生的 α- 酮酸经氨基化即生成非必需氨基酸。如丙酮酸生成丙氨酸，α- 酮戊二酸生成谷氨酸，草酰乙酸生成天冬氨酸。其他非必需氨基酸虽然生成过程较复杂，但均由糖提供碳骨架。因体内不能产生合成必需氨基酸所需的 α- 酮酸，故无法合成 8 种必需氨基酸。所以仅依赖于糖不能维持氮平衡，必须不断摄入足够的优质蛋白质。

氨基酸脱氨基生成的 α- 酮酸，大部分可以经糖异生作用转变为糖。这是饥饿或摄入较多蛋白质时糖异生的主要原料来源。

三、脂类与蛋白质代谢的相互联系

脂类代谢分解产生的甘油可通过生成 3- 磷酸甘油醛循糖异生途径生成糖，或转变为某些非必需氨基酸的骨架。脂肪酸和胆固醇等都不能转变为氨基酸。

氨基酸可分解成乙酰 CoA，进而合成脂肪酸和胆固醇。丝氨酸脱羧基可生成胆胺，胆胺接受 S- 腺苷甲硫氨酸提供的活性甲基转变为胆碱，丝氨酸、胆胺及胆碱分别是合成丝氨酸磷脂、磷脂酰胆胺（脑磷脂）及磷脂酰胆碱（卵磷脂）的原料。因此，氨基酸可转化成脂类，而脂类仅脂肪中的甘油部分可循糖异生途径生成糖，再转变成某些 α- 酮酸经氨基化作用生成非必需氨基酸，但这种转化无法满足体内蛋白质合成的需要，故在体内无意义。

四、核苷酸与糖、脂类和蛋白质代谢的相互联系

核苷酸是不可缺少的生命物质，核苷酸的合成主要由糖和氨基酸提供原料，其中葡萄糖经磷酸戊糖途径提供 5- 磷酸核糖，丝氨酸和色氨酸等通过一碳单位代谢提供碱基合成原料，甘氨酸、天冬氨酸和谷氨酰胺则直接参与合成碱基。核苷酸合成所需的能量来自糖和脂肪的氧化分解，而核苷酸的分解代谢与糖和氨基酸的分解代谢有密切联系（图 13-1）。

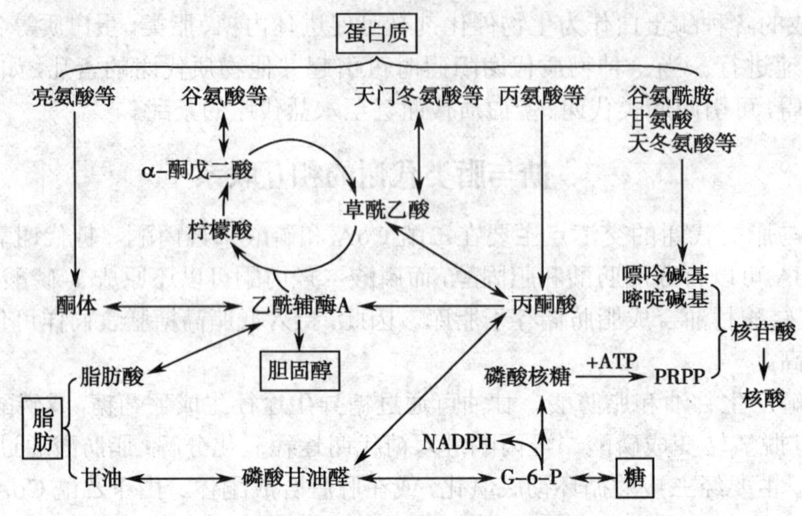

图 13-1　糖、脂类、氨基酸和核苷酸代谢的相互联系

各种营养物质不仅相互转化，还相互影响、相互协调和相互制约。乙酰 CoA 是三大营养物质共同的中间代谢物，三羧酸循环是糖、脂类、蛋白质最后分解的共同代谢途径。在能量供应上三大营养物质可以相互代替，并相互制约。一般情况下，糖是机体的主要供能物质，脂肪是机体储能的主要形式，而蛋白质是组成细胞的重要物质，通常并无多余的储存。由于糖、脂类、蛋白质分解代谢有共同的通路，所以任何一种供能物质的代谢占优势，常常能抑制和节约其他供能物质的降解。如糖对脂肪酸分解代谢的影响：当糖供应不足或糖代谢障碍时，机体因需要能量而大量动员脂肪，进而大量合成酮体；另外，三羧酸循环中间产物大量消耗用于糖异生，导致三羧酸循环速度减慢，酮体氧化利用受阻，酮体积累，出现酮症及酮症酸中毒。因此，一般认为成年人每天至少应补充 100g 葡萄糖才能保证各代谢的正常进行。糖对蛋白质分解代谢的影响：当糖供应不足或糖代谢障碍时，蛋白质分解加速，氨基酸生成增多，其中生糖氨基酸是糖异生的重要原料，尤以丙氨酸最为重要；另外，糖异生作用与尿素合成密切相关，氨基酸必须脱氨基后转变成相应的酮酸方能异生成糖，脱下的 NH_3 能促进鸟氨酸循环合成尿素，这样既能使有毒的 NH_3 得到及时处理，又能使脱氨基作用继续进行，从而有利于糖异生作用，由于体内蛋白质分解增加，尿素排出增多，出现氮负平衡。糖代谢障碍，能量供给不足，还影响蛋白质的合成代谢和尿素合成的过程。

综上所述，各代谢途径通过一些中间产物相互联系，形成纵横交错的网络。机体必须严格调节每一条代谢途径，控制处于交汇点的代谢物质进入不同途径的量，才能保证代谢有条不紊地进行，维持正常的生命活动。

第二节　细胞水平的调节

细胞水平的调节是通过细胞内代谢物浓度的变化来改变酶的活性，影响酶促反应速度，从而对代谢进行调节。细胞水平的调节包括：细胞内酶的隔离分布、变构调节、化学修饰调节和酶含量的调节。

一、代谢酶系的亚细胞分布与关键酶

（一）代谢酶系的区域化分布

细胞是生物体的结构与功能单位。细胞具有复杂而精细的结构，被细胞膜与外界分隔。细胞内部有广泛的膜系统将其进一步分隔成许多区域，形成各种亚细胞。酶分布在细胞的特定区域或亚细胞结构内（表 13-1），可使各种代谢途径的反应有序进行，既可避免相互干扰，又利于彼此协调，还可通过控制代谢物的跨膜转运速度来调节代谢。

表 13-1　主要代谢途径的酶系在细胞内的区域化分布

酶系或酶	分布	酶系或酶	分布
糖酵解	细胞质	胆固醇合成	细胞质和内质网
磷酸戊糖途径	细胞质	磷脂合成	内质网
糖原合成	细胞质	尿素合成	线粒体和细胞质
糖异生	线粒体和细胞质	蛋白质合成	细胞质和内质网
脂肪酸合成	细胞质	DNA 及 RNA 合成	细胞核
脂肪酸 β- 氧化	线粒体	呼吸链及氧化磷酸化	线粒体
三羧酸循环	线粒体	多种水解酶	溶酶体
酮体生成	肝细胞线粒体	羟化酶系	内质网

（二）代谢途径的关键酶及调节

1．关键酶　代谢途径是一系列酶促化学反应，其反应速度和方向是由一个或几个关键酶的活性决定的。通常催化限速反应能调节代谢的酶称关键酶（key enzyme）。所谓关键酶指催化单向反应，且速度最慢的酶，也称为调节酶（regulatory enzyme）。调节关键酶的活性往往可以影响代谢速度甚至改变代谢方向。关键酶所催化的反应具有以下特点：①所催化的反应通常位于代谢途径的上游，或者是代谢分支上的第一步反应；②所催化的反应在该代谢途径中速度最慢，调节该酶活性可以控制整个代谢途径的速度，因此又称为限速酶（limiting velocity enzymes）；③所催化的反应往往是不可逆的单向反应，因此其活性决定整个代谢途径的方向；④关键酶的活性受多种因素调节。各重要代谢途径的关键酶见表 13-2。

表 13-2　重要代谢途径中的关键酶

代谢途径	关键酶
糖酵解	己糖激酶、6- 磷酸果糖激酶、丙酮酸激酶
糖有氧氧化	己糖激酶、6- 磷酸果糖激酶、丙酮酸激酶、丙酮酸脱氢酶系、柠檬酸合酶、异柠檬酸脱氢酶、α- 酮戊二酸脱氢酶系
糖原分解	糖原磷酸化酶
糖原合成	糖原合成酶
糖异生	丙酮酸羧化酶、磷酸烯醇式丙酮酸羧激酶、果糖 1，6- 二磷酸酶、葡萄糖 -6- 磷酸酶
脂肪动员	激素敏感脂肪酶
脂酸合成	乙酰 CoA 羧化酶
胆固醇合成	HMG-CoA 还原酶

2. 关键酶活性的调节 调节各代谢途径的反应速度主要通过调节其关键酶的活性，关键酶的活性调节主要有两种方式：①酶结构的调节，即改变酶的结构，从而改变其活性。酶结构的调节分为变构调节和化学修饰调节两种。此种方式效应快，又称快速调节。②酶量的调节，即控制酶的数量而改变其总活性，此种方式效应慢，又称迟缓调节。

二、酶结构调节

酶蛋白的结构与功能密切相关，改变酶蛋白的结构就可改变酶的活性。改变结构可以通过酶蛋白的变构调节和化学修饰调节来实现。

（一）酶的变构调节

特定物质与酶蛋白活性中心之外的某一部位以非共价键结合，改变酶蛋白构象，从而改变其活性，这种调节称为酶的变构调节（allosteric regulation），又称别构调节。能通过变构调节改变活性的酶称为变构酶（allosteric enzyme）。能对变构酶进行变构调节的物质称为变构效应剂（allosteric effector），简称变构剂，其中增加酶活性的称为变构激活剂，降低酶活性的称为变构抑制剂。

各代谢途径中的关键酶大多属于变构酶，其变构剂可能是底物、代谢途径的终产物或某些中间产物，也可能是ATP、ADP和AMP等小分子（表13-3）。

表13-3 一些重要代谢途径中的变构酶及其变构剂

代谢途径	变构酶	变构激活剂	变构抑制剂
糖酵解	己糖激酶	AMP	6-磷酸葡萄糖
	6-磷酸果糖激酶	AMP，ADP，FDP，Pi	柠檬酸，ATP
	丙酮酸激酶	FDP	ATP，乙酰CoA
三羧酸循环	柠檬酸合酶	AMP	ATP，长链脂酰CoA
	异柠檬酸脱氢酶	AMP，ADP	ATP
糖异生	丙酮酸羧化酶	乙酰CoA，ATP	AMP
糖原分解	糖原磷酸化酶b	AMP，1-磷酸葡萄糖，Pi	ATP，6-磷酸葡萄糖
糖原合成	糖原合成酶	6-磷酸葡萄糖	
脂酸合成	乙酰CoA羧化酶	柠檬酸，异柠檬酸	长链脂酰CoA
氨基酸代谢	谷氨酸脱氢酶	ADP，Leu，Met	GTP，ATP，NADH
嘌呤合成	谷氨酰胺-磷酸核糖焦磷酸酰胺转移酶		AMP，GMP
嘧啶合成	天冬氨酸氨基甲酰转移酶		CTP，UTP

1. 变构调节的特点 ①变构调节是快速、短暂的调节，一般在数秒或数分钟内完成。即只要变构剂浓度改变，酶活性立刻改变。例如，ATP是丙酮酸激酶的变构抑制剂，高浓度ATP与丙酮酸激酶的结合优于解离，因而抑制其活性。一旦ATP浓度下降，已结合的ATP会与酶解离，从而解除活性抑制。②变构酶多数都具有四级结构：由多亚基构成，改变构象常体现在亚基的解聚和聚合。例如，6-磷酸果糖激酶-1由四个亚基组成，聚合状态下具有催化活性，一旦解聚就失去活性；蛋白激酶A也是由四个亚基组成，其活性改变与此相反，聚合状态下无催化活性，而解聚后才被激活。③变构酶有两种构型：即高活

性的紧密型（T 型）与低活性或无活性的松弛型（R 型）。变构剂通过与变构酶结合或解离使酶构象转变以影响酶活性，从而调节代谢的强度、方向以及能量产生和消耗的平衡。④变构酶有两个部位：有的亚基（或部位）能与底物结合，起催化作用，称为催化亚基（或催化部位）；有的亚基与变构剂结合，发挥调节作用，称为调节亚基（或调节部位）。

2. 变构调节的机制　变构剂与调节亚基以非共价键结合后可引起酶蛋白变构、解聚和聚合。两者结合程度取决于变构剂浓度，变构剂浓度改变则结合程度改变，变构酶活性随之改变。

3. 变构调节的生理意义　变构调节是生物界普遍存在的一种快速调节酶活性的重要方式。①防止代谢终产物积累。例如，催化脂肪酸合成的关键酶是乙酰 CoA 羧化酶，脂酰 CoA 是该酶的变构抑制剂。高浓度脂酰 CoA 与乙酰 CoA 羧化酶结合抑制其活性，从而降低合成速度，避免合成更多的脂酰 CoA，见图 13-2A。代谢产物作为变构抑制剂，在浓度增高时通过变构调节抑制其上游的变构酶，这种现象称为负反馈调节。脂酰 CoA 对乙酰 CoA 羧化酶的变构抑制作用就属于负反馈调节。这种调节可防止代谢产物积累，既避免能量或物质的浪费，又避免代谢产物过多对细胞造成损伤。②使代谢物得到合理调配和有效利用。变构剂可以抑制一种变构酶，同时激活另一种变构酶，使代谢物根据需要进入不同代谢途径。例如，如果机体糖供应充足而消耗能量较少时，6- 磷酸葡萄糖会在肝细胞内有一定积累，结果一方面变构抑制糖原磷酸化酶，减少糖原分解产生的 6- 磷酸葡萄糖进一步积累；另一方面变构激活糖原合成酶，促进糖原合成，加快对 6- 磷酸葡萄糖的消耗，降低其浓度，见图 13-2B。

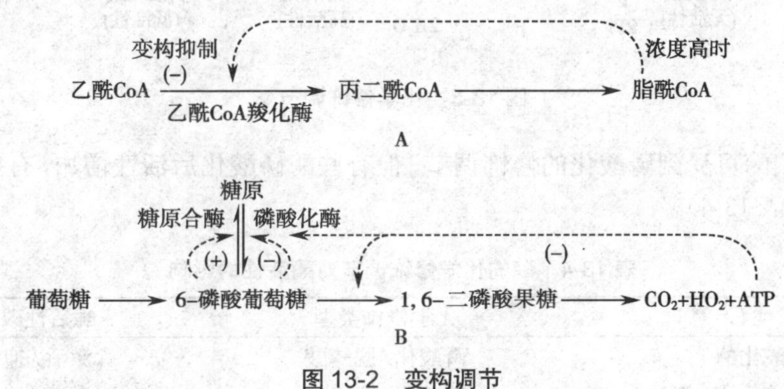

图 13-2　变构调节

（二）酶的化学修饰调节

酶蛋白在另一种酶的催化下，共价键结合或脱去某些特定化学基团，导致构象改变，从而引起酶活性改变的过程，这种调节称为酶的化学修饰（chemical modification）调节。

1. 酶的化学修饰调节的特点　酶的化学修饰包括磷酸化与去磷酸化、乙酰化与去乙酰化、甲基化与去甲基化、腺苷化与去腺苷化及巯基与二硫键互变等。①酶的化学修饰调节也是快速、短暂的调节，一般在数秒或数分钟内完成。②酶的化学修饰调节的共价变化反应，最常见的是磷酸化和去磷酸化的化学修饰调节方式。在蛋白激酶的催化下，酶蛋白中丝氨酸、苏氨酸或酪氨酸的羟基与磷酸基以酯键结合，称为磷酸化。磷酸化酶蛋白构象改变，活性随之改变。反之，在蛋白磷酸酶的催化下，磷酸化的酶蛋白脱去磷酸基，称为去磷酸化。酶蛋白构象和活性恢复到脱磷酸状态，见图 13-3A。

2. 酶的化学修饰调节机制　化学修饰调节的关键酶一般都具有无活性和有活性互变的两种形式，其正逆两相反应都有共价变化，由两种不同的酶进行催化互变，从而实现酶活性的快速调节。如肌肉糖原磷酸化酶是典型的例子，即磷酸化的 a 型（有活性）和脱磷酸的 b 型（无活性）。磷酸化酶 b 经磷酸化生成磷酸化酶 a，使酶从无活性转变成有活性；脱去磷酸基团后，又使酶从有活性转变成无活性状态（图 13-3B）。

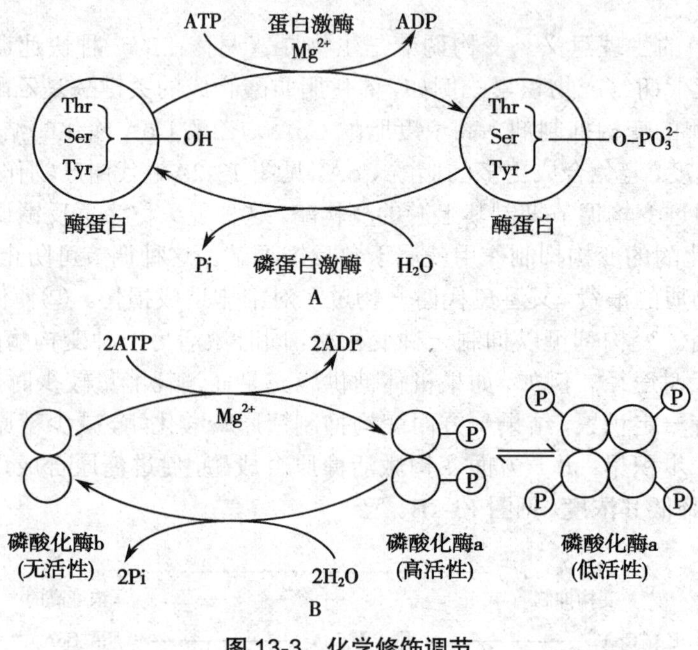

图 13-3　化学修饰调节

许多关键酶可受到磷酸化的修饰调节，但有些酶磷酸化后活性增加，有些酶磷酸化后活性下降（表 13-4）。

表 13-4　酶的化学修饰调节对酶活性的影响

酶	化学修饰类型	酶活性改变
糖原磷酸化酶	磷酸化 / 脱磷酸	激活 / 抑制
糖原磷酸化酶 b 激酶	磷酸化 / 脱磷酸	激活 / 抑制
糖原合成酶	磷酸化 / 脱磷酸	抑制 / 激活
6- 磷酸果糖激酶	磷酸化 / 脱磷酸	抑制 / 激活
HMG-CoA 还原酶	磷酸化 / 脱磷酸	抑制 / 激活
乙酰 CoA 羧化酶	磷酸化 / 脱磷酸	抑制 / 激活

3. 酶的化学修饰调节的生理意义　①具有逐级放大效应。化学修饰是一种酶对另一种酶的修饰，可使酶促连锁反应，使反应灵敏而高效，有逐级放大效应，使调节效率提高 10^4 倍。在人体内，化学修饰调节过程往往由激素触发。激素本身浓度变化微小，但其传递的信号在后面的每一步酶促反应中都得到放大，因而对代谢产生很大影响。②耗能少、效率高。化学修饰调节效率高而耗能少，只消耗少量 ATP 即可快速高效实现调节，特

别是应激状态。

化学修饰调节与变构调节相辅相成，共同维持代谢顺利进行。许多关键酶可受变构和化学修饰双重调节。例如糖原磷酸化酶 b，一方面受变构调节：被 AMP 和磷酸变构激活，被 ATP 和 6- 磷酸葡萄糖变构抑制；另一方面受化学修饰调节：磷酸化时活性高，去磷酸化时活性低。一般认为变构调节是细胞的一种基本调节机制，对维持代谢平衡具有重要作用；然而，当变构剂浓度很低、不足以与全部酶分子结合时，化学修饰调节可迅速起作用。因此，在应激状态时，只需少量激素的释放即可通过一系列的化学修饰反应，而引起相关的酶活性的迅速变化，产生相应的生理效应。

三、酶量的调节

酶量的调节是通过改变酶蛋白的合成速度和降解速度来调节酶的数量，从而调节代谢。酶促反应速度与酶的浓度成正比。由于改变酶蛋白数量特别是合成酶蛋白所需时间较长，其调节效应通常在几小时以后才能表现出来，所以酶量的调节是一种慢速调节方式。

（一）酶蛋白合成的诱导与阻遏

某些代谢底物、代谢产物、激素或药物等可以影响酶蛋白的合成过程。一般将促进酶蛋白合成的物质称为酶的诱导剂（inducer），减少酶蛋白合成的物质称为酶的阻遏剂（repressor）。例如，糖皮质激素能诱导糖异生途径关键酶的合成，使酶蛋白合成量增加，糖异生速度加快；胆固醇是 HMG-CoA 还原酶的阻遏剂，能阻遏肝细胞 HMG-CoA 还原酶的合成，使酶蛋白合成减少，酶量下降，胆固醇合成速度减慢。诱导剂和阻遏剂主要通过调控酶蛋白基因的表达来发挥作用，详细机制在基因表达调控中介绍。

（二）酶蛋白降解的调节

改变酶蛋白的降解速度也是调节细胞内酶量的方式。例如，饥饿时大鼠精氨酸酶活性增高就是由于酶蛋白的降解速度减慢；饥饿时乙酰 CoA 羧化酶浓度降低，其原因除酶蛋白的合成减少外，还与酶分子的降解速度增加有关。

酶蛋白可受细胞内蛋白水解酶的催化而降解。蛋白水解酶主要存在于溶酶体中。凡是能改变蛋白水解酶活性或蛋白水解酶在溶酶体内外分布的因素，都可以间接影响酶蛋白的降解速度。

现将变构调节、化学修饰调节和酶量调节的主要内容汇总于表 13-5。

表 13-5　几种酶活性调节方式的比较

调节方式	调节物质	酶分子变化	特点及生理意义
变构调节	变构激活剂、变构抑制剂，可以是底物、产物或其他小分子物质	变构剂通过非共价键与酶的调节亚基（或部位）结合，引起酶分子构象的改变	可防止产物堆积和能源浪费，作用快
化学修饰	激素等调节因子	酶分子发生共价键变化（磷酸化 / 脱磷酸化等）	耗能少，作用快，有放大效应，可满足应激
酶量调节	诱导剂、阻遏剂，可以是激素、药物以及底物、终产物	酶数量增加或减少	耗能多，调节效应出现慢但维持时间长久，除去调节物质后仍保持调节效应一段时间

第三节 激素水平的调节

激素是内分泌细胞合成和分泌的一类化学信号物质，这些物质随血液循环于全身，并作用于效应细胞，通过信号转导对其代谢进行调节。这种通过激素进行调节的方式称为激素水平的调节。

通过激素对代谢进行调节是高等生物体内调节代谢的重要方式。激素作用的特点是不同的激素可作用于不同的组织细胞，产生不同的生物效应，表现较高的组织特异性和效应特异性。激素之所以能对特定的组织或细胞（称为激素的靶组织或靶细胞）发挥作用，就在于靶细胞上具有能和激素特异性结合的激素受体，激素受体与相应的激素特异性结合后，能将激素信号转化成一系列细胞内的代谢反应，最终表现出激素的生物效应。例如，胰高血糖素受体只存在于肝脏和脂肪组织细胞膜上，不存在于肌肉细胞，所以胰高血糖素对肌肉细胞没有调节作用。

激素可根据受体定位分为两大类：激素的受体位于细胞膜上的称为细胞膜受体激素，包括蛋白质激素、肽类激素和儿茶酚胺等；激素受体位于细胞内的称为细胞内受体激素，包括类固醇激素和甲状腺激素等。因为受体定位不同，两类激素的调节机制也不同。

一、细胞膜受体激素的调节

这类激素与靶细胞的膜受体结合，触发细胞内的信号转导途径，通过信号转导调节细胞代谢。目前认为膜上参与此过程的信号转导系统至少由3部分组成：①能识别胞外信号物质的专一性受体；②受体与效应器之间的偶联成分；③产生胞内信使的酶。不同的信号转导途径既相对独立又相互联系，既有一定共性又有各自的特点。

（一）cAMP-蛋白激酶途径

该途径以改变靶细胞内cAMP浓度和蛋白激酶A活性为主要特征，其信号转导过程有多个环节，可表示为：

激素→膜受体→G蛋白→AC→cAMP→PKA→关键酶或功能蛋白质磷酸化→生物效应

现将其中主要内容概述如下：

1. G蛋白的组成及其功能　G蛋白即鸟苷酸结合蛋白（guanosine nucleotide-binding protein），简称G蛋白，是在细胞内普遍存在的一个功能蛋白家族，其中有一类位于细胞膜胞质面，由α、β、γ三个亚基组成，称为三聚体G蛋白。三聚体G蛋白有两种状态：一种是α亚基与β、γ亚基结合，且与GDP结合成G_α-GDP，G_α-GDP没有活性；另一种是α亚基与β、γ亚基解离，但与GTP结合成G_α-GTP，G_α-GTP有活性。不同信号转导途径三聚体G蛋白的功能不同。

G_α-GTP的功能是激活腺苷酸环化酶（adenylate cyclase，AC），使细胞内cAMP浓度升高。

2. cAMP-蛋白激酶A途径的信号转导　激素先与膜受体结合形成激素-受体复合物。激素与受体的结合量和激素的效应成正比关系。复合物能使无活性三聚体G蛋白α

亚基释放和扩散 GDP，结合 GTP 而形成 G_α-GTP。G_α-GTP 与 β、γ 亚基分离，进而激活腺苷酸环化酶（图 13-4）。

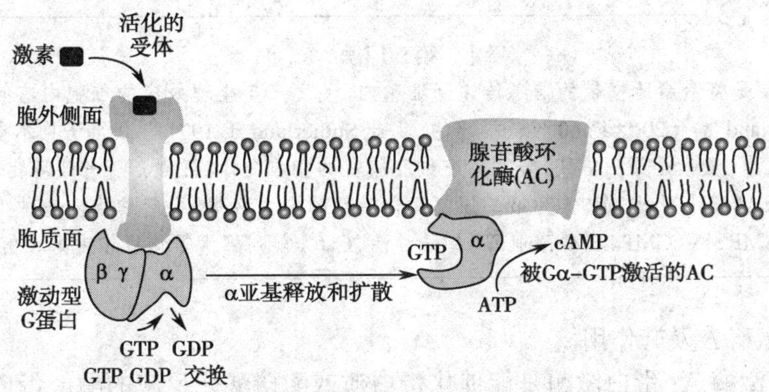

图 13-4　激素通过三聚体 G 蛋白激活腺苷酸环化酶

cAMP- 蛋白激酶 A 途径有两类作用相反的三聚体 G 蛋白：激活型三聚体 G 蛋白（stimulatory G protein，G_s）和抑制型三聚体 G 蛋白（inhibitory G protein，G_i）。有些激素与受体结合后激活 G_s，$G_{s\alpha}$-GTP 进而激活 AC；有些激素与受体结合后激活 G_i，而 $G_{i\alpha}$-GTP 则抑制 AC（图 13-5）。

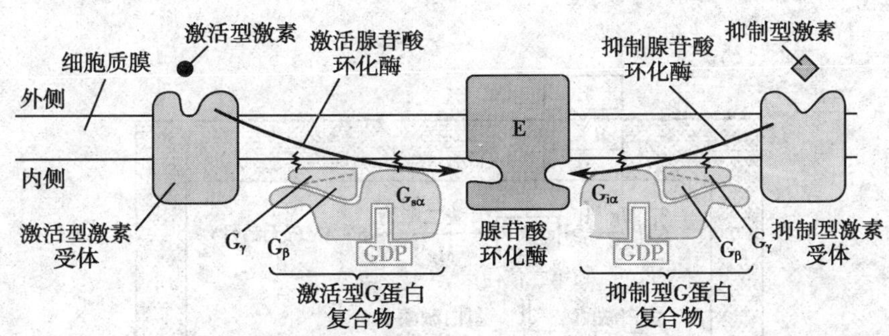

图 13-5　两型 G 蛋白的互变及其作用

3. 腺苷酸环化酶及其作用　腺苷酸环化酶属于嵌膜蛋白，活性中心位于细胞质面，其作用是催化 ATP 生成 cAMP，并释放出焦磷酸（PPi）。cAMP 在磷酸二酯酶催化下可进一步水解成无活性的 5′-cAMP。

$$\text{ATP} \xrightarrow{\text{AC}} \text{cAMP} \xrightarrow{\text{磷酸二酯酶}} 5'-\text{cAMP}$$

腺苷酸环化酶为变构酶，G_s 激活腺苷酸环化酶，使 cAMP 的浓度增加；而 G_i 抑制腺苷酸环化酶，使 cAMP 的浓度下降。

4. cAMP 及其作用　cAMP 作用于膜受体的激素本身不进入细胞，而是通过膜受体改变细胞内特定成分的浓度，进而产生效应，这种成分就是第二信使。cAMP 是蛋白激酶 A 的变构激活剂。当代谢条件变化后，可由激素通过如图 13-4 所示的过程改变 cAMP 的浓度。

第二信使浓度的变化受多种因素控制，如 cAMP 浓度受腺苷酸环化酶和磷酸二酯酶活性的控制。抑制腺苷酸环化酶或激活磷酸二酯酶会降低 cAMP 浓度；反之，激活腺苷酸环化酶或抑制磷酸二酯酶会使 cAMP 浓度升高（图 13-6）。

知识拓展

第二信使

第二信使是将激素所携带的信息传递到细胞内，使之产生生理效应的细胞内信使。第二信使学说是 Sutherland 等于 20 世纪 60 年代提出的，由此 Sutherland 于 1971 年获得诺贝尔生理学或医学奖。该学说认为，激素是第一信使，作用于靶细胞膜上的相应受体，并激活腺苷酸环化酶，使细胞内的 ATP 生成 cAMP。而 cAMP 作为第二信使变构激活的蛋白激酶，引起细胞内多种生物效应。研究表明，除 cAMP 外，cGMP、三磷酸肌醇、二酰甘油、Ca^{2+}、前列腺素等均可作为第二信使。

5. 蛋白激酶 A 及其作用

（1）蛋白激酶 A：蛋白激酶是能催化蛋白质或酶磷酸化反应的酶。蛋白激酶已经鉴定的有 400 多种，其中受 cAMP 变构激活的蛋白激酶称为 cAMP 依赖的蛋白激酶（cAMP-dependent protein kinase），又称为蛋白激酶 A（protein kinase A，PKA）。cAMP 主要是通过激活 PKA 来行使其第二信使的作用。PKA 是由两个催化亚基（catalytic subunit，C）和两个调节亚基（regulatory subunit，R）构成的四聚体（C_2R_2）。PKA 以四聚体形式存在时无催化活性，当两个调节亚基分别与 2 个 cAMP 结合后，引起酶蛋白变构使催化亚基与调节亚基解离，PKA 被激活（图 13-6）。

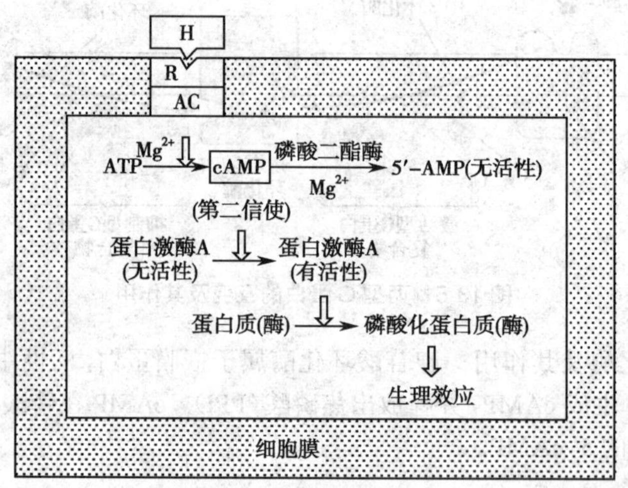

图 13-6 cAMP 变构激活 PKA

（2）蛋白激酶 A 的作用：激活的蛋白激酶 A 催化代谢途径的关键酶或功能蛋白磷酸化，调节代谢，使信号转导最终产生效应。

以肾上腺素调节骨骼肌细胞糖原代谢为例，说明激素通过 cAMP- 蛋白激酶 A 途径调节代谢的完整过程。肾上腺素作用于骨骼肌细胞肾上腺素受体 β（β-AR）使之变构活化，经 G_s 蛋白介导，激活膜上 AC，AC 催化胞内产生 cAMP，后者进一步激活 PKA。PKA 既能催化磷酸化酶 b 激酶磷酸化修饰而活化，促进肌糖原降解为 1- 磷酸葡萄糖；又能使糖原合成酶Ⅰ发生磷酸化而失活，以抑制肌糖原的合成。通过 PKA 的双重调节作用，确保肌糖原分解（图 13-7）。肾上腺素刺激糖原分解产生大量葡萄糖，激素信号通过信号转导中连续几步的酶促反应放大了 10^4 倍。

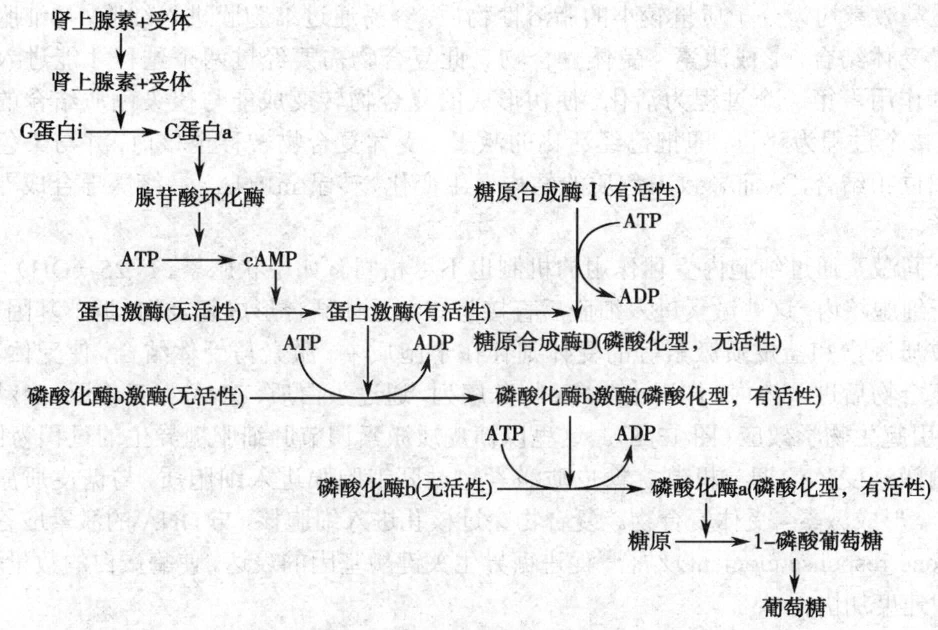

图 13-7 肾上腺素调节肌糖原代谢

（3）蛋白激酶 A 途径的其他作用：蛋白激酶 A 是 cAMP- 蛋白激酶 A 途径中的最后一个成分，由它引发的生物学效应不只是对物质代谢的调节，还可以对基因表达、细胞分泌、细胞膜通透性等进行调节。

（二）cGMP- 蛋白激酶途径

cGMP 也是第二信使，由鸟苷酸环化酶催化 GTP 生成。目前发现有两类鸟苷酸环化酶，它们都是激素受体：一类属于膜受体，可被心钠素或鸟苷素激活；另一类属于细胞内受体，可被 NO 或 CO 激活。两类受体触发的信号转导过程可表示为：

激素→受体→鸟苷酸环化酶→cGMP→蛋白激酶 G→关键酶或功能蛋白磷酸化→生物效应

知识拓展

信号物质 NO 的发现

NO 作为信号物质广泛参与代谢调节，其中 NO 通过 cGMP- 蛋白激酶途径松弛血管平滑肌、扩张血管和降血压。乙酰胆碱等作用于血管内皮细胞膜受体，触发特定信号转导途径，激活一氧化氮合酶（NOS）。NOS 催化精氨酸代谢产生 NO。

NO 扩散进入平滑肌细胞，结合并激活鸟苷酸环化酶受体，催化合成 cGMP。cGMP 激活蛋白激酶 G，催化关键酶或功能蛋白磷酸化，引起平滑肌松弛。NO 是首次发现的无机小分子气体类信号物质，发现者 Furchgott、Murad 和 Ignarro 因此获得 1998 年诺贝尔生理学或医学奖。

二、细胞内受体激素的调节

类固醇激素、1，25-（OH）$_2$-D$_3$ 和甲状腺激素主要通过与细胞内受体结合后作用于染色质或直接作用核内特异受体，以促进 mRNA 的转录及蛋白质的合成而发挥作用。

此类激素均为分子质量较小的脂溶性物质，容易通过细胞膜进入细胞，与细胞质内的特异受体结合，形成激素 - 受体复合物。此复合物需要经过两个过程才能进入细胞核发挥作用。第一个过程为活化，使初形成的复合物转变成能与核染色质结合的复合物；第二个过程为移位，即把已经活化的激素 - 受体复合物转移至核内，并与染色质的接受部位相结合，从而导致染色质的结构发生变化，转录 mRNA，最终诱导合成专一性蛋白质。

不同激素通过细胞内受体作用的机制也不尽相同。如甲状腺素、1，25-（OH）$_2$-D$_3$ 受体位于细胞核内，这些激素进入细胞后直接与核内受体结合形成复合物，调节基因表达；而糖皮质激素和盐皮质激素等的受体则存在于胞质中，激素与受体结合，使受体活化，形成复合物后进入核内，作用于 DNA 特殊序列，通过蛋白质 -DNA 相互作用，启动基因表达，引起生物学效应（图 13-8）。这里以糖皮质激素调节肝细胞糖异生的过程为例，说明胞内激素受体的调节机制。糖皮质激素穿过肝细胞膜进入细胞质，与糖皮质激素受体结合，形成激素 - 受体复合物。复合物穿过核孔进入细胞核，与 DNA 的激素应答元件（hormone response element）结合，促进糖异生关键酶基因的表达，使酶蛋白的数量增加，糖异生速度加快。

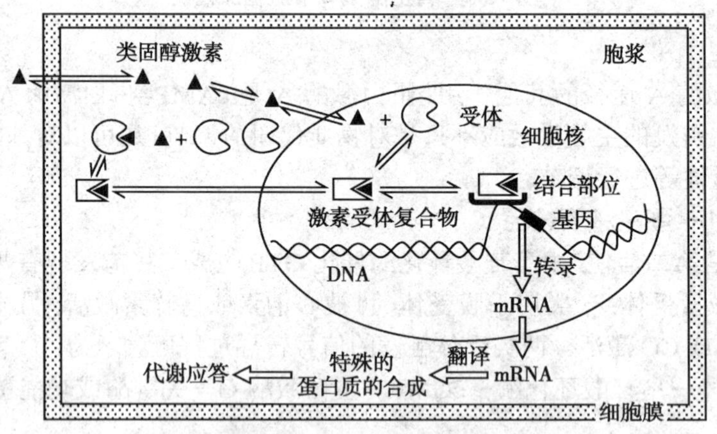

图 13-8 激素通过胞内受体对代谢的调节作用

第四节 整体调节

机体处于不同的生理和病理情况下，神经系统的活动、激素的分泌和各代谢途径中的酶的活性都要发生相应的变化，使各种物质代谢的速度与内外环境的变化相适应，以保证机体的能量需要和内环境的相对恒定。下面以饥饿和应激为例来讨论物质代谢的整体调节。

一、饥　饿

饥饿的原因较多，如食物缺乏引起的饥饿，或因疾病不能进食或医疗上禁食引起的饥饿。在不进食的情况下，机体内发生一系列生理和代谢的变化，表现在各个组织细胞从依赖食物提供葡萄糖逐步适应靠自身储脂作为主要能量来源；蛋白质分解明显增加，氮总平衡转向氮负平衡。

1～3 天不进食为短期饥饿，又称糖异生期，主要靠肝脏异生葡萄糖和脑外组织节省葡萄糖的利用而维持血糖水平以满足脑组织的需要；而长期饥饿，又称蛋白质保存期，此时体内各组织细胞包括脑组织都以脂肪酸和酮体作为主要能源。

(一) 短期饥饿

短期饥饿，此时糖原所剩无几，血糖浓度趋于降低。当血糖水平下降至一定程度之后即刺激胰岛 α 细胞分泌胰高血糖素抑制 β 细胞分泌胰岛素。这两种激素的比值在整个饥饿期间是维持血糖水平的重要因素。短期饥饿可引起机体下列代谢的变化：

1. 肝糖原的分解作用加强　肝细胞膜上有胰高血糖素受体，饥饿早期胰高血糖素水平升高，可激活腺苷酸环化酶导致 cAMP 水平升高，cAMP 通过前述的级联放大系统使糖原磷酸化酶活性增强。糖原合成酶活性减弱，在数秒内就可以终止糖原的合成，同时使肝糖原大量分解，以保证血糖水平的恒定。

2. 肝脏糖异生作用加强　短期饥饿，肝脏糖异生和酮体生成明显增加，肝外组织即以脂肪和酮体作为主要燃料，使糖的利用进一步得到抑制，此时肝脏每天约异生 150g 葡萄糖，其中 30% 来自乳酸和丙酮酸，10% 来自甘油，其余 60% 来自氨基酸。

上述肝脏糖异生作用增强的主要原因是肝糖原消耗殆尽，血胰岛素与胰高血糖素比值降低，糖皮质激素分泌增加，通过激素受体途径对有关酶的调节所致。

3. 脂肪动员增加，酮体生成增多　饥饿早期，心肌、骨骼肌、脂肪组织和肝脏等都直接利用脂肪酸供能。随后使肝脏酮体生成量显著升高，此时人心肌 3/4 的能量来自酮体氧化。但饥饿期延长，大量脂酰 CoA 进入线粒体内经 β- 氧化生成乙酰 CoA，部分乙酰 CoA 经三羧酸循环彻底氧化供能，另一部分则缩合成酮体进入血液供肝外组织利用。上述两条去路的比例取决于血液游离脂肪酸的含量。由于饥饿血中游离脂肪酸水平进行性增高，使肝脏利用乙酰 CoA 生成酮体比例升高，而在肝内进入三羧酸循环的乙酰 CoA 的量则相应减少。

总之，饥饿时体内的主要能源来自储存的脂肪和蛋白质，其中脂肪提供的能量占总能量的 85%，其次是蛋白质。所以，短期饥饿时补充葡萄糖不仅可以减少酮体的生成，而且还可以防止体内蛋白质的消耗与分解。

(二) 长期饥饿

长期饥饿，机体所用的能量 90% 来自脂肪，其中脑组织利用酮体为主要能源，体内蛋白质分解代谢明显减少。长期饥饿体内能量代谢主要有下列变化：

1. 脂肪动员进一步加强，肝内酮体的生成大量增加，特别是脑组织利用酮体的能力进一步增强。由于机体主要利用脂肪酸供能，甚至超过葡萄糖，这对维持血糖水平、减少蛋白质分解有一定意义。

2. 肌细胞则以脂肪酸代谢为主要燃料，以保证酮体优先供应脑组织。

3. 肾脏糖异生作用明显增强（40g 葡萄糖 /d），原料主要是乳酸和丙酮酸。

4. 谷氨酰胺进入肾脏增多，在肾脏一部分进行糖异生；另一部分脱氨排入肾小管腔，回收 $NaHCO_3$ 以纠正酮症酸中毒。

5. 蛋白质分解减少（因继续分解会危及生命），氮负平衡有所改善，此时尿中排出的尿素比短期饥饿时少而尿铵增多。

二、应　　激

由剧痛、创伤、寒冷、中毒、急性感染、情绪紧张及强力活动等异乎寻常的刺激引起机体的“紧张状态”称为应激（stress）。其特征是以交感神经兴奋和肾上腺皮质激素分泌增多为主要表现的一系列神经和内分泌变化。肾上腺素、胰高血糖素和生长激素分泌也增加，同时伴有胰岛素分泌减少。虽然不同原因引起的应激状态在代谢上改变不尽相同，但一般都有血糖水平升高、脂肪动员增强和蛋白质分解加强的特点。

（一）血糖水平升高

人和动物在应激状态下均有血糖水平升高。若同时伴有休克则血糖可升高到 13.3mmol/L 以上。血糖升高的原因有：①应激时肾上腺素和胰高血糖素分泌增加，引起细胞内 cAMP 含量增加，从而激活蛋白激酶，使肝脏糖原磷化酶及糖原合成酶磷酸化，促进糖原分解，抑制糖原合成。这是应激时血糖升高的直接原因。②肾上腺皮质激素和胰高血糖素使糖异生作用加强，亦使血糖升高。③肾上腺皮质激素和生长素使周围组织对糖利用降低。由于上述几种激素的协同作用，使血糖上升到较高的水平，这对脑血流量减少时保证大脑的葡萄糖供应具有特殊意义。

（二）脂肪动员增强

应激时交感神经兴奋，肾上腺素和胰高血糖素分泌增多，作用于脂肪细胞，可通过 cAMP 蛋白激酶系统激活甘油三酯脂肪酶，结果引起脂肪动员增强。血中游离脂肪酸升高，后者成为心肌、骨骼肌及肾脏等器官的主要能量来源。

（三）蛋白质分解加强

应激时皮质醇及肾上腺素分泌增加，胰岛素分泌减少，使肌肉蛋白质分解加强，释出大量氨基酸入血，为肝脏糖异生提供丰富的原料；同时尿素合成及尿素氮排泄增加，出现氮负平衡。

综上所述，应激时糖、脂肪和蛋白质代谢变化的共同特点是分解代谢增强，合成代谢减少，血中分解代谢的中间产物如葡萄糖、氨基酸、游离脂肪酸、甘油、乳酸、酮体和尿素等含量增加，使代谢适应环境的变化，维持机体的代谢平衡。

知识拓展

代谢组学

代谢组学（metabolomics）是一门对某一生物体或细胞内所有小分子代谢产物进行定性和定量检测，同时分析其中代谢物谱变化规律的新兴科学。代谢物谱的变化受生理、病理和诸多因素的影响，它的意义之一在于告诉我们生物体或细胞当下发生了什么变化。通过相应技术（MS）可使被检测代谢物的检出能力提高万倍以上。代谢组学与基因组学、转录组学和蛋白质组学构成系统生物学。

学习小结

1. 学习内容

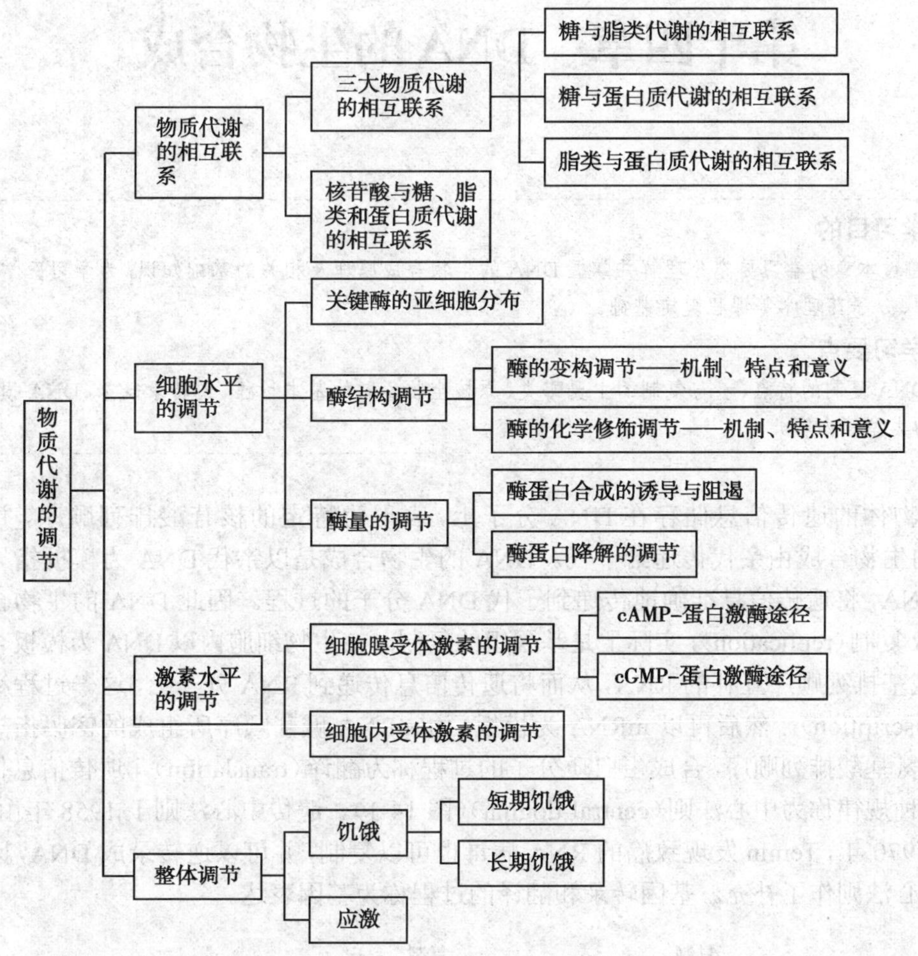

2. 学习方法

(1) 本章是将前面各章节中有关代谢之间的相互联系及其调控的内容做总结性的综合叙述，通过本章学习能认识到全书各章内容都是互相联系的，而且是如何通过这些内容的有机联系以阐明生命过程中的化学现象、生命活动的整体观。在学习本章时应复习前面已学过的酶、维生素、三大营养物质代谢及核苷酸代谢章节的内容。

(2) 对本章学习应在较好地理解三大物质代谢的基础上，把握其中各个代谢途径中的限速酶和中间化合物，它们是三大物质之间相互转化的基础。同时各水平的调节也是主要通过它们实现的。

(王和生)

复习思考题

1. 简述糖、脂类、蛋白质和核苷酸代谢的相互联系。
2. 试比较变构调节和化学修饰调节的异同点。
3. 试述 cAMP- 蛋白激酶途径中 G 蛋白的组成及作用机制。
4. cAMP- 蛋白激酶途径有何作用？主要特点是什么？
5. 比较短期饥饿与长期饥饿下的物质代谢的异同点。
6. 为什么说细胞水平的调节是最基本、最原始的调节？

第十四章　DNA的生物合成

学习目的

通过本章的学习要充分理解并掌握DNA的生物合成原理及相关的基础知识，为学习医学分子生物学、分子药理学等课程奠定基础。

学习要点

DNA复制的特点、参与复制的主要酶类、原核生物复制的基本过程、逆转录概念、DNA损伤与修复的类型等内容。

生物体的遗传信息储存在DNA分子上，表现为特定的核苷酸排列顺序，并通过DNA的生物合成由亲代传递给子代。DNA的生物合成是以亲代DNA为模板指导合成子代DNA，将遗传信息准确地传递到子代DNA分子的过程。因此DNA的生物合成也称DNA复制（replication），实际上是基因组的复制。在生物细胞内以DNA为模板合成与DNA碱基排列顺序互补的RNA，从而将遗传信息传递到RNA分子上，这一过程称为转录（transcription）。然后再以mRNA为模板，由mRNA碱基顺序所组成的密码指导蛋白质中的氨基酸排列顺序，合成蛋白质分子的过程称为翻译（translation）。遗传信息传递方向的这种规律称为中心法则（central dogma）（图14-1）。遗传中心法则于1958年由Crick提出，1970年，Temin发现致癌的RNA病毒也可以复制，并可以逆转录成DNA，因此对遗传中心法则作了补充。基因转录和翻译的过程称为基因表达。

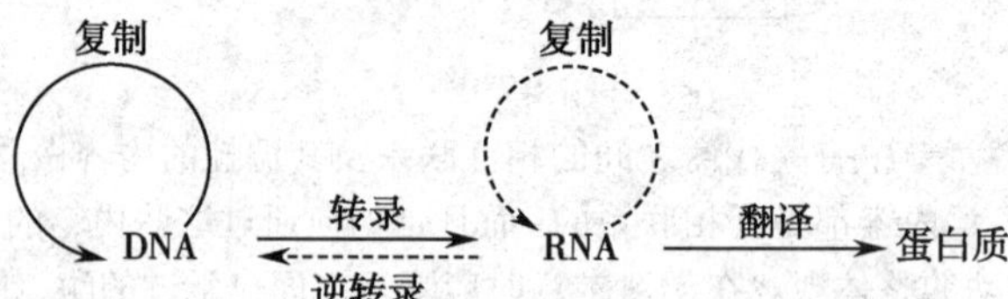

图14-1　遗传信息流向的中心法则

第一节　DNA的生物合成概况

一、DNA复制的特征

（一）半保留复制

在DNA合成时，亲代DNA的两条链解开，形成两条单链，再以这两条单链分别作为模板，按照碱基配对法则指导合成两条子链。子代DNA分子中的两条链，其中一条是保留了亲代的链，而另一条是新合成的。子代DNA与亲代DNA的碱基序列完全相同，这种复制方式称为半保留复制(semi-conservative replication)(图14-2)。

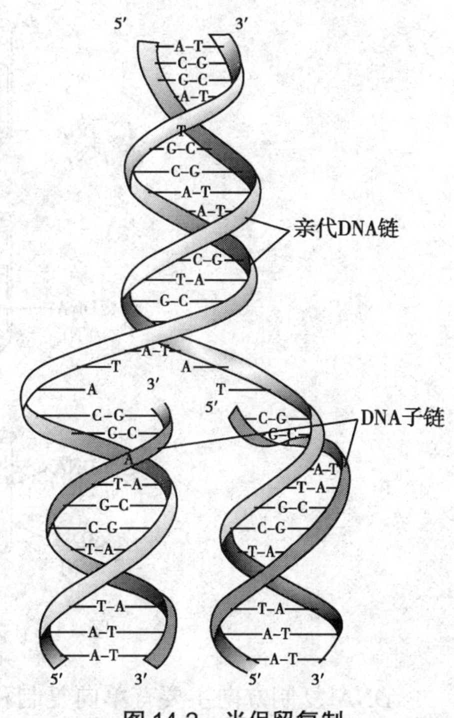

图14-2 半保留复制

关于DNA的复制,最早提出了三种可能的模式:即半保留复制模式、全保留复制模式、分散复制模式(图14-3)。1958年,Meselson和Stahl用放射性核素标记和密度梯度离心分离实验,证实了半保留复制模式(图14-4)。他们把大肠杆菌先放在含有放射性核素标记的$^{15}NH_4Cl$的培养基中培养约15代,使细菌利用$^{15}NH_4Cl$作为氮源合成DNA,其DNA全部被^{15}N标记(^{15}N-DNA),这种^{15}N-DNA密度大,在CsCl密度梯度离心时区带下沉。然后将细菌转移到^{14}N-DNA培养基中培养,使子代DNA被^{14}N标记,^{14}N-DNA密度较轻,在CsCl密度梯度离心时区带上浮。在培养不同代数(平均20~30分钟繁殖一代)时分别收集细菌并提取DNA,进行CsCl密度梯度离心,结果亲代DNA区带位于离心管下方,为高密度带。子一代离心时出现单一区带,位于离心管中部,为中密度带。子二代得到两条区带,一条带为中密度带,另一条带在中密度带上方,为低密度带。子三代中密度带不变,而低密度带增强。该实验结果支持了DNA复制是以半保留复制模式进行的。

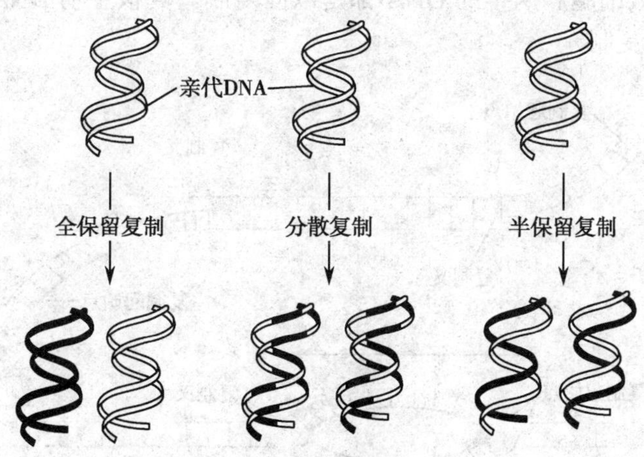

图14-3 DNA三种可能的复制模式

(二)复制起始点和方向

DNA复制是从DNA序列的特定位点开始的,该位点称为复制起始点(origin of replication,ori)。原核生物DNA分子相对较小,常常只有一个复制起始点。真核生物因为DNA分子很大,每条染色体上常有多个复制起始点。DNA在进行复制时,DNA双链首先在复制起始点处开始解链,形成Y形分叉,称为复制叉(replication fork),见图14-5。

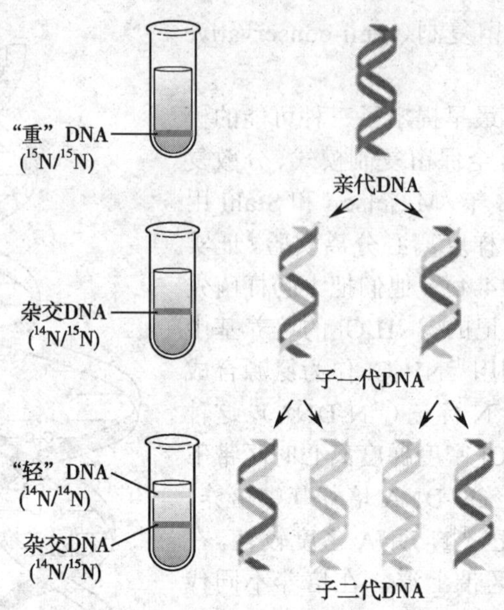

图 14-4 大肠杆菌半保留复制的证明

DNA 复制方向主要有单向复制和双向复制。从复制起始点沿一个方向解链，形成一个复制叉，称为单向复制。其中一些小分子线性 DNA 从两端同时进行单向复制，有两个复制起始点和两个复制叉，如腺病毒（图 14-5A）。一些小分子环状 DNA 从一个复制起始点进行单向复制，形成一个复制叉，如质粒 ColEI（图 14-5B）。从复制起始点向两个方向同时解链，形成两个复制叉，称为双向复制，如大肠杆菌（图 14-5C）。双向复制是最常见的复制方式，大多数细胞和病毒的 DNA 都是双向复制。真核生物 DNA 是从多个复制起始点同时进行双向复制。

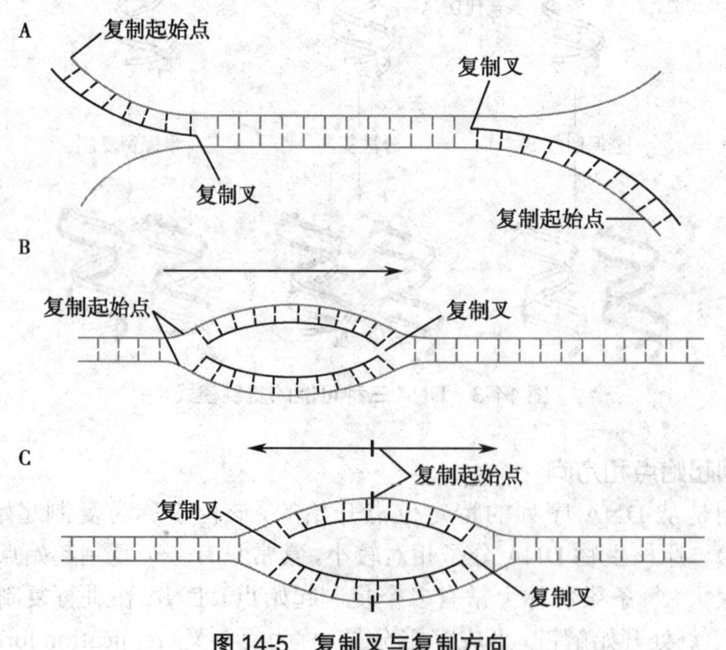

图 14-5 复制叉与复制方向

从一个复制起始点到下一个复制起始点的一段DNA序列称为一个复制子(replicon)。因此，原核生物只有一个复制子，而真核生物有多个复制子。

(三) 半不连续复制

DNA两条链是反向平行的，其中一条链走向是5′→3′，另一条链是3′→5′。在进行DNA合成时，当DNA解链以后，DNA聚合酶只能催化两条子链DNA沿5′→3′方向合成。这就意味着其中一条子链的合成是顺着解链的方向进行，另一条子链的合成方向与解链方向相反(图14-6)。1968年，日本科学家冈崎首先发现了DNA合成的不连续性，后来证实这种不连续性只出现在同一复制叉的一条链上。复制方向与解链方向一致的子链合成是连续的，称为前导链(leading strand)；复制方向与解链方向相反的子链合成是不连续的，称为随从链(lagging strand)。随从链的合成必须等模板链解链到一定长度才开始合成，该段合成完成后又必须等下一段模板链解链到一定长度，再合成下一段子链。因此，随从链合成的是一些片段，称为冈崎片段(Okazaki fragment)。由于DNA两条子链的合成，其中一条子链是连续进行，而另一条是不连续的，这种复制方式称为半不连续复制。

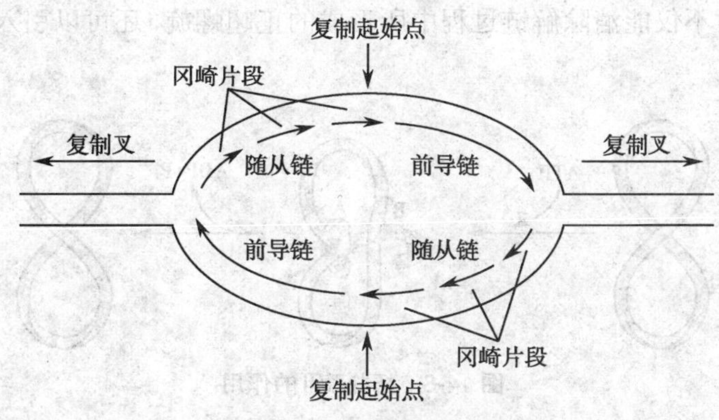

图14-6　半不连续复制

二、参与DNA复制的主要酶类

(一) 参与双螺旋DNA解链的酶类

活细胞内的DNA往往处于双股超螺旋状态，碱基位于双股螺旋内侧。如果不将双股螺旋松开，两条链就不能解开，碱基亦不能暴露，也就不能在模板上按碱基配对法则进行复制。因此，在复制起始前，必须先将双螺旋局部解开为两条单链，这些工作分别由DNA拓扑异构酶、解螺旋酶和单链DNA结合蛋白协同完成。

1. DNA拓扑异构酶　DNA拓扑异构酶(DNA topoisomerase)简称拓扑酶，是一类能够改变DNA构象但又保持DNA性质不变的酶，可以使DNA链发生剪接，从而使DNA的复制、转录和重组得以顺利进行。

现发现DNA拓扑酶有多种亚型，其中重要的是Ⅰ型和Ⅱ型，广泛存在于原核细胞和真核细胞中。拓扑酶Ⅰ可使共价封闭的双股负超螺旋DNA变成松弛态。拓扑酶Ⅰ可切断环状DNA双链中的一股单链，然后使断端绕另一条互补链顺松弛超螺旋的方向旋转(反向旋转)，再将切口封闭，从而使超螺旋松弛(图14-7)。拓扑酶Ⅰ作用不需ATP，大肠

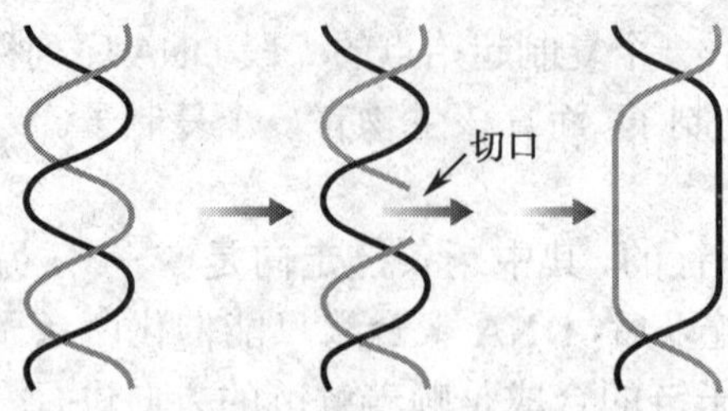

图 14-7　拓扑酶Ⅰ的作用

杆菌拓扑酶Ⅰ只能松解负超螺旋，但真核生物拓扑酶Ⅰ既可松弛正超螺旋，也可松弛负超螺旋。

拓扑酶Ⅱ又称旋转酶（gyrase），其主要作用是使超螺旋 DNA 的两条链同时切开，然后将断端双链穿过切口重新连接，封闭切口，改变 DNA 拓扑构象（图 14-8），反应需要 ATP 参与。如果没有 ATP 参与，通过拓扑酶Ⅱ对双螺旋 DNA 的双链剪接作用，可使超螺旋 DNA 变为松弛型，拓扑酶Ⅱ与拓扑酶Ⅰ一样，既可松弛正超螺旋，也可松弛负超螺旋。在有 ATP 参与的情况下，拓扑酶Ⅱ能使 DNA 由正超螺旋转变为负超螺旋。因此，在 DNA 复制时，拓扑酶Ⅱ不仅能消除解链过程中所形成的正超螺旋，还可以引入负超螺旋，以利于解链的进行。

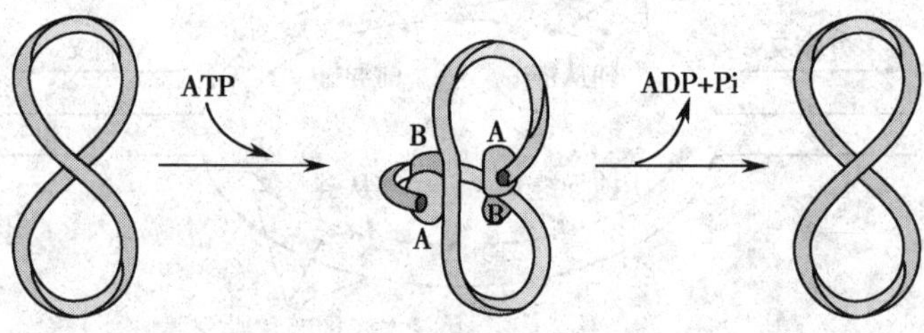

图 14-8　拓扑酶Ⅱ的作用

拓扑异构酶在体外可催化 DNA 的各种拓扑异构化反应。在体内其生物学功能还不完全清楚，但已知它们参与了 DNA 的复制、转录和重组等过程。在 DNA 复制起始时，通过拓扑异构酶的作用，松弛超螺旋，有利于复制的进行。在复制完成后，拓扑异构酶又可将 DNA 分子引入超螺旋，有利于 DNA 缠绕、折叠、压缩以形成染色质。

2. 解链酶　解链酶（helicase）又称解螺旋酶，由 *dnaB* 基因编码，所以解链酶又称 DnaB 蛋白。双股超螺旋 DNA 在拓扑异构酶作用下转变为松弛态后，需进一步在解链酶作用下，解开两条链间的氢键后才能形成两条模板单链。

解链酶的作用需 ATP 供能。首先解链酶结合于 DNA 链上，并包裹其中的一条链，然后利用水解 ATP 获得的能量沿着 DNA 链向前移动，促使 DNA 双链解开。目前发现，大肠杆菌有 DnaB 蛋白和 Rep 蛋白（replication protein）两种解链酶。Rep 蛋白与前导链合成的模板链结合，沿模板 3′→5′ 方向移动，而 DnaB 蛋白则与随从链模板结合，沿模板 5′→3′ 方向移动。因而，在这两种解链酶的协同作用下，双链 DNA 逐步解开形成复制叉。

DnaB 蛋白是一种多功能蛋白。在 DNA 复制起始前 DnaB 蛋白可以与引物酶（DnaG 蛋白）结合并活化之，促使 RNA 引物的合成。

3. 单链 DNA 结合蛋白　单链 DNA 结合蛋白（single stranded DNA binding protein,

SSB）是由177个氨基酸残基构成的相同四聚体。超螺旋DNA在拓扑异构酶和解链酶的作用下，形成的两条模板单链是不稳定的，具有重新形成双链的倾向。为了防止解开的两条单链重新聚合，SSB可结合在解开的两条单链上，以稳定单链构象，有利于复制的进行。同时，它还对单链DNA有保护作用，免于其被核酸酶水解。

SSB对单链DNA的结合作用有协同效应，即一个SSB与DNA结合后，可以促进其他SSB与单链DNA的结合。SSB在复制过程中可以循环利用，以保证SSB能与下游区段的单链继续结合。

（二）引物酶与引发体

超螺旋DNA在拓扑异构酶、解链酶和SSB蛋白协同作用下解开为两条单链后，形成稳定的复制叉，复制便可以开始。然而DNA不能从头合成，DNA聚合酶只能催化脱氧核苷酸一个一个不断连接到核苷酸链的3′-OH末端上。因此，在合成DNA子链时，总是先由引物酶（primase）催化合成一小段RNA引物，目的是由引物为DNA聚合酶提供3′-OH末端。所以引物酶是一种特殊的RNA聚合酶。引物酶分子量比一般的催化DNA转录的RNA聚合酶要小。

大肠杆菌引物酶是由*dnaG*基因编码的，故引物酶又称DnaG蛋白。引物酶在复制起始部位以3′→5′方向DNA链为模板，按A与U、C与G碱基配对法则沿5′→3′方向合成RNA引物。

在DNA复制开始时，引物酶需要在其他复制因子的参与下与解链酶组装成引发体（primosome），才能催化RNA引物的合成。

（三）DNA聚合酶

DNA聚合酶（DNA polymerase，DNA pol）能以DNA为模板催化DNA的合成，全称为依赖DNA的DNA聚合酶（DNA-dependent DNA polymerase，DDDP）。大肠杆菌DNA聚合酶有三种：DNA pol Ⅰ、Ⅱ和Ⅲ（表14-1）。

1．三种DNA聚合酶的共同作用　三种DNA pol均具有5′→3′方向的聚合酶活性。其催化DNA合成具有严格的方向性，都需3′→5′方向的DNA单链为模板，以RNA引物的3′-OH端为起点，合成5′→3′方向的新链。

2．各种聚合酶的特殊作用　三种酶除了具有5′→3′方向的聚合酶活性外，还有以下不同的特性和作用。

表14-1　大肠杆菌DNA聚合酶的主要性质

主要性质	DNA pol Ⅰ	DNA pol Ⅱ	DNA pol Ⅲ
分子量（kD）	103	90	～900
分子数/细胞	400	100	20
5′→3′聚合酶活性	+	+	+
3′→5′外切酶活性	+	+	+
5′→3′外切酶活性	+	−	−
聚合速度（nt/s）	16～20	40～50	250～1000
连续性	3～200	1500	≥500 000
主要功能	切除RNA引物 DNA修复	SOS修复？	DNA复制合成

（1）DNA pol Ⅲ是主要的复制酶：DNA 聚合酶Ⅲ（DNA pol Ⅲ）全酶是由 α、ε、θ、τ、γ、δ、δ′、β、χ 和 φ10 种亚基构成的蛋白质，是一个不对称的异二聚体，分子量约为 140kD。α、ε 和 θ 组成核心酶，其中 α 亚基具有 5′→3′ 聚合酶活性；ε 亚基具有 3′→5′ 核酸外切酶活性，起校对作用，可提高 DNA pol Ⅲ复制 DNA 的保真性；θ 可能具有组建核心酶的作用。β 亚基的功能犹如夹子，分布在核心酶两边的 β 亚基夹住 DNA 分子并使酶沿模板滑动，提高了酶的持续合成能力。其余亚基统称为 γ- 复合物，有促进全酶结合至模板上及增强核心酶活性的作用（图 14-9）。

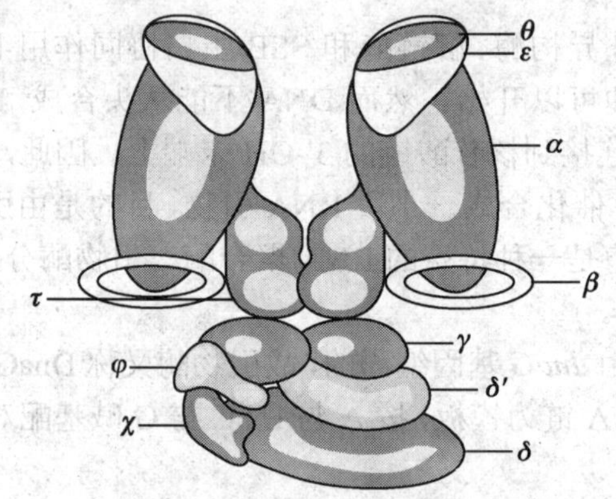

图 14-9 DNA 聚合酶Ⅲ

DNA pol Ⅲ具有很高的聚合酶活性，是原核生物染色体 DNA 的主要复制酶，能够沿着模板链 3′→5′ 方向连续滑动，催化合成 DNA 新链。其催化合成 DNA 的速度非常快，每秒可催化高达 10^3 个脱氧核苷酸发生聚合，一般在聚合 500 000 个以上核苷酸后才脱离模板。

DNA pol Ⅲ也有 3′→5′ 外切酶活性，参与校正 DNA 的复制错误。当引物链的 3′ 末端出现碱基错配时，DNA 聚合酶立即停止前进，并激活其 3′→5′ 外切酶活性，将错配的核苷酸切除，直至 3′ 末端重新出现正确配对时才继续合成 DNA。所以，在 DNA 复制过程中，DNA pol 总是“先校正，后合成”。通过这种校正功能，可将复制的错误率降低到最低限度，使 DNA 复制具有高度的准确性和忠实性，这是保证遗传信息传递相对稳定的前提。

（2）DNA pol Ⅰ是多功能酶：DNA pol Ⅰ具有 5′→3′ 聚合酶活性、3′→5′ 外切酶活性及 5′→3′ 外切酶活性。因此，它是一个多功能酶，参与引物切除、切除修复以及校对等作用。

大肠杆菌 DNA 聚合酶Ⅰ（DNA pol Ⅰ）是 1958 年 Arthur Kornberg 和他的合作者发现的第一个 DNA 聚合酶，故称为 Kornberg 酶。大肠杆菌 DNA pol Ⅰ是单一肽链大分子，分子量为 109kD。用枯草杆菌蛋白酶处理该酶，获得大小两个片段。大片段肽链含 604 个氨基酸残基，称为 Klenow 片段，具有 5′→3′DNA 聚合酶活性和 3′→5′ 核酸外切酶活性。小片段肽链含 323 个氨基酸残基，具有 5′→3′ 核酸外切酶活性。

DNA pol Ⅰ的 5′→3′ 聚合活性可以催化 DNA 的合成，但当 DNA 链延长到 20 个核苷酸时，酶就脱离模板，属于中等程度的聚合反应。研究发现 DNA pol Ⅰ基因失活并不严重影响细胞的活性，表明它并非主要的复制酶。然而，在 DNA 复制过程中，当引物链的末端出现碱基错配时，DNA pol Ⅰ的 3′→5′ 外切酶活性可以发挥校正（proofreading）作用，把错配的碱基切除掉直至正确配对为止，然后再恢复正常的聚合反应（图 14-10A）。利用 DNA pol Ⅰ的校正功能，可明显提高 DNA 复制的精确性。DNA 聚合酶催化 DNA 链的合成，只能在 RNA 引物基础上逐步延伸。当新链延伸至一定长度后，需要切除引物，留下的空隙需要填补，这些工作依赖于 DNA pol Ⅰ的 5′→3′ 外切酶活性和 5′→3′ 聚合酶活性。当 DNA 分子出现损伤时，在 DNA pol Ⅰ 5′→3′ 的外切酶活性和 5′→3′ 的聚合酶活性相继作用下，又可以发挥切除修复作用，切除并修复损伤 DNA（图 14-10B）。

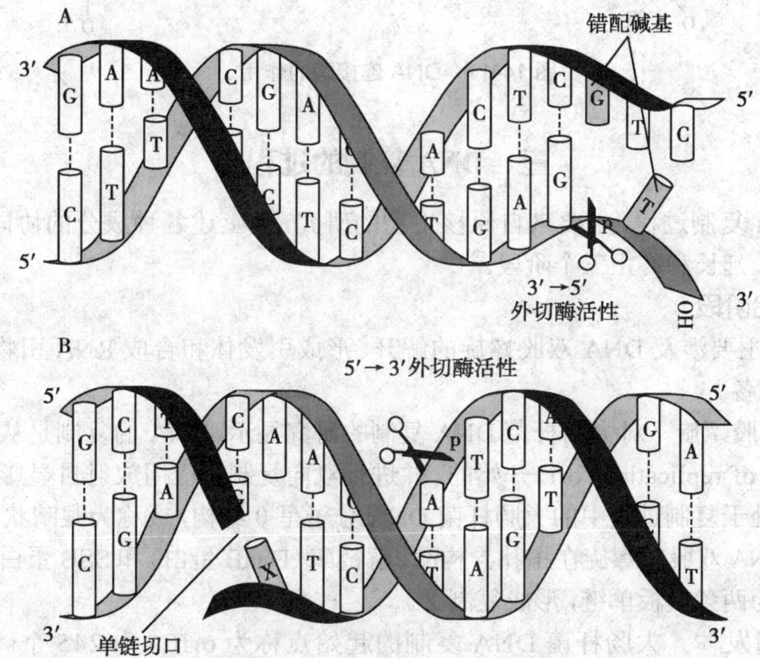

图 14-10　DNA pol Ⅰ的外切酶活性

由此看出，DNA pol Ⅰ是一个多功能酶。它除了具有催化 DNA 合成活性外，还具有校正错配、切除 RNA 引物、填补空隙、修复损伤 DNA 等作用。

在体外，还可以利用 DNA pol Ⅰ的 5′→3′ 外切酶活性和 5′→3′ 聚合酶活性的同时作用，使双链 DNA 的单链缺口发生平移。随着缺口平移，进行中的碱基聚合作用置换了原来的链。当底物中含有某种 ^{32}P-dNTP 时，缺口平移反应将产生 ^{32}P- 标记的双链 DNA，可以用作分子杂交的探针。

（3）DNA pol Ⅱ可能具有特殊修复功能：DNA 聚合酶Ⅱ（DNA pol Ⅱ），具有 5′→3′ 聚合酶活性和 3′→5′ 外切酶活性，但没有 5′→3′ 外切酶活性。但 DNA pol Ⅱ的聚合酶活性不如 DNA pol Ⅲ，其聚合速度及延伸能力均低于 DNA pol Ⅲ。DNA pol Ⅱ在体内的功能尚不完全清楚，可能具有特殊的修复功能，如参与 SOS 修复，但不参与 DNA 的复制。

（四）DNA 连接酶

DNA 分子巨大，据估计一条染色单体至少有 6×10^7bp。在 DNA 复制时，不可能将两条模板链完全解链为两条单链后再进行复制，而只能边解链边复制。故对于一条 3′→5′ 方向的模板链来说，随着链的逐步解开，可以连续复制 5′→3′ 方向的新链。但对于另一条 5′→3′ 方向的互补链来说，由于受 DNA 聚合酶复制方向性的限制，只能解开一段、复制一段。因此，DNA 合成是半不连续的。刚合成时，形成的是一段一段的 DNA 片段，当延伸到一定长度后，需在 DNA 连接酶（DNA ligase）催化下，将一个 DNA 片段的 3′-OH 和另一个 DNA 片段的 5′-OPO_3H_2 之间形成磷酸二酯键，从而将一个个 DNA 片段连接成 DNA 长链（图 14-11）。

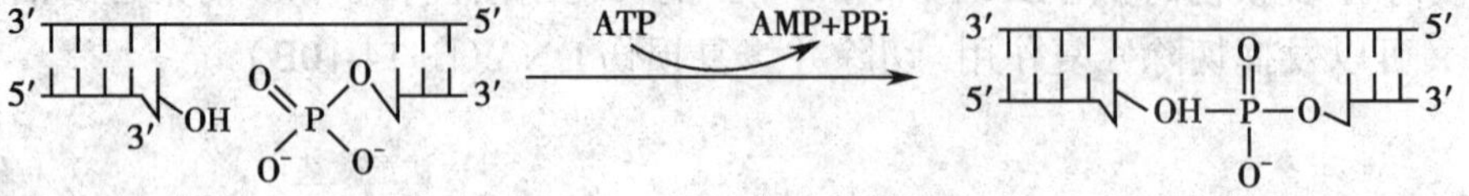

图 14-11　DNA 连接酶的作用

三、DNA 复制的过程

有关 DNA 复制过程，主要来自原核生物的研究，是上述各种成分的协同作用过程。大致分为起始、延长和终止三个阶段。

（一）起始阶段

这一阶段主要涉及 DNA 双股螺旋的解开、形成引发体和合成 RNA 引物等反应，为 DNA 复制作准备。

1. 解开双股螺旋　对大肠杆菌 DNA 复制的研究显示，DNA 的复制是从特定的复制起始点（origin of replication，ori）开始的，并进行双向复制。应用放射自显影技术和电子显微镜观察，处于复制过程中的大肠杆菌 DNA 分子呈 θ 结构，或称为眼睛状（图 14-12）。复制起始时 DNA 双股超螺旋在拓扑异构酶、解链酶（DnaB 蛋白）和 SSB 蛋白等协同作用下，局部解开为两条模板单链，形成复制叉。

2. 形成引发体　大肠杆菌 DNA 复制的起始点称为 oriC，由 245 个碱基对组成。DNA 复制起始前，需在 DnaA、DnaB、DnaC 和 DnaG 等多种蛋白因子和酶参与下，在 oriC 部位形成一个引发体，这是一个较为复杂的引发过程。首先由多个 DnaA 蛋白辨认 oriC 部位并与之结合，然后在 DnaC 辅助下使 DnaB 结合上去，装配成引发前体。最后，DnaG 与引发前体进一步组装成较大的引发体。引发体可以像火车头一样沿着复制叉方向行进，不断寻找复制起始点，引发 RNA 引物的合成。

3. RNA 引物的合成　引发体中含有 DnaB 蛋白（解链酶）和 DnaG 蛋白（引物酶）。

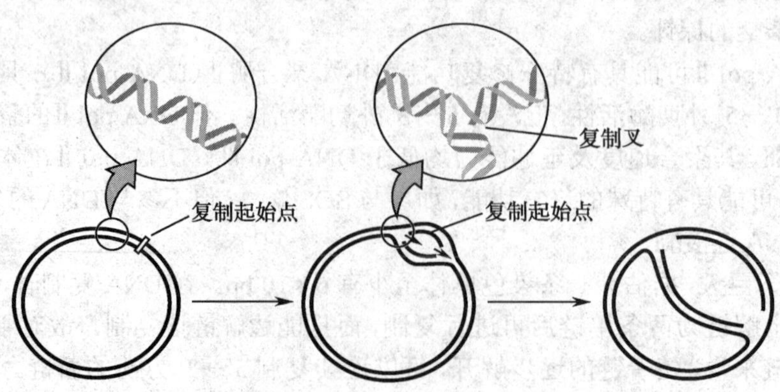

图 14-12　大肠杆菌 θ 复制模型

解链酶可使引发体下游的DNA双股螺旋继续解开为两条单链。引物酶则以解开的DNA链为模板，以四种NTP为原料，按照碱基配对法则，催化合成RNA引物。RNA引物长度约为数十个核苷酸以内，其链的延伸方向为5′→3′。RNA引物的3′-OH末端是DNA复制的起始点。

（二）延长阶段

这一阶段主要是在DNA pol Ⅲ作用下催化DNA合成。

在DNA pol Ⅲ催化下，以dNTP为原料、RNA引物的3′-OH末端为起点，沿DNA模板链3′→5′方向，严格按照A与T、C与G碱基配对法则，合成5′→3′ DNA链。由于DNA双链呈反向平行，因此，DNA合成是半不连续进行的。前导链可以连续合成，随从链的合成是不连续进行的，即合成的是一些冈崎片段。每一个冈崎片段在合成开始时，都需先合成RNA引物。不同种属冈崎片段长短不一，原核生物中冈崎片段含1000～2000个核苷酸，真核生物中只有数百个核苷酸。

（三）终止阶段

这一阶段主要包括在DNA pol Ⅰ作用下切除RNA引物，填补空隙。最后由DNA连接酶连接封闭切口，复制终止。

1．切除引物，填补缺口　由于DNA复制的半不连续性而生成许多冈崎片段，其5′端均有RNA引物。因此，当冈崎片段延伸至一定长度后，在DNA pol Ⅰ作用下，发挥其5′→3′的外切酶活性，从5′→3′方向将RNA引物切除。留下的缺口继续由DNA pol Ⅰ发挥5′→3′聚合酶活性，由前一个冈崎片段提供3′-OH末端，从5′→3′方向以dNTP为原料催化填补缺口，形成复制片段（图14-13）。

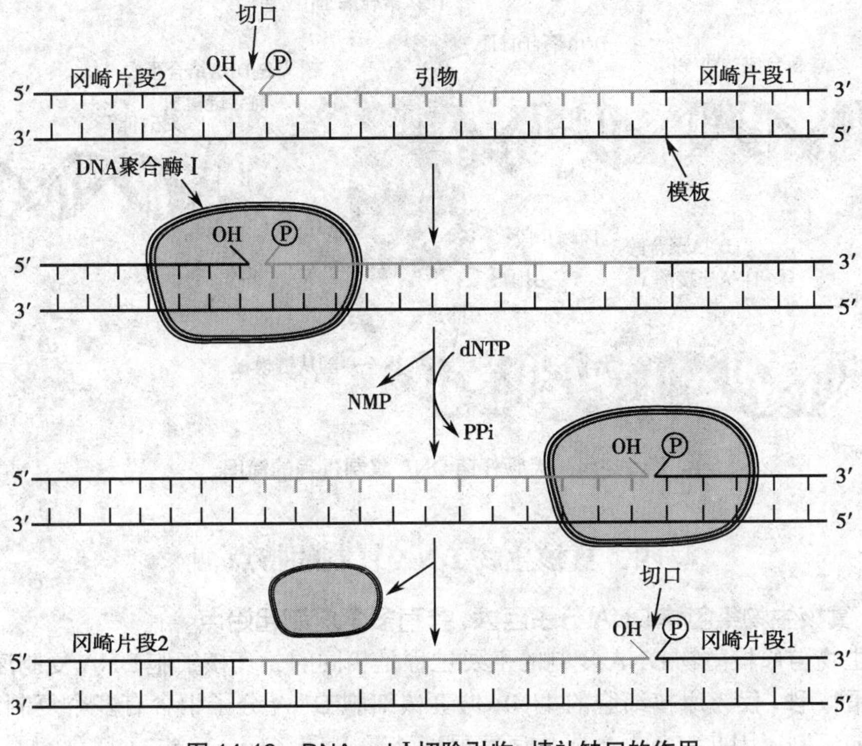

图14-13　DNA pol Ⅰ切除引物、填补缺口的作用

2. DNA 连接酶连接封闭切口　在 DNA 连接酶催化下，将前后一段一段的 DNA 复制片段之间的切口，通过磷酸二酯键相连，形成完整的 DNA 子链。

3. 复制的终止　大肠杆菌 DNA 呈环状，从复制起始点（oriC）开始，形成两个复制叉进行双向复制，它们的汇合点就是复制终止点（Ter），一般位于复制起始点的相对处。研究发现，在复制叉汇合点两侧含有特殊碱基序列构成的终止区，可以阻止 DnaB 蛋白的解链作用，从而抑制复制叉的行进，终止 DNA 复制。

现将参与大肠杆菌 DNA 复制的蛋白（酶）及作用汇总于表 14-2；复制过程见图 14-14。

表 14-2　参与大肠杆菌 DNA 复制的蛋白（酶）的主要作用

蛋白质（酶）	主要作用
拓扑异构酶	松弛双股超螺旋
解链酶（DnaB 蛋白）	解开双链，活化引物酶
Rep 蛋白	解开双链
SSB	稳定解开的单链
DnaA 蛋白	辨认复制起始点
引物酶（DnaG 蛋白）	合成 RNA 引物
DNA Pol Ⅲ	主要复制酶，催化合成 DNA
DNA Pol Ⅰ	校正错配，切除引物，填补缺口
DNA 连接酶	连接封闭切口

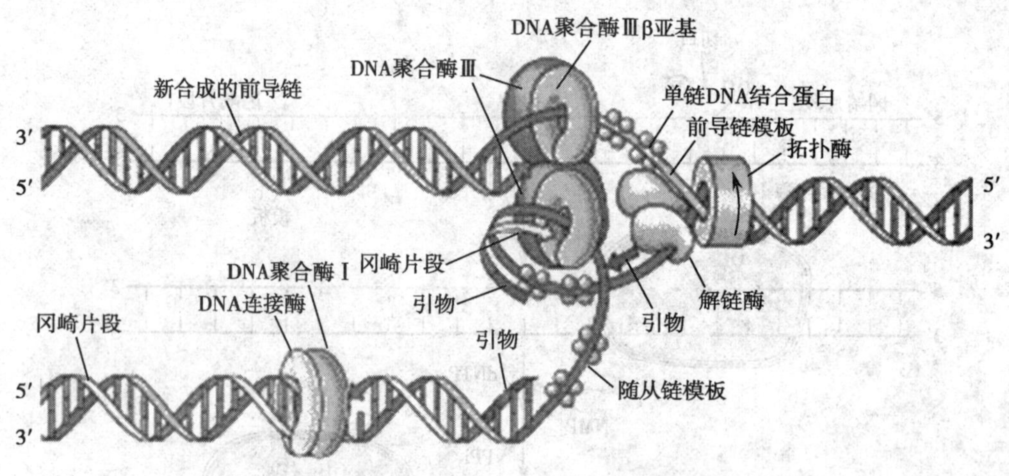

图 14-14　大肠杆菌 DNA 复制过程的简图

四、真核生物 DNA 复制的特点

（一）真核生物染色体 DNA 分子巨大，含有多个复制起始点

真核生物与原核生物 DNA 复制的主要过程是相同的。真核细胞 DNA 复制速度约为 50 个核苷酸 / 秒，仅为原核细胞的 1/10，但真核细胞 DNA 分子中含有多个复制起始点，呈多点双向复制。因此，DNA 合成总速率很高。

（二）真核细胞有α、β、γ、δ和ε五种DNA聚合酶

DNA pol α和DNA pol δ是主要的复制酶，其中DNA pol α还兼有引物酶活性。DNA pol α主要引发并催化随从链的合成，DNA pol δ主要催化前导链的合成。DNA pol γ在线粒体内催化线粒体DNA的复制。DNA pol ε类似于原核生物DNA pol Ⅰ性质，是多功能酶，具有校正错配、切除RNA引物和修复损伤DNA等功能；DNA pol β可能也具有修复作用（表14-3）。

表14-3　真核生物各种DNA聚合酶的主要作用

主要性质	α	β	γ	δ	ε
5′→3′聚合酶活性	+	+	+	+	+
3′→5′外切酶活性	−	−	+	+	+
胞内定位	核	核	线粒体	核	核
主要功能	引发复制、合成随从链	修复	复制mtDNA	合成前导链	校正错配、切除引物、修复损伤DNA等

（三）真核细胞RNA引物及冈崎片段比原核细胞短

DNA复制过程中所需的RNA引物及合成的冈崎片段均比原核细胞短。真核细胞RNA引物约为10个核苷酸，冈崎片段有100～200个核苷酸。

（四）真核生物DNA合成受细胞周期时相的控制

真核细胞从一个有丝分裂期到下一个分裂期所发生的连续过程，称为细胞周期（cell cycle）。即从M期→G_1期→S期→G_2期（→M）周而复始，使细胞生长增殖。细胞周期各时相的转变均受细胞周期因子（cyclin）和细胞周期因子蛋白激酶（cyclin dependent protein kinases，CDKs）等的调控。真核生物只能在细胞周期的S期合成DNA，并且仅仅复制一次，使DNA量成倍增加。

五、端粒与端粒酶

真核生物线形染色体DNA随从链的不连续合成过程中，最后一个冈崎片段去除引物后，由于DNA pol无3′→5′聚合酶活性，不能催化3′→5′合成反应，以致最后的空隙无法填补，造成子代DNA分子上有一条不完整的5′末端，链因之而缩短。如此连续进行复制，将使子代DNA逐渐变短。但是正常情况下并非如此，端粒和端粒酶的发现解答了这个问题。2009年诺贝尔生理学或医学奖在瑞典卡罗林斯卡医学院揭晓，Elizabeth H. Blackburn、Carol W. Greider和Jack W. Szostak共同获得了该奖项。他们解决了生物学的一个重大问题：在细胞分裂时染色体如何完整地自我复制以及染色体如何受到保护以免于退化。原来，在真核生物线形染色体的末端有一种特殊的结构，称为端粒（telomere）或端区。这些发现解释了染色体的末端是如何受到端粒保护的，而且端粒是由端粒酶形成的。

（一）端粒与端粒酶

端粒（telomere）是真核生物线形染色体末端的DNA-蛋白质紧密结合的结构，形态上膨大成粒状，故名之。端粒的主要功能是完成染色体末端的复制，防止染色体融合、重组或降解，从而维持染色体结构的稳定性和完整性。

大多数生物的端粒 DNA 是由非常短而且数目精确的核苷酸重复序列构成的。一般一条链上为 T_nG_m，互补链上则为 C_mA_n，n 与 m 大约在 1～4 范围内。人的染色体端粒含有 TTAGGG 重复序列。

端粒酶(telomerase)是一种自身携带模板 RNA 的逆转录酶，其本质为 RNA- 蛋白质复合物，可以催化端粒 DNA 的合成。端粒酶能在缺少 DNA 模板的情况下，依赖自身酶内 RNA 为模板，催化端粒 DNA 3′端延长(图 14-15)，从而补偿由于除去引物引起的末端缩短。

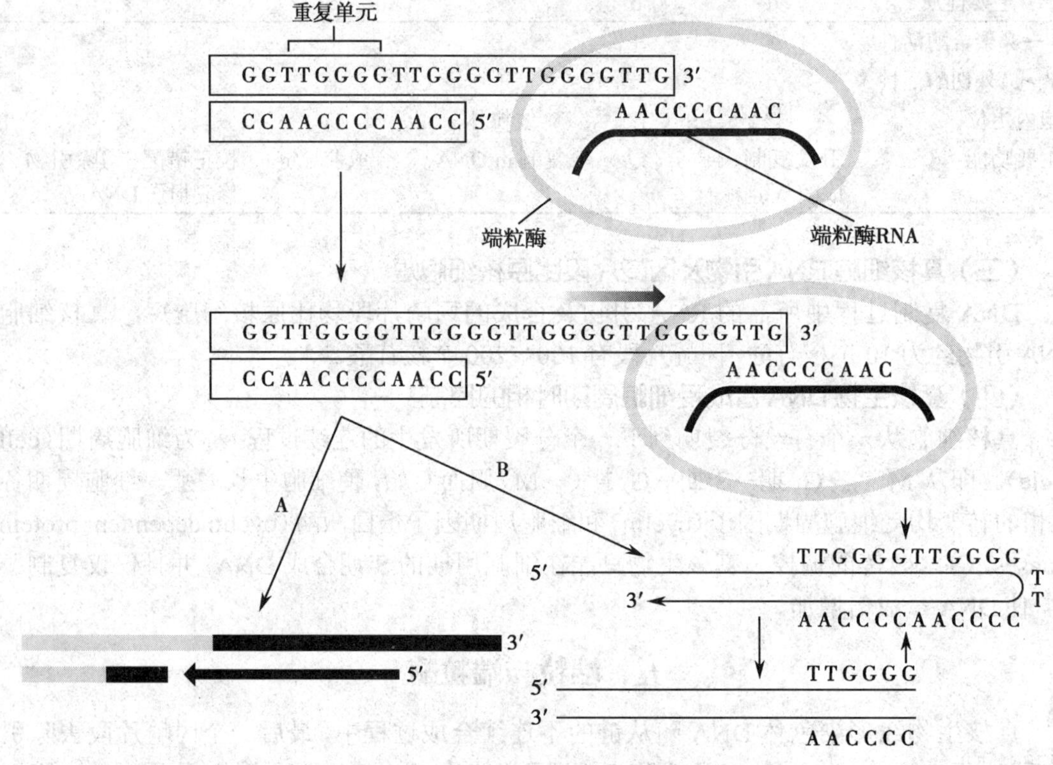

图 14-15 端粒与端粒酶的作用

如图 14-15 所示，首先端粒酶借助其自身的 RNA 与 DNA 单链有互补碱基序列而辨认结合，然后端粒酶以自身 RNA 为模板，并发挥逆转录酶作用，催化 dNTP 连到亲代 DNA 链的 3′末端上。然后端粒酶从 DNA 上移位到新的端粒末端，重复延伸过程。新延伸的 DNA 链可以作为正常 DNA 复制的模板形成双链染色体 DNA(图 14-15A)。其延伸的 3′端还可以反折为双链，先形成非标准碱基对，反折后的 3′端继续延伸并填补 5′端空缺，最后将非标准碱基对切除(图 14-15B)。DNA 末端由于正常复制而变短和用端粒酶增加其长度的两个过程处于平衡状态，所以染色体保持着大约相同的长度。

(二) 端粒酶与衰老的关系

越来越多的研究证明，端粒的平均长度随着培养细胞分裂次数的增多和人类年龄的增长而逐渐变短。端粒 DNA 序列的变短或消失，会影响染色体结构的稳定性，降低 DNA 复制能力，使细胞不能正常分裂。实验发现，人细胞每次有丝分裂，如果没有端粒酶活化和作用，将会丢失 50～200bp 长度的端粒。如果丢失数千个核苷酸时，细胞就停止分裂而老化。反之，活化的端粒酶可使端粒 DNA 序列延长，细胞旺盛地分裂、增殖，从而大大延长细胞生长寿命。如果把端粒酶基因导入正常细胞，发现会明显延长细胞寿命。这些证据表明端粒酶活性的下降与细胞老化有关联。

（三）端粒酶与肿瘤发生

端粒 DNA 序列的长度或端粒酶活性与细胞分裂、增殖速度有关。在胚系细胞中端粒酶可以维持端粒的长度。随着细胞的发育，端粒酶活性下降，端粒逐渐变短。在正常人的体细胞中，端粒的程序性缩短，可以限制转化细胞的生长能力，当端粒酶重新活化时可使细胞永生化和促进肿瘤的形成。经端粒酶活性测试发现，正常体细胞中难以检测到端粒酶活性。因而提示端粒酶活性与细胞的永生化和肿瘤的形成有关联。所以，深入研究端粒、端粒酶活性和细胞衰老、死亡以及肿瘤发生的关系具有重要的理论意义和临床诊断价值。

第二节　逆　转　录

逆转录（reverse transcription）或称反转录，是以 RNA 为模板合成 DNA 的过程，催化此反应的酶称为逆转录酶（reverse transcriptase），全称依赖 RNA 的 DNA 聚合酶（RNA-dependent DNA polymerase，RDDP）。逆转录酶催化的反应与中心法则所描述的转录方向相反。

一、逆转录酶催化合成 cDNA

1970 年，Temin 和 Baltimore 分别从一些致癌的 RNA 病毒中发现了一种逆转录酶，该酶能催化以病毒 RNA 为模板合成带有病毒信息的 DNA。反应过程包括：首先逆转录酶以病毒 RNA 为模板，催化合成一条与模板互补的 DNA 链，形成 RNA-DNA 杂交双股分子；然后水解去除杂交分子中的 RNA；进而以新合成的 DNA 单链为模板，合成另一条互补 DNA 链，形成双股 DNA 分子，由此生成的 DNA 分子，带有病毒 RNA 的遗传信息（图 14-16）。

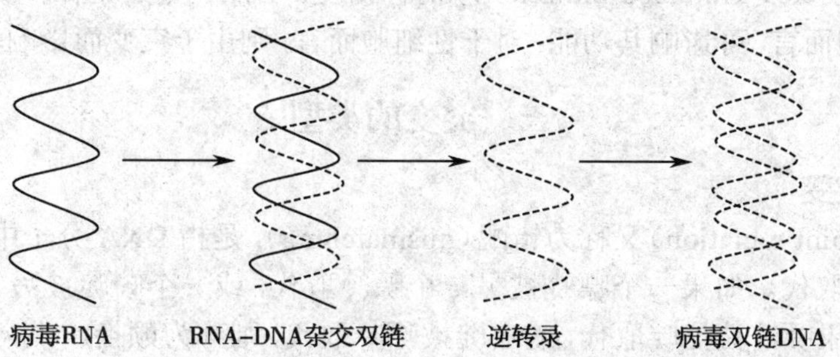

图 14-16　RNA 病毒中的逆转录酶作用

上述过程是在同一种逆转录酶催化下进行的，表明逆转录酶至少具有三种酶活性：①逆转录酶活性，催化以 RNA 为模板合成 DNA；② RNA 酶活性，催化 RNA 水解；

③ DNA聚合酶活性，催化以DNA为模板合成DNA。

在分子生物学研究中，逆转录酶是基因工程中一类很重要的工具酶。人类基因组DNA分子十分庞大，欲从中选取一个目的基因有相当大的难度。但可从组织细胞中较容易地提取某一特定mRNA，再经逆转录酶催化合成相互补的DNA（complementary DNA，cDNA）。cDNA可进一步用作cDNA文库的构建、用作基因治疗药物，也可用于制备探针等。

二、逆转录酶与病毒

逆转录酶存在于致癌的RNA病毒中，在正常细胞的恶性转化过程中，起了关键性作用。RNA病毒通过逆转录生成的DNA复制品，可以整合到宿主细胞染色体中，借助于宿主细胞的酶系，经过复制、转录和翻译出病毒蛋白，从而引发癌变。如能控制该酶活性，将有助于阻抑某些癌瘤或艾滋病的发生与发展。

第三节 DNA的损伤与修复

在生物进化过程中，DNA复制的高度准确性保证了种属的延续。然而由于DNA分子巨大，在高速率复制过程中难免也会发生一些错误。理化因素（如紫外线照射、电离辐射和化学诱变剂等）也可引起DNA结构受损而发生突变。与此同时，生物体内也存在着对损伤DNA的修复能力，从而保证遗传信息的稳定性。DNA的损伤也不能全部被修复，否则生物也就没有进化。所以，突变是生物进化、演变的动力，突变赋予了生物的多样性。然而，在生命活动过程中的DNA突变，又有相当一部分是导致遗传病、肿瘤等发生的分子基础。

一、DNA突变

所谓突变（mutation）是指一个或多个脱氧核苷酸的构成、复制或表型功能的异常变化，也称为DNA损伤（DNA damage）。在遗传过程中发生的那些原因未明的自然出现的突变被称为自发突变（spontaneous mutation）。由理化因素诱发DNA结构损伤而引起的突变则称为诱发突变（induced mutation），简称诱变。DNA损伤如果未被修复而保留下来，对于体细胞而言，可影响其功能；对于性细胞而言，则由于突变而影响其后代。

二、突变的类型

（一）点突变

点突变（point mutation）又称为错配（mismatching），是指DNA分子中的一个碱基被另一个碱基所取代。如果一个嘌呤被另一个嘌呤取代，或一个嘧啶被另一个嘧啶取代，称为转换。如果嘌呤被嘧啶取代，或嘧啶被嘌呤取代，则称为颠换。点突变是最常见的一种类型。

（二）插入或缺失

指DNA分子中插入（insertion）或缺失（deletion）一个或多个碱基。插入或缺失有可能导致突变位点后的遗传密码阅读框架发生改变，这种突变又称为框移突变或移码突变

(frame shift mutation)。当插入或缺失的碱基数不是 3 的整倍数时，三联体密码的阅读框架发生移动，会导致翻译出的蛋白质的氨基酸排列顺序发生改变。

（三）嘧啶二聚体的形成

DNA 分子在紫外线照射下，可在同一链上相邻两个嘧啶碱基之间或两条链嘧啶碱基之间发生共价连接，形成嘧啶二聚体（图 14-17）。最常见的是胸腺嘧啶二聚体。

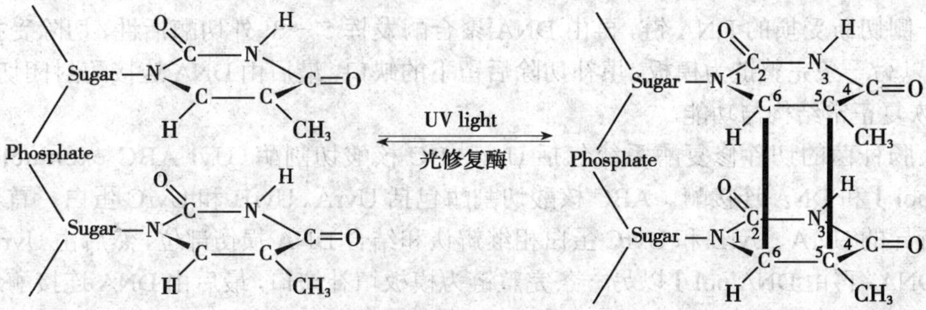

图 14-17　嘧啶二聚体形成及光修复机制

（四）重排

DNA 分子中发生较大片段的交换，称为重排(rearrangement)。移位的 DNA 片段可以以颠倒方向插入新的位置，也可以在染色体之间发生交换重组（图 14-18）。

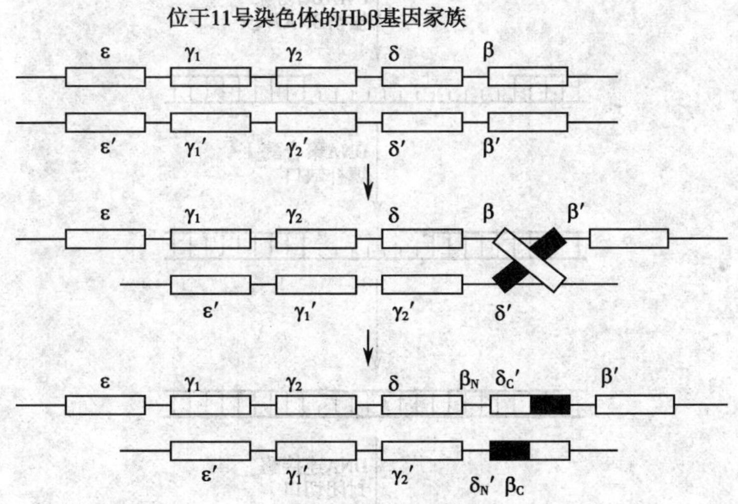

图 14-18　基因重排与地中海贫血

三、DNA 的修复

由上可见，DNA 会发生各种损伤作用。有的是自然损伤，有的受环境诱导损伤，也有的是在 DNA 复制过程留下的错配碱基等。生物在长期进化过程中建立和发展了一整套 DNA 修复系统，这是保证遗传信息稳定性的重要机制。目前认为主要有四种修复机制。

(一) 光修复

光修复(light repairing)过程是由光修复酶催化完成的。光修复酶在300～600nm波长的光照射下被激活，催化在紫外线照射下形成的嘧啶二聚体之间共价键断裂以恢复DNA结构原状(图14-17)。

(二) 切除修复

切除修复(excision repairing)是在一系列酶作用下，先由核酸内切酶在损伤部位的5′端一侧切断受损的DNA链，再由DNA聚合酶发挥5′→3′外切酶活性，切除受损的部分，并以另一条完整链为模板，填补切除后留下的缺口，最后由DNA连接酶封闭切口，使DNA恢复正常结构与功能。

大肠杆菌的切除修复酶系统包括Uvr ABC核酸切割酶(Uvr ABC excinuclease)、DNA pol Ⅰ和DNA连接酶。ABC核酸切割酶包括UvrA、UvrB和UvrC蛋白。首先由紫外线特异的UvrA、UvrB和UvrC蛋白相继辨认和结合DNA损伤部位，然后由UvrC切除损伤DNA，再由DNA pol Ⅰ以另一条完整链为模板填补缺口，最后由DNA连接酶连接封闭切口，从而恢复DNA的正常结构与功能。(图14-19)。真核生物是由不同的酶系统完成切除修复作用的，该修复系统的异常是人类的一种隐性遗传病称为着色性干皮病的主要发病机制。

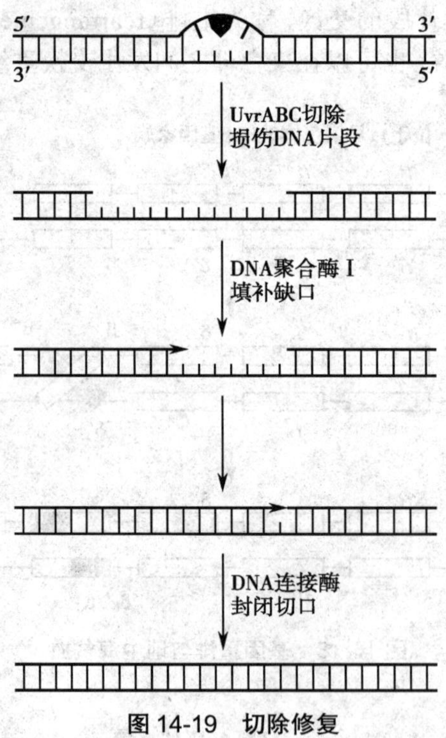

图14-19 切除修复

(三) 重组修复

上述两种DNA损伤一般都能在复制前得到精确修复，其原因是损伤通常发生于双链DNA的一条链中，另一条链仍保持正常结构。因此，修复时能以另一条正常链为模板，修复损伤DNA链，使DNA完全恢复正常，然后进行DNA复制。然而，在某些情况下，双链 DNA 损伤同时发生在两条链的同一部位，以致 DNA 分子不能提供正常链为模板进行修复。或者当 DNA 分子一条链损伤范围较大时，来不及修复完善就进行复制。此时由于损伤部位无正常模板作用，复制出来的子链会出现缺口。这个缺口可以诱导并激活重组蛋白以进行重组修复（recombination repairing）。

重组蛋白 RecA 是大肠杆菌重组基因 *recA* 的产物。RecA 可以利用正常复制的另一个 DNA 分子中的一段核苷酸片段进行重组修复。RecA 将这个结构正常的核苷酸片段切割下来并发生转移，以修复损伤缺口（图 14-20）。原来正常的 DNA 分子留下的缺口，则在 DNA 聚合酶Ⅰ和 DNA 连接酶参与下以进行填补、封口，从而完成整个重组修复过程。

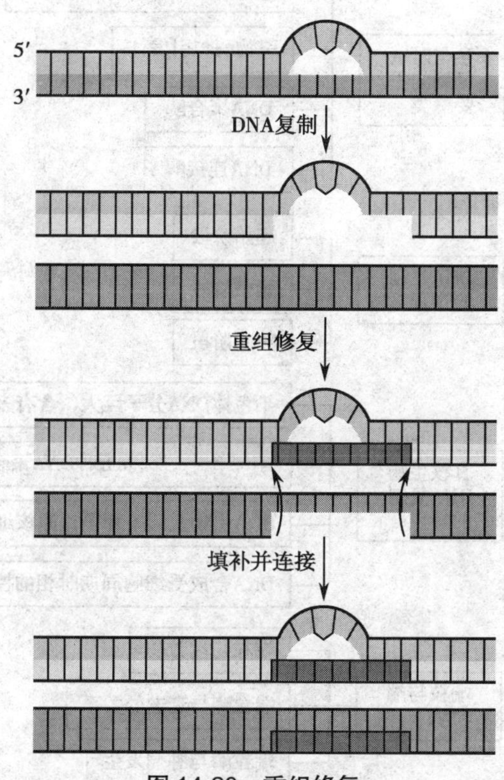

图 14-20　重组修复

（四）SOS 修复

在某些情况下，当 DNA 损伤达到难以修复的程度时，细胞会采取一种应急修复措施，诱发产生一类识别碱基特异性低、缺乏校正功能的 DNA 聚合酶，从而导致错误复制，引起基因突变，称此 SOS 修复（SOS repairing）或诱导修复（induction repairing）。SOS 修复过程需要 *uvr* 基因表达蛋白、*rec* 基因表达蛋白、LexA 蛋白等多种蛋白因子的参与。最近还发现，大肠杆菌 DNA 聚合酶Ⅱ可能也参与了这一修复过程。SOS 修复合成的 DNA 分子含有较多的错误信息，从而造成大范围、长久性的基因突变。细菌实验证明，能诱发 SOS 修复机制的化学药物，不少都是哺乳类动物的致癌剂。提示 SOS 修复与基因突变、细胞癌变关系密切。

损伤 DNA 的精确修复，可以保证遗传信息传递的稳定，也有利于防止癌变。因此，DNA 的损伤与修复机制研究引起了科学界的高度重视，也是肿瘤学研究的热点课题之一。

学习小结

1. 学习内容

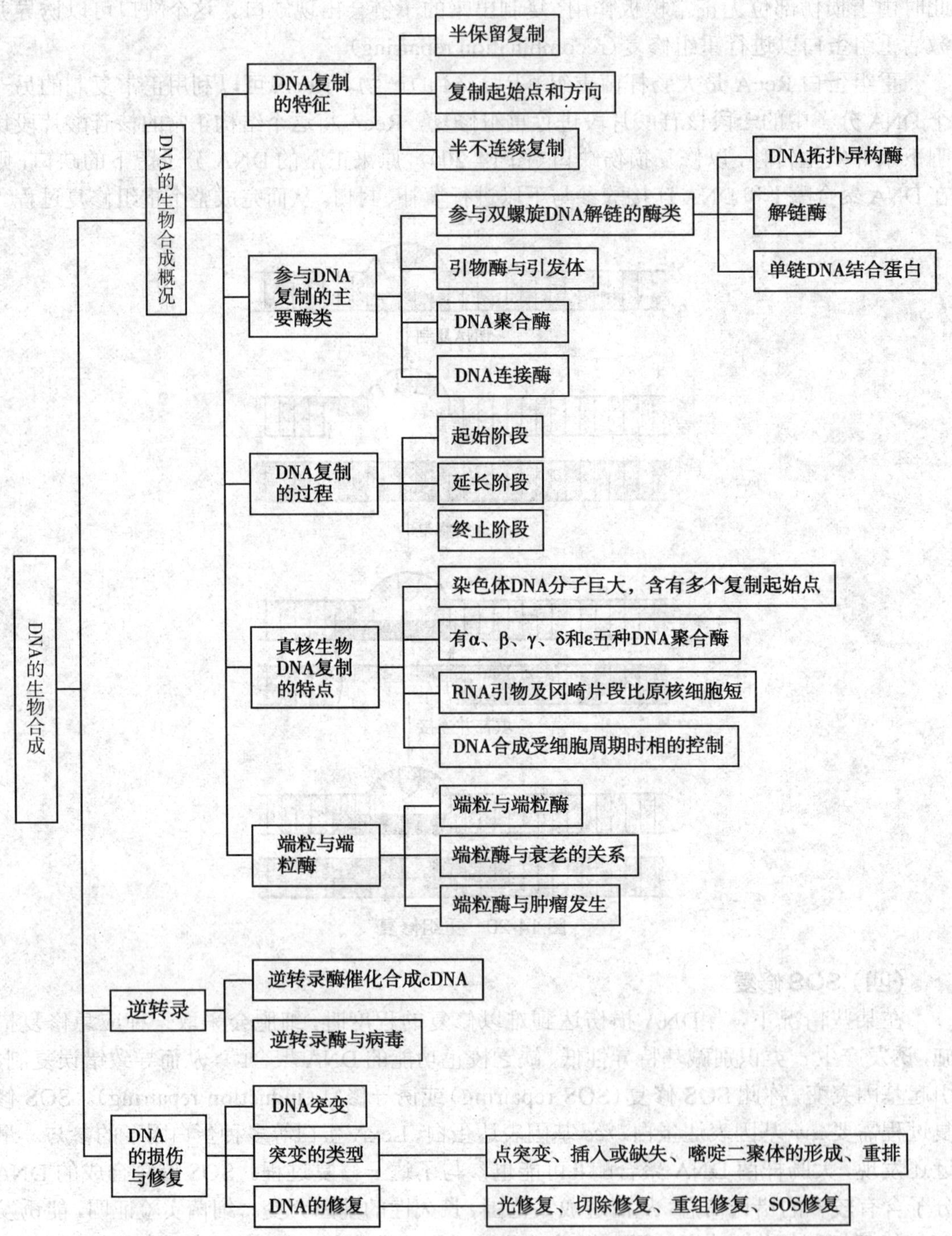

2. 学习方法　通过在生物课程中所学到的生物遗传学法则中的复制的知识，来学习本章中所展开的内容。就能很好地、较深入地理解DNA生物合成过程及其各环节所涉及的问题。

（冯雪梅）

复习思考题

1. 什么是半保留复制？DNA 复制有哪些特点？
2. 请简述大肠杆菌（*E. coli*）的三种 DNA 聚合酶功能的异同。
3. 请叙述 DNA 复制的过程。
4. DNA 是如何实现其高保真性的？
5. 什么是逆转录？逆转录酶的发现有什么医学意义？
6. DNA 损伤与修复的类型有哪些？

第十五章　RNA的生物合成

学习目的

通过对本章的学习理解转录的方式、模板、酶类等和转录过程及转录后加工修饰，为进一步学习基因表达及表达调控等内容打基础。

学习要点

参与转录的物质及作用，原核生物转录过程，真核生物转录后三种RNA的加工修饰过程。

RNA的生物合成是指以DNA为模板，以四种核苷三磷酸为原料，在RNA聚合酶催化下，合成RNA的过程，也称为转录（transcription）。细胞内的各种RNA（包括mRNA、rRNA和tRNA）都是以DNA为模板，在RNA聚合酶的催化下合成的。这类RNA聚合酶被称为DNA指导的RNA聚合酶（DNA dependent RNA polymerase，DDRP或RNA-pol）。转录后生成的mRNA将其含有的遗传信息由细胞核传送至胞质并与核糖体结合，作为蛋白质合成的直接模板，指导蛋白质的合成；产物tRNA、rRNA也参与蛋白质的生物合成。

转录和复制有许多相似之处：①以DNA为模板；②以核苷三磷酸为原料；③以5′→3′方向延伸；④聚合过程均以磷酸二酯键连接核苷酸；⑤遵守碱基配对法则。但转录和复制也有以下显著区别：①转录只以DNA的一条链为模板；②转录不需要引物；③合成RNA时以U与模板上的A配对；④转录后生成的各种RNA需要经过加工修饰过程，才转变为成熟的mRNA、tRNA和rRNA；⑤复制时基因组的全长均要复制，而转录仅根据机体需要选择部分DNA区段。

第一节　参与转录的主要物质及作用

一、DNA模板

RNA生物合成时，DNA以碱基互补关系决定了合成的RNA全部碱基成分及其排列顺序，所以DNA作为模板指导了RNA的合成。通过此过程，将DNA模板上的信息传递到RNA分子上。

在体外，RNA聚合酶能利用DNA两条链分别作模板进行转录。但在体内，DNA的双链中仅有一条链的某个区段用作模板。能够转录出RNA的DNA区段，称为结构基因（structural gene）。在某一基因DNA双链上，一条链作为模板指导转录，另一条链不转录；通常将指导转录的一条链称为模板链（template strand），不作模板的链称为编码链（coding strand）。编码链与新合成的RNA分子具有相同的碱基序列，只是以T代替U。不同的基因均以 DNA 双链上一条链作为模板指导转录，另一条链不转录；模板链并非总在同一条 DNA 单链上。转录的这种选择性称为不对称转录（asymmetric transcription）。

二、合成 RNA 的原料

合成 RNA 需要四种三磷酸核糖核苷酸（NTP：ATP、GTP、CTP、UTP）作为 RNA 聚合酶的底物。二价金属离子 Mg^{2+}、Mn^{2+} 是该酶的必需辅助因子。

三、RNA 聚合酶

原核生物 RNA 聚合酶是一种多聚体蛋白质；真核生物 RNA 聚合酶有三种，分别转录不同类型的 RNA。

1. 原核生物 RNA 聚合酶　目前研究得比较清楚的是大肠杆菌（*E. coli*）RNA 聚合酶，是由四种亚基 α_2、β、β′、σ 组成的五聚体蛋白质，分子量为 480kD。在 RNA 聚合酶中，除 σ 因子（sigma factor）外的其他亚基之间结合较为紧密，容易分离出来，称为核心酶（core- enzyme）。σ 亚基与核心酶结合比较松弛，它与核心酶一起组成全酶。σ 亚基的功能是识别转录的起始位点，使 RNA 聚合酶全酶结合在 DNA 模板的正确位置上开始转录。细胞内的转录起始阶段需要的是 RNA 聚合酶的全酶，而转录延长阶段需要核心酶。有关大肠杆菌 RNA 聚合酶的各亚基及其功能见表 15-1。

表 15-1　大肠杆菌 RNA 聚合酶亚基及功能

亚基	分子量	每分子酶中所含数目	功能
α	36 512	2	决定哪些基因被转录
β	150 618	1	与转录的全过程有关
β′	155 613	1	结合 DNA 模板
σ	70 263	1	辨认起始点

原核细胞的 RNA 聚合酶可被抗结核药物利福平特异性抑制，因利福平可专一性结合 RNA 聚合酶的 β 亚基。

2. 真核生物 RNA 聚合酶　真核生物 RNA 聚合酶比原核生物 RNA 聚合酶要复杂，已发现真核生物有三种 RNA 聚合酶，分别是 RNA-pol Ⅰ、RNA-pol Ⅱ和 RNA-pol Ⅲ。RNA-pol Ⅰ的转录产物为 45S rRNA；RNA-pol Ⅱ的产物为 hnRNA，后者加工为 mRNA；RNA-pol Ⅲ的产物都是小分子量的 RNA，包括各种 tRNA、5S rRNA 和 snRNA，后者参与 RNA 的转录后修饰。另外，有一类小分子 RNA，包括小分子干扰 RNA（siRNA）和微小 RNA（miRNA）是由 RNA 聚合酶Ⅱ或 RNA 聚合酶Ⅲ催化产生的，经酶切割加工后变成熟。主要调节与个体生长、发育、疾病发生过程等相关基因的表达。

第二节　转录的过程

原核生物和真核生物 RNA 的转录合成遵循着共同的规律，分为起始、延长、终止三个阶段。但原核生物和真核生物 RNA 聚合酶的种类不同，与模板结合的特异性不同，所以转录起始有较大区别，转录终止也不相同。

一、转录的起始

（一）原核生物的转录起始

转录是不连续、分区段进行的，每一转录区段视为一个转录单位，称为操纵子（operon）。操纵子包括一个转录起始位点、若干个结构基因及其相应的调控序列。调控序列中 RNA 聚合酶识别、结合和启动转录的 DNA 序列被称为启动子（promoter），位于转录区上游。通常将转录起始点（start site）在 DNA 编码链上标以 +1，从起始点开始，顺转录方向的碱基序列称为下游（down stream），用正数表示。反之为上游（up stream），用负数表示。见图 15-1。

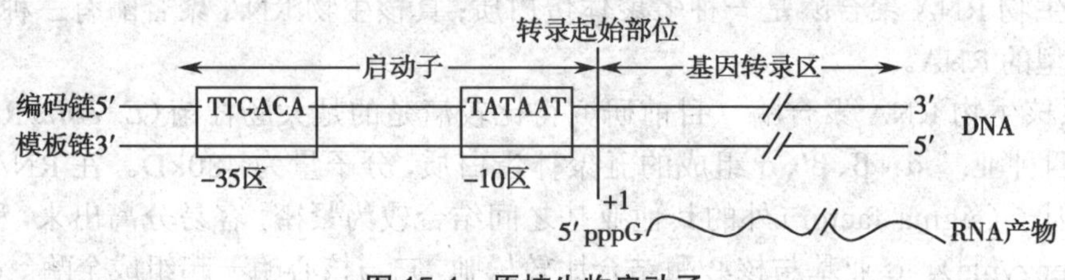

图 15-1 原核生物启动子

1. 原核生物的启动子 原核生物的启动子序列长度为 40～60bp，其中有两段序列具有高度的保守性和一致性，分别位于 -35 区和 -10 区。位于 -35 区的共有序列为 5′-TTGACA-3′，是 RNA 聚合酶依靠 σ 因子识别并初始结合的位点，因而又称 RNA 聚合酶识别位点；位于 -10 区的序列也称 Pribnow 盒，共有序列为 5′-TATAAT-3′，是 RNA 聚合酶牢固结合的位点，因而又称 RNA 聚合酶结合位点。此段富含 A-T 碱基对，容易解链，有利于 RNA 聚合酶结合并启动转录。

2. 转录起始过程 转录起始是 RNA 聚合酶结合到 DNA 模板上，DNA 双链局部打开，第一个核苷酸加入，形成转录起始复合物。原核生物的转录起始阶段，是由 σ 因子首先辨认 DNA 启动子 -35 区的识别部位，RNA 聚合酶以全酶的形式与模板启动部位相结合，此阶段酶与模板结合松弛，酶沿模板滑动至 -10 区的 TATAAT 序列并跨入转录起始点，双螺旋 DNA 解开约 17bp，形成转录泡（transcription bubble），暴露出 DNA 模板链，有利于 RNA 聚合酶催化聚合反应。根据模板链的碱基序列，加入第一个和第二个 NTP，转录的第一个核苷酸通常是 GTP。当 RNA 聚合酶催化 5′GTP（5′pppG-OH）与第二个 NTP 聚合形成第一个磷酸二酯键后，生成 5′pppGpN-OH3′，这一结构可称为四磷酸二核苷酸，5′ 端仍保留其三个磷酸，3′ 端的游离羟基可与下一个 NTP 形成磷酸二酯键，使 RNA 链延长下去。RNA 链 5′ 端的结构在转录延长中一直保留到转录终止。第一个 3′，5′- 磷酸二酯键生成后，σ 亚基脱落，核心酶连同四磷酸二核苷酸继续结合在 DNA 模板上，核心酶沿 DNA 链前移进入延长阶段。

（二）真核生物的转录起始

1. 真核生物的启动子 真核生物转录起始也需要 RNA 聚合酶辨认启动子序列并形成起始复合物。真核生物 RNA 聚合酶有三种类型，它们识别的启动子各有特点。由于 RNA 聚合酶Ⅱ识别的大部分启动子位于转录起点上游 -25bp，具有 5′—TATAAA—3′ 的共有序列，称为 TATA 盒，其作用与原核生物的 -10 区 Pribnow 盒相似。有少数基因也可没有 TATA 盒。多数基因启动子在 -40 到 -110 区附近还有一个或多个称为 CAAT 盒和 GC 盒的共有序列。而在基因的上游或下游大约 10～50kb 区还有能够增强转录功能的正调控元件，称为增强子（enhancer）。不同物种、不同细胞或不同的基因，可以有不同的 DNA 调控序列，统称为顺式作用元件（cis-acting element）。

2. 转录因子和转录起始前复合物的形成　RNA 聚合酶Ⅱ启动转录时，需要一些称为转录因子（transcription factor，TF）的蛋白质参加，才能形成有活性的转录复合体。能直接或间接辨认和结合转录调控区段 DNA，并影响转录活性的蛋白质通称为反式作用因子（trans-acting factor）。相对应于 RNA 聚合酶Ⅰ、Ⅱ、Ⅲ的 TF，分别称为 TFⅠ、TFⅡ、TFⅢ。目前研究较深入的是 TFⅡ，真核生物的 TFⅡ见表 15-2。

表 15-2　参与 RNA 聚合酶Ⅱ转录的 TFⅡ

转录因子	分子量（kD）	功能
TFⅡD	38	结合 TATA 盒
TFⅡA	12、19、35	稳定 TFⅡD
TFⅡB	33	促进 RNA 聚合酶Ⅱ结合并作为其他因子结合的桥梁
TFⅡF	30、74	解螺旋酶
TFⅡE	34（β）、57（α）	ATP 酶
TFⅡH		蛋白激酶活性，使 RNA 聚合酶羧基末端结构域磷酸化

在众多 TFⅡ中，TFⅡD 是唯一能结合 TATA 盒的蛋白质，因为 TFⅡD 含有 TATA 盒结合蛋白（TATA box-binding protein，TBP）。随后是 TFⅡA、TFⅡB 和已结合了 TFⅡF 的 RNA 聚合酶Ⅱ再结合上去，接着结合 TFⅡE，TFⅡE 的 ATPase 活性协同解开 DNA 双链的局部，形成转录起始前复合物（pro-initiation complex，PIC）。最后是 TFⅡH 进入，TFⅡH 有蛋白激酶活性，可使 RNA 聚合酶Ⅱ大亚基羧基末端结构域磷酸化，磷酸化的 RNA 聚合酶Ⅱ构象改变，离开启动子区域向下游移动，进入转录延长阶段。见图 15-2。

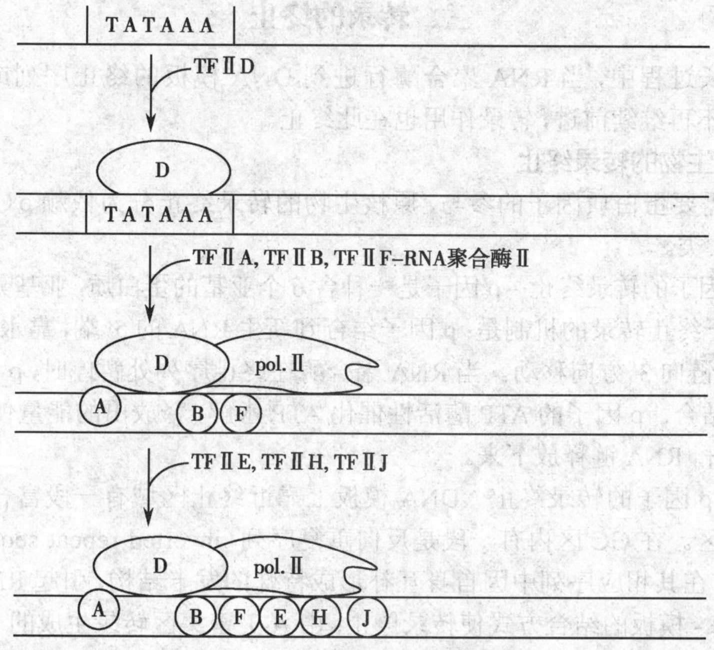

图 15-2　转录起始复合物的形成

二、转录的延长

当第一个 3′, 5′- 磷酸二酯键形成后，σ 因子脱离 DNA 模板及 RNA 聚合酶，剩下的核心酶沿着 DNA 模板向下游移动。在 RNA 聚合酶的催化下，作为原料的四种三磷酸核糖核苷酸，按照与模板互补的关系，依次进入反应体系，并脱掉焦磷酸，以 3′, 5′- 磷酸二酯键相连形成 RNA 链。合成方向是 5′→3′，新 RNA 生成后，暂时与模板链形成长度约 12bp 的 RNA-DNA 杂交体，这种结合不紧密，RNA 很容易脱离模板链，然后 DNA 的模板链再与编码链形成双螺旋分子。转录的延长过程见图 15-3。

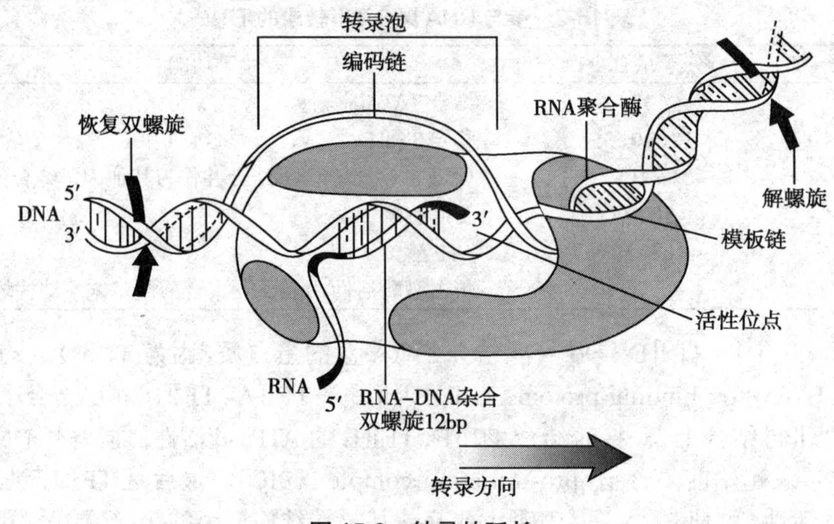

图 15-3 转录的延长

三、转录的终止

在转录延长过程中，当 RNA 聚合酶行进到 DNA 模板的终止序列或终止信号时，RNA 聚合酶就不再继续前进，转录作用也在此终止。

（一）原核生物的转录终止

根据是否需要蛋白质因子的参与，原核生物的转录终止分为依赖 ρ（Rho）因子与非依赖 ρ 因子两大类。

1. 依赖 ρ 因子的转录终止　ρ 因子是一种含 6 个亚基的蛋白质，亚基分子量为 46kD。目前认为 ρ 因子终止转录的机制是：ρ 因子结合到新生 RNA 的 5′ 端，靠水解 NTP 产生的能量沿着 RNA 链向 3′ 方向移动。当 RNA 聚合酶在终止序列处暂停时，ρ 因子与 RNA 聚合酶的 β 亚基结合。ρ 因子的 ATP 酶活性催化 ATP 水解，释放出的能量使 DNA-RNA 之间的碱基对解开，RNA 链释放下来。

2. 非依赖 ρ 因子的转录终止　DNA 模板上靠近终止区域有一段富含 GC 区域和此后的 A-T 密集区。在 GC 区内有一段是反向重复序列（inverted repeat sequence），可使转录合成的 RNA 在其相应序列中因自身互补形成特殊的发卡结构，引起 RNA 聚合酶构象的改变，改变酶 - 模板的结合方式使转录停止；由 A-T 密集区转录生成的 RNA 在 3′ 端出现连续 4 个以上的 U 序列，而 rU 与模板上 dA 结合在所有碱基对中最不稳定，促使 RNA

链与模板分离。以上两方面作用使 RNA 聚合酶停止滑动；RNA 从转录复合物中脱落，导致转录终止。见图 15-4。

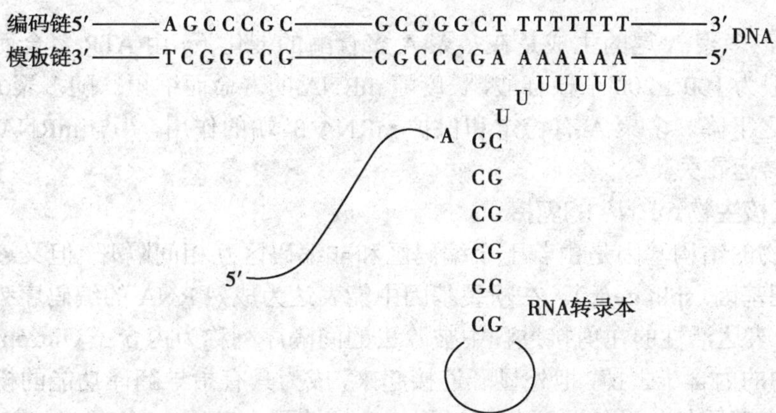

图 15-4　原核生物非依赖 ρ 因子的转录终止

转录终止时，核心酶从模板上脱落下来，与 σ 因子重新结合成全酶，开始新的转录过程。

（二）真核生物的转录终止

真核生物的转录终止是和转录后修饰密切相关的。真核生物 mRNA 带有多聚腺苷酸尾巴（poly A）的结构，已知是转录后才加进去的，因在模板上没有相应的聚胸腺苷酸（poly dT）。真核生物的转录不是在 poly A 的位置上终止，而是超出数百个乃至上千个核苷酸后才终止。

第三节　转录后加工修饰

转录生成的 RNA 是初级转录产物（primary transcripts），其分子量大，且不具有生物学活性，原核生物和真核生物转录初级产物均需要在酶的作用下，进行加工修饰才能成为有活性的 RNA。本节主要介绍真核生物转录后的加工修饰（post-transcriptional modification）。

一、真核生物 mRNA 的转录后加工修饰

真核生物的 mRNA 转录后，需要在 5′ 端加帽、3′ 端加尾，以及对 mRNA 链进行剪接（splicing）等加工修饰过程。

（一）mRNA 前体的加工

mRNA 前体称 hnRNA（heterogeneous RNA，核内不均一 RNA）。真核生物转录生成的 hnRNA 要经过比较复杂的加工修饰过程：

1. 加帽　大多数真核生物 mRNA 的 5′ 端有一个 7- 甲基鸟嘌呤核苷三磷酸的“帽子”结构。真核生物 mRNA 在成熟过程中，先由磷酸酶催化水解 5′-pppG- 释放出无机磷酸，生成 5′-ppG-，再在鸟苷酸转移酶催化下，连接另一分子三磷酸鸟苷（5′pppG），形成 5′，5′ 三磷酸结构（GpppGp-），再经转甲基酶催化，将 S- 腺苷甲硫氨酸（SAM）分子上的甲基转移至鸟嘌呤的 N^7 位置上，形成 5′-m^7GpppGp- 的帽子结构。5′ 帽子结构可以使 mRNA 免受核酸酶的攻击，为核糖体识别 mRNA 提供信号参与翻译过程。

$$5'\text{pppG}\cdots \xrightarrow[\searrow \text{Pi}]{\text{磷酸酶}} 5'\text{ppG} \xrightarrow{\text{pppG} \curvearrowright \text{ppi}} 5'\text{GpppG}\cdots \xrightarrow[\text{SAM}]{\text{甲基化酶}} {}^{m}\text{GpppG}\cdots$$

2．加尾　多聚A尾的生成是在多聚A聚合酶的催化下，由ATP聚合而成的。多聚A的长度一般为100～200个核苷酸，长度随mRNA的寿命而缩短。随多聚A的缩短，翻译活性也随之下降。多聚A有稳定和保护mRNA 3′端的作用，并与mRNA从细胞核进入细胞质的转运有关。

（二）真核生物mRNA的剪接

真核生物的结构基因是由若干个编码区和非编码区互相间隔开，但又连续镶嵌而成的，称为断裂基因（split gene）。在断裂基因中能表达为成熟RNA的编码序列称为外显子（exon），没有表达活性的在剪接过程中被除去的间隔序列称为内含子（intron）。剪接就是把hnRNA中的内含子去掉，把外显子连接起来，成为具有指导翻译功能的模板。图15-5为鸡卵清蛋白基因结构及转录后加工过程。鸡卵清蛋白基因全长7.7kb，有8个外显子，包括先导序列L和外显子1～7，为该蛋白的386个氨基酸编码，有7个内含子，即图中A至G，将外显子隔开。

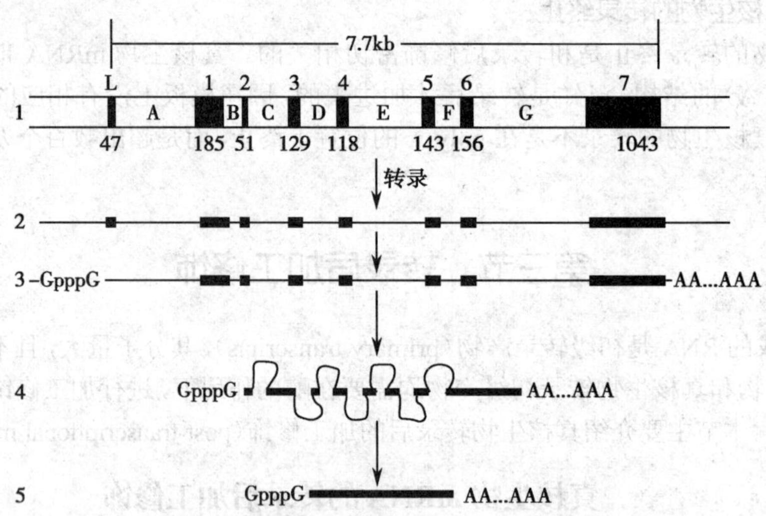

图15-5　鸡卵清蛋白基因结构及转录后加工过程

1．卵清蛋白基因；2．转录初级产物hnRNA；3．hnRNA的首尾修饰；4．剪切过程中套索RNA的形成；5．胞质中出现的成熟mRNA

真核生物转录的初级产物hnRNA，去除初级转录产物上的内含子，把外显子连接成为成熟的、有功能的RNA的过程称为剪接。大多数真核生物内含子都有相同的结果特点，即5′端为GU，而其3′末端则为AG。在靠近3′端上游18～40个核苷酸处有一段保守序列称分支点。5′GU……AG-OH-3′称为剪接接口或边界序列。剪接后，GU或AG不一定被剪除。

hnRNA的剪接由两次转酯反应完成。第一次转酯反应需要细胞核内的含鸟苷酸pG、ppG或pppG的辅酶，内含子分支点中的2′-OH攻击内含子的5′端，并与5′端的G形成2′，5′-磷酸二酯键，这时内含子弯曲成套索状，与内含子5′端相连的外显子3′-OH游离出来。第二次转酯反应由外显子游离的 3′-OH 攻击内含子 3′ 端，与第二个外显子的 5′ 磷酸形成 3′, 5′- 磷酸二酯键（图 15-6）。这样，两个外显子相连起来而内含子则被切除掉。

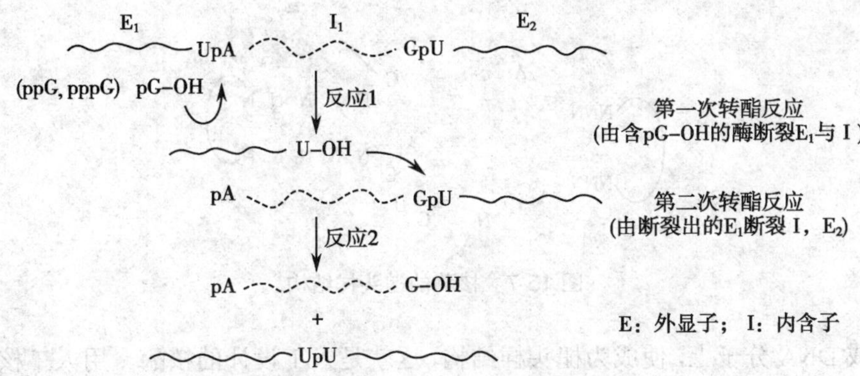

图 15-6 剪接过程的两次转酯反应

箭头表示由核糖的 3′-OH 对磷酸二酯键的亲电子攻击

二、前体 tRNA 的转录后加工

RNA 聚合酶Ⅲ催化合成 tRNA 的初级产物，其加工过程包括以下四个步骤：①在核糖核酸酶 P 的作用下，切除 5′ 末端 16 个核苷酸序列；②在核苷酸转移酶的作用下，从 3′ 末端除去个别碱基后，换上 CCA-OH 序列，此序列特异性携带氨基酸；③通过剪接切除内含子，使反密码子正好位于反密码子环的顶端；④部分碱基的修饰：包括嘌呤甲基化生成甲基嘌呤、尿嘧啶核苷酸转变为假尿嘧啶核苷酸、尿嘧啶还原为二氢尿嘧啶、腺苷酸脱氨成为次黄嘌呤核苷酸。

三、前体 rRNA 的转录后加工

真核生物 RNA pol Ⅰ催化生成一条 45S 的 rRNA 前体。45S rRNA 在一系列酶催化下裂解产生 18S rRNA、5.8S rRNA 及 28S rRNA。rRNA 成熟后，就在核仁上与相关蛋白质装配成大、小两个亚基，通过核孔转运到胞质，参与蛋白质的生物合成。

四、核酶在转录修饰中的作用

20 世纪 80 年代初，Cech 在研究四膜虫 rRNA 剪接中发现，将反应体系中所有蛋白质去除后，剪接反应仍可完成。由于 rRNA 的剪接不需要任何蛋白质参与即可完成，说明 RNA 本身就有酶的作用。因此，把具有酶催化活性的 RNA 命名为核酶（ribozyme）。

现已知的一个最简单的能进行自我剪接的 RNA 的结构见图 15-7。由于其二级结构与槌头相似而命名为槌头样结构（hammer head structure），这是核酶能起催化作用的结构要求。核酶的作用是一种分子内部的催化，即同一分子上包括催化部分和底物部分。箭头所示（切口）附近的核苷酸就是底物部分，含有 GU 的序列；槌头样结构就是催化部分。

核酶大多在古老的生物中发现，有人认为它是现代生物物种内存在的“活”化石，对研究生命的起源和进化具有重大意义。核酶的发现，也对传统的酶学提出了挑战。更有意义的是，由于核酶结构的阐明，可以用人工合成的小区段 RNA，配合在欲破坏其结构

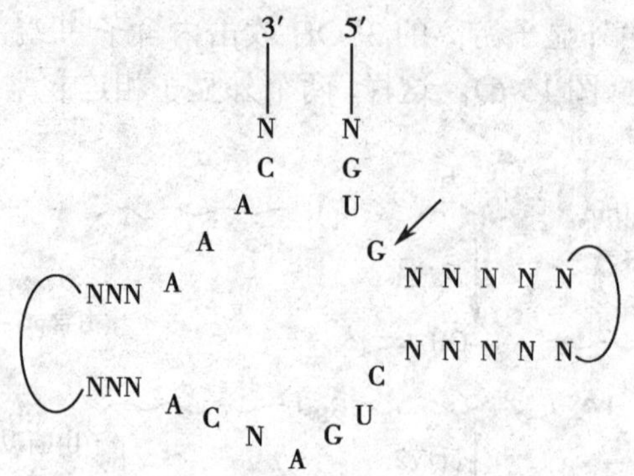

图 15-7 核酶的槌头样结构

的 RNA 或 DNA 分子上，使成为槌头样结构，这就是人工设计的核酶。用人工核酶，把核酸分子切成特异性区段的研究，已获得成功。用人工设计的核酶来破坏病原微生物及某些不利于人类健康的各种基因的工作，也已经开始实行。

学习小结

1. 学习内容

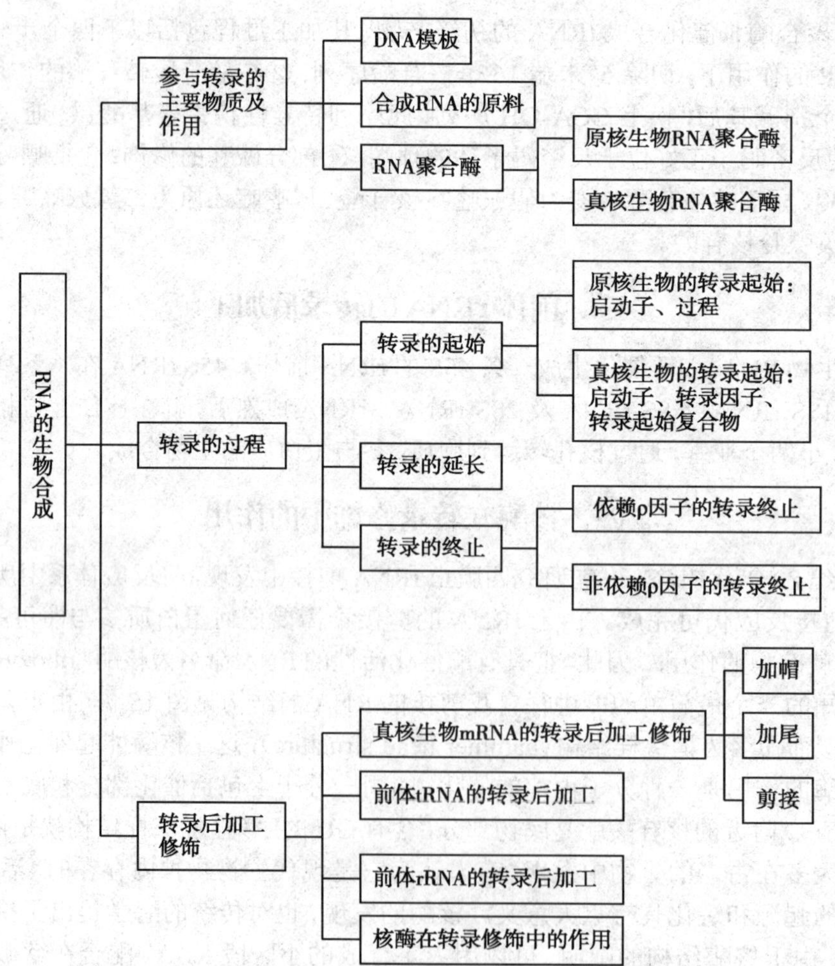

2. 学习方法　RNA 的生物合成又称转录。它是生物遗传中心法则中的环节之一，学习时要在此基础上去理解转录过程中所涉及的具体问题。并结合 DNA 生物合成从以下几方面比较性地学习更有助于理解本章内容，如合成的基本特征、模板、参与的酶及主要物质和过程等。

（李素婷）

复习思考题

1. 什么是转录？比较复制和转录的异同点。
2. 原核生物 RNA 聚合酶的组成包括哪些部分？各组分的功能是什么？
3. 试述真核生物 mRNA 加工修饰。

第十六章 蛋白质的生物合成

学习目的

通过本章学习掌握参与蛋白质生物合成的物质及其作用以及蛋白质生物合成的过程和影响蛋白质合成的作用机制，为学习药理学、分子生物学等其他医学课程奠定基础。

学习要点

翻译的概念与参与蛋白质生物合成的物质及其作用；原核生物蛋白质的合成基本过程；翻译后加工及靶向输送等内容。

从生物学中心法则可知，蛋白质的生物合成是遗传信息表达的最终阶段，而蛋白质是遗传信息表现的功能形式，是生命的物质基础，它赋予细胞乃至个体的生物学功能或表型。蛋白质生物合成是指DNA结构基因中储存的遗传信息，通过转录生成mRNA，再指导多肽链合成的过程，也称为翻译（translation）。该过程的本质是将mRNA分子中A、G、C、U四种核苷酸序列编码的遗传信息（核酸语言）转换成蛋白质一级结构中20种氨基酸的排列顺序（蛋白质语言）。翻译是包含起始、延长和终止三个阶段的连续过程。肽链合成后还要通过翻译后的加工修饰，包括折叠形成天然蛋白质的三维构象、对一级结构和空间结构的修饰等，才成为有生物功能的天然蛋白质。此外，多种蛋白质在胞液合成后还需要定向输送到相应细胞部位发挥作用。

第一节 蛋白质生物合成体系

蛋白质的生物合成是一个涉及数百种分子参与的复杂的耗能过程：合成原料是20种编码的氨基酸；mRNA是蛋白质生物合成的直接模板；tRNA结合并运载各种氨基酸至mRNA模板上；rRNA和多种蛋白质构成的核糖体是蛋白质生物合成的场所。除上述RNA外，还包括参与氨基酸活化及肽链合成起始、延长和终止阶段的多种蛋白质因子、其他蛋白质、酶类、供能物质和某些无机离子等。

一、mRNA——蛋白质生物合成的直接模板

mRNA分子含有从DNA转录出来的遗传信息，是蛋白质合成的直接模板。由于原核基因与真核基因结构不同，mRNA转录方式及产物也有所不同。在原核生物中，数个功能相关的结构基因常串联在一起，构成一个转录单位，转录生成的一段mRNA往往编码几种功能相关的蛋白质，称为多顺反子（polycistron），转录产物一般不需加工，即可成为翻译的模板。在真核生物中，结构基因的遗传信息是不连续的，mRNA转录产物需加工成熟才可作为翻译的模板。真核细胞一个mRNA只编码一种蛋白质，称为单顺反子（monocistron）。

在mRNA阅读框架内，每相邻三个核苷酸组成一个三联体的遗传密码(genetic codon)，编码一种氨基酸。由于mRNA分子上有A、G、C、U四种核苷酸，密码子含有3个核苷酸，所以四种核苷酸可组合成64(4^3)个三联体的遗传密码(表16-1)。在64个遗传密码子中，有三个密码子(UAA、UAG、UGA)不编码任何氨基酸，它们只作为肽链合成的终止信号，为终止密码子(termination codon)；其余61个密码子分别编码蛋白质的20种氨基酸，其中AUG既编码多肽链中的甲硫氨酸，又作为肽链合成的起始信号，称为起始密码子(initiation codon)。在某些原核生物中，GUG和UUG也可充当起始密码子。

表16-1 遗传密码表

第一核苷酸	第二核苷酸				第三核苷酸
(5′)	U	C	A	G	(3′)
U	苯丙氨酸 UUU	丝氨酸 UCU	酪氨酸 UAU	半胱氨酸 UGU	U
	苯丙氨酸 UUC	丝氨酸 UCC	酪氨酸 UAC	半胱氨酸 UGC	C
	亮氨酸 UUA	丝氨酸 UCA	终止密码 UAA	终止密码 UGA	A
	亮氨酸 UUG	丝氨酸 UCG	终止密码 UAG	色氨酸 UGG	G
C	亮氨酸 CUU	脯氨酸 CCU	组氨酸 CAU	精氨酸 CGU	U
	亮氨酸 CUC	脯氨酸 CCC	组氨酸 CAC	精氨酸 CGC	C
	亮氨酸 CUA	脯氨酸 CCA	谷氨酰胺 CAA	精氨酸 CGA	A
	亮氨酸 CUG	脯氨酸 CCG	谷氨酰胺 CAG	精氨酸 CGG	G
A	异亮氨酸 AUU	苏氨酸 ACU	天冬酰胺 AAU	丝氨酸 AGU	U
	异亮氨酸 AUC	苏氨酸 ACC	天冬酰胺 AAC	丝氨酸 AGC	C
	异亮氨酸 AUA	苏氨酸 ACA	赖氨酸 AAA	精氨酸 AGA	A
	甲硫氨酸 AUG	苏氨酸 ACG	赖氨酸 AAG	精氨酸 AGG	G
G	缬氨酸 GUU	丙氨酸 GCU	天冬氨酸 GAU	甘氨酸 GGU	U
	缬氨酸 GUC	丙氨酸 GCC	天冬氨酸 GAC	甘氨酸 GGC	C
	缬氨酸 GUA	丙氨酸 GCA	谷氨酸 GAA	甘氨酸 GGA	A
	缬氨酸 GUG	丙氨酸 GCG	谷氨酸 GAG	甘氨酸 GGG	G

遗传密码具有如下特点：

(一)方向性

密码子及组成密码子的各碱基在mRNA序列中的排列具有方向性，即遗传密码阅读方向只能是从5′→3′，也就是说起始密码子总是位于mRNA开放阅读框架的5′末端，而终止密码子在mRNA的3′末端，遗传信息在mRNA分子中的这种方向性排列决定了多肽链合成的方向是从氨基端到羧基端，见图16-1A。

(二)连续性

mRNA分子中编码蛋白质氨基酸序列的各个三联体密码及密码子各碱基是连续排列的。翻译时从5′端特定起始点开始，每三个碱基为一组向3′端方向连续阅读，每次读码时每个碱基只读一次，不重叠阅读。基于遗传密码的连续性，如果mRNA阅读框架内插入或缺失一个核苷酸，就会使此后的读码产生错译，造成下游翻译产物氨基酸序列的改变，合成一条不是原来意义上的多肽链(图16-1B)，由此而引起的突变称为框移突变(frame shift mutation)。

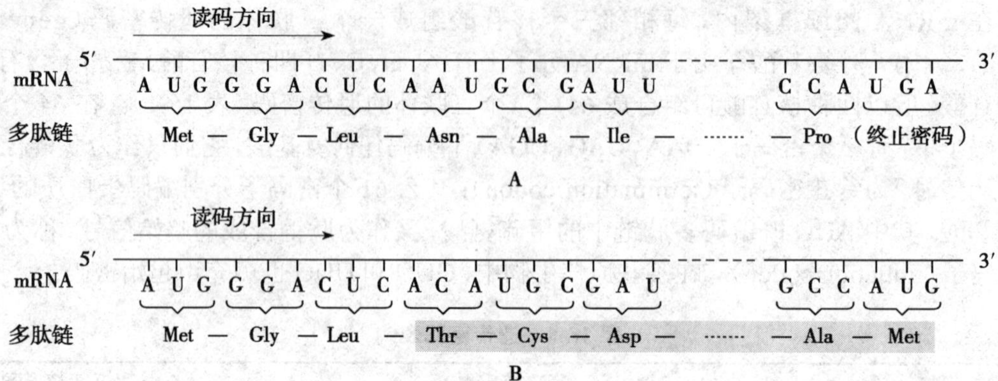

图 16-1 遗传密码的连续性与框移突变

A. 氨基酸的排列顺序对应于mRNA序列中密码子的排列顺序；B. 核苷酸插入导致框移突变

（三）简并性

一种氨基酸可有两个或两个以上的密码子为其编码，这一特性称为遗传密码的简并性（表16-2）。已知61个密码子编码20种氨基酸，显然两者不是一对一的关系。从遗传密码表中可知，除甲硫氨酸和色氨酸只对应1个密码子外，其他氨基酸都有2、3、4个或6个密码子为之编码。为同一种氨基酸编码的各密码子称为简并性密码子，也称同义密码子。比较编码同一氨基酸的几个三联体密码可发现：同义密码子的第1、2位碱基多相同，而第3位碱基可以不同，即密码子的特异性主要由前两位核苷酸决定，如甘氨酸的密码子是GGU、GGC、GGA、GGG，缬氨酸的密码子是GUU、GUC、GUA、GUG，所以这些密码第3位碱基的突变并不影响所翻译氨基酸的种类，这种突变类型称为同义突变（synonymous mutation）。因此，遗传密码的简并性对于减少基因突变对蛋白质功能的影响具有一定的生物学意义。

表 16-2 遗传密码的简并性

同义密码子数目	氨基酸
6	Leu，Ser，Arg
4	Gly，Pro，Ala，Val，Thr
3	Ile
2	Phe，Tyr，Cys，His，Gln，Glu，Asn，Asp，Lys
1	Met，Trp

（四）摆动性

翻译过程中，氨基酸的正确加入依赖于mRNA的密码子与tRNA的反密码子之间的反向配对结合。然而密码子与反密码子配对时，有时会出现不严格遵守常见的碱基配对法则的情况，称为摆动配对。按照5′→3′阅读密码规则，摆动配对常见于密码子的第3位碱基与反密码子的第1位碱基间，两者虽不严格互补，也能相互辨认。如tRNA反密码子的第1位出现次黄嘌呤核苷（inosine，I）时，可分别与密码子的第3位碱基U、C、A配对（表16-3）。摆动配对的碱基间形成的是特异、低键能的氢键连接，有利于翻译时tRNA迅速与密码子分离，因此摆动配对使密码子与反密码子的相互识别具有灵活性，这可使一种 tRNA 能识别 mRNA 的 1～3 种简并性密码子。

表 16-3 密码子与反密码子配对的摆动现象

tRNA 反密码子第 1 位碱基	I	U	G	A	C
mRNA 密码子第 3 位碱基	U，C，A	A，G	U，C	U	G

（五）通用性

蛋白质生物合成的整套遗传密码，从原核生物、真核生物到人类都通用，即遗传密码表中的这套密码基本上适用于生物界的所有物种，具有通用性。这表明各种生物是从同一祖先进化而来的。但近年研究发现，动物的线粒体和植物的叶绿体中有自己独立的密码系统，与通用密码子有一定差别，线粒体中存在独立的基因表达体系，如在线粒体内，AUA 兼作甲硫氨酸密码子和起始密码子，终止密码子可为 AGA、AGG，而 UGA 编码色氨酸等。

二、核糖体——蛋白质生物合成的场所

核糖体也称核蛋白体，是由 rRNA 和蛋白质组成的复合体。参与蛋白质生物合成的各种成分最终都要在核糖体上将氨基酸合成多肽链。所以，核糖体是蛋白质生物合成的场所。

核糖体在蛋白质生物合成中的作用和它的成分及结构密切相关。在原核细胞中，核糖体可以游离形式存在，也可以与 mRNA 结合形成串珠状的多聚核糖体。真核细胞中的核糖体可游离存在，也可以与细胞内质网相结合形成粗面内质网。核糖体由大、小两个亚基组成，每个亚基都由多种核糖体蛋白（ribosomal protein，rp）和 rRNA 组成。大、小亚基所含蛋白质分别称为 rpL（ribosomal proteins in large subunit）和 rpS（ribosomal proteins in small subunit），它们多是参与蛋白质生物合成过程的酶和蛋白质因子。rRNA 分子含有很多局部双螺旋结构区，可折叠生成复杂三维构象作为亚基结构骨架，使各种 rp 附着结合，装配成完整亚基。表 16-4 显示，原核生物核糖体（70S）由 30S 小亚基（含 16S rRNA 和 21 种 rpS）和 50S 大亚基（含 23S rRNA、5S rRNA 和 36 种 rpL）组成。真核生物核糖体（80S）则由 40S 小亚基（含 18S rRNA 和 33 种 rpS）和 60S 大亚基（含 28S rRNA、5.8S RNA、5S rRNA 和 49 种 rpL）组成。

表 16-4 原核、真核生物核糖体的组成

	原核生物			真核生物		
	核糖体	小亚基	大亚基	核糖体	小亚基	大亚基
S 值	70S	30S	50S	80S	40S	60S
rRNA		16S rRNA	23S rRNA 5S rRNA		18S rRNA	28S rRNA 5.8S RNA 5S rRNA
蛋白质		rpS21 种	rpL36 种		rpS 33 种	rpL 49 种

核糖体在蛋白质的生物合成中起重要作用，这是由于：①核糖体的小亚基有供 mRNA 附着的位置。当大、小亚基聚合时，两者之间形成的裂隙是容纳 mRNA 的部位（图 16-2A）。核糖体能沿着 mRNA 从 5′→3′ 逐个阅读遗传密码。②核糖体有结合氨基酰 -tRNA 和肽酰 -tRNA 的部位（图 16-2B）。氨基酰位（aminoacyl site），可与氨基酰 -tRNA 结合，又称

为受位（acceptor site）（A 位）；肽酰位（peptidyl site）（P 位），是肽酰 -tRNA 结合的位置，又称给位（donor site）。这两个部位主要是由大、小亚基蛋白质成分共同构成，而且是非特异性的，无论何种肽酰 -tRNA 或何种氨基酰 -tRNA 均可与之结合。③大亚基上有卸载 tRNA 的排出位（exit site），称 E 位（图 16-2B）。真核细胞核糖体没有 E 位。④大亚基有转肽酶活性，可催化形成肽键。⑤核糖体还具有起始、延长和终止等多种参与蛋白质合成的因子的结合部位。总之，当肽酰 -tRNA 结合在 P 位、另一个氨基酰 -tRNA 结合在 A 位时，两个 tRNA 的反密码子也就正好与 mRNA 的两个密码子互补结合，而转肽酶就位于这两个位点之间。在转肽酶的作用下，肽酰基被转移到位于 A 位的氨基酰 -tRNA 的氨基上，两者之间形成肽键，这样，A 位上的氨基酸就被添加到肽链中，肽链得以延长。

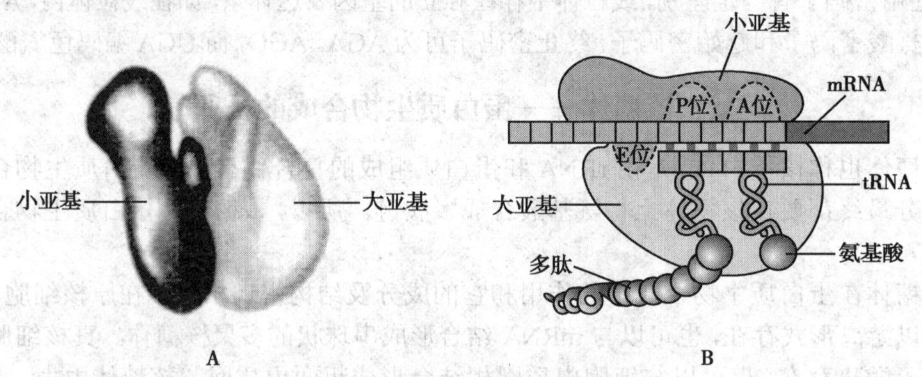

图 16-2 原核生物核糖体结构模式

A. 核糖体大、小亚基间裂隙为 mRNA 结合部位；B. 翻译过程中核糖体结构模式

大、小亚基的结合就是蛋白质合成的开始，只有正在进行蛋白质合成时，两个亚基才结合成为完整的核糖体，蛋白质合成一旦中止，核糖体就立即解离成大、小两个亚基。

真核生物核糖体结构与原核生物相似，但组分更复杂。

三、tRNA——结合并运载氨基酸的工具

核苷酸的碱基与氨基酸之间不具有特异的化学识别作用，那么在蛋白质合成过程中编码氨基酸是怎样来识别 mRNA 模板上的遗传密码，进而排列连接成特异的多肽链序列的呢？研究证明，氨基酸与遗传密码之间的相互识别作用是通过 tRNA 而实现的，tRNA 是蛋白质合成过程中的接合体（adaptor）分子。tRNA 分子具有两个关键部位：一个是氨基酸的结合部位；另一个是 mRNA 的结合部位。这两点表明 tRNA 是既可携带特异的氨基酸，又可特异地识别 mRNA 遗传密码的双重功能分子。氨基酸结合部位是 tRNA 氨基酸臂的 -3′ 末端 CCA-OH，mRNA 结合部位是 tRNA 的反密码子。于是，通过 tRNA 的接合作用使氨基酸能够按 mRNA 信息的指导“对号入座”，保证核酸到蛋白质遗传信息传递的准确性。

（一）氨基酸的活化

氨基酸的活化指氨基酸的 α- 羧基与特异 tRNA 的 3′ 末端 CCA-OH 结合形成氨基酰 -tRNA 的过程，这一反应由氨基酰 -tRNA 合成酶（aminoacyl-tRNA synthetase）催化完成，并分两步进行。第一步是氨基酰 -tRNA 合成酶（E）识别它所催化的氨基酸及另一底

物 ATP，并在酶的催化下，氨基酸的羧基与 AMP 上磷酸之间形成一个酯键，生成中间复合物氨基酰 -AMP-E，同时释放出一分子 PPi。第二步是氨基酰 -AMP-E 与 tRNA 作用生成氨基酰 -tRNA，并重新释放出 AMP 和酶。

$$\text{氨基酸}+\text{ATP–E}\longrightarrow\text{氨基酰–AMP–E}+\text{PPi}$$

$$\text{氨基酰–AMP–E}+\text{tRNA}\longrightarrow\text{氨基酰–tRNA}+\text{AMP}+\text{E}$$

总反应式为：

$$\text{氨基酸}+\text{tRNA}+\text{ATP}\xrightarrow{\text{氨基酰–tRNA合成酶}}\text{氨基酰–tRNA}+\text{AMP}+\text{PPi}$$

反应中氨基酸的 α- 羧基与 tRNA 的 3′ 末端 CCA-OH 以酯键连接，形成氨基酰 -tRNA。细胞中的焦磷酸酶不断分解反应生成的 PPi，促进反应持续向右进行，每活化 1 分子氨基酸需要消耗 2 个高能磷酸键。

氨基酸与 tRNA 分子的正确结合，是决定翻译准确性的关键步骤之一，氨基酰 -tRNA 合成酶在其中起着主要作用。氨基酰 -tRNA 合成酶存在于细胞质，对底物氨基酸和 tRNA 都有高度特异性。该酶通过分子中相分隔的活性部位分别识别结合 ATP、特异的氨基酸和携带简并密码的数种 tRNA。原核细胞中有 30～40 种不同的 tRNA 分子，而真核生物中有 50 种甚至更多，因此一种氨基酸可以和 2～6 种 tRNA 特异性地结合。

（二）氨基酰 -tRNA 的表示方法

如用三个字母缩写代表氨基酸，各种氨基酸和对应的 tRNA 结合形成的氨基酰 -tRNA 可以如下方法表示，如 Asp-tRNA^{Asp}、Ser-tRNA^{Ser}、Gly-tRNA^{Gly} 等。

密码子 AUG 可编码甲硫氨酸（Met），同时作为起始密码。在真核生物中与甲硫氨酸结合的 tRNA 至少有两种：在起始位点携带甲硫氨酸的 tRNA 称为起始 tRNA（initiator-tRNA），简写为 $\text{tRNAi}^{\text{Met}}$；在肽链延长中携带甲硫氨酸的 tRNA 称为延长 tRNA（elongation-tRNA），简写为 $\text{tRNAe}^{\text{Met}}$。Met-$\text{tRNAi}^{\text{Met}}$ 和 Met-$\text{tRNAe}^{\text{Met}}$ 可分别被起始或延长过程起催化作用的酶和因子所辨认。

原核生物的起始密码只能辨认甲酰化的甲硫氨酸，即 N- 甲酰甲硫氨酸（N-formyl methionine，fMet），因此起始位点的甲酰化甲硫氨酰 tRNA 表示为 fMet-$\text{tRNA}^{\text{fMet}}$。N- 甲酰甲硫氨酸中的甲酰基从 N^{10}- 甲酰四氢叶酸（THFA）转移到甲硫氨酸的 α- 氨基上，由转甲酰基酶催化。

$$\underset{\text{Met—tRNA}^{\text{fMet}}}{\text{H}_2\text{N—CH(CH}_2\text{CH}_2\text{SCH}_3\text{)COO—tRNA}^{\text{fMet}}}+\text{THFA—CHO}\xrightarrow{\text{转甲酰基酶}}\underset{\text{fMet—tRNA}^{\text{fMet}}}{\text{HC(=O)—NH—CH(CH}_2\text{CH}_2\text{SCH}_3\text{)COO—tRNA}^{\text{fMet}}}$$

四、参与蛋白质生物合成的其他成分

（一）重要的酶类

蛋白质合成过程中起主要作用的酶有：①氨基酰 -tRNA 合成酶，存在于胞液中，催化氨基酸活化；②转肽酶，是核糖体大亚基的组成成分，将 P 位上肽酰 -tRNA 的肽酰基转移到 A 位上，并催化肽酰基的活化羧基与氨基酰的 α- 氨基结合形成肽键，使肽酰基和氨基酰通过肽键相连；③转位酶，其活性存在于延长因子 G 中，催化核糖体向 mRNA 的 3′ 端移动一个密码子的距离，使下一个密码子定位于 A 位。

（二）蛋白质因子

在蛋白质合成过程中各个阶段还需要多种重要的蛋白质因子的参与，如起始因子（initiation factor，IF）、延长因子（elongation factor，EF）、释放因子（release factor，RF）又称终止因子。真核生物的各阶段所需因子冠以小 e 字母，如 eIF。起始因子参与翻译起始复合物的形成；延长因子参与肽链的延长；释放因子参与蛋白质合成终止。

（三）能源物质及无机离子

氨基酸活化及肽链形成过程中需要 ATP 及 GTP 供能。在蛋白质合成的各阶段还有某些无机离子（如 Mg^{2+}、K^{+} 等）参与反应。

第二节 蛋白质生物合成的过程

在翻译过程中，核糖体从开放阅读框架的 5′-AUG 开始向 3′ 端阅读 mRNA 上的三联体遗传密码，而多肽链的合成是从 N 端向 C 端，直至终止密码出现。终止密码前一位三联体，翻译出肽链的 C 端氨基酸。蛋白质生物合成是最复杂的生物化学过程之一，它需要上百种不同的蛋白质及数十种 RNA 分子的参与。原核生物和真核生物的蛋白质合成过程不尽相同，所用术语也有区别，分开介绍更方便。

一、原核生物的肽链合成过程

蛋白质生物合成的早期研究工作是利用大肠杆菌的无细胞体系进行的，所以对大肠杆菌的蛋白质合成过程了解较多。为了便于叙述人为地将翻译过程分为起始（initiation）、延长（elongation）和终止（termination）三个阶段，这三个阶段是在核糖体上通过核糖体循环机制完成的。原核生物肽链的合成过程涉及众多的蛋白质因子（表 16-5）。

表 16-5 参与原核生物肽链合成的各种蛋白质因子及其生物学功能

种类		生物学功能
起始因子	IF-1	占据 A 位，防止其他氨基酰 -tRNA 进位
	IF-2	促进 fMet-$tRNA^{fMet}$ 与 30S 小亚基结合
	IF-3	促进大、小亚基分离，提高 P 位对结合 fMet-$tRNA^{fMet}$ 的敏感性
延长因子	EF-Tu	结合 GTP，携带氨基酰 -tRNA 进入 A 位
	EF-Ts	调节亚基
	EF-G	有转位酶活性，促进 mRNA- 肽酰 -tRNA 由 A 位移至 P 位，促进 tRNA 卸载
释放因子	RF-1	特异识别 UAA、UAG，诱导转肽酶转变成酯酶
	RF-2	特异识别 UAA、UGA，诱导转肽酶转变成酯酶
	RF-3	可与核糖体其他部位结合，有 GTP 酶活性，能介导 RF-1 及 RF-2 与核糖体的相互作用

（一）肽链合成的起始

肽链合成的起始阶段是指 mRNA、起始氨基酰 -tRNA 分别与核糖体结合而形成翻译起始复合物（translational initiation complex）的过程。除需要 30S 小亚基、mRNA、fMet-$tRNA^{fMet}$ 和 50S 大亚基外，此过程还需要起始因子（initiation factor，IF）、GTP 和 Mg^{2+} 参与。原核生物有三种起始因子，即 IF-1、IF-2 和 IF-3。

1. 核糖体大、小亚基分离　蛋白质肽链合成连续进行，在肽链延长过程中，核糖体的大小亚基是聚合的，一条肽链合成终止实际上是下一轮翻译的起始。此时在 IF-3 和 IF-1 的作用下，IF-3、IF-1 与小亚基结合，促进大小亚基分离。

2. mRNA 与核糖体小亚基定位结合　原核生物 mRNA 在核糖体小亚基上的准确定位结合涉及两种机制：①在各种 mRNA 起始密码子 AUG 上游约 10 个碱基左右的位置，通常含有一段富含嘌呤碱基的特殊序列（-AGGAGG-），称为 Shine-Dalgarno 序列（S-D 序列），它与原核生物核糖体小亚基 16S rRNA 3′ 端富含嘧啶的短序列（-UCCUCC-）互补，从而使 mRNA 与小亚基结合。因此，mRNA 的 S-D 序列又称为核糖体结合位点（ribosomal binding site，RBS）。一条多顺反子 mRNA 序列上的每个基因编码序列均拥有各自的 S-D 序列和起始 AUG。② mRNA 上紧接 S-D 序列之后的一小段核苷酸序列，又可被核糖体小亚基蛋白 rpS-1 辨认结合（图 16-3）。原核生物通过上述 RNA-RNA、RNA-蛋白质的相互作用，mRNA 序列上的起始 AUG 即可在核糖体的小亚基上精确定位而形成复合体。

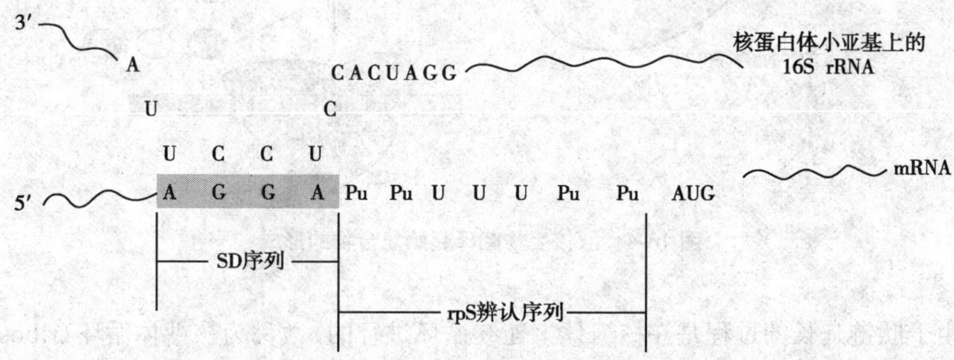

图 16-3　原核生物 mRNA 与核糖体小亚基的结合定位

3. fMet-$tRNA^{fMet}$ 的结合　fMet-$tRNA^{fMet}$ 与核糖体的结合受 IF-2 的控制。起始时 IF-1 结合在 A 位，阻止氨基酰 -tRNA 的进入。IF-2 首先与 GTP 结合，再结合 fMet-$tRNA^{fMet}$。在 IF-2 的帮助下，fMet-$tRNA^{fMet}$ 识别对应核糖体 P 位的 mRNA 起始密码子 AUG，并与之结合，这也促进了 mRNA 的准确就位。

4. 翻译起始复合物的形成　IF-2 有完整核糖体依赖的 GTP 酶活性。当上述结合了 mRNA、fMet-$tRNA^{fMet}$ 的小亚基再与 50S 大亚基结合生成完整核糖体时，IF-2 结合的 GTP 就被水解释能，促使 3 种 IF 释放，形成由完整核糖体、mRNA、起始氨基酰 -tRNA 组成的翻译起始复合物（图 16-4）。此时，结合起始密码子 AUG 的 fMet-$tRNAi^{fMet}$ 占据 P 位，而 A 位留空，并对应 mRNA 上紧接在 AUG 后的三联体密码子，为肽链延长做好了准备。

（二）肽链的延长

肽链的延长是指在 mRNA 密码序列的指导下，氨基酸依次进入核糖体并聚合成多肽链的过程。肽链延长需要 GTP 和延长因子（elongation factor，EF）的参与。

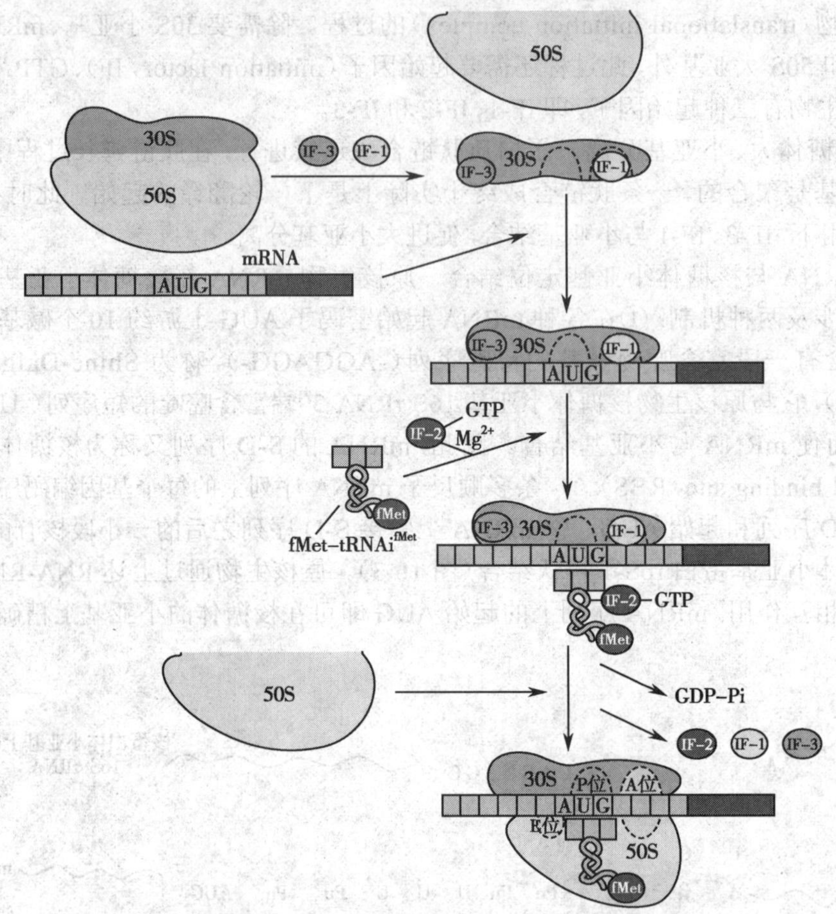

图 16-4 原核生物翻译起始复合物的形成

由于肽链延长的过程是在核糖体上连续循环进行的，故称为核糖体循环（ribosomal cycle）。每次循环分三个阶段：进位（entrance）、成肽（peptide bond formation）和转位（translocation）。循环一次，肽链增加一个氨基酸残基，直至肽链合成终止。

1. 进位 进位又称注册（registration），是指一个氨基酰 -tRNA 按照 mRNA 模板的指令进入并结合到核糖体 A 位的过程。肽链合成起始后，核糖体 P 位已被起始氨基酰 -tRNA 占据，但 A 位是留空的，并对应 AUG 后下一组三联体密码，进入 A 位的氨基酰 -tRNA 即由该密码子决定。

进位需要延长因子 EF-T 的参与。EF-T 由 EF-Tu 和 EF-Ts 两个亚基构成，当 EF-Tu 结合 GTP 时，便与 EF-Ts 分离，使 EF-Tu-GTP 处于活性状态；而当 GTP 水解为 GDP 时，EF-Tu-GDP 就失去活性。氨基酰 -tRNA 进位前，必须首先与活性的 EF-Tu-GTP 结合，才能被带入核糖体 A 位，使密码子与反密码子配对结合。同时，EF-Tu 的 GTP 酶发挥作用促使 GTP 水解，驱动 EF-Tu-GDP 从核糖体释出，既而 EF-Ts 与 EF-Tu 结合将 GDP 置换出去，并重新形成 EF-Tu-Ts 二聚体。由此可见，EF-Ts 实际上是 GTP 交换蛋白，可将 EF-Tu 上的 GDP 交换成 GTP，使 EF-Tu 进入新一轮循环，继续催化下一个氨基酰 -tRNA 进位（图 16-5）。

2．成肽　成肽是转肽酶催化下肽键形成的过程。进位后，核糖体的A位和P位各结合了一个氨基酰-tRNA。在转肽酶的催化下，P位上起始氨基酰-tRNA的N-甲酰甲硫氨酰基或肽酰-tRNA的肽酰基转移到A位并与A位上氨基酰-tRNA的α-氨基形成肽键的过程。随后转肽酶受释放因子的作用后发生变构，表现出酯酶的水解活性，使P位上的肽链与tRNA分离。第一个肽键形成以后，二肽酰-tRNA占据核糖体A位，而卸载的tRNA仍在P位（图16-5）。起始的N-甲酰甲硫氨酸的α-氨基被持续保留而成为新生肽链的N-端。

3．转位　转位是在转位酶催化下，核糖体向mRNA的3′端移动一个密码子的距离，使mRNA序列上的下一个密码子进入核糖体的A位，而占据A位肽酰-tRNA移至P位的过程（图16-5）。同时，P位的卸载tRNA进入E位，并由此排出。在原核生物，转位依赖于延长因子EF-G和GTP。EF-G有转位酶（translocase）活性，可结合并水解1分子GTP，促进核糖体向mRNA的3′端移动，使A位留空并对应下一组三联体密码，准备相应的氨基酰-tRNA进位，开始下一轮核糖体循环。

第1轮核糖体循环后，mRNA分子上的第3个密码子进入A位，为下一个氨基酰-tRNA进位做好准备。再进行第2轮循环，进位-成肽-转位，P位将出现三肽酰-tRNA。A位

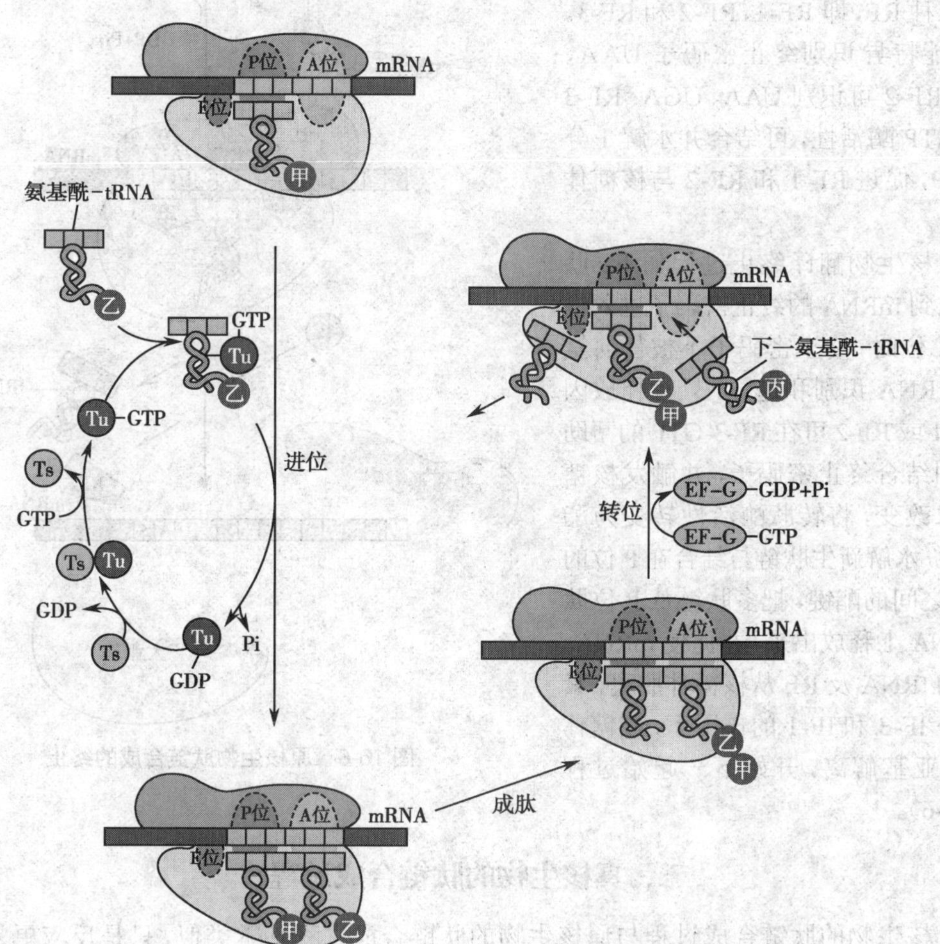

图16-5　原核生物肽链合成的延长

又空出，再进行第3轮循环，这样每循环1次，肽链将增加1个氨基酸残基。如此重复进位-成肽-转位的循环过程，核糖体依次沿5′→3′方向阅读mRNA的遗传密码，肽链不断从N端向C端延长（图16-5）。

在肽链延长连续循环时，核糖体空间构象也发生着周期性改变，转位时卸载的tRNA进入E位，可诱导核糖体构象变化有利于下一个氨基酰-tRNA进入A位；而氨基酰-tRNA的进位又诱导核糖体变构促使卸载tRNA从E位排出。

（三）肽链合成的终止

肽链合成的终止是指核糖体A位出现mRNA的终止密码后，多肽链合成停止，肽链从肽酰-tRNA中释出，mRNA及核糖体大、小亚基等分离的过程。

终止过程需要的蛋白质因子称为终止因子（termination factor），又称释放因子（release factor，RF）。原核生物有三种RF，即RF-1、RF-2和RF-3。RF-1能特异识别终止密码子UAA、UAG；RF-2可识别UAA、UGA；RF-3具有GTP酶活性，可结合并水解1分子GTP，促进RF-1和RF-2与核糖体的结合。

原核生物翻译终止过程如下：肽链延长到mRNA的终止密码子进入核糖体A位时，终止密码子不被任何氨基酰-tRNA识别和进位，只有释放因子RF-1或RF-2可在RF-3-GTP的帮助下识别结合终止密码子，并触发核糖体构象改变，将转肽酶活性转变为酯酶活性，水解新生肽链与结合在P位的tRNA之间的酯键，把多肽链从P位肽酰-tRNA上释放出来，并促使mRNA、卸载的tRNA及RF从核糖体脱离，紧接着在IF-3和IF-1的作用下，核糖体大、小亚基解离，开始下一起始过程（图16-6）。

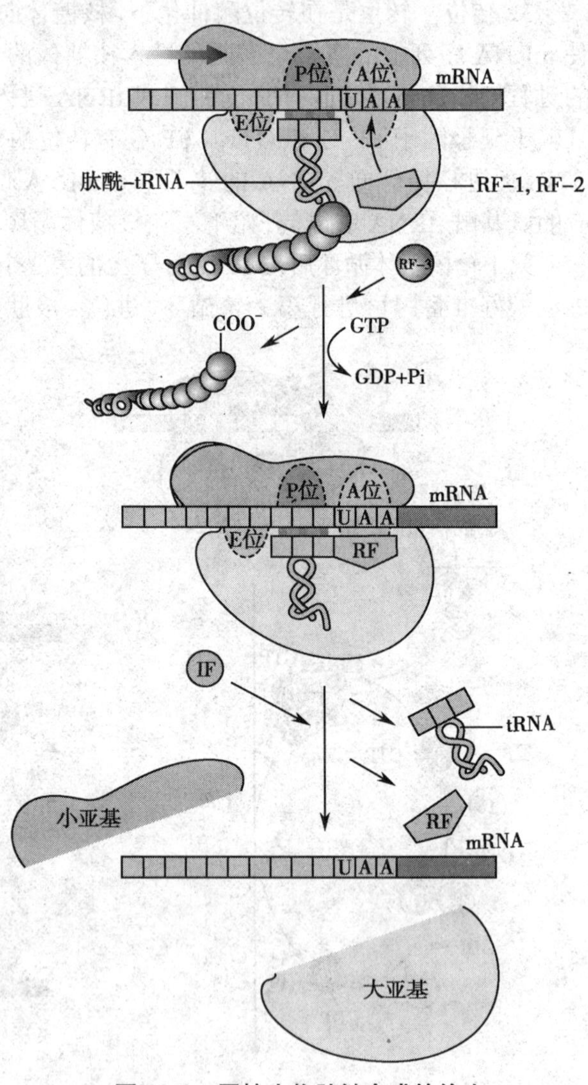

图16-6 原核生物肽链合成的终止

二、真核生物的肽链合成过程

真核生物的肽链合成过程与原核生物的肽链合成过程基本类似，只是反应更复杂、涉及的蛋白质因子更多（表16-6）。

表 16-6　参与真核生物翻译的各种蛋白质因子及其生物学功能

种类		生物学功能
起始因子	eIF-1	多功能因子，参与翻译的多个环节
	eIF-2	促进起始 Met-tRNAi^{Met} 与小亚基结合
	eIF-2B	结合小亚基，促进大、小亚基分离
	eIF-3	结合小亚基，促进大、小亚基分离；介导 eIF-4 复合物 -mRNA 与小亚基结合
	eIF-4A	eIF-4F 复合物成分，有 RNA 解旋酶活性，解除 mRNA 的 5′ 端发夹结构，使其与小亚基结合
	eIF-4B	结合 mRNA，促进 mRNA 扫描定位起始 AUG
	eIF-4E	eIF-4F 复合物成分，结合 mRNA 的 5′ 端帽子结构
	eIF-4G	eIF-4F 复合物成分，连接 eIF-4E、eIF-3 和 PAB
	eIF-5	促进各种起始因子从核糖体释放，进而结合大亚基
	eIF-6	促进无活性的核糖体解聚生成大、小亚基
延长因子	eEF-1α	结合 GTP，携带氨基酰 -tRNA 进入 A 位，相当于 EF-Tu
	eEF-1βγ	调节亚基，相当于 EF-Ts
	eEF-2	有转位酶活性，促进 mRNA- 肽酰 -tRNA 由 A 位移至 P 位，促进 tRNA 卸载与释放，相当于 EF-G
释放因子	eRF	识别终止密码子，具有原核生物各类 RF 的功能

（一）肽链合成的起始

真核生物的翻译起始过程与原核生物相似，但顺序不同，所需的成分也有区别。如核糖体为 80S，起始因子（eIF）数目更多，起始甲硫氨酸不需甲酰化。真核生物 mRNA 为单顺反子，起始 AUG 上游没有 S-D 序列，但有 5′ 端帽子和 3′ 端 poly A 尾结构。小亚基首先识别结合 mRNA 的 5′ 端帽子结构，再移向起始点，并在那里与大亚基结合。

（二）肽链的延长

真核生物肽链延长过程和原核生物基本相似，只是反应体系和延长因子不同。另外，真核细胞核糖体没有 E 位，转位时卸载的 tRNA 直接从 P 位脱落。

（三）肽链合成的终止

真核生物翻译终止过程与原核生物相似，但只有 1 种释放因子 eRF-1，可以识别所有终止密码子，激发终止反应。

真核生物与原核生物肽链合成的主要步骤相同，但其过程具有许多差别（表 16-7）。

无论原核细胞还是真核细胞，1 条 mRNA 模板链上可附着 10～100 个核糖体。这种多个核糖体与 mRNA 的聚合物称为多聚核糖体（polyribosome 或 polysome）。当一个核糖体与 mRNA 结合并开始翻译，沿 mRNA 向 3′ 端移动一定距离（约 80 个核苷酸）后，第二个核糖体又在 mRNA 的翻译起始部位结合，以后第三个、第四个核糖体相继结合到 mRNA 的翻译起始位点，这样在一条 mRNA 上常结合有多个核糖体，呈串珠状排列，同时进行多条肽链的合成，大大增加了细胞内蛋白质的合成速率。原核生物 mRNA 转录后不需加工即可作为模板，转录和翻译偶联进行。因此在电子显微镜下看到，原核 DNA 分子上连接着长短不一正在转录的 mRNA 分子，每条 mRNA 再附着多个核糖体进行翻译，显示为羽毛状现象。

表 16-7 原核生物与真核生物肽链合成过程的比较

	原核生物	真核生物
mRNA	一条 mRNA 编码几种蛋白质	一条 mRNA 编码一种蛋白质
	转录后很少加工	转录后进行首、尾修饰及剪接
	转录、翻译和 mRNA 降解可同时发生	mRNA 在核内合成，加工后进入胞液，再作为模板指导翻译
核糖体	30S 小亚基＋50S 大亚基＝70S 核糖体	40S 小亚基＋60S 大亚基＝80S 核糖体
起始阶段	起始氨基酰 -tRNA 为 fMet-$tRNA^{fMet}$	起始氨基酰 -tRNA 为 Met-$tRNAi^{Met}$
	核糖体小亚基先与 mRNA 结合，再与 fMet-$tRNA^{fMet}$ 结合	核糖体小亚基先与 Met-$tRNAi^{Met}$ 结合，再与 mRNA 结合
	mRNA 的 S-D 序列与 16S rRNA 3′端的一段互补序列结合	mRNA 的帽子结构与帽子结合蛋白复合物结合
	有 3 种 IF 参与起始复合物的形成	有至少 10 种 eIF 参与起始复合物的形成
延长阶段	延长因子为 EF-Tu、EF-Ts 和 EF-G	延长因子为 eEF-1α、eEF-1βγ 和 eEF-2
终止阶段	释放因子为 RF-1、RF-2 和 RF-3	释放因子为 eRF

蛋白质生物合成是耗能过程。首先，每分子氨基酸活化生成氨基酰 -tRNA 消耗 2 个高能磷酸键；其次，在肽链延长阶段，进位和转位各消耗 1 个高能磷酸键。但为保持蛋白质合成的高度保真性，任何步骤出现不正确连接都需消耗能量而水解清除，因此肽链每增加 1 个肽键实际消耗可能多于 4 个高能磷酸键，这使多肽链以高速度合成但出错率低于 10^{-4}。

第三节 蛋白质生物合成后的加工和靶向输送

新生多肽链不具备蛋白质生物学活性，必须经过复杂的加工修饰过程才转变为具有天然构象的功能蛋白质，该过程称为翻译后加工（post-translation processing）。主要包括多肽链折叠为天然的三维构象、肽链一级结构的修饰、肽链空间结构的修饰等。另外，在胞液核糖体上合成的蛋白质还需要靶向输送到特定细胞部位，如线粒体、溶酶体、细胞核等细胞器，有的分泌到细胞外，并在靶位点发挥各自的生物学功能。

一、多肽链的折叠

核糖体上新合成的多肽链需要被逐步折叠成正确的天然构象（native conformation）才能成为有功能的蛋白质。新生肽链的折叠在肽链合成中、合成后完成，新生肽链 N 端在核糖体上一出现，肽链的折叠即开始。可能随着序列的不断延伸而逐步折叠，产生正确的二级结构、模体、结构域到形成完整空间构象。

蛋白质折叠的信息全部储存于肽链自身的氨基酸序列中，即蛋白质的空间构象由一级结构所决定。从热力学角度来看，蛋白质多肽链折叠成天然空间构象是一种释放自由能的自发过程。但实际上，细胞中大多数天然蛋白质折叠都不是自动完成的，而需要其他酶、蛋白质辅助。这些辅助性蛋白质可以指导新生蛋白质按特定方式进行正确的折叠。下面介绍几种具有促进蛋白质折叠功能的大分子。

（一）分子伴侣

分子伴侣(molecular chaperone)是细胞中一类保守蛋白质，可识别肽链的非天然构象，促进各种功能域和整体蛋白质的正确折叠。分子伴侣有以下功能：①刚合成的蛋白质以未折叠的形式存在，其中的疏水性片段很容易相互作用而自发折叠，分子伴侣能有效地封闭蛋白质的疏水表面，防止错误折叠的发生；②对已经发生错误折叠的蛋白质，分子伴侣可以识别并帮助其恢复正确的折叠；③创建一个隔离的环境，使蛋白质的折叠互不干扰。

细胞内的分子伴侣至少有两大类：

1．热休克蛋白(heat shock protein，HSP) 热休克蛋白属于应激反应性蛋白质，高温应激可诱导该蛋白质合成。在高温条件下，HSP 被诱导而表达增加，以尽量减少热变性对蛋白质的损害。包括 HSP70、HSP40 和 GrpE 三种成员，广泛存在于各种生物。在蛋白质翻译后修饰过程中，对某些能自发性折叠的蛋白质，热休克蛋白可促进需要折叠的多肽链折叠为有天然空间构象的蛋白质。

2．伴侣蛋白(chaperonin) 是分子伴侣的另一家族，如大肠杆菌的 GroEL 和 GroES(真核细胞中同源物为 HSP60 和 HSP10)等家族，其主要作用是为非自发性折叠蛋白质提供能折叠形成天然空间构象的微环境，据估计 *E. coli* 中 10%～20% 的蛋白质折叠需要这一家族辅助。

实际上，分子伴侣并未加快折叠反应速度，只是通过消除不正确折叠，增加功能性蛋白质折叠产率而促进天然蛋白质折叠。

（二）蛋白质二硫键异构酶

多肽链内或肽链之间二硫键的正确形成对稳定分泌型蛋白、膜蛋白等的天然构象十分重要，这一过程主要在细胞内质网进行。多肽链的几个半胱氨酸间可能出现错配二硫键，影响蛋白质正确折叠。二硫键异构酶在内质网腔活性很高，可在较大区段肽链中催化错配二硫键断裂并形成正确二硫键连接，最终使蛋白质形成热力学最稳定的天然构象。

（三）肽-脯氨酰顺反异构酶

脯氨酸为亚氨基酸，多肽链中肽酰-脯氨酸间形成的肽键有顺反异构体，空间构象差别明显。天然蛋白质多肽链中肽酰-脯氨酸间肽键绝大部分是反式构型，仅 6% 为顺式构型。肽-脯氨酰顺反异构酶可促进上述顺反两种异构体之间的转换，在肽链合成需形成顺式构型时，可使多肽在各脯氨酸弯折处形成准确折叠。肽-脯氨酰顺反异构酶也是蛋白质三维空间构象形成的限速酶。

二、一级结构的修饰

（一）肽链 N 端的修饰

在蛋白质合成过程中，新生肽链的第一个氨基酸总是甲硫氨酸(真核生物)或 N-甲酰甲硫氨酸(原核生物)。但多数天然蛋白质并不是以甲硫氨酸或 N-甲酰甲硫氨酸为 N 末端的第一位氨基酸。细胞内有脱甲酰基酶或氨基肽酶可以除去 N-甲酰基、N 端甲硫氨酸或 N 端附加序列。这一过程可在肽链合成中进行，不一定等肽链合成终止时才发生。

（二）个别氨基酸的共价修饰

某些蛋白质肽链中存在共价修饰的氨基酸残基，是肽链合成后特异加工产生的，主要包括磷酸化、糖基化、甲基化、乙酰化、羟基化等，这些修饰对于维持蛋白质的正常生物学功能是必需的。如某些信号蛋白分子的丝氨酸、苏氨酸或酪氨酸残基被磷酸化修饰参与细胞信息传递过程；某些凝血因子中谷氨酸残基的γ-羧基化，使凝血因子侧链产生负电基团而能结合 Ca^{2+}；组蛋白分子的精氨酸可进行乙酰化修饰，从而改变染色质的结构影响基因表达；胶原蛋白前体的赖氨酸、脯氨酸残基发生羟基化，对成熟胶原形成链间共价交联结构是必需的；肽链中半胱氨酸间可形成链内或链间二硫键，参与维系蛋白质的空间构象。

（三）多肽链的水解修饰

某些无活性的蛋白前体可经蛋白酶水解，生成具有活性的蛋白质或多肽，如胰岛素原酶解生成胰岛素，多种蛋白酶原经裂解激活成蛋白酶。另外，真核细胞某些大分子多肽前体，经翻译后加工，水解生成小分子活性肽类。例如，腺垂体所合成的促黑激素与ACTH的共同前身物——鸦片促黑皮质素原（proopiomelanocortin，POMC）是由265个氨基酸残基构成的多肽，经不同的水解加工，可生成至少10种不同的肽类激素，包括：ACTH（三十九肽）、α-促黑激素（α-MSH）、β-促黑激素（β-MSH）、γ-促黑激素（γ-MSH）、α-内啡肽（α-endorphin）、β-内啡肽（β-endorphin）、γ-内啡肽（γ-endorphin）、β-脂酸释放激素（β-lipotropin，β-LT）、γ-脂酸释放激素（γ-lipotropin，γ-LT）、蛋氨酸脑啡肽等活性物质（图16-7）。

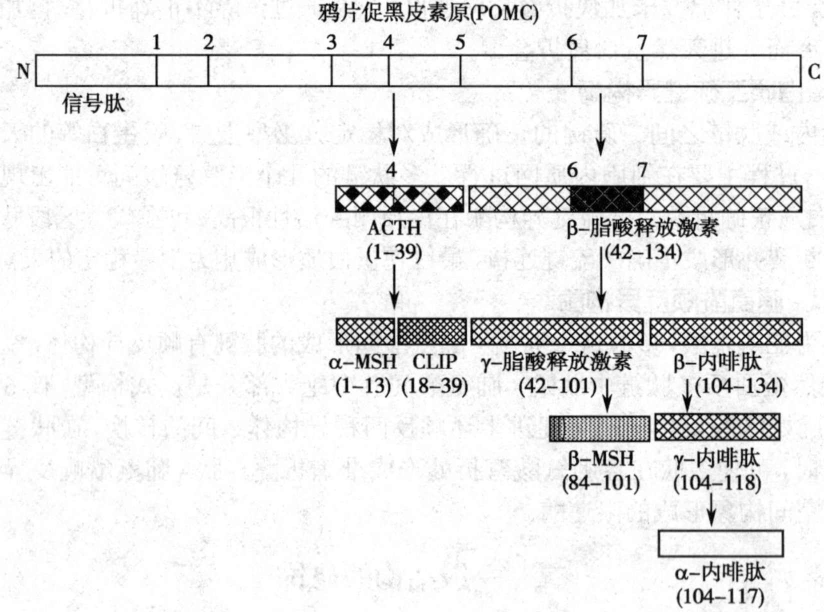

图16-7 POMC的水解加工

POMC的水解位点由Arg-Lys、Lys-Arg、Lys-Lys序列构成，用数字1～7表示。各活性物质下方括号内的数字为其在POMC中对应的氨基酸编号

三、空间结构的修饰

多肽链合成后，除了正确折叠成天然空间构象之外，还需要经过某些其他的空间结构的修饰，才能成为有完整天然构象和全部生物功能的蛋白质。

（一）亚基聚合

具有四级结构的蛋白质由两条以上的肽链通过非共价聚合，形成寡聚体（oligomer）。蛋白质各个亚基相互聚合所需的信息仍储存在肽链的氨基酸序列之中，而且这种聚合过程往往有一定顺序，前一步骤常可促进后一步骤的进行。如血红蛋白分子 $\alpha_2\beta_2$ 亚基的聚合。质膜镶嵌蛋白、跨膜蛋白也多为寡聚体，虽然各亚基各自有独立功能，但又必须互相依存，才能够发挥作用。

（二）辅基连接

对于结合蛋白来讲，如糖蛋白、脂蛋白、色蛋白、金属蛋白及各种带辅基的酶类等，其非蛋白部分（辅基）都是合成后连接上去的，这类蛋白只有结合了相应辅基，才能成为天然有活性的蛋白质。辅基（辅酶）与肽链的结合过程十分复杂，很多细节尚在研究中。如蛋白质添加糖链辅基又称糖基化（glycosylation），是一种较为复杂的化学修饰过程。这类修饰主要发生在真核细胞的质膜蛋白或分泌型蛋白上，由多种糖基转移酶催化，在细胞内质网及高尔基体中完成。

（三）疏水脂链的共价连接

某些蛋白质，如 Ras 蛋白、G 蛋白等，翻译后需要在肽链特定位点共价连接一个或多个疏水性强的脂链、多异戊二烯链等。这些蛋白质通过脂链嵌入膜脂双层，定位成为特殊质膜内在蛋白，才成为具有生物学功能的蛋白质。

四、蛋白质的靶向输送

在生物体内，蛋白质的合成位点与功能位点常常被一层或多层生物膜所隔开，这样就产生了蛋白质转运的问题。蛋白质合成后被定向输送到其发挥作用的靶位点的过程，称为蛋白质的靶向输送（protein targeting）。真核生物蛋白在胞质核糖体上合成后，有三种去向：①保留在胞液；②进入细胞核、线粒体或其他细胞器；③分泌到体液，再输送到其应发挥作用的靶器官和靶细胞。上述后两种情况，蛋白质都必须先通过膜性结构，经过复杂的靶向输送机制后才能到达目的地。

所有靶向输送的蛋白质结构中均存在分选信号，主要为 N 末端特异氨基酸序列，可引导蛋白质转移到细胞的适当靶部位，这类序列称为信号序列（signal sequence），是决定蛋白靶向输送特性的最重要元件，提示指导蛋白质靶向输送的信息存在于蛋白质的一级结构中。

如细胞分泌型蛋白、膜整合蛋白，滞留在内质网、高尔基体、溶酶体的可溶性蛋白均在内质网膜结合核糖体上合成，并且边翻译边进入内质网，使翻译与运转同步进行。这些蛋白质首先被其 N 端的特异信号序列（如信号肽）引导进入内质网，信号肽是在多肽链氨基末端合成的一段 15～30 个以疏水氨基酸残基为主的氨基酸序列。信号肽可引导合成的多肽链穿过内质网或各种膜结构。最后这些分泌型蛋白等再由内质网包装进分泌小泡转移、融合到其他部位或分泌出细胞。

第四节　影响蛋白质生物合成的物质

蛋白质生物合成在细胞生理过程中有核心作用，因此也成为很多抗生素、毒素的作用靶点。抗生素等就是通过阻断真核、原核生物蛋白质合成体系中某组分的功能，干扰和抑制蛋白质生物合成过程而起作用的。真核、原核生物的翻译过程既相似又有差别，这些差别在临床医学中有重要价值。如抗生素能杀灭细菌但对真核细胞无明显影响，可针对蛋白质生物合成所必需的关键组分作为研究新抗菌药物的作用靶点，并可设计、筛选仅对病原微生物特效，而不损害人体的药物。某些毒素也作用于基因信息传递过程，对毒素作用原理的了解，不仅能研究其致病机制，还可从中发现寻找新药的途径。

下面介绍某些干扰和抑制翻译过程的抗生素或生物活性物质的作用及机制。

一、抗生素类

抗生素为一类微生物来源的药物，可杀灭或抑制细菌。抗生素可以通过阻断细菌蛋白质生物合成而起抑制细菌生长和繁殖的作用。

（一）影响翻译起始的抗生素

伊短菌素（edeine）和螺旋霉素（pactamycin）引起 mRNA 在核糖体上错位，从而阻碍翻译起始复合物的形成，对所有生物的蛋白质合成均有抑制作用。伊短菌素还可以影响起始 tRNA 的就位和 IF-3 的功能。

（二）影响翻译延长的抗生素

1. 四环素（tetracyclin）族　包括土霉素、四环素等，能与原核生物核糖体小亚基 A 位结合，妨碍氨基酰 -tRNA 的进位，抑制细菌蛋白质生物合成。

2. 氨基糖苷类（aminoglycoside）　主要抑制革兰阴性菌的蛋白质合成，如链霉素（streptomycin）和卡那霉素（kanamycin）能与原核生物核糖体小亚基结合，改变其构象，引起读码错误，使毒素类细菌蛋白失活。高浓度时可抑制起始过程。结核杆菌对这两种抗生素敏感。

3. 氯霉素（chloramphenicol）类　属于广谱抗生素，能与原核生物核糖体大亚基结合，阻止由转肽酶催化的肽键形成，阻断翻译延长过程。高浓度时，可对真核生物线粒体蛋白质合成有抑制作用，造成对人的毒性。

4. 大环内酯类（macrolide）　抑制葡萄球菌、链球菌等革兰阳性菌的蛋白质合成，机制是作用于 50S 大亚基，抑制转位酶 EF-G 活性，阻止肽酰 -tRNA 从 A 位转到 P 位，翻译中断。例如红霉素（erythromycin）、阿奇霉素（azithromycin）和克拉霉素（clarithromycin）。

5. 氨基核苷类（aminonucleoside）　例如嘌呤霉素（puromycin），其结构与氨酰 tRNA 相似，可取代一些氨基酰 -tRNA 进入核糖体 A 位，但延长中的肽酰 - 嘌呤霉素容易从核糖体脱落，中断肽链合成。嘌呤霉素对原核、真核生物翻译过程均有干扰作用，难用作抗菌药物，可试用于治疗肿瘤。

6. 林可酰胺类（lincosamide）　作用于敏感菌核糖体大亚基 A 位和 P 位，阻止 tRNA 在这两个位置就位，抑制肽键形成，从而在翻译延长阶段抑制细菌的蛋白质合成。例如林可霉素（lincomycin）和克林霉素（clindamycin）等属于此类抗生素。

二、毒素与干扰素类

（一）毒素

抑制人体蛋白质合成的毒素，常见者为细菌毒素与植物毒素。细菌毒素有多种，如白喉毒素、绿脓毒素、志贺毒素等，它们多在肽链延长阶段抑制蛋白质的合成，其中以白喉毒素的毒性最大。

1．白喉毒素（diphtheria toxin）　是白喉杆菌产生的毒蛋白，其主要作用就是抑制蛋白质的生物合成。

白喉毒素作为一种修饰酶，可使真核生物延长因子 eEF-2 发生 ADP 糖基化共价修饰，生成 eEF-2 腺苷二磷酸衍生物，使 eEF-2 失活（图 16-8）。它的催化效率很高，只需微量就能有效抑制蛋白质的生物合成，对真核生物的毒性极强。

除白喉毒素外，现知铜绿假单胞菌的外毒素 A 也与白喉毒素一样，以相似机制起作用。

2．植物毒素　某些植物毒蛋白也是肽链合成的阻断剂。如蓖麻籽所含的蓖麻蛋白（ricin）可催化真核生物核糖体 60S 大亚基上 28S rRNA 的特异腺苷酸发生脱嘌呤基反应，使 28S rRNA 降解，引起核糖体大亚基失活，抑制肽链延长。

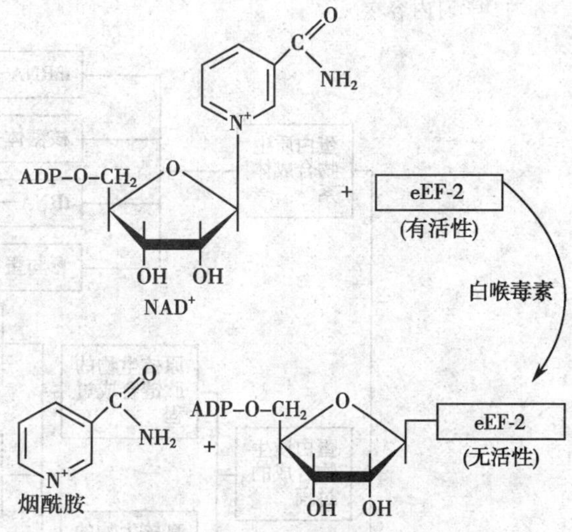

图 16-8　白喉毒素的作用机制

（二）干扰素

干扰素（interferon，IFN）是真核细胞感染病毒后分泌的一类具有抗病毒作用的蛋白质，它可抑制病毒繁殖，保护宿主细胞。干扰素分为 α-（白细胞）型、β-（成纤维细胞）型和 γ-（淋巴细胞）型三大族类，每族类各有亚型，分别有各自的特异作用。

干扰素抑制病毒的作用机制有两方面：①干扰素在某些病毒等双链 RNA 存在时，能诱导 eIF-2 蛋白激酶活化。该活化的激酶使真核生物 eIF-2 磷酸化失活，从而抑制病毒蛋白质合成。②干扰素先与双链 RNA 共同作用活化 2′，5′- 寡聚腺苷酸合成酶，使 ATP 以 2′，5′- 磷酸二酯键连接，聚合为 2′，5′- 寡聚腺苷酸（2′，5′A）。2′，5′A 再活化核酸内切酶 RNase L，后者使病毒 mRNA 发生降解，阻断病毒蛋白质合成（图 16-9）。

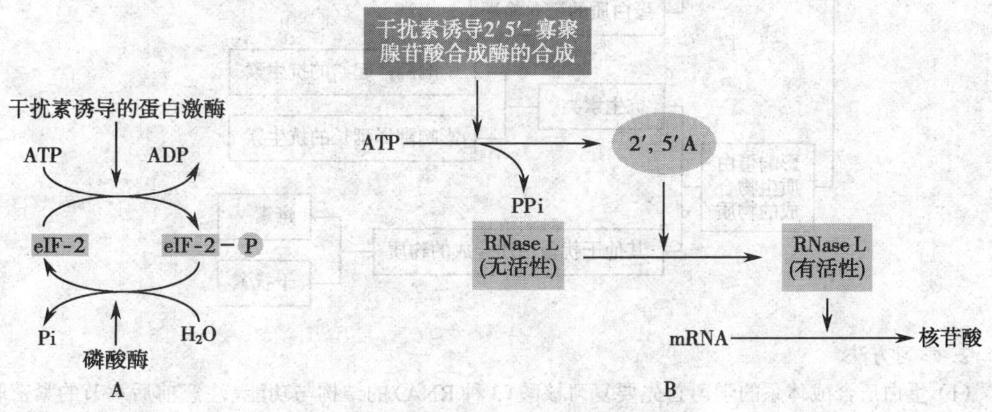

图 16-9　干扰素抗病毒作用的分子机制

实验证明，干扰素这两方面的作用各自独立，没有相互依赖关系。它除抗病毒作用外，还有调节细胞生长分化、激活免疫系统等作用，因此临床应用十分广泛。目前我国已能用基因工程技术生产人类各种干扰素，是继基因工程胰岛素之后，较早获准在临床使用的基因工程药物。

学习小结

1. 学习内容

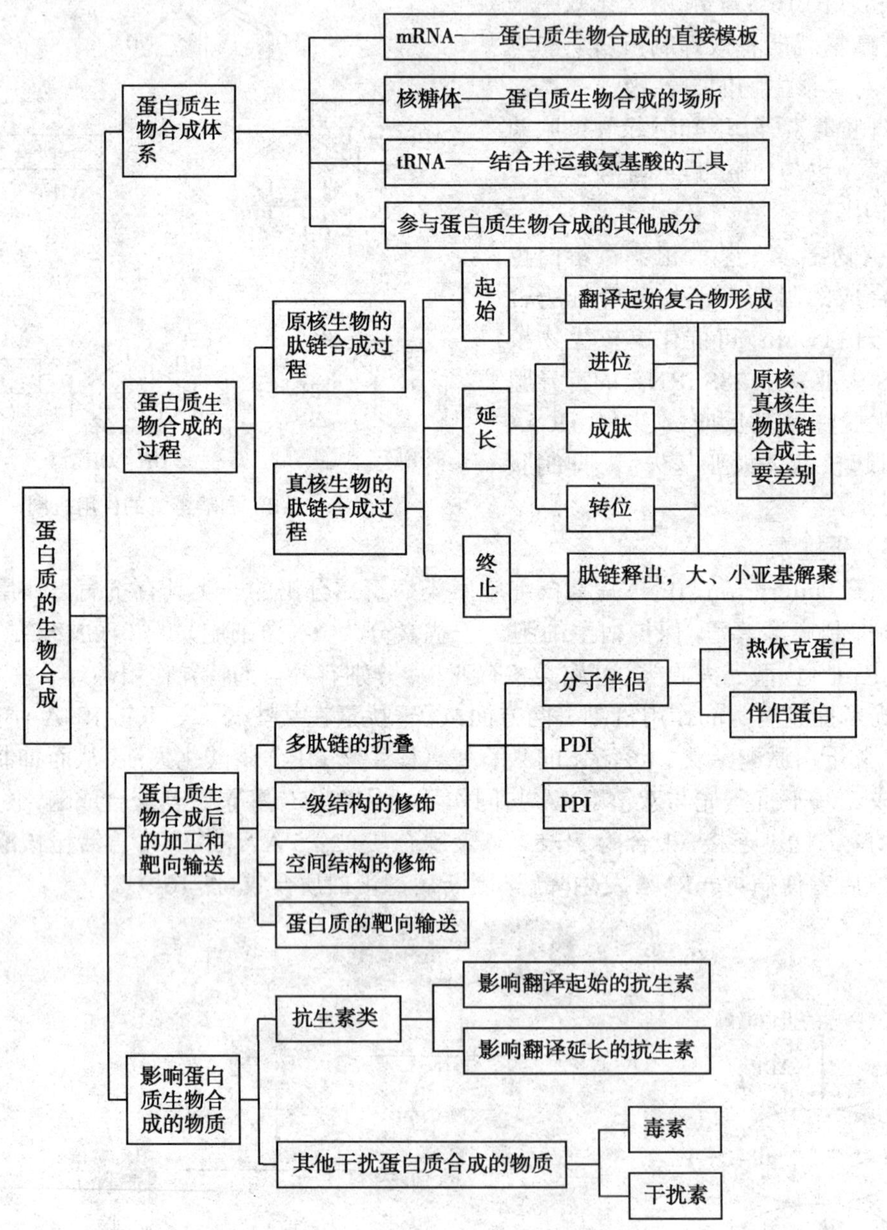

2. 学习方法

(1) 蛋白质合成体系的学习首先要复习核酸（3 种 RNA）的结构与功能，注意前后章节的紧密联系，掌握 3 种 RNA 在蛋白质合成中的作用。

（2）蛋白质合成要以原核生物的肽链合成为基本学习内容，注重真核生物与原核生物蛋白合成的差别。

（3）先复习蛋白质的结构与功能的基本内容，就比较容易掌握本章知识。

（4）蛋白质合成后的靶向输送主要指真核细胞中合成的蛋白质。

（宋高臣）

复习思考题

1. 参与蛋白质生物合成体系的组分有哪些？它们具有什么功能？
2. 遗传密码有什么特点？
3. 原核、真核细胞内蛋白质生物合成的差别有哪些？
4. 举例说明常用抗生素抑制细菌生长繁殖的作用机制。

第十七章　基因表达调控

学习目的

通过基因表达调控的学习可以进一步理解生物体的各种生命活动是受基因表达的周密调控的，并为重组DNA技术和分子生物学等学习奠定基础。

学习要点

基因表达的特点、方式，原核生物乳糖操纵子的调控机制；真核生物基因转录调控基本要素；原核生物和真核生物基因表达调控的特点。

基因表达（gene expression）是指基因转录为RNA及翻译为蛋白质的过程。其表达的最终产物包括tRNA、rRNA、sRNA、蛋白质与多肽等。这个过程在细胞内受到严密的调控。基因表达调控（gene regulation）能使细胞正常生长、分裂、分化、凋亡；使生物适应环境变化；维持个体正常生长、发育、繁殖、衰老。

第一节　基因表达的基本规律

原核生物体系和真核生物体系在基因组及细胞结构上的差异使得它们的基因表达方式有所不同，但它们在基因表达调控上遵循的基本规律是一致的。

一、基因表达的特异性

（一）时间特异性

基因表达的时间特异性（temporal specificity）是指在特定的环境中，按功能需要，某一特定基因的表达随时间、环境而变化，严格按特定时间顺序发生。例如，在多细胞生物细胞发育、分化为组织和器官过程中，从受精卵到组织器官形成经历了不同的发育阶段。在各个发育阶段，相应基因严格按一定时间顺序开启或关闭，表现为与分化、发育阶段一致的时间性。因此，多细胞生物基因表达的时间性又称阶段特异性（stage specificity）。在不同发育阶段出现的基因表达产物与特定代谢功能有关，并决定细胞向特定方向发育、分化。

（二）空间特异性

基因表达的空间特异性（spatial specificity）是指多细胞生物个体在某一特定生长发育阶段，同一基因的表达在不同的细胞或组织器官不同，从而导致特异性的蛋白质分布于不同的细胞或组织器官。故又称为细胞特异性或组织特异性。

例如胰岛β细胞合成胰岛素；甲状腺滤泡旁细胞（C细胞）专一分泌降钙素等。这些酶蛋白的基因表达均呈细胞特异性。细胞特定的基因表达状态，决定了这个组织细胞特有的形态和功能。如果基因表达调控发生变化，细胞的形态与功能也会随之改变。

二、基因表达的方式

不同的基因功能性质不同，对内、外环境信号刺激的反应性也不同。按对刺激的反应性，基因表达的方式或调节类型存在很大差异。

（一）组成性基因表达

组成性基因表达（constitutive gene expression）是指在个体发育的任一阶段都能在大多数细胞中持续进行的基因表达。其基因表达产物通常是对生命过程必需的或必不可少的，且较少受环境因素的影响。这种在一个生物个体的几乎所有细胞中持续表达的基因通常被称为管家基因（housekeeping gene）。例如，三羧酸循环是一个枢纽性代谢途径，催化该途径反应的酶蛋白编码基因就属于这类基因。管家基因较少受环境因素影响，在个体各生长阶段的大多数或几乎全部组织中持续表达，或变化很小，这类基因表达只受启动子与 RNA 聚合酶相互作用的影响，而不受其他机制调节。但事实上，组成性基因表达水平并非一成不变，而是相对的。

（二）诱导表达和阻遏表达

诱导表达（induction expression）是指在特定环境因素刺激下，基因开放或表达产物增加，这类基因称为可诱导基因。阻遏表达（repression expression）是指在特定环境因素刺激下，基因关闭或表达产物减少，这类基因称为可阻遏基因。诱导和阻遏是同一事物的两种表现形式，在生物界普遍存在，也是生物体为适应环境的改变而做出的两种应答方式。

（三）协调表达

协调表达（coordinate expression）是指在一定机制控制下，功能相关的一组基因，协调一致，共同表达。在生物体内，参与各条代谢途径的酶及转运蛋白等编码基因被统一调节，使参与同一代谢途径的所有蛋白质（包括酶）分子比例适当，以确保代谢途径有条不紊地进行，这种调节称为协调调节（coordinate regulation）。

三、基因表达受调控序列和调控蛋白共同调节

一个生物体的基因既有携带遗传信息的结构基因，也有能够影响结构基因表达的调控序列，而且调控序列通过与特定的调节蛋白结合调控基因表达。

1. 调控序列　①顺式作用元件（cis-acting element）：是基因序列的一部分，绝大多数与结构基因（转录区）在同一染色体 DNA 上，位于结构基因上游、下游或内部，包括启动子、终止子、原核生物的操纵序列和衰减子、真核生物的增强子和沉默子等，通过与调节蛋白结合调控基因表达；②反式作用元件（trans-acting element）：属于调节基因，与靶基因可在同一或不同染色体 DNA 上，通过编码产物调控基因表达，其编码产物称为反式作用因子（trans-acting factor），包括蛋白质（即调节蛋白）和 RNA（如 miRNA）等。

2. 调节蛋白　属于反式作用因子，通过顺式作用元件调控基因表达。不同调节蛋白与顺式作用元件结合产生的结果是不一样的，分两种情况：一种是促进基因表达，称为正调控（positive control）；另一种是阻遏基因表达，称为负调控（negative control）。

四、基因表达调控是多层次的复杂调节

无论是原核生物还是真核生物，基因表达调控可以从基因活化，转录起始、转录后加

工、RNA降解、翻译，翻译后加工和蛋白质降解等多个环节进行。其中任一环节出现异常均会影响某个基因的表达。其中转录起始是基因表达的基本控制点。

第二节 原核生物基因表达调控

原核生物没有核膜，亚细胞结构及其基因组结构要比真核生物简单得多，其转录和翻译是偶联进行的。而且这种过程所经历的时间很短，只需数分钟，比真核生物快。

一、原核生物基因表达调控的特点

原核生物基因表达调控的环节主要是转录的起始；其次是翻译水平。原核生物基因表达调控的特点主要有：

1. 基因转录的特异性由σ因子决定 σ因子起到特异性识别启动序列的作用。不同的σ因子可以竞争性结合RNA聚合酶中的核心酶，转录不同的基因。

2. 基因以操纵子为单位进行转录 所谓操纵子（operon）是指由功能上相关联的多个编码序列（又称结构基因，一般2～6个）及其上游的调控序列串联在一起构成的一个转录单位。这些功能相关的结构基因在同一调控序列控制下转录生成一个多顺反子mRNA（polycistronic mRNA），进而翻译成多个蛋白质。

3. 基因表达既有正调控，又有负调控 调控原核生物基因表达的调节蛋白有两种，即激活蛋白和阻遏蛋白，它们分别起正调控和负调控作用。

4. 基因表达存在衰减子调控机制 原核生物的转录与翻译过程偶联是衰减子调控的基础。

二、转录水平的调控

原核生物基因表达调控是通过操纵子机制实现的。经深入研究而被阐明的乳糖操纵子和色氨酸操纵子已经成为认识原核生物基因表达调控的经典模式。

（一）乳糖操纵子的调控机制

1961年J. Monod和F. Jocob提出了乳糖操纵子模型，清楚地说明了原核生物基因表达的调节在转录水平上进行。

1. 乳糖操纵子的基本组件及其作用 *E. coli*乳糖操纵子（lac operon，Lac）由3个结构基因（Z、Y、A）和位于其上游（5′）的调控序列组成。Z基因编码β-半乳糖苷酶（β-galactosidase），催化乳糖分解为半乳糖和葡萄糖；Y基因编码乳糖透过酶（lactose permease），促进乳糖透过膜进入细菌体内；A基因编码硫代半乳糖苷乙酰转移酶（thiogalactoside transacetylase），催化生成乙酰半乳糖。调控序列包括操纵序列（operator，O）、启动序列（或称启动子，promoter，P）以及调节基因（I），后者能独立表达阻遏蛋白（图17-1）。P序列是RNA聚合酶结合部位，在其上游还有一个分解代谢物基因激活蛋白（catabolite gene activator protein，CAP）结合位点，当被cAMP-CAP结合后，对基因表达起正调控作用；O序列是阻遏蛋白结合部位；I基因组成性表达阻遏蛋白，通过与O序列结合，对基因表达起负调控作用。因此，Lac操纵子3个结构基因（Z、Y、A）的转录在同一调控序列作用下受到双重调控，即cAMP-CAP的正调节和阻遏蛋白的负调节。从而决定结构基因是否转录或关闭。

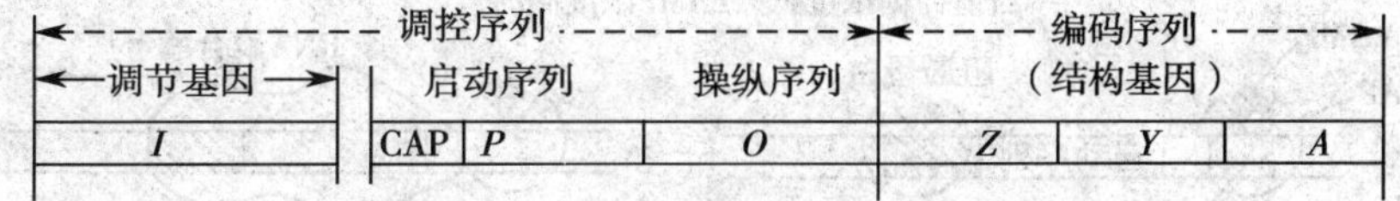

图 17-1　*E. coli* 乳糖操纵子基本组件

2. 阻遏蛋白的负调节　由调节基因(I)编码的阻遏蛋白是一种由 4 个相同亚基构成的四聚体蛋白，在没有乳糖时会与 lac O 结合，阻挡 RNA 聚合酶沿 DNA 模板链移动，阻遏转录，Lac 操纵子处在被阻遏状态。当有乳糖存在时，乳糖被微量存在的β- 半乳糖苷酶催化水解，同时生成少量副产物别乳糖(allolactose)。别乳糖是由半乳糖通过 β-1，6- 糖苷键与葡萄糖相连而成。别乳糖作为诱导物与阻遏蛋白结合使之变构，不再与 lac O 结合，失去阻遏作用，RNA 聚合酶与启动子序列 P 结合并沿着模板链滑动，催化结构基因转录(图 17-2)。实验室常用别乳糖的类似物做诱导剂，如异丙基硫代半乳糖苷(isopropyl-β-D-thiogalactopyranoside，IPTG)。

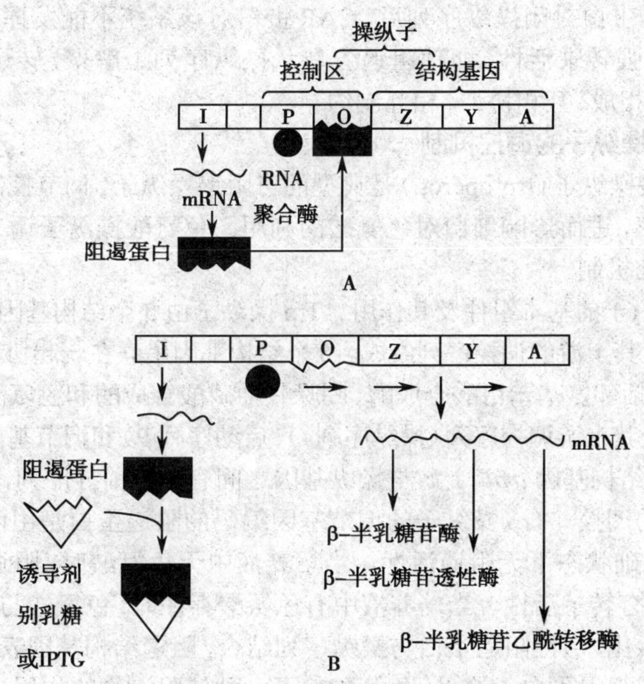

图 17-2　乳糖操纵子的阻遏与诱导

3. CAP 的正调节(cAMP-CAP 的正调节)　CAP(CRP-cAMP activated protein)：细菌中有一种能与 cAMP 特异结合的 cAMP 受体蛋白(cAMP receptor protein，CRP)，CRP 能够与 cAMP 结合并发生空间构象的变化而活化，故又称其为 cAMP 激活蛋白。CAP 能以二聚体的方式与 CAP 结合位点结合。

CAP 结合位点是位于 Lac 操纵子的启动子 P_{lac} 上游的一段序列，与 CAP 特异结合后增强 RNA 聚合酶的转录活性(图 17-3)。

细菌中的 cAMP 含量与葡萄糖水平呈负相关，当细菌利用葡萄糖分解产生能量时，cAMP 生成少而分解多，cAMP 含量低；相反，当环境中无葡萄糖可供利用时，cAMP 含量

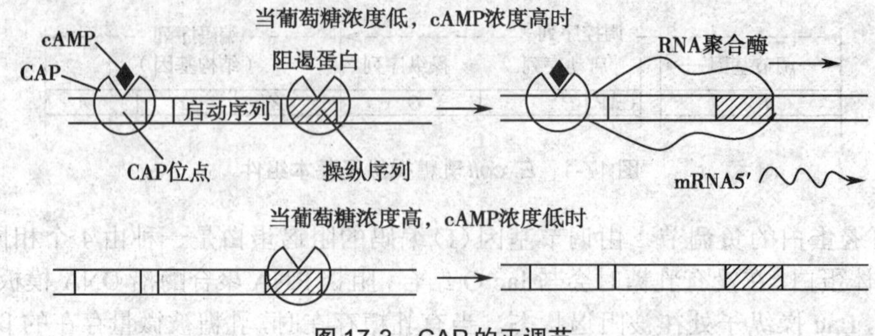

图 17-3 CAP 的正调节

就升高。因此，环境中的葡萄糖可以通过调节 cAMP 的水平间接控制 CAP 的活性来调节 lac 结构基因的表达。

因此，Lac 操纵子转录活性既受 CAP 蛋白的正调节，又受阻遏蛋白的负调节。两种调节机制根据存在的碳源性质（葡萄糖 / 乳糖）及水平协调调节 Lac 操纵子的表达。当 Lac 操纵子的阻遏蛋白封闭操纵序列后，CAP 蛋白对该系统不能发挥作用；但是如果没有 CAP 蛋白来加强转录活性，即使阻遏蛋白从操纵序列上解聚，转录活性仍很低。可见，两种机制相辅相成、互相协调、相互制约。

（二）色氨酸操纵子的调控机制

E. coli 色氨酸操纵子（trp operon）是典型的可阻遏操纵子，调节控制色氨酸合成所需酶蛋白的合成速率，进而影响细菌对色氨酸的利用。色氨酸操纵子调节涉及阻遏蛋白和“衰减子”两种调控机制。

1. 色氨酸操纵子的基本组件及其作用 Trp 操纵子由 5 个结构基因（*trpE*、*trpD*、*trpC*、*trpB*、*trpA*）和位于其上游的调控序列组成。5 个结构基因串联在一起协同编码合成色氨酸的 3 个酶蛋白（包括邻氨基苯甲酸合成酶、吲哚甘油磷酸合成酶和色氨酸合成酶），这些结构基因能否表达受其上游调控序列（操纵序列 O、启动序列 P）和调节基因 R 的调控。R 基因合成阻遏蛋白，结构基因 *trpE* 上游与操纵基因之间有一端前导序列，称为前导区（L）。

2. 阻遏蛋白的调控 Trp 操纵子的调节基因编码的阻遏蛋白是由两个相同亚基组成的二聚体蛋白，基础状态下无阻遏活性。当培养液中无色氨酸时，阻遏蛋白不与操纵序列结合，结构基因有转录活性。当培养液中有色氨酸存在时，色氨酸与阻遏蛋白结合，使阻遏蛋白变构而活化，活性阻遏蛋白与操纵序列结合，阻遏结构基因表达，酶蛋白合成停止。该蛋白也称辅阻遏蛋白。这里，色氨酸起了一种辅阻遏物的作用。β- 吲哚丙烯酸是色氨酸类似物，与色氨酸竞争结合阻遏蛋白，解除阻遏作用而促进基因转录（图 17-4）。

色氨酸对 Trp 操纵子的负调控仅仅是一种粗调。当培养液中有高浓度色氨酸存在时，还可以通过形成“衰减子”结构，对转录进行更精细的调控。

3. 衰减子的调控 研究表明，Trp 操纵子的 *trpE* 基因转录为 mRNA 时，在其 5′ 端有约 162bp 长度的前导序列（leader）。前导序列含有 1、2、3、4 四个可以互补的短序列。序列 1 编码 14 个氨基酸残基的前导肽，其中第 10、11 位是两个连续的色氨酸。序列 3 和序列 4 互补配对形成发夹结构时，可以减弱 Trp 操纵子转录速率。故将序列 3 和 4 互补配对形成的发夹结构称为“衰减子”（attenuator）结构。这种衰减子结构的形成与前导序列中第 10、11 两个色氨酸密码子有关。

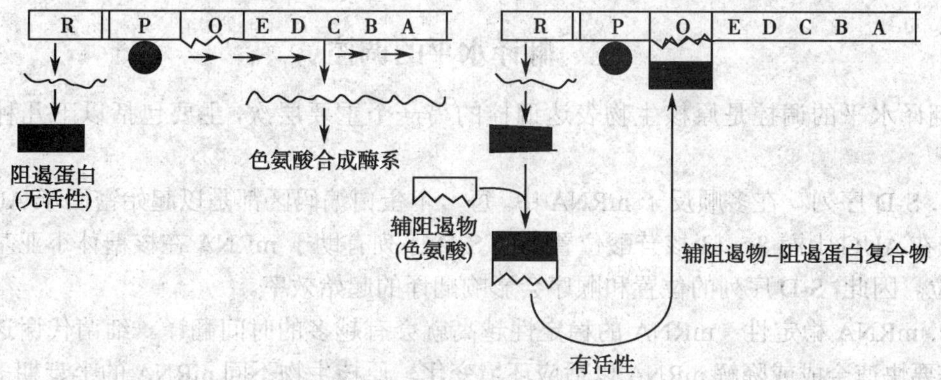

图 17-4　色氨酸操纵子的表达与阻遏

当培养液中缺乏色氨酸时，色氨酰 -tRNA 供给缺乏，前导肽合成停止。核糖体停止在两个色氨酸密码子之前，并引起序列 2、3 互补配对而阻止序列 3、4 互补配对，衰减子结构不能形成，RNA 聚合酶继续催化结构基因转录。当色氨酸充足时，随着前导肽合成，核糖体很快越过序列 1 并封闭序列 2，进而导致序列 3、4 互补配对形成衰减子结构，使前方正在催化转录的 RNA 聚合酶脱落而终止基因表达。因此，衰减子结构是一种不依赖于 ρ 因子的转录终止结构。

只要培养基中存在一定量的色氨酸，就会通过前导肽的合成以形成衰减子结构而减弱转录进程。当细菌体内色氨酸浓度很高时，Trp 操纵子基因表达关闭。因此转录衰减实际上是通过前导肽的合成来更灵敏、更精细地控制转录速率。这是原核生物中普遍存在的基因表达调控机制（图 17-5）。

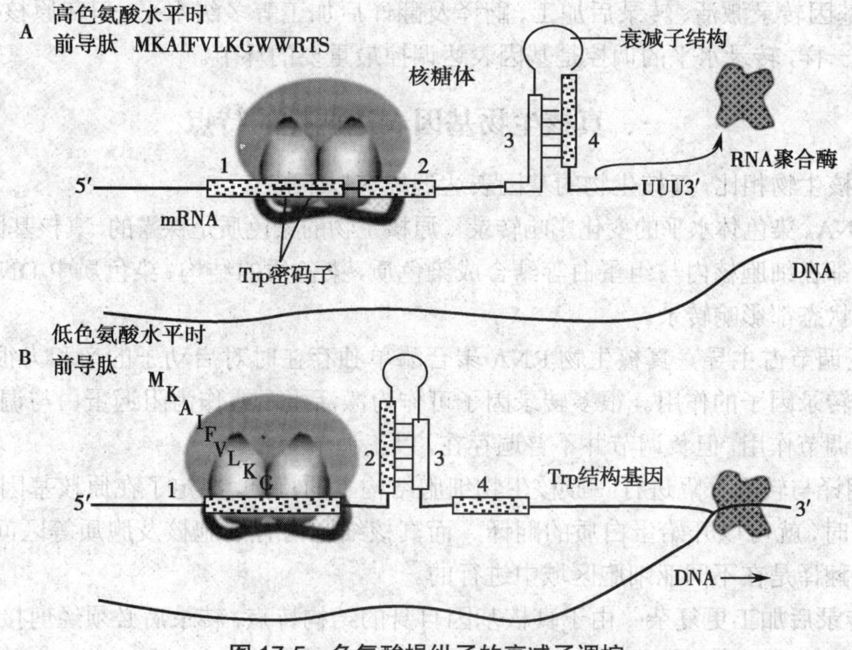

图 17-5　色氨酸操纵子的衰减子调控

三、翻译水平的调控

翻译水平的调控是原核生物表达调控的另一个重要层次，主要包括以下几种调控因素：

1. S-D序列　在多顺反子mRNA中，每一个蛋白编码区都是以起始密码子AUG开始的，在AUG上游8～13核苷酸位置上的S-D序列有助于mRNA在核糖体小亚基上准确定位。因此，S-D序列的位置和顺序会影响翻译的起始效率。

2. mRNA稳定性　mRNA的稳定性越高就会有越多的时间翻译。细菌代谢速度很快，需要快速合成或降解mRNA以适应环境变化。原核生物不同mRNA的半衰期多数为2～3分钟。降解mRNA的酶主要是3′核酸外切酶，mRNA3′端的茎环结构能提高mRNA的稳定性，抵抗3′核酸外切酶的降解。破坏茎环结构将降低mRNA的稳定性。

3. 反义RNA　细菌为适应环境的改变会产生反义非编码小分子RNA。反义RNA（antisense，asRNA）是一类小分子单链RNA。可与细胞内mRNA序列（也包括其他RNA）互补，影响基因表达。研究表明反义RNA可在多水平上参与基因表达调控：①在复制水平，与RNA引物结合，抑制复制；②在转录水平，与RNA结合使转录终止；③在翻译水平，与靶mRNA的S-D序列或编码序列互补结合，从而抑制翻译。

4. 翻译产物　有些mRNA编码的蛋白质，可与转录产生的多顺反子mRNA结合而阻遏其翻译，这种在翻译水平的阻遏调控又叫翻译阻遏。

第三节　真核生物基因表达调控

真核生物细胞结构及基因组结构远比原核生物复杂，其基因表达调控可发生在染色质活化、基因转录激活、转录后加工、翻译及翻译后加工等多级水平，但和原核生物基因表达调控一样，转录水平的调控是基因表达调控最重要的环节。

一、真核生物基因表达调控的特点

与原核生物相比，真核生物的基因表达调控有以下特点：

1. DNA、染色体水平的变化影响转录　原核生物的染色质是裸露的，真核基因组DNA绝大部分都在细胞核内与组蛋白等结合成染色质，染色质的结构、染色质中DNA和组蛋白的结合状态都影响转录。

2. 正调节占主导　真核生物RNA聚合酶单独存在时对启动子的亲和力很低，必须依赖多种转录因子的作用。很多转录因子可作为激活蛋白或作为阻遏蛋白与调控序列结合而发挥调节作用，但负调节并不普遍存在，以正调节为主。

3. 翻译与转录分隔进行　原核生物细胞结构上的特点，决定了在原核基因转录还未完全结束时，就可以开始蛋白质的翻译。而真核细胞内有细胞核及胞质等区间分布，因此转录与翻译是在不同亚细胞区域中进行的。

4. 转录后加工更复杂　由于真核基因自身的结构特点，转录后必须经剪接及修饰等加工过程才能成为具有特殊功能的RNA。

二、DNA 水平的调控

DNA 水平的调控本质是改变 DNA 或染色质的结构，这种调控稳定而持久。

1. 染色质结构影响基因转录　细胞分裂到间期时染色体的大部分松开分散在核内，称为常染色质（euchromatin），松散染色质中的基因可以转录。

2. 组蛋白的作用　真核生物的染色质或染色体具有核小体结构。组蛋白与 DNA 结合可保护 DNA 免受损伤，维持基因的稳定，抑制基因的表达，去除组蛋白则可提高基因转录的活性。组蛋白与 DNA 的结合与解离是真核基因表达调控的重要环节之一。组蛋白最常见的修饰，如乙酰化或磷酸化，修饰后与 DNA 结合减弱，使核小体结构变得不稳定而有利于表达。

3. DNA 拓扑结构变化　天然双链 DNA 大多以负性超螺旋构象存在。当基因转录活跃时，RNA 聚合酶前方的转录区 DNA 拓扑结构为正性超螺旋构象，而在其后面的 DNA 则为负性超螺旋构象。负性超螺旋构象有利于核小体结构的再形成，而正性超螺旋构象不仅阻碍核小体结构形成，而且能促进组蛋白 H2A•H2B 二聚体的释放，有利于 RNA 聚合酶向前移动催化转录。

4. DNA 甲基化　哺乳动物基因组 DNA 的甲基化位点主要发生在启动子区域的 CpG 碱基序列之中的 C，C 被甲基化修饰后成为 5- 甲基胞嘧啶，形成 CpG 岛。甲基化修饰与基因表达呈负相关。

此外，真核生物还能根据生长发育需要进行 DNA 重排，甚至扩增某些基因。

三、转录水平的调控

真核生物基因转录受顺式作用元件、反式作用因子和 RNA 聚合酶的调节。

（一）顺式作用元件

顺式作用元件（cis-acting element）又称分子内作用元件，是指同一 DNA 分子中参与具有转录调节功能的特异 DNA 碱基序列。根据顺式作用元件的功能特性及其所处的位置分为启动子、增强子和沉默子等。

1. 启动子　启动子（promoter）是 RNA 聚合酶结合并启动转录的 DNA 碱基序列。但真核基因的启动子需要多种蛋白因子的相互协调而发挥作用。启动子中的元件可以分为以下两种：

（1）核心启动子元件（core promoter element）：指 RNA 聚合酶起始转录所必需的短序列元件，是决定转录起始位置的关键序列，也是通用转录因子 TFⅡD 的结合位点，包括转录起始点及其上游 −25～−35bp 处的共有序列 TATA 盒（Hogness 盒）。核心启动子元件能确定转录起始位点和产生基础水平的转录。TATA 盒内碱基序列的突变可引起体外转录活性的降低。

（2）上游启动子元件（upstream promoter element，UPE）或启动子近侧元件（promoter proximal sequence element，PSE）：也称上游激活序列（upstream activating sequence，UAS），包括通常位于 −70～−80bp 附近的 CAAT 盒和 GC 盒，以及距转录起始点更远的上游元件。

启动子决定了被转录基因的启动频率与精确性，当启动子中的共有序列碱基被置换，会使转录活性发生很大变化。此外，启动子在DNA序列中的位置和方向是严格固定的，为5′→3′方向（图17-6）。

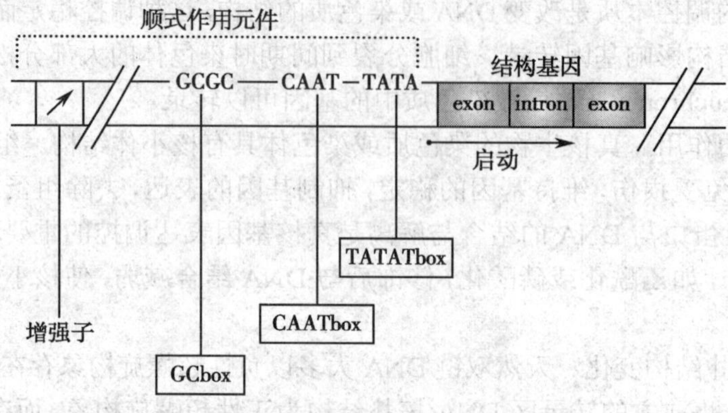

图17-6 真核生物操纵子的共有序列

2. 增强子 增强子（enhancer）是一种能够增强启动子转录活性的特异DNA碱基序列。增强子的碱基序列常与启动子交错覆盖或连续，其作用与其所处的位置、距离、方向无关。常有以下特点：

（1）在同一条DNA链上可以远距离增加转录效率，通常距转录起始点1～4kb，有时可达30kb。

（2）无方向性，可位于结构基因的上游、下游或内部，将增强子方向倒置依然能起作用。而将启动子倒转就不能起作用，可见增强子与启动子是不相同的。

（3）无基因特异性，可在不同的基因组合上发挥增强效应。

（4）增强子要有启动子才能发挥作用，没有启动子存在，增强子不能表现活性。但增强子对启动子没有严格的专一性，同一增强子可以影响不同类型启动子的转录。例如，当含有增强子的病毒基因整合入宿主细胞基因组时，能够增强宿主细胞基因整合区附近的某些基因转录活性；当增强子随某些染色体基因移位时，也能提高新位置周围基因的转录。使某些癌基因转录活性增强，可能是肿瘤发生的原因之一。

（5）具有组织或细胞特异性，例如，小鼠免疫球蛋白H链的增强子只在骨髓瘤细胞中有活性，在成纤维细胞中没有活性。其主要因素取决于组织或细胞中是否存在能与增强子元件结合并能相互作用的蛋白因子。

（6）增强子的作用机制虽然还不明确，但与其他顺式作用元件一样，必须与特定的蛋白因子结合后才能发挥增强转录活性的作用。

3. 沉默子 沉默子（silencer）是对基因转录起阻遏作用的特异DNA碱基序列。在真核生物细胞中，沉默子对成簇基因选择性表达起重要调控作用。沉默子与特异蛋白因子结合后，能使正调控失去作用。

（二）反式作用因子

反式作用因子（trans-acting factor）又称为分子间作用因子，是指能够直接或间接与顺式作用元件结合，调控特异基因转录的一类调节蛋白。不同DNA顺式作用元件与相应反式作用因子的相互作用，以及不同反式作用因子之间的相互作用是真核基因复杂转录调控机制的分子基础。

参与原核生物基因表达调控的调节蛋白主要有特异因子（如σ因子）、激活蛋白（如CAP）以及阻遏蛋白。而参与真核生物基因表达调控的反式作用因子通常被统称为转录调节因子，简称转录因子（transcription factors，TF）。

1. 反式作用因子的分类　对真核生物基因表达起调控作用的反式作用因子（转录因子），根据其功能特性可以分为三类：

（1）通用转录因子（general transcription factors）：是RNA聚合酶结合启动子所必需的一组蛋白因子，决定三种RNA（mRNA、tRNA和rRNA）转录的类别。对三种RNA聚合酶来说，除了个别转录因子成分是通用的外，如TFⅡD，大多数成分是不同RNA聚合酶所特有的，如TFⅡA、TFⅡB、TFⅡE、TFⅡF及TFⅡH为RNA聚合酶Ⅱ催化所有mRNA转录所必需。

（2）特异转录因子（special transcription factors）：为个别基因转录所必需，决定该基因的时间特异性和空间特异性表达。此类转录因子有的起转录激活作用，有的起转录抑制作用。前者称为转录激活因子（transcription activators），如增强子结合蛋白。后者称为转录抑制因子（transcription inhibitor），如沉默子结合蛋白。

（3）共调节因子：这类调节蛋白不与顺式作用元件直接结合，而是先与其他转录因子发生蛋白-蛋白相互作用而影响后者构象，进而调节转录活性。如果这类调节蛋白与转录激活有协同作用的，称为共激活因子；反之，与转录阻遏有协同作用的，则称为共阻遏因子。

2. 反式作用因子的结构域　反式作用因子至少具备两种重要结构域之一：一种是识别和结合特异DNA顺式作用元件所必需的DNA结合结构域（DNA binding domain），另一种是与其他转录因子结合并发生相互作用进而促进转录活性的激活结构域（activation domain）。激活结构域往往富含酸性氨基酸区、谷氨酰胺区和脯氨酸区。DNA结合结构域都以基因调控元件特异碱基序列为结合靶点，因此常具有以下几种特殊结构模式：

（1）锌指：其结构如图17-7所示，每个重复的"指"状结构约含23个氨基酸残基，锌以4个配价键与4个半胱氨酸（C_4），或2个半胱氨酸和2个组氨酸相结合（C_2H_2）。在半胱氨酸与组氨酸之间的多肽链呈环状凸出向外，形成稳定的"锌指"（zinc finger）结构单元。多个锌指结构可重复串联在一起，以其指部伸入DNA双螺旋的大沟，接触5个核苷酸与DNA结合，而且结合非常稳定。

（2）碱性亮氨酸拉链：该结构的特点是蛋白质分子的肽链中每隔6个氨基酸就有一

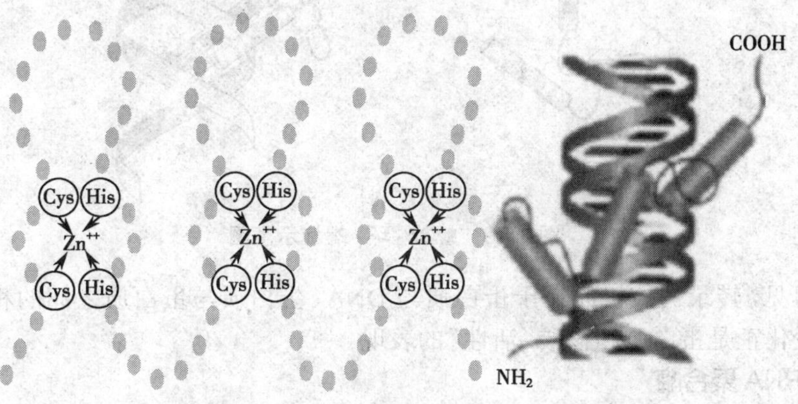

图17-7　锌指结构

个亮氨酸残基，这些亮氨酸残基都在 α 螺旋的同一个方向出现。通过疏水作用形成二聚体，被称为亮氨酸拉链（leucine zipper）。该二聚体的另一端肽段富含碱性氨基酸残基，借其正电荷与 DNA 双螺旋链上带负电荷的磷酸基团结合（图 17-8）。

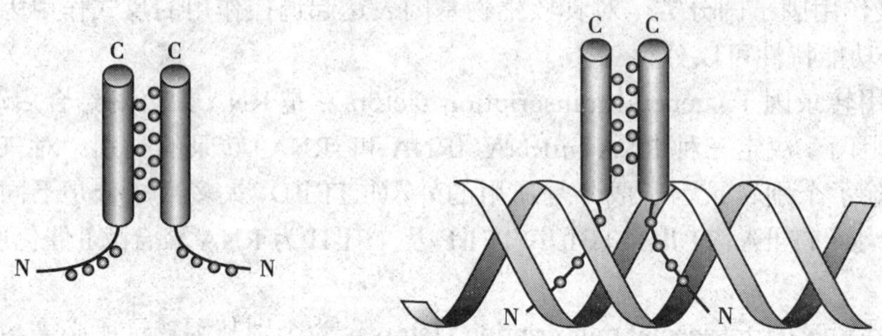

图 17-8 碱性亮氨酸拉链结构及其与 DNA 的结合

（3）螺旋 - 转角 - 螺旋：螺旋 - 转角 - 螺旋（helix-turn-helix，HTH）结构至少有两个 α 螺旋，其间由短肽段形成的转角或环相连接，两个这样的 DNA 结合基序（DNA binding motif）结构形成二聚体，其高度正好相当于 DNA 一个螺距（3.4nm），这样的结构刚好嵌入 DNA 的大沟。

（4）螺旋 - 环 - 螺旋：螺旋 - 环 - 螺旋（helix-loop-helix，HLH）存在于部分真核生物的调控蛋白中，在多细胞生物的发育过程中参与基因表达调控。螺旋 - 环 - 螺旋保守序列长约 50 个氨基酸残基，含 2 个 α 螺旋，由一段长度不确定的环连接，被称为螺旋 - 环 - 螺旋。两个螺旋 - 环 - 螺旋通过一端的亮氨酸残基相互结合，形成二聚体。二聚体通过另一端富含碱性氨基酸残基的短序列与 DNA 结合，与亮氨酸拉链一端的碱性区类似（图 17-9）。

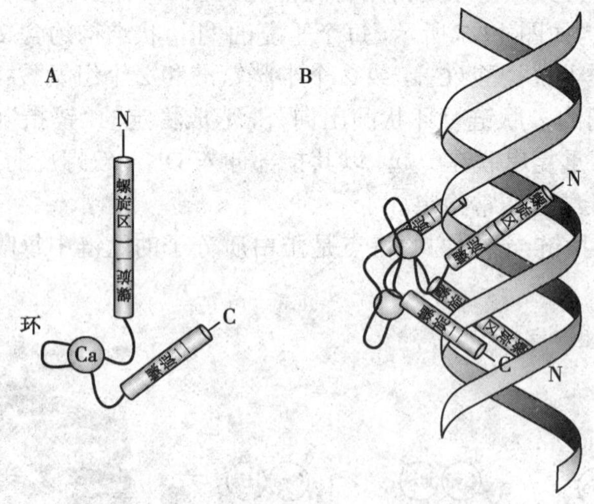

图 17-9 螺旋 - 环 - 螺旋示意图

由此可见，转录调控机制在于蛋白质与 DNA、蛋白质与蛋白质之间的相互作用，引起的构象变化正是蛋白质和核酸“活性”的表现。

（三）RNA 聚合酶

顺式作用元件与反式作用因子对基因转录活性的调节最终是由 RNA 聚合酶活性来

体现的。RNA 聚合酶Ⅱ是由 14～17 个亚基构成的聚合体，在转录起始前需要与通用转录因子（TF）结合，才能与启动子结合。一些转录因子在周围环境刺激下（如诱导剂）在细胞内被诱导表达，然后发生蛋白 - 蛋白相互作用或通过与 DNA 发生蛋白 -DNA 相互作用，再影响 RNA 聚合酶Ⅱ活性，从而使转录活性发生改变。

四、转录后水平的调控

1. 加帽和加尾　真核生物的 mRNA 转录后要在 5′ 端形成帽子结构。不同帽子结构碱基的甲基化程度不同。同时 3′ 端加上 100～200 个腺苷酸，即 poly（A）尾。加帽和 poly（A）尾可以增加 mRNA 的稳定性并能保证 mRNA 在转录过程中不被降解。

2. 选择性剪接　将真核生物的 mRNA 前体切除内含子拼接外显子的过程称为剪接。内含子和外显子是相对的，某个基因的内含子可能是另一个基因的外显子。在不同的剪接方式中，外显子或内含子可以在成熟 mRNA 中保留或切除，因而外显子或内含子是否存在于成熟 mRNA 中是可以选择的，这种剪接方式称为选择性剪接（alternative splicing）。通过选择性剪接，一个基因的初级转录产物可以产生两种或两种以上的 mRNA，因而指导合成两种或两种以上的蛋白质。

3. 转运　大约只有 20% 的 mRNA 进入细胞质基质，留在细胞核内的 mRNA 有 50% 在 1 小时内被降解。mRNA 从细胞核向细胞质基质转运的调控机制目前尚不十分清楚。

五、翻译水平的调控

真核生物 mRNA 的寿命比原核生物长得多，所以翻译调控比原核生物更有实际意义，而且也主要在起始阶段。翻译调控的典型机制是：

1. 起始因子的磷酸化　磷酸化对有些起始因子起抑制作用，对有些起始因子则起激活作用。也有的起始因子被另一种蛋白质结合并抑制，而这种蛋白质可以被磷酸化，从而解除对起始因子的抑制，启动翻译。

2. RNA 结合蛋白参与对翻译起始的调控。

3. 5′AUG 负调控　有些 mRNA 的 5′-UTR 中有 1 个或数个 AUG，称为 5′AUG。5′AUG 的阅读框与编码序列的阅读框不一致，如果从 5′AUG 开始翻译，很快就会遇到终止密码子，翻译产物为无活性短肽。因此，5′AUG 组成的阅读框一般对于翻译起始起负调控作用，使翻译维持在较低的水平。5′AUG 多存在于原癌基因中，它的缺失可以造成某些原癌基因的激活。

4. mRNA 稳定性　mRNA 是蛋白质合成的模板，它的稳定性将直接影响到基因表达最终产物的数量。

5. 小分子 RNA 可引起转录后基因沉默　小分子 RNA 介导的转录后基因沉默（post-transcription gene silencing，PTGS），是近几年生命科学研究的热点之一。目前已发现有 2 种小分子 RNA 介导 PTGS：小片段干扰 RNA（small interference RNA，siRNA）和微小 RNA（microRNA，miRNA）。miRNA 与 siRNA 介导基因沉默的过程称为 RNA 干扰（RNA interference，RNAi）。RNAi 是指通过双链 RNA 使目的 mRNA 降解，从而特异性地抑制目的蛋白表达的现象。其中 miRNA 由内源基因编码，前体含有不完善的发夹结构，能够识别多个目标，通常与目标 mRNA 的 3′-UTR 结合，从而阻止它们的翻译，但并不导致目标 mRNA 的水解；siRNA 多数来自外源的双链 RNA，作用方式通常为高度特异性的，与目标 mRNA 结合后，导致它们的降解。其意义可能在于保护基因组免受病毒或转座子的干扰影响，用于肿瘤、病毒感染等疾病的基因治疗，或用于基因结构与功能的研究。

六、翻译后水平的调控

翻译后水平的调控主要控制多肽链的加工和折叠，产生不同功能的蛋白质。多肽链的加工过程包括 N 端氨基酸的除去、信号肽的切除、二硫键的形成和氨基酸侧链的修饰（如甲基化、糖基化、磷酸化等）。此外，多肽链还需折叠成特定的构象（详见蛋白质的生物合成章）。这种多肽链的加工和折叠过程在基因表达的调控上起重要作用。

学习小结

1. 学习内容

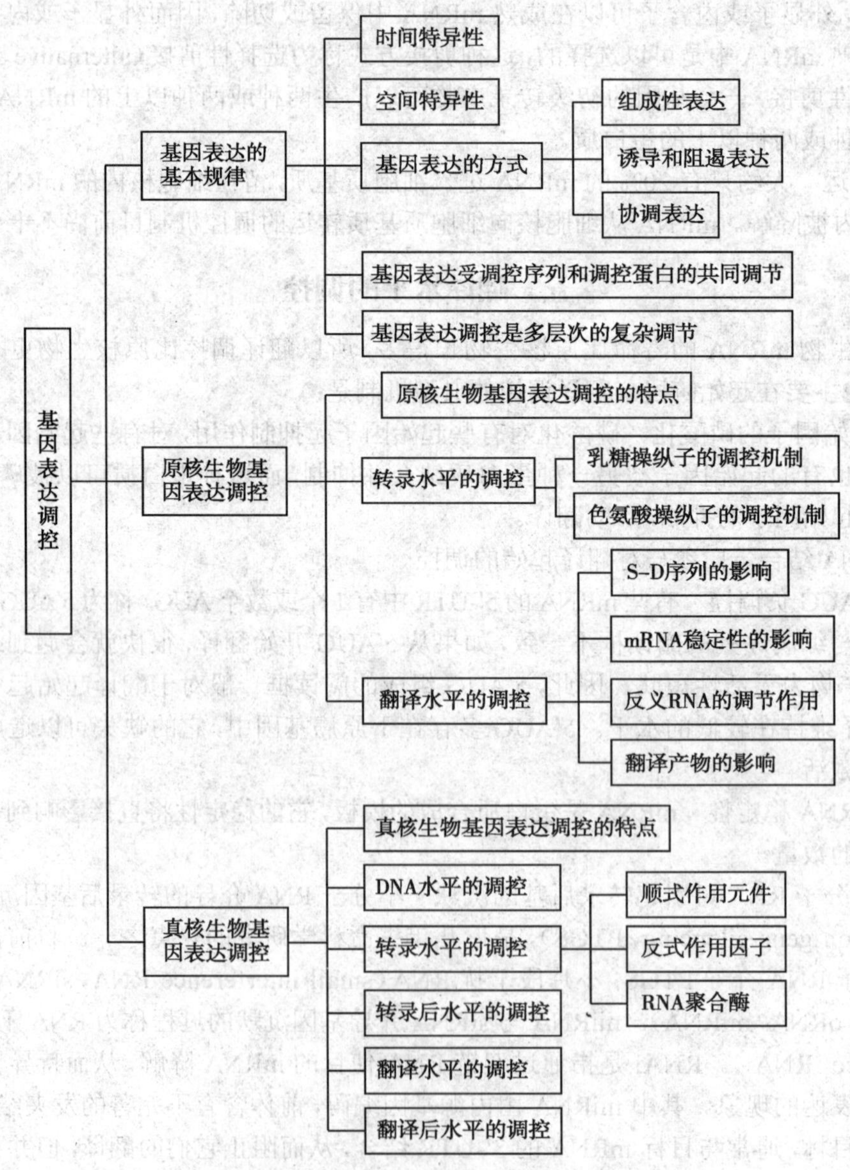

2. 学习方法　学习本章时要联系物质代谢的相互联系和调节控制、RNA 的生物合成和蛋白质的生物合成等章节的有关内容，比较性理解原核生物和真核生物基因表达调控的不同方式。

（任　颖）

复习思考题

1. 简述原核生物基因表达调控的特点。
2. 试述大肠杆菌乳糖操纵子基因表达的调节作用。
3. 真核生物和原核生物基因表达调控有哪些异同？
4. 简述真核生物基因表达在转录水平上的调控。

第十八章　重组 DNA 技术

学习目的

通过学习重组 DNA 技术的基本操作过程，理解目的 DNA 的制备、载体的选择、重组 DNA 导入宿主细胞以及重组体的筛选与鉴定等内容，为学习分子生物学技术在医药学研究中的应用奠定基础。

学习要点

重组 DNA 技术的基本操作过程：目的 DNA 的制备、载体的选择、目的 DNA 与载体的连接、重组 DNA 导入宿主细胞以及重组体的筛选与鉴定等内容。

生物尤其是真核生物的染色体 DNA 数量之大、结构之复杂，研究之困难，令人生畏。如在人类基因组 DNA 的 31 亿对碱基的直线序列中，估计有 3 万～5 万个基因。人们必须具有分离和富集单基因的技术实力，才能在体外对它的结构和功能等有关问题作深入的研究，重组 DNA 技术的诞生使人们的这种愿望成为了可能。

第一节　概　　述

20 世纪 70 年代初，随着限制性核酸内切酶的发现和 DNA 分子杂交技术的建立，使得重组 DNA 技术得到飞速发展。1972 年 P. Berg 首次将不同的 DNA 片段重组，并将这个重组的 DNA 分子有效地导入细菌细胞中进行繁殖，于是产生了重组 DNA 克隆。重组 DNA 技术的建立不仅促进了对基因表达调控机制的研究，也使人们主动改造生物体成为可能。由此，相继获得了多种基因工程产品，大大推动了医药工业和农业的发展。

一、重组 DNA 技术相关概念

克隆（clone）是指通过无性繁殖产生的与亲代完全相同的子代群体。DNA 克隆（DNA clone）是指从染色体中分离特定 DNA 片段，将其与一个 DNA 载体连接成重组 DNA，并导入合适的细胞，随细胞分裂而扩增，同时在每个细胞内大量复制，最终得到该 DNA 片段的大量拷贝。由于 DNA 克隆是在分子水平对基因进行体外操作，因而也称为分子克隆（molecular cloning）或基因克隆（gene cloning）。实现基因克隆所采用的方法和相关的工作统称重组 DNA 技术（DNA recombination technology），又称为基因工程（genetic engineering）。

重组 DNA 技术的核心内容之一是 DNA 重组，即将目的 DNA 与载体连接成重组 DNA。DNA 重组的基本工艺是切割和连接 DNA，有 3 种基本工具是必需的：①限制酶——用于切割 DNA；②连接酶——用于连接 DNA；③载体——用于与目的 DNA 重组。这里就相关内容做一个简要介绍。

二、目的 DNA 与载体

（一）目的 DNA

目的 DNA 又称为靶 DNA（target DNA），就是我们从生物材料中分离获取或人工合成的某一感兴趣的基因或 DNA 片段。它有两种类型，即 cDNA 和基因组 DNA。前者是由 mRNA 经逆转录产生，不含内含子；基因组 DNA 包含了一个细胞或生物体的整套遗传信息，含有内含子。

（二）载体

大多数目的 DNA 很难自己进入宿主细胞，更不能自我复制。所以重组 DNA 技术的一个重要环节，是把目的 DNA 导入宿主细胞，并在宿主细胞内扩增。因此，必须将目的 DNA 片段连接到一种特定的、能自我复制的 DNA 分子上，这种 DNA 分子就是重组 DNA 技术的载体（vector）。

载体的化学本质是 DNA。载体不但能与目的 DNA 重组，能导入宿主细胞，还能利用自身的调控系统，使目的 DNA 在宿主细胞内复制或表达。因此，目前用于基因工程中的载体有克隆载体和表达载体（图 18-1）。

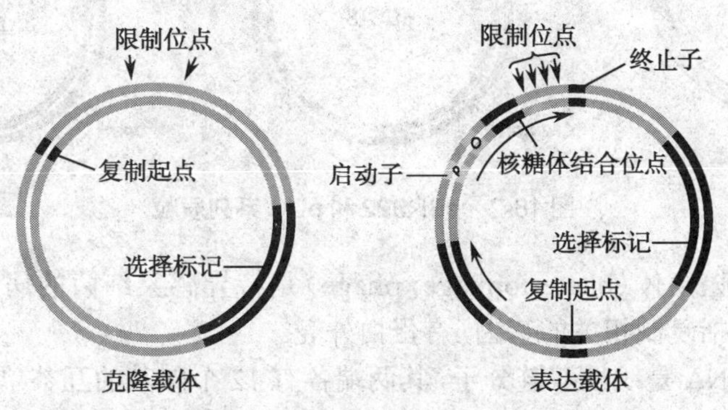

图 18-1　克隆载体和表达载体

1. 克隆载体　克隆载体是用来克隆和扩增 DNA 片段的载体。目前常用的克隆载体包括质粒、噬菌体、粘粒、病毒、穿梭载体及细菌或酵母人工染色体等。它们在分子大小、结构、用途等诸多方面存在很大差异，但作为载体均必须具备以下基本条件：①复制起点（ori）：能使载体在宿主细胞中进行自主复制，并能使所携带的目的 DNA 片段得到同步扩增。②克隆位点：目的 DNA 插入位点，为某种限制酶的单一限制位点，或多种限制酶的单一限制位点。后者多集中，所形成的区域称为多克隆位点（multiple cloning site，MCS），插入目的 DNA 后不影响其在细胞中的复制能力。③选择标记：是一种能产生表型的功能基因，如抗性基因或营养物代谢基因，便于筛选重组 DNA 克隆。此外，克隆载体还应具有容量大、容易导入宿主细胞、拷贝数高、容易提取和抗剪切力强等特点。

现以常用的克隆载体——质粒及 λ 噬菌体载体为例说明其作用特点：

（1）质粒：质粒（plasmid）是天然存在于细菌染色体外的 DNA 分子，通常为环状、双链的 DNA 分子，仅能存在于宿主细胞质内，是独立于染色体的、自主复制的遗传成分。其结构比病毒更简单，无蛋白外壳，也无细胞外的生命周期。

质粒依据其复制调节的严密性分为严紧型质粒和松弛型质粒，严紧型质粒只能随着细菌染色体复制，因此它们在宿主细胞中仅有一个或几个拷贝。而松弛型质粒可独立于染色体而自主复制，每个细胞中有10～500个拷贝。用于基因工程上的质粒多为松弛型质粒。作为克隆载体的质粒应具备下列特点：①分子量相对较小（多为2～5kb），能在细菌内稳定存在，有较高的拷贝数；②具有一个以上的遗传标志，便于对宿主细胞进行选择；③具有多克隆位点。

目前，已有一系列符合上述要求的质粒作为商品供应，如pBR322和pUC系列（图18-2），被广泛用于DNA分子克隆。

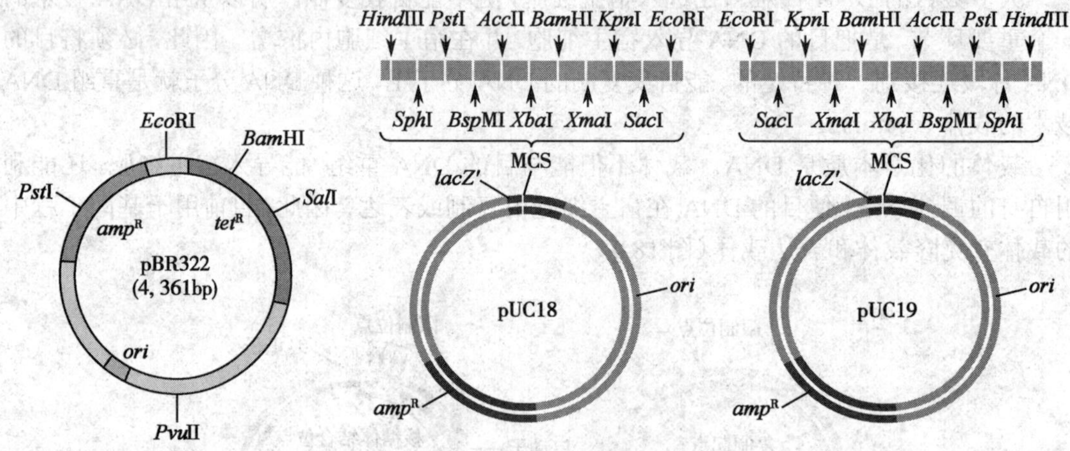

图18-2 pBR322和pUC系列质粒

（2）噬菌体：噬菌体（bacteriophage，phage）是特异感染细菌的病毒，其结构非常简单，只携带若干包括复制相关的基因，有蛋白外壳。

λ噬菌体的DNA是线性双链分子，其两端各有12个碱基的互补单链，为天然的黏性末端，称为COS位点。λ噬菌体基因组可分为三个部分：左臂、中段、右臂。对溶菌生长来说，中段是非必需的。利用λ噬菌体作为载体，主要是将目的DNA替代或插入中段序列。现在广泛使用的λ噬菌体载体均经过人工改造，主要的改造是：①设计去除λ噬菌体DNA上的一些限制性酶切位点；②在中段非必需区，替换插入某些可供筛选的标志基因和多克隆位点等。经过改造而构建的λ噬菌体作载体有两类：一类是插入型载体，常用的如λgt10和λZAPⅡ载体；另一类是置换型载体，如λEMBL4和λGEM11载体。

M13噬菌体是一类丝状噬菌体，其基因组为环状单股正链DNA。M13噬菌体作为载体的最大特点是获得的克隆产物为单链DNA，可以用于DNA测序、探针制备等，但容量小，克隆大小为300～400bp的目的DNA较为合适，大于1kb就不稳定。

2．表达载体（expression vector） 表达载体是含有能被宿主表达系统识别的表达元件，从而可以利用宿主表达系统表达克隆基因的载体。相比之下，克隆载体只是携带目的基因，利用宿主复制系统进行扩增；而表达载体不仅可以使目的基因扩增，还可以使其表达。依据其宿主细胞的不同，表达载体分为原核表达载体和真核表达载体。

原核表达载体是从克隆载体发展而来的，其除了具备克隆载体的一般特点外，还需有调控外源基因有效转录和翻译的序列，如启动子、核糖体结合位点、转录终止序列等。

原核表达载体的基本组成如图 18-3 所示。目前应用最广泛的原核表达载体是大肠杆菌表达载体。

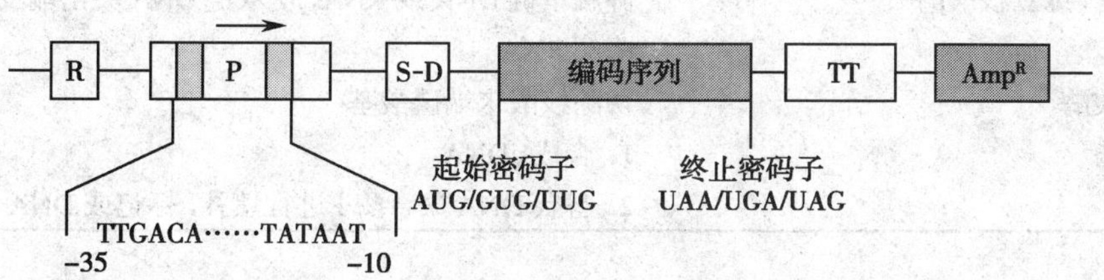

图 18-3　原核表达载体的基本组成

真核细胞表达载体也是从克隆载体发展而来的，故含有必不可少的原核序列，包括复制起始点、抗生素抗性基因、多克隆位点等，这些原核序列便于真核表达载体在细菌中复制以及阳性克隆的筛选。同时，真核表达载体还具有自身的特点，它带有：①真核表达调控元件，包括启动子、增强子、转录终止序列、polyA 加尾信号等；②真核细胞复制起始序列；③真核细胞药物抗性基因，用于转入真核细胞后进行阳性克隆的筛选（图 18-4）。

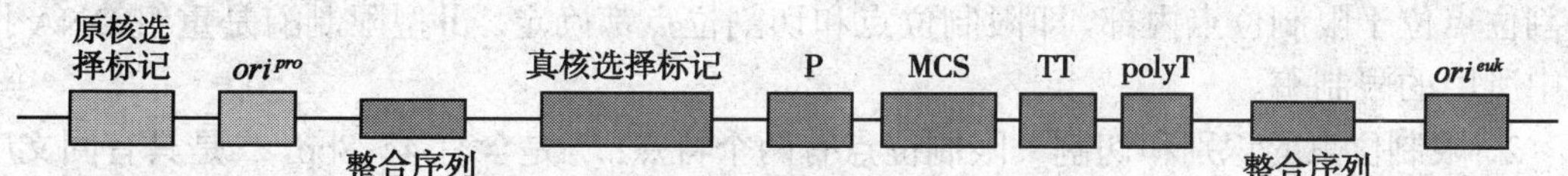

ori^{pro}：原核复制起始序列；P：启动子；MCS：多克隆位点；TT：转录终止序列；ori^{euk}：真核复制起始序列
注：不是所有真核表达载体都有整合序列

图 18-4　真核表达载体的基本组成

三、工　具　酶

基因工程中的许多工作都涉及对 DNA 进行切割和重组，或对 DNA 进行修饰或合成，这些工作都是通过酶的作用来完成的。

（一）常用工具酶的主要用途

重组 DNA 技术需要用酶作为工具对核酸进行“精雕细刻”。常见的工具酶见表 18-1。

表 18-1　重组 DNA 技术中最常用的工具酶

酶	主要用途
限制性核酸内切酶	识别 DNA 特定序列，切断 DNA 链
DNA 聚合酶Ⅰ或其大片段（Klenow）	1. 缺口平移制作标记 DNA 探针
	2. 合成 cDNA 的第二链
	3. 填补双链 DNA 3′凹端
	4. DNA 序列分析
耐热 DNA 聚合酶（TaqDNA 聚合酶等）	聚合酶链反应（PCR）
DNA 连接酶	连接两个 DNA 分子或片段
多核苷酸激酶	催化多核苷酸 5′羟基末端磷酸化，制备末端标记探针
末端转移酶	在 3′末端加入同质多聚物尾

续表

酶	主要用途
S_I核酸酶，绿豆核酸酶	降解单链DNA或RNA，使双链DNA突出端变为平端
RNase A	降解RNA
碱性磷酸酶	切除核酸末端磷酸基
逆转录酶	1. 合成cDNA 2. 替代DNA聚合酶Ⅰ进行填补，标记或DNA序列

（二）限制性核酸内切酶

限制性核酸内切酶（restriction endonuclease）简称限制酶，是一类核酸内切酶，绝大多数来自细菌，能识别双链DNA分子的特异序列，并在识别位点或周围水解（切割）其磷酸二酯键，该特异序列称为限制酶的限制位点（restriction site）。

1. 限制酶的分类　从各种细菌中分离鉴定的限制酶约有4000种，可以根据活性和特异性等将限制酶分为3类：①Ⅰ型限制酶：具有限制和修饰活性，这类酶通常在离限制位点约1kb处切割DNA，切割位点不确定；②Ⅲ型限制酶：与Ⅰ型限制酶一样，具有限制和修饰活性，能在限制位点附近切割DNA，切割位点也不确定；③Ⅱ型限制酶：这类酶的切割位点位于限制位点内部，即限制位点和切割位点都确定。Ⅱ型限制酶是重组DNA技术中所用的限制酶。

2. 限制位点的识别和切割　限制位点有两个特点：一是含有4～8bp，二是具有回文序列。限制酶切割DNA形成两种末端：①限制酶切割限制位点的对称轴，产生平端；②限制酶在限制位点的两个对称点错位切割DNA双链，产生黏端，包括5′黏端和3′黏端。

如BamHⅠ，切割后产生5′黏端

5′—G↓GATCC—3′

3′—CCTAG↑G—5′

PstⅠ切割后产生3′黏端

5′—CTGCA↓G—3′

3′—G↑ACGTC—5′

HpaⅠ切割后产生平端

5′—GTT↓AAC—3′

3′—CAA↑TTG—5′

一些常用的限制性核酸内切酶所识别的特异序列和切割位点见表18-2。这些限制性

表18-2　常用的限制性核酸内切酶举例

限制酶	识别切割位点	限制酶	识别切割位点
BamHⅠ	G↓GATCC	PstⅠ	CTGCA↓G
ClaⅠ	AT↓CGAT	SalⅠ	G↓TCGAC
EcoRⅠ	G↓AATTC	SmaⅠ	CCC↓GGG
HindⅢ	A↓AGCTT	XbaⅠ	T↓CTAGA
HpaⅠ	GTT↓AAC	XhoⅠ	C↓TCGAC
KpnⅠ	GGTAC↓C	BglⅡ	A↓GATCT

核酸内切酶存在于细菌体内，它和甲基化酶共同构成细菌的限制 - 修饰酶体系，可限制外源DNA，保护自身DNA，对细菌遗传性状的稳定有重要作用。

（三）DNA连接酶

DNA连接酶催化双链DNA一端3′端羟基与另一双链DNA的5′端磷酸基连接，形成3′，5′- 磷酸二酯键，从而把两个DNA分子或片段连接起来。DNA连接酶对底物的要求：两个双链DNA片段间存在互补的黏端或平端；或一条带有切口的双链DNA分子。

基因工程中常用的DNA连接酶包括大肠杆菌DNA连接酶和T4 DNA连接酶。它们的生理功能都一样，即催化DNA切口处的5′磷酸基与3′羟基连接，形成磷酸二酯键；反应机制也基本相同。不过，反应所需要的能量由不同分子提供，大肠杆菌DNA连接酶需要NAD^+，而T4 DNA连接酶需要ATP。

第二节　重组DNA技术基本原理

DNA克隆过程包括：目的DNA的制备、载体的选择、目的DNA与载体的连接、将重组DNA导入受体细胞、含重组子的受体细胞的筛选和鉴定、克隆基因的表达。

一、目的DNA的制备

欲进行DNA克隆首先要得到纯化的目的DNA，根据实验的目的不同，目的DNA的来源可以是染色体DNA，也可以是mRNA的逆转录产物cDNA。目前制备目的DNA的方法有以下几种：

1. 从组织细胞中提取　若对基因的表达调控或编码区的间隔序列感兴趣，则可选择基因组DNA为来源。以动、植物或细胞为材料制备基因组DNA，不过提取时操作一定要小心，尽量维持DNA分子的完整性，减少断裂。

2. 逆转录合成　如果对编码蛋白质的氨基酸序列感兴趣可采用cDNA为来源。cDNA的制备是先从组织细胞中提取全部mRNA，然后以mRNA为模板，经逆转录酶催化合成cDNA（complementary DNA，cDNA），此DNA序列与mRNA互补，通过适当的筛选方法就可以获取我们感兴趣的cDNA。

3. PCR扩增　如果已经有少量的DNA样品，但样品量不足，则可采用PCR技术进行扩增，以制备实验所需的足够量。用PCR能很方便地直接从基因组DNA或cDNA中获得目的DNA。

4. 化学合成　如果已知目的DNA的碱基序列，但又没有这些DNA样品，可采用化学合成的方法制备。化学合成DNA的长度通常不超过100bp；不过，如果想要合成更长的DNA链，可以先分段合成，然后连接成大片段。DNA的化学合成目前已经自动化，优点是准确性高、合成速度快，缺点是成本高。目前化学合成法常用于制备较短的DNA片段，如PCR引物、寡核苷酸探针、人工接头、较小的基因等。

综上所述，用哪种方法制备目的DNA，要根据研究的目的和实际条件来确定。实际上，要制备符合要求的目的DNA样品，通常要联合应用这些技术，例如cDNA的获取就涉及核酸的提取、逆转录合成、分离纯化cDNA等。

二、目的DNA与载体的连接

1. 黏性末端连接　如果目的DNA两端与载体有相同的限制位点，则同一限制酶切以后会产生相同的黏性末端，因而彼此互补，称为互补黏端。在适宜的条件下互补黏端退火时，能互补结合，在DNA连接酶催化下，目的DNA与载体连接成重组DNA分子（图18-5）。

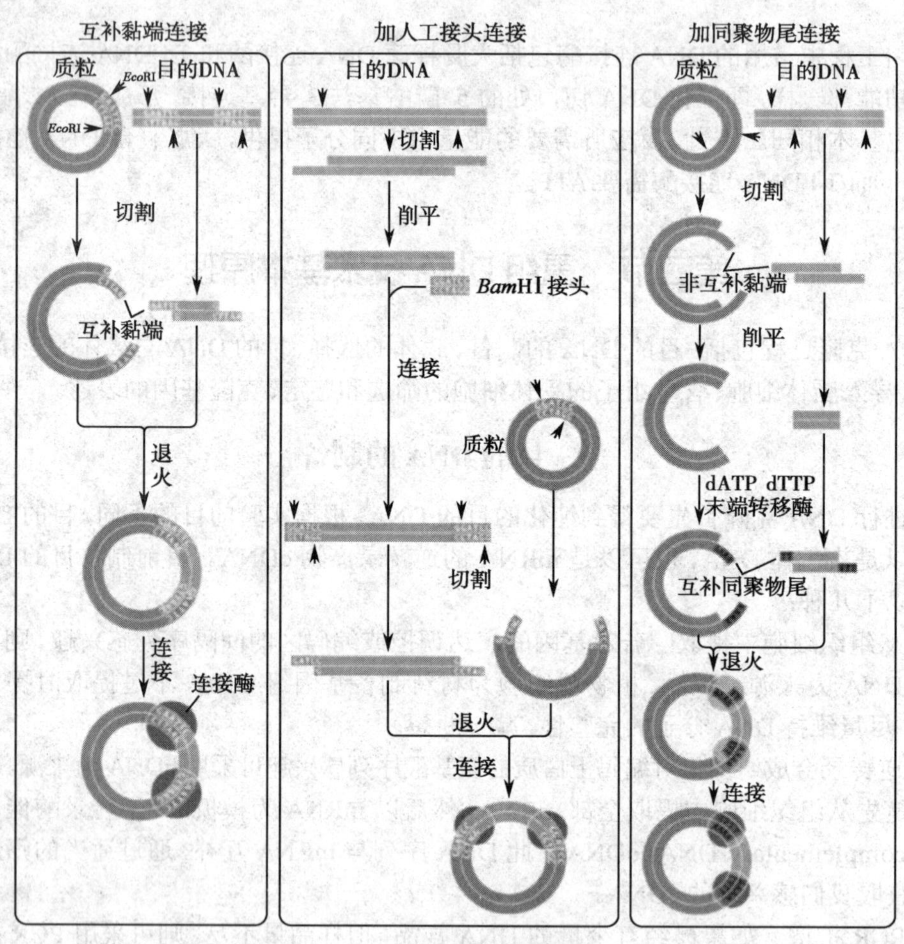

图18-5　目的DNA与载体连接

但这种用同一限制酶切割后存在双向插入的问题。在表达克隆中，目的DNA的插入方向将决定目的基因能否正常表达，目的基因的转录方向必须与表达载体的启动子方向一致才能表达。不过，采用定向克隆可以解决双向插入问题。

定向克隆就是用两种限制酶切割目的DNA和载体，使它们产生相应的黏端（或平端），但它们的黏端是单向互补的。这样使目的DNA和载体重组时只有一种取向（图18-6）。通过定向克隆能将目的DNA按正确方向插入表达载体分子中，这是确保目的基因成功表达的基本条件。

2. 平端连接　凡具有3′-羟基和5′-磷酸基的平端DNA可由T4 DNA连接酶催化形成3′，5′-磷酸二酯键，这就是平端连接。此法也适用于目的DNA和载体不能产生互补黏

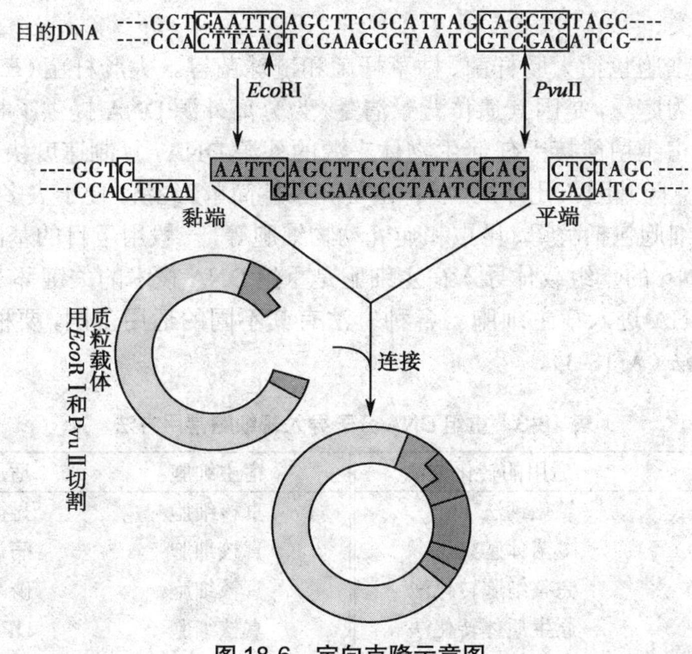

图 18-6　定向克隆示意图

端，可先用外切酶削平或用 DNA 聚合酶补平，再用 T4 DNA 连接酶连接。平端连接适用于任意的两个 DNA 分子之间的连接，但连接效率比黏性末端连接要低得多。

3. 加人工接头连接　人工接头是一种化学合成的 DNA 片段。含有限制位点，一般为 8～12bp。接受此接头的目的 DNA 两端应具有平端，对于黏端应首先将其修饰成平端结构，在 T4 DNA 连接酶的作用下，将人工接头连接在目的 DNA 的两端，然后用相应的限制酶酶切，产生黏端，再按黏端连接法进行操作（见图 18-5）。由于人工接头所含限制位点可根据具体情况自行设计，给 DNA 重组实验带来了很大便利。

4. 加同聚物尾连接　如果两个 DNA 片段没有能互补的黏端，也可加同聚物尾进行连接。方法是用末端转移酶在线性载体 DNA 分子的两端加接同聚物尾，例如 oligo（dA），在目的 DNA 分子两端加接互补同聚物尾，例如 oligo（dT），两者混合，即可通过同聚物尾退火连接（见图 18-5）。

三、重组 DNA 分子导入靶细胞

重组 DNA 技术的关键是将重组体导入宿主细胞，利用宿主细胞的酶系统随着细胞生长、繁殖，重组 DNA 分子得以复制、扩增和表达。重组 DNA 对宿主细胞而言属于外源 DNA。

外源 DNA 导入宿主细胞，使其获得新的表型，称为转化（transformation）；其中通过噬菌体或病毒完成的转化称为转导（transduction）或感染（infection），外源 DNA 转化培养的真核细胞称为转染（transfection）。

宿主细胞（host cells）是重组分子进行繁殖的场所，宿主细胞也称为受体细胞或靶细胞。理想的宿主细胞通常是 DNA 或蛋白质降解系统缺陷株，或重组酶的缺陷株，因而具有较强的接纳外源 DNA 的能力，保证外源 DNA 能长期、稳定地遗传或表达。宿主细胞有原核和真核两类。

常用的原核细胞包括大肠杆菌、枯草杆菌和链球菌等。大肠杆菌（*E. coli*）在基因克隆实验中使用最为广泛，是因其遗传背景清楚，为分离外源DNA提供了相对简单的遗传环境。这种安全宿主菌能接受任何生物体来源的外源DNA，复制速度快，每个细菌可携带数百个拷贝的克隆基因。此外，大肠杆菌培养条件简单、经济，便于大多数实验室采用。

常用的真核细胞包括酵母、昆虫和哺乳动物细胞等，一般用于目的基因的表达。

含有目的DNA的重组载体导入宿主细胞是重组DNA技术的关键环节。有许多方法可以帮助重组DNA进入宿主细胞。各种方法有其不同的适用范围，要根据具体情况采用合适的转化方法（表18-3）。

表18-3 重组DNA分子导入靶细胞常用方法

靶细胞	适用的转化方法	宿主细胞	适用的转化方法
大肠杆菌	氯化钙法	真核细胞	显微注射法
大肠杆菌	噬菌体感染法	真核细胞	病毒感染法
酵母	完整细胞转化法	真核细胞	磷酸钙共沉淀法
酵母、链霉菌	原生质体转化法	真核细胞	DEAD-葡聚糖法
链霉菌、哺乳动物细胞	电穿孔法	真核细胞	脂质体载体法

经过适当处理后容易接受外来DNA进入的细胞称为感受态细胞（competent cell）。如实验室较常用的是氯化钙（$CaCl_2$）法，即将大肠杆菌悬浮在$CaCl_2$溶液中，并置于低温（0～5℃）环境下一段时间，Ca^{2+}使细胞膜的结构发生变化，通透性增加，外源DNA可以较易进入。

四、重组DNA的筛选与鉴定

对转化、转染或感染的宿主细胞，经过培养，可以形成许多克隆。然而，形成这些克隆的细胞绝大多数都没有导入重组DNA，有的细胞可能只是导入了未重组的载体等，所以必须要将含有重组目的DNA的阳性细胞筛选出来。筛选与鉴定程序主要包括：先筛选出带有载体的克隆，然后筛选鉴定出带有重组载体的克隆，最后筛选鉴定出带有目的DNA的克隆。主要筛选方法有遗传标志筛选法、序列特异筛选法及免疫学方法等。

（一）根据载体遗传标志筛选

1. 抗生素抗性 根据抗药性标志筛选是最常见的方法，将含有某种抗生素抗性基因的载体转化宿主细胞后，将细胞在含有相应抗生素的培养基中培养，无载体转入的细胞无法生存，能生长的细胞即是含有载体的细胞。如抗氨苄西林（amp^R）、抗四环素（tet^R）和抗卡那霉素（kan^R）等。至于细胞中的载体是否为含有目的DNA的重组体，尚需进一步鉴定。

2. 标志补救 标志补救（marker rescue）是指当载体上的标志基因在宿主细胞中表达时，通过互补宿主细胞的相应缺陷而使细胞在相应选择培养基中存活。该方法可初步筛选带有载体的克隆。例如，*S. cerevisiae* 酵母菌株因 *trp1* 基因突变而不能在缺少色氨酸的培养基上生长，当转入带有功能性 *trp1* 基因的载体后，转化菌则能在色氨酸缺陷的培养基中生长。但要确定是否为带有重组载体的阳性克隆，还需进一步鉴定。

3. 插入失活　许多载体都带有抗生素抗性基因，当外源DNA插入某一抗性基因内，便可使该抗性基因失活。例如pBR322含有 amp^R 和 tet^R 两个抗性基因，若将外源DNA插入 tet^R 基因序列中，可使 tet^R 失活，经相应重组载体转化的细菌只能生长在含有氨苄西林的培养基上，而不能在含有四环素的培养基上生长（图18-7）。

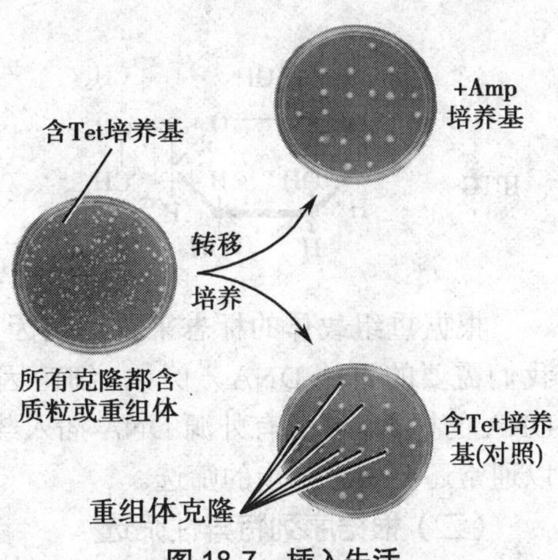

图18-7　插入失活

质粒pTR262携带来自λ噬菌体的 *CI* 基因，该基因负调控其下游的 tet^R 基因，在正常情况下表达产生阻遏蛋白，从而使 tet^R 基因不能表达。当在 *CI* 基因中插入外源DNA后，将导致 *CI* 基因失活，从而使 tet^R 基因去阻遏而表达，则可在含四环素的培养基上生长。

4. 蓝白筛选　蓝白筛选是利用选择标志的表达产物所催化的反应产生有色产物，使转化细胞形成有色的克隆，很容易识别。例如细菌人工染色体含 *lacZ*，并且 *lacZ* 内含限制位点。当在培养基中加入 *lacZ* 的人工诱导物异丙基-β-D-硫代半乳糖苷（Isopropyl β-D-1-thiogalactopyranoside，IPTG）和人工底物X-gal时，IPTG可以诱导 *lacZ* 表达β-半乳糖苷酶，β-半乳糖苷酶催化X-gal水解，产物呈蓝色，因而使菌落呈蓝色；若将外源DNA插入 *lacZ* 基因序列中，*lacZ* 基因无法表达β-半乳糖苷酶，转化菌落呈白色（图18-8）。因此，很容易根据菌落颜色鉴别重组DNA克隆，这一方法称为蓝白筛选。

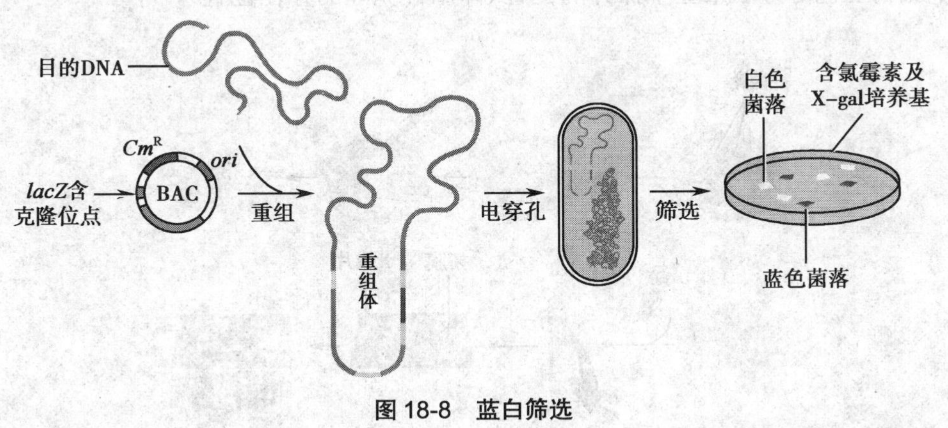

图18-8　蓝白筛选

而有些构建的载体需要α-互补后，方能实现蓝白筛选，与上述机制稍有不同。如pUC、pGEM及M13mp等载体系列，其筛选标志为 *lac Z'*，是β-半乳糖苷酶N末端146个氨基酸残基（α片段）的编码序列，在该序列中含有多克隆位点；经过改造的宿主菌基因组DNA含有β-半乳糖苷酶C末端（ω片段）的编码序列，只有当载体与宿主细胞同时共表达该酶的α和ω片段时，才能形成有活性的β-半乳糖苷酶，该现象称为α-互补（α-complementation）。因此在诱导物IPTG存在的情况下，诱导载体与宿主细胞共表达产生具有活性的β-半乳糖苷酶，使人工底物X-gal转变为蓝色产物而使细菌克隆呈蓝色。

当外源 DNA 片段插入载体的多克隆位点后，破坏 *lac Z'* 不能表达 α 片段，转化细菌后不能分解底物，结果使菌落或噬菌斑呈现白色。因此，α- 互补筛选又称蓝白筛选。

IPTG　　X-gal

根据重组载体的标志来筛选基因克隆，还只是粗筛，它并不表示该重组体一定含有我们需要的目的 DNA。例如，细菌因为变异而引起抗药性标志的改变，并不代表目的 DNA 的插入；或虽有外源 DNA 插入载体，但该序列却并不是我们需要的目的 DNA。所以通常还要做进一步的筛选。

（二）根据序列特异性筛选

根据序列特异性进行筛选的方法包括限制性内切酶法、核酸杂交法、PCR 法、DNA 测序法等。

1. 核酸杂交法　该方法可直接筛选和鉴定含有目的 DNA 的克隆。将转有外源 DNA 的菌落或噬菌斑拓印到硝酸纤维素膜上，并做相应标记；然后用碱处理拓膜菌，原位裂解释放 DNA 并固定于硝酸纤维素膜上，将膜与标记的核酸探针杂交，通过检测探针的存在即可鉴定出含有重组 DNA 的克隆。该方法又称菌落杂交或噬菌斑杂交（colone hybridization）（图 18-9）。根据核酸探针标记物的不同，可通过放射自显影、化学发光、酶作用于底物显色等方法来显示探针的位置（即阳性克隆的存在位置）。

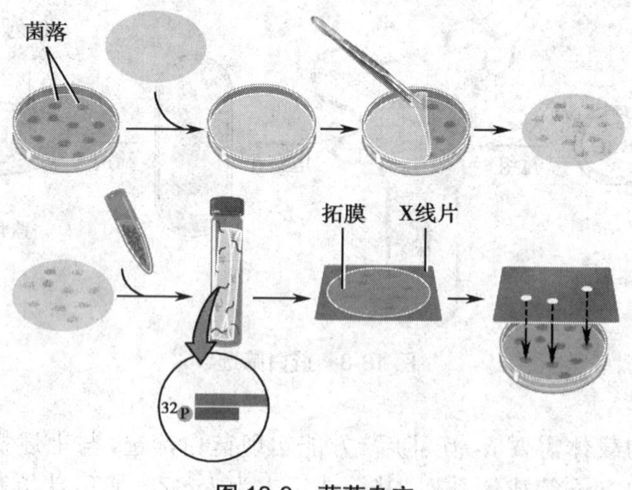

图 18-9　菌落杂交

2. 限制性内切酶图谱分析　针对初筛是阳性的克隆，提取其重组 DNA，用合适的限制性内切酶进行消化，进行琼脂糖凝胶电泳。通过分析电泳图谱，可以判断有无目的 DNA 的插入以及目的 DNA 是否完整。例如 pUC19 质粒的长度约 2.7kb，经限制酶切而插入一个长 800bp 的目的 DNA 后，则重组质粒的长度就为 3.5kb。当我们得到初步鉴定含有重组体的菌落以后，经过小量培养，再提取转化细菌的质粒 DNA，然后酶切、凝胶电泳，看重组体是否会出现 800bp 和 2.7kb 两个 DNA 片段，就可以进一步鉴定该重组体中有没有目的 DNA。

3. PCR 法　根据目的 DNA 序列设计引物对，以 DNA 克隆为模板进行 PCR 扩增，通过琼脂糖凝胶电泳分析扩增产物，若能扩增出预期长度的片段，则该转化细胞就可能含有目的 DNA 序列。用 PCR 进行分析，不仅可以快速得到插入片段，还可以直接用于 DNA 测序。

4. 序列分析　核酸序列分析是鉴定目的 DNA 最准确的方法，已知序列的 DNA 片段要经测序来验证；未知的 DNA 片段，要测序才能了解其结构、推测功能，作进一步的研究。因此，DNA 测序是基因工程的一个重要环节。

（三）免疫学方法

此法是间接鉴定目的 DNA 的方法，其原理是基于抗原 - 抗体反应或配体 - 受体反应。因此该方法的前提是目的基因在转化细胞内有表达，并且表达产物是已知的，利用特定抗体与目的基因表达产物特异性结合进行筛选。一般做法与上述菌落杂交相似，只是被检测的靶分子换成了吸附于硝酸纤维素膜上的蛋白质，检测探针换成了标记有酶的抗体 / 抗原或配体 / 受体。与酶标抗体结合处，酶可催化特定的底物分解而呈现颜色，从而指示该菌落含有目的基因。免疫学方法特异性强、灵敏度高，尤其适用于筛选不能为宿主细胞提供任何选择标志的目的基因。

以上所述的全过程即为 DNA 克隆，是重组 DNA 技术的基本操作过程（图 18-10），也可形象地归纳为“分、切、接、转、筛”，即分离目的 DNA、限制酶切目的 DNA 与载体、连接重组体、转入宿主细胞、筛选重组体。而作为基因工程的最终目的，是要利用重组 DNA 技术获得目的基因的表达产物，故还需进一步进行克隆基因的表达。

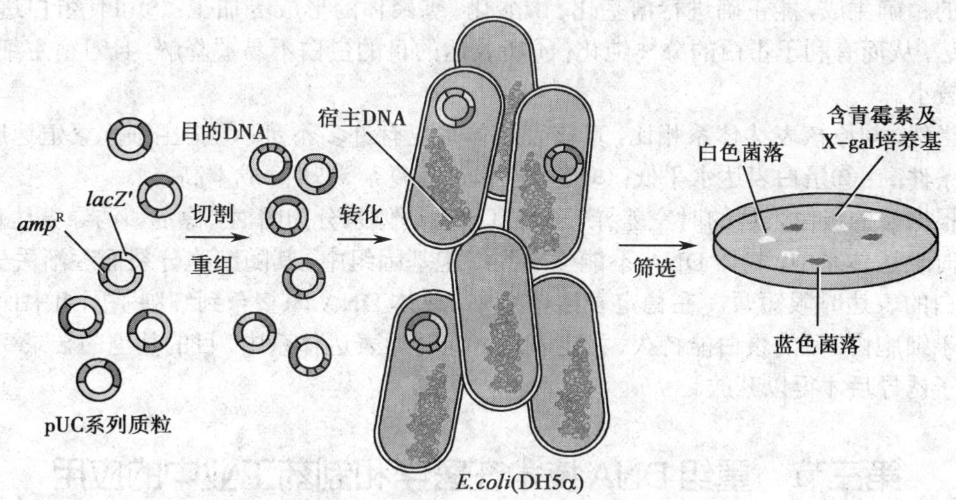

图 18-10　重组 DNA 技术基本操作过程

五、重组体在靶细胞中的表达

作为基因工程的最终目的之一，是要利用重组 DNA 技术获得目的基因的表达产物，合成有功能的蛋白质，但这个过程非常复杂。首先要确定目的基因是原核生物基因还是真核生物基因，然后选择合适的表达载体和宿主细胞，构建相应的表达系统。根据表达体系的不同有原核表达体系和真核表达体系。

通常考虑用原核表达体系表达原核生物基因，用真核表达体系表达真核生物基因，不过某些真核生物基因也可以用原核表达体系表达。

1. 原核表达体系　主要以细菌作为宿主细胞，包括大肠杆菌、枯草杆菌、乳酸菌、沙门菌等。大肠杆菌对许多外源蛋白有很好的耐受性并能够高水平表达，是目前运用最广泛的工程菌。

原核表达体系有以下优势：①宿主细胞遗传背景和生理特性清楚，有多种工程菌株可供选择；②原核细胞繁殖能力强，操作简单，省时；③大规模发酵成本低，生产潜力大；④表达水平一般较真核系统高（例如，某些外源基因在大肠杆菌中的表达量可达到菌体总蛋白的50%以上），且下游工艺简单，易于控制。

当然，原核表达体系也存在不少缺点：①原核细胞缺乏真核细胞所特有的翻译后加工修饰系统（如乙酰化、磷酸化、糖基化等），因此，针对需经修饰的蛋白，无法用原核表达体系获得有活性的蛋白；②目的基因不能含有内含子；③细菌本身产生的内毒素等不易去除干净，为产品的纯化增加了难度；④蛋白质高水平表达很容易形成包涵体，提取和纯化步骤烦琐，且蛋白复性较困难，容易出现肽链的错误折叠等问题。

2. 真核表达体系　目前，常用的真核表达体系有酵母表达体系、昆虫细胞表达体系、哺乳类细胞等，各种表达体系各有其优缺点，应根据具体需要进行选择。

与原核表达体系相比，真核表达体系（特别是以哺乳类细胞作为宿主细胞的表达体系）具有如下优点：①目的基因既可以是基因组DNA，也可以是cDNA，转录后能进行加工；②目的基因的表达可受到更严格的调控，能对所表达的蛋白质进行加工修饰，确保二硫键的精确生成，能正确进行糖基化、磷酸化、寡聚体的形成等加工；③可使蛋白进行分泌表达，从而有利于蛋白的分离纯化；④所表达的目的蛋白不易被降解，且对宿主细胞的影响较小。

当然，与原核表达体系相比，真核表达体系也有许多不足：①宿主细胞繁殖速度慢，培养条件高；②蛋白表达水平低；③整个操作过程复杂、费时，成本高。

根据目的蛋白表达的时空差异，可将真核表达体系分为瞬时、稳定和诱导表达体系。在瞬时表达体系中，载体DNA不能整合到细胞基因组中，其随细胞分裂而逐渐丢失，目的蛋白的表达时限短暂。在稳定表达体系中，载体DNA因整合到细胞基因组中而稳定存在于细胞内，目的蛋白能持久、稳定表达。在诱导表达体系中，目的基因的转录受外源小分子诱导后才得以开放。

第三节　重组DNA技术在医学和制药工业中的应用

分子生物学是医学、药学、农业、林业等领域向分子水平发展的先导。作为分子生物学中最重要、最有实用价值的重组DNA技术，已给医学、药学、农业等带来了革命性的变化。如基因诊断与基因治疗、改造传统的制药工业，利用该技术生产有药用价值的蛋白质如疫苗、肽类激素等。本节主要介绍在医药研究中的应用。

一、疾病基因的发现

人类携带的各种有害基因可以导致疾病的发生，要确认某一疾病的相关基因，必须进行基因定位（gene mapping）和结构分析。基因定位就是利用不同的方法将各种基因确定到染色体的实际位置上，并分析该基因的结构和疾病状态下基因的突变。

一个疾病相关基因的发现不仅可导致新的遗传病的发现，而且对遗传病的诊断和治疗具有重要价值。Wilson 于 1911 年将红绿色盲基因首次定位到 X 染色体上，开创了人类基因定位的先河。脆性 X 染色体综合征导致患者智障，发病率男性高于女性，该疾病基因定位在 X 染色体上。现已在 X 染色体上鉴定出脆性位点（fragile site）范围的 DNA 特殊标志就是$(CGG)_n$重复序列。该序列正常人体有 6～54 个重复单位，但在患者体内重复次数可高达 200 次以上，以致其邻近的基因 *fmr-1* 不能正常表达从而致病。现今人们把在 Xq27 处有脆性部位的 X 染色体称为脆性 X 染色体（fragile X，fra X）。

杜氏肌营养不良症（Duchenne muscular dystrophy，DMD），致病基因已定位在 X 染色体的 Xp21 区，主要是由于部分序列缺失造成。将一个 Xp21 区带缺失的患者的 DNA 与正常人的 DNA 进行杂交，减去可发生杂交的相同基因序列，最后剩余的序列即为患者所缺失的基因。该基因的产物被命名为肌营养不良蛋白（dystrophin）。

随着人类基因组计划的完成，不仅为全部基因的定位建立了一个开放框架，而且为鉴定人类疾病相关基因提供了参考模板，疾病基因的发现将越来越多。

二、生产蛋白或多肽类药物

重组 DNA 技术的发展在医学上最重要的成就表现在，生产生物活性蛋白或疫苗用于临床治疗，生物制药有望成为 21 世纪的支柱产业。重组蛋白质药物的生产是在功能研究、基因克隆基础上，构建适合的表达体系表达有生物活性的蛋白质和多肽；再经动物实验、临床试验和严格的药物审查，审批成为新药。目前经该技术发展的蛋白质、多肽类药物与疫苗已逾百种（表 18-4）。

表 18-4　重组 DNA 技术生产的蛋白、多肽类药物与疫苗举例

产品名称	主要功能	产品名称	主要功能
乙肝疫苗	预防乙肝	多种干扰素	抗病毒感染及某些肿瘤
生长素	治疗侏儒症	单克隆抗体	诊断试验、肿瘤靶向治疗
多种生长因子	刺激细胞生长与分化	多种白细胞介素	免疫调节、调节造血
胰岛素	治疗糖尿病	超氧化物歧化酶	抗组织损伤
凝血因子Ⅷ、Ⅸ	促进凝血，治疗血友病	口服重组 B 亚单位霍乱疫苗	预防霍乱

三、改造物种特性

通过基因转移，使特定的遗传信息整合到其他生物的基因组中，并能将这一特定性状稳定遗传下去，就可以实现改造物种的特性。

1974 年，Jaenisch 和 Mintz 首次用显微注射法将猿猴病毒（SV40）的 DNA 注入小鼠胚泡囊胚腔（blastocoel cavity），最终在子鼠体细胞DNA中检测到了SV40序列，证明SV40的DNA已经整合入小鼠基因组。这是人类首次培育转基因动物。

目前，各国普遍采用除草剂除草以提高农作物产量，但大多数除草剂都无法完全区分杂草与农作物，为此科学家将具有抗除草剂作用的酶或蛋白质的基因转入农作物，从而提高对除草剂的抗性。目前已经培育的抗除草剂农作物有棉花、大豆、水稻、小麦、玉米、烟草等。

另外，植物病毒会降低农作物的产量和品质，研究者将抗病毒基因等转入农作物，培育出了抗病毒转基因农作物，如棉花、水稻、小麦、大麦、番茄、马铃薯、燕麦草、烟草等。我国培育的抗黄瓜花叶病毒甜椒和番茄已经开始推广种植。

转基因技术目前已经被广泛应用于医学、农业等领域。各国研究者已经成功培育出转基因动物如鼠、兔、羊、猪、牛、鸡、鱼、泥鳅、昆虫等，所表达的转基因产物既有生长因子、激素、疫苗，也有酶、血浆蛋白等。转基因动物还有可能使动物器官安全有效地移植到人体的梦想成为现实。

学习小结

1. 学习内容

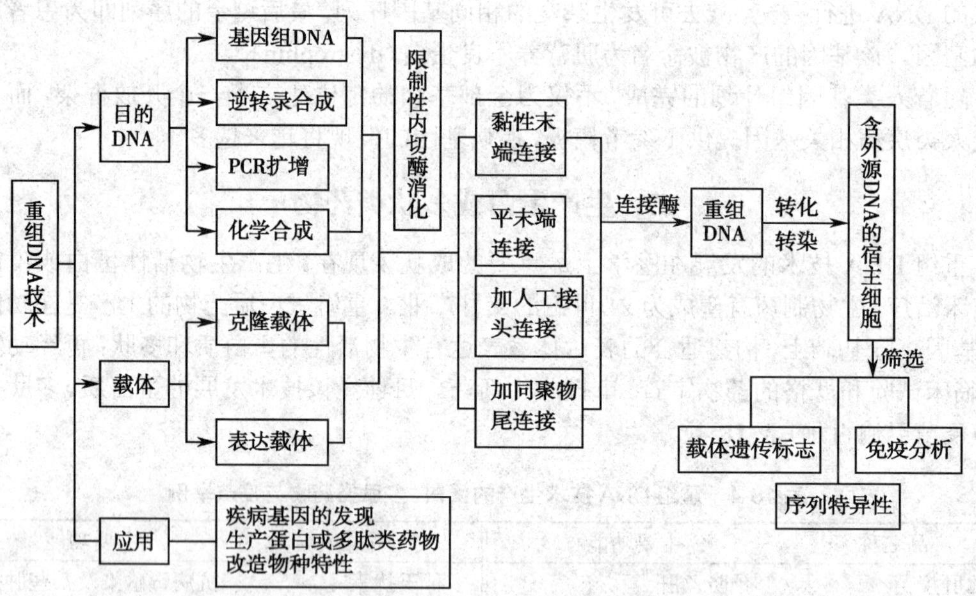

2. 学习方法 重组DNA技术也称为基因工程，是制备DNA克隆所采用的技术和相关工作的统称。重组DNA技术操作过程可归纳为：分：分离目的基因；切：限制酶切目的基因与载体；接：拼接重组体；转：转入受体菌；筛：筛选重组体。

（郑晓珂）

复习思考题

1. 简述pBR322质粒载体及其基本元件。
2. 简述pUC质粒载体及其基本元件。
3. 限制性核酸内切酶有几种？常用于重组DNA技术的是哪种？为什么？
4. 试比较克隆载体和表达载体的异同。
5. 重组DNA技术的基本操作过程如何？为什么说该技术具有广泛的用途？

第十九章　基因诊断和基因治疗

学习目的

通过学习理解关于基因诊断和基因治疗的概念、基因治疗的总体策略和基本程序以及基因诊断的特点与常用技术方法，为基因诊断和基因治疗的临床应用打下理论基础。

学习要点

基因诊断的本质及特点；核酸分子杂交技术和聚合酶链反应技术的基本原理和分类；基因治疗的概念、策略和基本程序。

基因诊断（gene diagnosis）和基因治疗（gene therapy）的研究与应用，是现代分子生物学的理论和技术与医学相结合的结果。本章初步介绍了基因诊断和基因治疗的基本概念及相关的基本原理等，为基因诊断和基因治疗构建基本的理论知识。

第一节　基因诊断

一、基因诊断的概念和特点

基因诊断又称为DNA诊断或分子诊断，是通过对基因或基因组进行直接分析而诊断疾病的手段。即通过分子生物学的技术，直接检测出分子结构水平和表达水平是否异常，从而对疾病做出判断。

基因诊断的特点：①以基因作为检查材料和探查目标，属于“定性诊断”，针对性强；②采用的分子杂交和聚合酶链反应等技术具有放大效应，诊断灵敏度很高；③由于很多疾病的基因变化往往早于临床症状的出现，因而基因诊断可实现早期诊断；④适用性强，诊断范围广，检测目标可为内源基因也可为外源基因。

二、基因诊断常用技术

（一）核酸分子杂交技术

核酸分子杂交技术的基本原理是待测单链核酸与已知序列的单链核酸（探针）间通过碱基配对形成可检出的待测片段。这种技术可在DNA与DNA，RNA与RNA，或DNA与RNA之间进行，形成DNA-DNA、RNA-RNA或RNA-DNA等不同类型的杂交分子。作为探针的已知DNA或RNA片段一般为30～50nt，可用化学方法合成或者直接利用从特定细胞中提取的mRNA。探针必须预先标记以便检出杂交分子。标记方法有多种，常用的为放射性核素标记法和生物素标记法。杂交方法又可分为液相杂交、固相杂交，目前使用较多的是固相杂交法。

1. 核酸分子杂交技术的分类　依被检测核酸不同可有DNA杂交印迹技术和RNA杂交印迹技术。

(1) DNA杂交印迹技术(Southern blot)：一般利用琼脂糖凝胶电泳分离经限制性内切酶消化的DNA片段，将胶上的DNA变性并在原位将单链DNA片段转移至尼龙膜或其他固相支持物上，即印迹(blotting)，经干烤或者紫外线照射固定，再与相对应结构的标记探针进行杂交，用放射自显影或酶反应显色，从而检测特定DNA分子是否存在及进一步分析其分子量(图19-1)。该技术是1975年E. M. Southern首创的，故称为Southern杂交。

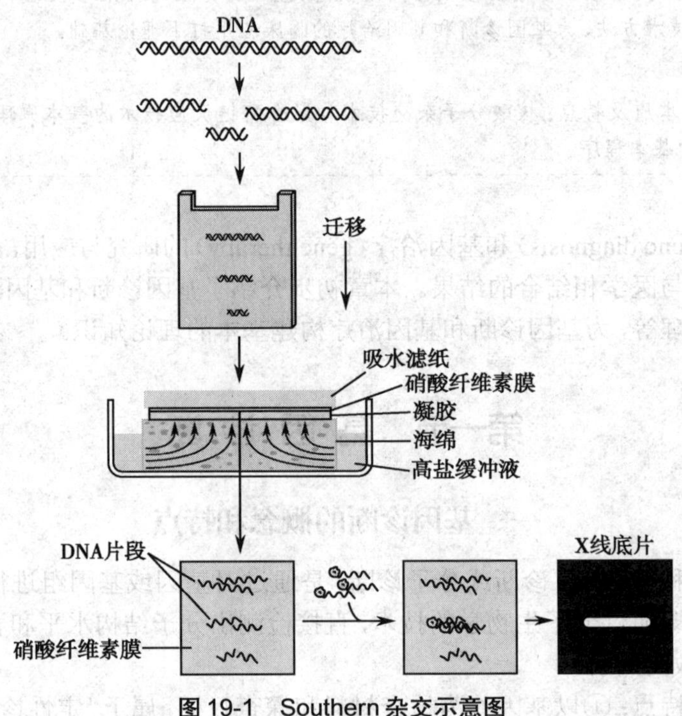

图19-1 Southern杂交示意图

(2) RNA杂交印迹技术(Northern blot)：其与Southern杂交很相似，主要区别是被检测对象为RNA，其电泳在变性条件下进行，以去除RNA中的二级结构，保证RNA完全按分子大小分离。电泳后的琼脂糖凝胶用与Southern杂交相同的转移方法将RNA转移到硝酸纤维素滤膜上，然后与探针杂交。

RNA印迹技术正好与DNA相对应，故被称为Northern杂交，与此原理相似的蛋白质印迹技术则被称为Western blot(图19-2)。

(3) 斑点杂交印迹技术：斑点杂交印迹技术(dot blot)是将核酸样品变性后直接点样于滤膜上，烤干以固定标本，然后与探针进行杂交的方法。斑点杂交耗时短，可做半定量分析，一张膜上可同时检测多个样品。多用于病原体基因，如微生物的基因，也可用于检查人类基因组中的DNA序列。

(4) 组织原位杂交：组织原位杂交(tissue in situ hybridization)简称原位杂交，指组织或细胞的原位杂交，实际上是固相杂交的另一种形式。杂交中的一种DNA处在未经抽

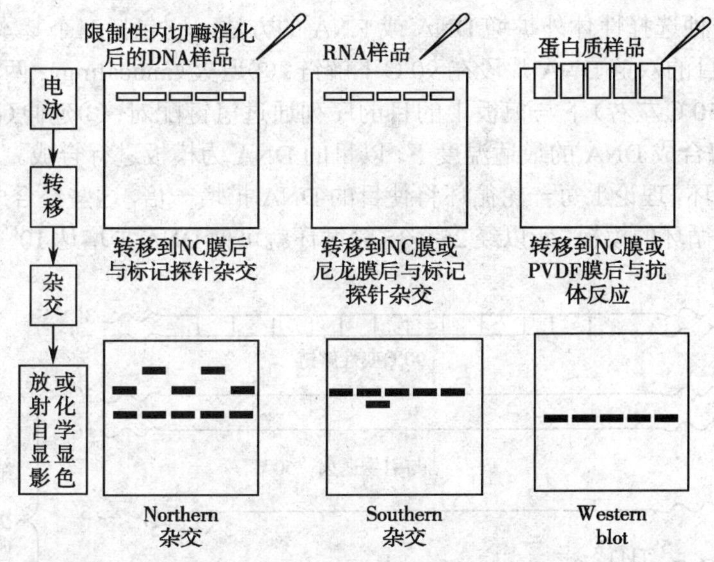

图 19-2　Southern 杂交、Northern 杂交和 Western blot 示意图

提的染色体上，并在原来位置上被变性成单链，再和探针进行分子杂交。在原位杂交中所使用的探针必须用比活性高的放射性核素标记。出现银粒的地方就是与探针互补的顺序所在的位置。

此外，核酸分子杂交技术还包括菌落原位杂交（colony in situ hybridization）、差异杂交（differential hybridization）和反向杂交（reverse hybridization）等其他种类。

2. 相关的基因诊断方法　建立在核酸分子杂交技术基础上的常用基因诊断方法主要有以下两种：

（1）限制性片段长度多态性：限制性片段长度多态性（restriction fragment length polymorphism，RFLP）技术的基础是通过限制性核酸内切酶酶切片段长度多态性来揭示 DNA 碱基序列组成的异同。在同源染色体相应的 DNA 区段，用一种限制性核酸内切酶消化，由于碱基组成不同，就会产生不同长度的酶切片段，然后用标记好的相应的 DNA 探针与这些片段杂交，显示出的图谱就可以反映出基因组 DNA 碱基序列组成是否存在差异。此技术可以用来测定多态性是由父本还是母本产生的，也可用来测定由多态性产生的突变类型究竟是由碱基突变或倒位，还是由缺失、插入造成的。

（2）等位基因特异性寡核苷酸印迹：等位基因特异性寡核苷酸印迹（allele specific oligonucleotide blot，ASO blot）技术是一种测定基因突变的方法。当基因的突变部位和性质已完全明了时，可以合成等位基因特异的寡核苷酸探针，用放射性核素或非放射性核素标记进行诊断。用于探测点突变时一般需要合成两种探针，一种与正常基因序列完全一致，能与之稳定地杂交，但不能与突变基因序列杂交；另一种与突变基因序列一致，能与突变基因序列稳定杂交，但不能与正常基因序列稳定杂交。将 ASO 探针连接 dT 多聚尾巴，结合于固相支持物上，受检基因在杂交液中，通过测定就可以把只有一个碱基发生了突变的基因区别开来。

（二）聚合酶链反应技术

1983 年 Mullis 等人发明了聚合酶链反应（polymerase chain reaction，PCR），1985 年公

开报道。它是一种选择性体外扩增 DNA 或 RNA 的方法。它包括三个基本步骤：①变性（denaturation）：目的双链 DNA 片段在 90℃下解链；②退火（annealing）：两种寡核苷酸引物在适当温度（50℃左右）下与模板上的目的序列通过氢键配对；③延伸（extension）：在 Taq DNA 聚合酶合成 DNA 的最适温度下，以目的 DNA 为模板进行合成。由这三个基本步骤组成一轮循环，理论上每一轮循环将使目的 DNA 扩增一倍，这些经合成产生的 DNA 又可作为下一轮循环的模板，所以经 25～35 轮循环就可使 DNA 扩增达 10^6 倍（图 19-3）。

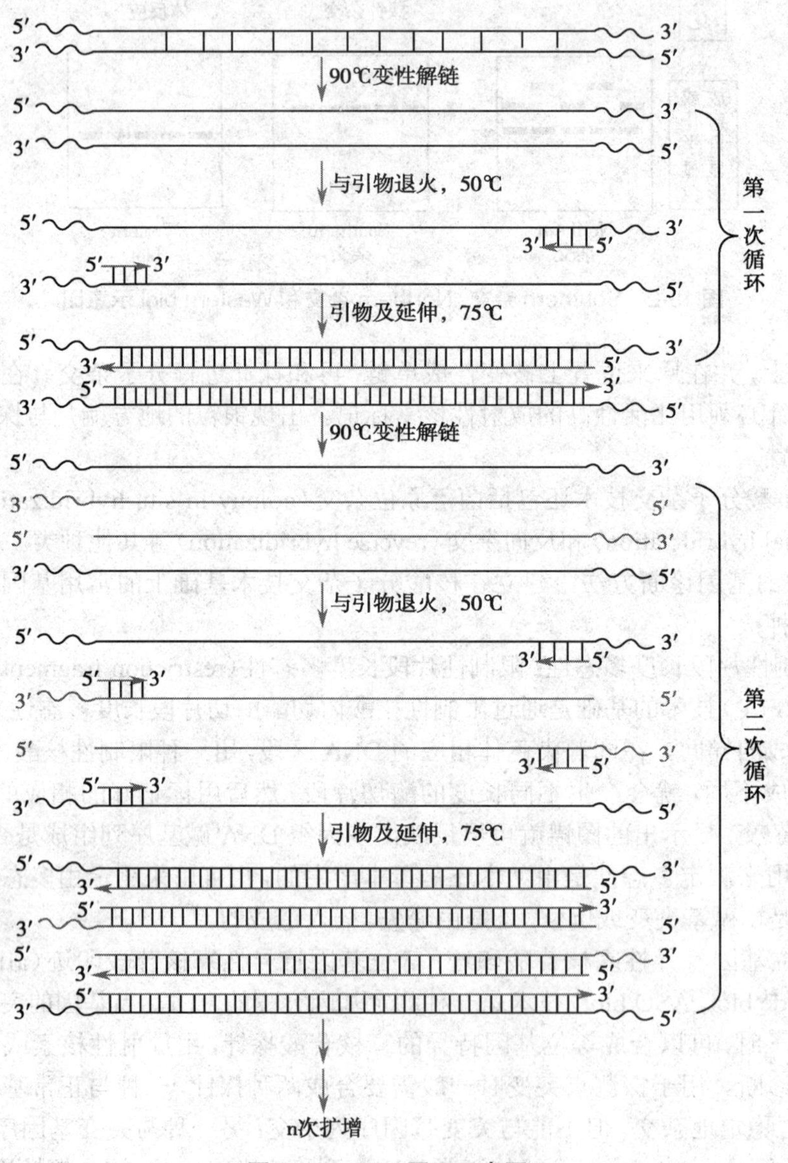

图 19-3 PCR 原理示意图

PCR 体系中的主要成分包括引物（primer）、4 种三磷酸脱氧核苷酸（dNTP）、Mg^{2+}、模板（template）、Taq DNA 聚合酶（Taq polymerase）和反应缓冲液（buffer）等。其中，用于 PCR 的模板核酸可以是 DNA，也可以是 RNA；而引物决定 PCR 扩增产物的特异性与长度；dNTP 为 PCR 的合成原料；Taq 酶有很高的耐热稳定性，其活性需要 Mg^{2+}；缓冲液则提供 PCR 合适的酸碱度与某些离子。

与 PCR 相关的基因诊断技术主要包括以下几种：

（1）PCR-RFLP 技术：PCR-RFLP 分析技术是在 PCR 技术基础上发展起来的。若 DNA 碱基置换正好发生在某种限制性内切酶识别位点上，使酶切位点增加或者消失，利用这一酶切性质的改变，使 PCR 特异扩增包含碱基置换的这段 DNA，经某一限制酶切割，再利用琼脂糖凝胶电泳分离酶切产物，与正常比较来确定是否变异。应用 PCR-RFLP，可检测某一致病基因已知的点突变，进行直接基因诊断，也可以此为遗传标记进行连锁分析、间接基因诊断。

（2）扩增片段长度多态性：扩增片段长度多态性（amplified fragment length polymorphism，AFLP）是建立在基因组限制性片段基础上的 PCR 扩增技术。使用特定的双链接头与酶切 DNA 片段连接作为扩增反应的模板，用含有选择性碱基的引物对模板 DNA 进行扩增，选择性碱基的种类、数目和顺序决定了扩增片段的特殊性，只有那些限制性位点侧翼的核苷酸与引物的选择性碱基相匹配的限制性片段才可被扩增。小卫星 DNA 和微卫星 DNA 的长度多态性可以通过 PCR 扩增后电泳来检出，并用于致病基因的连锁分析，这种诊断方法称为 AFLP 连锁分析法。PCR 扩增后，产物即等位片段之间的差别有时只有几个核苷酸，故需用聚丙烯酰胺凝胶电泳分离鉴定。此法多用于突变性质不明的连锁分析。

（3）PCR-ASO 技术：PCR 可结合 ASO，即 PCR-ASO 技术，即先将含有突变点的基因有关片段进行体外扩增，然后再与 ASO 探针作点杂交，这样大大简化了原有的 ASO blot 方法，节约了时间，并降低与基因组 DNA 杂交时的非特异性信号，以及减少目的基因 DNA 用量。

知识拓展

Mullis 与 PCR

PCR 技术的发明者是 Kary B. Mullis。1983 年春夏之交，当时 Mullis 负责 DNA 的测序工作，却常因为没有足够多的样品而苦恼。当他在一个夜晚驱车前往乡下别墅的路上时，看着车窗外的景色，他突然萌生了一个想法：两排路灯就是 DNA 的两条链，自己的车和对面开来的车像是 DNA 聚合酶，面对面地合成着 DNA，他的内心萌发了用两个引物去扩增模板 DNA 的想法……于是 PCR 技术就这样诞生了。

（三）生物芯片技术

生物芯片（biochip）是根据生物分子间特异相互作用的原理，将生化分析过程集成于芯片表面，从而实现对 DNA、RNA、多肽、蛋白质以及其他生物成分的高通量快速筛选或检测。它通过不同方法将生物分子（寡核苷酸、cDNA、基因组 DNA、多肽、抗体、抗原等）固着于硅片、玻璃片、塑料片、凝胶、尼龙膜等固相基质上形成生物分子点阵。因此生物芯片技术又称微阵列（microarray）技术，含有大量生物信息的固相基质称为微阵列。

1．生物芯片的分类　生物芯片虽然发展时间较短，但包含的种类较多，分类方式和种类也没有完全统一。

（1）根据用途生物芯片可以分为生物电子芯片和生物分析芯片：前者用于生物计算机等生物电子产品的制造，目前在技术和应用上尚需进一步完善；一般情况下所指的生物芯片主要为生物分析芯片，用于各种生物大分子、细胞、组织的操作以及生物化学反应的检测。

（2）根据作用方式生物芯片可以分为主动式芯片和被动式芯片：主动式芯片是指把生物实验中的样本处理纯化、反应标记及检测等多个实验步骤集成，通过一步反应就可主动完成。其特点是快速、操作简单，因此有人又将它称为功能生物芯片。主要包括微流体芯片（microfluidic chip）和缩微芯片实验室（lab on chip，也叫"芯片实验室"）。被动式芯片即各种微阵列芯片，是指把生物实验中的多个实验集成，但操作步骤不变。其特点是高度的并行性，目前的大部分芯片属于此类。由于这类芯片主要是获得大量的生物大分子信息，最终通过生物信息学进行数据分析，因此这类芯片又称为信息生物芯片。

（3）根据固定在载体上的物质成分生物芯片可以分为基因芯片（gene chip）、蛋白质芯片（protein chip 或 protein microarray）、细胞芯片（cell chip）和组织芯片（tissue chip）：基因芯片又称 DNA 芯片，是将 cDNA 或寡核苷酸按微阵列方式固定在微型载体上制成的；蛋白质芯片是将蛋白质或抗原等一些非核酸生命物质按微阵列方式固定在微型载体上获得的；细胞芯片是将细胞按照特定的方式固定在载体上，用来检测细胞间相互影响或相互作用；组织芯片是将组织切片等按照特定的方式固定在载体上，用来进行免疫组织化学等组织内成分差异研究。

2．生物芯片的应用　生物芯片可用于基因诊断（图 19-4）。从正常人的基因组中分离出 DNA 与 DNA 芯片杂交就可以得出标准图谱。从患者的基因组中分离出 DNA 与 DNA 芯片杂交就可以得出病变图谱。通过比较、分析这两种图谱，就可以得出病变的 DNA 信息。这种基因芯片诊断技术以其快速、高效、敏感、经济、平行化、自动化等特点，将成为一项现代化诊断新技术。例如把 *p53* 基因全长序列和已知突变的探针集成在芯片上，制成 *p53* 基因芯片，将在癌症早期诊断中发挥作用。又如，Heller 等构建了 96 个基因的 cDNA 微阵，用于检测分析风湿性关节炎（RA）相关的基因，以探讨 DNA 芯片在感染性疾病诊断方面的应用。生物芯片还可用于基因表达水平的检测和药物的筛选等。

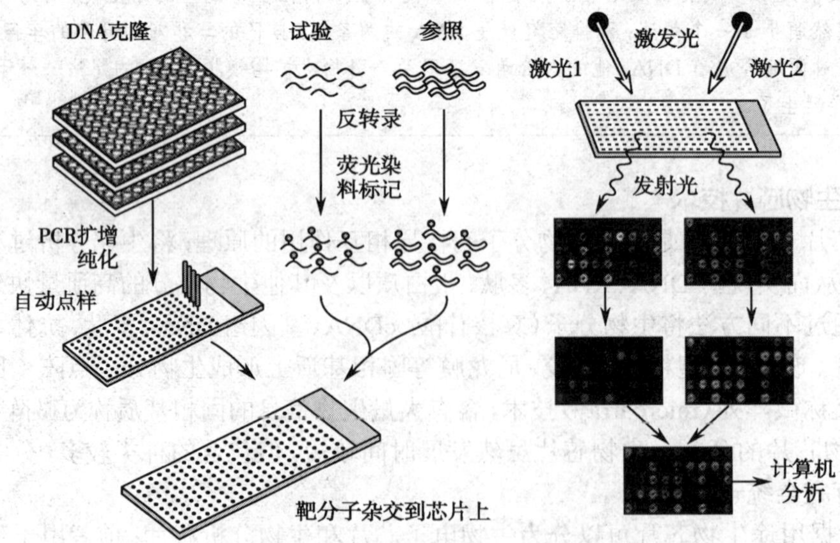

图 19-4　生物芯片的基本原理示意图

（四）DNA 序列分析技术

DNA 序列分析，即 DNA 测序（DNA sequencing），是指对 DNA 分子的核苷酸排列顺序的测定，也就是测定组成 DNA 分子的 A、T、G、C 的排列顺序。DNA 序列分析技术是分子生物学重要的基本技术，无论从基因库中筛选的癌基因或经 PCR 法扩增的基因，最终均需进行核酸序列分析，可借以了解基因的精细结构，获得其限制性内切酶图谱，分析基因的突变及对功能的影响，帮助人工合成基因、设计引物，以及研究肿瘤的分子发病机制等。此外，为了揭示基因功能，开发个性化药物和明确生物物种间的进化关系以及不同生物体生命活动的异同，也需要人们对更多的基因组进行测序。

三、基因诊断的应用

基因诊断可分为两类：一类是直接检查致病基因本身的异常。它通常使用基因本身或紧邻的 DNA 序列作为探针，或通过 PCR 扩增产物，以探查基因无突变、缺失等异常及其性质，这称为直接基因诊断，它适用于已知基因异常的疾病。另一类是基因间接诊断。当致病基因虽然已知但其异常尚属未知时，或致病基因本身尚属未知时，也可以通过对受检者及其家系进行连锁分析，以推断前者是否获得了带有致病基因的染色体。连锁分析是基于紧密连锁的基因或遗传标记通常一起传给子代，因而考查相邻 DNA 是否传递给了子代，可以间接地判断致病基因是否传递给子代。连锁分析多使用基因组中广泛存在的各种 DNA 多态性位点，特别是基因突变部位或紧邻的多态性位点作为标记。RFLP、VNTR、SSCP 等技术均可用于连锁分析。

（一）遗传病的基因诊断

遗传病是指由于遗传基因或染色体的突变或缺陷，导致个体在生长发育方面的缺陷所引起的疾病。根据遗传物的不同，可分为染色体病、单基因遗传病和多基因遗传病。遗传性疾病常具有先天性、终生性和家族性的特点。

1. 地中海贫血　首先在地中海地区发现的，我国南方部分地区，如华南、西南等地也有发生，分 α- 地中海贫血和 β- 地中海贫血。α- 地中海贫血（α- 地贫）是指由于血红蛋白 α 珠蛋白肽链合成减少，形成无效造血和溶血性贫血；β- 地中海贫血（β- 地贫）是指由于 β 珠蛋白肽链合成减少或缺失引起，临床表现为贫血、脾大、黄疸。

2. 苯丙酮尿症　苯丙酮尿症（PKU）是一种比较常见的氨基酸代谢异常所引起的遗传病，由于患者肝脏缺乏苯丙氨酸羟化酶，使苯丙氨酸不能转变为酪氨酸，而生成苯丙酮酸，由于苯丙酮酸的堆积，对神经系统有毒性，使患儿出现脑组织损伤和不可逆的智力障碍，血液和尿中苯丙酮酸浓度升高。

PKU 基因的诊断可通过限制性片段长度多态性进行家族分析。由于我国人群中苯丙氨酸羟化酶与限制性片段长度多态性杂合度低，使产前诊断和杂合子携带者筛检受到一定的限制，常用聚合酶链反应结合探针法检测。

3. 血友病　由于血浆中凝血因子基因的缺陷而使血浆中相应凝血因子降低或缺乏所引起的出血性疾病。血友病分甲、乙两种。甲型血友病（血友病 A）因血浆中凝血因子Ⅷ缺乏或降低所致；乙型血友病因凝血因子Ⅸ缺乏或降低所致。Ⅷ因子和Ⅸ因子均定位于 X 染色体，男性发病，女性传递。女性遗传者虽有程度不同的Ⅷ因子或Ⅸ因子活性降低，但一般无出血表现。诊断血友病患者可通过凝血因子检查确诊，但血友病基因携带者及高危胎儿的产前诊断多用限制性片段长度多态性连锁分析和聚合酶链反应对缺乏因子的基因检测而确诊。

其他如进行性肌营养不良症、囊性纤维变性、镰状细胞贫血、遗传性球形红细胞增多症、慢性肉芽肿、X连锁神经病、促生长素缺乏症均可通过其相关基因检测进行诊断。

（二）感染性疾病的基因诊断

感染性疾病由病原微生物引起，致病的病原微生物主要有病毒、细菌、衣原体、支原体和螺旋体等。这些病原体的传统检测方法通常采用形态学检查、体外培养和免疫学试验。但对某些难以培养的病原体，抗原抗体检测不能判断体内病原体DNA或RNA的复制情况，或存在检测灵敏度低等问题。自PCR技术问世以来，基因诊断技术作为病原体检测的新方法得到突飞猛进的发展。

1. 肝炎病毒检测

（1）乙型肝炎病毒：在国内广泛应用基因诊断项目为乙型肝炎病毒（HBV）的基因诊断。在母婴传播的监控中PQ-PCR技术能快速、准确地检测孕妇血中HBV-DNA的数量，医生可及时对患者进行诊断治疗，从而大大降低了通过母婴传播HBV的几率。

（2）丙型肝炎病毒：丙型肝炎病毒（HCV）是RNA病毒。实时荧光定量逆转录PCR可扩增RN，检测RNA病毒并能加以定量。临床上须具备一种高敏感和准确定量HCV的方法来诊断和检测患者体内HCV情况。实时荧光定量检测系统能达到这一要求。

2. 性传播疾病病原体检测　沙眼衣原体（CT）除致沙眼外，在临床上引起泌尿生殖道感染早已公认，且影响患者生活。但其细胞培养较难直接应用于临床检测。直接免疫荧光测定有一定主观因素。PCR克服了以上诸方面缺点。

（三）恶性肿瘤的基因诊断

关于肿瘤基因诊断的研究已经取得了一些显著的进展，如肺癌、胃癌和胰腺癌患者*k-ras*的检测。

基因诊断在亲子鉴定和法医物证等方面也起着重要的作用。该技术的应用使亲子鉴定的准确率提高到99.99%以上，而且检查的样本由过去单纯的血液，扩大到头发、唾液、骨骼、体液等，甚至还未出生的胎儿就可以利用孕妇羊水做鉴定了。

第二节　基因治疗

一、基因治疗的概念

基因治疗是指在基因水平上治疗疾病的方法，即在DNA、RNA或蛋白质水平上改变患者的缺陷基因或改善基因的缺陷表达，从而达到根本上治疗疾病的目的。

生物医学的深入研究表明，人类的各种疾病都直接或间接与基因有关。因此，可认为人类的一切疾病都是“基因病”。故人类疾病可分为三大类。第一类是单基因病。这类疾病只需一个基因缺陷即可发生，如腺苷脱氨基酶（ADA）缺陷症。第二类是多基因病。此类疾病的病因大多比较复杂，基因缺陷和疾病表型都具有明显的多样性。糖尿病、肿瘤、心血管疾病等皆属于此类。第三类是获得性基因病。此乃病原微生物入侵所致，如艾滋病、乙型肝炎等。因此，理论上人类所有的疾病都可采用基因治疗。

二、基因治疗的主要策略

目前基因治疗的策略也是多种多样的，概括起来大致分为以下六种：

1. 基因置换　基因置换（gene replacement）是指用正常的基因原位替换致病基因，使细胞内的DNA完全恢复正常。这是最理想的基因治疗方法，但目前的技术水平尚需完善。

2. 基因修复　基因修复，也称基因矫正（gene correction），是指纠正致病基因的异常部分，正常部分保留，最终使致病基因完全恢复。

3. 基因增补　基因增补（gene augmentation）指将目的基因导入病变细胞或其他细胞，表达产物能加强或纠正缺陷细胞的功能。这种治疗方法中，缺陷基因仍然存在。目前的基因治疗多采用这种方式。

4. 基因失活　基因失活（gene inactivation）是指利用反义技术或RNA干扰（RNA interference，RNAi）技术特异地封闭基因表达特性，抑制有害基因的表达，达到治疗疾病的目的。如利用反义RNA、核酶或小干扰RNA（siRNA）等抑制一些癌基因的表达，抑制肿瘤细胞的增殖，诱导肿瘤细胞的分化。用此技术还可封闭肿瘤细胞耐药基因的表达，增加化疗效果。

5. 免疫调节　免疫调节（immunomodulation）是将抗体、抗原或细胞因子的基因导入患者体内，改变免疫状态，达到预防和治疗疾病的目的。如将白细胞介素-2导入肿瘤患者体内，提高IL-2的水平，激活体内免疫系统的抗肿瘤活性，达到防治肿瘤的目的。

6. 自杀基因　自杀基因（suicide gene）是指将某些病毒或细菌的基因导入靶细胞中，其表达的酶可催化无毒的药物前体转变为细胞毒物质，从而导致携带该基因的受体细胞被杀死，此类基因称为自杀基因。例如将在肝癌细胞中可表达AFP基因的调控区与水痘-带状疱疹病毒中的胸苷激酶（VZV-TK）基因进行重组，构建逆转录病毒载体导入体内，TK基因只在肝癌细胞中表达，产生的TK可催化6-甲基嘌呤阿拉伯糖核苷磷酸化产生araAMP，进一步磷酸化形成细胞毒物质araATP，杀死肝癌细胞。

三、基因治疗的基本程序

基因治疗的基本程序主要包括以下几个步骤：

（一）目的基因的选择和制备

可用于基因治疗的基因需满足以下几点：①在体内只有少量的表达就可显著改善症状；②该基因的过高表达不会对机体造成危害；③在病毒性疾病的基因治疗中，所选择的靶基因应在病毒的生活史中起重要作用并且该序列是特异的；④肿瘤性疾病的治疗中所针对的癌基因或抑癌基因应与肿瘤的发生和发展有明确的相关性。

（二）靶细胞的选择

基因治疗的靶细胞主要分为两大类：体细胞和生殖细胞。体细胞的基因治疗是将正常基因转移到体细胞，使之表达基因产物，以达到治疗的目的。生殖细胞的基因治疗是将正常基因直接引入生殖细胞，以纠正缺陷基因。这样，不仅可使遗传疾病在患者一代得到治疗，而且还能将新基因传给患者后代，使遗传病得到根治。但生殖细胞的基因治疗涉及问题较多，技术也较复杂，因此，目前更多地是采用体细胞基因治疗。

作为靶细胞应该具有如下条件：①最好为组织特异性细胞；②细胞较易获得，且生命周期长；③离体细胞较易受外源基因转化；④离体细胞经转染和一定时间培养后再植回体内仍较易成活。

干细胞、前体细胞都是理想的转基因治疗靶细胞。以目前的观点看，骨髓细胞是唯一满足以上标准的靶细胞，而且骨髓的抽取、体外培养、再植入等所涉及的技术都已成熟；另一方面，骨髓细胞还构成了许多组织细胞（如单核巨噬细胞）的前体。因此，不仅一些涉及血液系统的疾病如ADA缺乏症、珠蛋白生成障碍性贫血、镰状细胞贫血、CGD等以骨髓细胞作为靶细胞，而且一些非血液系统疾病如苯丙酮尿症、溶酶体储积病等也都以此作为靶细胞。除了骨髓以外，肝细胞、神经细胞、内皮细胞、肌细胞也可作为靶细胞来研究或实施转基因治疗。

（三）载体的选择

基因的载体有病毒载体和非病毒载体（详见重组DNA技术章）。

（四）基因导入

向体内导入治疗基因的方式有两种：一种是将治疗基因通过载体直接导入体内有关的组织细胞内，使其表达，称为体内（*in vivo*）基因治疗；另一种是在体外将治疗基因导入培养的靶细胞内，再将已经获得治疗基因的靶细胞回输患者体内，称为经体外（*in vitro*）基因治疗。经体外基因治疗的方法比较经典、安全，同时治疗效果比较容易控制，但操作步骤多，技术较复杂，不容易推广；体内基因治疗的方法操作简便，容易推广。虽然目前体内基因治疗尚存在安全性等问题，但仍是基因治疗的重点研究方向。

（五）筛选和鉴定转化细胞

鉴于将治疗基因导入靶细胞的转化率不会是100%，因此必须从靶细胞中筛选转化细胞。

（六）回输体内

依据转化细胞的不同，采用适当方式回输体内，以实施治疗。

目的基因的制备方法、转移载体的选择及筛选和鉴定转化细胞等内容可参见重组DNA技术章。

四、基因治疗存在的问题与展望

基因治疗针对的是疾病的根源——异常的基因本身，而常规治疗针对的是因基因异常导致的各种症状。基因治疗的产品形式是放在某个载体上的基因，通俗地说，就是拿基因当“药物”，基因治疗使细胞产生内源性目的蛋白质或多肽，产生特异的生物治疗作用。基因治疗使给药更加特异、高效和安全，达到医学科学所期望达到的最高目标。许多疾病是局部组织器官结构和功能障碍，不须全身用药。基因治疗技术保证了局部用药的疗效，这种优势将对医疗方式做出重大改变。基因治疗是对传统医学治疗的一场革命，将对传统制药业产生深远影响和冲击。

基因治疗目前已广泛用于治疗那些严重威胁人类健康和生命、目前无有效治疗方法的疾病，如癌症、心血管病、遗传病和艾滋病等。自从1990年美国批准了美国第一例临床基因治疗申请以来，基因治疗研究已经从单基因遗传病扩展到多个病种范围，基因治疗临床试验方案近700个，各种病例数超过6000个。

当然，目前的基因治疗还存在一些问题，如：

1. 人体基因治疗试验的危险性　病毒感染的细胞，通常不止一种。这样，当病毒载体携带基因进入人体，它们改变的不仅是靶细胞。而且，当基因被加入DNA中时，也存在新基因加错地方的可能，因而导致癌症或其他损害的危险。

2. 社会和伦理问题　一个问题是基因治疗可能从遗传物质上改变人的精子或卵子，从而永远改变了人的遗传基因。另外一个可能是基因干涉会提高人的能力，例如提高记忆力和智力。种系基因治疗会永远改变个体后代的基因品质，从而影响人的基因。虽然这些改变可能会朝向好的方面，但是技术或判断上的失误会导致严重的后果。

但是，随着人类后基因组计划的顺利实施，以及基因功能的逐步阐明，有理由相信，人类能了解自身全部基因的功能及调控机制，上述问题能够得到最终解决。世界上绝大多数基因治疗临床试验均表明基因治疗前景看好。

学习小结

1. 学习内容

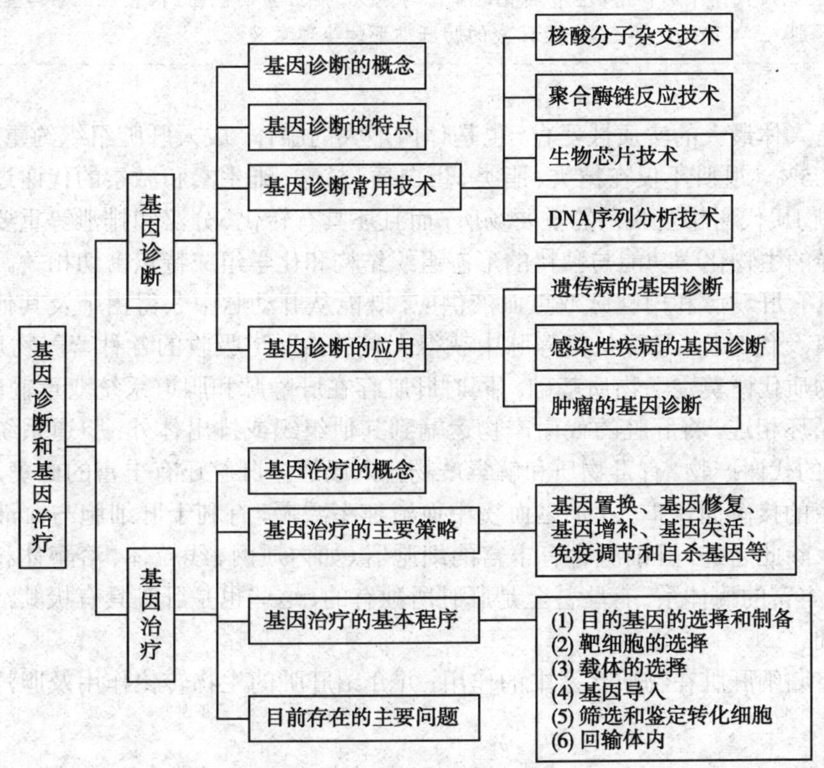

2. 学习方法　本章讲的主要内容是一些常用的分子生物学技术在疾病诊断和治疗中的应用。在学习本章时要掌握有关核酸化学知识或熟悉一定的分子生物学的基本原理、技术与方法等。

（于　赫）

复习思考题

1. 基因诊断的特点有哪些？
2. 基因诊断常用的技术方法有哪些？简要说明原理。
3. 基因治疗的策略有哪些，各自是什么含义？
4. 简述基因治疗的主要过程。

第二十章　肝 胆 生 化

学习目的

通过学习掌握肝脏在物质代谢中的特殊作用，生物转化的概念与意义，胆色素的代谢，胆汁酸代谢等内容。肝胆生化基础知识与消化系统疾病诊断、发病机制的相关性，为学习病理生理及其他相关临床课程等奠定基础。

学习要点

肝脏在物质代谢中的作用；生物转化的概念与意义；胆红素的代谢，间接胆红素与直接（结合）胆红素的区别，三类黄疸及其鉴别；胆汁酸的肠肝循环的生理意义。

肝脏是人体最大的实质性器官，也是体内最大的腺体，成人肝脏组织约重1500g，约占体重的2.5%。肝脏不仅在糖类、脂类、蛋白质、核酸、维生素和激素的代谢过程中起重要作用，是物质代谢相互联系的重要场所，而且还具有转化、分泌和排泄等重要功能。肝脏复杂多样的生物化学功能与独特的形态组织结构和化学组成特点密切相关。

肝脏具有肝动脉和门静脉双重血液供应，既能从肝动脉中获得由肺及其他组织运来的充足的氧及代谢物，又可从门静脉中获得大量的由肠道吸收的各种营养物质，为肝脏进行各种物质代谢奠定了物质基础。同时肝脏存在肝静脉和胆道系统双重输出通道，肝静脉与体循环相连，将肝脏的代谢产物运输到其他组织或排出体外；胆道系统与肠道相连，将肝脏的代谢产物、有毒物质和解毒产物排入肠道。肝脏还有丰富的血窦，血窦使肝细胞与血液的接触面积扩大，加之血窦中血流速率减慢，有利于肝细胞与血液之间进行物质交换。除此之外，肝细胞含有丰富的细胞器（如内质网、线粒体、溶酶体和过氧化物酶体等）和丰富的酶体系，有些甚至是肝脏所独有的，这些也是肝脏具有极其活跃的代谢功能的基础。

本章将归纳肝脏在物质代谢中的作用，并介绍肝脏的生物转化作用及胆汁酸和胆色素的代谢。

第一节　肝脏在物质代谢中的作用

一、肝脏在糖代谢中的作用

肝脏是维持血糖浓度恒定的重要器官。肝细胞主要通过糖原合成与分解、糖异生维持血糖的相对恒定，以保障全身各组织，尤其是大脑和红细胞的能量供应。

饱食状态下血糖浓度升高，大量的葡萄糖被肝细胞摄取，并将摄取的葡萄糖磷酸化成6-磷酸葡萄糖，进一步合成肝糖原储存。每千克肝最多可储存65g糖原，饱食后肝糖原总量可达 75～100g，约占肝重的 5%。空腹状态下血糖浓度降低，肝糖原又可迅速分解为 6- 磷酸葡萄糖，后者在肝内丰富的葡萄糖 -6- 磷酸酶催化下，水解成葡萄糖以补充血糖，供肝外组织利用。但肝中糖原的储存量有限，饥饿十几个小时后，储存的肝糖原即被消耗殆尽。然而正常人饥饿十几个小时甚至更久并无低血糖现象发生，这是由于肝脏还有糖异生作用，可将甘油、氨基酸和乳酸等非糖物质转化为糖原或葡萄糖。此外，它还能将果糖及半乳糖等转化为葡萄糖，作为血糖的补充来源。肝脏功能发生严重障碍时，糖原合成作用减弱，肝糖原储备减少，同时糖异生作用降低，因此，进食后易出现一时性高血糖，而饥饿时又易发生低血糖，耐糖能力亦可下降。肝细胞磷酸戊糖途径也很活跃，为肝脏的生物转化作用提供足够的 NADPH。此外，肝细胞中的葡萄糖还通过糖醛酸途径生成 UDP- 葡糖醛酸，作为肝脏生物转化结合反应中最重要的结合物质。

二、肝脏在脂类代谢中的作用

肝脏在脂类的消化、吸收、分解、合成及运输等代谢过程中均具有重要作用。

肝脏分泌胆汁，胆汁中的胆汁酸盐是胆固醇在肝内的转变产物，它可乳化脂类、促进脂类的吸收。肝损伤时，肝细胞分泌胆汁的能力下降；胆道阻塞时，胆汁排出障碍，在这些情况下均可出现脂类的消化、吸收不良，产生厌油腻及脂肪泻等临床症状。

肝脏是脂肪酸分解、合成和转化的主要场所，肝脏内脂肪酸的代谢是一方面调节脂肪酸氧化与酯化的关系，另一方面调节乙酰 CoA 进入三羧酸循环氧化分解与合成酮体的关系。肝和脂肪组织之间不断进行脂肪酸的交换。饥饿时脂库动员脂肪，释放的脂肪酸进入肝内代谢。肝脏从血液中摄取脂肪酸的速度与其血液浓度成正比。此时，肝脏内脂肪酸 β- 氧化能力增强，产生酮体供脑组织等应用。肝脏是体内产生酮体的最主要器官。

肝脏合成甘油三酯、磷脂和胆固醇的能力很强，并可进一步合成极低密度脂蛋白（VLDL）和高密度脂蛋白（HDL），并分泌入血。若肝脏合成甘油三酯的量超过其合成与分泌 VLDL 的能力，甘油三酯便积存于肝内，称为脂肪肝。脂肪肝多见于肥胖症、糖尿病等内分泌疾病及慢性酒精中毒患者。

肝脏还是合成胆固醇最活跃的器官，其合成量占全身总合成量的 80% 以上，是血浆胆固醇的主要来源。胆汁酸的生成是肝代谢胆固醇的最重要途径。肝脏不断将胆固醇转化为胆汁酸，以防止体内胆固醇的超负荷。肝脏也是体内胆固醇的主要排泄器官，粪便中的胆固醇除来自肠黏膜脱落细胞外，均来自肝脏。肝脏可将来自各组织器官和自身合成的胆固醇不加修饰地随胆汁排出体外。肝脏对胆固醇的酯化也具有重要作用，肝合成与分泌的卵磷脂胆固醇酰基转移酶（LCAT），在血浆中将胆固醇转化为胆固醇酯以利运输。肝严重损伤时，不仅影响胆固醇合成而且影响 LCAT 的生成，故除血浆胆固醇含量减少外，血浆胆固醇酯的降低往往出现得更早、更明显。

此外，肝脏还是 LDL 降解的重要器官，肝细胞膜上有 LDL 受体，可特异地结合 LDL，并将其内吞入肝细胞降解。

三、肝脏在蛋白质代谢中的作用

肝内进行的蛋白质代谢包括合成代谢与分解代谢。

（一）合成代谢

肝细胞的一个重要功能是合成与分泌血浆蛋白质，肝脏内蛋白质的更新速度远远高于肌肉等组织，其蛋白质合成能力很强。除合成自身所需的蛋白质外，肝还合成多种分泌蛋白质，如血浆蛋白质中的清蛋白、凝血酶原、纤维蛋白原等，肝脏合成的主要血浆蛋白及其功能见表20-1。

表20-1 肝合成的主要血浆蛋白及其功能

蛋白质	血浆浓度（g/L）	主要功能
前清蛋白	0.1～0.5	结合视黄醇结合蛋白、T4
清蛋白	40～50	维持血浆胶体渗透压，激素、氨基酸、类固醇、维生素、脂肪酸、胆红素运输载体
抗胰蛋白酶	2～4	抑制某些蛋白水解酶
高密度脂蛋白	3～8	把胆固醇从周围组织输送到肝脏
血纤维蛋白溶酶原	0.3	血纤维蛋白溶酶的无活性前体
血浆铜蓝蛋白	0.2～0.6	输送 Cu^{2+} 以亚铁氧化酶形式增加铁的利用
极低密度脂蛋白	1.5～2.0	输送胆固醇和甘油三酯
纤维蛋白原	3	参与凝血
结合珠蛋白	1～3	输送由破坏的红细胞释放的游离血红蛋白
运铁蛋白	2～4	转运铁

有资料表明，清蛋白从合成到分泌仅需20～30分钟。成人肝每日约合成12g清蛋白，约占全身清蛋白总量的1/20，几乎占肝合成蛋白质总量的1/4。血浆清蛋白除了作为许多脂溶性物质（如游离脂酸、胆红素等）的非特异性运输载体外，在维持血浆胶体渗透压方面起着重要作用。每克清蛋白可使18ml水保持在血液循环中。若血浆清蛋白低于30g/L，约有半数患者出现水肿或腹水。正常人血浆清蛋白（A）与球蛋白（G）的比值（A/G）为1.5～2.5。肝功能严重受损时，血浆清蛋白可因合成减少而浓度降低，可致A/G比值下降，甚至倒置。此种变化临床上可作为严重慢性肝细胞损伤的辅助诊断指标。

凝血酶原及纤维蛋白原等与凝血有关。肝细胞严重损伤时，可出现凝血时间延长及出血。

胚胎期肝可合成一种结构与清蛋白相近的甲胎蛋白（α-fetoprotein），胎儿出生后其合成受到抑制，正常人血浆中很难检出。原发性肝癌细胞中甲胎蛋白基因的表达失去阻遏，血浆中可能再次检出此种蛋白质，是原发性肝癌的重要肿瘤标志物，对肝癌诊断有一定价值。

（二）分解代谢

肝细胞膜血窦域存在的特异受体——肝糖结合蛋白，可识别某些血浆蛋白（如铜蓝蛋白、α_1 抗胰蛋白酶等）将其内吞，进而在肝细胞溶酶体中进行降解。其所含的氨基酸可在肝内分解转变为酮酸或其他化合物，进一步经糖异生作用转变为糖，或氧化分解供能。肝脏是氨基酸分解代谢的重要器官，除亮氨酸、异亮氨酸及缬氨酸这三种支链氨基酸主要在肝外组织（如肌肉组织）进行分解代谢外，其余氨基酸特别是酪氨酸、苯丙氨酸和色氨酸等芳香族氨基酸，都可在肝脏进行分解代谢。肝脏的转氨酶含量高，故肝细胞损伤（如急性肝炎）时，引起丙氨酸氨基转移酶等细胞内酶溢出，使其血浆中酶的活性异常增高。

肝脏是清除血氨、合成尿素的主要场所，肠道腐败作用产生的 NH_3，和各组织氨基酸分解产生的 NH_3，在肝脏合成尿素以解氨毒。肝脏病变导致尿素合成下降，血氨浓度升高，会发生氨中毒，这也是肝性脑病的原因之一。

四、肝脏在维生素代谢中的作用

肝在维生素的吸收、储存、运输及转化等方面起重要作用。

肝合成和分泌胆汁酸，可促进脂溶性维生素 A、D、E 和 K 的吸收。肝是机体含维生素 A、K、B_1、B_2、B_6、B_{12}、泛酸和叶酸较多的器官。人体内维生素 A、E、K 及 B_{12} 主要储存于肝，肝中维生素 A 的含量占体内总量的 95%。肝合成和分泌视黄醇结合蛋白，后者与视黄醇结合在血液中运输。肝具有合成维生素 D 结合蛋白的能力。血浆中 85% 的维生素 D 代谢物与维生素 D 结合蛋白结合而运输。严重肝病时，该结合蛋白合成减少，可造成血浆总维生素 D 代谢物水平降低。

多种维生素在肝内转变为辅酶的组成成分。例如，烟酰胺可转变为辅酶Ⅰ（NAD^+）及辅酶Ⅱ（$NADP^+$）的组成成分；泛酸可转变为辅酶 A 的组成成分；维生素 B_1 磷酸化为焦磷酸硫胺素等。肝细胞还可将胡萝卜素转变为维生素 A，使维生素 D_3 羟化为 25 羟维生素 D_3。维生素 K 还是肝参与合成凝血因子Ⅱ、Ⅶ、Ⅸ、Ⅹ不可缺少的物质。

肝所分泌的胆汁酸盐可协助脂溶性维生素的吸收。所以肝胆系统疾病，常伴有维生素代谢障碍。严重肝病时，维生素 B_1 的磷酸化作用受影响，引起有关代谢紊乱，且会因维生素 A 的吸收、储存与代谢障碍，表现出血倾向及夜盲症等。

五、肝脏在激素代谢中的作用

激素对调节人体的生理与代谢功能极为重要。多种激素在发挥其调节作用后，主要在肝中代谢转化，从而降低或失去其活性，此过程称为激素的灭活（inactivation）。

肝细胞膜上存在可与某些水溶性激素特异性结合的受体，并通过内吞作用，将激素吞入细胞内进行代谢转化。一些类固醇激素可通过扩散作用进入肝细胞，与肝内的葡糖醛酸或活性硫酸等结合，丧失其活性。严重肝细胞损伤时，激素的灭活功能降低，体内的雌激素、醛固酮、抗利尿激素等水平升高，可出现男性乳房女性化、蜘蛛痣、肝掌（雌激素对小血管的扩张作用）以及水、钠潴留等现象。除以上激素外，甲状腺激素和胰岛素的灭活也在肝内进行，甲状腺激素灭活过程包括脱碘、移去氨基等，其产物也可与葡糖醛酸结合。胰岛素灭活时，胰岛素分子链间二硫键断裂，形成 A 链与 B 链，A 链与 B 链在胰岛素酶催化下，逐渐水解。严重肝病时，胰岛素的灭活减弱，血中胰岛素含量增高。

六、肝脏在水盐代谢中的作用

肝脏内钠、钾代谢与肝糖原的合成及分解密切相关。肝脏糖原合成时需要钾离子参与，此时钾离子由血液进入细胞，肝细胞钾含量增高。反之，肝糖原分解时，肝细胞钾含量减少，钠离子进入细胞。由于肝糖原合成时需钾离子参与，所以对糖尿病患者给予胰岛素治疗时，需同时补充钾盐。

第二节 肝脏的生物转化作用

一、肝脏的生物转化的概念及意义

（一）生物转化的概念

人体内不可避免地存在许多非营养物质，这些物质既不能作为构建组织细胞的成分，又不能作为能源物质，其中一些还对人体有一定的生物学效应或潜在的毒性作用，长期蓄积对人体有害。机体在排出这些非营养物质之前，需对它们进行代谢转变，使其水溶性提高，极性增强，易于通过胆汁或尿液排出体外，这一过程称为生物转化作用(biotransformation)。肝是机体内生物转化最重要的器官。

体内进行生物转化的非营养物质按其来源分为内源性和外源性两类。内源性物质包括体内物质代谢的产物或代谢中间物（如胺类、胆红素等）以及发挥生理作用后有待灭活的激素、神经递质等一些对机体具有强烈生物学活性的物质。外源性物质系人体在日常生活和（或）生产过程中不可避免接触的异源物(xenobiotics)，如药物，毒物，环境、化学污染物，食品添加剂等以及从肠道吸收来的腐败产物。这些物质多系脂溶性，均需经过生物转化作用才能排出体外。

（二）生物转化的生理意义

生物转化的生理意义在于生物转化可对体内的大部分非营养物质进行代谢转化，使其生物学活性降低或丧失（灭活），或使有毒物质的毒性减低或消除（解毒）。更重要的是通过生物转化作用可增加这些非营养物质的水溶性和极性，从而使其易于从胆汁或尿液中排出。但应该指出的是，有些非营养物质经过肝的生物转化作用后，虽然溶解性增加，但其毒性反而增强；有的还可能出现溶解性下降，不易排出体外。如多环芳烃类化合物——苯丙芘，其本身没有直接致癌作用，但经过生物转化后反而成为直接致癌物。有的药物如环磷酰胺、百浪多息、水合氯醛和中药大黄等需经生物转化才能成为有活性的药物。因此，不能将肝的生物转化作用简单地称为“解毒作用”(detoxification)，这体现了肝生物转化作用的解毒与致毒的双重性特点。

二、肝脏的生物转化反应类型

肝的生物转化可分为两相反应。第一相反应包括氧化(oxidation)、还原(reduction)和水解(hydrolysis)。第二相反应是结合反应(conjugation)。肝内参与生物转化的酶类列于表 20-2。

表 20-2 参与肝内生物转化作用的酶类

酶类	辅酶或结合物	细胞内定位
第一相反应		
氧化酶类		
单加氧酶系	$NADPH+H^+$、O_2、P_{450}	内质网
胺氧化酶	黄素辅酶	线粒体
脱氢酶类	NAD^+	胞液或线粒体

续表

酶类	辅酶或结合物	细胞内定位
还原酶类		
硝基还原酶	$NADH+H^+$ 或 $NADPH+H^+$	内质网
偶氮还原酶	$NADH+H^+$ 或 $NADPH+H^+$	内质网
水解酶类		胞液或线粒体
第二相反应		
葡糖醛酸基转移酶	活性葡糖醛酸（UDPGA）	内质网
硫酸基转移酶	活性硫酸（PAPS）	胞液
谷胱甘肽 S- 转移酶	谷胱甘肽（GSH）	胞液与内质网
乙酰基转移酶	乙酰 CoA	胞液
酰基转移酶	甘氨酸	线粒体
甲基转移酶	S- 腺苷甲硫氨酸（SAM）	胞液与内质网

（一）第一相反应

包括氧化、还原、水解，使被作用物质的某些基团转化，从而使其理化性质及生物学活性发生改变。

1. 氧化反应　主要包括微粒体氧化酶系、线粒体单胺氧化酶系和胞液中的脱氢酶系所催化的非特异性的化学反应。

（1）微粒体氧化酶系：微粒体氧化酶系在生物转化的氧化反应中最重要。它需要细胞色素 P_{450} 参加的单加氧酶系（monooxygenase）。由于在反应中一个氧原子被还原为水，另一个氧原子使作用物氧化，故又称混合功能氧化酶系。

1）单加氧酶系的组成：单加氧酶系由 NADPH、NADPH 细胞色素 P_{450} 还原酶及细胞色素 P_{450} 组成。NADPH 细胞色素还原酶分子量约 78 000，该酶以黄素腺嘌呤二核苷酸（FAD）与黄素单核苷酸（FMN）为辅基。二者比例为 1∶1。细胞色素 P_{450} 是以铁卟啉Ⅸ为辅基的 b 族细胞色素，含有与氧和作用物结合的部分。

2）单加氧酶系的反应过程：单加氧酶系所催化的总反应式如下：

$$RH+O_2+NADPH+H^+ \xrightarrow{\text{单加氧酶}} ROH+NADP^++H_2O$$

3）单加氧酶系的生理意义：参与药物和毒物的转化。单加氧酶系的羟化作用不仅加强药物或毒物的水溶性有利于排泄，而且参与体内许多代谢过程，如将维生素 D_3 羟化为具有生物学活性的 1，25-$(OH)_2$-D_3，在胆汁酸的合成以及肾上腺皮质激素和性激素的生成过程中进行羟化作用。又如苯胺在单加氧酶系催化下生成对氨基苯酚。

$$C_6H_5\text{-}NH_2 \longrightarrow C_6H_5\text{-}NHOH \longrightarrow HO\text{-}C_6H_4\text{-}NH_2$$

苯胺　　苯胲　　对氨基苯酚

4）单加氧酶系的特点：酶可诱导生成。如长期服用苯巴比妥可诱导肝微粒体单加氧酶系的合成，使机体对苯巴比妥类催眠药的转化能力增强。又如口服避孕药的妇女，如同时服用利福平，由于利福平是细胞色素 P_{450} 的诱导剂，诱导细胞色素 P_{450} 的生成，可加速避孕药排出，降低避孕效果。

（2）线粒体单胺氧化酶系（monoamine oxidase，MAO）：多种氨基酸在肠道细菌作用下生成对机体有害的精胺、腐胺、酪胺、色胺等肠道腐败产物，在肝细胞线粒体的单胺氧化酶作用下可使其氧化脱氨基生成相应醛类。

$$\underset{\text{胺}}{RCH_2NH_2}+O_2+H_2O \longrightarrow \underset{\text{醛}}{RCHO}+NH_3+H_2O_2$$

$$\underset{\text{醛}}{RCHO}+NAD^++H_2O \longrightarrow \underset{\text{酸}}{RCOOH}+NADH+H^+$$

（3）胞液中的脱氢酶系：胞液中含有以 NAD^+ 为辅酶的醇脱氢酶（alcohol dehydrogenase，ADH）与醛脱氢酶（aldehyde dehydrogenase，ALDH），分别使醇或醛脱氢，氧化生成相应的醛或酸类。

$$RCH_2OH+NAD^+ \xrightarrow{\text{醇脱氢酶}} RCHO+NADH+H^+$$

$$RCHO+NAD^++H_2O \xrightarrow{\text{醛脱氢酶}} RCOOH+NADH+H^+$$

乙醇（alcohol）作为酒和调味剂广为利用。人类摄入的乙醇可被胃（吸收 30%）和小肠上段（吸收 70%）迅速吸收。吸收后的乙醇 90%～98% 在肝代谢，2%～10% 经肾和肺排出体外。人类血中乙醇的清除率为 100～200mg/（kg•h）。大量饮酒除经 ADH 氧化外，还可诱导微粒体乙醇氧化系统（microsomal ethanol oxidizing system，MEOS）。MEOS 是乙醇 -P_{450} 单加氧酶，其催化的产物是乙醛。只有血液中乙醇浓度很高时，此系统才显示出催化作用。乙醇的持续摄入或慢性乙醇中毒时，MEOS 活性可诱导增加 5%～100%，代谢乙醇总量的 50%。值得注意的是，乙醇诱导 MEOS 活性不但不能使乙醇氧化产生 ATP，还可增加对氧和 NADPH 的消耗，造成肝内能量的耗竭，加大肝细胞耗氧量，引起肝细胞的损害。

乙醇经上述两种代谢途径氧化均生成乙醛，后者在 ALDH 催化下进行氧化。

2. 还原反应　肝微粒体中有硝基还原酶类和偶氮还原酶类，在无氧条件下，由其辅酶 NADH 或 NADPH 供氢。它们还原的产物是胺。如硝基苯在硝基还原酶催化下加氢还原生成苯胺，偶氮苯在偶氮还原酶催化下加氢还原生成苯胺。此外，催眠药三氯乙醛也可在肝内被还原生成三氯乙醇而失去催眠作用。

$$\underset{\text{硝基苯}}{C_6H_5\text{-}NO_2} \xrightarrow{2H\ \ (-H_2O)} \underset{\text{亚硝基苯}}{C_6H_5\text{-}NO} \xrightarrow{2H} \underset{\text{苯胲}}{C_6H_5\text{-}NHOH} \xrightarrow{2H\ \ (-H_2O)} \underset{\text{苯胺}}{C_6H_5\text{-}NH_2}$$

$$\underset{\text{偶氮苯}}{C_6H_5\text{-}N{=}N\text{-}C_6H_5} \xrightarrow{2H} C_6H_5\text{-}NH\text{-}NH\text{-}C_6H_5 \longrightarrow \underset{\text{苯胺}}{C_6H_5\text{-}NH_2}$$

又如，百浪多息是无活性的药物前体，经还原生成具有抗菌活性的氨苯磺胺。

$$\underset{\text{百浪多息}}{H_2N\text{-}C_6H_3(NH_2)\text{-}N{=}N\text{-}C_6H_4\text{-}SO_2NH_2} \longrightarrow H_2N\text{-}C_6H_3(NH_2)\text{-}NH_2 + \underset{\text{氨苯磺胺}}{H_2N\text{-}C_6H_4\text{-}SO_2NH_2}$$

3. 水解反应　肝细胞中含各种水解酶。主要有分布于胞液的酯酶、酰胺酶及糖苷酶等，可分别水解酯类、酰胺类、糖苷类化合物。这些酶在体内广泛分布，种类繁多，其特异性因组织和动物的种类而异。许多药物经水解反应而失效，如局部麻醉药普鲁卡因及普鲁卡因酰胺可分别经酯酶及酰胺酶催化水解而失去药理作用。由于普鲁卡因在肝中很快被水解，故注入后迅速失效，而普鲁卡因酰胺的水解较慢，故可维持较长的作用时间。

$$H_2N{-}C_6H_4{-}COOCH_2CH_2N(C_2H_5)_2 \xrightarrow[H_2O]{\text{酯酶}} H_2N{-}C_6H_4{-}COOH + HOCH_2CH_2(C_2H_5)_2$$

普鲁卡因　　对氨基苯甲酸　　二乙氨基乙醇

值得注意的是，毒物或药物经过上述氧化、还原或水解之后，常继以结合反应完成生物转化。例如，乙酰水杨酸的生物转化过程中，首先是水解，然后是结合反应。

$$C_6H_4(OCOCH_3)COOH \longrightarrow C_6H_4(OH)COOH \longrightarrow C_6H_3(OH)_2COOH \longrightarrow \text{葡糖醛酸苷等结合产物}$$

乙酰水杨酸　　水杨酸　　羟基水杨酸

(二)第二相反应——结合反应

许多化合物经过第一相反应，可使某些非极性基团转化为极性基团，增强亲水性。但有些产物还需要进一步和极性更强的物质(如葡糖醛酸及氨基酸等)结合，才能具有较大的溶解度，这些结合反应就属于生物转化的第二相反应。

结合反应是体内最重要的生物转化方式。凡含有羟基、羧基或氨基等功能基团的药物、毒物或激素可在肝细胞内与某种物质结合，从而遮盖其功能基团，增强其极性，变为失去原有作用和易于排泄的物质。参加结合反应的物质种类很多，现将常见结合反应举例说明如下。

1. 葡糖醛酸结合反应　葡糖醛酸是肝中最多见的结合物。糖代谢过程中生成的尿苷二磷酸葡萄糖(UDPG)可在肝内进一步氧化，生成尿苷二磷酸葡糖醛酸(UDPGA)。

$$\underset{(UDPG)}{\text{尿苷二磷酸葡萄糖}} + NAD^+ \xrightarrow{\text{UDPG脱氢酶}} \underset{(UDPGA)}{\text{尿苷二磷酸葡糖醛酸}} + NADH + H^+$$

2. 硫酸结合反应　3′磷酸腺苷5′磷酸硫酸(PAPS)为活性硫酸供体，在转硫酸酶催化下，醇、酚类物质与硫酸结合成硫酸酯。这也是一种常见的结合反应。雌酮即由此形成硫酸酯而灭活。

$$\text{雌酮(HO-)} + PAPS \longrightarrow \text{雌酮硫酸酯}(HOS_3O\text{-}) + PAP$$

雌酮　　雌酮硫酸酯

3. 乙酰化反应　肝细胞胞液富含乙酰基转移酶，以乙酰CoA为乙酰基的直接供体，催化乙酰基转移到含氨基或肼的内、外源非营养物质(如磺胺、异烟肼、苯胺等)，形成乙酰化衍生物。例如，抗结核病药物异烟肼在肝内乙酰基转移酶催化下经乙酰化而失去活性。该酶表达呈多态性，使得个体有快速或迟缓乙酰化之分，影响诸如异烟肼等药物在血液中的清除速率，迟缓乙酰化个体对异烟肼的某些毒性反应较之快速乙酰化个体敏感。

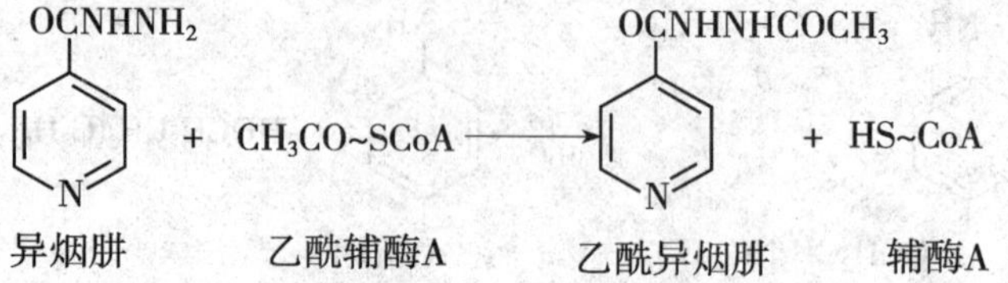

$OCNHNH_2$ + $CH_3CO{\sim}SCoA$ → $OCNHNHCOCH_3$ + $HS{\sim}CoA$

异烟肼 乙酰辅酶A 乙酰异烟肼 辅酶A

此外，大部分磺胺类药物在肝内也通过这种形式灭活。但应指出，磺胺类药物经乙酰化后，其溶解度反而降低，在酸性尿中易于析出，故在服用磺胺类药物时应服用适量的小苏打，以提高其溶解度，利于随尿排出。

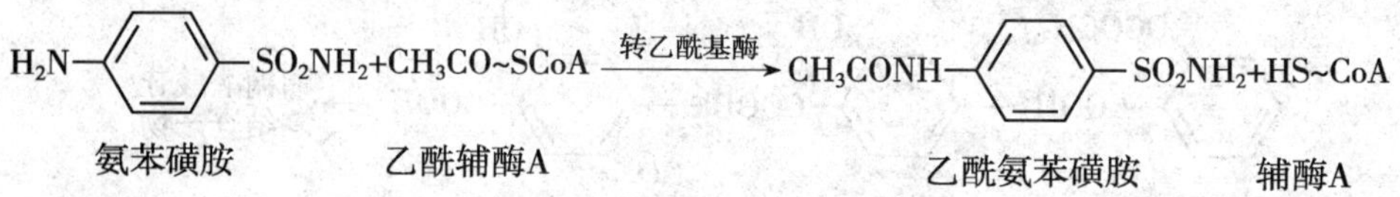

$H_2N-C_6H_4-SO_2NH_2+CH_3CO{\sim}SCoA \xrightarrow{转乙酰基酶} CH_3CONH-C_6H_4-SO_2NH_2+HS{\sim}CoA$

氨苯磺胺 乙酰辅酶A 乙酰氨苯磺胺 辅酶A

4．谷胱甘肽结合反应 谷胱甘肽（GSH）可与一些卤化有机物、环氧化物等结合，生成含 GSH 的结合产物。主要参与对致癌物、环境污染物、抗肿瘤药物以及内源性活性物质的生物转化。该酶在肝中含量非常丰富，占肝细胞可溶性蛋白质的 3%～4%。亲电子性异源物若不与 GSH 结合，则可自由地共价结合 DNA、RNA 或蛋白质，导致细胞严重损伤。此外，由于很多其内源性底物是受活性氧修饰过的，所以 GST 具有抗氧化作用。

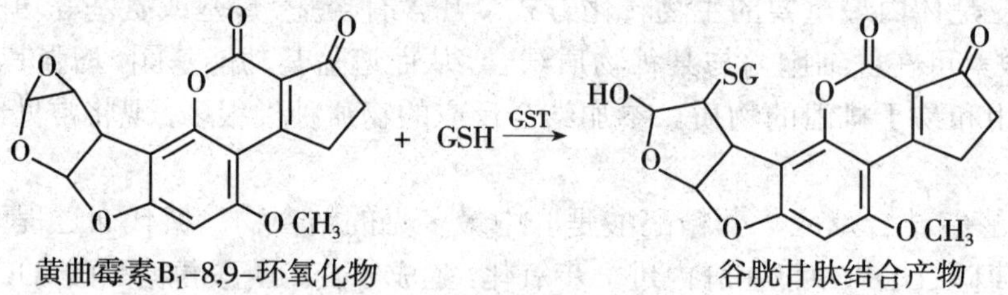

+ GSH $\xrightarrow{GST}$ (HO, SG, O CH3)

黄曲霉素B_1–8,9–环氧化物 谷胱甘肽结合产物

5．甲基化反应 肝细胞中含有各种甲基转移酶，以 S- 腺苷甲硫氨酸（SAM）为甲基供体，催化含有氧、氮、硫等亲核基团化合物的甲基化反应。其中，胞液中可溶性儿茶酚 -O- 甲基转移酶（catechol-O-methyltransferase，COMT）具有重要的生理意义。COMT 催化儿茶酚胺的羟基甲基化，生成有活性的儿茶酚化合物。同时 COMT 也参与生物活性胺如多巴胺类的灭活等。

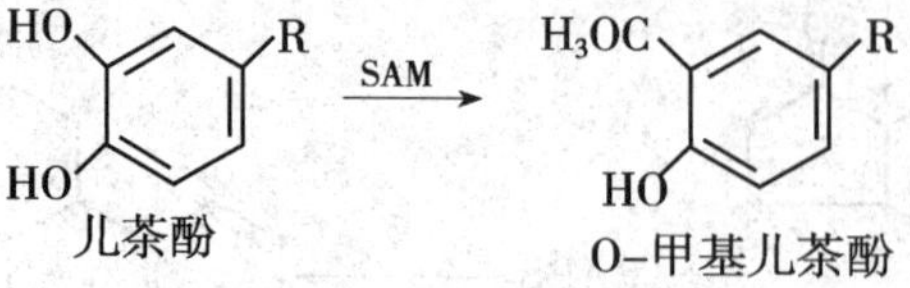

HO, HO, R $\xrightarrow{SAM}$ H_3OC, HO, R

儿茶酚 O–甲基儿茶酚

除上述五种外，尚有与氨基酸等的结合反应等。

三、生物转化作用的影响因素

肝的生物转化作用受年龄、性别、营养、疾病、遗传和诱导物等体内、外诸多因素的影响。

（一）年龄因素

新生儿肝中酶体系还不完善，特别是肝微粒体 UDP- 葡糖醛酸转移酶要在出生后才逐渐生成，8 周时方达到成人水平，因此对药物以及毒物的耐受性较差，易于出现中毒。老年人因器官退化，生物转化能力下降，对一些药物的效应较敏感，副作用也大。因此在临床用药时，对婴幼儿及老年人的剂量必须严加控制。

（二）性别因素

氨基比林在男性体内的半衰期为 13.4 小时，而在女性体内则只有 10.3 小时。一般来说，女性对药物的敏感性大，而男性较差。这可能是与雄性激素是药物酶的诱导剂有关。

（三）药物之间生物转化作用的影响

由于作用物往往可以诱导酶的生成，所以长期服用某一类药物可使有关的酶活性增高，从而使人体出现耐药性。例如，长期服用苯巴比妥、D_{860} 的患者，除对该药的转化能力增强外，对非那西丁、氯霉素、氢化可的松的转化能力也增加。

由于各种物质的有关反应常由同一酶体系催化，因而同时服用多种药物时，这些药物有可能对同一酶体系发生竞争性抑制，从而使这些药物的转化速率均有所降低，引起药物的系统作用。例如，保泰松在体内可抑制双香豆素的代谢，如果服用保泰松同时服用双香豆素，其抗凝作用增强，易发生出血现象。

肝细胞损伤时，生物转化功能低下，药物的灭活速率较低，因此，对肝病患者用药应注意选择，掌握剂量，避免加重肝的负担。

第三节 胆汁与胆汁酸的代谢

一、胆 汁

胆汁（bile）是由肝细胞分泌的一种液体，通过胆道系统入胆囊，循胆总管入十二指肠。正常人每天平均分泌胆汁 300～700ml。人胆汁呈黄褐色或金黄色，黏性，有苦味，比重在 1.000～1.032。从肝初分泌的胆汁称肝胆汁，透明澄清，固体物含量较少。肝胆汁进入胆囊后，胆囊壁吸收肝胆汁中的水、盐及其他一些成分，同时也分泌黏液渗入胆汁，使胆汁浓缩，成为胆囊胆汁，胆囊胆汁呈暗褐或棕绿色。

胆汁的主要固体成分是胆汁酸盐，约占固体成分的 50%。其次是无机盐、黏蛋白、磷脂、胆固醇、胆色素等。胆汁中还有多种酶类，包括脂肪酶、磷脂酶、淀粉酶、磷酸酶等。除胆汁酸盐和某些酶类与脂类消化、吸收有关；磷脂与胆汁中胆固醇的溶解状态有关外，其他成分多属排泄物。进入机体的重金属盐和药物、毒物、染料等异源物，经肝的生物转化作用后亦可随胆汁排出体外。

二、胆汁酸的种类

正常人胆汁中的胆汁酸（bile acid）按结构可分为两大类：一类称为游离型胆汁酸，包括胆酸（cholic acid）、脱氧胆酸（deoxycholic acid）、鹅脱氧胆酸（chenodeoxycholic acid）和少量的石胆酸（lithocholic acid）；另一类称为结合型胆汁酸，包括上述各种游离型胆汁酸分别与甘氨酸或牛磺酸结合的产物。主要有甘氨胆酸、牛磺胆酸、甘氨鹅脱氧胆酸及牛磺鹅脱氧胆酸(图 20-1)。

从来源看，胆酸和鹅脱氧胆酸及其与甘氨酸或牛磺酸的结合物，都是在肝内由胆固醇生成的，称为初级胆汁酸；初级胆汁酸在肠道细菌作用下转变生成的脱氧胆酸和石胆酸称为次级胆汁酸。胆汁中所含的胆汁酸主要是结合型胆汁酸。在结合型胆汁酸中，与甘氨酸结合者同与牛磺酸结合者含量之比大约为 3∶1。

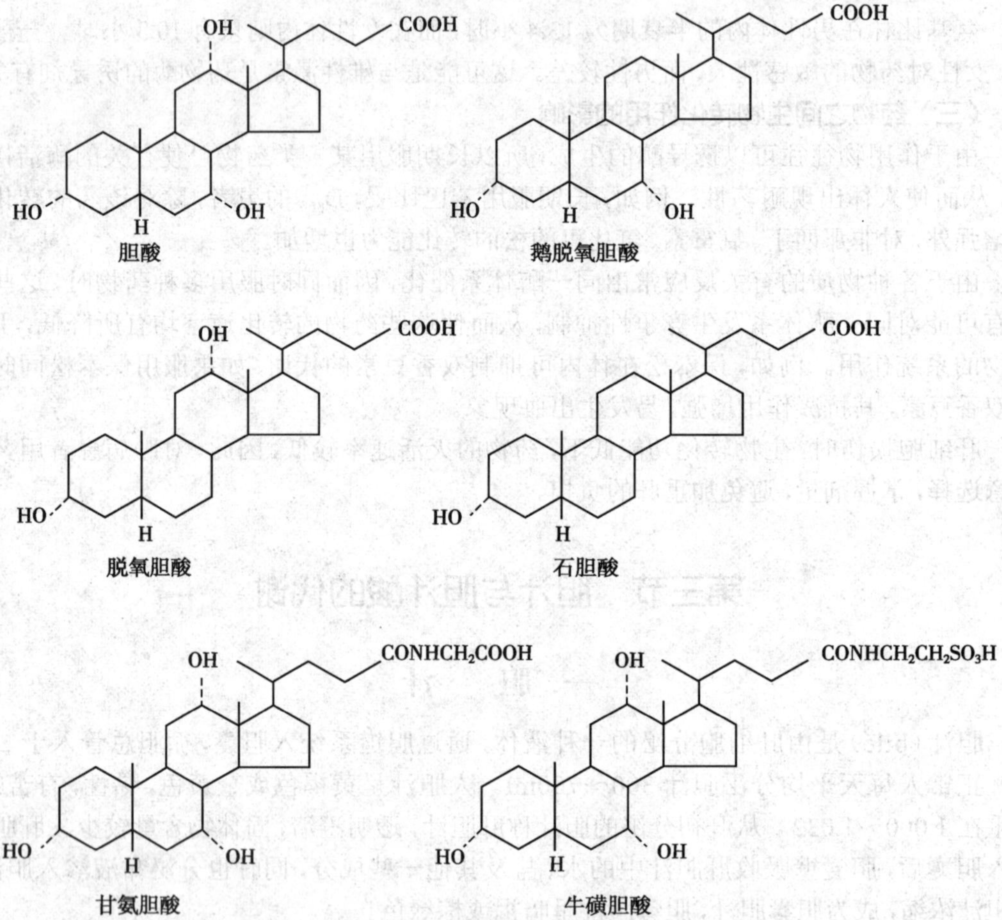

胆酸　鹅脱氧胆酸

脱氧胆酸　石胆酸

甘氨胆酸　牛磺胆酸

图 20-1　几种胆汁酸的结构式

三、胆汁酸的主要生理功能

(一) 促进脂类的消化和吸收

胆汁酸分子内既含亲水性的羟基和羧基，又含疏水性的甲基及烃核。同时羟基、羧基的空间配位又全属 α 型，故胆汁酸的主要构型具有亲水和疏水两个侧面，使分子具有界面活性分子的特征，能降低油和水两相之间的表面张力，促进脂类乳化，使疏水的脂类在水中乳化成直径只有 3～10μm 的细小微团，既有利于消化酶的作用，又有利于吸收。

(二) 抑制胆汁中胆固醇的析出

部分未转化的胆固醇由肝细胞分泌入毛细胆管，胆固醇难溶于水，随胆汁排出及在胆囊储存时，胆固醇易沉淀，但因胆汁中含胆汁酸盐与卵磷脂，可使胆固醇分散形成可溶性微团而不易沉淀形成结石。胆结石可根据结石组成成分分为胆固醇结石(cholesterol stone)、黑色素结石(black pigment stone)和棕色素结石(brown pigment stone)。结石中胆固醇含量超过 50% 的称为胆固醇结石,西方人多见。黑色素结石中胆固醇含量一般为 10%~30%,棕色素结石含胆固醇较少。后两者为东方人多见。不同胆汁酸对结石形成的作用不同,鹅脱氧胆酸可使胆固醇结石溶解,而胆酸和脱氧胆酸则无此作用,临床上常用鹅脱氧胆酸治疗胆固醇结石。

四、胆汁酸的代谢

胆汁酸是胆固醇的代谢产物,胆汁酸代谢包括胆汁酸的生成、转化、排泄和重吸收等,形成胆汁酸的肠肝循环。

1. 初级游离胆汁酸的生成　肝脏转化胆固醇生成初级游离胆汁酸。胆固醇首先由微粒体内的胆固醇 7α- 羟化酶催化生成 7α- 羟胆固醇,再经过一系列酶促反应生成初级游离胆汁酸。

2. 初级结合胆汁酸的生成　在肝细胞内,初级游离胆汁酸与甘氨酸或牛磺酸缩合,生成初级结合胆汁酸,随胆汁通过胆管汇入胆囊储存。

3. 次级游离胆汁酸的生成　结合胆汁酸随胆汁排入肠道,在小肠下段和大肠上段受肠道菌的作用,一部分水解脱去甘氨酸或牛磺酸,重新生成游离胆汁酸,其中的一部分胆酸和鹅脱氧胆酸 C-7 位发生还原脱氧,分别生成脱氧胆酸和石胆酸,即次级游离胆汁酸。

4. 次级结合胆汁酸的生成　次级游离胆汁酸重吸收入肝脏,与甘氨酸或牛磺酸缩合,生成次级结合胆汁酸,随胆汁通过胆管汇入胆囊储存。

5. 胆汁酸的肠肝循环　在进食脂类物质后,胆囊收缩,胆汁酸随胆汁排入十二指肠。参与脂类消化吸收,并且约有 95% 的胆汁酸被重吸收,其中结合胆汁酸主要是在回肠部位被重吸收,属于主动吸收,而游离胆汁酸则在肠道各部位被重吸收,属于被动吸收。重吸收的胆汁酸通过静脉入肝脏,其中的游离胆汁酸重新转化成结合胆汁酸并汇入胆汁,随胆汁入肠,上述过程构成胆汁酸的肠肝循环(bile acid enterohepatic circulation)(图 20-2)。

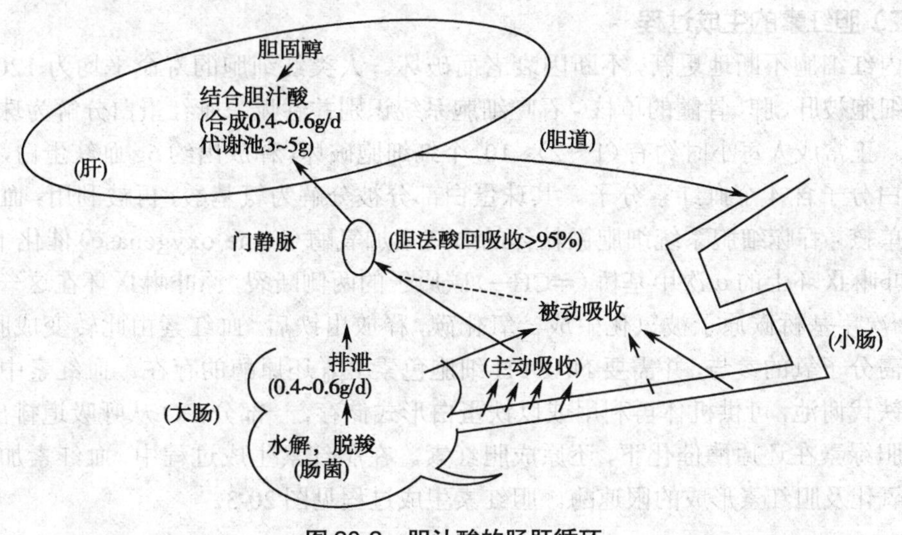

图 20-2　胆汁酸的肠肝循环

五、胆汁酸代谢的调节

胆固醇在肝内转变为胆汁酸的限速步骤是 7α- 羟化酶催化的羟化作用。7α- 羟化酶是限速酶，而 HMG-CoA 还原酶是胆固醇合成的关键酶，两者同时受胆汁酸和胆固醇的调节。进入肝的胆汁酸同时抑制这两种酶的活性；高胆固醇饮食在抑制 HMG-CoA 还原酶的同时，增加胆固醇 7α- 羟化酶基因的表达，从而提高此酶的活性。同时，7α- 羟化酶也是一种单加氧酶，维生素 C 对此种羟化反应有促进作用；糖皮质激素、生长激素也可以提高胆固醇 7α- 羟化酶的活性。此外，甲状腺素可使该酶的 mRNA 合成迅速增加。所以，甲状腺功能亢进的患者，血清胆固醇浓度偏低，而甲状腺功能低下的患者，血清胆固醇含量偏高。

第四节　胆色素的代谢

胆色素（bile pigment）是体内铁卟啉类化合物的主要分解代谢产物，包括胆绿素（biliverdin）、胆红素（bilirubin）、胆素原（bilinogen）和胆素（bilin）。这些化合物主要随胆汁排出体外，其中胆红素居于胆色素代谢的中心，是人体胆汁中的主要色素，呈橙黄色。胆红素的生成、运输、转化及排泄异常关联临床诸多病理生理过程。熟知胆红素的代谢路径对于临床上伴有黄疸体征的疾病诊断和鉴别诊断具有重要意义。

一、胆红素的生成与转运

（一）胆红素的来源

体内含铁卟啉的化合物有血红蛋白、肌红蛋白、细胞色素、过氧化氢酶及过氧化物酶等。正常成人每天产生 250～350mg 胆红素，其中 80% 左右来自衰老红细胞中血红蛋白的分解，其他则部分来自造血过程中红细胞的过早破坏（无效造血），部分来自非血红蛋白的其他含铁卟啉化合物的分解。

（二）胆红素的生成过程

体内红细胞不断地更新，不断因衰老而破坏。人类红细胞的寿命平均为 120 天，衰老的红细胞被肝、脾、骨髓的单核 - 吞噬细胞系统识别并吞噬。血红蛋白分解为珠蛋白和血红素。正常成人每小时约有（1～2）$\times 10^8$ 个红细胞破坏，释放出约 6g 血红蛋白，每一个血红蛋白分子含 4 个血红素分子。其珠蛋白部分被分解为氨基酸，再被利用；血红素则在上述单核 - 吞噬细胞系统细胞微粒体的血红素加氧酶（heme oxygenase）催化下，从血红素原卟啉Ⅸ环上的 α 次甲基桥（═CH─）碳原子的两侧断裂，原卟啉Ⅸ环在这一切口处打开，α 次甲基桥碳原子被氧化生成一氧化碳，释放出铁后，血红素由此转变成胆绿素。这一步需分子氧的参与，并需要 NADPH 细胞色素 P_{450} 还原酶的存在。血红素中的铁进入体内铁代谢池，可供机体再利用或以铁蛋白形式储存，一部分 CO 从呼吸道排出体外。胞液中胆绿素在还原酶催化下，还原成胆红素。在胆红素生成过程中，血红素加氧酶是血红素氧化及胆红素形成的限速酶。胆红素生成过程见图 20-3。

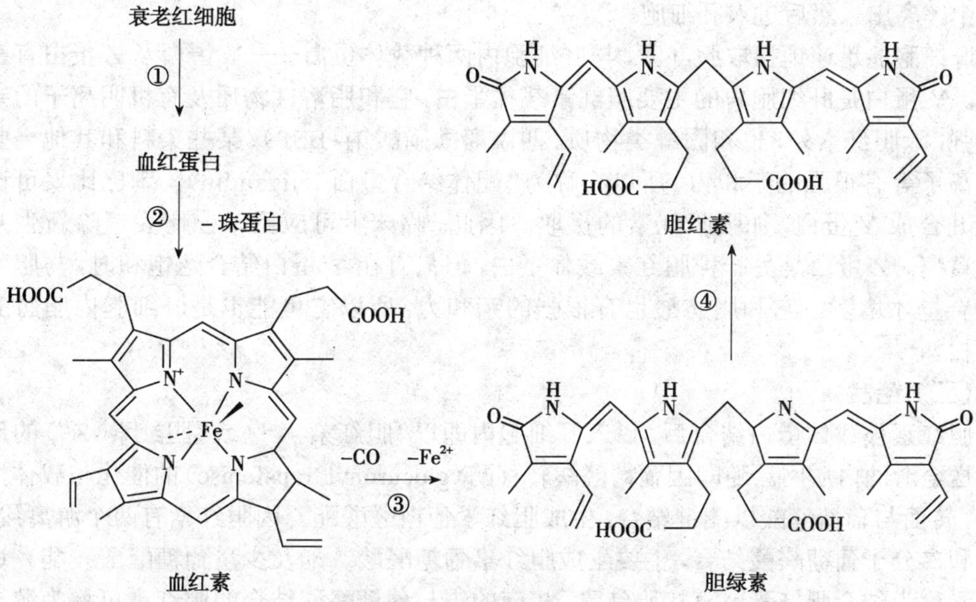

衰老红细胞
① ↓
血红蛋白
② ↓ – 珠蛋白
血红素
③ –CO –Fe^{2+} →
胆绿素
④ ↑
胆红素

图 20-3　胆红素的生成过程

（三）胆红素的转运

生理 pH 条件下，胆红素分子的亲水基团包裹在分子内部而疏水基团暴露于分子表面，呈亲脂、疏水的性质。所以在单核 - 吞噬细胞系统内生成的胆红素透出细胞，进入血液后大部分与血浆清蛋白，少量与 α_1 球蛋白结合成复合物，进行转运。这种结合增加了胆红素在血浆中的溶解度，有利于运输；同时这种结合又限制了胆红素自由透过各种生物膜，使其不致对组织细胞产生毒性作用。每一分子清蛋白具有一个与胆红素高亲和力的结合部位及一个低亲和力的结合部位。100ml 血浆中含清蛋白 4g 以上，其所含的高亲和力结合部位若全部与胆红素结合，则可结合胆红素 700mg；超过此量的游离胆红素只能与低亲和力结合部位松散地结合，此种结合易分离。游离胆红素则可扩散入组织细胞。正常人血浆胆红素浓度不超过 1.7～17.2μmol/L，故血浆清蛋白结合游离胆红素的储备能力很大。但是某些有机阴离子如磺胺药、脂肪酸、胆汁酸、水杨酸类等可与胆红素竞争与清蛋白分子上的高亲和力结合部位，此时如血中胆红素浓度过高，可使胆红素游离出来，容易进入脑组织而出现中毒症状（如核黄疸）。

二、胆红素在肝细胞内的代谢

肝细胞对胆红素的处理包括三大步骤：摄取、结合、排泄。

（一）摄取

随血液运输的胆红素 - 清蛋白复合物，不易透过细胞膜，而血液中的游离胆红素又极少，故正常情况下不致对组织细胞发生毒性作用。当胆红素随血液运输到肝脏后，由于肝细胞有极强的摄取胆红素的能力，故可迅速地被肝细胞清除。放射性核素示踪实验证明，注射到血液里的具有放射性核素标记的胆红素，大约只需要几分钟，即有一半被肝脏清除。而且这种清除速度比肝脏摄取血浆清蛋白的速度高得多，这提示胆红素要先从复合物中解离出来然后进入肝细胞。

肝细胞能迅速地摄取胆红素，与肝细胞内两种载体蛋白——Y 蛋白及 Z 蛋白有密切关系。Y 蛋白是肝细胞内的主要胆红素载体蛋白，它和脂溶性物质及有机阴离子的亲和力很强，除胆红素外，也和固醇类物质、四溴酚酞磺酸钠（BSP）、某些染料和其他一些有机阴离子等有很强的亲和力，所以亦称为“配体结合蛋白”（ligandin）。苯巴比妥可诱导新生儿合成 Y 蛋白，加强胆红素的摄取。因此，临床上可应用苯巴比妥消除新生儿生理性黄疸。Z 蛋白是另一种胆红素载体蛋白，但只有在 Y 蛋白结合达饱和时，与胆红素的结合量才增多。它和脂肪酸也有很强的亲和力，所以它可能也是肝细胞内脂肪酸载体蛋白。

（二）结合

胆红素被载体蛋白结合后，摄入肝细胞内即以“胆红素 -Y”（或“胆红素 -Z”）的形式被运送至滑面内质网。随即因葡糖醛酸转移酶（glucuronyl transferase）的催化与载体蛋白脱离，转而与葡糖醛酸以酯键结合，生成胆红素葡糖醛酸酯。因胆红素有两个游离羧基，故可和二分子葡糖醛酸结合，主要生成胆红素葡糖醛酸二酯及少量葡糖醛酸一酯。这种胆红素称为结合胆红素或直接胆红素，相应的未与葡糖醛酸结合的胆红素可称为游离胆红素或间接胆红素。苯巴比妥类药物可诱导葡糖醛酸转移酶的活性。肝中胆红素结合过程见下图。

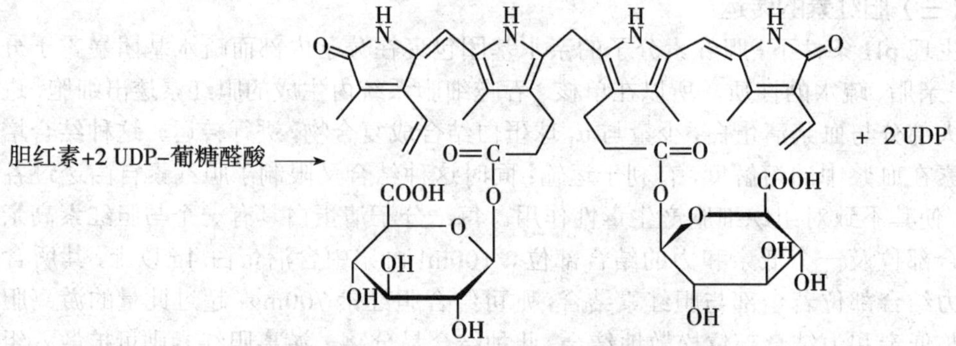

胆红素+2 UDP–葡糖醛酸 ⟶ + 2 UDP

胆红素葡糖醛酸二酯

结合胆红素与游离胆红素的反应性不同，游离胆红素与一种重氮试剂反应缓慢，必须在加入乙醇或尿素后才产生明显的紫红色（胆红素定性试验或凡登白试验呈间接反应），而结合胆红素却可与重氮试剂直接迅速起颜色反应。两者区别见表 20-3。

表 20-3 两种胆红素理化性质的比较

	未结合胆红素	结合胆红素
与葡糖醛酸结合	未结合	结合
与重氮试剂反应	间接阳性	直接阳性
水溶性	小	大
脂溶性	大	小
透过细胞膜的能力及毒性	大	小
能否透过肾小球随尿排出	不能	能

直接胆红素比间接胆红素的脂溶性弱而水溶性强，与血浆清蛋白的亲和力也小，故能通过肾随尿排出。由于直接胆红素脂溶性弱，所以不易透过细胞膜而产生毒性作用。

（三）排泄

直接胆红素从肝细胞排入毛细胆管中，成为胆汁的一种特征性的组成成分，因此被认为是肝代谢胆红素的限速步骤，亦是肝处理胆红素的薄弱环节。肝细胞向胆小管分泌结合胆红素是一个逆浓度梯度的主动转运过程。胆红素排泄一旦发生障碍，结合胆红素就可反流入血。血浆中的胆红素通过肝细胞质内载体蛋白和内质网的葡糖醛酸转移酶的联合作用，不断地被肝细胞摄取、结合、转化与排泄，从而不断地得以清除。当肝内缺乏载体蛋白，或 UDPGA 来源不足，或葡糖醛酸转移酶缺乏或受抑制时，胆红素的摄取及结合均受影响，可引起血中间接胆红素浓度增高。

三、胆红素在肠道中的变化及胆色素的肠肝循环

经过肝脏转化生成的结合胆红素随胆汁排入肠道后，受肠道细菌的作用，大部分先脱下葡糖醛酸基，再逐步被还原为中胆素原、粪胆素原和少量 d- 尿胆素原，统称为胆素原。这些无色的胆素原在肠道下段接触空气后，可分别氧化为 1- 尿胆素、粪胆素和 d- 尿胆素，统称为胆素。它们都呈黄褐色，是粪便中的主要色素，每天排出总量为 40～280mg。当胆道完全梗死时，因胆红素不能排入肠道，不能形成胆素原及胆素，粪便可呈灰白色。婴儿肠道细菌少，未被细菌作用的胆红素也可随粪便排出，所以粪便可呈胆红素的黄色。

在肠道内，少量胆素原可被吸收入血，经门静脉入肝后，大部分可再分泌入胆汁排出，这就是胆素原的肠肝循环。其中只有很小部分可随血液运输到肾脏从尿液排出，所以正常人尿液中含有少量胆素原，每天从尿中排出 0.5～4.0mg，氧化后生成的尿胆素是尿液的色素成分之一（图 20-4）。

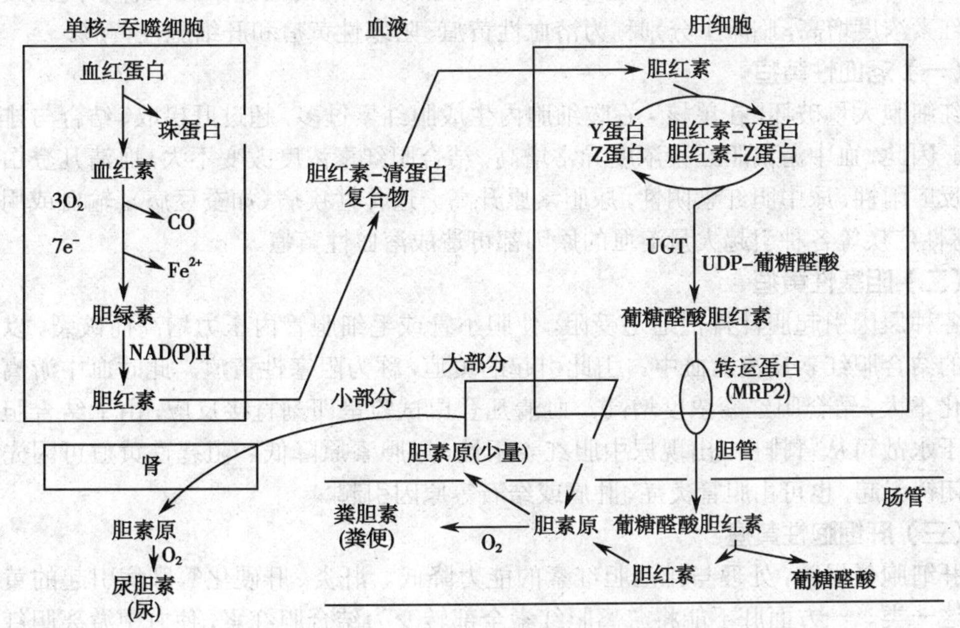

图 20-4 胆色素代谢

四、影响尿胆素原排泄的因素

尿胆素原的排出量与下列因素有关：

1. 与尿的pH有关　在酸性尿中，尿胆素原可生成不解离的脂溶性分子，易被肾小管重吸收，从而尿中排出量减少；反之，碱性尿可促进尿胆素原的排泄。

2. 与胆红素的形成量密切相关　当胆红素来源增加时，如溶血过多，随胆汁排入肠腔的胆红素增加，在肠道形成的胆素原族增加，故重吸收并进入体循环，自尿排出的尿胆素原量也就增多；反之，当胆红素形成减少，如再生障碍性贫血时，尿胆素原的含量减少。

3. 当肝细胞功能损伤时，从肠道重吸收的胆素原不能有效地随胆汁再排出，于是血及尿中胆素原浓度也会增加。

4. 当胆道发生梗死时，由于直接胆红素不能顺利排入肠道，胆素原难以形成，从而尿胆素原的量可明显降低，甚至消失。

五、血清中胆红素与黄疸

正常人由于胆色素代谢正常，血清中胆红素含量很少，其总量不超过17μmol/L。其中间接胆红素约占4/5，余为直接胆红素。凡能引起胆红素生成过多，或使肝细胞对胆红素摄取、结合、排泄过程发生障碍的因素，均可使血中胆红素浓度升高，称高胆红素血症。胆红素是金黄色色素，血清中含量过高，则可扩散进入组织，组织被黄染，称作黄疸(jaundice)。由于巩膜或皮肤含有较多的弹性蛋白，后者与胆红素有较强的亲和力，故易被染黄。黄疸明显与否和血清胆红素的浓度密切相关，如血清中胆红素浓度虽超过正常，但仍在34μmol/L以内时，肉眼尚不能观察到巩膜或皮肤黄染，称为隐性黄疸。

引起黄疸的原因很多，胆红素来源增多（如大量红细胞破坏），去路不畅（如胆道阻塞）或肝脏疾病（肝炎、肝硬化）均可引起血中胆红素浓度的增高。此三种不同原因引起的胆红素浓度增高，临床上分别称为溶血性黄疸、阻塞性黄疸和肝细胞性黄疸。

（一）溶血性黄疸

红细胞大量破坏，在单核-吞噬细胞内生成胆红素过多，超过肝摄取、结合与排泄的能力。因此，血中游离胆红素浓度异常增高，结合胆红素浓度改变不大，血清凡登白试验间接反应阳性，尿中胆红素阴性，尿胆素原升高。遗传性疾病（如蚕豆病）、输血或用药不当、恶性疟疾等各种引起大量溶血的原因都可造成溶血性黄疸。

（二）阻塞性黄疸

各种原因引起胆汁排泄通道受阻，使胆小管或毛细胆管内压力增高而破裂，以致胆汁中的结合胆红素反流入血中。由此引起的黄疸，称为阻塞性黄疸。此时血中游离胆红素变化不大，结合胆红素浓度增高。血清凡登白试验呈即刻直接反应，由于结合胆红素易溶于水故可从肾排出，出现尿中胆红素阳性，尿胆素原降低。阻塞性黄疸可因先天性胆道闭锁引起，也可由胆管炎症、肿瘤或结石等原因引起。

（三）肝细胞性黄疸

肝细胞受损害，处理与排泄胆红素的能力降低。肝炎、肝硬化等肝病引起的黄疸就属于这一类。一方面肝不能将游离胆红素全部转变为结合胆红素，使血中游离胆红素堆积。另一方面也可能因肝细胞肿胀，使毛细血管堵塞或毛细胆管与肝血窦直接相通，结合胆红素因而反流入血，血中结合胆红素浓度增加。此时血清凡登白试验呈双相反应，尿中胆红素阳性，尿胆素原升高。各种黄疸血、尿、粪胆色素的实验室检查变化见表 20-4。

表 20-4 各种黄疸血、尿、便的改变

指标	正常	溶血性黄疸	肝细胞性黄疸	阻塞性黄疸
血清胆红素				
总量	<17μmol/L	↑	↑	↑
结合胆红素	0～6.8μmol/L		↑	↑↑
未结合胆红素	1.7～10.2mg/dl	↑↑	↑	
尿三胆				
尿胆红素	–	–	++	++
尿胆素原	少量	↑	不一定	↓
尿胆素	少量	↑	不一定	↓
尿色	正常	较深	深	
粪便颜色	正常	深	变浅或正常	完全阻塞时呈白陶土色

第五节 肝功能试验及其意义

肝功能检查是根据肝脏所参与的各种代谢而设计的实验室检查项目，临床上可以通过分析患者血液、尿液、粪便化学成分的改变来了解肝功能，以辅助诊断和治疗疾病，并观察疾病的转归和预后。

针对肝功能检查需要注意一些问题：①肝功能检查有一定的局限性，一项检查结果只能反映肝脏的某一方面，不能反映其全部；②由于肝脏的代偿能力很强，有时病变已经很广泛，但检查结果可能仍在正常范围；③检查结果与它的病理组织学改变可能不一致；④有些检查的特异性不强，灵敏度不高。因此，临床诊断中除了参考肝功能检查指标之外，还应该根据患者的临床表现进行综合分析，避免诊断的片面性和盲目性。

下面介绍临床上常用的几类肝功能试验。

1. 蛋白质代谢功能试验 包括血浆蛋白电泳、清蛋白（ALB）和总蛋白（TP）含量、清蛋白 / 球蛋白比值（A/G）、血氨等，是根据肝脏能合成多种血浆蛋白、特别是针对血浆清蛋白的含量占血浆总蛋白的 50% 这一性质设计的。

2. 血清酶活性检查 有些酶存在于肝细胞内，当肝细胞受损时，可以释放入血，如丙氨酸氨基转移酶（ALT）和 L- 乳酸脱氢酶（LDH）；有些酶存在于胆汁中，当胆汁淤积时，酶随之反流入血，如碱性磷酸酶（ALP）和 γ- 谷氨酰转肽酶（GGT）；有些酶由肝细胞合成而在血浆中起作用，肝病导致这些酶在血浆中的水平下降，如磷脂酰胆碱胆固醇酰基转移酶（LCAT）和凝血因子。

3. 胆色素代谢试验 主要用于鉴别黄疸，如血浆胆红素定量和定性、尿三胆等。

4. 生物转化及排泄试验 当肝脏功能发生障碍时，有些药物和毒性物质可以在体内积累，导致中毒。如肝脏的摄取、转化、排泄功能的任何一个环节发生障碍都会导致四溴酚酞磺酸钠（BSP）滞留在血中，所以临床上常用 BSP 试验来检查肝脏的排泄功能，即在注射BSP一定时间后，测定血浆BSP浓度。不过，有些物质如水杨酸和咖啡因能促进肝脏摄取BSP，加快其清除速度，所以做该项检查时应当注意。

5. 其他相关试验　如乙肝抗原、甲胎蛋白、血糖、尿糖、血脂和血浆脂蛋白成分的检查。

常见肝功能检查项目和参考值见表20-5，不同的测定方法有不同的参考值。

表20-5　常见肝功能检查项目和参考值

测定项目	符号	单位	参考值	测定项目	符号	单位	参考值
总蛋白	TP	g/L	60～80	乳酸脱氢酶	LDH	U/L	155～300
清蛋白	ALB	g/L	35～55	单胺氧化酶	MAO	U/L	0.2～0.9
球蛋白	GLO	g/L	20～30	碱性磷酸酶	ALP（AKP）	U/L	20～110
清蛋白/球蛋白	A/G	–	1.5～2.5	γ-谷氨酰转肽酶	GGT（γ-GT）	U/L	8～50
丙氨酸氨基转移酶	ALT	U/L	5～40	总胆红素	TBIL	μmol/L	0.7～21.7
天冬氨酸氨基转移酶	AST	U/L	5～40	直接胆红素	DBIL	μmol/L	0～7.84

学习小结

1. 学习内容

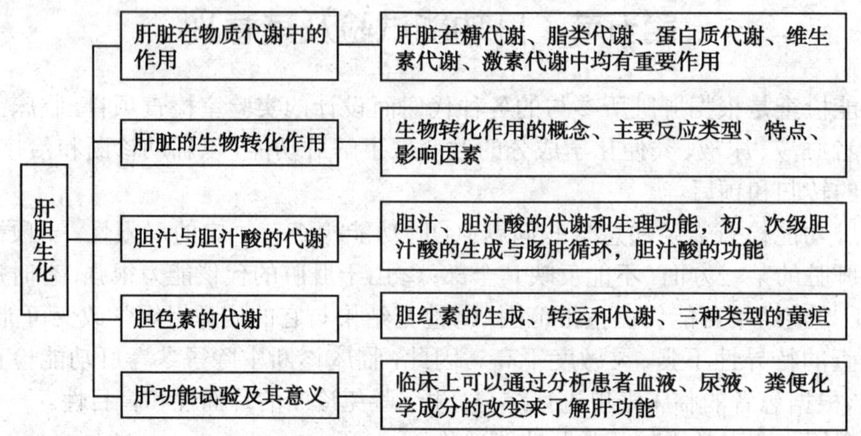

2. 学习方法

(1) 首先总结回顾肝脏在物质代谢中的作用。

(2) 学习肝脏的生物转化作用，明确概念、反应类型、特点及影响生物转化作用的因素。

(3) 胆汁酸代谢和胆色素的正常代谢，进而学习胆色素的异常，明确三种黄疸的发生机制，结合临床典型病例做出分析。

(4) 肝功能检查的意义在于临床上可以通过分析患者血液、尿液、粪便化学成分的改变来了解肝功能，以辅助诊断和治疗疾病，并观察疾病的转归和预后。

（周艳艳）

复习思考题

1. 结合胆红素的代谢，谈谈肝脏的生物转化作用。
2. 肝功能损害的患者出现sGPT升高、脂肪泻、晨起低血糖、血氨升高等症状，试解释其生化机制。
3. 简述黄疸的发生机制和鉴别试验。
4. 什么是胆色素的肠肝循环与胆汁酸的肠肝循环？

第二十一章 水盐代谢

学习目的

通过学习体液的分布及其交换、水和无机盐的生理作用及代谢调节等内容，掌握水和无机盐在体内代谢的基本过程以及代谢紊乱后改变，为学习病理生理学和临床课程奠定基础。

学习要点

水和盐的分布、生理作用和代谢调节及代谢紊乱。

第一节 体液的分布、组成及其交换

一、体液的含量与分布

以细胞膜为界，体液分为细胞内液和细胞外液两大部分。细胞外液又分为血浆和细胞间液，细胞间液又称组织间液(包括淋巴液)。

人体水的含量随着年龄、性别和胖瘦的不同而存在差异。正常成人体液总量约占体重的60%，其中细胞外液占20%(血浆占5%，细胞间液占15%)，细胞内液占40%。

年龄愈小，体液占体重的百分比愈大，新生儿体液总量约占其体重的80%，婴儿期为70%～75%，学龄期儿童约占65%。由于儿童含水量较多，新陈代谢旺盛，而调节水、无机盐平衡的神经内分泌系统和肾脏等的发育尚不完善，因此在临床上儿童较成人容易发生水和电解质平衡的紊乱。老年人体液总量降至体重的50%，其细胞内液和细胞外液容量均减少，由于细胞间液水分的减少使皮肤显得皱缩。体液含量在个体之间也存在差异，脂肪组织含水仅20%，而肌肉组织含水量高达70%～80%。因此，成年女性和肥胖者体液的百分含量较少，女性水的含量约占体重的55%，低于男性的60%。

二、体液的电解质组成

体液中的电解质(electrolytes)在细胞内外液的分布及含量有显著的差异。见表21-1。

表21-1 体液中的电解质含量

		血浆		组织间液		细胞内液	
		mmol/L	mEq/L	mmol/L	mEq/L	mmol/L	mEq/L
阳离子	Na^+	145	145	145	145	10	10
	K^+	4.5	4.5	4	4	158	158
	Ca^{2+}	2.5	5	2	4	3	6
	Mg^{2+}	0.8	1.6	0.5	1	15.5	31

续表

		血浆		组织间液		细胞内液	
		mmol/L	mEq/L	mmol/L	mEq/L	mmol/L	mEq/L
阳离子总量		152.8	156	145.5	148	186.5	205
阴离子	Cl^-	103	103	112	112	1	1
	HCO_3^-	27	27	25	25	10	10
	HPO_4^{2-}	1	2	1	2	12	24
	SO_4^{2-}	0.5	1	0.5	1	9.5	19
	蛋白质	2.25	18	0.25	1	8.1	65
	有机酸	5	5	6	7	16	16
	有机磷酸	—		—		23.3	70
阴离子总量		138.75	156	144.75	148	79.9	205

从上表可以看出，细胞内外液电解质的含量及分布有如下特点：

1．无论细胞内液还是细胞外液，其阳离子总量与阴离子总量相等，呈现电中性。

2．细胞内液与细胞外液中电解质的分布差异很大。细胞外液的阳离子以 Na^+ 为主，占其总量的90%以上，阴离子则以 Cl^- 和 HCO_3^- 为主要成分；细胞内液的阳离子以 K^+ 为主，其浓度是细胞外液 K^+ 的30倍以上，其次是 Mg^{2+}，而 Na^+ 的浓度较细胞外液少得多。阴离子中 HPO_4^{2-}、有机磷酸离子和蛋白质是主要成分，其次是少量的 HCO_3^-、SO_4^{2-} 和 Cl^-。

3．细胞内液与细胞外液的渗透压相当。溶质在溶液中的渗透压用毫渗摩尔（mOsm/L）表示。渗透压取决于溶质在溶液中的颗粒数，而与其分子量及荷电量无关。因此，1mol NaCl在溶液中产生的渗透压等于2mol葡萄糖或尿素所产生的渗透压。细胞内液电解质总量多于细胞外液，但由于细胞内液蛋白质及多价离子含量较高，而细胞外液中以1价离子（Na^+、Cl^-、HCO_3^-）为主。因此，细胞内外液的渗透压数值仍接近相等。正常人体液的渗透压在280～310mOsm/L。Na^+ 占细胞外液阳离子总数的90%以上，是决定血浆渗透压的主要因素。临床工作中可根据 Na^+ 浓度计算血浆的渗透压。即：

$$\text{血浆渗透压(mOsm/L)} = [\text{血浆}[Na^+(\text{mmol/L}) + 10] \times 2$$

其中10表示 K^+、Ca^{2+}、Mg^{2+} 等 Na^+ 以外阳离子的含量；乘以2，因为阴阳离子数相等，并同样产生渗透压。

临床使用的5%葡萄糖及0.9% NaCl溶液的渗透压与体液一致，称为等渗液，其渗透压分别是：

$$5\%\ \text{葡萄糖} = 5 \times 1000 \times 10 \div 180 = 278\text{mOsm/L}$$

$$0.9\%\ \text{NaCl} = 0.9 \times 1000 \times 10 \times 2 \div 58.5 = 308\text{mOsm/L}$$

4．细胞外液中，血浆与细胞间液二者的离子浓度和电解质组成都相当接近，唯一重要的区别是蛋白质含量不同。血浆蛋白质含量平均为70g/L，而细胞间液所含的蛋白质只有0.5～3.5g/L。此种差别对于血浆与细胞间液之间水的交换具有重要作用。

三、体液的交换

血浆、细胞间液和细胞内液之间不断进行着体液的交换，从而完成了营养物质和代谢废物在细胞内外的交换和排泄。

（一）血浆与细胞间液之间的交换

血浆与细胞间液的交换主要是在毛细血管部位进行的。毛细血管壁为一种半透膜，血浆和细胞间液中的小分子物质如葡萄糖、氨基酸、尿素以及 Na^+、K^+、Ca^{2+}、Mg^{2+}、Cl^-、HCO_3^- 等电解质都可以自由透过，相互交换，但是蛋白质不能自由通过毛细血管壁。由于血浆的蛋白质浓度比细胞间液的蛋白质浓度高得多，蛋白质颗粒形成的渗透压称为胶体渗透压，所以血浆的胶体渗透压远高于细胞间液的胶体渗透压，二者之差为有效胶体渗透压，约 3.05kPa。水分在血管与细胞间液之间的分布是由毛细血管的血压、组织间液的流体静压和有效胶体渗透压决定的。毛细血管平均血压为 2.33kPa，组织间液的流体静压为 −0.87kPa，两者之差约为 3.20kPa，称为有效流体静压。有效流体静压推动血浆向血管外滤出，而有效胶体渗透压是吸引液体回流至血管的动力。

在毛细血管的动脉端，有效流体静压大于有效胶体渗透压，所以液体自血浆流向细胞间液；在毛细血管的静脉端，由于毛细血管血压降低，而胶体渗透压不变，有效胶体渗透压大于血管内外静水压差，所以液体自细胞间液流回血浆。此外，还有一部分液体可以经淋巴系统进入血液。

血浆与细胞间液的交换十分迅速，每分钟达 2L 以上，并保持着动态平衡。这样就保证了血浆中的各种营养成分能不断通过细胞间液进入细胞内；而细胞代谢的中间产物（如肝脏产生的酮体）和终产物（如尿素和 CO_2）可由毛细血管静脉端进入血浆，运往其他组织器官利用或排泄。右心衰竭患者毛细血管静脉端血压升高，肝硬化、慢性肾炎、营养不良患者血浆胶体渗透压下降，都会导致细胞间液容量增多，而发生水肿。

（二）细胞间液与细胞内液之间的交换

细胞间液与细胞内液之间的细胞膜是一种功能极复杂的半透膜。细胞膜对水能自由通过，对葡萄糖、氨基酸、尿素、肌酸、肌酐、尿酸、CO_2、O_2、Cl^- 和 HCO_3^- 等也能通过。这样，通过细胞内液与细胞间液的交换，可使细胞不断从细胞间液中摄取营养物质，并排出细胞本身的代谢产物。但细胞内外的蛋白质、Na^+、K^+、Ca^{2+}、Mg^{2+} 等不易透过细胞膜。决定细胞间液与细胞内液交换的动力是渗透压。由于无机离子产生的晶体渗透压远大于蛋白质产生的胶体渗透压，因此决定细胞间液与细胞内液交换的主要是细胞外液的 Na^+ 和细胞内液的 K^+。当细胞外液 Na^+ 增多时，渗透压增高（高渗），水分便从细胞内液流到细胞外液，引起细胞皱缩；相反，当细胞外液 Na^+ 降低（低渗）时，水分便从细胞外液流向细胞内液，引起细胞肿胀（细胞内水肿）。

第二节　水和无机盐的生理功能

一、水的生理功能

水是机体中含量最多的组成成分，也是维持人体正常生理活动的重要营养物质之一。人若不吃食物只喝水可生存数十天之久，若无水供应只能生存数天。水的主要生理功能如下：

（一）调节体温

水的比热大，1g 水从 15℃升至 16℃时需要 4.2J（1 卡）热量，比同量固体或其他液体所需的热量要多，因而水能吸收较多的热量而本身温度升高不显著。水的蒸发热大，1g水在37℃时完全蒸发需要吸热2.4kJ（575卡），所以蒸发少量的汗就能散发大量的热。水的流动性大，能随血液循环迅速分布于全身，而且血液、细胞间液和细胞内液不断进行液体交换，也使机体各部分体温相对均匀一致。

（二）促进体内的物质代谢

水是良好的溶剂。体内许多化合物都能溶解或分散于水中，只有溶解或分散的物质才容易起化学反应。细胞内和血浆中进行的各种高效率的酶促反应，都是在水的介质中完成。另外，许多代谢需要水直接参与反应，如水解和水合反应等。

（三）维持组织的形态与功能

水占体重的60%，除少部分以游离形式存在，构成血液、淋巴液、消化液等，大部分是以结合水的形式存在。结合水是指与蛋白质、多糖和磷脂等化合物相结合的水，广泛分布于组织中，对脏器的形态、硬度、弹性等结构的维持起重要作用。如心脏含水约79%，血液含水约83%，两者相差无几，但心脏主要含结合水，因此形态比较坚实，以保证推动血液循环。

（四）润滑作用

泪液，唾液，关节腔液，胸腔、腹腔和心包腔液等均有利于器官的运动，减少摩擦。

二、无机盐的生理功能

人体内已发现的元素达60多种，其中C、H、O、N、S、P主要构成各种有机物，而K、Na、Cl、Ca、Mg 5种则主要以无机盐的形式存在。各种无机盐约占体重的5%左右。无机盐种类多，生理功能也非常复杂。

（一）无机盐是组织细胞的重要组成成分

钙和磷是骨盐中最重要的成分；铁是血红蛋白、肌红蛋白、细胞色素等血红素蛋白的组成成分，与体内氧的运输、储备和线粒体及微粒体中进行的生物氧化作用有密切关系。

（二）维持神经肌肉的应激性

神经肌肉的应激性与体液中多种无机离子的浓度及其相互比值有关。其关系如下：

1. 骨骼肌、平滑肌的神经肌肉应激性　低钾血症患者，神经肌肉应激性降低；而血钙浓度过低时，神经肌肉应激性升高，可见手足抽搐，甚至全身惊厥。

2. 心肌细胞的应激性　高钾血症可抑制心肌的收缩作用，使心脏舒张期延长，心率减慢，严重时甚至会发生心脏停搏；而低钾血症又会使心肌的应激性增强，出现各种异位节律。严重高血钙也会引起心搏骤停，但心脏停止于收缩期。

（三）参与酶促反应及物质代谢的调节

1. 作为辅助因子的成分或激动剂参与酶促反应　如Zn^{2+}已知是超氧化物歧化酶、DNA聚合酶、乳酸脱氢酶、碳酸酐酶、L-谷氨酸脱氢酶等100余种酶的组成；Cu^{2+}是铜蓝蛋白和酪氨酸羟化酶的组成；硒是谷胱甘肽过氧化物酶的组成。Mg^{2+}是己糖激酶和葡萄糖激酶的激动剂，并参与蛋白质的生物合成；Mn^{2+}是精氨酸酶、RNA聚合酶、丙酮酸羧化酶等不可缺少的组分，并且是异柠檬酸脱氢酶、ATP酶等的激动剂；Cl^{-}则是唾液淀粉酶的激动剂。

2. 参与物质代谢的调节　碘主要通过合成甲状腺素发挥作用。甲状腺素不但能促进生长发育，而且可促进糖和脂肪的氧化分解，线粒体的氧化磷酸化，蛋白质、胆固醇和胆汁酸的合成，对物质代谢呈现广泛的调节作用。缺碘引起的地方性甲状腺肿是导致儿童发育停滞、智力低下的重要原因。

锌在体内极易与胰岛素分子结合，胰岛素围绕 Zn^{2+} 形成六聚体的结合型胰岛素，后者较未结合锌的胰岛素活性强且作用时间长。

Ca^{2+} 还是激素作用的第二信使，通过与钙调蛋白的结合，参与信息传递。

（四）维持体液的容量、渗透压和 pH

Na^+ 和 Cl^- 是维持细胞外液容量和渗透压的主要离子；K^+ 和 HPO_4^{2-} 是维持细胞内液容量和渗透压的主要离子。而由 $NaHCO_3$ 与 H_2CO_3、Na_2HPO_4 与 NaH_2PO_4 以及 KHb 与 HHb、$KHbO_2$ 与 $HHbO_2$ 为主构成的血浆和红细胞缓冲体系，在中和外来酸碱、维持体液 pH 相对恒定中发挥着重要作用。

第三节　水和钠、钾、氯的代谢

一、水 代 谢

体内水的来源与去路

正常人水代谢如表 21-2 所示，每天摄入和排出的水处于动态平衡，成人每天进出水量平均为 2000～3000ml。

表 21-2　正常人水代谢情况

	体内水的来源（ml）			体内水的去路（ml）	
	必需的	随意的		必需的	随意的
饮水	650	1000	尿	700	1000
食物中水	750		皮肤	500	
内生水	350		肺	400	
			粪	150	
共计	1750	1000		1750	1000
总计	2750			2750	

1. 体内水的来源　水的来源包括饮水、食物中水、内生水三大部分。饮水每天 1000～1500ml。食物中水随食物性质而异，每天随食物摄入的水大约 650～1000ml。内生水指体内代谢后所产生的水，量约 350ml/d，其中每克脂肪氧化后产生水（1.07ml）均较糖（0.56ml）及蛋白质（0.34ml）为多。如不喝水几天就会出现严重的功能紊乱。完全断绝水的供应一周左右生命就会受到威胁。

2. 体内水的去路　水的排泄途径可以由肾脏、胃肠道、呼吸道以及皮肤出汗及不感觉失水等排出，其中除肾脏可以通过复杂机制加以调节外，其余部分可调节性甚少。肾脏对水的调节是通过尿液的稀释或浓缩程度而完成的。每天直接透出皮肤不显出汗约

500ml，当气温达到28℃时，汗腺开始排汗（显性出汗）。出汗多少和活动量有关，变化范围不大。

由于从尿中排出代谢产物是以溶质形式而排泄，因此必须有一定量尿液才能完成该功能。在通常尿渗透压情况下，大约每日500～700ml尿液即可完成代谢产物的排泄，但如果摄入蛋白质过多，或体内分解代谢过于亢进，则需更多尿液量；另外，肾功能减退时，由于尿液浓缩功能障碍，排出同等量的代谢产物需更多水，因此从尿中排出所必需水量部分也要增多。皮肤排水则与体温、湿度、运动状况等有关。必需饮水量（包括食物中含水量）正常人每日为600～700ml左右。但饮用水行为除受神经、体液等因素影响外，很大部分是习惯性的。除饮水为排出代谢产物所必需水量外，多余部分则由尿中排出。

二、钠和氯的代谢

1. 钠和氯的含量与分布　正常成人体内钠总量约为1g/kg体重（45～50mmol/kg），体内含钠总量的40%与骨骼的基质结合，是不可交换的；另外50%在细胞外液，10%在细胞内液，是可以交换的。血钠浓度的正常范围为135～148mmol/L。血浆Cl^-浓度为96～107mmol/L。

2. 氯化钠的摄入与排泄　天然食物中含钠甚少，所需的钠主要来自食盐，人体每日摄入的钠主要来自膳食中的氯化钠，每日8～15g，甚至更多。而正常成人每日钠需要量仅为4.5～9g。我国习惯的高钠饮食与高血压及脑卒中的发生有直接关系。摄入的氯化钠全部经胃肠道吸收。钠大部分（90%）经肾脏由尿排出，排出量与进食量大致相等。肾脏对Na^+排出的阈值约为110～130mmol/L。肾脏调节钠的能力很强，过量的钠可以很快通过肾脏排出体外，当机体完全停止摄入钠时，肾脏排钠量可以降至极低（25mg/d），甚至趋于零。故常用“多吃多排，少吃少排，不吃不排”表示肾对钠排泄的严格控制能力。肾脏排钠的同时伴有氯的排出，故人体缺钠时氯排出也减少；相反，钠过多时尿氯排出亦增多。因此临床上检验尿液氯化物的多少，可间接判断血钠浓度，以推测血浆渗透压高低。汗液中的溶质主要是NaCl，浓度约为0.15%～0.50%，平均0.30%，随汗液亦可排出少量的钠，如大量出汗，也可丢失较多的钠。此外，每日随粪便也排出少量的NaCl。

三、钾的代谢

1. 钾的含量和分布　人体含钾约2g/kg体重（50～55mmol/kg）。绝大部分钾（约占总量的90%）存在于细胞内，骨钾约占7.6%，仅约1.4%的钾存在于细胞外液中。钾在体内的分布与组织细胞的数量和大小有直接关系。钾总量的70%储存于肌肉组织，皮肤及皮下组织占10%。其余分布在脑和内脏中。

2. 钾的摄入与排泄　正常成年人每日需钾2.5～3.0g，柑橘、香蕉等水果和蔬菜、肉类中钾的含量丰富，因此正常膳食可以满足人体对钾的需要。排钾的主要途径是尿液，肾脏排泄钾的能力很强。正常情况下，有80%～90%的钾经肾脏随尿液排出体外。其排出量与摄入量大致相等，所以在肾功能良好时，口服钾不会引起血钾的异常增高。肾脏排泄钾的量虽随摄入量而增减，但其控制不如对钠那样严格。在钾摄入极少时，肾脏仍排出一定量的钾，甚至在不进食钾的情况下，每日还从尿中排出钾20～40mmol（约为1.5～2g氯化钾）。因此，常用"多吃多排，少吃少排，不吃也排"形容肾脏对钾的排泄特点。粪便和汗液中排钾量约为总排出量的10%，但严重腹泻时，可大量丢失高钾性的消化液，使钾由粪便的排出量达正常时的10～20倍。因此，腹泻和长时间食欲减退是造成低钾血症的重要原因。

3. 物质代谢对钾在细胞内外的影响　细胞内外钾的分布极不均匀，细胞内液K^+的浓度（约158mmol/L），比血浆K^+（3.5～5.5mmol/L，平均5mmol/L）高出约30倍。细胞膜上的Na^+-K^+-ATP酶不断将细胞外液中的K^+泵入细胞内，但放射性核素钾注射证明，细胞外液的K^+进入细胞内是一个相当缓慢的过程，需要15小时才能达到细胞内、外液的平衡，而水达到平衡仅需2小时。许多因素影响K^+在细胞内外液的交换及肾脏钾的排泄。

（1）物质代谢：糖原合成时，每合成1g糖原需要0.15mmol的K^+。在临床上，可以看到注射胰岛素及葡萄糖后，可导致血钾降低，这是由于血浆中K^+转移至细胞内参与糖原合成之故。相反，糖原分解时，细胞内的K^+转移至细胞外，会使血钾浓度升高。

蛋白质是两性电解质，多数蛋白质在体液中带负电荷，当细胞内蛋白质合成时可保留K^+。因此，在组织生长或创伤恢复期，蛋白质合成代谢增强，K^+即从细胞外液向细胞内液转移。据测定，每合成1g蛋白质可储存0.45mmol的K^+；反之，当大量肌肉组织损伤或因感染缺氧等引起组织蛋白分解时，有相当量的K^+由细胞内释放到血液。

（2）体液H^+浓度：在酸中毒时（如酮体、乳酸等增多）血液H^+浓度增高，部分H^+进入细胞内液，受到细胞内液碱性物质的中和，作为机体调节酸碱平衡的方式之一。为维持细胞内、外液阴阳离子总数相等的电平衡状态，细胞内的K^+移出细胞与H^+相交换；同时，机体为排出酸重吸收$NaHCO_3$，肾小管细胞泌H^+作用增强，而泌K^+作用减弱，使肾脏排K^+减少。基于以上两方面原因，临床酸中毒患者常合并有高钾血症。反之，碱中毒时，细胞内液H^+转移至细胞外液，以维持血液pH正常。此时，K^+由细胞外进入细胞内；而肾脏为保留酸排出碱，其泌H^+作用减弱，$NaHCO_3$重吸收减少，而泌K^+作用增强，出现低钾血症。

四、水、钠、钾代谢的激素调节

人体每日从饮食中获得水和各种无机盐类，以维持正常生理活动的需要。在神经-体液的调节下，主要通过肾脏排尿维持体液容量和渗透压的动态平衡，其中以抗利尿激素、醛固酮和心钠素的调节作用最重要。

（一）抗利尿激素

抗利尿激素（antidiuretic hormone，ADH）是下丘脑分泌的一种激素，化学本质为九肽。它在血液中不与蛋白质结合，分子量小，可自肾小球滤出，故很容易被肾脏清除，也有部分在肝中灭活。

抗利尿激素的分泌主要受下丘脑视上核的渗透压感受器、左心房的血容量感受器和颈动脉窦及主动脉弓的血压感受器的调节。三种感受器兴奋均能促进ADH的分泌。如血浆Na^+浓度超过150mmol/L，血浆渗透压升高时，刺激渗透压感受器引起ADH分泌增加，ADH通过与肾脏远曲小管及集合管膜上受体结合，激活腺苷酸环化酶，使上述细胞内 cAMP 浓度升高。蛋白激酶 A 催化膜蛋白中含羟基的氨基酸残基磷酸化，增加了肾小管膜对水的通透性，促进水的重吸收，以增加血容量，降低血浆渗透压。

（二）醛固酮

醛固酮（aldosterone）是肾上腺皮质球状带分泌的一种盐皮质激素，属于类固醇激素，其主要作用为增加肾脏远曲小管和集合管对水和 Na^+ 的重吸收，并促进 K^+ 的排出。醛固酮的分泌主要受血容量、肾素 - 血管紧张素 - 醛固酮系统、血 K^+ 和血 Na^+ 浓度等因素的调节。

1. 肾素 - 血管紧张素 - 醛固酮系统（renin-angiotensin-aldosterone system，RAAS） 肾素（renin）是一种蛋白质水解酶，能催化血浆中血管紧张素原（属 α_2 球蛋白）转变为血管紧张素Ⅰ（angiotensin，AngⅠ，10 肽）。血管紧张素Ⅰ通过转化酶催化转变为血管紧张素Ⅱ（AngⅡ，8 肽）。AngⅡ具有很强的缩血管作用，且可促使肾上腺皮质分泌醛固酮，从而促进钠和水的重吸收，增加血容量，升高血压。血管紧张素转化酶抑制剂可减少 AngⅡ的生成，是目前临床应用最广的一线抗高血压药物。

2. 血 K^+ 和血 Na^+ 浓度　当血 K^+ 升高或血 Na^+ 降低，Na^+/K^+ 比值降低时，醛固酮分泌增加，尿中排出 Na^+ 减少。相反，当血 K^+ 降低或血 Na^+ 升高时，可使醛固酮分泌减少，尿中排 Na^+ 增加。

（三）心钠素

1981 年 Debold 首先发现哺乳动物心房肌细胞可合成并分泌一类具有很强的排钠和利尿作用的肽类物质，称为心钠素（atrial natriuretic factor，ANF），又称心房利钠肽（ANP）。

人体内已分离出 α、β、γ 三种 ANP，分别由 28、56 个和 128 个氨基酸残基组成。心钠素能抑制肾小管细胞内腺苷酸环化酶活性，降低肾小管细胞对 Na^+ 和水的重吸收。此外，ANP 尚有抑制肾素、醛固酮和 ADH 分泌的作用。

五、水、钠、钾代谢紊乱

（一）水肿

水肿（edema）通常指过多体液积聚在细胞间液。常见的全身性水肿有心性水肿肝性水肿和肾性水肿。

1. 心性水肿　由充血性心力衰竭引起。发生机制主要与心排出量减少，有效循环血容量及肾小球滤过率降低，肾素 - 血管紧张素 - 醛固酮系统激活，致使水钠重吸收增加有关。同时，毛细血管血压升高，以及由于淤血、缺氧使毛细血管通透性增加和淋巴回流受阻等也是发生心性水肿的部分原因。

2. 肝性水肿　多由肝硬化引起。肝功能减退，血浆蛋白，尤其是清蛋白合成减少，致使血浆胶体渗透压下降；而肝脏对 ADH 和醛固酮的灭活能力下降，使血浆中 ADH 和醛固酮水平升高，更进一步促进了水钠潴留。

3. 肾性水肿　由肾炎或肾病引起。肾炎性水肿主要由于肾小球滤过率显著下降，引起体内钠水潴留。而肾病性水肿则与肾小球毛细血管基底膜通透性增加，大量丢失血浆蛋白，导致胶体渗透压下降有关。

(二) 脱水

由于水和钠的缺失而引起体液的减少，叫做脱水。根据水和钠二者丢失的比例不同，又将脱水分为高渗性脱水（又称缺水性脱水）、低渗性脱水（又称缺钠性脱水）及等渗性脱水（又称混合性脱水）三种类型。

1. 高渗性脱水 基本特征：失水多于失钠，血钠浓度大于 150mmol/L，血浆渗透压高于 310mOsm/L。

（1）原因：①水源断绝，或因昏迷、消化道或咽部疾患等原因不能饮水；②高热或高温环境下工作大量出汗；③使用大量高渗性利尿脱水剂，如 50% 葡萄糖、20% 甘露醇、25% 山梨醇等。

（2）症状特点：①由于血浆渗透压升高，皮层渴觉中枢兴奋，导致口渴思饮；②血浆 Na^+ 浓度升高，使醛固酮分泌减少，尿中 Na^+ 和 Cl^- 增多，尿比重升高；③渗透压感受器兴奋，ADH 分泌增多，肾脏对水的重吸收增加，患者出现尿少，故循环血容量早期改变不大；④细胞内液水分向细胞外移动，因此，脱水主要在细胞内液；⑤脑细胞内脱水，引起中枢神经系统功能紊乱，出现烦躁、抽搐、昏迷等症状。

（3）治疗原则：以补充 5% 葡萄糖液为主，但也应补充 1/5～1/4 输液量的含钠等渗液。

2. 低渗性脱水 基本特征：失钠多于失水，血钠浓度低于 130mmol/L，血浆渗透压低于 280mOsm/L。

（1）原因：①严重腹泻、呕吐，反复胃肠引流，出血或大面积烧伤等原因，失去了等渗液，而仅补充水或葡萄糖液；②肾衰竭的多尿期，使用呋塞米等利尿药，肾上腺皮质功能减退（醛固酮分泌减少）等原因使肾脏排钠增多；③重度营养不良者出现的脱水。

（2）症状特点：①细胞外液渗透压降低，细胞外液的水进入细胞内，引起细胞内水肿；② ADH 的分泌减少，因此虽然机体失水，但初期尿量反而增加；③由于低渗，患者无明显的口渴感觉；④脱水主要部位在细胞外液，细胞间液容量明显减少，出现眼窝凹陷、皮肤弹性下降等症状；⑤血浆容量减少，导致循环衰竭，代谢废物潴留，最后发生酸碱平衡紊乱和氮质血症。

（3）治疗原则：低渗性脱水患者应以补充生理盐水为主，但患者常伴有酸中毒，故应配合补充 $NaHCO_3$ 或乳酸钠溶液加以纠正。

3. 等渗性脱水 基本特征：水和 Na^+ 等比例丢失，血浆 Na^+ 的浓度和渗透压不变。

（1）原因：大量丢失等渗液，如：腹泻、呕吐、失血、胃肠引流等。

（2）症状特点：①细胞内液量变化不大，主要脱水部位在细胞外液；②醛固酮和 ADH 分泌增多，尿 Na^+ 和尿量均减少；③患者兼有高渗性脱水和低渗性脱水的症状，如口渴、尿少、皮肤弹性下降等；④严重者因循环血容量减少，可引起休克和氮质血症。

（3）治疗原则：补充含钠等渗液及 5% 葡萄糖液，两者以 1∶1～2∶1 为宜。

(三) 钾代谢紊乱

钾代谢紊乱表现为低钾血症和高钾血症。

1. 低钾血症 血清钾低于 3.5mmol/L。

（1）原因：①钾摄入不足，如长期不能进食、胃肠道手术等，但肾脏仍每日排出 1.5～2.0g KCl，因此，一般禁食 3 天后，就会出现低钾表现；②钾的丢失过多，如：腹泻、胃肠减压等丢失大量高钾溶液；使用糖皮质激素类药物或氯噻嗪、呋塞米等排钾性利尿药物，使肾脏排钾增多；③钾由细胞外液进入细胞内液，如糖原和蛋白质合成旺盛；④碱中毒。

（2）主要症状：①骨骼肌兴奋性降低，可出现周身乏力，腱反射减弱、消失，甚至出现肢体或呼吸肌麻痹；②胃肠平滑肌兴奋性降低，引起腹胀、肠鸣音减弱，甚至肠麻痹；③心肌兴奋性和自律性增高，可出现各种心律失常；④由于缺钾引起脑细胞糖代谢障碍，使能量生成减少，患者出现精神委靡、嗜睡等中枢神经系统症状。

（3）治疗原则：积极治疗原发病，防止继续失钾，并根据缺钾的程度给予口服或静脉补钾。但补钾必须注意"两足三勿"。"两足"是：①患者必须有足够的尿量，每天成人尿量至少在500ml以上方可补钾；②足够的疗程，补钾一般要持续3～7天，因钾进入细胞内比较缓慢。"三勿"是：勿多、勿快（且不可静脉注射钾盐）、勿浓，以避免出现高钾血症。

2. 高钾血症　血清钾浓度超过5.5mmol/L。

（1）原因：①急、慢性肾衰竭，导致少尿、无尿，钾的排出受阻；②酸中毒，细胞内液的K^+与细胞外液的H^+交换，血浆pH每降低0.1，血钾升高0.8mmol/L；③组织损伤，如急性溶血、大面积烧伤或肌肉组织创伤，组织内钾释放入血；④钾的输入过多或过快。

（2）主要症状：①手足感觉异常、肌肉震颤等神经肌肉兴奋性升高的表现；②重度高钾血症可因心肌兴奋性降低，传导阻滞，而引起心脏停搏。

（3）治疗原则：①立即停止摄入钾，禁食水果、牛奶等含钾高的食物；②注射葡萄糖和胰岛素或给予碱性药物（$NaHCO_3$），促使钾向细胞内转移；③静脉输入钙剂或钠盐，以对抗高钾对心肌的损害；④给予肾上腺皮质激素类药物，以促进肾脏对钾的排泄；⑤血液透析。

第四节　钙、磷代谢

一、钙和磷的分布及其生理功能

钙磷在体内主要以无机盐的形式构成骨与牙齿中骨盐的主要形式：$CaHPO_4$和结晶的羟磷灰石[$Ca_{10}(PO_4)_6 \cdot (OH)_2$]。成年人体内钙的总量约为700～1400g，磷的总量约为400～800g，约有99.7%的钙和87.6%的磷存在于骨和牙齿中。其余不足1%的钙分布于体液及其他组织中，其中细胞外液含钙约10^{-3}mol/L，细胞质含钙约10^{-8}～10^{-7}mol/L，线粒体、内质网含钙约10^{-4}mol/L。而其余的磷大部分以有机磷酸酯形式分布于各组织细胞，小部分以无机磷酸盐形式分布在体液中。

钙磷具有重要的生理功能。Ca^{2+}能调节神经肌肉的兴奋性，降低毛细血管的通透性，参与肌肉收缩以及血液凝固等过程；体内的磷参与构成许多重要的生物分子，如核酸、磷蛋白、磷脂、FAD、NAD^+等，并形成ATP、CTP、GTP、C～P等高能磷酸化合物。此外，在体液中还构成磷酸盐缓冲系统参与调节酸碱平衡。

二、钙、磷的吸收与排泄

（一）钙的吸收与排泄

1. 钙的吸收　乳制品、豆制品、海带等富含钙。正常成人每天需要0.6～1.0g钙。儿童、孕妇、哺乳期妇女钙的需要量增加至每日 1～1.5g，因此需注意钙的补充。钙主要在十二指肠及小肠上部被主动吸收，但钙吸收率低，成年人仅 20% 左右。钙的吸收受下述因素的影响：①肠道 pH。肠道中的钙盐如磷酸钙、碳酸钙等易溶于酸性溶液中而难溶于碱性溶液中。因溶解的钙盐才可吸收，所以凡能增加肠内酸度的因素就有利于钙的吸收，如乳酸、氨基酸等均能促进钙盐的吸收。②食物成分。食物中若含有过多的碱性磷酸盐、草酸盐、植酸（六磷酸肌醇）等均可与钙结合成不溶解的钙盐，妨碍钙的吸收。食物中钙磷的比例（Ca∶P）对钙的吸收亦有影响，一般 Ca∶P 比值为 1∶1 至 1∶2 最有利于钙吸收。③活性维生素 D，即 1，25-$(OH)_2$-D_3，是促进钙吸收最重要的物质。④年龄。钙吸收率与年龄成反比。婴幼儿可吸收食物中钙的 50% 以上，儿童为 40%，成人仅 20% 左右，40 岁以后，平均每 10 年在原基础上减少 5%～10%。因此老年人易出现骨质疏松。

2. 钙的排泄　人体每日排出的钙，约 20% 从肾脏排泄，80% 随粪便排出。

（二）磷的吸收与排泄

1. 磷的吸收　人体每天进食的磷不到 1g，食物中的磷主要以磷酸盐、磷脂和磷蛋白形式存在。磷易于消化吸收，吸收率达 70% 以上，吸收部位亦在小肠上段。影响磷吸收的因素大致与钙相似。钙、镁、铁等金属离子常与磷酸结合成为不溶性盐，因此，这些物质在食物中过多，会妨碍磷的吸收。磷的吸收形式主要为酸性磷酸盐（$H_2PO_4^-$）。

2. 磷的排泄　磷亦由肾及肠排泄。随尿排出的磷，约占总排出量的 60%～80%。粪便排出的磷占 20%～40%，后者多为磷酸钙的形式。

三、血钙与血磷

（一）血钙

血液中的钙几乎全部存在于血浆中，故血钙就是指血浆钙。正常人血钙浓度为 2.25～2.75mmol/L，平均为 2.45mmol/L。血钙以离子钙和结合钙两种形式存在，其中离子钙占 50%。结合钙绝大部分与血浆清蛋白结合，约占血钙总量的 45%，其余 5% 左右以 $CaHCO_3$、$CaHPO_4$ 或乳酸钙、柠檬酸钙的形式存在。蛋白结合钙不能透过毛细血管壁，故又称为不扩散性钙。结合钙与离子钙之间存在动态平衡。这种平衡受血液 pH 的影响，当血液 pH 升高（碳酸氢根离子浓度增加）时，蛋白结合钙升高；相反，当血液 pH 下降时，离子钙增多。因此，当酸中毒时，Ca^{2+} 浓度增加；在碱中毒时，即使血钙总量不变，但血浆 Ca^{2+} 浓度降低，因此会引起抽搐。

（二）血磷

血磷是指血浆中的无机磷酸盐（HPO_4^{2-}、$H_2PO_4^-$）所含有的磷。成人血磷浓度约 1.2mmol/L（3.5～4.5mg%）左右。

血浆中钙、磷含量之间的关系密切。正常人血浆中[Ca]×[P]=35～40，[Ca]及[P]分别代表 100ml 血浆中钙及磷的毫克数。当二者乘积大于 40 时，则钙和磷以骨盐形式沉积在骨组织；若乘积低于 35 时，则促进溶骨作用，骨盐溶解，释放钙磷入血。

四、钙磷代谢的调节

无论是机体与外环境之间的钙、磷交换，还是机体各组织器官的钙、磷代谢，都需要通过神经体液的调节作用，其中甲状旁腺素、降钙素和维生素D是最重要的调节因素，主要影响钙磷的吸收、在骨组织与体液之间的平衡以及肾脏的排泄。另外，性激素、糖皮质激素、生长素等也参与钙、磷和骨代谢的调节。它们之间相互联系、相互制约，共同维持血浆钙和磷浓度动态平衡，促进骨的正常代谢。

在骨组织中存在四种细胞，即骨细胞、成骨细胞、破骨细胞及未分化的间叶细胞。其关系为：未分化的间叶细胞→破骨细胞→成骨细胞→骨细胞。

（一）1，25-$(OH)_2$-D_3对钙磷代谢的影响

维生素D_3在体内先后经过肝、肾的羟化作用，分别转变成25-OH-D_3和1，25-$(OH)_2$-D_3。1，25-$(OH)_2$-D_3对钙、磷和骨代谢的影响如下：

1. 促进小肠钙和磷的吸收　在肾脏中生成的1，25-$(OH)_2$-D_3经血液转运到小肠黏膜细胞的胞质内，再由受体转运至细胞核。经与特异的类固醇激素反应元件结合后，在转录水平促进钙结合蛋白（calcium binding protein，Ca-BP）的合成。1分子钙结合蛋白可与4个Ca^{2+}结合，参与小肠黏膜对钙的主动吸收。

2. 促进骨代谢，有利于骨骼的生长和钙化　1，25-$(OH)_2$-D_3能增强破骨细胞的活性，加速间叶细胞形成新的破骨细胞，从而促进骨的吸收，动员骨质中的钙、磷释放入血；同时由于小肠钙和磷的吸收增多，使血钙和血磷的浓度升高，又促进了骨骼钙化。因此活性维生素D既能促进溶骨，又能促进成骨，通过促进钙、磷的周转和利用，促进骨的代谢。

3. 促进肾近曲小管对钙和磷的重吸收。

（二）甲状旁腺素

甲状旁腺素（parathyroid hormone，PTH）由甲状旁腺主细胞合成并分泌，为84个氨基酸残基所组成的蛋白质。

PTH对钙磷代谢的调节作用如下：

1. 对骨代谢的影响　PTH能增加骨组织中破骨细胞数目，并使其活性增强。从而促进骨盐溶解，抑制骨质的合成。

2. 对小肠的作用　PTH能够激活肾脏1-羟化酶活性，增加1，25-$(OH)_2$-D_3的生成，从而间接促进小肠钙、磷的吸收。

3. 对肾脏的作用　PTH促进肾远曲小管对钙的重吸收，减少尿钙的排出；PTH并能显著抑制肾近曲小管对HPO_4^{2-}的重吸收，使尿磷增加。

PTH总的作用结果是使血钙升高，而血磷降低。

（三）降钙素

降钙素（calcitonin，CT）为甲状腺滤泡旁细胞（C细胞）分泌的单链肽类激素（32肽）。

降钙素有降低血钙和血磷的作用。离体骨培养证明，降钙素可抑制破骨细胞的生成，阻止骨盐的溶解和骨基质的分解，并能促进破骨细胞转变为成骨细胞，使钙和磷沉积于骨中，从而拮抗甲状旁腺素对骨骼的作用。

降钙素还可以直接作用于肾近曲小管，抑制钙、磷的重吸收，使血钙、血磷降低；CT还可通过抑制1，25-$(OH)_2$-D_3的生成，间接地抑制肠道钙的吸收。

三种激素对钙磷代谢的调节作用见表21-3。

表 21-3 三种激素对钙磷代谢的调节

	1, 25-$(OH)_2$-D_3	PTH	CT
血钙	↑	↑	↓
血磷	↑	↓	↓
小肠钙吸收	↑↑	↑	↓
小肠磷吸收	↑	↑	↓
肾钙重吸收	↑	↓	↓
溶骨作用	↑	↑↑	↓
成骨作用	↑	↑	↑

（四）其他激素对钙、磷代谢的影响

1. 雌激素　促进钙的吸收和代谢，促进肾脏钙的重吸收，抑制溶骨作用，导致血钙和血磷均升高。促进骨化和骨骺成熟。妇女经绝后由于雌激素减退，会导致骨质疏松。

2. 甲状腺素　促进骨骼新陈代谢，增加溶骨，促成骨母细胞分裂并转化为前破骨细胞。增加尿磷、尿钙和粪钙的排出量。

3. 糖皮质激素　抑制胶原蛋白的合成，促进胶原蛋白和骨基质的分解。抑制肾小管对磷的重吸收，抑制肠道钙的吸收功能，增加尿钙排泄，降低血钙。

4. 生长激素　促使间叶细胞转化为破骨细胞。介导胶原蛋白和硫酸软骨素的合成，促进成骨过程。增加肾小管对磷的重吸收，维持钙磷适当比例。儿童血钙高于成人，就与生长激素有关。

5. 雄激素　促进骨基质的合成及骨盐沉淀。促进长骨的骨骺融合。

五、骨质疏松症

骨质疏松症（osteoporosis syndrome）是一种与年龄有关的骨代谢障碍性疾病。主要由于骨密度下降，骨组织微结构和超微结构破坏，导致骨脆性增加。骨质疏松症病因和病理机制较复杂，目前认为与下列因素有关：

1. 激素因素　雌激素水平下降是绝经期妇女发生骨质疏松症的主要原因。由于内源性雌激素分泌不足使骨代谢失去激素的支持，破骨和成骨偶联调节遭到破坏。同时雌激素还抑制甲状旁腺素的分泌，抑制维生素 D 在肝和肾脏的羟化，使 1, 25-$(OH)_2$-D_3 合成减少，导致钙磷和骨代谢紊乱。前列腺素 E_2（PGE_2）也在骨质疏松症发病中起一定作用。PGE_2 主要在肾脏合成，肾小管 PGE_2 增加可抑制 1- 羟化酶活性，使 1, 25-$(OH)_2$-D_3 生成减少。因而影响钙结合蛋白的生成及钙的吸收。

2. 营养因素　钙摄入不足及吸收率降低是引起骨质疏松症的另一个重要原因。微量元素和蛋白质等营养素也影响骨的代谢。而维生素 D_3 的摄入不足则加重了老年人的负钙平衡。

3. 运动因素　已经证实缺乏运动尤其是青少年时期缺乏运动将严重影响到骨密度和骨矿物质含量的储备。而户外运动减少，接受紫外线照射不足，也是引起维生素 D 缺乏的原因之一。

4. 免疫因素　免疫系统对骨重建是通过调节成骨和破骨细胞数量和功能分化以及功能活化程度实现的。同时体液调节也参与这一过程。

学习小结

1. 学习内容

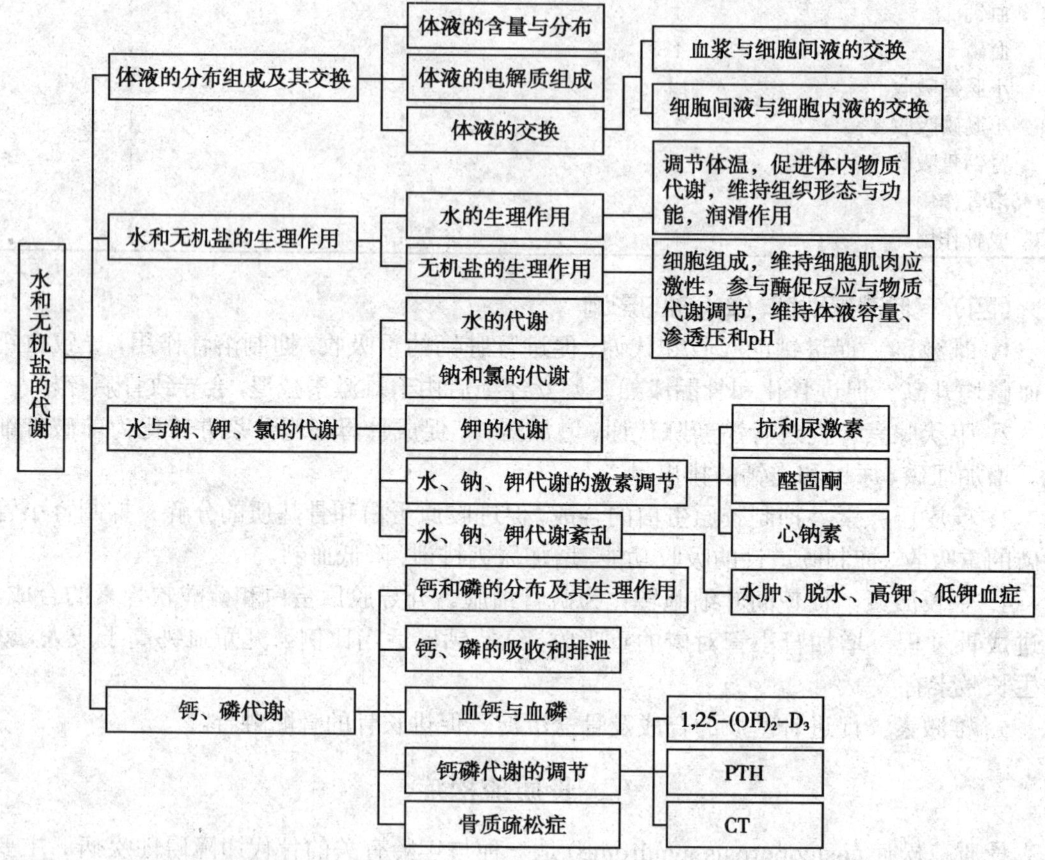

2. 学习方法　通过生物体的组成入手去理解人体水和无机盐的代谢。它们的存在与分布有组织细胞特点，这与其功能密切相关。而且是处于动平衡状态的，若其规律被破坏会引起代谢紊乱。

（张嘉宁）

复习思考题

1. 水的生理作用有哪些？
2. 体内水的来路和去路有哪些？
3. 水、钠、钾代谢的激素调节途径有哪些？
4. 钙磷的吸收和排泄途径有哪些？
5. 无机盐的生理作用是什么？
6. 正常生理状态下钾代谢途径是什么？

第二十二章 酸碱平衡

学习目的

通过学习理解体内血液、肺脏和肾脏对酸碱平衡的调节作用与引起酸碱平衡紊乱的常见原因，为学习病理生理学和相关临床课程奠定基础。

学习要点

体内酸性和碱性物质的来源，体内酸碱平衡的调节方式，体内酸碱平衡紊乱的基本类型和生化指标。

在人类正常的生命活动中，机体会不断地从外界摄入酸性或碱性食物，其间或有酸、碱性的药物进入体内，同时机体在代谢过程中还会不断地产生出酸性和碱性的代谢产物。因此，体内酸性和碱性物质的来源有两大类，一类是通过食物和药物进入体内，另一类是机体自身在代谢过程中产生的一些挥发性酸、固定酸及少量的碱性物质。机体通过血液缓冲系统、肺和肾脏，对体内酸性和碱性物质的含量及比例进行调节，以维持体液pH于恒定范围（7.35～7.45）的过程称为酸碱平衡（acid base balance），这一过程对于维持正常的生命活动非常重要。当体内酸性或碱性物质出现过多或过少时，或由于肺和肾脏的功能出现障碍时，就会导致酸碱平衡的紊乱，出现呼吸性或代谢性的酸中毒或碱中毒。我们可以通过对血液pH、P_{CO_2}、CO_2-CP等指标的测定，对酸碱平衡紊乱的类型进行鉴别诊断和有针对性的治疗，以维持人体内环境的正常。

第一节 体内酸性和碱性物质的来源

体内酸性物质和碱性物质的来源有摄入和代谢两种，多以代谢为主。摄入的主要是食物、饮料和药物。在正常情况下，体内酸性物质的来源多于碱性物质的来源。

一、酸性物质的来源

体内酸性物质的来源以代谢产生为主，按来源和产生的过程可分为两类，一类是挥发性酸（也称呼吸性酸），另一类是代谢性酸（也称固定酸）。

（一）挥发性酸

呼吸性酸主要是碳酸。碳酸是由糖、脂肪、蛋白质等在代谢过程中产生的有机酸经脱羧生成的CO_2与水结合而生成。催化这一反应的酶是碳酸酐酶（carbonic anhydrase，CA），此酶主要存在于红细胞、肾小管细胞和肺泡上皮细胞内。

$$\begin{array}{l}\text{肺泡气中的}CO_2\text{(气体)}\\ \quad\uparrow\downarrow\\ \text{血液}CO_2\text{(溶解的)}+H_2O \longleftrightarrow H_2CO_3 \longleftrightarrow H^+ + HCO_3^-\end{array}$$

当肺泡通气增加时，肺泡气中的 CO_2 分压（Pco_2）降低，反应向左移动，体液中的 H^+ 浓度下降。反之，当肺泡通气减少时，肺泡气中的 CO_2 分压（Pco_2）升高，反应向右移动，体液中的 H^+ 浓度增加。

正常成人每天产生的 CO_2 量，平均为 300～400L，与水结合可生成相当于 15～20mol 的 H_2CO_3。H_2CO_3 可在肺泡上皮细胞内碳酸酐酶的催化下转变成 CO_2，由肺部排出体外，所以 H_2CO_3 又被称为挥发性酸。各种引起分解代谢增强的生理或病理因素，如饥饿、运动、发热、甲状腺功能亢进等，都可以增加 H_2CO_3 的生成。

（二）代谢性酸

代谢性酸又称为固定酸。其来源包括由糖氧化分解产生的丙酮酸和乳酸；脂肪酸氧化分解产生的乙酰乙酸和 β- 羟丁酸；嘌呤分解代谢产生的尿酸；核苷酸、磷蛋白、磷脂等含磷的有机化合物经分解代谢产生的磷酸等。

由于体内绝大部分固定酸由代谢产生，所以这些代谢性酸是体内酸性物质的重要来源。除此之外，体内还有一些经消化道摄入的酸性物质（如调味用的醋酸、饮料中的柠檬酸、酒石酸等）和某些药物（如氯化铵、阿司匹林、水杨酸等）也是酸性物质的来源之一。

由于糖、脂肪、蛋白质在体内分解代谢可以产生出大量的挥发酸和固定酸，因此把它们归为成酸性食物。

二、碱性物质的来源

体内碱性物质的来源以食物中摄入的碱为主。机体经消化道摄入的蔬菜和水果中含有较多的有机酸盐，如柠檬酸、乳酸及草酸的钾或钠盐，其酸根均可与 H^+ 结合，分别转化为相应的酸，部分酸可经糖异生作用转变为葡萄糖或者糖原在体内进行代谢或储存。而 Na^+ 或 K^+ 可与体液中的 HCO_3^- 结合，增加血中碱性碳酸氢盐的含量，以降低体液中的 H^+ 浓度。因此蔬菜和水果被认为是成碱性食物。某些药物、食物或饮料中的 $NaHCO_3$ 是摄入碱的另一个来源。

直接由代谢产生的碱性物质并不多见，如氨基酸分解代谢产生的 NH_3 可与体内的 H^+ 结合生成 NH_4^+ 而增加体液的碱性。

虽然机体能不断地产生大量的酸性物质和一些碱性物质，但由于体内存在着调节酸碱平衡的结构，因此在正常情况下，可以维持体液酸碱平衡（pH）的相对恒定。

第二节 体内酸碱平衡的调节

酸碱平衡的调节主要是通过血液的缓冲体系（buffer system）、肺的呼吸作用（respiration）及肾脏的排泄与重吸收（excretion and reabsorption）等功能完成的。

一、血液缓冲系统的调节

一种弱酸及其盐构成的缓冲系统称缓冲对。由缓冲系统所组成的溶液称为缓冲溶液。

（一）缓冲系统的组成

无论是由体内产生的，还是体外进入的酸性或碱性物质，都需先经血液稀释，并被血液中的缓冲系统所缓冲，转变成较弱的酸或碱，因而一般来说，血液中的 pH 不会发生显著的变化。

血液的缓冲系统包括血浆缓冲系统和红细胞缓冲系统。血浆缓冲系统有：$NaHCO_3$/H_2CO_3，Na_2HPO_4/NaH_2PO_4，NaPr/HPr（血浆蛋白质钠盐 / 血浆蛋白质），其中以碳酸氢盐缓冲系统最为重要，它主要缓冲固定酸和碱。红细胞缓冲系统有：KHb/HHb，$KHbO_2$/$HHbO_2$，$KHCO_3$/H_2CO_3，K_2HPO_4/KH_2PO_4，以血红蛋白及氧合血红蛋白缓冲系统最为重要，主要缓冲挥发性酸。

（二）缓冲系统的作用

能够对抗外来少量的酸性或碱性物质的影响，保持其溶液的 pH 几乎不变的作用称为缓冲作用。血液中各缓冲对的缓冲能力若以每升血浆的 pH 自 7.4 降至 7.0 时能够中和 0.1mol HCl 的 ml 数表示，分别为：碳酸氢盐缓冲系统 18.0，血红蛋白缓冲系统 8.0，血浆蛋白缓冲系统 1.7，血浆磷酸盐缓冲系统为 0.3。可见碳酸氢盐缓冲系统在其中所起的重要作用。

在正常情况下，血浆中的［HCO_3^-］约为 24mmol/L，［H_2CO_3］约为 1.2mmol/L，两者之比为 20∶1。H_2CO_3 在血浆中的 pK（pK 为 H_2CO_3 解离常数的负对数）值为 6.1，按 Henderson-Hasselbalch 方程式计算：

$$pH = pK + lg[HCO_3^-]/[H_2CO_3] = 6.1 + lg20/1 = 6.1 + 1.3 = 7.4$$

由上式可见，只要血浆中的 $NaHCO_3$/H_2CO_3 的比值维持在 20∶1，血浆的 pH 就可维持在 7.4 不变。当上述任何一方的浓度发生改变时，只要另一方随之作出相应的调整，维持比值在 20∶1，血浆 pH 即可保持不变；一旦另一方的调整不及时或调整的幅度不能满足维持 20∶1 的需要，机体就会出现酸碱失衡。因此，人体调节酸碱平衡的实质就在于调整血浆中 $NaHCO_3$ 和 H_2CO_3 的含量，使二者的比值保持在 20∶1。

血浆中的 HPO_4^{2-}/$H_2PO_4^-$ 比值，也可按同一方程式进行计算，比值为 4/1，即［HPO_4^{2-}］占 80%，［$H_2PO_4^-$］占 20%。血浆中以碳酸氢盐缓冲系统为主缓冲固定酸。这是因为：① HCO_3^- 的来源比其他缓冲系统多；②碳酸的 pK 值 6.1 与血浆 pH 7.4 相差较大，［HCO_3^-］为［H_2CO_3］的 20 倍，所以对固定酸的缓冲能力也大。$NaHCO_3$ 是血浆中含量最多、缓冲能力最强的缓冲碱，因此被称为血浆中的碱储备（alkaline reserve）。

1. 对固定酸的缓冲作用　人体内物质代谢以产酸为主。如果产生的固定酸进入血浆，它可与碳酸氢盐缓冲系统中的 $NaHCO_3$ 作用，生成 H_2CO_3。由此，强酸可被生成的弱酸所替代，血浆中的 H^+ 浓度不会过多地增加。例如，糖代谢障碍时，脂肪酸大量氧化分解，在肝中生成较多的酮体，其中乙酰乙酸和 β- 羟丁酸进入血浆后，可由 $NaHCO_3$ 缓冲生成相应的盐和 H_2CO_3。

$$CH_3COCH_2COOH + NaHCO_3 \longrightarrow CH_3COCH_2COONa + H_2CO_3$$

$$H_2CO_3 \longrightarrow CO_2\uparrow + H_2O$$

$$H_2CO_3 + Na_2HPO_4(\text{或}Na\text{-}Pr) \longrightarrow NaH_2PO_4(\text{或}H\text{-}Pr) + NaHCO_3$$

碳酸分解出的 CO_2 可由肺排出，或被血浆中其他缓冲系统所缓冲。酸式磷酸盐可随尿排出体外，HPr 是极弱的酸，对血液 pH 影响不大。

2. 对挥发性酸的缓冲作用　血红蛋白缓冲系统对挥发性酸的缓冲起着重要的作用。血红蛋白分子中 α 链第 122 位和 β 链第 146 位的组氨酸残基既可放出 H^+，又能接受 H^+。

Hb 的 pK 为 7.3，而 HbO_2 的 pK 为 6.68，因此当 Hb 转变为 HbO_2 时可释出 H^+；反之，当 HbO_2 释放 O_2 转变为 Hb 后可接受等量的 H^+。在血浆中，CO_2 虽然也能转变成 H_2CO_3，但由于红细胞内存在碳酸酐酶，使得这一转变大大加速，所以从组织进入血液的 CO_2 主要是在红细胞内转变生成 H_2CO_3 的。

当血液流经组织时，由于组织 CO_2 分压高，细胞代谢产生的大量 CO_2 进入红细胞中，使红细胞内酸性增强。此时红细胞中氧合血红蛋白释放 O_2 供组织代谢，而血红蛋白的酸性较氧合血红蛋白弱，可以结合 H_2CO_3 释放的部分 H^+；而且 KHb 又能中和 H_2CO_3，产生出 $KHCO_3$ 和弱酸 HHb。

血浆中：$CO_2 + H_2O \longleftrightarrow H_2CO_3 \longleftrightarrow H^+ + HCO_3^-$

$H_2CO_3 + \text{Na–蛋白质} \longleftrightarrow NaHCO_3 + \text{H–蛋白质}$

红细胞中：$CO_2 + H_2O \xleftrightarrow{\text{碳酸酐酶}} H_2CO_3 \longleftrightarrow H^+ + HCO_3^-$

$H_2CO_3 + KHb \longleftrightarrow KHCO_3 + HHb$

$HbO_2^- \longleftrightarrow O_2 + Hb^-$，$Hb^- + H^+ \longrightarrow HHb$

当血液流经肺脏时，CO_2 不断地向肺泡扩散并被排出体外，血中 H_2CO_3 和 H^+ 随之减少。与此同时，O_2 不断地由肺泡扩散入血液，与血红蛋白 HHb 氧合成酸性较强的 $HHbO_2$，又补偿了由于呼吸性酸的挥发导致的 H^+ 浓度的下降。即：

$$HHbO_2 + KHCO_3 \longrightarrow KHbO_2 + H_2CO_3$$

$$H_2CO_3 \xleftrightarrow{\text{碳酸酐酶}} H_2O + CO_2\uparrow \text{（由肺呼出）}$$

$$HHb + O_2 \longrightarrow HHbO_2,\quad HHbO_2 \longrightarrow HbO_2^- + H^+$$

H_2CO_3 是缓冲碱的主要成分，在缓冲碱的过程中被消耗的 H_2CO_3，可由机体不断产生的 CO_2 来补充。

挥发性酸在组织和肺脏之间的转变过程见图 22-1。

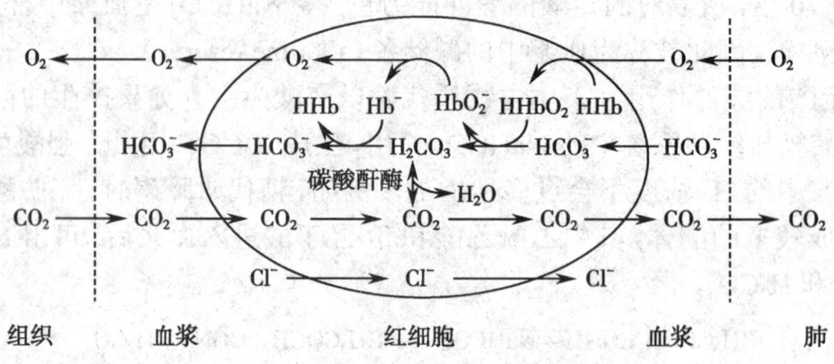

图 22-1 挥发性酸的调节作用

综上所述，碳酸氢盐缓冲系统在缓冲酸和碱中均起重要作用，能迅速有效地调节酸碱平衡。但值得注意的是，缓冲过程有时会导致血浆中［$NaHCO_3$］/［H_2CO_3］比例的改变。例如，缓冲固定酸时，必然使血浆 $NaHCO_3$ 的含量减少，H_2CO_3 的含量增加，导致［$NaHCO_3$］/［H_2CO_3］比值下降。缓冲碱时，消耗了 H_2CO_3，增加了 $NaHCO_3$，使 [$NaHCO_3$]/[H_2CO_3] 比值上升。然而在正常人体内，实际上这样的改变是轻微的，原因在于机体还存在着维持碳酸氢盐缓冲系统的生理结构，即肺和肾脏对其含量的调节，使正常代谢过程中产生的酸与碱不致造成血液 pH 的明显改变。

二、肺脏对酸碱平衡的调节作用

肺脏是通过呼出 CO_2 来调节血液中 H_2CO_3 的浓度，以维持酸碱平衡的。

1. 当体内 H_2CO_3 增多时，血浆中的 $NaHCO_3/H_2CO_3$ 的比值变小，血中的 H_2CO_3 经碳酸酐酶作用分解为 CO_2，提高了血浆中 CO_2 的浓度，Pco_2 的升高或 pH 的下降可刺激延髓的呼吸中枢，使呼吸的频率和呼吸的深度增加。Pco_2 的正常值是 5.32kPa（40mmHg），若增加到 8kPa（60mmHg）时，肺通气量可增加 10 倍。CO_2 呼出的增多，使血中 H_2CO_3 的浓度降低，可以维持血浆中 $NaHCO_3/H_2CO_3$ 比值在 20/1，使 pH 稳定在 7.35～7.45。

2. 当碱性物质增加时，消耗 H_2CO_3，使血浆中的［H_2CO_3］的浓度降低，血浆 $NaHCO_3/H_2CO_3$ 比值变大，此时 H^+ 浓度降低导致 Pco_2 下降，使肺呼吸频率和深度都降低，以减少 CO_2 的呼出量，维持 pH 在正常范围。所以，在临床观察患者是否出现酸碱平衡紊乱时，要注意观察患者的呼吸频率和呼吸深浅的变化。

三、肾脏对酸碱平衡的调节作用

肾脏在维持酸碱平衡中的作用主要是通过排出过多的酸或碱以及对 $NaHCO_3$ 的重吸收来调节血浆中 $NaHCO_3$ 的含量。

当血浆 $NaHCO_3$ 浓度降低时，肾即加强排出酸性物质和重吸收 $NaHCO_3$，以恢复血浆 $NaHCO_3$ 的正常含量。相反，血浆 $NaHCO_3$ 过高时，则增加对碱性物质的排出量，使血浆中 $NaHCO_3$ 降至正常含量。正常膳食条件下，由尿排出固定酸的量比碱多，尿液的 pH 一般为 6.0 左右。根据体内酸碱平衡的实际情况，尿液 pH 常在 4.4～8.2 范围内变动，可见，肾有相当大的排酸或排碱的能力以维持正常血液 pH。在肾的组织结构中，远曲小管是肾脏调节酸碱平衡的主要部位。原尿的 pH 与血浆的 pH 相同，但原尿一旦经远曲小管后，其 pH 显著变酸，这说明从原尿变成终尿的酸化过程主要是通过远曲小管分泌 H^+ 的作用，同时也伴有 Na^+ 的回收过程。

肾脏调节酸碱平衡是通过 H^+-Na^+ 交换、NH_4^+-Na^+ 交换和 K^+-Na^+ 交换，以调节血浆中 $NaHCO_3$ 的浓度。

（一）H^+-Na^+ 交换

1. 碳酸氢盐的重吸收　人体每天从肾小球滤出 $NaHCO_3$ 约 300g，但排出量通常仅为 0.3g，是滤过量的 0.1%，说明肾重吸收 $NaHCO_3$ 能力很强。$NaHCO_3$ 主要在近曲小管重吸收，约占重吸收总量的 90%，其余部分在髓袢和远曲小管重吸收。在肾小管壁的细胞中含有碳酸酐酶，它催化 CO_2 和 H_2O 化合成 H_2CO_3，H_2CO_3 再解离成 HCO_3^- 与 H^+，H^+ 被分泌到肾小管腔，与肾小管液中的 $NaHCO_3$ 作用形成 H_2CO_3 和 Na^+，Na^+ 被转移到管壁细胞内，与 HCO_3^- 结合成 $NaHCO_3$，回到血液，此过程称为 H^+-Na^+ 交换。此时，管腔内的 H_2CO_3 在管壁细胞刷状缘上的碳酸酐酶催化下，又分解成 CO_2 与 H_2O，CO_2 可扩散进入肾小管细胞内被再利用（图 22-2）。

2. 尿液的酸化　正常人血浆 pH 为 7.4，血浆中［Na_2HPO_4］/［NaH_2PO_4］的比值为 4/1。在近曲小管原尿中，磷酸氢盐缓冲系统两个组分的比值与血浆中的相同。当原尿流经远

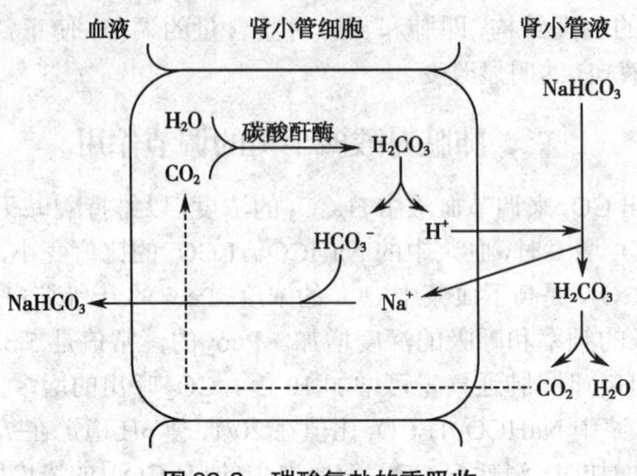

图 22-2 碳酸氢盐的重吸收

曲小管时，由于管壁细胞中的 CO_2 和 H_2O 在碳酸酐酶催化下生成 H_2CO_3，H_2CO_3 可解离成 HCO_3^- 和 H^+，H^+ 被分泌到管腔尿液中，与尿液中的 Na_2HPO_4 作用生成 NaH_2PO_4 和 Na^+，Na^+ 再被转移到管壁细胞内，与 HCO_3^- 结合成 $NaHCO_3$，回到血液，此过程也属 H^+-Na^+ 交换。此时，管腔液中 Na_2HPO_4 转变成酸性的 NaH_2PO_4，尿液的 pH 下降。正常人在一般膳食条件下以排酸为主，排出的尿液 pH 为 5.0～6.0，若尿液的 pH 降到 4.8 时，则[$NaHCO_3$]/[H_2CO_3]的比值由 20∶1 降至 1∶20，[Na_2HPO_4]/[NaH_2PO_4]的比值也由原来的 4∶1 降至 1∶99，这说明原尿经过远曲小管，在其 pH 从 7.4 降至 4.8 过程中，$NaHCO_3$ 几乎全部被重吸收，而 Na_2HPO_4 几乎全部变成 NaH_2PO_4（图 22-3）。

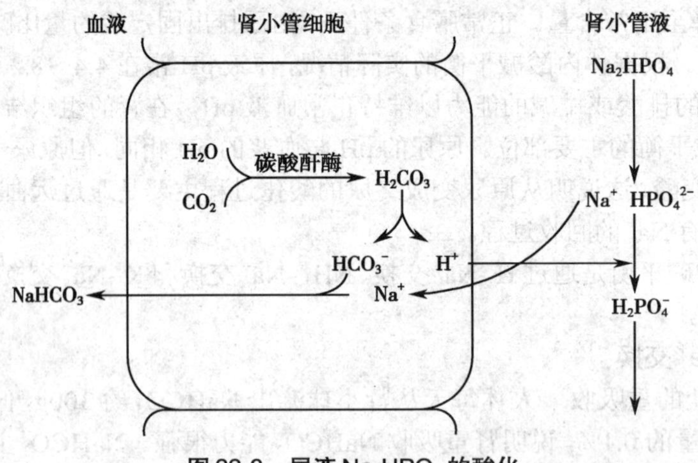

图 22-3 尿液 Na_2HPO_4 的酸化

除磷酸盐外，机体代谢产生的固定酸盐如乙酰乙酸、β- 羟丁酸及乳酸的钠盐等也以相同的方式进行 H^+-Na^+ 交换，所生成的 $NaHCO_3$ 回到血液，而乙酰乙酸、β- 羟丁酸及乳酸等随尿排出体外。

（二）NH_4^+-Na^+ 交换

肾小管上皮细胞内有谷氨酰胺酶，能水解谷氨酰胺生成谷氨酸和 NH_3，管壁细胞内氨基酸脱氨基作用也产生少量 NH_3。远曲小管细胞分泌的 NH_3，可在原尿中与 H^+ 结合成 NH_4^+，后者与固定酸钠盐中的 Na^+ 进行交换，生成铵盐随尿排出。而 Na^+ 重吸收进入细胞，与 HCO_3^- 一同回到血液，此即 NH_4^+-Na^+ 交换（图 22-4）。NH_4^+-Na^+ 交换不仅提高了肾脏的排氢能力，同时也将强酸的钠盐转变为 $NaHCO_3$，以补充碱储备，而且原尿中 H^+ 浓度的降低，也利于促进肾小管 H^+-Na^+ 交换的进行。

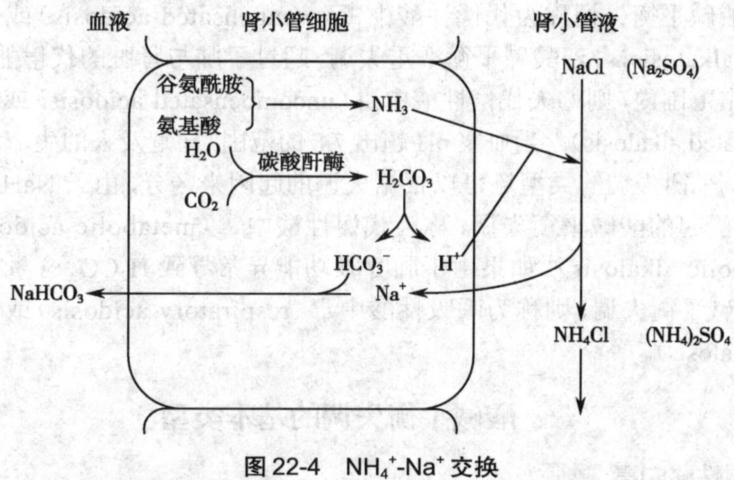

图 22-4 NH_4^+-Na^+ 交换

NH_3 的分泌随原尿 pH 变化而变化，原尿的酸性越强，泌 NH_3 作用越旺盛。因此酸中毒时，尿中铵盐增多，如尿呈碱性则泌 NH_3 作用停止。肝性脑病患者禁用碱性利尿药，以避免血 NH_3 进一步升高。

（三）K^+-Na^+ 交换

细胞外液 K^+ 的升高可抑制肾小管细胞的 H^+-Na^+ 交换，使尿 K^+ 排出增加，尿 H^+ 排出减少，可以导致高钾性酸中毒；相反，细胞外液 K^+ 降低，则 H^+-Na^+ 交换加强，而出现低钾性碱中毒，可见 H^+-Na^+ 交换可以受到血浆 K^+ 浓度的制约。原尿中的 K^+ 在近曲小管几乎完全被吸收，终尿中的 K^+ 是由远曲小管主动分泌的，远曲小管分泌的 K^+ 可与原尿中的 Na^+ 交换。由于 H^+-Na^+ 交换也在远曲小管上皮细胞进行，与 K^+-Na^+ 交换存在竞争作用，若 H^+ 分泌增加，H^+-Na^+ 交换占优势，则抑制 K^+-Na^+ 交换。相反，K^+ 分泌增加，K^+-Na^+ 交换占优势，则抑制 H^+-Na^+ 交换。

综上所述，机体调节酸碱平衡的过程主要是通过血液缓冲系统、肺及肾脏的调节实现的。血液缓冲系统的作用最快，但缓冲系统能力有一定限度，不能持续发挥作用。肺的调节亦较快，通常在 pH 改变 15～30 分钟后开始起调节作用，但只能调节 H_2CO_3 的浓度，而且影响呼吸中枢的因素较多，调节效能常受到一定限制。肾脏的调节作用虽发挥得较晚，但效率高、持续时间长，是最重要的调节系统。因此，良好的肾功能，是纠正酸碱平衡失调的重要条件。体内的酸碱平衡实际上是相对的动态平衡。由食物摄取及代谢产生的酸性或碱性物质，不断进入血液，不断地打破这种平衡，而体内又能通过调节机制使之处于相对平衡状态。这就是人体调节酸碱平衡的规律。

第三节 酸碱平衡紊乱

体液的 pH 通过上述血液缓冲系统、肺及肾脏三种互相联系的调节机制调节以后，可以维持其 pH（7.35～7.45）相对恒定。但若酸性或碱性物质的来源过多或过少，或由于肺或肾的调节功能出现障碍，就会导致酸碱平衡失调，这必然反映在血浆中的主要缓冲系统[$NaHCO_3$]/[H_2CO_3]的含量和比值上。通过肺与肾的调节，尽管它们的绝对浓度已有变化，但若两者的浓度比值仍能维持在20∶1左右，血浆的pH尚能维持在正常范围，此时的酸碱平衡失调称为代偿性酸中毒（compensated acidosis）或代偿性碱中毒（compensated alkalosis）。若酸碱平衡严重失调，超过了肺与肾脏的代偿能力，不能维持血浆pH于正常范围内，则称失代偿性酸中毒（uncompensated acidosis）或失代偿性碱中毒（uncompensated alkalosis）。当血浆pH超出7.8的范围，即危及人的生命。

另外，酸碱平衡失调的类型还可以根据失调的起因来区分，由于$NaHCO_3$含量首先减少或增加而引起的酸碱平衡失调，称为代谢性酸中毒（metabolic acidosis）或代谢性碱中毒（metabolic alkalosis）；如果由于肺呼吸功能异常导致H_2CO_3含量首先增加或减少而引起的酸碱平衡失调，则称为呼吸性酸中毒（respiratory acidosis）或呼吸性碱中毒（respiratory alkalosis）。

一、酸碱平衡失调的基本类型

（一）代谢性酸中毒

1. 基本特征　血浆中$NaHCO_3$含量原发性减少。

2. 原因　①非挥发性酸产生或摄入过多，以致消耗过多的HCO_3^-，如糖尿病或饥饿引起的酮症酸中毒，休克、缺氧引起的乳酸酸中毒，水杨酸中毒等。②体内碳酸氢盐丢失过多，如：肠瘘、胆瘘、腹泻或肠引流时丢失大量的碱性肠液、胰液或胆汁；使用碳酸酐酶抑制剂（乙酰唑胺等）引起的碳酸氢盐自肾脏丢失增多。③酸性代谢产物排出障碍。如肾衰竭时，由于肾小管分泌H^+和NH_3能力下降，$NaHCO_3$重吸收减少，引起酸性代谢产物在体内积聚。④高钾血症。

3. 调节机制　①固定酸经$NaHCO_3$缓冲生成H_2CO_3，引起血浆$NaHCO_3$浓度减少而H_2CO_3浓度升高，血浆pH降低；②血液中H^+浓度增加可刺激呼吸中枢，引起呼吸加深加快，CO_2排出增多，而使血浆H_2CO_3浓度减少；③肾小管细胞的H^+、NH_4^+的分泌增加，排出固定酸，重吸收较多的$NaHCO_3$。通过上述代偿过程，虽然血浆中$NaHCO_3$和H_2CO_3的实际浓度都减少，但两者的比值仍接近于20∶1，血浆pH仍处于正常范围之内，属于代偿性代谢性酸中毒。如果[$NaHCO_3$]/[H_2CO_3]的比值变小，而使血液pH下降至7.35以下，则成为失代偿代谢性酸中毒。

4. 治疗原则　①治疗原发病，消除引起代谢性酸中毒的病因；②增加体内氧含量，解除体内缺氧状态，减少乳酸的生成；③改善肾功能，利于$NaHCO_3$的重吸收和固定酸的排泄；④给予碱性药物（如碳酸氢钠等）以增加体内碱储备。

（二）代谢性碱中毒

1. 基本特征　血浆中$NaHCO_3$原发性增多。

2. 原因　①摄入碱性物质过多，如口服或输入碱性物质（如$NaHCO_3$）过多，超过肾脏排出$NaHCO_3$的能力，则出现代谢性碱中毒。在肾功能不全时进入体内的碱量即使不多，也可导致碱中毒。②固定酸丢失过多，如呕吐或胃减压引流引起胃液的过量丢失，是代谢性碱中毒最常见的原因。③低氯，如胃液丢失和补充NaCl不足时，可引起体内氯缺少。④低血K^+，当肾小管细胞内K^+浓度过低时，K^+-Na^+交换减弱而H^+-Na^+交换加强，使

$NaHCO_3$进入血液增加。

3．调节机制 ①由于血浆$NaHCO_3$浓度的增加，血浆pH升高，抑制了呼吸中枢，使呼吸变浅变慢，保留较多的CO_2，血浆H_2CO_3含量增多；②肾小管细胞的H^+和NH_3分泌减少，以增加$NaHCO_3$的排出。如果仍能使[$NaHCO_3$]/[H_2CO_3]的比值接近20∶1，血液pH保持在正常范围之内，称为代偿性代谢性碱中毒。如果[$NaHCO_3$]/[H_2CO_3]的比值不能维持在正常范围之内，pH升高到7.45以上，则称为失代偿性代谢性碱中毒。

4．治疗原则 ①治疗原发病；②适量补充生理盐水（对轻症患者）；③给予酸性药物（如0.9%的氯化铵溶液静脉滴注等）。

（三）呼吸性酸中毒

1．基本特征 血浆中H_2CO_3浓度原发性增高。

2．原因 ①呼吸道和肺部疾病，如哮喘、呼吸道机械梗阻、肺气肿、肺纤维性变，肺不张、气胸及胸腔积液等；②呼吸中枢抑制，麻醉药、吗啡、安眠药、酒精及过量CO_2均可抑制呼吸中枢，脑血管硬化及其他中枢神经系统疾病也可使呼吸中枢受到损害；③心脏疾病，如左心衰竭引起肺水肿；④呼吸肌麻痹，常见于脊髓灰质炎、多发性神经根炎、重症肌无力、重度缺钾等；⑤其他，如胸部创伤或手术、胸廓畸形、过度肥胖等。

3．调节机制 当呼吸障碍时，CO_2排出受阻，血浆Pco_2升高，pH降低，使肾小管内碳酸酐酶活性增强，加速H_2CO_3的生成，H^+和NH_4^+的分泌增加，$NaHCO_3$重吸收增多，结果导致血浆$NaHCO_3$含量相应地升高，使[$NaHCO_3$]/[H_2CO_3]的比值恢复到接近于20∶1，pH仍维持在正常范围之内，称为代偿性呼吸性酸中毒。如果H_2CO_3浓度的增加超过了代偿能力，则[$NaHCO_3$]/[H_2CO_3]的比值变小，血液pH下降到7.35以下，称为失代偿性呼吸性酸中毒。

4．治疗原则 ①治疗原发病；②改善通、换气功能，排出潴留的CO_2；③适当给予碱性溶液，升高血液pH。

（四）呼吸性碱中毒

1．基本特征 血浆中H_2CO_3浓度原发性降低。

2．原因 各种原因导致呼吸过快过深，换气过度，使CO_2排出过多。如低血氧（如高原低气压）、癔症性换气过度、发热、甲亢、贫血、肝硬化、水杨酸等药物中毒、某些中枢神经系统疾病以及精神紧张等。

3．调节机制 由于CO_2排出过多，血液Pco_2降低，pH升高，使肾小管细胞泌H^+和NH_4^+量下降，$NaHCO_3$重吸收减少，结果导致血浆$NaHCO_3$含量降低，使[$NaHCO_3$]/[H_2CO_3]的比值恢复到接近20∶1，pH仍维持在正常范围之内，称为代偿性呼吸性碱中毒。如果换气严重过度，使血浆H_2CO_3浓度的降低超过了代偿能力，则[$NaHCO_3$]/[H_2CO_3]的比值变大，血液pH升高到7.45以上，则称为失代偿性呼吸性碱中毒。

4．治疗原则 ①治疗原发病；②稳定情绪和心理疏导，缓解精神紧张等；③药物治疗（必要时可给予镇静剂和钙剂）。

值得注意的是，在临床上，体内酸碱平衡紊乱的类型除了上述各单一性的紊乱外，还可能存在一些混合型酸碱平衡紊乱的情况，如：代谢性酸中毒合并呼吸性酸中毒、代谢性酸中毒合并呼吸性碱中毒、代谢性酸中毒合并代谢性碱中毒、代谢性碱中毒合并呼吸性碱中毒等。此时，需要结合病史、体征和测定酸碱平衡失调的各项生化指标，进行综合分析，以便对体内的酸碱平衡情况作出正确的判断。

二、酸碱平衡失调的生化指标

在临床上，为了全面、准确地了解体内酸碱平衡的状况，需要对血液中的各项与酸碱平衡有关的生化指标进行测定，以便对病情进行正确的分析、诊断和治疗。临床上常用的生化指标有：

（一）血液pH

正常人血液pH为7.35～7.45，平均为7.40，相当于H^+浓度35～45mmol/L。如pH＜7.35，表示有失代偿性酸中毒；pH＞7.45表示有失代偿性碱中毒；pH在正常范围内，不一定都表示酸碱平衡正常，可以是代偿性酸中毒或碱中毒。因而，测量pH只能表示有无失代偿性酸中毒或碱中毒，而不能鉴别是代谢性或呼吸性酸碱中毒。

（二）二氧化碳分压

二氧化碳分压（Pco_2）是指物理溶解于血浆中的CO_2所产生的张力，正常动脉血中的Pco_2值为4.5～6.0kPa（35～45mmHg），平均为5.3kPa（40mmHg）。Pco_2反映的是呼吸性成分的指标。由于CO_2对肺泡膜具有很大的弥散力，动脉血Pco_2基本上反映肺泡气的CO_2压力，两者数值基本相等，所以动脉血Pco_2反映肺泡通气量水平，能反映H^+在代谢中的呼吸因素。动脉血Pco_2大于6.0kPa，提示肺通气不足，有CO_2积蓄，提示有呼吸性酸中毒存在；Pco_2小于4.5kPa，提示通气过度，CO_2排泄过多，提示有呼吸性碱中毒存在。Pco_2增高可以是原发性的，如呼吸性酸中毒；也可以是继发性的，如因代谢性碱中毒机体进行代偿而引起的。Pco_2降低则见于呼吸性碱中毒，或代谢性酸中毒的代偿作用。

（三）二氧化碳结合力

二氧化碳结合力（CO_2-CP）是指在25℃、Pco_2为5.3kPa时，每升血浆中以HCO_3^-形式结合的CO_2的毫摩尔数，正常值为22～31mmol/L，平均值为27mmol/L。该数值包括物理溶解的CO_2和HCO_3^-两部分之和，前者在呼吸因素影响不大时，量少而恒定，可忽略不计。因此，CO_2-CP在一定程度上反映的是血浆中$NaHCO_3$的含量。CO_2-CP的减少主要见于代谢性酸中毒，也可见于代偿后的呼吸性碱中毒；CO_2-CP的增多主要表示代谢性碱中毒，也见于代偿后的呼吸性酸中毒。因此，在临床上，不能仅依靠CO_2-CP的高低就判断是酸中毒或碱中毒，还须根据临床症状综合判断患者是属于上述何种酸碱平衡失调，如能除外原发性呼吸性因素，则CO_2结合力的降低反映的是代谢性酸中毒；升高反映的是代谢性碱中毒。

（四）标准碳酸氢盐与实际碳酸氢盐

标准碳酸氢盐（standard bicarbonate，SB）是指血液在标准条件下（温度37℃、血红蛋白的氧饱和度为100%、Pco_2为5.3kPa的气体平衡）测得血浆HCO_3^-的含量。其意义与CO_2-CP基本相同，但不受被测者呼吸因素的影响。正常值为24mmol/L（22～27mmol/L）。SB在代谢性酸中毒时降低，在代谢性碱中毒时增高。实际碳酸氢盐（actual bicarbonate，AB）是指在隔绝空气的条件下，取血分离血浆，测定血浆HCO_3^-的实际含量。所测值受呼吸和代谢两方面因素影响。正常人SB＝AB，如果AB＞SB，表示有CO_2积蓄，为呼吸性酸中毒；相反，AB＜SB，表示CO_2呼出过多，为呼吸性碱中毒；两者相等但均降低，为代谢性酸中毒；反之，两者相等但均升高，为代谢性碱中毒。

（五）缓冲碱

缓冲碱分为全血缓冲碱和血浆缓冲碱两种。全血缓冲碱（buffer base，BB）是指血液中缓冲碱含量的总和，包括血浆和红细胞中的 HCO_3^-、Hb^-、HbO_2^-、Pr^- 和 HPO^{2-}_4 等，通常用氧饱和的全血测定，正常值为 45～55mmol/L。血浆缓冲碱以 HCO_3^- 为主要成分，其正常值约为 42mmol/L。在代谢性酸中毒和碱中毒时，将分别出现 BB 降低和升高的情况。在呼吸性酸中毒和碱中毒时，BB 在开始时不发生变化，但随着肾脏代偿的出现，BB 可分别高于正常和低于正常。

（六）碱剩余与碱不足

碱剩余（base excess，BE）和碱不足（base deficient，BB）是指全血（或血浆）在标准条件下（Pco_2 为 5.3kPa，温度为 37℃，Hb 的氧饱和度为 100%），用酸或碱滴定全血至 pH 7.4 时，所消耗的酸或碱的数量，用 mmol/L 表示，BE 的正常值为（0±3）mmol/L。BE 能较真实地反映缓冲碱的增加或减少，为观察代谢性酸碱平衡失常的指标。若需用酸滴定才能使血液 pH 达到 7.4，则表示被测血液的碱性物质含量较多，即有碱剩余，BE 用正值表示，如在代谢性碱中毒时，BE >+ 3mmol/L；当需用碱滴定时则说明被测血液的碱性物质含量不足，即碱不足，BE 用负值表示，如在代谢性酸中毒时，BE <−3mmol/L。由于 BE 不受血液中呼吸性成分的影响，仅作为代谢性成分的指标，因此能比较真实地反映血液中碱性物质的剩余或不足的程度。以上指标均可通过血气分析仪测得。

学习小结

1. 学习内容

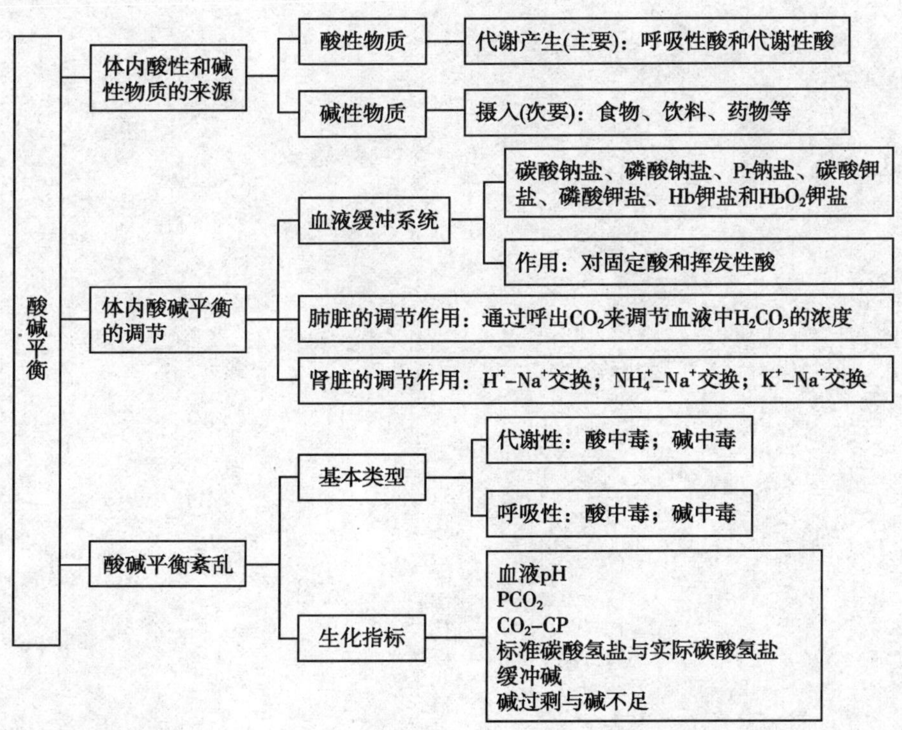

2. 学习方法

（1）首先学习本章中的各项基本概念。

(2) 然后学习体内调节酸碱平衡的各项机制的原理和作用。

(3) 了解酸碱平衡失调的产生原因、各种失调的基本特征、调节机制和检测指标的用途。

(文朝阳)

复习思考题

1. 比较体内酸性和碱性物质来源的异同点。

2. 机体有哪些酸碱平衡的调节体系？通过怎样的调节作用对酸碱平衡进行调节？

3. 简述体内钾离子浓度与酸碱平衡失衡的关系。

4. 如何通过酸碱平衡的生化指标对酸碱平衡的类型进行判定？

5. 导致酸碱平衡紊乱的类型有哪些？请从基本特征、产生原因、调节机制和治疗原则等方面进行归纳和总结。

附录　课堂实验部分

实验一　茯苓多糖、猪苓多糖和淀粉的水解及测定

【实验目的】

1. 掌握茯苓多糖、猪苓多糖和淀粉的水解反应，水解产物的测定方法和测定原理。

2. 了解莫氏（Molich）试剂和本尼迪克特试剂的配制方法和应用。

【实验内容】

一、茯苓多糖和猪苓多糖的水解及测定

【实验原理】

茯苓多糖和猪苓多糖，分别是中药茯苓和猪苓的主要成分。茯苓多糖是含有β-1，3糖苷键和β-1，6糖苷键的葡聚糖。猪苓多糖是水溶性多聚糖。它们经浓硫酸脱水后生成糠醛或糠醛的衍生物，在浓无机酸的作用下，能与α-萘酚生成紫红色缩合物，即Molich反应。

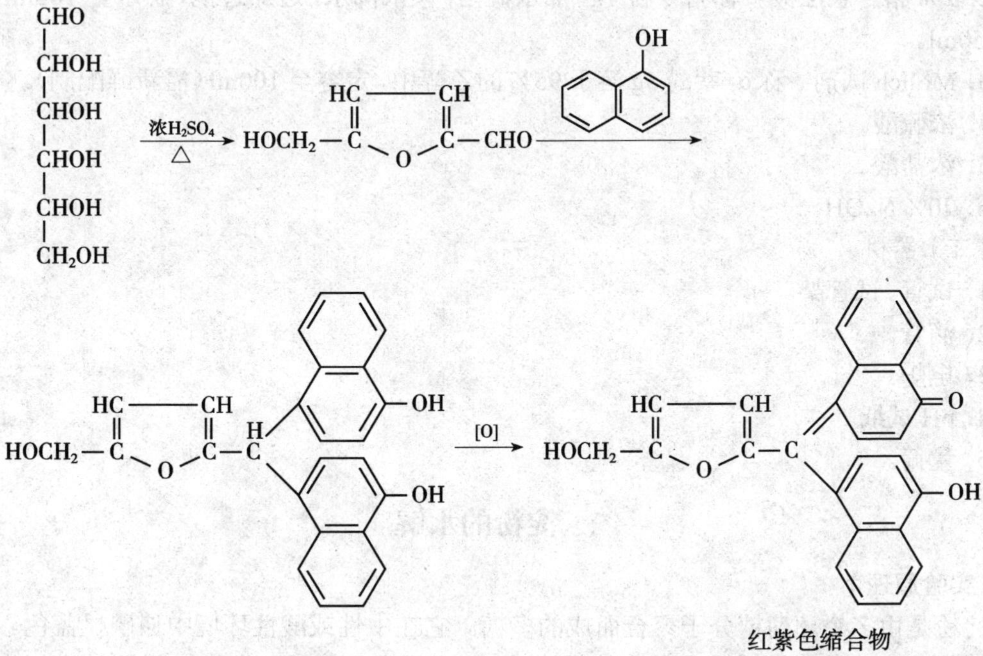

CHO—CHOH—CHOH—CHOH—CHOH—CH_2OH $\xrightarrow[\triangle]{浓H_2SO_4}$ $HOCH_2$—C(=CH—CH=)C—CHO（O 环） $\xrightarrow{\text{α-萘酚(OH)}}$

$HOCH_2$—C(=HC—CH=)C—CH（O 环，两个羟基萘基） $\xrightarrow{[O]}$ $HOCH_2$—C(=HC—CH=)C—C（O 环，=O 萘醌基，OH 萘基）

红紫色缩合物

茯苓多糖和猪苓多糖均为非还原性多糖，当其被水解后，则生成还原性单糖。利用本尼迪克特试剂与其作用，可分别生成氧化亚铜的砖红色沉淀，以反映其水解。

【实验步骤】

1. 分别取2%的茯苓悬浊液和2%的猪苓悬浊液1ml置于小试管中，加Molich试剂3滴，混匀。将试管倾斜，沿管壁逐滴加入浓硫酸15滴，慢慢将试管直立，观察液层分界处是否有紫红色环出现，记录并解释之。

2. 分别取2%的茯苓悬浊液和2%的猪苓悬浊液2ml置于小试管中，将试管倾斜，沿管壁逐滴加入浓硫酸10滴，置沸水浴中10分钟，然后滴加20%的氢氧化钠中和(用pH试纸检测)，此即为两种不同的水解液。

3. 取试管4支，编号，按下表加入试剂。

试管号	1	2	3	4
2%茯苓悬浊液(ml)	1	—	—	—
2%茯苓水解液(ml)	—	1	—	—
2%猪苓悬浊液(ml)	—	—	1	—
2%猪苓水解液(ml)	—	—	—	1
本尼迪克特试剂(ml)	1	1	1	1

混匀，置沸水浴中3～5分钟，观察其变化，记录并解释之。

【实验试剂与器材】

(一)试剂

1. 2%茯苓悬浊液　称茯苓粉1g，加水调匀，倾入沸水，边加边搅，总水量100ml，煎煮至50ml。

2. 2%猪苓悬浊液　称猪苓粉1g，加水调匀，倾入沸水，边加边搅，总水量100ml煎煮至50ml。

3. Molich试剂　称α-萘酚5g溶于95%的乙醇中，定容至100ml(需新鲜配制)。

4. 浓硫酸。

5. 浓盐酸。

6. 20% NaOH。

(二)器材

1. 试管、试管架。

2. 滴管。

3. 电炉。

4. pH试纸。

5. 量筒。

二、淀粉的水解

【实验原理】

淀粉是由多个葡萄糖分子聚合而成的多糖。它在中性或酸性环境中遇碘显蓝色。在酸或酶的作用下被水解成不同程度的低聚糖(分子量大小不同的糊精)，最终被水解为葡萄糖。葡萄糖具有还原性，可使碱性硫酸铜还原成为氧化亚铜沉淀(砖红色或棕黄色)。通过单糖的还原作用可判断多糖的水解。其反应过程如下：

淀粉→紫色糊精→红色糊精→无色糊精→麦芽糖→葡萄糖

$$\begin{matrix} CHO \\ | \\ (CHOH)_4 \\ | \\ CH_2OH \end{matrix} + 2\,Cu(OH)_2 + NaOH \longrightarrow \begin{matrix} COONa \\ | \\ (CHOH)_4 \\ | \\ CH_2OH \end{matrix} + 3\,H_2O + Cu_2O\downarrow$$

【实验步骤】

1．取10%的淀粉溶液10ml置于小烧杯内，加入浓盐酸8滴，放在石棉网上加热，每隔2分钟取出1小滴放在白瓷板上，加碘液1滴，观察其颜色，直至无蓝色为止。

2．取下烧杯，加入3mol/L的NaOH溶液8～10滴，中和前述加入的盐酸（用pH试纸检测）。

3．取试管2支，编号，按下表加入试剂。

试管号	1	2
1%淀粉液（ml）	—	1
淀粉水解液（ml）	1	—
本尼迪克特试剂（ml）	2	2

4．将各管混匀后，置于沸水浴中3分钟，观察颜色变化，记录并解释之。

【实验试剂与器材】

（一）试剂

1．3mol/L的NaOH溶液。

2．1%淀粉液。

3．浓盐酸。

4．碘试剂　称取碘化钾20g，碘10g溶于100ml水中，使用时再稀释10倍。

5．本尼迪克特试剂　称取硫酸铜（$CuSO_4 \cdot 5H_2O$）17.3g溶于100ml水中，另称取柠檬酸钠173g、无水碳酸钠100g溶于700ml水中，将上述两液合并，加蒸馏水稀释至1000ml。

（二）器材

1．白瓷板。

2．烧杯。

3．试管、试管架。

4．石棉网。

5．酒精灯。

6．pH试纸。

7．滴管。

实验二　DNA琼脂糖电泳

【实验目的】

学习与掌握DNA电泳的方法，利用电泳分离不同大小的DNA片段。

【实验原理】

电泳是指带电粒子在电场的作用下向着与其电荷相反的电荷发生迁移的过程。许多重要的生物大分子，如蛋白质、核酸等都具有可解离的基团，在一定的 pH 条件下，这些基团会带上正电荷或负电荷。在电场的作用下，这些带电分子会向着与其所带电荷相反的电极移动。电泳利用了待分离样品中各种分子带电性质的差异以及分子本身的大小、形状的不同，使带电分子产生不同的迁移速度，从而实现样品中各种分子的分离。

琼脂糖主要从海洋植物琼脂中提取而来并经糖基化修饰，为一种聚合链线性分子，使用琼脂糖凝胶作为电泳支持介质，发挥分子筛功能。琼脂糖凝胶电泳操作简单、快速，通过调整其使用浓度，使得分辨率达到大多数实验的要求，因此成为分离、鉴定、纯化核酸分子的常用方法。用低浓度的荧光染料溴乙啶（EB）染色，在紫外光下观察 DNA 条带，从而确定 DNA 片段在凝胶中的位置。

【实验试剂与器材】

1. 试剂　进口琼脂糖（agarose）；10×TBE：Tris 碱 108g，硼酸 55g，40ml 0.5mol/L EDTA（pH 8.0），定容 1L。溴乙啶（ethidium bromide，EB）：1000 倍储存浓度 0.5mg/ml，工作浓度 0.5mg/L。6× 上样缓冲液：0.25% 溴酚蓝（BPB），40% 的蔗糖，10mmol/L EDTA（pH 8.0），4℃保持。

2. 器材　电泳仪、移液器、紫外投射仪或紫外检测灯、电子天平、微波炉、锥形瓶、pH 计等。

3. DNA 的 Marker。

【实验步骤】

1. 称取适量的琼脂糖，放入锥形瓶中，加入一定量的 0.5×TBE（配胶的浓度为 1%～2%），在微波炉上加热，使琼脂糖熔化。

2. 等凝胶温度降至大约 55℃以下（手持锥形瓶不烫手）时，加入 2～3μl 的 0.5mg/L 溴乙啶。轻轻旋转以充分混匀凝胶溶液，倒入电泳槽中，待其凝固。

3. 室温下 30～45 分钟后凝胶完全凝结，小心拔出梳子，将凝胶安放在电泳槽内。

4. 向电泳槽中倒入电泳缓冲液，其量以没过胶面 1mm 为宜，如样品孔内有气泡，应设法除去。

5. 在 DNA 样品中加入 6× 体积的载样缓冲液（loading buffer），混匀后，用移液器将样品混合液缓慢加入被浸没的凝胶加样孔内。

6. 接通电源，红色为正极，黑色为负极，切记 DNA 样品由负极往正极泳动（靠近加样孔的一端为负极）。一般电压设为 60～100V，电泳 20～40min 即可。

7. 根据指示剂泳动的位置，判断是否终止电泳。

8. 电泳完毕，关上电源，在紫外光下观察 DNA 条带，用紫外投射仪拍照，或用凝胶成像系统输出照片，并进行有关的数据分析。在凝胶成像仪上观察电泳带及其位置，并与核酸分子量标准 Marker 比较被扩增产物的大小。

实验三　蛋白质的呈色和沉淀反应

【实验目的】

1. 了解蛋白质的性质。

2. 掌握蛋白质的鉴定方法。

【实验内容】

1. 蛋白质的呈色反应。

2. 蛋白质的沉淀反应。

【实验试剂与器材】

（一）试剂

1. 1∶10 鸡蛋白溶液。

2. 10% NaOH。

3. 1% $CuSO_4$。

4. 尿素。

5. 0.2% 茚三酮乙醇液。

6. 0.25% 丙氨酸溶液。

7. 饱和 $(NH_4)_2SO_4$ 溶液。

8. 固体 $(NH_4)_2SO_4$。

9. 0.5% NaOH。

10. 0.5% $ZnSO_4$。

11. 10% HCl。

12. 10% 磺基水杨酸（或 10% 磷钨酸）。

13. 1% HAc。

14. 10% HAc。

15. 0.01mol/L HAc。

16. 0.1mol/L HAc。

17. 1mol/L HAc。

18. 0.5% 酪蛋白醋酸钠溶液。

（二）仪器

水浴锅（100℃）、定量移液管（1000μ1）等。

（三）其他

鸡蛋、酒精灯、火柴、滤纸。

【实验原理及操作】

（一）蛋白质的呈色反应

蛋白质的呈色反应是蛋白质中某些氨基酸特殊基团与一定的化学试剂作用而呈现的各种颜色反应。蛋白质的呈色反应可作为检查蛋白质是否存在的参考。另外，不同的蛋白质中氨基酸的种类及含量各不相同，而在某些蛋白质内还可能缺乏呈某种颜色反应的氨基酸。因此不但不同蛋白质呈色反应的强度各不相同，而且某些呈色反应在某种蛋白质可能不存在。本实验介绍两种呈色反应，用以比较和鉴别不同的蛋白质。

1. 双缩脲反应

【实验原理】

在浓碱液中，双缩脲能与 $CuSO_4$ 结合生成紫色或紫红色的复合物，这一呈色反应称为双缩脲反应。凡含有两个以上肽键的化合物都可能发生双缩脲反应. 故蛋白质及二肽以上的物质都有此反应。但除肽键外，有些基团如—CSNH—、═C（NH_2）NH—等亦有双缩脲反应。因此，一切蛋白质或多肽都有双缩脲反应，但有双缩脲反应的不一定都是蛋白质或多肽。

【实验操作】

(1) 取小试管一支，加 1∶10 鸡蛋白液 2 滴、10% NaOH 溶液 5 滴及 1% $CuSO_4$ 溶液 1 滴，混匀后，双缩脲反应呈紫红色。

(2) 另取小试管一支，加一小匙尿素，小火加热至熔化，试嗅其气味。继续加热使之凝固，这固体是什么？加水 15 滴使其溶解，然后加 10% NaOH 5 滴，1% $CuSO_4$ 1 滴，记录实验现象并解释。

2. 茚三酮反应

【实验原理】

凡含有自由氨基的化合物例如蛋白质、多肽、各种氨基酸（脯氨酸和羟氨酸例外）和其他伯胺化合物（包括氨）与茚三酮共热时，能生成紫蓝色化合物，这种反应称茚三酮反应。

【实验操作】

(1) 取小试管一支，加 1∶10 鸡蛋白液 4 滴、蒸馏水 10 滴和 0.1% 茚三酮乙醇液 6 滴，混匀，小火加热约 1 分钟，待冷却后溶液即呈粉红色，以后慢慢变成紫色或蓝色。

(2) 取小试管一支，以丙氨酸溶液 4 滴取代鸡蛋白液，重复上述操作，观察结果。

（二）蛋白质的沉淀反应

当维持蛋白质胶体溶液的稳定因素（水化膜和电荷）遭受破坏时，蛋白质即析出。若系非变性沉淀，例如加入中性盐或在低温下加入有机溶剂脱水，则除去沉淀剂后，蛋白质仍可溶解，此即可逆的沉淀反应。若系变性沉淀，例如加入重金属盐类、沉淀生物碱的试剂或加热，则沉淀剂不易除去，沉淀常不能再溶解，此即不可逆的沉淀反应。

1. 蛋白质的盐析

【实验原理】

水溶液中的蛋白质在高浓度的中性盐（硫酸铵、硫酸镁、氯化钠等）中析出的现象，称为盐析作用。盐析作用包括两个方面：即大量电解质破坏了蛋白质的水化膜，同时电解质中和了蛋白质分子所带的电荷而沉淀。

中性盐能否沉淀蛋白质常取决于中性盐的浓度、蛋白质的种类、溶液的 pH 以及蛋白质的胶体颗粒大小。颗粒大者比颗粒小者容易沉淀，如球蛋白多在半饱和的硫酸铵溶液中析出，而清蛋白则常在饱和的硫酸铵溶液中析出。

【实验操作】

(1) 取 5ml 鸡蛋白溶液于试管中，加入等量饱和硫酸铵溶液，混匀，静置 20 分钟后，则球蛋白全部析出。

(2) 过滤、收集透明滤液，滤液中会有清蛋白。若溶液混浊，须重复过滤至透明为止。

(3) 取 2ml 滤液加固体硫酸铵使达饱和，边加边振摇到溶液出现混浊。取 1ml 混浊液（不含硫酸铵结晶颗粒）加 1.5～2ml 水，观察结果并解释。

2. 重金属盐类沉淀蛋白质

【实验原理】

蛋白质在碱性溶液中带有较多的负电荷，当它与带正电荷的重金属离子结合时即可生成不溶解的沉淀。重金属盐类沉淀蛋白质能引起蛋白质变性，而中性盐类即使加入量很多也不改变蛋白质原来的性质。

$$^{-}OOC-Pr-NH_3^+ \xrightarrow{OH^-} {^{-}OOC}-Pr-NH_2 \xrightarrow{M^+} MOOC-Pr-NH_2\downarrow$$

【实验操作】

(1) 取试管 1 支，加入 1∶10 鸡蛋白溶液 1ml 及 10% NaOH 溶液 1 滴混匀，再加入 0.5% 硫酸锌溶液 6 滴，观察结果。

(2) 另取小试管 1 支，加入 1∶10 鸡蛋白溶液 1ml，10% HCl 溶液 1 滴混匀，再加入 10% 磺基水杨酸溶液 2 滴，观察结果。

3. 沉淀生物碱的试剂沉淀蛋白质

【实验原理】

蛋白质溶液的 pH 小于等电点时，蛋白质分子带较多的正电荷，它能与沉淀生物碱的试剂中的负离子结合而沉淀。

$$^{-}OOC-Pr-NH_3^+ \xrightarrow{H^+} HOOC-Pr-NH_3^+ \xrightarrow{X^-} HOOC-Pr-NH_3^+X^-\downarrow$$

此沉淀常可在碱性溶液中再溶解，属于沉淀生物碱的试剂有磷钨酸、苦味酸、鞣酸等。

【实验操作】

(1) 取 1 支试管，加入 1∶10 鸡蛋白溶液 1ml、10% HCl 溶液 1 滴，混匀，再加入 10% 磺基水杨酸溶液 2 滴。

(2) 另取小试管 1 支，加入 1∶10 鸡蛋白溶液 1ml，10% NaOH 溶液数滴，混匀，再加入 10% 磺基水杨酸溶液 2 滴。

比较两管溶液的变化。

4. 加热和酸碱沉淀蛋白质

【实验原理】

由于温度升高破坏了蛋白质分子内部的化学键，会引起蛋白质变性，因此几乎所有蛋白质都可因加热而凝固。

蛋白质在其等电点时不带电荷，或带等量的正负电荷，此时若温度升高则容易出现沉淀。

在酸性或碱性溶液中，蛋白质分子带有正或负电荷，较为稳定。如过酸或过碱则易变性，此时若温度升高，虽变性却并不沉淀。在冷却后，加酸或加碱调节 pH 达蛋白质的等电点时，则有沉淀析出。

【实验操作】

(1) 取 4 支试管，编号，按下表加入试剂。

试剂（滴）＼管号	1	2	3	4
1∶10 鸡蛋白溶液	20	20	20	20
1% 醋酸	0	1	0	0
10% 醋酸	0	0	10	0
0.5% NaOH	0	0	0	10
将 4 支试管同时放在沸水浴中加热，观察并记录各管蛋白质出现的现象，解释变化原因				
现象				
原因				

（2）取出试管，冷却后于第3管中慢慢滴入10% NaOH溶液，观察现象。解释变化原因。

（3）向第4管中慢慢滴入10%醋酸，观察现象，解释变化原因。

实验四 血清淀粉酶活性测定

【实验目的】

1．掌握血清淀粉酶活性测定的原理和方法。

2．了解测定血清淀粉酶的临床意义。

【实验原理】

血清（或血浆）中α-淀粉酶可催化淀粉分子中α-1，4糖苷键水解，产生葡萄糖、麦芽糖及含有α-1，6糖苷支链的糊精。在底物过量的条件下，反应后加入碘液与未被水解的淀粉结合成蓝色复合物，其蓝色的深浅与空白管比较，从而推算出淀粉酶的活性单位。

【实验试剂与器材】

（一）试剂

1．基质缓冲液（pH 7.0）

（1）无水磷酸氢二钠26.6g，无水磷酸二氢钾12.5g，氯化钠1.75g，苯甲酸8.6g，蒸馏水500ml，置2000ml烧杯中加热到沸腾。

（2）将400mg可溶性淀粉，冷蒸馏水10ml搅成混悬液。

（3）将（2）缓缓倾入已加热的（1）中，边加边搅。再加热至沸腾1分钟，待冷却后置室温加蒸馏水到1000ml，即成基质缓冲液。该液呈透明液状，室温保存1年。

2．50mmol/L碘液　碘酸钾（KIO_3）3.567g，碘化钾（KI）45g，蒸馏水800ml，搅拌混匀，缓缓滴加浓盐酸（12mol/L）9ml，边加边搅。混匀后，加蒸馏水到1000ml。此液置琥珀色瓶中，置室温可稳定1年。

3．5mmol/L应用碘液　取50mmol/L碘液，用水稀释10倍，混匀置琥珀色瓶中于4～8℃可稳定2个月。

（二）器材

试管、吸量管、721分光光度计。

【实验方法】

1．稀释血清　取血清0.1ml，加生理盐水0.9ml混匀即可。

2．按下表操作。混匀，在660nm以蒸馏水调零测定两管A值。

加入物（ml）	空白管	测定管
37℃基质缓冲液	0.5	0.5
稀释血清	—	0.1
	混匀，37℃水浴中7.5分钟	
碘应用液	0.5	0.5
蒸馏水	4.0	4.0

3．计算

淀粉酶活性单位（U/L）=（空白管A值－测定管A值）/空白管A值×0.4/10×30/7.5×100/0.01=（空白管A值－测定管A值）/空白管A×1600

【注意事项】

1. 本法测定结果的单位定义为：100ml 血清中淀粉酶在 37℃，30 分钟水解 10mg 淀粉为 1 个单位。

2. 本法线性范围＜400U/L，如活性超过 400U/L，样品需稀释后再测定。

3. 基质液出现混浊或絮状物时，不能再用。

参考值

血清 80～180U/L；尿液 100～1200U/L。

【临床意义】

淀粉酶主要由唾液腺和胰腺分泌，可通过肾小球滤过。

1. 升高

(1) 急性胰腺炎：血和尿中的淀粉酶显著增高。发病后 8～12 小时血清淀粉酶开始增高，12～24 小时达高峰，2～5 天下降至正常。尿淀粉酶约于发病后 12～24 小时开始升高，下降比血清淀粉酶慢，因此，在急性胰腺炎后期测定尿淀粉酶更有价值。

(2) 流行性腮腺炎。

(3) 急性阑尾炎、肠梗阻、胰腺癌、胆石症、溃疡病穿孔及吗啡注射后等均可见血清淀粉酶增高，但常低于 500U。

2. 降低　正常人血清中淀粉酶主要由肝脏产生，故血清与尿中淀粉酶同时减低主要见于肝炎、肝硬化、肝癌及急性胆囊炎和慢性胆囊炎等。

肾功能障碍时，血清淀粉酶也可降低。

实验五　细胞色素氧化酶和氰化物的抑制作用

细胞色素是一类以血红素为辅基的蛋白质，是线粒体呼吸链中重要的电子传递体。细胞色素氧化酶，又称“细胞色素 c 氧化酶、线粒体复合体Ⅳ”，位于呼吸链末端，可通过血红素中铁原子的不断氧化、还原，最终把电子传递给还原的氧而生成水。氰化物进入机体后分解出具有毒性的氰离子（CN^-），氰离子能抑制组织细胞内细胞色素氧化酶、过氧化物酶、脱羧酶、琥珀酸脱氢酶及乳酸脱氢酶等多种酶的活性。其中，细胞色素氧化酶对氰化物最为敏感。氰离子能迅速与细胞色素氧化酶中氧化型细胞色素 a_3 的三价铁结合，阻止其还原成二价铁，使传递电子的氧化过程中断。

【实验目的】

1. 学会用差速离心法分离线粒体。

2. 了解细胞色素氧化酶的活性以及氰化物对其抑制作用。

【实验内容】

一、差速离心法分离线粒体

【实验原理】

由于各种细胞器的结构、组成不同，其体积形状及密度大小不一，沉降速率存在差异，故常用不同的离心技术分离。本实验利用差速离心法，依据离心速度和时间的差别，将大小、密度不同的颗粒分别沉降。

【实验步骤】

1. 取大白鼠一只，断头致死，立即取其心肌约 15g，用冰生理盐水洗净血液，将肌肉剪碎，放入匀浆器中，加 0.25mol/L 蔗糖溶液 50ml，制成匀浆。

2. 在低温下，将匀浆以 600g 离心力离心 5 分钟，收集上清液，沉淀部分为细胞碎片、未破坏的细胞和细胞核等，弃去。

3. 在低温下，将上清液再以 10 000g 离心力离心 30 分钟，收集上清液备用。沉淀部分为线粒体，用 0.25mol/L 蔗糖溶液 5ml 洗两次（注意应搅起沉淀），最后用 0.25mol/L 蔗糖溶液 10ml 制成混悬的线粒体液，备用。

【实验试剂与器材】

1. 试剂

（1）0.25mol/L 蔗糖溶液。

（2）生理盐水。

2. 器材

（1）匀浆器。

（2）离心机。

（3）试管、试管架。

（4）吸量管。

（5）剪刀。

二、氰化物对细胞色素氧化酶的抑制作用

【实验原理】

在体外，细胞色素氧化酶能催化对苯二胺氧化生成醌对二亚胺，呈暗紫色，故可凭借颜色的变化而观察细胞色素氧化酶的活性以及氰化物对其的影响。

【实验步骤】

1. 用上面制备好的上清液和线粒体液。

2. 取试管 3 支，编号，按下表操作。

管号	上清液	线粒体液	0.1% NaCN	0.2% 对苯二胺
1	—	10 滴	—	3 滴
2	—	10 滴	2 滴	3 滴
3	10 滴	—	—	3 滴

将各管混匀后，置 25～27℃水浴中 15 分钟，并不时摇动，观察和记录各管的颜色变化。

【实验提示】

1. 因反应产物不稳定，应立即观察和记录颜色的变化。

2. 氰化物为剧毒药，严禁口吸，应由教师严格管理和存放。

【实验试剂与器材】

1. 试剂

（1）0.1% NaCN。

（2）0.2% 对苯二胺。

2. 器材

（1）水浴锅。

（2）试管、试管架。

（3）滴管。

【实验思考】

1. 试说明细胞色素氧化酶的存在部位以及氰化物对其的影响。

2. 临床氰化物中毒的机制是什么？会发生什么后果？为什么？

实验六 饱食和饥饿小白鼠肝糖原含量的比较

【实验原理】

肝糖原的含量多受进食因素的影响。如饱食后肝糖原增加，饥饿时肝糖原逐渐降低。肝糖原含量检测方法和原理是用三氯醋酸破坏肝组织的酶和蛋白质，使其沉淀而保留糖原，再用乙醇将糖原从滤液或上清液中沉淀出来，溶于热水中成为糖原溶液。糖原溶液，遇碘呈红棕色，经酸水解可生成还原性的葡萄糖，葡萄糖可与本尼迪克特试剂中二价铜反应还原成氧化亚铜。利用上述原理和方法，进行饱食与饥饿肝糖原的比较。

【实验操作】

1. 在研钵中加入少许净沙或玻璃粉及 5% 三氯醋酸溶液 2ml。

2. 将小白鼠（饥饿）快速杀死，剖腹取出肝脏，迅速以滤纸吸去附着的血液后，将整块肝脏放入研钵内研磨。再加 5% 三氯醋酸溶液 4ml，再研磨到肝组织充分磨碎为止。（饱食小鼠 1 只，重复上述操作 1 和 2）

3. 过滤，滤液分别收集于离心管中，观察并比较两种溶液的混浊程度。

4. 分别于滤液中加入等体积 95% 乙醇，混匀后，离心 3 分钟（3000r/min），比较两管糖原沉淀量。

5. 小心倾去上清液，于每管各加入蒸馏水 5ml，加温，即为糖原溶液。

6. 取试管 3 支，编号，按下表操作。

试管号	1	2	3
饱食鼠肝糖原水解液	2ml	—	—
饥饿鼠肝糖原水解液	—	2ml	—
蒸馏水	—	—	2ml
0.3% 碘液	2 滴	2 滴	2 滴

混匀，观察并记录颜色，进行比较。

7. 取试管 2 支，各加入饥饿鼠或饱食鼠肝糖原溶液 2ml，每管加入浓盐酸 10 滴，置沸水浴中水解约 10 分钟，取出冷却，然后用 20% NaOH 中和（约 20 滴），此即为肝糖原水解液。

8. 取试管 3 支，编号，按下表操作。

试管号	1	2	3
本尼迪克特试剂	1ml	1ml	1ml
饱食鼠肝糖原水解液	5滴	—	—
饥饿鼠肝糖原水解液	—	5滴	—
蒸馏水	—	—	5滴

混匀、置沸水浴中3分钟，观察记录颜色及沉淀量。

【实验附注】

饥饿小鼠一般停食1～2餐即显明显差别。

【实验试剂】

1. 5%三氯醋酸溶液。
2. 0.3%碘液（见实验一）。
3. 95%乙醇。
4. 20% NaOH溶液。
5. 浓盐酸溶液。
6. 本尼迪克特定性试剂。

实验七　葡萄糖氧化酶法测血糖浓度

【实验原理】

葡萄糖氧化酶可将葡萄糖氧化成葡糖酸和过氧化氢，过氧化氢在过氧化物酶的催化下与苯酚及4-氨基安替比林反应生成红色醌化合物。醌的生成量与葡萄糖含量成正比。反应式如下：

$$C_6H_{12}O_6 + O_2 + H_2O \xrightarrow{\text{葡萄糖氧化酶}} C_6H_{12}O_7 + H_2O_2$$

$$2H_2O_2 + \text{4-氨基安替比林} + \text{苯酚(C}_6H_5OH) \xrightarrow{\text{过氧化物酶}} \text{红色醌化合物} + 4H_2O$$

【实验操作】

1. 用蒸馏水将1%苯酚溶液稀释至0.1%。
2. 将0.1%苯酚溶液与等量酶试剂混合成酶酚混合液。
3. 取10ml试管3支，标号，按下表加入溶液。

试管号	空白管	标准管	测定管
血清（ml）	—	—	0.02
葡萄糖标准液（1mg/ml）（ml）	—	0.02	—
蒸馏水（ml）	0.02	—	—
酶酚混合液（ml）	3.0	3.0	3.0

4. 将各管分别混匀，置37℃水浴中保温20分钟，然后冷至室温，以空白管校“0”点，以波长500nm比色。

【计算】

$$葡萄糖含量(mmol/L)=\frac{测定管吸光度}{标准管吸光度}\times 100\times 0.0555$$

【实验附注】

本法对葡萄糖有专一性，不受其他糖及还原性物质干扰，其正常值为3.3～5.6mol/L。0.555为换算系数，mg%×0.555=mmol/L。以下同。

【实验试剂】

1. 1%苯酚溶液。

2. 葡萄糖标准液（1g/L）。

3. 酶试剂　配制方法为称取葡萄糖氧化酶125mg及过氧化物酶5mg，溶于磷酸盐-甘油缓冲液100ml中。另外，称取邻联茴香胺（O-di anisidine）10mg，溶于蒸馏水1ml中，然后将以上两种溶液混合，储于棕色瓶中置于冰箱保存，至少在1个月内稳定。

实验八　血清脂蛋白琼脂糖凝胶电泳

【实验目的】

1. 掌握脂蛋白的分类。

2. 掌握电泳的原理及方法。

【实验原理】

血浆中的脂类，都是和载脂蛋白结合而运输的，各种载脂蛋白分子由于等电点不同，表面带有的电荷也不同，在电场中泳动速度也不一样，故通过电泳法，可以进行分离。

将血清脂蛋白用脂类染料进行预染，再将预染过的血清置于琼脂糖凝胶板上进行电泳分离。通电后，可见脂蛋白向正极移动，并分离为几个区带。

【实验步骤】

1. 预染血清　取血清0.2ml加苏丹黑染液0.02ml，放小试管中，混合后置37℃水浴染色30分钟，不时地振摇，然后离心（2000r/min）5分钟，取上清液。

2. 制备琼脂糖凝胶板　将已制备的0.45%琼脂糖凝胶放沸水中加热融化。用吸管吸取凝胶液浇注载玻片上，每片3.5～4.5ml，静止半小时后凝固。

3. 点加血清　在已凝固的琼脂糖凝胶板的一端约2cm处，用加样挖槽器垂直切入凝胶并立即取出，拔出切下的凝胶，以小片滤纸吸干小槽中水分，用微量加样器吸取经过预染的血清20μl注入凝胶板的小槽内。

4. 电泳　将加过血清的凝胶板平行放于电泳槽中，点样端置于阴极。用4张搭桥滤纸搭在凝胶板两端，滤纸两端浸于电泳槽内的巴比妥缓冲液中，接通电源。每片凝胶板电流为8mA，电泳40分钟后关闭电源，观察并分析结果。

【实验试剂与器材】

1. 试剂

(1) 巴比妥缓冲液（pH 8.6，离子强度0.075）：为电极缓冲液，取巴比妥钠15.4g、巴比妥 2.76g、乙二胺四乙酸 0.292g，加水溶解后至 1000ml。

（2）三羟甲基氨基甲烷缓冲液（pH 8.6）：取三羟甲基氨基甲烷 1.212g、乙二胺四乙酸 0.29g、氯化钠 5.85g，加水溶解后至 1000ml。

（3）1% 琼脂糖凝胶：称取琼脂糖 1g，置于烧瓶中，加入凝胶缓冲液 50ml，再加蒸馏水 50ml，在瓶口上扣一个小烧杯，煮沸至琼脂糖凝胶完全融化，然后置 65℃水浴中备用。

（4）染色液：将苏丹黑 B 加到无水乙醇中至饱和，震荡使之乙酰化，用前过滤。

2. 器材

（1）离心机。

（2）电泳仪。

（3）电泳槽。

（4）电水浴锅。

（5）载玻片。

（6）挖槽器。

（7）针头。

（8）微量加样器。

（9）滤纸片。

（10）10ml 吸量管。

（11）100ml 烧杯。

实验九　氨基移换作用

【实验目的】

了解氨基酸的转氨基作用，并掌握分配层析的原理及纸层析的操作方法。

【实验原理】

分配层析是利用混合物中各组分在固定相、流动相两相中的分配系数不同而达到分离目的的一种实验技术。

分配系数是指在一定的条件下，某种组分在固定相和流动相中含量（浓度）的比值，常用 K 来表示。分配系数是层析中分离物质的主要依据。

$$K = C_s/C_m$$

其中 C_s 为固定相中的浓度，C_m 为流动相中的浓度。

在分配层析中，固定相为极性溶剂，例如水、稀硫酸、甲醇等。此类溶剂能和多孔的支持物如淀粉、纤维素粉、滤纸等吸附力小、反应性弱的惰性物质紧密结合，使之呈不流动状态；流动相为非极性的有机溶剂。

用滤纸做支持物的纸层析法是最常用的分配层析。滤纸中的纤维素亲水性强，可吸附 22% 左右的水分作为固定水相；有机溶剂（比如酚）和滤纸的亲和力弱，在滤纸毛细管中自由流动，形成流动相。在层析过程中，当流动相（有机溶剂）流经样品点时，样品中的溶质便按其分配系数部分地转入流动相向前移动。当经过前方固定相时，流动相中的溶质就会进行分配，一部分进入固定相。经过这样不断进行的流动和再分配，溶质沿着流动方向不断前进。各组分在滤纸上的移动速度可用 R_f 值来表示：

$$R_f=\frac{\text{原点到组分斑点中心距离}}{\text{原点到溶剂前沿线距离}}$$

R_f值的大小主要取决于组分的分配系数。分配系数大者移动速度慢，R_f值小；反之，分配系数小者移动速度快，R_f值大。在一个特定的层析体系中，同一物质的R_f值是恒定的，故可根据参考物的R_f值对分离的物质进行鉴定。

本实验通过纸层析法分离和鉴定丙氨酸，以证明谷氨酸、丙酮酸在肝细胞中的谷丙转氨酶（GPT）的催化下能发生氨基移换作用（又称为转氨基作用），即证明如下反应的发生。

$$\begin{array}{c}COOH\\|\\CH_2\\|\\CH_2\\|\\CHNH_2\\|\\COOH\\\text{谷氨酸}\end{array}+\begin{array}{c}CH_3\\|\\C=O\\|\\COOH\\\text{丙酮酸}\end{array}\xrightleftharpoons{GPT}\begin{array}{c}COOH\\|\\CH_2\\|\\CH_2\\|\\C=O\\|\\COOH\\\alpha\text{-酮戊二酸}\end{array}+\begin{array}{c}CH_3\\|\\CHNH_2\\|\\COOH\\\text{丙氨酸}\end{array}$$

【实验步骤】

1．肝匀浆的制备　取小鼠一只，断头处死后，立即取出肝脏，用0.9% NaCl溶液洗去血液，并用滤纸吸干。称取肝脏约1g，置研钵中，加入0.01mol/L pH 7.4磷酸盐缓冲液5ml，迅速研磨成匀浆。

2．转氨酶反应

（1）取离心管2支，分别标明测定管与对照管。各加入肝匀浆10滴，将对照管置沸水浴中煮5分钟，随后用流水冷却。

（2）在以上两管中各加入1%谷氨酸溶液10滴、1%丙酮酸钠溶液10滴，摇匀，同置40℃水浴中保温30分钟。

（3）保温完毕后，取出试管。各加2%醋酸2滴，放入沸水浴中5分钟。取出冷却，用于层析验证。

3．层析验证

（1）取直径11cm圆形滤纸一张，找出其圆心，用铅笔沿垂直的四个方向距圆心各1cm处标出四个点（用1、2、3、4表示），分别用于点加测定管溶液、对照管溶液、标准谷氨酸（0.1%）、标准丙氨酸（0.1%）溶液（见下图左侧）。

（2）用四根毛细管分别吸取以上4种溶液点于滤纸上相应位置，斑点直径不应大于3mm，等点样斑干燥后再重复点样2次。

（3）在滤纸圆心处穿一小孔（直径为1～2mm），另取一同类滤纸小条卷成筒状，直径为1～2mm，并将其下端剪成刷状，将此小筒插入滤纸中心小孔。

（4）将展开剂（水饱和酚）放入直径为3～5cm的干燥表面皿中，表面皿置于直径10cm培养皿正中。将滤纸平放在培养皿上，小筒浸入溶剂中，上盖另一个同样大小的培养皿盖子，使其成为封闭体系（见下图右侧），此时，展开剂会沿小筒逐渐上升，然后到达滤纸，再向四周扩展，待展开剂前沿距滤纸边缘约1cm时即可取出。

（5）取出滤纸用热风吹干，用铅笔画出溶剂前沿线，尔后喷以0.1%茚三酮乙醇溶液，再用热风吹拂，滤纸上会陆续出现显色斑点，用铅笔圈下各显色斑点，测量各色斑中心到点样点距离及点样点到溶剂前沿线距离，计算 R_f 值；观察比较各色斑的颜色差别并分析讨论实验结果。

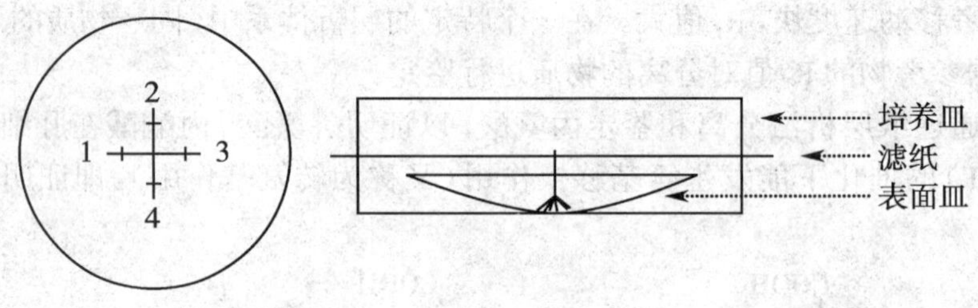

层析装置图

【实验提示】

1. 实验所用滤纸的质量好坏对物质的分离效果有极大影响。用于层析的滤纸，必须质地均一、厚薄适当、杂质较少、纤维密度适中，且具有一定的机械强度。

2. 点样也是影响分离效果的一个重要方面。要防止毛细管混用导致样品交叉污染；同时要注意控制斑点大小，直径在 3mm 左右；各斑点样量要足。

3. 水饱和酚具有强烈的腐蚀性和刺激性，使用时一定要小心，防止接触皮肤，并注意室内通风换气。

4. 纸层析法用途广泛，不仅可以用于氨基酸的分离和定性鉴定，还可以用于其定量测定，即把紫色斑点剪下来，用硫酸铜乙醇溶液洗脱下来比色；还可以应用于糖、维生素、抗生素、有机酸等小分子物质的分离和分析等。

【实验思考】

展开剂的选择要考虑哪些因素？分离 R_f 值较接近的物质，可采取哪些措施？

实验十　DNA 含量测定

【实验目的】

1. 掌握实验原理及结果计算。

2. 学会用改良二苯胺法对 DNA 进行测定。

【实验原理】

DNA 中脱氧核糖在浓酸作用下生成 δ- 羟基 -γ- 酮基戊醛，后者与二苯胺作用后显示蓝色，在 595nm 有最大吸收，其反应方程式如下：

$$
\begin{array}{c}
CHO \\
| \\
H-C-H \\
| \\
H-C-OH \\
| \\
H-C-OH \\
| \\
CH_2OH
\end{array}
\xrightarrow[-H_2O]{H^+}
\begin{array}{c}
CHO \\
| \\
H-C-H \\
| \\
H-C-H \\
| \\
C=O \\
| \\
CH_2OH
\end{array}
\xrightarrow{C_6H_5-NH-C_6H_5}
\text{蓝色物质}
$$

脱氧核糖　　δ–羟基–γ–酮基戊醛

用二苯胺法测定 DNA 含量时灵敏度不高，待测样品中 DNA 含量若低于 50μg/ml 就难以测定。如用乙酸戊酯把反应中形成的蓝色物质抽提到有机溶剂相内，则可使测定灵敏度提高。按此改良二苯胺法，待测样品中 DNA 含量在 10～150μg/ml 范围内，吸光度与 DNA 含量成正比关系。

样品中含少量 RNA 不影响测定，而蛋白质、多种糖类及其衍生物、芒香醛、羟基醛亦能与二苯胺形成各种有色物质，故干扰测定，测定前尽量除去。

【实验步骤】

1. 标准曲线的绘制　按下表在各管内分别加入不同量的 100μg/ml DNA 标准液，然后每管加入蒸馏水使体积均达 3ml。向各管加入 20% 过氯酸 2ml 及 0.237mol/L 二苯胺冰醋酸溶液 4ml，充分混匀。56℃保温 1 小时后，流水冷却，并向各管反应混合液内加 2ml 乙酸戊酯，试管加塞，剧烈振摇，使反应生成的蓝色物质充分地被抽提到乙酸戊酯相内。室温下放置 5～10 分钟使有机相与水相分层清楚。用滴管小心吸取上层有机相，使用 0.5cm 光径比色杯于 595nm 处测定吸光度（A）值。

试剂	1	2	3	4	5	6	7	8
100μg/ml DNA 标准液（ml）	0	0.2	0.4	0.6	0.8	1.0	1.2	1.4
含 DNA 量（μg）	0	20	40	60	80	100	120	140
H_2O（ml）	3.0	2.8	2.6	2.4	2.2	2.0	1.8	1.6
20% 过氯酸（ml）	2.0	2.0	2.0	2.0	2.0	2.0	2.0	2.0
0.237mol/L 二苯胺（ml）	4.0	4.0	4.0	4.0	4.0	4.0	4.0	4.0
56℃水浴保温 1 小时后流水冷却								
乙酸戊酯（ml）	2.0	2.0	2.0	2.0	2.0	2.0	2.0	2.0
充分抽提后静止 5～10 分钟取上层测吸光度（A）								
A_{595}								

以 A_{595} 为纵坐标，DNA 微克数为横坐标，画出标准曲线。

2. 样品中 DNA 含量的测定　吸取 50μg/ml DNA 的待测液样品 2ml，与制作标准曲线同样的步骤操作，在 595nm 下测得 A 值，从标准曲线上可查得出相应的量。

样品测定需与制作标准曲线使用同一批试剂、同一台分光光度计。方法见下表。

试剂	1	2	3	4
样品溶液（ml）	0	2.0	2.0	2.0
H_2O（ml）	3.0	1.0	1.0	1.0
20% 过氯酸（ml）	2.0	2.0	2.0	2.0
0.237mol/L 二苯胺（ml）	4.0	4.0	4.0	4.0
56℃水浴保温 1 小时后流水冷却				
乙酸戊酯（ml）	2.0	2.0	2.0	2.0
充分抽提后静止 5～10 分钟后取上层测吸光度（A）				
A_{595}				
DNA 量（μg）				
平均 DNA 量（μg）				

3. 结果计算

$$样品中DNA\% = \frac{样品液中测得的DNA量(\mu g)}{样品液中所含样品量(\mu g)} \times 100\%$$

【实验试剂与器材】

1. 试剂

(1) DNA 标准液：准确称取鱼精 DNA，并以水配成 100μg/ml 的溶液（DNA 在水内较难溶，可隔夜配制）。

(2) 待测 DNA（从动物肝脏中提取）：以水配成约 50μg/ml 的待测 DNA（如测吸光度值过低，可加大待测 DNA 浓度再进行测定）。

(3) 0.237mol/L 二苯胺冰醋酸溶液：称取二苯胺 20g（AR）加少量冰醋酸（AR）微热至全溶解后，再加冰醋酸至 500ml，只限当天使用。

(4) 20% 过氯酸：取 71.4ml 70% 高氯酸（$HClO_4$，AR）加水至 250ml。

(5) 乙酸戊酯（CP）或乙酸异戊酯（CP）。

2. 器材

(1) 分光光度计。

(2) 恒温水浴锅。

(3) 坐标纸。

实验十一　饱食、饥饿和激素对肝糖原含量的影响

【实验目的】

了解影响肝糖原含量的因素和测定肝糖原含量的原理及方法。

【实验原理】

正常肝糖原的含量约占肝重的 5%。许多因素可影响肝糖原的含量。如饱食后肝糖原增加，饥饿则肝糖原逐渐降低；某些激素如肾上腺素能促进肝糖原分解而降低其含量；皮质醇通过促进糖异生而增高其含量。

糖原在浓硫酸 H_2SO_4 中可先水解为葡萄糖，然后脱水形成糠醛衍生物，后者再和蒽酮作用形成蓝色化合物，与同法处理的标准葡萄糖溶液比色定量。糖原在浓碱溶液中相当稳定，故在显色之前，肝组织先放在浓碱中加热，破坏其他成分，而保留肝糖原。

【实验操作】

1. 动物准备　选择体重在 25g 以上的健康小白鼠 4 只，分为两组：一组给足量饲料；另一组于实验前 24 小时前禁食，只给饮水。实验前 5 小时，给一只饥饿鼠腹腔注射皮质醇 0.2mg/10g 体重；实验前半小时，给一只饱腹鼠腹腔注射肾上腺素 5μg/10g 体重。

2. 糖原提取　将 4 只小白鼠迅速断头处死，分别取出肝脏，以 0.9% NaCl 冲洗后，用滤纸吸干。准确称取肝组织 0.5g，分别放入原盛有 30% KOH 1.5ml 的试管中，编号，置沸水中浴煮 20 分钟，取出后冷却。将各管内容物分别全部移入 4 支 100ml 容量瓶中（用蒸馏水多次洗涤试管，一并收入容量瓶），加蒸馏水至刻度，仔细混匀。

3. 糖原的测定　取试管 6 支，编号，按下表操作。

编号(ml)	1	2	3	4	5	6
	饱食鼠	肾上腺鼠	饥饿鼠	皮质醇鼠	标准管	空白管
糖原提取液	0.5	0.5	0.5	0.5	—	—
蒸馏水	1.5	1.5	1.5	1.5	—	2.0
标准葡萄糖液	—	—	—	—	2.0	—
0.2% 蒽酮	4.0	4.0	4.0	4.0	4.0	4.0

摇匀，置沸水浴中 10 分钟，冷却，以第 6 管为空白，用 620nm 波长比色。

4. 按下式计算各管肝糖原含量(g/100g 肝组织)

$$肝糖原量=\frac{测定管吸光度}{标准管吸光度}\times\frac{100}{0.5}\times\frac{100}{0.5}\times10^{-6}\times1.11$$

注：1.11 为此法测得葡萄糖含量换算为糖原含量的常数，即：100μg 糖原用蒽酮试剂显色相当于 111μg 葡萄糖用蒽酮试剂所显之色。

【注意事项】

1. 肝组织必须在沸水浴中全部溶解，否则影响比色。

2. 注意定量转移；吸取量务必准确。

3. 蒽酮试剂必须两倍于测试液。

4. 此法试剂单纯、操作简便、迅速。但糖原含量宜在 1.5%～9%，若肝糖原 <1% 时，则由于蛋白质干扰蒽酮反应，需改用间接法测定。即肝组织消化后，用 95% 乙醇沉淀糖原(1∶1.25)，用水 2ml 溶解糖原，再用 4ml 蒽酮显色、比色。

【实验试剂】

1. 30% KOH。

2. 标准葡萄糖液(1ml 0.05mg 葡萄糖)。

3. 95% H_2SO_4：将优质浓 H_2SO_4 1L 缓慢注入蒸馏水 50ml 中，混匀，冷却。

4. 于 95% H_2SO_4 100ml 中加入蒽酮 0.2g。此试剂不稳定，以当日配用为宜。冰箱保存可用 4～5 天。

蒽酮的精制：于圆底烧瓶中置蒽酮 104g、锡粒 100g 及冰醋酸 750ml。在瓶口装上回流冷凝管，煮沸 2 小时。趁热注入 HCl(比重 1.19)250ml，并用玻璃砂芯漏斗过滤。用蒸馏水 100ml 洗漏斗。产量约 80g，使溶于热的苯液中(9∶1)，再加石油醚(1/3 容积)使沉淀，过滤待干。产量约 60g。

5. 肾上腺素注射液　将肾上腺素注射液 1mg/1ml，用 0.9% NaCl 稀释 50 倍(1∶49)，使 1ml＝20μg。

6. 醋酸皮质醇溶液　醋酸皮质醇液 0.4ml(＝10mg)用 0.9% NaCl 稀释到 25ml 使 1ml＝0.4mg。

实验十二　逆转录聚合酶链反应(RT-PCR)

【实验目的】

了解逆转录聚合酶链反应的实验原理和方法及操作应注意的事项。

【实验原理】

聚合酶链反应（PCR）是在体外模仿体内DNA复制过程合成特异DNA片段（目的基因）的一种方法，为分子生物学最常用的实验技术之一。典型的PCR包括三个步骤：①模板变性；②引物与模板退火；③引物延伸。上述三步构成一个循环，经过多次循环反应，使目的DNA得以迅速扩增。其主要步骤是：将待扩增的模板DNA置高温下（通常为92～96℃）变性，解链成单链；人工设计并合成的两个寡核苷酸引物（分别为上游引物和下游引物），在合适的复性温度下分别与变性的两条单链DNA互补结合，上、下游引物应结合在模板待扩增DNA片段的两侧；在72℃温度下，耐热的DNA聚合酶（Taq酶）将单核苷酸逐步掺入到引物的3′端，从5′→3′方向合成子链，然后进入下一个循环，典型的PCR通常要经过20～35个循环。

PCR能快速特异扩增任何已知特异DNA片段，并能轻易将皮克（pg）水平的起始DNA模板，经过扩增后，得到纳克、微克、毫克级的特异DNA片段。因此，PCR技术广泛应用于分子生物学的各个领域。包括基因的分离、克隆和核苷酸序列分析、基因表达调控、基因多态性分析、遗传病和传染病诊断、肿瘤机制探索、法医鉴定等方面。

逆转录聚合酶链反应（reverse transcription polymerase chain reaction，RT-PCR）是先提取细胞总RNA，经逆转录成cDNA，再对cDNA进行扩增，常用于对某个特定基因mRNA表达水平研究。

【实验材料与仪器】

（一）实验仪器

1. 超净工作台。
2. 高速冷冻离心机。
3. 紫外分光光度计。
4. 微型水平电泳仪（Hangzhou Dahe Thermo-Magnetics Co.，LTD，GE-100型）。
5. 梯度PCR扩增仪（Thermo公司，Thermohybaid PX2型）。
6. 紫外透射反射仪。
7. 凝胶成像分析系统（Bio-Rad公司）。

（二）实验材料

1. 昆明种小鼠。
2. Finnpipette移液器（0.5～10μl、5～40μl、40～200μl、200～1000μl）。
3. 吸头（10μl、200μl、1000μl）。
4. EP管（0.2ml、0.5ml、1ml）。

（三）试剂准备

1. Trizol RNA提取试剂盒（美国Gibco公司）。
2. 氯仿、异丙醇、乙醇（分析纯）。
3. AMV逆转录酶（5U/μl）。
4. Taq DNA聚合酶（5U/μl）。
5. dNTP混合液（10nmol）。
6. DNA Marker Ⅰ（北京天为时代科技有限公司）。
7. $MgCl_2$（25mmol）。

8．10×RT buffer［100mmol/L Tris-HCl（pH 8.3），500mmol/L KCl］。

9．5×PCR buffer。

10．RNase 抑制剂（40U/μl）。

11．Oligo dT（2.5pmol/μl）。

12．RNase Free dH_2O　0.2ml DEPC（diethylpyrocarbonate，焦碳酸二乙酯）加入 100ml dH_2O 振荡，过夜，高温高压灭菌，所有液体试剂皆用 DEPC 处理水配制。

13．GoldView 染液。

14．6×样品缓冲液。

15．琼脂糖。

16．TAE（50×）　242g Tris 和 57.1ml 溶于 100ml 0.5mol/LEDTA（pH 8.0）溶液，加双蒸水至 1L。

17．引物　用于扩增 3- 磷酸甘油醛脱氢酶（GAPDH）基因。

GAPDH 上游引物：5′-CTGGCATGGCCTTCCG-3′

GAPDH 下游引物：5′-TCCCTAGGCCCCTCCTGT-3′

扩增产物长度为 455bp。

【实验步骤】

1．小鼠肝脏总 RNA 提取　所有器械、吸头、EP 管均用 DEPC 水处理并消毒。取小鼠肝脏组织 50mg 左右，加入约 300μl Trizol，匀浆组织，用 Trizol 补足 1ml，静置 10 分钟，12 000g 10min、4℃离心，弃沉淀，取上清，加氯仿 200μl，混匀，静置 10min，12 000g 8min、4℃离心，取水相加入异丙醇 500μl，混匀，静置 10min，12 000g 8min、4℃离心，弃上清，加入 DEPC 水配制的 75% 乙醇 1ml，7500g 5min、4℃离心，弃上清，待其干燥后加 50μl RNase Free dH_2O，混匀，56℃水浴 10min，使 RNA 溶于水中，取 5μl RNA 提取液加 495μl RNase Free dH_2O，用紫外分光光度计测定 260nm 和 280nm 紫外吸收光密度值（optical density，OD 值），计算 RNA 含量及 OD_{260}/OD_{280} 比值。1OD＝40g/ml RNA。RNA 纯品 OD_{260}/OD_{280} 比值应为 2.0，通常 1.8～2.0 范围可视为合格，表明无蛋白质污染，-70℃冻存。

2．小鼠肝脏 cDNA 制备　制备 1% 的琼脂糖凝胶（按 100ml 凝胶液加入 5μl GoldView 染液），取 1l（6×）样品缓冲液加 5μl RNA 混匀，上样，100V 电泳 30 分钟，于紫外透射反射仪观察，清晰可见两条 28S RNA 和 18S RNA 区带，无拖尾现象，表明无 RNA 的降解，可用于 cDNA 的制备。

取 0.2ml DEPC 水处理过的 EP 管，分别加入如下试剂：

试剂	加样量	反应条件
$MgCl_2$（25mmol）	2μl	
10×RT buffer	1μl	
RNase Free dH_2O	3.75μl	
dNTP 混合液（10nmol）	1μl	30℃ 10min→42℃ 60min→99℃ 5min→5℃ 5min
RNase 抑制剂（40U/μl）	0.25μl	
AMV 逆转录酶（5U/μl）	0.5μl	反应产物即为 cDNA 制品
Oligo dT（2.5pmol/μl）	0.5μl	
RNA 样品（总量≤500ng）	1μl	
反应总体积	10μl	

3. PCR扩增 上述反应结束后，在反应管中依次加入如下试剂：

试剂种类	加样量	反应条件
5×PCR buffer	10μl	
RNase Free dH_2O	28.75μl	
Taq DNA 聚合酶（5U/μl）	0.25μl	94℃×5min→94℃×20s/56℃×30s/72℃×40s，25个循环→72℃×10min
上游引物（10pmol）	0.5μl	
下游引物（10pmol）	0.5μl	
反应总体积	50μl	

取扩增的GAPDH DNA产物作2%琼脂糖凝胶电泳（按100ml凝胶液加入5μl GoldView染液），100V×30分钟；取电泳后琼脂糖凝胶，于紫外透射反射仪观察，可见GAPDH扩增条带，也可用凝胶成像分析系统扫描分析。

【注意事项】

1. RNA极易被RNase降解，整个操作过程均需在超净工作台中，需要戴上口罩和手套，并在冰浴中进行。

2. 所有试剂均需用DEPC水处理灭菌后玻璃容器盛装或使用RNA实验用的一次性塑料容器。试剂配制用的无菌水均需用0.1%的DEPC处理后进行高压灭菌。

3. 试剂最好预先分装，应尽量避免反复冻融。分装试剂要用新的枪头，防止样品间接污染。试剂最好在−70～−80℃保存。

4. 一次需要进行多管逆转录或PCR时，可先配制各种试剂的混合液，再分别加到各反应管中。

5. 酶制品要在使用前才从−20℃中取出，用后也应立即放回−20℃中保存。

实验十三　紫外吸收法测定核酸的含量

【实验目的】

1. 掌握使用紫外分光光度法测定核酸含量的原理和方法。

2. 熟悉紫外分光光度计的基本原理和使用方法。

【实验原理】

核酸及其衍生物、核苷酸、核苷、嘌呤、嘧啶均具有紫外吸收的性质。其最大紫外吸收值在260nm处。遵照Lambert-Beer定律，可以根据紫外光吸收值的变化来测定其含量。核酸的摩尔消光系数通常用ε(ρ)来表示，即每升溶液中含有1摩尔核酸磷在260nm波长处的吸光度值（即A_{260}值）。核酸的摩尔消光系数不是一个常数，而是随样品的前处理、溶液的pH和离子强度而变化。如测得未知浓度核酸溶液的A_{260}值，即可计算出其中RNA或DNA的含量。该法操作简单、快速、灵敏度高，对样品无损。

核酸摩尔消光系数[ε(ρ)]及相关值

	ε(ρ)（pH 7.0 260nm）	磷含量（%）	A_{260}（1μg/ml）
RNA	7700～7800	9.5	0.02～0.024
DNA-Na盐	6600	9.2	0.020

该方法对于含有微量蛋白质和核苷酸等具有吸收紫外光物质的核酸样品，测定误差较小；若样品内含有大量的上述吸收紫外光的物质，则测定误差较大，需要在测定前设法除去。

【实验操作】

1．如果已知待测的核酸样品中不含酸溶性核苷酸或可透析的低聚多核苷酸，可称取核酸样品若干，加少量蒸馏水调成糊状，再加适量的水，用5%～6%氨水调至pH 7.0，最后加水配成一定浓度的溶液（20～50μg/ml），于紫外分光光度计上直接测定A_{260}，计算核酸浓度。

$$\text{DNA 浓度}(\mu g/ml)=\frac{A260}{0.020\times L}\times N$$

$$\text{RNA 浓度}(\mu g/ml)=\frac{A260}{0.024\times L}\times N$$

式中A_{260}为260nm波长处吸光度值；L为比色杯厚度，通常为1cm；N为稀释倍数；0.024为每毫升溶液含1μg RNA的A_{260}值；0.020为每毫升溶液含1μg DNA的A_{260}值。

2．如果待测的核酸样品中含有酸溶性核苷酸或可透析的低聚多核苷酸，在测定前需要加钼酸铵-过氯酸沉淀剂，去除大分子核酸，测定上清液A_{260}值作为对照。

准确称取核酸样品0.50g，加少量蒸馏水调成糊状，再加适量的水，用5%～6%氨水调至pH 7.0，加水定容至50ml。

取2支离心管，A管加入2ml待测样品和2ml蒸馏水，B管加入2ml待测样品和2ml沉淀剂。混匀，在冰浴中放置30分钟，以3000r/min离心10分钟。从A、B管中各吸取0.5ml上清液，分别用蒸馏水定溶至50ml，选用光径为1cm的石英比色杯，于260nm波长下测A_{260}值。

3．计算

$$\text{RNA（或 DNA）浓度}(\mu g/ml)=\frac{A260}{0.024\text{（或 }0.020\text{）}\times L}\times N$$

式中，A_{260}为A管稀释液的A_{260}减去B管稀释液的A_{260}值。

$$\text{核酸}\%=\frac{\text{1ml 待测液中测定的核酸微克数}}{\text{1ml 待测液样品的微克数}}\times 100$$

在本实验中，1ml待测液中样品量为50μg。

【注意事项】

1．紫外分光光度法适用于大于0.25μg/ml的核酸样品。

2．样品中蛋白质和核苷酸对实验结果影响很大，因此样品中要除去这些因素的干扰。

【实验试剂】

1．核酸样品　DNA或RNA。

2．5%～6%氨水　用25%～30%氨水稀释5倍。

3．钼酸铵-过氯酸试剂　取3.6ml 70%过氯酸和0.25g钼酸铵，溶于96.4ml蒸馏水中，配成0.25%钼酸铵-2.5%过氯酸溶液。

【实验思考】

1. 采用紫外光吸收法测定样品的核酸含量，有何优点及缺点？

2. 若样品中含有核苷酸或蛋白质等杂质，应如何处理？

实验十四 蛋白质的免疫印迹技术

【实验目的】

1. 掌握与免疫印迹相关的原理和方法，如电泳技术、转膜技术等。

2. 学习免疫学检测的基本原理。

3. 了解骨架蛋白 β-actin 作为蛋白质内参的检测方法。

【实验原理】

免疫印迹（immunoblot，Western blot）是一种将凝胶电泳与固相免疫相结合的分子生物学技术。就是将正常的组织细胞破碎，分离出各种蛋白质抗原，经 SDS-PAGE 电泳按分子量大小分离并转移到一张薄的支持体——硝酸纤维薄膜（NC）或 PVDF 膜上固定。然后用特异性抗体识别膜上的蛋白质抗原，再通过与标记的抗原抗体反应，运用酶学原理放大并显示，呈现出可见的实验结果。

其基本过程主要有三个步骤：

1. 将变性蛋白质经 SDS-PAGE 电泳按分子量大小不同依次分离（第一相鉴定）。

2. 将分离的蛋白质组分转印到印迹膜上。

3. 对印迹膜上的蛋白质成分进行免疫学检测（第二相鉴定）。

β-actin，是细胞内一种重要骨架微丝蛋白，广泛分布于细胞质内，表达量非常丰富。由 375 个氨基酸组成，分子量大小为 42～43kD。β-actin 的编码基因属于管家基因，在各组织和细胞中的表达相对恒定，蛋白质水平通常不会发生改变，因而被广泛用于免疫印迹检测上样量是否一致的参照。此外，β-tubulin（55kD）和 GAPDH（36kD）也是免疫印迹最常采用的内参指标。

【实验仪器、材料与试剂】

1. SDS-PAGE 试剂　见 SDS-PAGE 电泳实验。

2. 1×转膜缓冲液　甘氨酸 14.4g; Tris-base 3.0g; 甲醇 200ml; 加 ddH_2O 定容至 1000ml。

3. 1×TBST　Tris-base 2.42g（pH 7.6），NaCl 8g，Tween-20 1ml，加 ddH_2O 定容至 1000ml。

4. 丽春红染液　0.1g 丽春红溶于 5ml 醋酸，加入 ddH_2O 定容至 100ml。

5. 封闭液（5% 脱脂奶粉，现配）　脱脂奶粉 1.0g 溶于 20ml 的 TBST 中。

6. 显色液　Tris-base 1.21g（pH 9.5），NaCl 0.58g，$MgCl_2$ 0.1g，加 ddH_2O 定容至 100ml。

【实验方法】

（一）蛋白质样品获得

（二）电泳

制备电泳凝胶，进行 SDS-PAGE 分离蛋白质样品。

（三）半干式转移

1. 电泳结束后，按照推测的目的蛋白的位置，将凝胶切至合适大小（记住切角标记，用于识别胶的上下端），用转膜缓冲液浸泡 15 分钟。

2. 膜处理　预先裁好与胶条同样大小的两张厚滤纸（或用两套 8 张薄滤纸替代）和 NC 膜（剪角标记上下端和正反面），浸入转膜缓冲液中。

3. 半干式转膜　转膜装置从下至上依次按阳极碳板、厚滤纸（或 8 张）、NC 膜、凝胶、厚滤纸、阴极不锈钢板的顺序放好，滤纸、凝胶、NC 膜精确对齐，用玻璃棒轻轻赶动，去除气泡，盖上阴极不锈钢板。接通电源，恒流 $1mA/cm^2$，转移 2 小时。转移结束后，断开电源将膜取出，做免疫印迹。

4. 染膜　采用丽春红染色 1～2 分钟，用 ddH_2O 冲洗，观察转膜的效果。

（四）湿式转移

1. 剪切与凝胶大小一致的硝酸纤维素薄膜和普通滤纸 4 张；与海绵一起用湿式转移缓冲液充分浸湿 15 分钟。

2. 打开湿式转移槽的胶板，依次放入浸湿的海绵、2 张滤纸、凝胶、NC 膜、滤纸和海绵（注意赶走气泡）。小心地合上转移槽的胶板，并立即放入转移槽。倒入冰冷的湿式转移缓冲液（4℃），浸没转移胶板。

3. 插入电极，注意正负极方向，打开电泳仪开关稳流至 160mA，2 小时。

4. 转移结束后打开胶板取出蛋白质 NC 膜。

（五）免疫反应

1. 用 TBST 或 ddH_2O 冲洗 NC 膜一次，平衡 NC 膜的 pH。

2. 用封闭液封闭，水平摇床上摇动，室温 2 小时或 4℃过夜。

3. 弃封闭液，加入兔抗大鼠（Rat）的 β-actin 抗体（一抗，按 1∶500 用 TBST 加 5% 脱脂奶粉稀释），室温放置 4 小时或 4℃过夜。

4. 弃一抗，在水平摇床上，TBST 洗膜 10 分钟 ×3 次。

5. 加入碱性磷酸酶（AP）或辣根过氧化物酶（HRP）偶联抗兔的二抗（按 1∶10 000 用 TBST 加 5% 脱脂奶粉稀释），平稳摇动，室温 2 小时。

6. 弃二抗，在水平摇床上，TBST 洗膜 10 分钟 ×3 次。

7. 加入 AP 酶催化的膜显色液[NBT/BCIP（2∶1）按 1∶200 用显色液稀释]，显色至膜上出现条带时，放入双蒸水中终止反应。

8. 或采用 HRP 酶作用的荧光显色液鲁米诺和 H_2O_2（1∶1），即荧光显色液混合后，滴加在半干的吸附膜上，晾干（可用滤纸吸取多余显色液），并放入胶片内夹好，暗室内观察荧光强弱。将夹膜胶片放入暗盒，压上 X 线片曝光（注意：胶片要剪角标记，并与膜对称放置），根据荧光强弱，确定曝光时间。最后将曝光胶片放入显影液显影并观察，清水冲洗，定影液定影后，晾干，观察 X 线片曝光留下的图像。

【注意事项】

1. 一抗、二抗的稀释度、作用时间和温度对不同的蛋白要经过预实验确定最佳条件。

2. 显色液必须新鲜配制使用。

3. 显色液如 NBT/BCIP 等有致癌的潜在可能，操作时要小心仔细。

【实验思考】

1. 如果一抗是鼠源的抗体，试述二抗可选择的抗体种类有哪些？

2. 对比半干式和湿式转膜的不同及其适用的范围。

3. 试分析不同亚细胞结构，β-Actin 分布的差异和可能的原因。

实验十五 重组DNA

【实验目的】

通过本实验学会重组DNA连接以及鉴定重组子的方法。

【实验原理】

载体分子与目的DNA片段的连接就是DNA重组。这样重新组合的DNA叫做重组体或重组子。这个过程是在DNA连接酶的作用下完成的。常用的DNA连接酶包括大肠杆菌DNA连接酶和T4 DNA连接酶。大肠杆菌DNA连接酶一般用于连接切口或互补黏端。T4 DNA连接酶主要用于连接互补黏端或平端。但连接平端的效率比黏性末端的连接效率低，一般可通过提高T4噬菌体DNA连接酶浓度或增加DNA浓度来提高平末端的连接效率。

T4噬菌体DNA连接酶催化DNA连接反应分为3步：首先，T4 DNA连接酶与辅助因子ATP形成酶-AMP复合物；其次，酶-AMP复合物再结合到具有5′磷酸基和3′羟基切口的DNA上；最后产生一个新的磷酸二酯键，把切口封起来。为了防止载体本身的自连，可以通过牛小肠碱性磷酸酶（CIP）处理。

连接反应的温度在37℃时有利于连接酶的活性。但是在这个温度下，黏性末端的氢键结合是不稳定的。可在12～16℃连接12～16小时（过夜），这样既可最大限度地发挥连接酶的活性，又兼顾到短暂配对结构的稳定。

重组质粒转化宿主细胞后，还需对转化菌落进行筛选鉴定。利用α-互补现象进行筛选是最常用的一种鉴定方法。如pUC系列质粒载体的选择标记*lac Z′*。pUC系列质粒的宿主菌为JM系列，其F因子含*lac Z*，但该基因不完整，编码的β-半乳糖苷酶缺少11～41位氨基酸肽段，因而没有酶活性；而*lac Z′*的编码产物为β-半乳糖苷酶N端序列，长度为146个氨基酸残基。当含*lac Z′*的pUC系列质粒转化JM菌后，两种编码产物互补，形成有活性的β-半乳糖苷酶，这一现象称为α-互补。由α-互补而形成的有功能活性的β-半乳糖苷酶，可以用X-gal（5-溴-4-氯-3-吲哚-β-D-半乳糖苷）显色检测出来，它能将无色的化合物X-gal切割成半乳糖和深蓝色的底物5-溴-4-靛蓝。

当在培养基中加入人工诱导物IPTG和人工底物X-gal时，IPTG诱导重组体的*lac Z′*和宿主的*lac Z*表达，通过α-互补形成活性β-半乳糖苷酶，催化水解X-gal，产物呈蓝色，因而形成蓝色菌落；相比之下，重组M13所含的*lac Z′*因插入目的DNA而失活，不发生α-互补，因而形成白色菌落。

【实验仪器与试剂】

（一）仪器

1. 恒温摇床。
2. 恒温水浴器。
3. 恒温培养箱。
4. 台式离心机。
5. 低温离心机。
6. −70℃冰箱。

7. 超净工作台。

（二）材料

1. 胰蛋白胨。
2. 酵母提取物。
3. 氯化钠（NaCl）。
4. 氨苄西林。
5. 氯化钙（$CaCl_2$）。
6. 二甲基甲酰胺。
7. *Eco* RI 酶。
8. T4 DNA 连接酶。
9. 大肠杆菌 JM109。
10. λDNA。
11. pUC 19 质粒。
12. 培养皿。
13. 接种针。
14. 玻璃涂棒。
15. 试管。
16. 酒精灯。
17. 镊子、牙签等。
18. 50ml 离心管。
19. 琼脂。

（三）试剂

1. 0.1mol/L $CaCl_2$ 溶液。
2. LB 液体培养基

配制每升培养基，应在 950ml 去离子水中加入：

胰蛋白胨	10g
酵母提取物	5g
NaCl	10g

摇动容器直至溶质完全溶解，用 NaOH 调 pH 至 7.0（每升加 5mol/L NaOH 200μl），加入去离子水至总体积为 1L，121℃湿热灭菌 20 分钟。

3. 氨苄西林（Amp），用无菌水配制成 100mg/ml 溶液，置 −20℃冰箱保存。

4. LB 固体培养基　每升 LB 培养基中加 15g 琼脂。

5. 3mol/L KAc（pH 5.2）。

6. X-gal　将 X-gal 溶于二甲基甲酰胺，配成 20mg/ml，不需过滤灭菌，分装小包装，避光储存于 −20℃。

7. IPTG　取 2g IPTG 溶于 8ml 双蒸水中，再用双蒸水补至 10ml，用 0.22μm 滤膜过滤除菌，每份 1ml，储存于 −20℃。

8. TE 缓冲液

10mmol/L Tris•HCl（pH 8.0）

1mmol/L EDTA（pH 8.0）

【实验步骤】

（一）质粒 DNA 的制备

按质粒提取方法提取（核酸提取）。

（二）制备重组 DNA

1. 在灭菌的 Eppendorf 管中，加入 pUC 19 质粒 1μl（2μg/μl），2μl 酶切缓冲液，1μl（2U）*Eco* RI 酶，无菌双蒸水 15μl，至反应混合物总体积为 20μl，离心混匀，37℃反应 3h（酶及缓冲液应放在冰上）。

2. 在另一无菌 Eppendorf 管中，加 λDNA 1.5μg，加入 1μl 酶切缓冲液，1μl（2U）*Eco* RI 酶，无菌双蒸水补到 10μl，37℃反应 3 小时。

3. 反应完毕后各取 2μl 酶解液做电泳分析。

4. 分别将余下的酶解液加入 1/10 体积的 3mol/L KAc（pH 5.2）溶液，再加 2 倍体积的无水乙醇，在 −20℃冰箱中放置 2 小时（沉淀 DNA）。12 000r/min 4℃离心 15 分钟，弃上清，加 70% 乙醇洗沉淀物，再离心，去上清，真空干燥后，加 5μl TE 溶液。

5. 将酶切后的 2 个 DNA 片段混合于一管中，加 T4 DNA 连接酶切缓冲液 1μl，T4 DNA 连接酶 1μl，14℃保温 14 小时，准备做转化实验。

（三）制备感受态细胞

1. 从大肠杆菌 JM 109 平板上挑取一个单菌落接种于 2ml LB 液体培养基的试管中，37℃，190 次/分振荡培养过夜。

2. 取 0.5ml 菌液转接到一个含有 50ml LB 液体培养基锥形瓶中，37℃振荡培养 2～3 小时。（此 OD_{600}≤0.4～0.5，细胞数务必＜10^8/ml）。

3. 将菌液转移到 50ml 离心管中，冰上放置 10 分钟。

4. 4℃离心 10 分钟（6000r/min），回收细胞。

5. 倒出培养液，将管倒置 1 分钟以便培养液流尽。

6. 用冰冷的 0.1mol/L $CaCl_2$ 10ml 悬浮沉淀，立即放在冰上保温 30 分钟。

7. 4℃ 6000r/min，离心 10 分钟，弃上清，回收细胞。

8. 用冰冷的 0.1mol/L $CaCl_2$ 2ml 悬浮细胞（务必放冰上）。

9. 分装细胞，每 200μl 一份，−70℃保存。此细胞为感受态细胞。

（四）细胞转化

1. 在 200μl 新制备的感受态细胞中加入 5μl 连接产物，混匀，冰上放置 30 分钟。同时做两个对照管。

受体菌对照：200μl 感受态细胞＋2μl 无菌双蒸水。

质粒对照：200μl 0.1mol/L $CaCl_2$ 溶液＋2μl pUC 19 质粒 DNA 溶液。

2. 将管放到 42℃水浴，1.5 分钟（严格控制）。

3. 冰上放置 2 分钟。

4. 每管加 800μl LB 液体培养基（轻轻混匀），37℃培养 1 小时，慢摇。

（五）重组子的鉴定

1. 制备琼脂板，LB 培养基含 100μl/ml 氨苄西林，琼脂 15g/L，倒入培养皿，凝固后备用。

2. 在预制的 LB 琼脂平板上，加 40μl 20mg/ml X-gal 和 40μl 200mg/ml IPTG 溶液，并用灭菌玻璃推子（酒精灯上烧后冷却），均匀涂布于琼脂凝胶表面。

3. 将适当体积（50～100μl）已转化的感受态细胞均匀涂在上面的培养皿上。将平皿放置 37℃温箱 30 分钟，至液体被吸收。

4. 倒置平皿 37℃培养 12～16 小时，培养皿上生长着很多白色菌落和蓝色菌落，白色菌落为 DNA 重组子。

实验十六　细胞总 RNA 提取及 RT-PCR

【实验目的】

1. 掌握 RNA 提取和 RT-PCR 的基本原理。
2. 熟悉 RNA 提取和 RT-PCR 的操作方法。

一、细胞总 RNA 提取

【实验原理】

从细胞中分离 RNA 是分子生物学实验经常进行的操作之一，所提取 RNA 的质量是进行其他实验的基础，如 Northern 杂交、目的基因 cDNA 的克隆、荧光定量、文库构建等。

RNA 分离的方法有：异硫氰酸胍氯化铯超速离心法、盐酸胍 - 有机溶剂法、氯化锂 - 尿素法、蛋白酶 K- 细胞质 RNA 提取法、异硫氰酸胍 - 酚 - 氯仿一步法等。目前常用的是 Trizol 法。

Trizol 试剂适用于从细胞和组织中快速分离 RNA。Trizol 的主要成分是异硫氰酸胍和酚。异硫氰酸胍属于解偶剂，是一类强力的蛋白质变性剂，可溶解蛋白质，主要作用是裂解细胞，使细胞中的蛋白、核酸物质解聚得到释放。酚虽可有效地变性蛋白质，但是它不能完全抑制 RNA 酶活性，因此 Trizol 中还加入了 8- 羟基喹啉、β- 巯基乙醇等来抑制内源和外源 RNase。在加入氯仿离心后，溶液分为水相和有机相，RNA 选择性地进入无 DNA 和蛋白质的水相中。取出水相用异丙醇沉淀可回收 RNA；用乙醇沉淀中间层可回收 DNA；用异丙醇沉淀有机相可回收蛋白质。

Trizol 试剂可用于小量样品（50～100mg 组织、5×10^6 细胞），也适用于大量样品（≥1g 组织、$>10^7$ 细胞）。对人、动物、植物组织、细菌均适用，整个提取过程在 1 小时内即可完成。分离的总 RNA 无蛋白质和 DNA 污染，可用于 Northern blot、dot blot、ploy A 筛选、体外翻译、RNase 保护分析和分子克隆。在用于 RT-PCR 时如果两条引物存在于一个单一外显子内，建议用无 RNase 的 DNase Ⅰ处理 RNA 样品，避免出现假阳性。共纯化的 DNA 可用作标准，比较不同样品 RNA 的得率，也可用于 PCR 和酶切。蛋白质可用于 Western blotting。

【实验试剂】

氯仿，异丙醇，75% 乙醇，无 RNase 的水或 0.5% SDS（溶液均需用 DEPC 处理过的水配制）。

【实验步骤】

1. 匀浆处理

（1）组织：将组织在液氮中磨碎，每 50～100mg 组织加入 1ml Trizol，用匀浆仪进行匀浆处理。样品体积不应超过Trizol体积的10%。

(2) 单层培养细胞：直接在培养板中加入Trizol裂解细胞，每$10cm^2$面积加1ml，用移液器吸打几次。Trizol的用量应根据培养板面积而定，不取决于细胞数。Trizol加量不足可能导致提取的RNA有DNA污染。

(3) 细胞悬液：离心收集细胞，每$(5\sim10)\times10^6$动物、植物、酵母细胞或1×10^7细菌细胞加入1ml Trizol，反复吸打。加Trizol之前不要洗涤细胞以免mRNA降解。一些酵母和细菌细胞需用匀浆仪处理。

（提示：匀浆一定要彻底，这是提取高质量RNA的前提；注意细胞数量与Trizol的比例，细胞的数量不能过多。）

2. 将匀浆样品在室温（15～30℃）放置5分钟，使核酸蛋白复合物完全分离。

3. 可选步骤　如样品中含有较多蛋白质、脂肪、多糖或胞外物质（肌肉、植物结节部分等）可于2～8℃ 10 000g离心10分钟，取上清。离心得到的沉淀中包括细胞外膜、多糖、高分子量DNA，上清中含有RNA。处理脂肪组织时，上层有大量油脂应去除。取澄清的匀浆液进行下一步操作。

4. 每使用1ml Trizol加入0.2ml氯仿，剧烈振荡15秒，室温放置3分钟。

（注意：此步振荡非常重要，建议在旋涡振荡器上进行。）

5. 2～8℃ 10 000g离心15分钟。样品分为三层：底层为黄色（红或绿）有机相，上层为无色水相，以及一个中间层。RNA主要在水相中，水相体积约为所用Trizol试剂的60%。

6. 把水相转移到新管中（如要分离DNA和蛋白质可保留有机相），用异丙醇沉淀水相中的RNA。每使用1ml Trizol加入0.5ml异丙醇，室温放置10分钟。

7. 2～8℃ 10 000g离心10分钟，离心前看不出RNA沉淀，离心后在管侧和管底出现胶状沉淀。移去上清。

8. 用75%乙醇洗涤RNA沉淀。每使用1ml Trizol至少加1ml 75%乙醇。2～8℃不超过7500g离心5分钟，弃上清。

9. 室温放置干燥或真空抽干RNA沉淀，不要晾得过干，否则不易溶解，大约晾5～10分钟。加入25～200μl无RNase的水，−70℃保存。

二、RT-PCR

【实验原理】

逆转录-聚合酶链反应（RT-PCR）的原理是：提取组织或细胞中的总RNA，以其中的mRNA作为模板，采用Oligo（dT）或随机引物利用逆转录酶逆转录成cDNA。再以cDNA为模板进行PCR扩增，而获得目的基因或检测基因表达。RT-PCR使RNA检测的灵敏性提高了几个数量级，使一些极为微量的RNA样品分析成为可能。该技术主要用于：分析基因的转录产物、获取目的基因、合成cDNA探针、构建RNA高效转录系统。

【实验试剂】

1. RNA提取试剂。

2. 第一链cDNA合成试剂盒。

3. dNTP mix　含dATP、dCTP、dGTP、dTTP各2mmol/L。

4. Taq DNA聚合酶。

【实验步骤】

1. 总 RNA 的提取 见前述内容。

2. cDNA 第一链的合成 目前试剂公司有多种 cDNA 第一链试剂盒出售，其原理基本相同，但操作步骤不一。现以 TAKARA 公司提供的 PrimeScript™ 1st Strand cDNA Synthesis Kit 试剂盒为例。

（1）在 0.2ml 微量离心管中，加入以下：

总 RNA	1～5μg
dNTP	0.1μl
Random primer	0.1μl

补充适量的 DEPC H_2O 使总体积达 10μl。轻轻混匀、离心。

（2）PCR 仪上 65℃加热 5 分钟，立即将微量离心管插入冰浴中至少 1 分钟。

（3）然后加入下列试剂的混合物：

5 × PrimeScript buffer	4μl
RNase inhibitor	0.5μl
RTase	1μl
RNase free H_2O	4.5μl

轻轻混匀，离心。

（4）30℃孵育 10 分钟。

（5）42℃孵育 60 分钟。

（6）于 70℃加热 15 分钟以终止反应，将管插入冰浴中。

3. PCR

（1）取 0.5ml PCR 管，依次加入下列试剂：

第一链 cDNA	2μl
上游引物（10pmol/L）	2μl
下游引物（10pmol/L）	2μl
dNTP（2mmol/L）	4μl
10 × PCR buffer	5μl
Taq 酶（2U/μl）	1μl

（2）加入适量的 ddH_2O，使总体积达 50μl。轻轻混匀，离心。

（3）设定 PCR 程序。在适当的温度参数下扩增 28～32 个循环。为了保证实验结果的可靠与准确，可在 PCR 扩增目的基因时，加入一对内参（如 G-3-PD）的特异性引物，同时扩增内参 DNA，作为对照。

（4）电泳鉴定：行琼脂糖凝胶电泳，紫外灯下观察结果。

（5）密度扫描、结果分析：采用凝胶图像分析系统，对电泳条带进行密度扫描。

【实验提示】

（1）β-actin 引物序列：

sense	5-ACCATGGATGATGATATCGCC-3
antisense	5-GTGCCAGATTTTCTCCATGTC-3

片段长度 264（71-334）

（2）目的基因 GAPDH 引物序列

sense 5′ ATGGGGAAGGTGAAGGTCGG 3′

antisense 5′ CAGGGGTGCTAAGCAGTTGG 3′

片段长度：480（103-582）

【实验思考】

1．RNA 提取中如何有效预防 RNase 污染？

2．RT-PCR 中，如何防止非特异性扩增？

实验十七 肝的生酮作用及酮体检出

【实验原理】

以丁酸作为底物与肝组织匀浆（内含合成酮体的酶系）保温后，即有酮体生成。酮体可与显色粉（亚硝基铁氰化钠等）产生紫红色物质反应；而经同样处理的肌肉匀浆则不产生酮体，故无显色反应。

【实验操作】

1．肝匀浆和肌肉匀浆的制备　取小鼠 1 只，断头处死，迅速剖腹，取出全部肝脏和部分肌肉组织，分别置于研钵中，用剪刀剪碎，加入生理盐水（按重量 / 体积 = 1∶3）和少许细沙，研磨成匀浆。

2．取试管 2 支，编号，按下表操作。

试剂	1	2
罗氏溶液（滴）	15	15
0.5mol/L 丁酸溶液（滴）	30	30
1/15mol/L 磷酸缓冲液（滴）	15	15
肝匀浆（滴）	20	—
肌肉匀浆（滴）	—	20
置 37℃水浴箱中保温 40～50 分钟		
15% 三氯醋酸（滴）	20	20

将 1 号和 2 号试管分别摇匀混合 5 分钟，离心沉淀约 5 分钟（3000r/min），并取出上清液（1）和（2）备用。

3．另取试管 5 支，编号，按下表操作。

试剂	1	2	3	4	5
上清液（1）（滴）	20	—	—	—	—
上清液（2）（滴）	—	20	—	—	—
酮体溶液（滴）	—	—	20	—	—
0.5mol/L 丁酸（滴）	—	—	—	20	—
酮尿（滴）	—	—	—	—	20

4．各管加显色粉 1 小匙（高粱米粒大），观察各管颜色反应，并解释之。

【实验试剂】

1. 肝匀浆和肌肉匀浆。

2. 0.9% NaCl 溶液。

3. 罗氏溶液　NaCl 0.9g，KCl 0.042g，$CaCl_2$ 0.024g，$NaHCO_3$ 0.02g，葡萄糖 0.1g，溶解后加蒸馏水至 100ml。

4. 0.5mol/L 丁酸　取 44.0g 丁酸溶于 0.1mol/L NaOH 溶液中，并用 0.1mol/L NaOH 溶液稀释至 1000ml。

5. 1/15mol/L 磷酸缓冲液（pH＝7.6）。

6. 15% 氯醋酸。

7. 酮体溶液。

8. 显色粉　亚硝基铁氰化钠 1g、无水碳酸钠 30g、硫酸铵 50g，混合后研碎。

实验十八　血清胆红素的定量测定

【实验原理】

血清胆红素包括结合胆红素与未结合胆红素，其中结合胆红素是经肝细胞处理后生成的胆红素葡糖醛酸，它与重氮试剂反应，产生偶氮胆红素，这种反应称直接反应。未结合胆红素是未经肝细胞处理的胆红素，其侧链上的两个自由羧基及两个烯醇基间形成氢键，不能直接与重氮试剂起反应，必须加乙醇或甲醇或尿素等试剂使氢键破坏后，才能与重氮试剂反应生成红色偶氮胆红素，这种反应称间接反应。进行这两种反应的试验，称凡登白试验。利用这个试验的原理，可测定血清胆红素的总量和直接反应中 1 分钟内显色的胆红素含量，这个含量大致相当于结合胆红素的含量。

本实验先以血清与重氮试剂作用 1 分钟测定直接胆红素，然后加入甲醇试剂测定胆红素总量。

【实验操作】

取试管 2 支，按下表顺序操作。

试剂（ml）	测定管	对照管
血清	0.2	0.2
蒸馏水	1.8	1.8
重氮试剂	0.5	—
1.5% 盐酸液	—	0.5
测定管加入生氮试剂后，立即混匀，开动秒表计时，在 1 分钟整时用 560nm 波长进行光电比色，以对照管调零，读取吸光度数，对照标准曲线查出 1 分钟胆红素含量		
甲醇	2.5	2.5

立即混匀，静置 15 分钟，同样用 560nm 波长进行比色，以对照管调零，读取吸光系数，对照标准曲线查总胆红素含量。

【实验附注】

1. 胆红素易被氧化，显色后颜色很快变浅，必须迅速操作，及时显色。本法呈色不够稳定，30 分钟颜色即消退，故应在呈色后 10～30 分钟之间比色。

2. 本法测定1分钟胆红素时试管总液量仅2.5ml，要用721型分光光度计小比色杯。

3. 正常值 1分钟胆红素0～6.8μmol/L，占总胆红素的35%以下。总胆红素为3.4～10.26μmol/L。

4. 胆红素标准应用液的配制 精确称取胆红素10mg于称量皿中，用少量氯仿溶解，移入100ml容量瓶，反复用少量氯仿冲洗称量皿一起倾入该容量瓶内，再加氯仿至100ml刻度处，然后移入棕色试剂瓶，严密塞紧，作为胆红素标准储存液置冰箱中保存。在制备标准曲线时，将上述储存液用甲醇稀释10倍，即为胆红素标准应用液。

5. 标准曲线可按下表操作绘制。

试剂	空白	1	2	3	4	5	6
胆红素标准应用液(ml)	—	0.1	0.2	0.4	0.6	0.8	1.0
重氮试剂(ml)	0.5	0.5	0.5	0.5	0.5	0.5	0.5
50%甲醇(ml)	4.5	4.4	4.3	4.1	3.9	3.7	3.5
相当于血清总胆红素(mg%)	0	0.5	1.0	2.0	3.0	4.0	5.0
相当于血清1分钟胆红素(mg%)	0	0.25	0.5	1.0	1.5	2.0	2.5

混匀，15分钟后以560nm波长比色，以空白调零，读取吸光度数，绘制标准曲线。

【实验试剂】

1. 新鲜血清。

2. 重氮试剂 甲液：对氨基苯磺酸1g，浓盐酸15ml，蒸馏水加至1000ml。乙液：取未潮解变质的亚硝酸钠25g，加蒸馏水至50ml，配成50%亚硝酸钠，置冰箱保存。用时取0.5ml再加蒸馏水至50ml，此溶液每周重配一次。临用前，吸取甲液5ml，加入乙液0.15ml，3小时内有效。

3. 空白试剂，1.5%盐酸溶液。

4. 甲醇或95%乙醇。

实验十九 血气分析法鉴定酸碱平衡紊乱的类型

【实验目的】

1. 学习血气分析法的应用原理和操作技术。

2. 通过血气分析法测定出的指标对酸碱平衡紊乱进行分类。

【实验原理】

通过使用血气分析仪对人体血液的酸碱度(pH)、二氧化碳分压、氧分压等进行定量测定，并对人体血液中酸碱平衡状态和输氧状态进行分析和评价，以帮助医生对患者进行快速诊断和及时的治疗。

【实验步骤】

1. 材料准备 常规消毒用品，抗凝用肝素液，采血用器具，橡皮塞。

2. 选择穿刺部位 选择没有输液并容易穿刺的动脉，一般选择桡动脉，因此处动脉较固定，易暴露，且不受体位和操作地点的限制；其次选择股动脉和肱动脉，成功率高，且不易误入静脉或误刺深层神经。

3. 采血　采血操作者手指和患者采血部位常规无菌消毒，使用专用动脉采血针，找到采血处，用左手指固定血管，右手持注射器刺入动脉（深部动脉垂直进针，浅部动脉以30°～45°角为宜），待血量达到预设后，拔针并立即排空气泡，同时将针头迅速插入橡皮塞内，将标本在掌心搓动混匀约5秒，颠倒混匀以防凝血，贴好标签，立即送检。同时请助手用无菌干棉球压迫患者穿刺点以止血，时间要大于5分钟，有凝血机制障碍者要适当延长按压时间，防止血肿形成。

【实验结果及分析】

1. 酸碱度（pH）　参考值7.35～7.45。<7.35为失代偿性酸中毒，>7.45为失代偿性碱中毒。但pH正常并不能完全排除没有酸碱失衡失调。

2. 二氧化碳分压（Pco_2）　参考值4.65～5.98kPa（35～45mmHg）。Pco_2增高表示肺通气不足，为呼吸性酸中毒或代谢性碱中毒；降低表示换气过度，为呼吸性碱中毒或代谢性酸中毒。>50mmHg有抑制呼吸中枢的危险。此指标是判断各型酸碱中毒的主要指标。

3. 二氧化碳结合力（CO_2-CP）　参考值22～31mmol/L，它主要反映体内的碱储备量，在代谢性酸碱平衡失调时，它能较及时地反映体内碱储备量的增减变化。CO_2-CP的减少主要见于代谢性酸中毒，也可见于代偿后的呼吸性碱中毒；CO_2-CP的增多主要表示代谢性碱中毒，也见于代偿后的呼吸性酸中毒。

4. 实际碳酸氢盐（AB）　参考值22～27mmol/L，标准碳酸氢盐（SB）参考值21.3～24.8mmol/L。AB是体内代谢性酸碱失衡的重要指标。二者正常为酸碱内稳正常。二者皆低为代谢性酸中毒（未代偿），二者皆高为代谢性碱中毒（未代偿），AB>SB为呼吸性酸中毒，AB<SB为呼吸性碱中毒。

5. 缓冲碱（BB）　参考值45～55mmol/L，HCO_3^-是BB的主要成分，BB不受呼吸因素、CO_2改变的影响，因为CO_2在改变BB中HCO_3^-的同时，伴有相应非HCO_3^-缓冲的变化，在血浆蛋白和血红蛋白稳定的情况下，其增减主要取决于SB。

6. 剩余碱（BE）　参考值−3～+3mmol/L，正值指示增加（碱剩余），负值为降低（碱不足），是代谢性成分的主要指标之一。

除上述的各项指标之外，血气分析还可以测定二氧化碳总量（TCO_2）、氧分压（P_{O2}）、氧饱和度（$SatO_2$）、阴离子隙（AG）等指标。结合这些指标，可以进一步有效地判断酸碱平衡紊乱的各种类型。

【注意事项】

1. 送血气分析之前，做好血气分析仪器使用的各项准备工作。

2. 采血量不宜过多，单查血气分析约需1ml，如血气分析加电解质、肾功能、血糖等项目约需2ml。若血量过多则抗凝不足，将影响检验的准确性。

3. 采血后需立即排空气泡，迅速将针尖刺入橡皮塞封闭针孔，避免接触空气，造成检验结果失真，并迅速送检，以免影响检查结果。

实验二十　外源基因在大肠杆菌中的诱导表达和降解物阻遏作用

【实验目的】

学习和掌握基因重组以及外源基因在大肠杆菌中诱导表达的方法。

【实验原理】

通过基因重组可将外源基因导入细胞，并使之进行扩增或表达。

外源基因（可通过PCR、化学合成或直接从自然材料中分离的方法获得）被克隆在Lac启动子下游，与表达质粒载体连接构成重组体，转化导入受体大肠杆菌细胞内。当培养基含有IPTG（异丙基硫代-β-D半乳糖）时，Lac启动子被诱导而启动其下游基因进行表达，从而在大肠杆菌细胞中产生外源基因产物。通过电泳可检测表达产物蛋白的存在并估计其表达量，也可以通过检测表达产物的生物活性从而了解产物的有效性。

【实验操作】

1. 分别挑取工程菌BL21（DE3）pET-32a和BL21（DE3）p32aGFPuv的单菌落接种到5ml LB液体培养基（含氨苄，终浓度为100μg/ml，以下同）。

2. 于37℃、250r/min培养过夜（12～14小时）至对数生长期。

3. 取3支灭菌试管，各加入5ml LB液体培养基（含氨苄），分别编号为1#、2#、3#，另外取装于500ml锥形瓶中的150ml LB液体培养基（含氨苄），编号6#，全部按1∶50的比例接种。1#接种100μl BL21（DE3）pET-32a，2#接种100μl BL21（DE3）p32aGFPuv，3#接种100μl BL21（DE3）p32aGFPuv，6#接种3ml BL21（DE3）p32aGFPuv。

4. 于37℃、250r/min培养约2～3小时。

5. 诱导处理　1#、2#不需处理；3#加入20%葡萄糖100μl至终浓度为0.4%，加入5μl 100mmol/L IPTG至终浓度为0.1mmol/L；6#加入100mmol/L IPTG约150μl至终浓度为0.1mmol/L。

6. 于21～25℃、250r/min培养约10～12小时或过夜。

7. 收菌（注意采集标本并编号）　①从6#锥形瓶培养的150ml菌液中取出5ml置于一支试管中（编号为4#）。②分别从1#、2#、3#培养物各取100μl于EP管用于SDS-PAGE。③将1#、2#、3#、4#试管中的菌液分别收集到4个1.5ml EP离心管中，编上相应编号。1#、2#、3#离心弃上清；4#上清收集到另一个EP管，编号为5#。④6#锥形瓶中剩余菌液用50ml离心管于5000r/min，4℃，离心10分钟，弃上清收集菌体。

8. 于紫外灯下观察1#～5#管收集的菌体或上清液，观察哪支管有荧光（荧光强弱），记录观察到的现象，并拍照。

9. 6#收集的全部菌体用50ml超声平衡缓冲液重悬（50mmol/L Tris-HCl，500mmol/L NaCl pH 7.0）。

10. 超声波破菌或高压破菌，然后用50ml离心管于8000r/min，4℃，离心40分钟，取上清（弃沉淀）。上清可保存于-20℃冰箱，作下一步亲和层析实验用。

超声操作：冰浴下进行，功率为400W，工作4秒，间隙4秒，为一次，99次为一个周期。共处理6个周期。

高压破碎操作：压力约为150MPa。注意根据裂解液混浊程度控制流速，1drops/1～4seconds。

【注意事项与提示】

1. 本实验的目的是比较重组DNA在大肠杆菌中表达时是否受IPTG和葡萄糖存在的影响，所以1#、2#管的细菌在25～28℃培养时不加IPTG和葡萄糖，3#管除加IPTG外还加入葡萄糖，糖的浓度要大于0.2%以上（本实验采用0.4%）。4#锥形瓶细菌仅加

IPTG 也仅指这次实验所用的重组 DNA 菌体而言。有的重组 DNA 菌体在其表达时除需加 IPTG 外仍需加入少量的葡萄糖为碳源作诱导。在转管培养及收菌时要注意各管编号要相应对好，不能混乱。

2. 不同的重组 DNA 在不同的宿主菌中蛋白的表达量往往受到 IPTG 浓度和温度的影响，最好采用不同温度或不同浓度的 IPTG 来诱导，观察哪种温度或哪种浓度条件下其蛋白表达量最大。在科研中一般都要求这样做。

3. 由于本实验所表达的目的蛋白带有绿色荧光蛋白，其在大肠杆菌中有很强的荧光。离心后收集的菌体在紫外线的照射下都可见黄绿色荧光，所以把 1#、2#、3#、4# 沉淀菌体放在紫外灯下观察其是否有荧光及其荧光的强弱，就可判断其是否有表达及其所表达的强度。

【实验安排】

1. 第一天晚上 9 时左右活化种子菌。
2. 第二天上午配制培养基及灭菌，下午至晚上做放大接菌和诱导。
3. 第三天上午收菌、观察、拍照、破碎菌体、离心收集蛋白。

【实验试剂与器材】

（一）试剂

1. LB 液体培养基　2L。
2. 10mg/ml 氨苄西林溶液　10ml（全班共用）。
3. 100mmol/L IPTG 溶液　10ml（全班共用）。
4. 20% 葡萄糖溶液　10ml（全班共用）。
5. 超声平衡缓冲液　50mmol/L Tris-HCl，500mmol/L NaCl pH 7.0 500ml。

（二）器材

超净工作台、恒温振荡器、台式高速离心机、高速冷冻离心机、低温摇床、高压破碎仪或超声破碎仪等。

（三）菌株

工程菌 BL21（DE3）pET-32a 和工程菌 BL21（DE3）p32aGFPuv。

主要参考书目

1. 刘思职．生物化学大纲[M]．北京：人民卫生出版社，1957.
2. 张昌颖．生物化学[M]．北京：人民卫生出版社，1985.
3. 王浩．生物化学[M]．北京：人民卫生出版社，2002.
4. 程牛亮．生物化学[M]．北京：中国医药科技出版社，2007.
5. 王继峰．生物化学[M]．北京：中国中医药出版社，2008.
6. 查锡良．生物化学[M]．北京：人民卫生出版社，2010.
7. 金国琴．生物化学[M]．第2版．上海：上海科学技术出版社，2011.

教材书目

序号	教材名称	主　编	主　审
1	大学语文（第2版）	李亚军	许敬生
2	中国医学史	梁永宣	李经纬
3	医古文（第2版）	沈澍农	
4	中医各家学说	朱邦贤	严世芸　鲁兆麟
5	中医基础理论（第2版）	高思华　王　键	李德新
6	中医诊断学（第2版）	陈家旭　邹小娟	季绍良　成肇智
7	中药学（第2版）	陈蔚文	高学敏
8	方剂学（第2版）	谢　鸣　周　然	王永炎　李　飞
9	内经讲义（第2版）	贺　娟　苏　颖	王庆其
10	伤寒论讲义（第2版）	李赛美　李宇航	梅国强
11	金匮要略讲义（第2版）	张　琦　林昌松	
12	温病学（第2版）	马　健　杨　宇	杨　进
13	医学统计学	史周华	
14	医用化学	武雪芬	
15	生物化学（第2版）	于英君	金国琴
16	正常人体解剖学	杨茂有	严振国
17	生理学（第2版）*	李国彰	
18	病理学	李澎涛　范英昌	
19	医学伦理学	张忠元	
20	医学心理学	孔军辉	
21	诊断学基础	成战鹰	
22	药理学（第2版）	廖端芳	
23	影像学	王芳军	
24	免疫学基础与病原生物学	关洪全　罗　晶	
25	组织学与胚胎学（第2版）	郭顺根	
26	针灸学（第2版）	梁繁荣　赵吉平	石学敏

续表

序号	教材名称	主编	主审
27	推拿学	房敏 刘明军	严隽陶
28	中国传统文化	张其成	
29	中国古代哲学	李俊	
30	医学文献检索	高巧林	
31	科技论文写作	李成文	郑玉玲
32	中医药科研思路与方法	刘平	
33	康复疗法学	陈红霞	
34	中医养生康复学	郭海英 章文春	
35	中医临床经典概要	张再良	
36	医患沟通学基础	周桂桐	
37	循证医学	刘建平	
38	中医学导论	何裕民	
39	医学生物学	王明艳	
40	神经生理学	赵铁建	李国彰
41	中医妇科学(第2版)	罗颂平 谈勇	夏桂成 欧阳惠卿
42	中医儿科学(第2版)	马融 韩新民	
43	中医眼科学	段俊国	廖品正
44	中医骨伤科学	樊粤光 詹红生	
45	中医耳鼻咽喉科学	阮岩	
46	中医急重症学	刘清泉	姜良铎
47	西医内科学	熊旭东	
48	西医外科学	王广	李乃卿
49	中医内科学(第2版)	张伯礼 薛博瑜	
50	中医外科学(第2版)	陈红风	唐汉钧 艾儒棣
51	解剖生理学	邵水金 朱大诚	
52	中医学基础	何建成 潘毅	
53	中成药学	阮时宝	
54	中药商品学(第2版)*	张贵君	
55	中药文献检索	张兰珍	
56	医药数理统计	李秀昌	
57	高等数学	杨洁	

续表

序号	教材名称	主　编	主　审
58	医药拉丁语	李　峰	
59	物理化学	张小华　夏厚林	
60	无机化学	刘幸平　吴巧凤	
61	分析化学	张　凌　李　锦	
62	仪器分析	尹　华　王新宏	
63	有机化学	吉卯祉　彭　松	江佩芬
64	药用植物学	熊耀康　严铸云	
65	中药药理学	陆　茵　张大方	
66	中药化学	石任兵	匡海学
67	中药药剂学	李范珠　李永吉	
68	中药炮制学	吴　皓　胡昌江	叶定江
69	中药鉴定学	王喜军	
70	中药分析学	蔡宝昌	
71	药事管理与法规	谢　明　田　侃	
72	药品市场营销学	汤少梁	申俊龙
73	临床中药学	王　建　张　冰	张廷模
74	制药工程	王　沛	
75	波谱解析	冯卫生	
76	针灸医籍选读	徐　平	李　鼎
77	小儿推拿学	廖品东	
78	经络腧穴学	沈雪勇　许能贵	李　鼎
79	神经病学	孙忠人	胡学强
80	实验针灸学	余曙光　徐　斌	朱　兵
81	推拿手法学(第2版)	王之虹	
82	刺法灸法学	方剑乔　王富春	石学敏　吴焕淦
83	推拿功法学	吕　明　金宏柱	
84	针灸治疗学	杜元灏　董　勤	石学敏
85	推拿治疗学(第2版)	宋柏林　于天源	罗才贵
86	生物力学	杨华元	
87	骨伤科学基础	冷向阳	王和鸣
88	骨伤科影像学	尹志伟	

续表

序号	教材名称	主编	主审
89	创伤急救学	童培建	
90	中医正骨学	黄桂成　王庆普	
91	中医筋伤学	马　勇	
92	骨伤内伤学	刘献祥	
93	中医骨病学	张　俐	
94	骨伤科手术学	黄　枫	
95	实验骨伤科学	王拥军	
96	中西医临床医学概论	施　红	杜　建
97	中西医全科医学导论	姜建国	王新陆
98	中西医结合外科学	谢建兴	
99	预防医学	王泓午	
100	急救医学	罗　翌	王一镗
101	中西医结合妇产科学	连　方　齐　聪	肖承悰
102	中西医结合儿科学	虞坚尔	时毓民
103	中西医结合传染病学	范昕建　黄象安	
104	健康管理	李晓淳	
105	社区康复	彭德忠	
106	正常人体学	张志雄　孙红梅	
107	医用化学与生物化学	金国琴	
108	疾病学基础	王　易　王亚贤	
109	护理学导论	杨巧菊	
110	护理学基础	马小琴	
111	健康评估	张雅丽　王瑞莉	
112	护士人文修养与沟通技术	张翠娣	
113	护理心理学	李丽萍	刘晓虹
114	中医护理学	孙秋华　孟繁洁	
115	内科护理学	徐桂华	
116	外科护理学	彭晓玲	
117	妇产科护理学	单伟颖	
118	儿科护理学	段红梅	申昆玲
119	急救护理学	许　虹	

续表

序号	教 材 名 称	主　　编	主　　审
120	传染病护理学	陈　璇	
121	精神科护理学	余雨枫	
122	护理管理学	胡艳宁	
123	社区护理学	张先庚	
124	康复护理学	陈锦秀	
125	局部解剖学	张跃明	
126	运动医学	褚立希	严隽陶
127	神经定位诊断学	张云云	
128	中国传统康复技能	苏友新　冯晓东	陈立典
129	康复医学概论	陈立典	
130	康复评定学	王诗忠　张　泓	陈立典
131	物理治疗学	金荣疆　张　宏	
132	作业治疗学	胡　军	
133	言语治疗学	万　萍	
134	临床康复学	唐　强　张安仁	
135	康复工程学	刘夕东	

注：教材名称右上角标有 * 号者为我社“十一五”期间已出教材。